L'ANIMAL EST-IL UNE PERSONNE ?

Yves CHRISTEN

L'ANIMAL EST-IL UNE PERSONNE ?

Champs sciences

ISBN : 978-2-0812-6595-0

À tous les amis dont je critique ici
le point de vue. Leurs analyses m'ont aidé
à forger mes propres idées.

I. PERSONNE n.f. (lat. *persona*). 1. Être humain ; individu.

II. PERSONNE pron. indéf. 1. Aucun être, nul.

(*Le Petit Larousse*)

Paradoxe du mot personne où le tout et le rien se trouvent réunis, et qui peut devenir prétexte à l'autoglorification (songez à « la personne humaine » !) ou à l'insignifiance (*My Name is Nobody*). Toute la question ici posée consiste à savoir quelle personne est l'animal. On peut y répondre par la voie du sentiment ou par l'examen des faits, par l'approche scientifique et expérimentale. Nous avons suivi ce chemin-là. Et il nous semble ruiner l'absurde vision de l'insignifiance de la bête.

I

RENCONTRES

« Quand nous commettons l'erreur de croire le sauvage exclusivement gouverné par ses besoins organiques ou économiques, nous ne prenons pas garde qu'il nous adresse le même reproche, et qu'à lui, son propre désir de savoir paraît mieux équilibré que le nôtre. »

Claude Lévi-Strauss, 1962[1]

1

Sous le regard de l'autre

« Il n'y a pas seulement des animaux "bons à manger", il y a aussi des animaux "bons à penser". »

Dominique Lestel, 1996[1]

Rick Swope avait l'habitude de visiter le zoo de Detroit une fois par an avec sa famille. Ce jour-là, il regardait les chimpanzés dans leur enclos quand un conflit éclata entre deux mâles adultes. Un jeune défiait Jojo, l'ancien. Jojo perdit la bataille. Apeuré, il tomba dans la fosse pleine d'eau autour de son enclos. Jamais il n'avait appris à nager. Il allait se noyer. C'est alors qu'en dépit de la mise en garde du public et des gardiens Rick Swope sauta dans la fosse pour sauver l'animal. Jojo n'était qu'un poids mort ; il le prit sur son épaule, franchit la barrière et le poussa sur son île. Il le maintint sur la berge, même lorsque les autres chimpanzés le chargèrent, car la victime risquait de glisser à nouveau dans l'eau. Jusqu'à ce que Jojo parvienne à redresser la tête et à faire quelques pas avant de s'écrouler un peu plus loin sur le sol. Quand le directeur de l'établissement lui demanda la raison de son acte héroïque, l'homme lui répondit simplement : « J'ai vu son regard. Et c'était comme croiser celui d'un humain. Et son message était : quelqu'un peut-il m'aider ? »

On raillera l'anthropomorphisme ; on dira que nul ne peut savoir ce qui se passait réellement dans la tête du singe – ni dans celle de l'homme d'ailleurs – et qu'il s'agit par conséquent d'une sympathique forme de sensiblerie. Mais en fait, tous, sceptiques ou non, nous sentons bien qu'il y avait là une vérité profonde. Que ce que disait le regard de Jojo ne se différenciait pas de ce qu'aurait exprimé celui d'un humain. Et que, l'ayant perçu, Rick Swope savait bien qu'il n'avait d'autre choix que de se jeter à l'eau ou de vivre le reste de son existence lesté du poids de cette culpabilité.

Beaucoup ont écrit au sujet du regard. Et certains penseurs n'ont pas hésité à exclure l'animal de ce champ de signification. Talentueuse exception, l'écrivain Jean-Christophe Bailly qui fait sien le vers de Rilke, « De tous ses yeux la créature voit l'ouvert ». « Le monde des regards est, écrit-il, le monde de la signifiance[2]. » Et l'impossibilité de communiquer avec la bête par le langage oral rend cette forme d'échange plus énigmatique et plus forte, nous plaçant en quelque sorte face à une pensée pure en ce qu'elle exclut la possibilité de nommer les choses.

Nul ne peut aujourd'hui croiser dans un zoo le regard d'un grand singe sans éprouver une émotion particulière. Sans ressentir aussi une forme de culpabilité vis-à-vis de ce prisonnier. Sans avoir l'impression d'être un voyeur. Et pourtant : pour les hommes de ma génération qui ont connu les zoos à l'ancienne et les visiteurs de jadis, comment ne pas se souvenir qu'il n'y a guère longtemps la relation avec les primates était d'une tout autre nature ? On raillait le singe ; on le trouvait ridicule et exhibitionniste ; on lui jetait des cigarettes ; on riait de sa saleté, de ses mimiques, de sa misère comme de celle des autres bêtes, sans avoir à l'esprit le message de René Char, ou peut-être en le devinant malgré tout : ceux qui « regardent souffrir le lion dans sa cage pourrissent dans la mémoire du lion[3] ». Oui, nous humains faisions cela. Et du reste quelques-uns le font encore. Alors qu'est-ce qui a changé ? Biologiquement parlant nous – singes et humains – n'avons pas vraiment changé. Pourtant notre relation a évolué en profondeur. Darwin sans doute y est pour beaucoup : à moins de rester dans l'ignorance, nous savons l'autre primate notre cousin. Mais les visiteurs d'établissements zoologiques ne vivent pas en permanence dans la pensée de l'auteur de *L'Origine des espèces*. Nous avons changé parce que, comme Rick Swope, nous avons croisé le regard de l'Autre.

De cette évolution de la relation homme-animal, il existe de multiples exemples. Non seulement le nombre des chiens et des chats s'est accru, atteignant respectivement 10 millions et 7,5 millions sur le territoire français, mais l'animal de compagnie a, en quelque sorte, changé de statut. De moins en moins esclave, gardien ou chasseur de souris, il s'impose de plus en plus comme un compagnon. On le nourrit avec des boîtes achetées au supermarché, et non plus avec de mauvais restes ; on l'emmène chez le vétérinaire s'il tombe malade. Et dans les fermes, où il était traditionnellement exploité, il tend aussi à devenir plus ami que serviteur. On ne conduit plus aussi fréquemment que jadis le cheval compagnon à l'abattoir, et chacun sent bien que les jours de la boucherie chevaline sont comptés ; seule la désuétude dans laquelle elle est tombée empêche sa suppression légale : plus personne n'y va. Au total, dans le monde, plusieurs milliards d'euros sortent chaque année de nos poches pour assurer le bien-être de compagnons à poil, à plume ou à écaille*. Désormais, il existe même des cimetières

* Sur le seul territoire des États-Unis, l'American Pet Products Manufacturers évalue à 30 milliards de dollars la dépense effectuée par les propriétaires d'animaux de compagnie en faveur de leurs protégés.

pour les bêtes, et des psychothérapeutes se spécialisent dans l'animal de compagnie, sans que l'on sache toujours très bien qui du maître ou de son ami tire profit de ces traitements plus ou moins validés. L'animal de laboratoire tend à bénéficier d'un véritable statut, et l'on se préoccupe des conditions de retraite des vieux primates ayant servi la science, ce qui n'est pas sans poser des problèmes d'espace et de budget.

Tous les grands congrès de recherche biomédicale incluent des sessions sur l'utilisation de l'animal de laboratoire et les interrogations éthiques qu'elle implique, ou sur la mise au point d'éventuelles méthodes substitutives. Certes, il s'agit le plus souvent de justifier l'expérimentation, mais ce fait montre à quel point la bête en tant que *sujet* de discussion éthique impose sa présence. On a commencé à se soucier de son bien-être, de sa qualité de vie[4]. Les chercheurs et les vétérinaires de l'International Society for Applied Ethology se préoccupent de plus en plus de la condition animale[5], comme le font des publications scientifiques illustres telles que *Nature* et *Science*, ce qui suggère une implication grandissante du milieu académique et plus seulement des sociétés protectrices recrutant dans le grand public. La publication de la première ébauche du génome du chimpanzé, en septembre 2005, a été accompagnée de plusieurs articles sur la bioéthique des recherches en ce domaine et la défense de cet animal dans son milieu naturel. L'article original lui-même se conclut sur de telles remarques[6]. En novembre 2004, l'organisme en charge de superviser la science allemande (la DFG) a décerné un important prix aux docteurs Klaus Otto et Lisa Wiesmüller pour leur contribution à la protection animale dans le cadre des expériences médicales[7]. Le statut de l'animal, notamment sur le plan légal, fait régulièrement l'objet de recommandations de la part des comités de diverses instances, telle la Communauté européenne, ou de colloques académiques. Des juristes d'universités aussi prestigieuses que Harvard[8] ou des philosophes, Tom Regan[9] et Peter Singer en tête, demandent qu'on leur accorde des droits légaux. Un mouvement en ce sens se dessine, et une Déclaration des droits de l'animal a été proclamée[10]. En juin 2008, un comité du Parlement espagnol a adopté une résolution afin de donner aux grands singes des droits statutaires jusqu'alors réservés aux seuls humains. Détail remarquable : elle émanait de partis politiquement opposés. Basée sur le *Great Ape Project*[*] (le « Projet grand singe »), elle octroie à nos plus proches parents le droit à la vie, à la liberté et à la protection contre la torture. Des centaines d'associations prônent la défense d'espèces bien définies, telles que la loutre de mer, le puma, le raton laveur, pour ne citer que quelques exemples américains, ou de groupes zoologiques, voire de l'ensemble de la nature. Des milliers d'autres, bénéficiant souvent de la participation de stars du show-biz – à l'exemple de Brigitte Bardot dans notre pays –, prêchent la défense de nos compagnons à deux ou quatre pattes. Le philosophe australien Peter Singer exige la libération animale[11]. Des mouvements, souvent marginaux, parfois violents, tentent de l'imposer par la force, multipliant les intimidations, en Angleterre d'abord et maintenant aux États-Unis[12]. Sur le territoire britannique, le nombre de végétariens s'est trouvé multiplié par trente en un demi-siècle, et ce mouvement s'étend à tous les pays. Le désir d'aller à la rencontre de l'animal devient si fort que la bête sauvage n'y échappe pas, et l'écotourisme figure parmi les domaines de l'économie

* Cette déclaration en faveur du droit des grands singes a été faite par l'organisation du même nom, créée à l'initiative de scientifiques et d'éthiciens en 1993.

bénéficiant de la plus forte extension. Les plus beaux et les plus chers hôtels du monde sont désormais des *lodges* à l'intention d'amateurs de safaris. Et si vous allez voir des lions ou des guépards au Botswana, des léopards dans les réserves de Sabi Sand qui bordent le parc national Kruger, des gorilles de montagne en Ouganda, des chimpanzés sur les pentes de Mahale en Tanzanie, des tigres dans les parcs nationaux indiens, vous entendrez les guides nommer les animaux qu'ils vous montrent. Ils vous parleront de Martina, la lionne à crinière de Mombo, au Botswana, et non *d'une* femelle masculinisée, ou des Steroid Boys qui ont fait la couverture du *National Geographic*, et non de deux frères guépards parmi d'autres ; ils vous conteront les exploits de Tjololo, vedette d'un excellent film animalier, et non d'un quelconque léopard mâle ; ils évoqueront la jolie Sita qui fit la joie de tant de visiteurs du parc national de Bandhavgarh avant de disparaître, peut-être victime des braconniers, et non d'une simple tigresse. Il s'agit moins de voir que de rencontrer. On mesure, sur ce terrain, que le phénomène s'étend au-delà des frontières des modes et des lubies occidentales : les guides de chasse locaux devenus rangers avouent qu'ils ne reviendraient pour rien au monde à leurs activités antérieures.

Ce nouveau statut de l'animal étonne. À juste titre, tant il paraît ne répondre à aucun impératif d'utilité. Après tout, le chien, nous avions tout intérêt à nous en faire un ami : il gardait nos troupeaux ; le chat, nous pouvions l'apprécier car il chassait les rats ; le cheval, nous l'avons exploité. Mais l'animal sauvage ? L'utiliser, ce peut être le chasser, le domestiquer, le manger. Mais à quoi bon l'aimer ? le reconnaître ? Souvent, il a été l'ennemi. Lions et léopards figuraient parmi nos prédateurs quand « nous » n'étions qu'australopithécinés. Et la sélection naturelle a surtout dû aiguiser notre

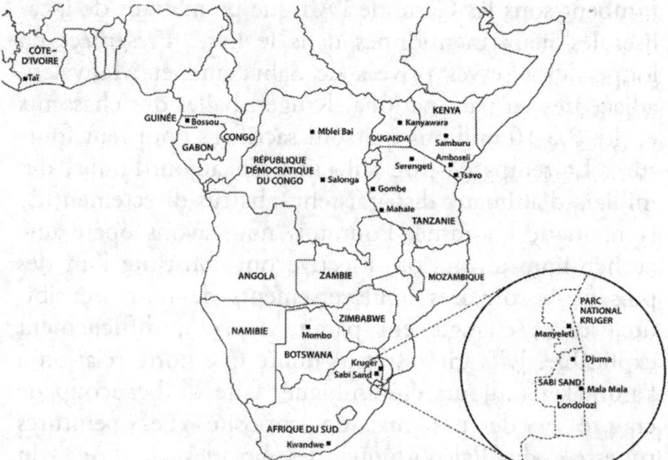

Carte de l'Afrique permettant de localiser les lieux mentionnés dans le livre. Présentées en loupe, les réserves privées de Sabi Sand et Manyeleti, adjacentes au parc national Kruger.

méfiance à leur encontre. Les amateurs de biodiversité soulignent aujourd'hui ce que le monde vivant recèle de trésors, sous la forme, par exemple, de médicaments potentiels à découvrir. La recherche thérapeutique le confirme. Mais cette justification théorique et *a posteriori* n'explique en rien l'intérêt, voire l'amour qui peut leur être porté désormais.

Partout les sondages montrent qu'une majorité d'Occidentaux s'oppose à la maltraitance animale. Mais n'oublions pas que cette passion nouvelle[13] ne change pas grand-chose sur le terrain bien concret de l'exploitation animale. Sur le seul territoire américain on évalue annuellement à 8 milliards le nombre de bêtes abattues pour satisfaire les besoins alimentaires humains, soit près d'un million par heure, sans parler des 200 millions qui tombent sous les Carte de l'Afrique permettant de localiser les lieux mentionnés dans le livre. Présentées en loupe, les réserves privées de Sabi Sand et Manyeleti, adjacentes au parc national Kruger. balles des chasseurs et des 8 à 10 millions qui sont sacrifiées pour leur fourrure. Le temps de dire « il fait beau aujourd'hui », des milliers d'animaux disparaissent, abattus directement de la main de l'homme. Pourtant, nous avons opéré une authentique révolution affective qui constitue l'un des plus extraordinaires bouleversements de notre sensibilité. Et ce changement paraît, *a priori*, difficilement explicable. La vérité est sans doute que notre relation à l'animal a toujours été ambiguë, faite de beaucoup de crainte et de pas mal de curiosité. Les peintures rupestres du Paléolithique, les bovidés de l'Âge du bronze – attelés ou non – symboliquement gravés par centaines sur les dalles de la vallée des Merveilles, ce curieux jouet zoomorphe inhumé en Gaule voici deux mille ans, ou encore les dieux animaux de l'ancienne Égypte attestent de l'ancienneté de la fascination exercée par les fauves, leurs proies, et toutes sortes d'autres espèces vivantes[14].

Le champ du relationnel exclut la neutralité. On aime, plus ou moins, ou l'on hait, plus ou moins, et parfois on aime et on hait tout à la fois. Celui qu'on ne voit pas, c'est celui qu'on ne veut pas voir, tel le quémandeur rencontré sur le chemin ; il n'est pas transparent, nos organes sensoriels nous donnent accès à lui et nous entendons ses injures s'il nous harcèle ; nous choisissons, par défense, de l'ignorer, mais il s'agit d'une posture momentanée, non d'un sentiment consistant, durable. Cette réaction constitue en quelque sorte le bilan de notre relation avec lui à cet instant, non une réelle indifférence. Toute attitude à l'égard d'autrui est la résultante de composantes diverses, négatives ou positives. La disparition de l'une d'entre elles change la donne. Vis-à-vis de l'animal, notre peur disparaissant – il ne peut plus guère nous faire de mal –, reste le sentiment positif, la possibilité de le découvrir enfin, comme on le fit naguère pour l'esclave, l'exotique, parfois le pauvre ou le malade. Les conditions changeant, on a fini par découvrir ces Autres auprès desquels on passait le plus souvent sans un regard.

S'agissant de l'altérité, la littérature philosophique abonde. Mais la relation à ces autres vivants mérite de nouvelles analyses, qui les prennent en compte en tant que sujets. Comment ne pas s'étonner de ce que nombre de commentateurs et penseurs intéressés par la question puissent écrire que nous devons nous en préoccuper en vertu du fait que la maltraitance nous fait horreur à nous, et non parce que l'animal souffre ? Où l'on voit que, même dans les bons sentiments, l'*Homo sapiens* s'affirme comme une espèce nombriliste ! Quand en 1850 la « loi Grammont » interdit en France, pour la première fois, les mauvais traitements infligés *en public* aux animaux, elle arguë surtout de la défense de la dignité humaine. Commentant judicieusement cette mesure, Luc Ferry[15] observe que le plus grave dans la cruauté et les mauvais traitements envers la bête serait « que l'homme s'y dégrade lui-même et perde son humanité ». En clair, c'est pour le respect de notre propre dignité que nous ne devions pas lui faire de mal. Depuis, comme nous le verrons plus loin, les choses ont évolué*. Il reste qu'aujourd'hui l'animal ne saurait mériter le qualificatif de personne. C'est ce que le présent ouvrage entend contredire.

---

* Abrogeant la loi Grammont, le décret du 7 septembre 1959 vise à la protection de l'animal, même contre la cruauté exercée en privé.

Une personne ? On peut discuter longtemps du sens précis de ce mot. Je confesse, pour ma part, un bien piètre goût pour les discussions sans fin sur ce thème et j'ai fait mien depuis longtemps le jugement du biologiste moléculaire Francis Crick, illustre découvreur de la double hélice d'ADN, selon lequel « on ne gagne pas des batailles en débattant à perte de vue sur ce qu'on entend par le mot *bataille* » (lui-même faisait cette remarque à propos de la conscience, thème auquel il a consacré les dernières années de son existence)[16]. Mon approche se situe, pour l'essentiel, dans le cadre de la science académique. Mais force est de constater que, comme le concept de conscience jadis, celui de personne demeure non seulement ignoré, mais aussi, dans une certaine mesure, banni de la science. Un exemple concret pourra illustrer la chose. Jane Goodall fait aujourd'hui figure d'icône de la recherche animale, grâce à ses travaux pionniers sur les chimpanzés de Gombe. Chacun la respecte et elle publie où elle le veut. Mais elle se souvient de son tout premier article. Conformément aux règles en vigueur, le journal l'ayant reçu l'avait envoyé pour avis auprès de lecteurs spécialisés. Et quelle fut la recommandation de l'un d'entre eux ? Que l'auteur remplace les « *he* » (« il » en français) et les « *she* » (elle) par le pronom « *it* », destiné à désigner une chose[17]. Non que ce lecteur ait voulu nier les différences sexuelles entre mâles et femelles dans le monde des chimpanzés, où elles sont plus manifestes encore que chez les humains. Mais simplement, il fallait adopter un langage neutre, bien qu'inadapté puisque imprécis. Rien sur le plan scientifique ne pouvait justifier une telle position, si ce n'est le désir de distanciation par rapport à l'objet d'étude. Cependant, s'agissant d'interactions sociales, la rigueur suppose-t-elle une sécheresse de langage absolue ? Que dirait-on d'un anthropologue décrivant une dispute amoureuse entre M. Dupont et Mme Durand en ces termes : « le sujet H33 interagit avec le sujet F18 ; sa face présente une rougeur et des mouvements musculaires qu'il n'exhibe pas en situation habituelle, etc. », plutôt que d'une manière aussi sommaire que : « Jaloux, M. Dupont manifeste sa colère auprès de Mme Durand. » Nul ethnologue ou sociologue sérieux n'envisagerait une description concrète de relations humaines en nommant les individus par des numéros. Pourtant, c'est bien ainsi que la littérature sur le monde animal entendait procéder. Jane Goodall avait donné des noms à « ses » chimpanzés (Flo, Flint, Figan, etc.), et les éditeurs de ses articles scientifiques y voyaient une faute, une renonciation aux règles de l'objectivité. On dit que l'anthropologue Colin Turnbull a refusé de dire du bien du livre de Dian Fossey au prétexte qu'elle attribuait des patronymes à « ses » gorilles.

Tout a changé. Complètement. Le perroquet parleur d'Irene Pepperberg est désigné par son nom (Alex), tout comme l'otarie de Californie étudiée par Ron Schusterman (Rio), les dauphins de Lou Herman (Ake et Phoenix), le border collie de Juliane Kaminski (Rico), le bonobo de Sue Savage-Rumbaugh (Kanzi), le gorille de Francine Patterson (Koko), et les chimpanzés vedettes auxquels des humains ont enseigné des langages : Washoe (celui des Gardner), Sarah (celui des Premack), Nim Chimpsky (celui d'Herbert Terrace). La science n'y a rien perdu. Bien au contraire, car nul ne peut dire si ce qu'a appris Kanzi tout autre chimpanzé pygmée aurait pu l'apprendre. À moins de penser que tous sont identiques et s'équivalent – préjugé absurde et pourtant si présent, vision stéréotypée de l'être animal. Désigner les animaux par des lettres et des numéros (F1, F2, F3, M23, M35, etc., la première lettre indiquant le genre, femelle ou mâle) est non seulement pédant (désir de

« faire scientifique » ?), implicitement méprisant (réduction du sujet à un sec label), mais aussi méthodologiquement inefficace (Flo est plus facile à mémoriser que Fn). Enfin, c'est scientifiquement peu productif, ainsi que le souligne la philosophe et psychologue belge Vinciane Despret : « Il y a plus à apprendre en s'adressant à Alex, Kit, Kate, Washoe ou Kanzi qu'en s'adressant à l'animal indifférencié[18]. » Cela étant, la désignation par un nom introduit une dimension affective. C'est la raison pour laquelle on ne la pratique pas en laboratoire, sauf pour le suivi à long terme d'animaux vraiment très particuliers. Il serait certainement plus difficile de couper la tête d'un(e) rat(e) dont souhaite doser les neurotransmetteurs cérébraux si on l'appelait « Arthur » ou « Joséphine ». Reste à savoir s'il est souhaitable ou non d'entrer dans une telle relation, nécessairement non neutre, avec son sujet d'étude. Mais il se pourrait bien que, par-delà le respect qu'on leur doit, la découverte de choses vraiment originales soit à ce prix, dès l'instant où l'on entend étudier des comportements complexes.

Peut-on même envisager de supprimer toute forme d'interaction avec le sujet examiné ? Ce n'est guère possible méthodologiquement, tant il est vrai que, selon le mot de Vinciane Despret, « pour savoir ce qu'est le rat en dehors de toute influence humaine, il faudrait tout simplement… ne pas l'observer[19] ». Et si l'on s'efforce d'éliminer autant que possible le biais inhérent à l'interaction, que va-t-on repérer hormis des banalités dès lors qu'on s'intéresse à des facultés cognitives élaborées ? Pourrait-on sérieusement aborder l'ethnologie culturelle sans interagir avec la subjectivité du sujet observé, sans interroger celui-ci d'une façon ou d'une autre ? Comment accéder à l'esprit de la bête sans postuler qu'elle en a un et sans chercher, par voie de conséquence, à le pénétrer en sachant pleinement que l'interaction modifie le dispositif, la situation, et jusqu'aux résultats. Bien sûr, je peux choisir de ne pas parler au sujet étudié, le mettre en demeure de répondre froidement à un contexte expérimental, mais cela n'en demeurera pas moins une forme d'interaction, simplement réalisée sur un mode appauvri. Toute réaction éthique vis-à-vis de l'animal esclave mise à part, l'approche en apparence objective réduit le sujet à ce qu'il recèle de moins intéressant. Mais la chose n'est pas aisée pour le chercheur. Accepter l'ouverture, voire aller jusqu'à éprouver de l'empathie, peut lui donner l'impression de braver un interdit de poids. C'est ce que confesse le primatologue américain Roger Fouts qui prit la succession des Gardner auprès de Washoe : « Il m'a fallu violer le premier commandement des sciences du comportement : "Tu n'aimeras pas ton sujet de recherche[20]." »

2

Prince ou la découverte de l'individu

« Le mot léopard est le même pour tous les léopards […]. Chacun des léopards a un nom et c'est le même pour tous, multiplié à autant d'exemplaires qu'il y a de léopards, de même que tous les léopards sont identiquement léopards, tout en étant multipliés en un certain nombre d'exemplaires de l'être-léopard, distincts les uns des autres. »

Francis Kaplan, 2001[1]

Je dois beaucoup aux léopards. Des dizaines d'heures de plaisir dans la brousse africaine, mais aussi l'intuition qu'il nous fallait voir les animaux comme composants des peuples qui sont les leurs, comme des individus prenant place dans une relation de vivant à vivant où nul n'est remplaçable à l'identique. Avant que je ne découvre la lignée de la vieille femelle Tugwaan[2], un léopard était juste un léopard*. J'aurais presque pu faire mien le jugement du philosophe Francis Kaplan reproduit en exergue et qui, dans sa démonstration du fait

* Précisons, pour ceux qui l'ignoreraient, que léopard et panthère sont synonymes. Ces deux mots désignent la même espèce, *Panthera pardus*.

que les objets et leur désignation par les mots appartiennent en quelque sorte à deux mondes différents, explique que si chaque objet portait un écriteau, « il y aurait autant d'écriteaux que d'objets », quitte à ce que certains écriteaux soient identiques, tous les léopards s'appelant également « léopard »[3]. Il va sans dire que dans un monde ainsi estampillé, les humains, eux, exhiberaient des étiquettes distinctes !

Lors de mon premier voyage en Afrique du Sud, en 1994, je voulais voir un léopard, ou, si vous préférez, n'importe quel léopard. Je fus un peu frustré de n'en observer que deux, et fort brièvement, dans la réserve de Londolozi. À mon retour là-bas, l'année suivante, c'est encore un léopard que je voulais. Tout a changé dès l'instant où je me suis efforcé d'étudier Tugwaan au sein de sa lignée. Ensuite, ce sont des individus précis que je me suis mis à rechercher. Tout particulièrement Prince. Enfant de Mother-of-Two, elle-même fille de Tugwaan, il est né le 13 octobre 1995. J'avais d'abord vu sa mère lors de mes deux premiers voyages, puis découvert le gamin à l'automne 1996. C'est entre leur première et leur deuxième année que les panthères sont le plus belles : déjà bien faites comme les adultes, elles conservent les traits attachants de l'enfance et n'exhibent pas encore de cicatrices. Il avait si fière allure qu'il devint pour moi le « petit prince ». Les années suivantes, je revis seulement sa sœur issue de la même portée, devenue adulte, et qui s'installa en bordure du territoire maternel. Prince avait quatre ans quand je l'ai retrouvé à Londolozi. C'était un bien mauvais jour : l'anthrax, ce redoutable microbe qui fit la gloire de Pasteur en un temps où on l'appelait charbon, avait décimé les troupeaux de buffles et les prédateurs s'étaient infectés en croquant leurs cadavres. Prince, couché, ne semblait pas en grande forme. Mais c'était un très gros chat, presque aussi imposant qu'une lionne : il n'était plus le *petit* prince.

Par la suite, mon ami Grant Bodley, guide à Londolozi, le vit encore avant de changer de job. « *Prince is back !* » Son e-mail me le signalait au nord-ouest de la réserve. Puis le léopard disparut. Sans quitter ma mémoire. Un jour, au Botswana, je rencontrai un Sud-Africain, Niel Ponting, possédant une demeure dans une réserve au nord de Londolozi (celle de Djuma). Il y avait bien, dans les parages, un mâle léopard, tolérant avec les véhicules et répondant localement au nom de Three Spots. On m'envoya une photo de lui. Sans avoir à étudier chaque tache de son visage, je vis d'emblée que ce n'était pas mon chat. Mais qu'importe, il avait une bonne tête, et la gentillesse des gens de ce *lodge* m'incita à aller voir. Ce que je fis un jour de mai 2002. Je savais bien que Three Spots n'était pas Prince, mais à Chris, mon guide, je demandai à rencontrer cette vedette locale. Il me fut répondu qu'il ferait son possible, mais que la chose risquait d'être difficile car un nouveau mâle avait fait irruption. Une grosse et terrible bête baptisée localement Mike Tyson ou encore Xivati (prononcer Shavati), ce qui signifie « le balafré » dans le langage local des Shangans. Chris se débrouilla pour trouver des photos de Xivati. Je les comparais à celles que j'avais publiées de Prince enfant. C'était bien le même animal ! Il ne se montra pas au cours de ce séjour. Qu'importe, je le savais là. Quelques mois plus tard, Ponting me signalait la présence de plus en plus fréquente de Xivati à Djuma. Je pris l'avion presque aussitôt. Et une nuit d'août, je le retrouvai tout près de la maison des Ponting. Énorme fauve, il tenait dans sa gueule le cadavre d'une petite antilope – un *steenbok* –, sans doute volée à un guépard croisé sur le chemin. Il prenait dans la nuit une dimension irréelle. Et ne s'inquiétait pas le moins du monde des éléphants suspicieux passant à proximité de lui. Je l'avais vu bébé, puis jeune adulte ; désormais, il était peut-être l'un des plus gros léopards d'Afrique. Three Spots ne faisait pas le poids face à lui. On le voyait encore parfois à Djuma, mais il faisait profil bas. Son combat avec Prince avait dû être terrible ; il en était sorti ensanglanté. Je n'ignore pas qu'il fallut toute la gentillesse des gens de Djuma pour s'enthousiasmer de mon plaisir. Car c'était bien mon Prince, balafré et plus très beau, qui avait chassé leur très joli et aimable léopard.

Le printemps suivant, je retrouvai mon vieil ami. Dans des circonstances exceptionnelles, car il avait rejoint sa femelle Safari et ses deux enfants mâles Shadow et Light. Les traités de zoologie affirment les mâles solitaires, sauf à la saison des amours, et chassant systématiquement leurs propres fils. Pourtant ils étaient là, tous ensemble. Quatre léopards dans ou autour d'un même arbre ! Je connais bien des zoologues de terrain qui n'en ont pas vu autant leur vie entière ! L'honnêteté oblige à atténuer la vision idyllique des choses. Safari, la femelle borgne mais habile, avait tué la veille un impala, la plus commune des antilopes. Light, très vite, l'avait rejoint. Chat magnifique et dodu, il n'était pas encore un chasseur compétent, auteur tout au plus du meurtre de chiens domestiques et de larcins qui feraient sa perte quelques mois plus tard. J'avais vu Shadow aussi ce soir-là, mais blessé et en bien mauvaise condition. Le lendemain, donc, tout le monde était rassemblé autour d'un grand marula, cet arbre magnifique qui donne aux Sud-Africains une liqueur très appréciée et aux éléphants des fruits convoités. Précision : Prince, couché dans l'arbre, gardait la proie à sa disposition. Alternativement, ses deux fils devaient escalader le marula pour quémander quelques morceaux de viande. Leur père manifesta le désir ferme de ne rien partager. Mais jamais il ne fit ce qu'il était censé faire, à savoir chasser ou agresser ses propres fils. Et quand il décida d'aller se désaltérer au point d'eau le plus proche, il laissa la place à Shadow, lequel ne s'en sortirait pas du fait de ses blessures. Quant à Light, un humain acariâtre finit par l'abattre sous le mauvais prétexte qu'il rôdait dans son jardin ! Et puis Prince disparut lui aussi. On le vit s'accoupler avec une femelle étrangère sous les yeux de Safari. Mais ensuite, on n'entendit plus parler de lui. Safari copula bientôt avec le mâle Mafufunyane. Mauvais signe. Je revins à Djuma en mai 2004. Prince avait disparu un jour d'octobre de l'année précédente. On l'avait vu sérieusement blessé. On savait qu'il devait faire face à un rival plus jeune et très costaud. Je l'identifiai, car il m'était bien connu : c'était le mâle Newington, venu de Mala Mala ; un jeune frère de Prince, né en septembre 1998. Tous deux ont rivalisé, marchant côte à côte – ainsi paradent les mâles concurrents – à la frontière entre Djuma et Mala Mala. Nul, semble-t-il, ne les a vus se battre. Mais Prince avait été retrouvé la figure à moitié arrachée. Il avait pourtant survécu. Cependant, dans la réserve voisine de Manyeleti, on avait signalé un mâle dit « à problèmes ». Il avait cherché à entrer dans des tentes et donné un léger coup de patte sur le bras d'une femme. Une nuit, le manager du camp avait décidé de l'attendre et de l'abattre. J'interrogeai le garde de Manyeleti présent le soir fatidique. Il n'avait pas bien vu le léopard abattu, mais c'était effectivement un mâle, avec une canine cassée. Impossible donc de savoir s'il s'agissait de Prince. Mais le fait était là : ce gros chat tué, on n'entendit plus parler de léopard à problèmes à Manyeleti et l'on ne revit jamais Prince. Je doute, à dire vrai, que la victime fût

Prince/Xivati ; il n'avait, à Djuma, jamais agressé personne, alors que le léopard inquiétant de Manyeleti terrorisait les gens de la réserve depuis, paraît-il, plusieurs mois. Difficile de s'y retrouver, d'autant plus qu'on n'est jamais très sûr des propos rapportés. Je me plais à imaginer que Prince a simplement choisi d'aller faire un tour ailleurs. Son frère Newington prit en tout cas sa place. Lui aussi chassa le gentil Three Spots pour devenir le maître de Djuma et du nord de Mala Mala, avant de décliner à son tour. Les gènes de Prince, ceux de la vieille Tugwaan survivent encore là-bas.

Prince m'a donc fait beaucoup courir. Parce qu'il était un léopard ou plutôt *ce* léopard-là, que j'ai connu enfant, dont j'ai vu grandir les frères et les sœurs, côtoyé la mère, les tantes et les cousines, et même la grand-mère, la Tugwaan au légendaire mauvais caractère que j'ai suivie jusqu'au soir de sa vie. C'est cet ensemble de choses qui fait sens, qui lui donne une valeur particulière. Il serait, à mes yeux, aussi absurde d'en parler comme d'*un* léopard que d'évoquer tel ou tel ami allemand, sud-africain ou chinois, sans mentionner son nom.

Il est un individu parce qu'il diffère de tous les autres et une personne parce que, en tant que sujet, il s'insère d'une façon singulière dans un réseau de relations interindividuelles. En dehors de cela, ce que je peux dire de lui relève de la banalité : c'est un gros animal tacheté, un carnivore, il vit en Afrique, etc. Aucune de ces informations ne présente un grand intérêt si on enlève à cet être son historicité. Si l'on oublie aussi cet élément plus qu'essentiel, à savoir que sa présence et son absence font sens. Auprès de ceux qui l'aiment, comme de ceux qui le haïssent ou le craignent.

Je connais désormais une centaine de léopards sauvages. Connaître, sans doute, n'est pas le mot approprié, du moins il est exagéré. Disons que je les ai rencontrés – les uns de très près et à de nombreuses reprises, les autres une fois seulement – et que je sais les identifier. Il n'entre pas dans mes intentions de détailler leur biographie. Je voudrais seulement souligner leurs différences, l'impossibilité donc de stéréotyper le léopard, comme on le faisait jadis avec le Chinois ou le Noir. Il y a Mother-of-Two, mère admirable, mais aussi Manghen qui a abandonné précocement sa seule fille parvenue à l'âge adulte, la petite Mashabene, juste avant qu'elle n'atteigne sa première année. Il y a Burned Ebony, le gros mâle de Mombo, mais il y avait aussi, sur ce même territoire, le boiteux Limpy, qui sut si longtemps rester le maître des lieux en dépit de son handicap. Il y avait Tugwaan la grincheuse et sa fille si aimable. Il y a tous ces mâles machistes qui volent les proies de leurs femelles et le vieux Short Tail qui protégeait ses petits-enfants contre la voracité de son propre fils et concurrent, Newington. Il y avait Three Spots qui jouait gagnant mais profil bas, et Prince triomphant, toujours prêt à risquer sa vie dans de terribles combats. Il y a les chefs et les victimes ; les forts et les habiles ; les athlètes et les infirmes ; les bons géniteurs et les mauvais, etc. Tous sont différents et plus encore que je ne puis le percevoir à travers le prisme de ma congénitale infirmité à bien saisir ce qui, pour eux, fait sens. Seule certitude : le schéma simpliste que nous pouvons avoir en tête, celui du triomphe de la force brutale, ne tient pas. L'exemple de Limpy le prouve avec éclat, tout comme celui des femelles borgnes mais bonnes chasseresses que sont Manghen et Safari. Le handicap, bien sûr, n'arrange rien, mais il peut être surmonté, chez l'animal comme chez l'homme.

En vérité, la variété individuelle constitue la règle plus que l'exception. Un exemple parmi cent autres, en complément de ceux que je mentionne dans le chapitre suivant : celui tiré de l'étude des ours bruns par Robert et Johanna Fagen, chercheurs de l'université d'Alaska à Fairbanks, qui leur ont consacré trois années d'observation. Il en est de joueurs, d'autres totalement dépourvus d'humour, des actifs et des inertes, des agressifs et des aimables[4]. Chaque bête suit son propre processus d'individuation, lequel constitue un élément essentiel, ainsi que le souligne fort justement le neurobiologiste Alain Prochiantz : « Chaque individu biologique étant, jusqu'à sa mort, le produit inachevé de sa propre histoire, comprendre l'individuation, c'est comprendre comment le vécu s'inscrit dans une structure vivante[5]. » Ce qui me différencie de Prochiantz, c'est que, pour lui, « tout nous conduit à proposer que *Homo sapiens* représente une espèce unique qui, à la suite de quelques mutations, aura pour ainsi dire creusé, en matière d'individuation, un écart considérable avec ses cousins les plus proches, les autres primates. Notre culture est là qui en témoigne[6] ». « Réalisons donc une fois pour toutes, dit aussi Prochiantz, que le concept d'individu n'a pas le même sens dans toutes les espèces[7]. » L'individuation n'atteindrait, selon lui, toute sa dimension que chez l'humain, unique créature vivant sur le mode historique. *Homo sapiens* aurait, en matière d'individuation, innové considérablement par rapport à ses plus proches cousins. Cette façon de voir, la plus généralement partagée, y compris chez les biologistes, m'apparaît comme une incapacité à nous extraire de la vision anthropocentrique qui nous place au sommet de la hiérarchie du monde vivant. Platon avait déjà identifié cette tendance trop humaine en faisant dire à l'un de ses personnages qu'une grue qui ferait une classification des êtres animés placerait les grues d'un côté et tous les autres vivants de l'autre[8*]. Toutes les espèces ont les meilleures raisons du monde de se croire supérieures : il leur suffit de prendre comme critère le domaine où elles excellent. Nous nous sommes même parfois nourris d'un argument souverain, le dogme religieux, en affirmant notre espèce créée à l'image de Dieu ! « Nous sommes si imbus de nous-mêmes, écrit à ce propos Pierre Jouventin, un éminent spécialiste des manchots, que si nous étions chiens, nous disserterions doctement sur l'olfaction, capacité supérieure par laquelle nous nous distinguons du règne animal. Si nous étions guépards, nous dénierions à toute autre espèce courant moins vite le droit de se comparer à nous. De même pour la taille, si nous étions baleines[9]. »

---

* Je fais allusion aux répliques de l'Étranger au jeune Socrate : « Tu m'as dit, dans ton ardeur précipitée, qu'il y a deux espèces d'êtres animés, l'une qui ne comprend que les hommes, l'autre qui embrasse toutes les bêtes en général. » Puis : « En quoi, ô le plus brave des hommes ! tu as agi comme agirait quelque autre animal doué de raison, la grue, par exemple, si, distribuant les noms suivant ton procédé, elle opposait les grues comme une espèce distincte à la multitude des animaux, et se faisait ainsi honneur à elle-même, tandis que, enveloppant tous les autres êtres, y compris les hommes, dans une même catégorie, elle les confondait tous sous le nom de bêtes. Tâchons donc de nous tenir désormais en garde contre ces sortes d'erreurs. »

3

CET AUTRE QUE NOUS NE SAVONS PAS VOIR

« Il n'est pas possible de penser le Soi sans poser simultanément l'existence d'un Autre, d'une certaine façon irréductible à Soi, ce qui est la condition formelle nécessaire à des fractures, failles et fissions qui recomposent indéfiniment des îlots de solidarité et de sécurité au sein d'une "humanité" idéelle. »

Françoise Héritier, 1997[1]

« *I am not black !* » (« Je ne suis pas noir ! ») Je me souviendrai longtemps de la réplique de mon regretté ami Nandy Retiyo, guide bayei, au Botswana. Il me parlait de la préférence des mouches tsé-tsé pour le noir et le bleu, ce qui explique qu'elles ciblent si volontiers les troupeaux de buffles au bord de l'eau. « Dommage pour toi », lui avais-je dit, en riant ! Mais à l'évidence, lui ne se considérait pas comme une cible. Nandy était pourtant un Noir tout ce qu'il y a de plus foncé. Je n'ai pas compris s'il voulait dire qu'il n'était pas noir comme le buffle, mais plutôt marron, ou si, du fait qu'il vit habillé, les mouches ne sauraient le repérer. La réalité est qu'il a la peau marron foncé et qu'il est de surcroît vêtu. La vérité est qu'on ne voit pas vraiment l'Autre, surtout quand le raisonnement s'en tient aux catégories établies :

son étiquette le désigne mieux que la réalité. Même quand on le connaît bien. Cela vaut quand cet Autre est humain, plus encore quand il est animal. Le refus du concept de personne animale apporte, de ce point de vue, toutes les justifications pour faire à la bête ce que l'on veut, mû par l'unique souci de notre intérêt personnel.

En outre, même animé du seul désir de recherche, un inévitable esprit de classification nous conduit à la vision stéréotypée de l'univers des autres. On en trouve la trace manifeste dans les divers ouvrages sur le monde animal donnant une représentation des mœurs de chaque espèce. On y lit, en règle générale, la description du comportement d'un être prototypique : l'ours agit ainsi, la girafe se comporte autrement, le tigre se baigne dans l'eau, la panthère ne se mouille pas, etc. En vérité, dans bien des cas, on sait fort peu de chose des diverses espèces répertoriées. Et même lorsqu'on dispose d'un travail sérieux mené par un chercheur ayant consacré des mois ou des années à une espèce particulière, il ne porte en fait que sur une population déterminée dans un environnement donné. Sa thèse achevée, l'auteur part le plus souvent vers d'autres horizons, et c'est exceptionnellement qu'un collègue poursuit la même étude ailleurs, sur une population différente. La connaissance, même réelle, demeure partielle et rarement validée par l'examen d'autres groupes, sauf pour de rares espèces, tels les babouins ou les chimpanzés. Et, dans ces cas-là, on s'aperçoit que les données établies sur une population ne sont pas systématiquement retrouvées ailleurs, comme l'attestent, par exemple, les études de la primatologue Shirley Strum sur les babouins[2] et celles sur les diverses cultures des chimpanzés[3].

Disposant ainsi, sur les rares espèces étudiées, de données singulières, ne nous étonnons pas de trouver la bête plus stéréotypée que l'homme – d'autant qu'il nous a été et nous est possible d'observer des multitudes d'humains. Toute la littérature sur l'instinct porte la marque de ce préjugé. On en trouve déjà le témoignage admirable chez Jean Henri Fabre (1823-1915). L'entomologiste poète a illustré de bien minutieuse façon les conduites sans fantaisie de l'insecte face aux défis que lui pose l'expérimentateur. Au sphex, hyménoptère paralyseur de grillons, il fait des dizaines de fois la même misère : pendant que ce dernier, sans doute pour vérifier l'absence d'intrus, inspecte son terrier préalablement creusé, il lui vole sa proie pour la placer ailleurs. Que fait le sphex ? Il reprend son bien, le ramène à la porte de l'excavation puis continue la visite de son trou sans emporter avec lui la victime. Ce qui permet à Fabre de recommencer et ainsi de suite : « Coup sur coup, une quarantaine de fois, j'ai répété la même épreuve sur le même individu ; son obstination a vaincu la mienne et sa tactique n'a jamais varié[4]. » Conclusion partagée implicitement ou explicitement par beaucoup : l'insecte, créature de l'instinct, serait incapable de changer ses schémas comportementaux préétablis. Ce en quoi il s'oppose logiquement à l'humain, dont l'univers implique la variété des mœurs. On objectera que les admirables expériences de Fabre ne prennent pas véritablement en compte les contraintes écologiques naturelles de la bête. Ou encore qu'il y a loin de l'insecte à l'homme. Mais, même s'agissant des arthropodes, sa vision d'un monde dans lequel chaque individu ne ferait que suivre l'unique voie stéréotypée caractéristique de son espèce, le privant ainsi de la possibilité d'acquérir le statut de sujet bien défini, doit être remise en cause. Fabre lui-même nous l'apprend, revenant l'année suivante sur les mœurs du sphex. Après avoir observé le même comportement, il trouve des animaux capables d'amener directement le grillon dans le terrier. Et l'entomologiste provençal d'en tirer cette leçon, aussi admirablement écrite que pertinente : « Le peuple que j'examine aujourd'hui, issu d'une autre souche, car les fils reviennent à l'emplacement choisi par les aïeux, est plus habile que la peuplade de l'an passé. L'esprit de ruse se transmet : il y a des tribus plus habiles et des tribus plus simples, apparemment suivant les facultés des pères. Pour les Sphex, comme pour nous, l'esprit change avec la province. Le lendemain, en une autre localité, je recommence l'épreuve du grillon. Elle me réussit indéfiniment. J'étais tombé sur une tribu à vues obtuses, une vraie bourgade de Béotiens, comme dans mes premières observations[5]. »

Ces propos de Fabre font rupture avec l'idée répétée comme une évidence de l'homogénéité comportementale intraspécifique chez les arthropodes. « Pourquoi, interroge le philosophe Luc Ferry, n'y a-t-il pas une culture unique à l'espèce [humaine], comme c'est le cas pour les mœurs des abeilles ou des fourmis[6] ? » Dans la volumineuse littérature spécialisée consacrée à ces insectes, je n'ai pourtant pas trouvé maintes thèses sur l'unicité des comportements chez les hyménoptères. Sans doute jugeons-nous toutes les fourmis identiques parce que nous ne savons pas voir ce qui les distingue les unes des autres, tout comme jadis certains Occidentaux pouvaient sans complexe affirmer tous les Chinois semblables. En d'autres termes, l'une de nos incapacités nous amène, une fois encore, à tirer une conclusion erronée sur cet autre vivant. De fait, s'agissant des fourmis, les expériences toutes récentes de l'éthologiste russe Zhanna Reznikova, consistant à les placer dans des labyrinthes de complexité différente, nous révèlent qu'elles ne possèdent pas toutes la même intelligence[7]. Il en va du reste de même pour les abeilles, autres types d'invertébrés collectivistes !

Si les insectes d'une même espèce diffèrent d'un individu à l'autre, que dire des mammifères ou des créatures plus proches de nous ? Nombre d'auteurs illustres ont clamé leur uniformité, à commencer par l'illustre naturaliste Buffon :

> D'où peut venir, écrit-il dans le huitième tome de l'*Histoire naturelle*, cette uniformité dans tous les ouvrages des animaux ? Pourquoi chaque espèce ne fait-elle jamais que la même chose, de la même façon ? Et pourquoi chaque individu ne la fait-il ni mieux ni plus mal qu'un autre individu ? Y a-t-il de plus forte preuve que leurs opérations ne sont que des résultats mécaniques et purement matériels ? Car s'ils avaient la moindre étincelle de la lumière qui nous éclaire, on trouverait au moins de la variété, si l'on ne voyait pas de la perfection dans leurs ouvrages ; chaque individu de la même espèce ferait quelque chose d'un peu différent de ce qu'aurait fait un autre individu. Mais non, tous travaillent sur le même modèle ; l'ordre de leurs actions est tracé dans l'espèce entière, il n'appartient point à l'individu ; et si l'on voulait attribuer une âme aux animaux, on serait obligé à n'en faire qu'une pour chaque espèce, à laquelle chaque individu participerait également[8].

Un jugement similaire se retrouve chez bien d'autres auteurs, y compris Condillac[9], pourtant critique de Buffon car il reconnaît tout de même aux bêtes la capacité d'éprouver des sentiments et d'avoir des idées.

Curieuse attitude, alors que n'importe quel humain hébergeant plusieurs chats ou chiens sait parfaitement que les animaux d'une même espèce varient de façon manifeste. Je ne doute pas qu'à l'époque où Buffon émettait son jugement sur l'uniformité animale, d'autres, bien moins savants que lui, savaient parfaitement que les bêtes d'une même espèce diffèrent entre elles. De la même façon, rien ne nous interdisait jadis de reconnaître la non-homogénéité des Chinois. Ces derniers ne sont pas devenus plus hétérogènes aujourd'hui qu'hier. Seule notre perception a changé. Mais découvrir l'Autre dans sa singularité, donc au sein d'un champ de variétés, ne relève en rien de l'évidence, même pour l'expert, rarement exempt de préjugés à l'égard de son sujet d'observation.

J'ai le souvenir d'avoir interrogé des guides africains à propos de différents léopards, qui m'ont répondu qu'on ne saurait distinguer ces animaux les uns des autres. Anciens chasseurs, certains d'entre eux ont, depuis, appris à les reconnaître – et avec quelle facilité ! –, mais il leur a fallu les regarder autrement. Tant qu'il s'agissait de conduire un chasseur jusqu'à son gibier, l'individu animal ne revêtait pas grande importance – c'est la taille du trophée espéré qui comptait. Dès lors qu'on recherche des vivants auxquels s'intéresser, la perspective change et l'Autre se révèle. Les scientifiques n'échappent pas forcément à l'incapacité commune. Les premiers éthologistes eurent ainsi bien du mal à distinguer leurs sujets d'expérience les uns des autres. Ray Carpenter, père de la primatologie américaine, distinguait encore les singes en les marquant. Les Japonais, qui jetaient sur cet univers un regard différent, parvinrent beaucoup plus tôt à les reconnaître individuellement.

Bien des auteurs modernes, nous avons déjà évoqué à ce sujet Alain Prochiantz, excellent théoricien de l'individuation du vivant, considèrent l'animal comme intraspécifiquement plus homogène que l'humain. Cette homogénéité serait plus marquée encore chez les invertébrés, jugés comme pures (ou presque pures) créatures de l'instinct. Il existe aujourd'hui une extraordinaire quantité de données confirmant l'hétérogénéité intraspécifique des comportements. On n'en finirait pas de les citer si on voulait en dresser la liste exhaustive. Mentionnons quelques exemples. Les uns concernent la hiérarchie et la situation familiales, tout particulièrement chez les babouins[10], les macaques[*] et presque tous les primates. D'autres se rapportent à la sexualité, ainsi que le confirment diverses observations sur les attitudes homosexuelles d'une proportion significative d'animaux de diverses espèces[11]. D'autres sont relatives aux aptitudes cognitives (telles que la reconnaissance dans le miroir[12] ou le sens de la logique[13], et diverses facultés mentales) chez les chimpanzés[14] comme chez les singes-écureuils[15], à la personnalité[16] ou à la culture (laquelle varie incontestablement en fonction du talent individuel, des traditions locales ou de modifications historiques) chez les chimpanzés[17], les orangs-outans[18], les macaques du Japon[19], les capucins[20], mais aussi les baleines[21] ou les dauphins[22]. D'autres encore au degré d'agressivité[23], au chant de plusieurs espèces d'oiseaux[24], etc. Le lecteur peu au fait des considérations théoriques sur le possible manque d'individuation de l'animal s'étonnera peut-être qu'il me faille à ce point argumenter. Chacun n'a-t-il pas le moyen de constater l'immensité de ce polymorphisme au sein de l'espèce canine, si riche en formes et en tempéraments variés, puis de chaque race ? L'étude scientifique des traits de la personnalité, identifiés chez ces animaux à l'aide d'analyses factorielles similaires à celles utilisées par les psychologues humains, révèle une immense diversité entre des créatures plus ou moins timides, plus ou moins sociables, plus ou moins agressives, plus ou moins curieuses, etc.[25].

---

* Il est remarquable, pour ne mentionner qu'un exemple, que, chez les macaques japonais de l'île de Koshima, les leaders mâles ne soient jamais détrônés par de jeunes rivaux. On ne connaît pas de cas où l'ancêtre se trouve déchu, contrairement à la situation générale non seulement chez les macaques mais chez les mammifères (mentionné dans de Waal 2001, p. 186).

Détail tout à fait remarquable : ces dimensions de la personnalité se manifestent dans leur variabilité, à la fois chez les formes domestiques et chez leur équivalent sauvage, notamment la timidité ou l'agressivité. Il y a des loups précautionneux ou aventureux, de même que des chiens[26], et ceux qui ont élevé des louveteaux le savent bien[27].

Les différences individuelles ne sont donc ni des erreurs de la nature ni des artefacts, mais un élément tangible du jeu social, conservé au cours de l'évolution des espèces et tout au long de la vie de l'individu[28]. Elles ne sont que trop rarement un objet de recherche, mais chaque fois que les études ont porté sur cette question, elles ont été mises en évidence… Dans leurs travaux sur le tempérament peureux du macaque rhésus, Ned H. Kalin et Richard Davidson ont identifié un substrat biologique. Ces chercheurs de l'université du Wisconsin ont établi une forte corrélation entre ce trait de caractère, un paramètre biochimique, tel que la concentration en cortisol dans le sang, et l'asymétrie de l'activité cérébrale frontale. Sur ce terrain aussi, les différences individuelles constituent des caractéristiques stables[29] qu'on retrouve partout, y compris chez des non-mammifères, comme la mésange charbonnière[30], les corbeaux[31], les lézards[32], les poissons[33] ou les pieuvres[34]. Au début de l'année 2005, Samuel Gosling, psychologue de l'université du Texas, à Austin, a synthétisé les données disponibles à l'intention des participants du meeting annuel de l'American Association for the Advancement of Science. Non seulement il affirme que les traits de la personnalité sont aussi stables chez les chiens que chez les humains, mais il propose une échelle d'évaluation adaptée aux hyènes et comportant cinq dimensions (assurance, excitabilité, amabilité envers les hommes, sociabilité et curiosité). De façon plus générale, il conclut de sa revue générale des données, portant sur soixante-quatre espèces – y compris le cochon et la pieuvre –, à l'universalité des traits de base de la personnalité (l'ouverture d'esprit humaine étant, par exemple, analogue à la curiosité). Nombre de critères différenciants s'appliquent à toutes les espèces. Dans chacune d'elles, on peut identifier des individus plus ou moins nerveux, aimables ou extravertis[35]. Les mêmes différences se manifestent sur le terrain de l'intelligence : il existe, au sein de chaque espèce, des sujets plus ou moins doués[36].

Dans tous les cas, la vision stéréotypée des catégories animales constituées d'individus répondant tous aux mêmes normes ou régis par des règles simples, telles que le triomphe du plus fort, ne résiste pas à l'analyse. Elle s'écroule au profit de la reconnaissance de l'existence de stratégies multiples, toutes porteuses de possibilités de succès. L'évolution des orangs-outans mâles nous en apporte un exemple fascinant. L'observation d'animaux captifs montre que, dans un groupe, souvent un seul mâle prend l'allure gigantesque et typique du dominant : taille importante, bajoues et très longs poils. Les autres conservent un faciès adolescent. Les scientifiques voyaient jadis dans cet état de fait une conséquence du stress. Une fois libérés de la tyrannie du *big boss*, ces éternels jeunots prennent d'ailleurs à leur tour une allure de chef. L'examen de la situation justifie une analyse plus nuancée. Ces sujets ne paraissent pas spécialement stressés, si l'on en juge par leur état hormonal et, surtout, ils ont bel et bien la capacité de s'accoupler avec des femelles. Curieusement, et contrairement à ce qu'on observe chez d'autres espèces de primates où les subordonnés tirent furtivement leur épingle du jeu, les femelles orangs-outans n'acceptent pas ces faux adolescents. Dans la plupart des cas, ils les violent. En fait, ces individus recourent à une stratégie comportementale opposée à celle des leaders ; ils évitent les écueils liés à la domination affichée, notamment la rivalité avec les plus costauds. Ils se déplacent plus facilement dans les arbres, où ils peuvent monter plus haut sans que les branches cassent sous l'effet de leur poids[37].

En définitive, la pluralité des mœurs pourrait bien être la norme au sein de l'espèce plutôt que l'exception. Où l'on pensait pouvoir déceler la marque d'une unicité des comportements on découvre la multiplicité des stratégies possibles, y compris s'agissant de celles où se distingue la marque de l'instinct. Un exemple parmi d'autres : on croyait, jusqu'à ces dernières années, que tous les criquets mâles chantaient pour attirer les femelles. Faux : certains préfèrent se taire – évitant ainsi les prédateurs et surtout les redoutables mouches parasites qui pondent dans leur abdomen – pour profiter de l'appel lancé par leurs concurrents et tenter leur chance. On connaît plusieurs exemples de ces mâles dits satellites, notamment chez le crapaud buffle. Plus petits, muets, ils attendent près de leurs gigantesques congénères la bonne opportunité ; leur probabilité de copuler est bien moindre, mais leur survie plus longue, de sorte qu'ils tirent leur épingle du jeu aussi bien que les autres. Sans doute s'agit-il ici toujours d'instinct, mais sous une forme plus complexe que ce que l'on envisage habituellement : l'animal possède un répertoire potentiel assez étendu, lui permettant d'adopter une stratégie ou une autre, en fonction des circonstances[38]. En clair : non seulement les bêtes ont du talent, mais elles l'exercent sur le mode de l'individuation et de l'historicité.

II

LE VRAI SAVOIR DES ANIMAUX OU LE MYTHE DE L'ANIMALITÉ COMME ABSENCE

« C'est le recours à une différence métaphysique qui sert à justifier l'utilisation à la fois réifiante et illimitée de l'animal. Pensé par opposition au référent normatif « homme » dont il serait l'envers, l'animal est défini selon une structure privative qui met invariablement en relief un manque essentiel : il est sans âme, sans raison, sans liberté, sans conscience, bref, appréhendé à travers une série de négations ou de soustractions. »

Florence Burgat, 1997[1]

4

SANS RAISON ?

« Le plus grand de tous les préjugés de notre enfance, c'est de croire que les bêtes pensent. »

Descartes, 1649[1]

Le jugement de Descartes a au moins le mérite de la clarté, et le *Discours de la méthode* lève toute ambiguïté sur la pensée de son auteur : ses considérations ne témoignent pas « que les bêtes ont moins de raison que les hommes, mais qu'elles n'en ont point du tout[2] ». L'animal se caractérise par ce qui lui manque, même lorsqu'il nous prouve qu'il possède des qualités. Les paroles de Nicolas de Malebranche (1638-1715) illustrent, jusqu'à l'absurde, cette façon de voir : « Les animaux mangent sans plaisir, ils crient sans douleur, ils croissent sans le savoir, ils ne désirent rien, ils ne craignent rien, ils ne connaissent rien[3*] . »

---

* On pourrait consacrer un livre entier à cette phrase emblématique et aux répliques qu'elle a suscitées. La plus claire me semble être celle d'un auteur récemment remis à la mode par le philosophe Michel Onfray, le curé athée Jean Meslier (1664-1729), auteur d'un *Témoignage* posthume violemment anticlérical où l'on peut lire : « Dites un peu à des paysans que leurs bestiaux n'ont point de vie ni de sentiments, que leurs vaches et que leurs chevaux, que leurs brebis et moutons ne sont que des machines aveugles et insensibles au bien et au mal, et qu'ils ne marchent que par ressort, comme des machines, et comme des marionnettes, sans voir et sans savoir où ils vont. Ils se moqueront certainement de vous » (J. Meslier, *Œuvres de*

Cette idéologie de l'animal conçu comme absence se retrouve chez des auteurs contemporains, par exemple Heidegger, et même chez nombre de biologistes. Dans cette tradition s'inscrivent Kant, Buffon et pas mal d'autres. Pour eux, les animaux savent certes des choses. Mais ils ignorent pourquoi ils agissent. Ils sont sans raison. Cela peut s'entendre de deux façons distinctes : ils ne raisonnent pas ou ils fonctionnent comme des automates, sans objectif. Étrange point de vue, alors même qu'on connaissait à l'époque bien des facettes du génie animal. Au tout début du XVIIe siècle, Francis Bacon, reprenant les observations faites par Ésope au VIe siècle, se demandait qui avait bien pu enseigner au corbeau, en temps de sécheresse, à jeter des pierres dans un trou d'arbre afin de faire monter le niveau de l'eau pour lui permettre d'étancher sa soif[4]. Comment contester qu'il s'agisse là d'un comportement intelligent et finalisé ? Logiquement, en examinant les choses de façon critique ainsi que la science se doit de le faire. Jean-Henri Fabre, notre entomologiste poète, a imaginé d'habiles expériences pour tester le pouvoir de raisonnement des insectes. Tout en s'émerveillant devant leurs talents, il en conclut globalement que là où d'aucuns voyaient une miraculeuse intelligence il n'y avait qu'instinct. À la charnière des XIXe et XXe siècles et dans un esprit plus proche de la science académique, le psychologue Edward Thorndike (1874-1949), précurseur du behaviorisme*, a dénoncé lui aussi la

---

Jean Meslier, préface et notes par J. Deprun, R. Desné, A. Soboul, Anthropos, 1970, 3 vol., p. 99).

* Cette école de pensée, très influente au début du XXe siècle, en particulier aux États-Unis, entendait rendre la psychologie plus scientifique et plus objective. Réduisant à peu près tous les comportements à de simples réactions stimulus-réponse, les behavioristes évacuaient la notion d'esprit ou de contenu mental. Des expériences sur l'animal puis l'essor des sciences cognitives modernes ont mis à mal cette façon de voir qui n'a désormais plus beaucoup de défenseurs.

tendance à « exalter l'animal », écrivant que la plupart des livres ne font pas de la psychologie, mais une « eulogie » (une approche essentiellement apologétique) : « Ils portent sur l'intelligence animale, jamais sur la stupidité animale[5]. » On vit à partir de là se développer des modes d'expérimentation qui se voulaient rigoureux mais qu'on peut tout aussi bien considérer comme de véritables mises en demeure, l'animal se trouvant soumis à des situations totalement opposées à celles de ses conditions de vie habituelles. Le chat que Thorndike enferma sans pitance dans une cage dont il pouvait se sauver s'il avait seulement eu l'intelligence de tirer sur la boucle d'une corde en constitue un exemple hautement symbolique. De son incapacité à agir ainsi (l'animal effectue d'abord des mouvements au hasard et finit par accrocher accidentellement la corde), l'illustre psychologue conclut qu'il ne possède pas « le pouvoir de rationalité ». C'est presque du Descartes, sous la signature d'un savant authentique, jugé parmi les plus intelligents de sa génération : on dit que son QI atteignait les 200 ! Cette façon de procéder s'estomperait progressivement au fil des années, les expérimentateurs s'efforçant, ainsi que nous allons le voir, de trouver des conditions plus écologiques, tandis que les observateurs chercheraient à comprendre la cognition des animaux dans leur milieu naturel. Mais elle compte encore aujourd'hui des supporters[6].

Dans l'esprit de Kant et d'autres philosophes, il ne s'agissait pas seulement de nier radicalement l'existence d'un raisonnement animal mais de clamer l'absence de but de la bête. Elle vit puis s'arrête de vivre, comme quelqu'un qui déambule sans objectif, ou comme le chat de Thorndike qui se déplace sans stratégie et ne trouve de solution que par hasard. On pourrait dire, en forçant un peu le trait, non seulement qu'elle ne sait où elle va – encore moins pourquoi elle y va –, mais aussi qu'elle ne va nulle part. Sur le terrain de la science, cette vision correspond à coup sûr à un non-sens. En fait, toute la biologie moderne désigne très précisément les animaux comme des êtres continuellement tournés vers un but. La mécanique évolutionnaire les a ainsi constitués, non comme des créatures guidées par le hasard, mais comme des vivants orientés en permanence vers une source de gratification proche ou lointaine, celle, *in fine*, propre à assurer le succès de leurs gènes, ou à optimiser leurs gains et diminuer leurs pertes, selon un schéma emprunté à l'économie et qui, pour cette raison, agace mais n'en correspond pas moins à la réalité[7]. Si l'on devait se contenter d'une définition sommaire du vivant, c'est à cela qu'on le réduirait, à cette façon de n'être jamais sans but, caractéristique d'une créature fondamentalement rationnelle, l'esprit toujours porté vers l'optimisation. L'étude neurophysiologique met d'ailleurs en évidence dans le cortex frontal médian* des singes l'existence de neurones impliqués dans la sélection d'actions visant un but (capables d'anticiper les conséquences des divers actes possibles, afin de pouvoir faire un choix)[8]. On mesure ainsi, expérience à l'appui, l'étrange « exploit » de certains philosophes illustres qui, après bien des réflexions, osèrent définir l'animal comme l'inverse de ce qu'il est !

Mais que savent au juste vraiment les animaux ? Le problème ne saurait désormais plus se laisser approcher de façon globale. La pensée comporte de multiples facettes, plus ou moins reliées, les unes relevant plutôt de la pure logique, c'est-à-dire largement indépendantes de la relation à autrui, les autres en rapport avec la

* Voir le schéma p. 159.

cognition sociale. Distinguer ces deux aspects de l'« intelligence » du vivant ne se justifie peut-être pas, quant au fond, mais nous procéderons ainsi par commodité.

Ce qu'ils savent

Qu'il existe une intelligence et une sensibilité animales, nous n'essaierons pas de le démontrer. La chose ne se conteste plus. Les bêtes agissent de façon raisonnable, communiquent, évaluent leur intérêt, protègent leurs petits, etc. Mon propos vise plutôt à démontrer à quel point cette intelligence est généralisée et ne situe pas nécessairement l'animal en position d'infériorité par rapport à l'homme. Car son savoir ne s'évalue pas seulement à travers les performances notées lors des tests. Il est partout.

Prenons l'exemple du rapport prédateur-proie. L'acte de prédation ne constitue nullement, ainsi que je l'ai montré par ailleurs[9], une quête élémentaire comparable au fait d'aller faire ses courses au supermarché. C'est un exercice mûrement réfléchi, un ensemble de calculs fort savants. Certains croient la chasse chose simple : le fauve trouvant sa proie plus ou moins par hasard va se lancer à sa suite, la tuer et la consommer. La réalité ne ressemble pas à cette vision simpliste. La rencontre plus ou moins hasardeuse n'a pour ainsi dire aucune conséquence en elle-même. Ma panthère, assurément, n'a rien à voir avec le chat de Thorndike ! Quand une antilope croise un lion ou un léopard dans la savane, il n'en résulte qu'un cri d'alarme : elle signifie à son prédateur qu'elle s'enfuira s'il se lance à sa poursuite, qu'il ne parviendra pas à ses fins. Voilà pourquoi on voit parfois des herbivores brouter près de lions se reposant à l'ombre d'un arbre : ils préfèrent savoir où sont leurs ennemis plutôt que de les imaginer dissimulés ici ou là. Le félin, donc, doit tout calculer, tout préparer. Il lui faut repérer la cible, puis l'approcher, ce qui implique, si nécessaire, de savoir prendre en compte la direction du vent (ne pas être repéré à l'odeur) et l'orientation du soleil (ne l'avoir pas dans les yeux, de sorte que seule sa victime sera éblouie). Parvenu à la bonne distance, il doit savoir évaluer les chances et tous les paramètres géométriques. Le neurobiologiste Alain Berthoz a bien perçu cette dimension du fonctionnement mental quand il explique les liens entre cognition et mouvement :

> Pour survivre, écrit-il, nous n'avons en général qu'une seule chance, un seul coup à jouer, mais qui engage nos muscles et notre masse corporelle en déplacement. Pour attraper une proie qui se déplace à 36 kilomètres à l'heure, c'est-à-dire de dix mètres en une seconde, il faut anticiper sa position en moins de 100 millisecondes et se diriger là où elle sera dans un instant. Il faut aussi préparer le geste de capture, préparer les muscles à compenser son poids et vaincre sa résistance. Il faut anticiper, deviner, parier sur son comportement, il faut se constituer une « théorie de l'esprit » en devinant quelles peuvent être les esquives de cette proie en fonction du contexte. Il s'agit donc de processus extrêmement rapides, fondamentalement dynamiques, au cours desquels tout se joue en quelques dizaines de millisecondes. Le cerveau est avant tout une machine biologique à aller vite en anticipant[10].

De ce talent Berthoz déduit en bonne logique que le prédateur connaît les lois de la géométrie ou de la cinématique. Il est un véritable mathématicien. Cette façon de voir rejoint celle jadis exprimée par le Prix Nobel Jacques Monod, qui croyait les théorèmes mathématiques inscrits de façon innée dans l'esprit humain[11]. Les observations sur les Mundurukú confirment cette prédiction. Ces Indiens d'Amazonie, non scolarisés et dont l'aptitude à compter ne dépasse guère celle des primates non humains, montrent de réelles et spontanées compétences géométriques qui ne doivent évidemment rien à une éducation formelle du type de celle que nous privilégions en Occident[12]. Voilà de quoi renforcer l'idée d'une universalité de certains traits cognitifs. Reste à savoir si elle s'étend au-delà des limites de l'espèce humaine ; des études le donnent à penser.

À l'évidence, la géométrie est bien plus naturelle que ne l'imaginent les lycéens quand ils commencent à s'y exercer. Les études de deux chercheurs marseillais, Catherine Thinus-Blanc et Stéphane Gouteux, en apportent une confirmation supplémentaire. Ils ont utilisé une cage de Plexiglas contenant quatre boîtes identiques, chacune fixée à un endroit particulier de manière à former deux segments suffisamment différents pour être mémorisables. Un macaque observe l'expérimentateur pendant qu'il dispose une friandise dans l'une d'elles. Puis la cage est recouverte et retournée plusieurs fois sur elle-même. L'animal n'a donc plus d'autres repères que ceux fournis par la géométrie dans l'espace. La boîte qui contient la friandise appartient forcément au segment mémorisé, et le singe ne s'y trompe pas, il ne s'intéresse qu'aux deux boîtes correspondantes. Si on lui fournit un indice supplémentaire en peignant l'un des côtés de la boîte, l'ambiguïté cesse et il sélectionne uniquement la bonne boîte. Les enfants humains réussissent très jeunes l'opération géométrique ; mais il leur faut attendre l'âge de six ans pour intégrer l'utilité de l'indice fourni par la couleur. Outre le fait qu'elle souligne la précocité du singe par rapport à l'homme, cette observation invite à ne pas faire du langage une condition nécessaire à l'appréciation de la géométrie spatiale, dès lors que des animaux non parlants la possèdent[13] !

La cognition intervient donc dans de multiples comportements animaux, et pas seulement dans ceux réputés intelligents. Il s'agit d'une propriété générale tenant à l'organisation du système nerveux, lequel, qualitativement, ne diffère pas tellement d'un être à l'autre. Cela expliquant l'étendue du savoir des bêtes. Un savoir immense et parfois même plus remarquable que le nôtre. Songez à l'art de la navigation des oiseaux migrateurs, au radar des chauves-souris, au sonar des baleines, à l'aptitude des abeilles à communiquer les repères spatiaux, aux diverses techniques des mangoustes mangeuses d'œufs, aux talents de constructeur et d'esthète de l'oiseau à berceau, au stratagème de l'opossum (faire le mort), à la complexité de certaines sociétés de fourmis cultivatrices de champignons ou « esclavagistes », aux connaissances « médicales » des chimpanzés quand ils se soignent en ingurgitant des végétaux dotés de vertus thérapeutiques, etc. Ce savoir, bien souvent d'ordre instinctif, c'est-à-dire présent indépendamment de l'expérience, se double d'un autre, plus « intelligent » selon nos normes culturelles, capable d'intégrer des éléments inédits de l'environnement, ainsi que nous le verrons plus loin. Mais il est essentiel de bien comprendre à quel point tout comportement implique une activité mentale d'un niveau relativement élevé. Cela vaut pour la prédation – qu'il s'agisse de proie ou de prédateur – mais aussi pour tous les autres comportements, notamment les déplacements et le repérage dans l'espace. Qu'un animal, un casse-noix de Clark[14] ou un chimpanzé[15], soit capable de se souvenir d'une multitude de cachettes où se trouve de la nourriture, cela signifie qu'il possède une représentation mentale de l'espace. Cela implique qu'il n'agit pas en automate, qu'il a un esprit. Cette intelligence animale apparaît de façon manifeste dans les prouesses étincelantes de quelques créatures d'exception comme l'otarie Rio[16], le bonobo Kanzi[17], les chimpanzés Washoe et Sarah[18], ou encore le perroquet Alex[19].

Un réel génie manipulateur

La plupart des investigations sur l'intelligence animale ont été réalisées en laboratoire, c'est-à-dire dans des conditions forcément artificielles. Certaines relèvent plutôt de l'anecdote, d'autres sont anciennes et pas toujours bien contrôlées. Elles n'en révèlent pas moins depuis longtemps d'évidentes aptitudes intellectuelles, notamment chez les grands singes. Chacun sait comment Sultan, le chimpanzé du fameux psychologue Wolfgang Köhler (1887-1967), découvrit dans une expérience classique la manière d'entasser des boîtes les unes sur les autres pour attraper une banane pendue au plafond[20]. On dit aussi qu'il trouvait souvent, après une pause, les solutions aux problèmes posés. Pouvons-nous en déduire qu'il prenait le temps de la réflexion ? Même interprété de façon critique, ce type d'observation et beaucoup d'autres suggèrent que les animaux pensent bel et bien, et même qu'ils sont capables d'anticipation[21]. Leur aptitude à manipuler intelligemment des objets se manifeste également dans leur capacité à les fabriquer et à les utiliser (voir le chapitre 12 à propos des cultures animales). Les singes n'ont pas le monopole de la manipulation habile. On connaît de nombreux exemples chez plusieurs espèces de mammifères, mais aussi chez les oiseaux. Dans des expériences classiques, le biologiste (et marathonien) américain d'origine allemande Bernd Heinrich a accroché, à l'intention de ses corbeaux, de petits morceaux de viande au bout d'une ficelle liée à une branche. Plusieurs oiseaux ont aisément compris qu'il fallait tirer sur la cordelette, mais cela ne suffisait pas. Au bout de six heures, un des corbeaux a trouvé la solution aux diverses étapes nécessaires à la réussite : il fallait, premièrement, tirer un bout de ficelle avec le bec, puis fixer cette dernière avec une patte, tirer à nouveau pour raccourcir encore sa longueur, maintenir la cordelette dans cette position, et ainsi de suite jusqu'à ce que le bec se trouve à la bonne hauteur pour picorer la nourriture convoitée[22].

Ils raisonnent en logiciens…

Tous ces savoirs traduisent une évidente capacité à comprendre, à apprendre. Du reste, les milliers de rongeurs qui courent dans tous les labyrinthes des nombreux laboratoires de psychologie expérimentale l'attestent. L'étendue de leur mémoire ne fait guère de doute. Mais nous ressentons parfois l'impression qu'elle serait moins « intelligente » que la nôtre. Nous connaissons notre capacité à suivre des règles cognitives, comme celles du langage, mais nous doutons qu'ils disposent de la même compétence. Une étude récente de chercheurs de Londres et d'Oxford nous éclaire grandement à ce propos. Ils viennent de montrer que les rats suivent bel et bien des règles et qu'ils les maîtrisent suffisamment pour les transférer d'une situation à l'autre. Ils soumettent leurs rongeurs à des séquences de deux stimuli : par exemple, une lumière vive (stimulus A) et l'obscurité (stimulus B). Certains apprennent ainsi qu'une suite ABA (alternance des deux stimuli) est suivie de la présentation de nourriture, d'autres doivent obéir à la règle BBA (deux fois le même stimulus suivi de l'autre) ou ABB (un stimulus suivi de deux fois l'autre), pour obtenir la même chose, etc. Cela démontre qu'ils peuvent mémoriser des séquences de trois éléments mais pas forcément qu'ils intègrent la notion de règle, ainsi que nous le faisons lorsque nous nous avérons capables d'utiliser dans un cadre inédit une connaissance acquise dans un autre contexte. Les rats seraient-ils capables de transférer leur utilisation des règles apprises à une situation nouvelle ? Une seconde série d'expériences faisant intervenir des stimuli différents (des sons de deux fréquences distinctes) permet de le démontrer. Les animaux se révèlent effectivement capables de suivre la même règle : celui qui a appris la valeur de la séquence ABA dans le cadre de stimulations lumineuses adopte une séquence de type ABA (ou BAB, qui correspond à la même règle) quand on lui fait entendre des sons de deux fréquences différentes. Il ne réapprend pas de nouveau, il suit une règle dont il connaît la valeur[23] ! Il en va de même pour ses congénères qui ont appris BBA (identique à AAB) ou BAA (similaire à ABB).

Ils savent beaucoup et ils n'ignorent pas les règles, mais peuvent-ils raisonner ? Les psychologues ont testé cette aptitude dans le monde animal. Ils y ont retrouvé tous les ingrédients de la pensée. Par exemple, chez Rio, une otarie de Californie étudiée à l'université de Santa Cruz par l'éthologiste Ronald Schusterman. Elle a réalisé l'opération mentale : si A = B, et B = C, alors A = C[24]. En 2001, le même chercheur a repris ses expériences sur Rio en collaboration avec la biologiste Colleen Kastak[25]. Après dix années d'interruption de ses travaux de logicienne, la femelle otarie s'est montrée tout aussi douée dans ses essais, même quand ils portaient sur des chiffres et des lettres non utilisés précédemment. Difficile, dans ces conditions, de contester qu'elle ait compris les règles et qu'elle maîtrise le concept d'identité logique entre deux éléments visuellement très différents. Kastak pense que l'impressionnante mémoire des otaries leur sert à reconnaître les diverses catégories de proies, même lorsqu'elles ne sont présentes qu'à certains moments de l'année.

Les grands singes n'ignorent pas non plus les règles de la logique, ainsi que l'illustrent les expériences déjà anciennes du psychologue américain Douglas Gillan sur le chimpanzé[26]. L'exercice consistait à présenter à trois de ces animaux des séries de paires de récipients contenant chacun une quantité plus ou moins grande de nourriture, respectivement notée – et +. Les singes ont ainsi correctement interprété les séries A– B+ (pour B supérieur à A), B– C+, C– D+ et D– E+, c'est-à-dire appris à sélectionner le bon récipient, celui contenant le plus de nourriture. Que se passe-t-il maintenant quand on leur présente BD ? Face à ce type de problème, seul un des trois chimpanzés a systématiquement fait le bon choix, à savoir D. On peut donc admettre qu'il a raisonné de façon correcte et selon un processus d'inférence transitive (à savoir : puisque D est plus grand que C, lequel est plus grand que B, D est donc, a fortiori, plus grand que B). Que lui seul ait trouvé la bonne réponse confirme en outre que toutes les bêtes d'une même espèce ne répondent pas à l'identique et de façon stéréotypée.

Gillan a testé d'autres aspects du raisonnement chez les grands singes, notamment celui qui repose sur l'analogie en évaluant l'équivalence entre deux relations. On peut, par exemple, dire « la clef est au cadenas ce que le pinceau est à la peinture ». Travaillant sous la direction de deux des plus célèbres psychologues de notre temps, David et Ann Premack, l'illustre chimpanzé Sarah a ainsi appris à utiliser des morceaux de plastique pour représenter les relations « même » et « différent ». On lui a ensuite présenté des éléments susceptibles d'être ou non associés, du type A et A', B et B', A étant un cadenas fermé, A' une clé, B un pot de peinture, et l'élément alternatif B' soit un ouvre-boîtes, soit un pinceau. Sarah devait s'intéresser aussi bien à des éléments figuratifs, à savoir des formes géométriques, qu'à des éléments fonctionnels (dans le cas évoqué : cadenas, clef, peinture). Elle a réussi le test dans la plupart des cas, confirmant sa capacité à raisonner juste[27].

… et comprennent le sens de l'analogie

Le raisonnement par analogie constitue une partie importante de la vie mentale. Utile dans la vie courante, il joue aussi un rôle dans l'élaboration de grandes théories qui représentent souvent, dans un domaine, l'analogue de ce que l'on sait ou croit savoir dans un autre. Les notions de « même » et de « différent » constituent des éléments essentiels du raisonnement analogique. Les animaux se sont souvent avérés experts en ce domaine. Les chimpanzés et notamment Sarah ont montré, en laboratoire, des qualités étonnantes. Les expériences des Premack révèlent en particulier leur aptitude à apparier des proportions. Même non entraîné, cet animal comprend très facilement qu'il doit associer la demi-pomme à l'autre demi-pomme ou un demi-verre d'eau à un autre demi-verre d'eau. Après apprentissage, il peut apparier la demi-pomme au demi-verre et même additionner des proportions. Il sait, par exemple, combiner un quart de pomme avec un quart de verre d'eau pour l'associer à un demi-disque. On ne saurait évoquer ici une reconnaissance globale de la taille puisque, dans cette expérience, les disques en bois possèdent la même, qu'il s'agisse du disque entier, du demi ou du quart. Selon David et Ann Premack, les chimpanzés ne font pas de calcul comme nous pourrions le faire (d'autant plus qu'il faudrait ici additionner des fractions, tâche complexe même pour des humains) mais procèdent par analogie, sous la forme de l'association :

Quart de pomme/Pomme entière
[équivaut à]
Quart de verre d'eau/Verre d'eau entier

Ce raisonnement analogique apparaîtrait chez l'enfant humain, mais sous une forme fruste, vers l'âge de deux ans, pour se développer considérablement ensuite. Le chimpanzé, quant à lui, n'y recourt pas spontanément mais lorsque l'humain lui en fournit l'occasion[28].

La pensée analogique ne serait pas le propre des anthropoïdes. Les équipes des psychologues Joël Fagot, à Marseille, et Michael Young, dans l'Iowa, ont mis en évidence les capacités de raisonnement abstrait chez deux babouins. Après de nombreuses séances d'entraînement consistant à choisir certains éléments sur un écran d'ordinateur, ces animaux ont été capables de traiter des informations abstraites, d'apparier les tableaux en fonction des relations d'identité, montrant que le raisonnement analogique apparaît dans l'évolution des espèces à un stade antérieur à celui de la survenue des grands singes, puisque notre lignée s'est séparée d'eux longtemps après la dichotomie avec celle des babouins[29].

Un incontestable sens de la causalité

Une multitude d'observations révèle l'existence chez les animaux d'un sens de la causalité. Quand il appuie sur une pédale dans sa boîte de Skinner*, le rat sait bien que ce mouvement entraîne la récompense, qu'il existe

---

* On désigne ainsi le dispositif utilisé par le plus illustre des behavioristes, Burrhus F. Skinner (1904-1990), professeur à l'université Harvard, qui consiste en une cage munie d'une pédale sur laquelle le rat peut appuyer en réponse à un stimulus afin d'obtenir une récompense.

donc un certain lien de cause à effet entre deux phénomènes en apparence distincts.

On peut définir plusieurs formes de sens de la causalité. Certaines d'entre elles impliquent une représentation mentale. Il ne s'agit alors plus de l'évidente constatation d'une coïncidence physique, comme lorsqu'on donne un coup de pied dans un caillou et qu'en le voyant s'éloigner on en déduit que le choc est la cause de son mouvement. David et Ann Premack évoquent à ce propos des expériences assez mystérieuses consistant à présenter des maisons de poupée à un petit humain ou à un chimpanzé. Placé face au modèle réduit d'une pièce réelle, l'enfant voit l'expérimentateur y déposer un bonbon dans un récipient ; il en déduit qu'une fois dans la véritable chambre il trouvera la friandise dans le récipient correspondant. Tel est bien le cas et, fait étrange, quand le sujet est de nouveau mis en face du récipient modèle réduit, il s'étonne que le bonbon y soit encore. Les Premack rapprochent cette démarche de la pratique vaudoue, dans laquelle l'action sur une poupée modèle agit à distance sur l'être représenté. Curieusement, les chimpanzés se comportent comme les enfants : ils vont dans la pièce réelle chercher ce qu'ils ont vu dans la pièce modèle. Et comme les petits humains, ils s'attendent à ne plus trouver dans cette dernière la friandise qu'ils ont récupérée dans la « vraie » pièce. La preuve en est que si on leur donne le choix entre quatre récipients dont trois contiennent une gâterie, ils évitent logiquement celui dans lequel ils ont vu que l'expérimentateur ne mettait rien, mais aussi celui correspondant au récipient de la pièce réelle dans lequel ils ont prélevé leur nourriture, preuve qu'ils s'attendent à ce qu'elle ne s'y trouve plus. Certes, cette étonnante observation ne plaide pas véritablement en faveur de l'intelligence rationnelle de l'animal, ni de celle du petit humain. Mais elle souligne leur sens de la causalité[30].

D'autres expériences le confirment d'une façon peut-être plus rationnelle. Si on montre à Sarah une pomme entière et une pomme coupée et qu'on lui demande d'associer cette séquence à un couteau, un récipient d'eau ou un crayon, elle choisit le premier élément, cause logique de la section du fruit. Plusieurs observations des Premack et de chercheurs plus jeunes, comme Josep Call de l'Institut Max-Planck d'anthropologie et de l'évolution de Leipzig, nous démontrent même que les grands singes excellent quand il s'agit de comprendre les propriétés physiques et de raisonner à leur sujet, mais peinent face au simple processus associatif. Cette considération nous situe ainsi, et Call le souligne, à l'exact opposé de la pensée des philosophes et des psychologues plus ou moins implicitement influencés par Descartes. On considère en général l'animal comme très facile à conditionner par l'intermédiaire d'un stimulus arbitraire : le chien de Pavlov associe le son de la cloche à la présentation de l'aliment, et ce bruit suffit à le faire saliver. Des millions de rats d'expériences ont démontré l'efficacité de ce « raisonnement » associatif non intelligent. Mais que dire des grands singes ? L'expérience prouve qu'ils préfèrent l'approche causale. Les Premack ont ainsi présenté à des chimpanzés deux boîtes, l'une avec une banane, l'autre avec une pomme ; plus tard, un expérimentateur prélève la banane ; le singe qui n'a droit qu'à un essai se dirigera automatiquement, sans apprentissage par essais et erreurs, vers la boîte contenant l'autre fruit. Il a raisonné de façon inférentielle, par exclusion. Les observations de Josep Call sont plus démonstratrices encore. On présente deux coupes à un grand singe. Dans un cas, l'expérimentateur désigne en la tapotant celle qui contient la friandise ; dans l'autre, il secoue le récipient, ce qui produit un bruit quand il contient l'appât. La première situation implique un simple processus associatif arbitraire, la seconde un raisonnement causal. Résultat : le chimpanzé réussit fort bien dans cette dernière éventualité et n'a aucun succès dans la première. Moralité : non seulement il sait raisonner, mais il ne sait que raisonner ! Il apparaît comme une sorte de penseur handicapé face à une vulgaire situation de conditionnement ! Une série d'expériences complémentaires de Call confirme cette façon de voir. On peut, par exemple, se contenter de secouer la tasse vide et de soulever simplement celle avec l'appât. Aucun son ne sera produit dans les deux cas. Mais le singe choisit le récipient qui n'a pas été secoué, ayant déduit que la nourriture ne pouvait être dans l'autre car elle aurait produit un bruit lors de la secousse[31].

Bien d'autres observations de Josep Call confirment le sens de la causalité chez les chimpanzés en même temps que leur bonne connaissance des règles élémentaires de la physique. L'une des plus simples consiste à leur montrer que l'on dispose un morceau de banane dans une des deux coupelles opaques situées sur chacun des deux plateaux d'une balance, mais sans qu'il puisse voir dans laquelle. Dès le premier essai, l'animal choisit le côté le plus lourd, sauf si une cale ou un autre système supprime l'équité de la mesure ! Il est clair que le singe comprend la situation, qu'il se fait une idée du poids et qu'il raisonne à ce sujet en termes de causalité. Reste à savoir s'il s'agit là d'une ébauche de connaissance de concepts plus abstraits des sciences physiques, tels que la gravité[32].

Des psychologues n'en continuent pas moins à croire le raisonnement causal propre à l'humain. Très critiquées par plusieurs spécialistes, les expériences d'un primatologue bien connu de l'université de Louisiane, Daniel

Povinelli[33], suggèrent que les grands singes n'atteignent pas ce stade, se limitant à un simple apprentissage d'associations. Ses expériences sur les chimpanzés redonnent vie au chat de Thorndike : il ne comprend pas qu'il faut tirer sur la corde pour ouvrir la porte et s'il le découvre, par hasard, il ne sait toujours pas ce qu'il fait puisque à la prochaine occasion il reproduira le même geste, y compris face à une porte ouverte ! La question de la compréhension se situe au centre du débat sur l'intelligence animale, et seul le recours à l'expérience peut la trancher. Mais une observation négative ne saurait prouver l'inexistence de cette compétence. Parce que l'animal peut avoir une compréhension réelle mais distincte de la nôtre. Parce que le modèle expérimental adopté ne convient pas à sa nature. Mais également parce que bien souvent nous appliquons nous aussi des solutions sans comprendre. Combien de lycéens utilisent avec succès des recettes efficaces mais non comprises, même dans le domaine de prédilection de la logique, à savoir les mathématiques ? Un psychologue povinellien se devrait de les ranger aux côtés des chimpanzés, parmi les créatures dépourvues de raison !

Quoi qu'il en soit, associer et comprendre ne signent pas la même compétence mentale. Mais distinguer entre les deux processus ne relève pas de l'évidence : la survenue de deux phénomènes (par exemple, un son T et de la nourriture F) à la suite d'un troisième (une lumière L) ne permet pas *a priori* de décortiquer les liens de causalité. Le fait que L soit associé à T et F n'apporte en lui-même aucune indication probante. Cependant, selon qu'elle est ou non suivie d'une modification de F, une intervention sur T permet de conclure. Il convient donc d'expérimenter en dépassant le stade de la simple observation, c'est-à-dire en permettant au sujet d'intervenir sur l'enchaînement causal. C'est exactement ce qu'ont fait des chercheurs de Los Angeles, Nagoya et Göttingen, sur le rat[34]. Leur conclusion : cet animal est bel et bien capable d'inférences causales. Il possède une réelle capacité à distinguer la cause d'un simple phénomène associé. Inutile de dire que si une telle aptitude humaine se retrouve chez les rongeurs on ne saurait guère douter de son existence chez les singes ! De fait, les recherches des primatologues américains Marc Hauser et Bailey Spaulding le confirment chez les macaques rhésus vivant en liberté et en l'absence de tout entraînement[35]. Ils leur ont présenté des situations de transformations physiques possibles ou non : ainsi, un couteau peut sectionner une pomme en deux mais pas un verre d'eau. Les singes font la différence, si l'on en juge par leur observation plus prolongée de scènes incongrues*. De cette expérience se dégagent deux leçons intéressantes : d'une part, l'aptitude de ces animaux à produire des inférences logiques sur le possible et l'impossible ; de l'autre, le fait que cette capacité existe en l'absence d'expérience préalable. Cette découverte, par-delà son utilité pour l'analyse évolutive des compétences cognitives, n'est pas philosophiquement neutre : elle contredit la théorie de David Hume selon laquelle seule l'expérience antérieure guiderait les perceptions de causalité. En vérité, il faut comprendre que préexiste dans le cerveau animal un savoir sur les causalités que l'expérience révèle sans la créer.

Bien entendu, le raisonnement causal du chimpanzé ne semble pas aussi performant que celui de l'humain, ainsi que l'illustrent par exemple les pratiques de chasse : le singe se contente de jouer les opportunistes en capturant

* C'est ainsi que procèdent les spécialistes de la psychologie du petit enfant : une attention soutenue signe, à leurs yeux, l'incongruité ou la nouveauté d'une situation. La psychologie animale – relative, elle aussi, à des sujets qui ne nous parlent pas – adopte le même principe.

ce qui se présente, alors que le chasseur, même « primitif » comme le Bochiman, va traquer rationnellement sa cible. Mais les différences entre le chimpanzé et l'homme pourraient se révéler infiniment plus minces qu'on ne l'imagine. Les dernières expériences du groupe de Michael Tomasello n'en trouvent aucune pour tout ce qui relève de la compréhension du monde physique, de l'espace, des quantités ou de la causalité. Les différences observées portent uniquement sur le champ du social, sur l'interaction avec autrui et sur ce qu'elle implique pour les échanges culturels. On serait tenté de dire, à la lecture de ces résultats, que la logique « pure » du grand singe, telle que l'évaluent nos tests d'intelligence habituels, est quasi identique à la nôtre[36] !

Faut-il s'étonner de l'aptitude animale à établir des relations de causalité ? Je ne le crois pas, en particulier parce que le concept de causalité rejoint celui d'intentionnalité. Il est préférable d'émettre l'hypothèse d'une intention derrière les phénomènes que l'on observe. L'antilope qui voit bouger les hautes herbes a raison d'envisager que cela puisse être à cause de la présence d'un lion, car ne pas prendre en considération cette éventualité pourrait bien la mener à sa perte. Je vois dans cette naturalité de l'intention prêtée aux phénomènes naturels l'une des causes du sentiment religieux. L'homme croit que la pluie, le soleil ou la mort s'expliquent parce que quelqu'un le veut ainsi. D'où l'idée de Dieu(x). Il s'agit là, sans doute, de la conséquence de cette recherche forcenée mais biologiquement logique de l'intentionnalité dans le monde qui nous entoure : faute d'explication meilleure – c'est-à-dire en l'absence de données scientifiques –, nous sommes conduits à concevoir l'idée d'une cause ultime que, souvent, nous appelons Dieu. On notera, à ce sujet, que la croyance ne se situe pas forcément aux antipodes de la rationalité. Le cerveau s'arrange pour mettre de la logique dans des situations qui n'en comportent guère.

Le phénomène de dissonance cognitive illustre lui aussi ce paradoxe de la relation entre croyance et raison. Mis en exergue voici un demi-siècle par le psychologue Leon Festinger (1919-1989), il se rapporte aux situations de conflit entre deux aspects de la vie cognitive. Gêné par cet état, le sujet tend à réduire la tension ressentie par une démarche logique, justifiant ce qui n'a pas lieu de l'être. Jusqu'alors réputée refléter un haut statut cognitif, la dissonance cognitive semblait réservée aux humains. L'équipe de Paul Bloom, un psychologue bien connu de l'université Yale, prouve désormais qu'il n'en est rien. Leur expérience porte sur des singes capucins et des enfants humains de moins de quatre ans. On leur présente des M&M's, confiseries appréciées par les uns et les autres, et qui offrent, pour les primatologues, l'immense avantage de posséder des couleurs différentes. Forcés de choisir entre un rouge et un bleu, supposons qu'ils se décident pour le premier. Jusqu'alors ils leur octroyaient à peu près la même valeur d'où leur hésitation. Mais si maintenant on leur demande de se prononcer entre le bleu et le vert, ils préféreront immédiatement ce dernier[37]. Tout se passe comme si, ayant rejeté le bleu une première fois, ils justifiaient leur choix, pourtant quasiment dû au hasard, en dévalorisant cette couleur. Chacun reconnaîtra ici une attitude fréquente dans nos existences. On hésite beaucoup avant d'acheter tel ordinateur ou telle caméra numérique. Mais une fois l'objet acquis, on trouve toutes les justifications au choix effectué. L'existence de la dissonance cognitive chez le singe capucin et le petit enfant valorisera ceux-ci aux yeux des uns ou dévalorisera ladite dissonance aux yeux des autres. Par-delà le débat, sans doute assez stérile, sur la hiérarchisation des aptitudes mentales, observons que celle-ci, comme bien d'autres, ne saurait désormais être considérée comme le privilège de notre seule espèce.

Nous ne sommes pas seuls à savoir calculer

En matière de logique et même de mathématiques, les primates en savent certainement davantage qu'on a tendance à le croire. Deux chercheurs de l'université Columbia à New York, Herbert Terrace et Elizabeth Brannon, ont mis en évidence la capacité des macaques rhésus à évaluer si un nombre est plus grand ou plus petit qu'un autre. Ces primates parviennent également à ranger les nombres par ordre croissant ou décroissant[38]. On ne s'étonnera pas que nos cousins proches, les chimpanzés, se révèlent plus doués encore. Des primatologues de l'université de Kyoto ont mis en évidence leur aptitude à se représenter les nombres et à compter de 0 à 9. Le chimpanzé femelle Aï (amour en japonais), âgé de 23 ans et déjà connu pour ses œuvres d'art et sa capacité à reconnaître les lettres de l'alphabet latin, travaille efficacement l'arithmétique sur un écran tactile[39]. Véritable star dans son pays d'adoption, Aï possède une adresse e-mail !

Même les primates à l'état sauvage sont capables d'effectuer des calculs, ainsi que l'a montré Marc Hauser chez le macaque rhésus ; ils détectent les changements additifs ou soustractifs, montrant qu'ils ont accès à une certaine représentation arithmétique[40]. Prouver que des animaux savent faire des additions n'a rien d'évident. Plusieurs observations sur des macaques et des chimpanzés le suggèrent fortement. Celles de Jessica Cantlon et Elizabeth Brannon, toutes deux psychologues à l'excellente Duke University en Caroline du Nord, le démontrent sans grande ambiguïté. Elles ont soumis aux mêmes tests deux femelles rhésus, baptisées Boxer et Feinstein, et quatorze étudiants adultes de leur université. Autant dire qu'elles n'ont pas hésité à placer la barre assez haut ! Il s'agissait de présenter aux uns et aux autres un tableau comportant un certain nombre de points durant une demi-seconde, puis un autre vide destiné à distraire les sujets durant le même laps de temps, puis un troisième avec un nouvel ensemble de points, puis un quatrième comportant deux choix présentant chacun une certaine quantité, dont une équivalente à la somme des deux valeurs précédentes. Un jus de fruits récompensait le singe quand il fournissait la réponse juste, les hommes gagnant, quant à eux, la somme de dix dollars pour leur participation à l'expérience. Après seulement quelques sessions de travail, Feinstein et Boxer ont compris le système et fourni plus de bonnes réponses que ne le voudrait le hasard. Dans l'ensemble, les humains l'emportent sur les macaques : ils donnent une réponse juste dans un plus fort pourcentage de cas (94 % contre 76 %), mais pas plus rapidement. L'essentiel ne tient sans doute pas à cette comparaison, mais au fait que la procédure cognitive utilisée semble identique dans les deux cas*. Comme les humains, les singes sont capables de combiner deux représentations mentales (le nombre de points d'un tableau et celui du suivant) et de réaliser une opération abstraite selon le même algorithme mathématique[41]. Par-delà la capacité à calculer, cela signe l'existence d'une aptitude animale à jongler avec l'abstrait et pas seulement avec le concret.

Détail intrigant : la capacité à compter n'est pas l'apanage des primates. Elle apparaît au contraire largement

* Cantlon et Brannon l'ont démontré en utilisant une équation assez complexe évaluant la valeur de la performance en fonction de la somme et de l'élément distracteur.

répandue dans la nature. On en trouve des rudiments chez les chiens[42]. Claudia Uller, de l'université d'Essex (Colchester), a même découvert que les salamandres à dos rouge savent faire la différence entre un tube contenant trois mouches et un autre avec seulement deux : elles préfèrent le premier[43]. Le perroquet Alex sait, quant à lui, parfaitement associer des nombres abstraits avec leur symbole[44]. Le plus souvent mises en évidence en laboratoire, ces aptitudes se manifestent aussi dans la nature. Bruce Lyon, un éthologiste de l'université de Californie à Santa Cruz, a ainsi observé la capacité des poules d'eau à compter les œufs dans leur nid. Lorsqu'il y en a trop, signe de la venue non souhaitée d'un oiseau parasite désireux de lui confier sa progéniture, ces animaux éjectent les usurpateurs[45]. On comprend au passage l'intérêt qu'ils tirent de leur aptitude à manipuler les nombres. Car il n'y a pas de mystère en ce domaine : si cette capacité à calculer fait, selon l'heureuse expression de Marc Hauser, parti de la boîte à outils universelle des êtres vivants[46], c'est parce qu'ils en retirent un avantage écologique réel dans leur propre milieu. Comment ne pas voir l'utilité pour une proie de savoir compter de façon précise le nombre de lions qui l'environnent ? Si elle n'en localise que quatre dans une troupe de six, cela signifie très probablement qu'il en reste deux autres cachés dans les fourrés. Expérimentant dans le parc national de Serengeti, en Tanzanie, Karen McComb, surtout connue pour ses recherches sur les éléphants, a pu mettre en évidence la capacité des lionnes à évaluer le nombre de leurs ennemies en « comptant » les rugissements différents. Elle a pour cela diffusé des enregistrements d'autres groupes de fauves. Les lionnes se sont rapprochées d'une unique intruse avec plus de précipitation que lorsqu'elles en entendaient trois[47]. Les animaux vivant et se déplaçant en groupe doivent aussi savoir s'il y a des absents ! Nous ne sommes donc pas ici en présence d'un talent gratuit pour briller à l'école mais d'une aptitude vitale. Et cette dernière ne correspond qu'approximativement à une hypothétique échelle évolutive des êtres. Elle tient aux conditions de vie des diverses espèces. Il n'y a donc pas de raison pour que nos plus proches parents se révèlent systématiquement meilleurs que des animaux qui nous sont très éloignés. Cela explique que les orangs-outans sachent mieux que les chimpanzés choisir un plus petit nombre de friandises quand ce choix s'accompagne d'une récompense plus grande mais retardée. La primatologue Sally Boysen a entraîné des grands singes à cette fin. Elle n'a jamais eu de succès avec les chimpanzés. Pourtant, ils comprennent parfaitement ce type de règle : si on remplace les sucreries par des chiffres abstraits, ils savent choisir la quantité moindre pour obtenir plus et ne se trompent pas. Mais face à la friandise, ils ne peuvent résister[48]. Les deux orangs-outans testés par Robert Shumaker, un chercheur du sanctuaire pour primates de Des Moines, dans l'Iowa, ont, eux, réussi le test, même avec la nourriture, choisissant la valeur 1, la plus petite dans une série de 1 à 6[49]. Pourquoi ? Sans doute parce que, étant naturellement moins sociaux que leurs cousins, ils ont moins qu'eux la contrainte de consommer tout de suite l'aliment trouvé, de peur qu'un concurrent ne le fasse à leur place. Les chimpanzés ne peuvent se payer ce luxe, tout comme d'ailleurs les macaques rhésus et les salamandres. Celui qui verrait dans cette incompétence la marque d'une infériorité affligeante ferait bien de s'intéresser au comportement du fumeur ou du boulimique, eux aussi incapables de se priver d'un bénéfice à court terme, au prix d'un coût retardé terrible.

Les neuropsychologues s'efforcent de décoder le substrat cérébral de cette aptitude à manipuler les chiffres. Le lobule pariétal supérieur semble impliqué[50]. Dans le détail, il conviendrait de distinguer deux systèmes de numérisation dans la nature, chez l'humain comme chez les animaux. L'un porte sur les chiffres petits, inférieurs à quatre, et permet une identification immédiate, sans même effectuer de comptage. Un autre s'applique aux grands chiffres ; dans ce cas, les animaux se contentent alors souvent non d'une numération précise mais d'une évaluation approximative. Tous ces travaux récents s'ajoutent à beaucoup d'autres[51]. Ils confirment que l'aptitude à pratiquer une élémentaire arithmétique fait bien partie de l'une des plus universelles boîtes à outils mentaux dont disposent les vivants. Et cela fait sens sur le terrain de la *folk psychology* (« psychologie populaire »), celle de la vie quotidienne[52]. Ainsi les mâles chimpanzés attaquent et éventuellement tuent l'intrus s'aventurant sur leur territoire, mais sous réserve qu'ils soient au moins trois[53]. Où l'on voit que ce chiffre, limite quasi magique de l'aptitude immédiate à compter, représente une solide donnée écologique. Tout cela autorise ce commentaire du neuropsychologue Stanislas Dehaene : « Il est clair que nous ne sommes pas la seule espèce douée pour les chiffres[54]. » C'est d'autant plus limpide qu'existent aujourd'hui encore des tribus humaines qui ne connaissent que « un », « deux » et « beaucoup », ainsi que le révèle l'étonnant travail de Peter Gordon, un chercheur de la Columbia University à New York, sur les Pirahã du Brésil, ou celui de l'équipe parisienne de Stanislas Dehaene, études sur lesquelles nous reviendrons ultérieurement[55]. En définitive, il est frappant de constater que les performances numériques des singes et des humains au langage arithmétiquement pauvre ne se distinguent pas fondamentalement[56]. Et, si on limite la comparaison entre notre espèce et les autres singes, les réseaux neuronaux impliqués dans l'arithmétique sont, au niveau des cortex pariétaux et frontaux, largement similaires[57].

La manipulation de symboles comme signature d'un raisonnement abstrait

De l'objet au symbole, le pas à franchir paraît gigantesque, à l'image du fossé qui sépare le concret de l'abstrait. Köhler et son chimpanzé Sultan nous ont appris que les grands singes manipulent volontiers un outil pour obtenir de la nourriture ; d'autres espèces animales moins phylogénétiquement proches de la nôtre le font également, ainsi que nous le verrons plus loin en évoquant les cultures animales. Mais on sait aussi depuis longtemps que les chimpanzés utilisent à l'occasion des outils abstraits – par exemple, des jetons –, ainsi que le psychologue J.B. Wolfe, de l'université Yale, l'a montré voici sept décennies[58]. Ils peuvent les stocker, les voler et les échanger contre de la nourriture. Les singes capucins procèdent de même. Ils peuvent préférer un unique jeton à plusieurs dont la somme représente une valeur moindre. Ils choisissent même deux jetons d'un type plutôt qu'un nombre assez élevé d'un autre lorsque l'addition leur montre que c'est préférable[59] ! L'équipe romaine d'Elisabetta Visalberghi poursuit ses recherches, enrichissant d'une année à l'autre la connaissance de l'esprit du capucin. L'évolution des travaux de cette primatologue italienne en dit long sur celle du savoir en ce domaine : en 1990, elle ne décrivait leur rapport à l'outil que pour conclure que ces singes « vivent dans un monde où quasiment toutes les possibilités sont essayées », contrairement aux grands singes et aux humains qui possèdent « une représentation mentale des solutions possibles »[60] ; aujourd'hui, elle publie des travaux sur la transitivité de leur représentation symbolique[61] ! Elle s'efforce de voir si ces singes peuvent raisonner au sujet des symboles qu'ils utilisent. La transitivité constitue à cet égard un critère de choix. Elle consiste en l'occurrence à conclure que, si A est égal ou supérieur à B et B égal ou supérieur à C, A sera égal ou supérieur à C. En l'occurrence, les chercheurs de l'équipe de Visalberghi proposent à leurs singes des jetons représentant une certaine valeur parce qu'on peut les échanger contre des nourritures inégalement appréciées. La logique économique joue ici à plein : un animal peut préférer un aliment à un autre (et donc le jeton correspondant), mais il peut aussi choisir le mets le moins bon s'il se trouve en quantité supérieure. L'expérience italienne révèle que les capucins pratiquent ce petit commerce en conformité avec la logique de la transitivité. Conclusion : ils ne se contentent pas d'essayer « toutes les possibilités sans se représenter les solutions possibles », ils raisonnent sur des symboles.

Des travaux plus récents, liés à l'apprentissage de langages par gestes ou symboles, ont permis d'étendre de façon considérable la connaissance de la cognition des primates. Nous reviendrons au chapitre 7 sur les aspects de ces travaux qui concernent le langage proprement dit. Notons simplement ici que Sarah, la femelle chimpanzé favorite des Premack, a parfaitement appris à manipuler de petits objets en plastique ayant valeur de symbole, représentant à la fois des choses (« pomme », « banane », etc.) et des mots servant à établir les relations entre eux, voire à la construction du raisonnement (« si », « alors », etc.). Ces études mettent en évidence l'aptitude des chimpanzés à se représenter les objets et les concepts ; elles confirment que, pour eux, le monde existe même quand ils ne le voient pas directement. Sarah peut ainsi parfaitement décrire la pomme, physiquement, quand elle n'est pas présente[62].

Regrouper en catégories pour mieux appréhender le monde

Manipuler des symboles ou des quantités revient à établir des catégories. La capacité à catégoriser joue un rôle essentiel dans la vie mentale humaine. Elle permet de regrouper des ensembles d'objets, d'établir des classifications, donc des relations de similitude ou de différence, etc. Elle accroît la performance grâce à une sorte d'économie cognitive : regrouper tous les chiens dans une même classe permet d'éviter de devoir se rappeler de façon précise chacun des individus canins rencontrés. Une telle aptitude se développe précocement chez l'homme. Les enfants de quatre mois savent déjà classer tous les chats domestiques dans une même catégorie, en excluant par exemple les chevaux et les tigres, se trompant seulement au sujet des lionnes, lesquelles ne sont du reste pas autre chose que de gros chats. Le développement de leur aptitude à la catégorisation perceptivovisuelle se poursuivant, ils ne commettent plus cette erreur à partir de l'âge de sept mois[63].

Qu'en est-il chez l'animal ? Les études sur les chimpanzés démontrent clairement leur capacité à utiliser des symboles pour regrouper les objets en classes, par exemple celle des « outils » et celle des « nourritures ». Si on leur présente une banane, ils savent appuyer sur le lexigramme « nourriture » ; si on leur montre un marteau, ils utilisent la touche « outil ». Ils peuvent, en outre, manipuler les symboles et les associer entre eux, ainsi que nous le verrons à propos des travaux sur le langage. L'évaluation des quantités, notamment de l'équivalence de taille entre des objets de formes différentes, traduit également une aptitude à catégoriser. Il est intéressant de noter qu'elle dépend, chez les singes comme chez l'homme, de réseaux de neurones pariéto-frontaux similaires[64]. D'autres zones du cerveau interviennent dans la catégorisation du monde[65], ainsi que l'illustrent tout particulièrement les études électrophysiologiques chez les macaques, lesquelles consistent, en résumé, à implanter des électrodes afin d'enregistrer l'activité de neurones individuels lors des diverses tâches cognitives auxquelles on les soumet. Ces travaux conduisent, en particulier, à individualiser une zone du cortex temporal inférieur dans laquelle les neurones s'activent lorsque le singe est, par exemple, impliqué dans un apprentissage nécessitant une catégorisation, comme la reconnaissance des visages[66]. Cette observation sur l'animal normal s'accorde avec les données sur le singe présentant des lésions de la même région cérébrale : il devient incapable d'identifier des objets dont on a déformé la taille ou l'orientation. Elle correspond également aux données de la neurologie humaine. On sait en effet que certains patients présentant une lésion du gyrus fusiforme – homologue du cortex temporal inférieur du macaque – perdent la capacité de reconnaître des personnes illustres ou familières, tout en gardant éventuellement celle de classer des objets dans des catégories, telles que « voitures », « oiseaux », « visages humains ». Ils conservent un esprit de catégorisation mais ne disposent plus de celui permettant d'individualiser des objets ou des sujets uniques, comme leur voiture ou leur chien. La zone cérébrale concernée coderait la catégorisation davantage que la reconnaissance des visages proprement dite, si l'on en juge par le fait que des amateurs d'oiseaux présentant ce type de lésions deviennent incapables de distinguer des espèces voisines. La parenté anatomique et comportementale entre singes et humains vient ici souligner que la tendance à catégoriser les objets du monde ne saurait constituer une caractéristique de notre espèce. On l'a d'ailleurs étudiée avec force détails chez les pigeons[67] et mise aussi en évidence chez les dauphins[68]. Elle pourrait bien en réalité s'avérer largement répandue dans la nature. Cela fait sens sur le plan écologique : une antilope a sans nul doute besoin de pouvoir reconnaître la catégorie des « lions », celle des « léopards », etc.

Se représenter le monde ou se représenter soi-même

Comme le dit le brillant et bouillant neurophysiologiste Jean-Didier Vincent, « ce que l'animal sait du monde est inscrit dans son cerveau sous forme de représentation[69] ». La même chose vaut pour l'homme, mais de cela personne ne doute. Il est clair que la vie cognitive impose l'existence de représentations, mais il reste bien difficile de mettre en évidence leur réalité en l'absence d'une communication par le langage. Il existe toutefois des cas où cela peut être fait, notamment avec les hommes préhistoriques ayant pratiqué l'art de la peinture rupestre. Il n'y a certes guère de raisons de mettre en doute leur capacité à se représenter le monde, ces êtres étant fort proches de nous, mais nous ne disposons d'aucun document écrit de leur main et attestant ce fait. Par contre, qu'ils aient pu peindre, en l'absence de leur modèle dans la grotte, montre qu'ils en avaient une image mentale, et qui plus est sous la forme d'une représentation fidèle. Que dire au sujet des animaux qui ne nous laissent pas de tels témoignages ? Les études des Premack sur le chimpanzé Sarah nous apportent des éléments d'information à ce propos. Ils lui ont remis une sorte de puzzle avec un visage prédécoupé et des pièces correspondant aux manques : les deux yeux, le nez et la bouche. Sarah a placé sans difficulté les pièces au bon endroit (les deux autres chimpanzés ayant préféré jouer avec, comme des enfants de deux ans, en les empilant !). Elle a ensuite transformé le résultat – en particulier, en disposant une peau de banane sur la tête. C'était l'époque où, par ailleurs, on lui avait remis une collection de chapeaux et une glace pour se voir elle-même, parée de ces couvre-chefs. Cette expérience de David et Ann Premack pose divers problèmes quant à son interprétation, notamment pour ce qui concerne les capacités d'imitation des chimpanzés[70]. Mais elle confirme en tout cas leur aptitude à disposer d'une représentation d'eux-mêmes.

À propos du QI des animaux

Les composantes de la cognition évoquées jusqu'ici constituent autant de facettes de ce que l'on désigne communément comme l'intelligence. Alors qu'on débat encore au sujet de la définition de ce mot, la science avance en approfondissant non la sémantique mais le substrat neuronal qu'implique cette capacité. Loin du verbiage, plus près de l'expérience, on commence à découvrir dans le cerveau ce que l'intelligence signifie. Depuis des décennies, on soupçonne une implication du cortex préfrontal dans la représentation de concepts abstraits, la capacité à numériser, à prendre des décisions, à adapter son comportement de façon flexible et en l'orientant vers des buts. Une étude passionnante de chercheurs japonais nous en apprend davantage à ce sujet. Ces neurophysiologistes ont entraîné deux macaques à réagir à des séquences logiques. En pratique, l'animal peut se comporter selon trois modalités : en poussant (A) un levier, en le tirant (B) ou en le tournant (C). On l'entraîne à répondre en répétant systématiquement les mêmes mouvements, en les alternant ou en les répétant par paires. Dans ces conditions, les neurones du cortex préfrontal latéral s'activent d'une façon bien précise. Certains répondent spécifiquement aux séquences répétées (qu'il s'agisse de AAAA, BBBB ou CCCC), d'autres aux séquences alternées (là aussi, quelles qu'elles soient : ABAB, ACAC, CBCB, etc.), d'autres encore aux séquences répétées par paires (AABB, BBAA). Des populations de cellules nerveuses, servant à catégoriser pendant que le singe planifie son comportement, se trouvent ainsi identifiées[71]. Et cette étude de « l'intelligence en action[72] » est effectuée chez un animal, preuve par l'absurde qu'on ne saurait lui dénier cette capacité.

Parler d'intelligence conduit plus ou moins inévitablement à évoquer le fameux quotient intellectuel (ou QI), qui constitue une mesure fiable des facultés cognitives humaines. Sa représentation quantifiée le rend particulièrement attractif auprès de certains observateurs passionnés par l'intelligence animale. Plusieurs livres ont même été publiés autour de ce thème – par exemple, sur le QI des chats[73]. Certains éducateurs de grands singes prétendent que le QI de leur compagnon favori est compris entre 70 ou 95, et par là même entre dans la marge de variation de représentants presque normaux de l'espèce humaine. C'est ce que l'on dit, pour ne citer qu'un exemple, de la femelle gorille Koko élevée en Californie par Francine Patterson.

Mais méfions-nous du risque d'abus de langage. On ne saurait valablement mesurer le QI d'une créature non humaine, ne parlant aucun des langages de notre espèce. En outre, il paraît un peu vain de chercher à lui attribuer un âge mental. Cela a certes pu être fait lorsqu'il s'agissait de comparer des chimpanzés à des enfants humains. Mais un grand singe adulte n'est pas un gamin de notre espèce. Il s'en distingue d'ailleurs, à bien des égards, davantage que de l'homme d'âge mûr. Libérons-nous aussi de la tentation de classer chaque vivant sur une échelle de QI susceptible de les englober tous. Implicitement, cette tentative supposerait qu'on puisse leur attribuer, de façon linéaire, une position dans une évaluation universelle de l'intelligence. L'évolution n'a rien ou pas grand-chose à voir avec cette vision d'une échelle menant vers l'homme conçu comme l'aboutissement de l'histoire de la vie. Chaque organisme dispose de facultés cognitives propres, très bien adaptées aux tâches intellectuelles qui sont habituellement les siennes. On ne saurait établir une hiérarchie cognitive des espèces, tant à cause de la spécificité de leurs adaptations propres que des différences individuelles qui les distinguent. Certes, les grands singes sont, en bonne logique phylogénétique, les plus proches parents de notre espèce. Cela n'en fait pas pour autant des presque humains, et ils se trouvent parfois dépassés, dans certains tests, par des singes plus primitifs à l'intelligence très supérieure à celle de la moyenne de leur espèce. Si on veut absolument les comparer à nous sur le plan mental, il faut s'intéresser non à leur QI global mais aux diverses composantes de leurs facultés cognitives[74]. Certaines d'entre elles diffèrent sensiblement des nôtres, d'autres s'en approchent presque jusqu'à l'identique. Lorsqu'on leur attribue un QI voisin de celui d'un *Homo sapiens* moyen, c'est évidemment à ces seules facultés de notre espèce que l'on songe.

Cela étant dit, et au-delà des réflexions animées par une sympathie à l'égard de bêtes que l'on souhaite rapprocher de l'humain (de façon d'ailleurs équivoque), il convient d'approfondir le sujet, non dans la voie de la hiérarchisation des êtres, mais dans celle du décodage du substrat neuronal en cause. Après tout, le QI et singulièrement le facteur g (le facteur général d'intelligence qui en constitue le noyau dur) ne viennent pas du Saint-Esprit mais du cerveau et de sa structure. Du reste, les études modernes d'imagerie cérébrale mettent en évidence la matérialité de ce support, l'épaisseur de la substance grise étant corrélée à celle du facteur g[75] ; on sait aussi que tous deux dépendent étroitement de facteurs génétiques. Rien n'interdit donc d'étudier ces paramètres dans le monde animal. Britt Anderson, neurologue à Birmingham, le croit très sérieusement. Chimpanzés, singes, ratons laveurs, rats, souris, corbeaux et pigeons pensent et raisonnent. De plus on peut, au sein de chacune de ces espèces, détecter des différences individuelles stables ainsi que des corrélations entre les niveaux de réussite aux divers tests. Anderson propose donc d'extraire un facteur g dans ces diverses espèces – en soulignant, de surcroît, l'intérêt expérimental de cette démarche qui rend possible des manipulations interdites dans l'espèce humaine. Administrée prénatalement, une molécule comme le méthylazoxyméthanol bloque la division des cellules du cortex, entraînant une microcéphalie chez le rat. D'autres substances, celles favorisant l'arborisation des dendrites et la formation des synapses, comme la naltrexone, réduisent la déficience intellectuelle qui en résulte. On peut aussi modifier l'expression des gènes et déterminer les conséquences anatomiques, physiologiques et comportementales de cette perturbation[76]. On notera au passage la fécondité de cette démarche : il ne s'agit pas seulement de glorifier l'animal, mais d'aller plus loin, d'en savoir plus sur le déterminisme des facultés mentales ; si on peut changer g en modifiant des gènes, cela implique

que le lien hérédité/différences cognitives ne relève pas de la simple corrélation mais d'un rapport de causalité.

Instinct et savoir

L'interprétation habituelle veut qu'il faille distinguer l'apprentissage intelligent du conditionnement. Ou encore le « savoir » instinctif du « savoir » intelligent. En apparence, cela fait sens. Chacun se souvient des études de Pavlov sur les réflexes conditionnés : le chien qui entend le son de la cloche pendant qu'on lui apporte son repas « pense » que ce bruit signifie « nourriture ». Lors d'un conditionnement opérant, l'animal découvre simplement, par essais et erreurs, le comportement qui vaut récompense. Dans un cas comme dans l'autre, il ne comprend rien. Le behaviorisme naïf qui, dans la lignée de John Watson, réduisait tout, y compris la pensée et l'apparence de la conscience, à ce schéma simpliste péchait surtout en ce qu'il n'aboutissait pas à grand-chose. En rejetant toute recherche sur « la boîte noire » cérébrale, il se privait du bénéfice des spectaculaires découvertes des neurosciences modernes. Mais que l'apprentissage puisse fonctionner par un enchaînement d'essais et d'erreurs ne me choque nullement. Il y a dans cette procédure basée sur la sélection un mode de fonctionnement compatible avec le darwinisme et donc avec la biologie moderne. Du reste, un tel système ne suppose pas nécessairement une absence de représentation mentale dans le cerveau. Je ne vois pas de raisons pour exclure le conditionnement de toute fonction mentale supérieure.

Le même raisonnement vaut plus encore pour le débat, parfois stérile, sur l'instinct. Chacun semble s'accorder à considérer qu'un comportement instinctif ne relève pas de l'intelligence. Prenons l'exemple bien connu des mésanges bleues anglaises décapsulant les bouteilles de lait laissées devant les portes par les crémiers. On s'en est d'abord émerveillé avant de prendre en considération l'aptitude de ces oiseaux à capturer des larves d'insectes en soulevant les écorces des arbres. De fait, le comportement consistant à décapsuler une bouteille de lait évoque l'écorçage. Mais n'oublions pas que le récipient diffère de la branche, de sorte qu'on ne saurait rejeter complètement toute nouveauté dans cette affaire. Quoi qu'il en soit, l'idée la plus répandue est que, si un animal sait instinctivement accomplir un geste efficace et s'il l'applique à son bénéfice dans des conditions naturelles ou artificielles, cela ne relève pas de la pensée proprement dite. L'instinct et l'automatisme seraient le contraire de l'intelligence et de la raison. C'est ce qu'expriment fort clairement l'éthologiste de l'université de Princeton James Gould et sa femme Carol : « On ne peut attribuer une pensée à un animal que si l'on a d'abord vérifié que le comportement par lequel s'exprime cette pensée potentielle n'est ni instinctif ni engendré par un comportement inné[77]. » Cette précaution permet d'écarter de la discussion toutes sortes d'histoires merveilleuses sur les mystères du monde animal. On comprend le souci méthodologique ainsi exprimé. Mais est-il pleinement justifié ? L'automatisme signe-t-il à coup sûr la pauvreté du savoir ? Prenez un spécialiste face à un problème technique complexe. Il le résoudra souvent de façon quasi immédiate et sans difficulté par une sorte de court-circuit de la pensée ne relevant pas véritablement de l'étude raisonnée. Simplement, coutumier de ce type d'exercice, il dispose d'une procédure accélérée lui permettant de trouver la solution sans perdre du temps à refaire un raisonnement complet du début à la fin. Il en va ainsi en taxonomie. Pour déterminer une espèce vivante, l'ignorant utilisera une faune ou une flore en partant du début, ne faisant l'économie d'aucune étape dans la démarche classificatoire. L'expert sautera la plupart d'entre elles pour arriver directement au genre, voire à l'espèce. Souvent, l'automatisme du savoir ne signe pas la bêtise mais la connaissance profonde. Qualifiera-t-on d'inintelligent le spécialiste qui possède sans doute dans son cerveau un câblage neuronal construit pour donner immédiatement une solution à un problème complexe ? Le même type de raisonnement vaut pour l'instinct. Sans doute ne s'agit-il pas d'autre chose que de la mise en place d'un système de connexions sélectionnant la réponse la plus opportune. Il n'y a là rien d'antinomique avec l'intelligence. Je doute que la distinction entre le champ de l'instinctif et celui du non-instinctif soit aussi pertinente qu'on le dit. Dans les deux cas, nous sommes en présence d'un savoir et, qui plus est, d'un savoir qui doit forcément se trouver codé par une représentation dans le cerveau. Je ne juge pas celui qui utilise au mieux des circuits précâblés pour trouver une bonne réponse plus stupide que celui qui procède plus laborieusement. Cessons en outre d'imaginer l'humain comme dépourvu d'instinct. L'entomologiste Fabre, celui qui plus et mieux que tout autre développa la théorie de la stéréotypie de l'instinct chez l'insecte, ne l'ignorait pas. Fasciné par le savoir de la larve du capricorne qui, sans rien connaître du monde extérieur où elle n'était encore jamais allée, venait se loger dans sa cavité creusée dans l'arbre, la face vers l'extérieur, « sachant » que devenue adulte et cuirassée, elle ne pourrait plus se retourner, il concluait : « L'animal, l'homme y compris, a certaines ressources psychiques, certaines inspirations innées et non acquises[78]. » Et ne croyez pas notre part d'instinct particulièrement idiote, car que dire du langage si souvent décrit comme propre de l'homme ? Il pourrait bien être, de l'avis des plus éminents linguistes, le plus prototypique des instincts humains[79]. Intelligence de l'instinct, donc, mais aussi de comportements d'apparence non cognitive. J'ai déjà mentionné ce que l'attaque du prédateur implique de connaissance géométrique. Que dire à ce sujet du poisson archer ? Voici un animal bien plus éloigné de nous que ne l'est le léopard. Ne s'agit-il pas d'un « simple » poisson, pas même un mammifère ? La qualité de sa performance étonne : il envoie sur sa cible aérienne (un insecte) des gouttes d'eau qui la font chuter afin qu'il puisse la gober. Voici donc un habile chasseur. Sans doute croyez-vous son art de l'ordre du simple instinct. Rien n'est moins sûr. Si l'atteinte d'une cible stationnaire semble chose relativement simple, encore qu'elle puisse se situer haut dans l'air, celle d'un objet mobile se révèle bien plus complexe. De fait, l'animal, créature sociale, doit apprendre pour localiser le point d'impact de son missile balistique. Pour cela, il observe ses congénères. Détail intéressant : les regarder suffit, nul besoin de s'essayer à la tâche. Autre point essentiel : quand il apprend expérimentalement, sur des cibles se déplaçant dans un espace à deux dimensions et à la même hauteur, il est capable de capturer des cibles se mouvant dans un espace à trois dimensions. En d'autres termes, il sait généraliser. Conclusion : les poissons archers présentent ici une activité cognitive très évoluée (autant qu'apprise), impliquant généralisation et prédiction, qu'on ne saurait réduire au rang d'instinct stéréotypé, où pourtant chacun la situerait volontiers en première approximation[80].

De façon générale, comment distinguer dans la plupart des cas l'instinctif du raisonné ? Prenons l'oiseau africain appelé indicateur, que les Gould considèrent à juste titre comme illustrant une compétence animale élaborée[81]. On sait que les animaux possèdent des cartes spatiales pour se repérer dans leur environnement. L'indicateur en a tout particulièrement besoin car il recherche les ruches dont il apprécie la cire et les larves. Pour parvenir à ses fins, il fonctionne en symbiose soit avec le ratel, une sorte de blaireau pourvu de grandes griffes, soit avec l'homme. En pratique, il attire l'attention de l'un ou de l'autre par un cri plaintif, puis se dirige par petits vols successifs, s'assurant qu'il est bien suivi, jusqu'à la cible désignée. Son partenaire casse alors la ruche, s'en nourrit, mais lui laisse de quoi se régaler aussi. Un proverbe africain affirme l'oiseau rancunier : si vous ne lui laissez rien, la prochaine fois, il vous conduira vers un mamba, serpent très venimeux, qui vous tuera. Je n'ai jamais pu vérifier ce que cette croyance pouvait contenir de vérité, mais les observations sur cet animal ont tout de même conduit à une observation intéressante : quand l'humain, utilisé comme aide, fait semblant de ne pas comprendre où se trouve la ruche, qu'il la dépasse malgré les alertes de l'oiseau, arrivé à un certain point, ce dernier ne lui demande plus de revenir vers la cible passée mais le dirige plutôt vers celle qui se trouve désormais la plus proche. Cela signifie qu'il dispose d'une carte mentale, dans laquelle il se représente judicieusement le monde. Il ne fonctionne pas sur un registre stéréotypé, pour ne pas dire obsessionnel ; il sait adapter son comportement dans le sens d'une finalité plus efficace. L'indicateur bénéficie assurément d'une représentation du monde riche et suffisamment plastique pour qu'on la juge intelligente, bien qu'elle puisse comporter une composante instinctive. Les Gould s'attardent sur un autre exemple de comportement, toujours dans le monde des oiseaux, celui du héron vert, capable de lancer dans l'eau un petit appât pour attirer un poisson. Selon eux, « malgré son efficacité remarquable, la rareté de son utilisation rend peu probable sa programmation génétique. Le procédé est vraisemblablement inventé par certains hérons particulièrement imaginatifs[82] ». Loin de moi l'idée de remettre en cause le talent imaginatif de ces futées créatures, mais pourquoi refuser l'influence du substrat génétique ? La programmation génétique ne conduira pas nécessairement à ce que le comportement en question se produise de façon automatique, elle signifie plutôt qu'il s'intègre dans un répertoire qui en comprend bien d'autres. La logique voudrait qu'il en aille de même pour toutes les marques de l'intelligence humaine : pour qu'elles se traduisent par des faits, des déterminants génétiques doivent les rendre possibles. Leur activation actualisera ou non, en fonction du contexte, la séquence comportementale en question. Ce qui nous apparaît comme non instinctif n'est probablement bien souvent qu'une combinatoire complexe de multiples instincts, de sorte que la programmation ne se manifeste plus comme un automatisme. Cela ne tient pas à l'absence de toute programmation, mais plutôt à la présence de trop de programmations, ce qui n'est pas du tout la même chose !

5

SANS VIE SOCIALE ?

« Freud a dit que Dieu s'était rendu coupable d'une œuvre imparfaite et de mauvaise qualité. C'est vrai, et à un degré bien supérieur à ce qu'il croyait : la nature humaine n'est qu'un des nombreux assemblages concevables. Pourtant, même si une faible part des caractères typiquement humains était supprimée, il en résulterait probablement un effroyable chaos. Les êtres humains ne pourraient supporter que leur comportement ressemblât ne serait-ce qu'à celui des espèces qui nous sont les plus voisines parmi les singes de l'Ancien Monde. Si, par suite d'une entente mutuelle et perverse, un groupe d'hommes cherchait à imiter dans le détail l'organisation sociale caractéristique des chimpanzés ou des gorilles, leur tentative aurait tôt fait de s'écrouler. »

Edward Wilson, 1978[1]

Nous ne sommes pas des chimpanzés, ni des babouins, ni des éléphants. Notre société diffère des leurs. Mais eux aussi sont des créatures sociales. Qu'on en ait si souvent trop peu conscience ne reflète en rien leur infériorité, mais seulement notre ignorance.

Le grand répertoire des connaissances sociales chez les éléphants

Le jour où l'on saura tout de ces géants, soyez-en sûrs, l'homme tombera de son piédestal. Car les éléphants nous révèlent un monde d'une sensibilité et d'une intelligence à peine imaginables. Plusieurs chercheurs de qualité se sont laissé séduire par leur univers jusqu'à leur consacrer des années de leur vie. Ce sont souvent des femmes, notamment Karen McComb. Cette éthologiste de l'université du Sussex à Brighton travaille au Kenya, dans le parc national Amboseli, l'un des plus fameux pour sa population d'éléphants. Elle a suivi et identifié des dizaines de familles de pachydermes, des centaines d'individus, et percé quelques-uns des mystères les plus troublants de leur vie sociale.

Les éléphants, on le sait depuis maintenant plusieurs années, communiquent entre eux en permanence en se « parlant » à travers la savane. Ils émettent des sons, parfois difficilement perceptibles par l'oreille humaine, mais qui voyagent sur des kilomètres. Chaque compère peut ainsi localiser les autres. Comme le dit Karen McComb : « Cet appel de contact signifie : “c'est moi”. » Après avoir noté lesquels se rencontrent fréquemment et lesquels s'ignorent, elle a diffusé au cœur d'Amboseli les enregistrements d'appels de vingt-sept familles et observé le comportement des animaux. Quand il s'agissait d'interlocuteurs amis, ils réagissaient aussitôt par une réponse vocale ; s'ils avaient affaire à quelqu'un d'à peine connu, ils se contentaient d'écouter sans rien faire. Si l'appel était inconnu, ils réagissaient nerveusement, se mettant sur la défensive. Karen McComb a ainsi pu prouver leur capacité à reconnaître au moins quatorze familles différentes, ce qui suggère qu'ils peuvent se rappeler la voix d'un minimum de cent autres adultes. Et ils n'oublient jamais : quand on leur fait entendre l'appel d'un sujet mort deux ans plus tôt, ils s'approchent aussitôt de la voix et l'appellent à leur tour. Ils se souviennent aussi du mal qui leur a été fait. Iain Douglas-Hamilton, pionnier de l'étude des éléphants, en a fait l'expérience au parc national de Tsavo (Kenya) quand il tournait *Le Royaume des éléphants d'Afrique*. Une vieille matriarche menant un groupe de survivants l'a chargé au prix de risques insensés.

Les matriarches justement : elles sont au cœur de la cité. Elles connaissent l'emplacement des derniers points d'eau quant sévit la sécheresse, n'ignorent rien des pièges de la savane et de la forêt, des dangers dus à leurs congénères ou de l'agressivité des hommes. Karen McComb a montré qu'à Amboseli les vieilles grands-mères peuvent rencontrer cent soixante-quinze autres femelles – pas moins – chaque jour. Elles savent du premier coup d'œil si elles ont affaire à des familles alliées, amies ou ennemies. Il faut avoir vu le grand manège des éléphants près des points d'eau pour se convaincre que leur ballet ne doit rien au hasard : chaque groupe attend son tour avec circonspection, sans hâte ni imprudence, malgré la soif. Ce que révèle, après un suivi de sept années, l'étude de McComb, c'est l'efficacité de cette mécanique. La probabilité que le groupe se rassemble défensivement en réponse à un appel étranger était plus élevée quand la troupe était dirigée par une matriarche de plus de cinquante-cinq ans. Les plus jeunes matriarches ne se comportent pas aussi efficacement. Karen McComb considère son travail comme « la première analyse statistique du lien entre la connaissance sociale et le succès reproductif dans une espèce animale », soulignant ainsi, par-delà l'anecdote, l'efficience de l'organisation en vigueur dans le monde des pachydermes. Des anciennes, elle dit qu'elles sont les « répertoires de la connaissance sociale », les détentrices du savoir collectif et protecteur[2]. Leur comportement social témoigne d'une logique qui n'en fait certainement pas des chats de Thorndike déambulant sans esprit de causalité. Les études récentes des éthologistes britanniques travaillant à Amboseli le démontrent[3]. Elles consistent à présenter des échantillons de terre imbibée d'urine de leurs congénères à des groupes familiaux. L'expérience révèle que ces animaux peuvent ainsi reconnaître jusqu'à dix-sept femelles et une trentaine de membres de leur famille. Mais elle met surtout en évidence leur idée préconçue et logique de la situation. Ainsi, ils ne s'attardent pas sur l'urine d'une parente passée avant eux : sa présence est chose normale. En revanche, le dépôt de terre imbibée par un parent qu'ils savent situé derrière eux suscite un bien plus grand intérêt. L'anomalie produit une réaction du type de celle observée par les psychologues de l'enfant lorsqu'ils présentent à leur sujet une situation contraire à celle attendue.

De telles observations invitent à porter un regard différent sur la préservation de ces créatures, par ailleurs menacées par l'expansion et la rapacité humaines. Les travaux de McComb indiquent qu'elle passe par le maintien des liens familiaux puissants qui unissent les membres des groupes et par la survie des vieux animaux. La présence de ces derniers constitue la meilleure des protections contre les braconniers et tous les ennemis des éléphants, car ils sont les détenteurs des connaissances accumulées par leur peuple. L'intérêt de ce type d'étude tient non seulement au fait qu'il nous révèle un savoir et une complexité sociale immenses, mais aussi, dans le contexte du présent ouvrage, au fait qu'il illustre le caractère profondément original de chaque individu par rapport à chaque autre. La troupe des éléphants n'est pas une simple collection d'animaux mais un ensemble ordonné dans lequel chacun occupe une place originale. D'où ce commentaire de Hal Whitehead – spécialiste de la culture de ces autres géants du monde des mammifères, les baleines – à propos des observations de Karen McComb : « Quand vous braconnez un animal, vous n'êtes pas seulement en train de prendre une vie ; vous enlevez l'influence de cet animal sur les autres animaux[4]. » C'est très exactement à cause de cela que l'introduction du concept de personne animale m'apparaît indispensable, parce qu'un éléphant n'est pas un éléphant, mais un sujet éléphant interagissant avec d'autres sujets éléphants d'une façon qui, pour eux tous, fait sens.

Les primates, spécialistes du social

De la richesse de la vie sociale des animaux, les exemples abondent. Nous en rencontrerons plusieurs au fil de ces pages. Les plus spectaculaires concernent les primates. De cette espèce – dont nous sommes, faut-il le rappeler – on peut dire sans risque de se tromper qu'ils sont des spécialistes de la vie en société. Cet art, ils le poussent jusqu'à l'obsession. Cela vaut pour les grands singes – chimpanzé, bonobo, gorille, orang-outan et gibbon –, mais aussi pour les autres. Plusieurs espèces ont été étudiées avec soin, surtout les babouins et les chimpanzés : ils consacrent une grande partie de leur temps à identifier ou à observer autrui. Pas seulement d'une façon superficielle et dans la quotidienneté de l'action. Pas uniquement pour savoir où se trouve une nourriture intéressante ou qui copule avec qui. Mais aussi dans une perspective bien plus complexe – par exemple, celle du décodage des rapports de parenté, dont on sait, grâce aux travaux des ethnologues, qu'ils constituent un aspect essentiel de la vie des humains, de sorte que même ceux qui sont qualifiés de primitifs organisent leur existence en fonction d'eux.

Les macaques, nous reviendrons sur ce point, adoptent des hiérarchies matrilinéaires ; les babouins connaissent dans le détail les relations familiales et hiérarchiques de chacun, ainsi que l'illustrent les fascinantes études de Thore Bergman et de ses collègues[5] de l'université de Pennsylvanie. Ces chercheurs utilisent un phénomène déjà mentionné dans ce livre et bien connu en science cognitive, notamment chez ceux qui étudient les bébés humains, à savoir qu'un sujet consacre plus d'attention à l'incongru qu'au banal. Cela leur a donné l'idée de diffuser des enregistrements de babouins, les uns hiérarchiquement ou familialement cohérents, les autres non. On peut, par exemple, faire entendre un cri de colère d'un animal de basse position hiérarchique en le faisant suivre d'un autre, de soumission, d'un congénère plus gradé. Cette situation incongrue attire plus fortement l'attention du babouin qui l'entend, à cause de son étrangeté. Une séquence normale – un signe de dominance d'un leader suivi par celui de soumission du hiérarchiquement faible – ne suscite aucune attention particulière. La sensibilité sociale des babouins apparaît au moins équivalente à la nôtre et sans doute même supérieure. Tout cela bien sûr fait sens, biologiquement parlant, si le lien social, et donc d'apprentissage, exerce un effet bénéfique. Les observations de Joan Silk et de ses collègues de l'université de Californie à Los Angeles le confirment, après seize années d'étude sur le terrain : les enfants des femelles babouins fortement associées aux autres survivent mieux[6].

On dira qu'il s'agit là du fait social dans ce qu'il a d'intangible. Et effectivement, le donné familial ne varie pas et celui de la hiérarchie se modifie peu. Mais le jeu social se pratique souvent de façon plus subtile. L'étude des chimpanzés a révélé, à la fois dans la nature et en captivité, un curieux jeu d'alliance soumis à tous les changements en fonction du contexte. Ces observations ont notamment donné lieu à la publication très remarquée du livre du primatologue hollandais Frans de Waal intitulé *La Politique du chimpanzé*[7]. On y rencontre des animaux coopérant avec un partenaire puis avec un autre au gré des opportunités et des intérêts du moment. Ce jeu tout en finesse et parfois sans gloire évoque à merveille le comportement des hommes politiques. Il ne faut donc pas s'étonner que l'éditeur de la traduction française de ce livre ait choisi une couverture représentant MM. Chirac et Mitterrand. Au grand dam de l'auteur, lequel souhaitait donner à voir les choses de manière moins anecdotique ! Les succès politiques des grands singes dépendent, à l'évidence, davantage de leurs alliances que de leur force physique. On notera ici, une fois encore, que la loi de la jungle n'est pas forcément ce que l'on croit et qu'elle implique aussi de véritables calculs, donc une forme d'aptitude cognitive. Autre critère de complexité : la politique constitue un lieu d'échange. On a longtemps considéré que seul l'homme était capable de pratiquer le commerce. Certes, les singes s'épouillent réciproquement, mais selon une procédure élémentaire du style « tu m'as enlevé mes puces, je vais extraire les tiennes ». Le commerce humain suppose le troc de monnaies d'échange distinctes. Sans doute le grooming* relève-t-il parfois de cette dissymétrie, l'animal qui en bénéficie se trouvant redevable et désireux de venir en aide à celui qui l'a nettoyé. Mais les preuves précises de ce fait restent difficiles à établir car les singes s'épouillent surtout entre apparentés, lesquels

* Il s'agit de l'épouillage, mais cette activité ne relève pas simplement du geste sanitaire. Elle participe de l'ensemble de la vie sociale.

s'entraident de toute façon. Peut-on mettre en évidence, dans la nature, un échange de « monnaies » ou de biens de natures différentes ? Des observations récentes relatives au talent politique des chimpanzés le donnent à penser. Elles confirment ce que laissaient entrevoir des observations anecdotiques moins bien contrôlées. Elles portent sur le mâle alpha d'une population de ces grands singes vivant à Kanyawara, en Ouganda. Ce leader autorise sans ambiguïté quelques autres mâles à s'accoupler, mais uniquement s'ils figurent parmi ses supporters. On assiste donc bien ici à un échange entre le sexe et le pouvoir, deux formes de valeurs bien distinctes quoique fréquemment associées dans les sociétés humaines[8].

On le voit : les subtilités stratégiques du chimpanzé témoignent d'une plasticité naturelle et d'une complexité du jeu social aux antipodes de la vision habituelle d'un monde animal régi par un système hiérarchique basé sur la seule puissance physique. Non qu'il nous faille nier cet attribut de la dominance. Il s'agit d'une réalité. Mais encore faut-il la saisir dans sa complexité, comprendre comment elle autorise des spécialisations et, avec elles, une subtilité du social qu'on ne soupçonne généralement pas. Les travaux d'Eduard Stammbach sur le macaque à longue queue illustrent par l'expérience la compétence des dominés à tirer parfois leur épingle du jeu, autant que celle des leaders à composer avec cette aptitude de leurs subalternes. Ce primatologue de l'université de Zurich a entraîné des macaques à appuyer sur un levier, après éclairage d'une lumière, pour obtenir du pop-corn. Puis il a placé les spécialistes ainsi formés devant le dispositif, mais en présence d'un dominant. L'incident attendu survint immanquablement : le boss écartait l'inférieur pour lui voler tout le pop-corn. Avec pour conséquence un événement tout aussi prévisible, à savoir la grève sur le tas du spécialiste spolié. Que croyez-vous qu'il arriva alors ? Tout simplement, un changement d'attitude du dominant qui entreprit de calmer sa férocité et de multiplier les attentions à l'égard de son subalterne. Il le toilettait même en l'absence du fonctionnement de l'appareil. Et lorsque le spécialiste reprenait ses activités lucratives, son leader se contentait de ne prélever qu'une partie de la nourriture. Chacun n'en conservait pas moins son statut social, mais la compétence s'était révélée payante[9].

Les expériences consistant à manipuler le système social d'une espèce, dites « *knock out* », illustrent la subtilité en même temps que la fragilité de l'ensemble. Jessica Flack, chercheuse à Santa Fe et à Atlanta, s'est intéressée aux activités de police chez le macaque à queue de cochon. En enlevant, au sein d'un groupe de quatre-vingt-quatre individus de cette espèce vivant à l'Institut Yerkes, les trois en charge du maintien de l'ordre, elle a pu observer de spectaculaires modifications. Plus fréquents et plus sévères, les conflits ont abouti à une nette restriction des interactions sociales, avec un repliement des activités entre proches uniquement. Par-delà un éloge des activités de police assez inattendu dans l'univers de la science, cette expérience négative nous offre, en miroir, la vision en direct de la mise en place de comportements coopératifs propices à l'apprentissage social et à l'élaboration des traditions[10].

De la difficulté à penser l'animal comme social

Génies du social, les primates ne constituent pas une exception. Nous avons évoqué les éléphants, nous pourrions en dire autant sur les cétacés, sur les hyènes, capables d'identifier le statut des membres de leur propre clan, mais aussi celui des autres groupes, ou encore sur les chauves-souris. Nombre de commentateurs semblent incapables d'apprécier à sa juste valeur la sociabilité des espèces animales non humaines. Le philosophe contemporain Donald Davidson, qui les croit – c'est vraiment le cas de le dire – sans croyance ni rationalité, affirme qu'elles ne sauraient, pour cette raison, entretenir de relations sociales[11]. Beaucoup d'autres adoptent cette posture comme conséquence obligée de l'enseignement de Marx, tel qu'il figure dans la sixième thèse sur Feuerbach : « L'essence humaine n'est pas une abstraction inhérente à l'individu pris à part. Dans sa réalité, c'est l'ensemble des rapports sociaux[12]. » Chaque fois qu'il m'a été donné l'occasion de débattre avec lui dans le cadre d'une émission littéraire de France Culture, l'écrivain marxiste Antoine Spire m'a répliqué ce même argument : nous ne sommes pas comme les animaux parce que nous sommes sociaux ! Lui avoir patiemment répondu que tous les mammifères l'étaient également, en particulier les autres primates, n'a jamais permis de lui faire corriger son propos. Peut-être voulait-il dire que les rapports sociaux fabriquent l'humain, alors qu'ils ne détermineraient pas autant l'animal ? Avec plus de connaissances en la matière, l'ethnologue Maurice Godelier reconnaît la sociabilité des autres primates, prenant conscience que l'espèce humaine était bien sociale, dès l'origine. Mais il la considère comme seule capable de produire de la société pour vivre. Selon lui, les autres primates découvrent et transmettent des techniques, mais, contrairement à nous, ils ne savent pas produire et transformer les rapports sociaux[13]. À ses yeux, le social – tout-puissant – l'emporte, d'une certaine façon, sur le culturel et sur la parenté, donnant à son œuvre une tonalité qui emprunte peut-être plus à Marx, son ancien maître, qu'à Lévi-Strauss, son ancien patron. Tout cela est exprimé avec savoir et non sans nuance, mais le fait qu'un anthropologue place le social sur un piédestal plus élevé que le culturel revêt une signification certaine.

Godelier a raison de glorifier le social, mais peut-être pas de singulariser à ce point l'humain. La seule certitude est que, sitôt qu'on l'observe, qu'on s'efforce de la décoder, la vie sociale des autres bêtes apparaît comme étonnamment riche. Curieusement, cette richesse a parfois pu être involontairement appauvrie par l'approche éthologique, dans ce qu'elle a de nécessairement réductrice. Je me souviens de l'émergence de cette discipline dans sa forme vulgarisée, notamment par les deux auteurs les plus doués pour cet exercice, Konrad Lorenz (1903-1989) et Robert Ardrey (1908-1980). Ils ont mis l'accent, non sans raison, sur l'agressivité et la capacité de brutalité et d'égoïsme de la bête, laquelle rappelle celle de l'humain. Ils n'avaient pas tort, en ce sens que ni l'angélisme naturaliste – sorte de vision rousseauiste du bon sauvage – ni l'idée d'une spécificité comportementale de l'humain ne sauraient correspondre à la réalité. Pour pondérer la tonalité de leurs propos, d'autres auteurs ont cherché leur inspiration dans la lecture du géographe anarchiste Piotr Kropotkine (1842-1921), théoricien de l'entraide, et insisté sur la coopération et la bonté naturelle des vivants[14]. Parfois même, la pression idéologique a conduit les éditeurs à d'évidentes usurpations. Ainsi, pour répliquer à *L'Agression* de Lorenz[15], l'un d'entre eux a titré un livre, dans sa version française, *Contre l'agression*[16], présentant son auteur, Irenaeus Eibl-Eibesfeldt, comme ennemi de Lorenz. C'était absurde : il s'agissait en réalité de son élève et de son meilleur continuateur. Eibl-Eibesfeldt devait du reste « bénéficier » des mêmes attaques que son maître, et on lui doit d'avoir mis en évidence précisément l'agressivité de diverses populations humaines « primitives » censées vivre dans un pacifisme permanent.

Décoder autrui, une activité hautement intelligente

En vérité, l'homme et les autres vivants sont à la fois bons et méchants, agressifs et pacifiques, égoïstes et altruistes. Énumérer ces aptitudes contraires limite le risque de tout réduire à un unique comportement prototypique. Incomplètement toutefois, car on ne saisit pas ainsi pleinement la dimension de complexité, à savoir que l'agression, par exemple, ne doit pas être considérée comme un comportement « antisocial », mais plutôt comme un outil de la compétition et de la négociation. C'est une composante de la complexité du jeu social. Les espèces devant coopérer socialement ne peuvent se permettre de cumuler sans fin les conflits ; elles doivent se réconcilier, ainsi que l'a excellemment montré Frans de Waal dans ses études sur les bonobos et sur d'autres primates. En mettant l'accent sur le baiser et les embrassades chez les chimpanzés, de Waal ne fait pas que rajouter aux panoplies comportementales animales des mœurs que beaucoup ne croient qu'humaines. Il les situe dans le cadre de la complexité du fonctionnement social[17]. Et cette implication dans le champ du social joue, chez les grands singes, autant que chez les hommes. Nous n'avons pas le privilège de baigner dans les « rapports sociaux. » Le cerveau du singe est ainsi façonné par sa relation aux autres cerveaux interagissant avec lui, le plus souvent ceux d'autres singes, parfois ceux de nos congénères quand il nous prend la fantaisie d'essayer de communiquer avec lui. Ainsi s'élabore la cognition sociale, bien différente du seul exercice de la loi du plus fort ou de l'immersion dans de complexes relations de parenté qui font la richesse des tribus animales et humaines (voir le chapitre 14).

Nous sommes – nous, mammifères et oiseaux – des machines faites pour décoder, imiter et influencer autrui[18]. La sociabilité a constitué une force puissante de l'évolution de l'intelligence, notamment chez les primates. L'hypothèse du cerveau social[19] affirme la taille du groupe en relation étroite avec le volume cérébral chez les primates. Mais, comme nous le verrons, cela n'exclut pas que, par-delà les évaluations du volume cortical global, celle de structures plus spécialement en relation avec ce que l'on a désigné comme le machiavélisme animal (la capacité de nouer ou de casser des alliances au bénéfice de ses besoins égoïstes) soit plus informative[20]. Prenant en considération la sociabilité à la fois des anthropoïdes et des petits singes, pourtant pourvus de capacités crâniennes très différentes, Louise Barrett et Robin Dunbar, chercheurs à l'université de Liverpool, ont affiné l'hypothèse du cerveau social[21]. Ils mettent en relation le grand volume et la complexité encéphalique des premiers, humains compris, avec le fait qu'ils vivent dans des systèmes sociaux dispersés, bien différents de ceux des autres primates. Les petits singes restent en effet dans des groupes plus ou moins permanents, au sein desquels ils gardent constamment le contact avec les membres de leur communauté. Les grands singes, notamment les chimpanzés, ne vivent pas ensemble continuellement. Seule la mère et ses jeunes enfants voyagent de concert tout le temps. Les gorilles de montagne – mais pas ceux des plaines – constituent à cet égard une exception en demeurant associés constamment. Les éthologistes désignent les sociétés de grands singes comme fonctionnant sur le mode fusion/scission. Elles imposent aux partenaires de conserver en permanence à l'esprit la connaissance d'individus perdus de vue. Cela implique un plus grand effort de gestion de leur vie sociale. Louise Barrett développe cette interprétation dans le cadre de ce qu'elle désigne comme la place du marché social. Il s'agit, en substance, de mettre l'accent sur le fait que, dans leurs échanges, les partenaires doivent intégrer la valeur de leurs rapports sociaux en fonction de l'ensemble de leurs congénères et en tenant compte du caractère transitoire de leur présence. La combinatoire de cette économie sociale varie donc tout le temps ; cela implique l'élaboration de stratégies complexes et donc d'un cerveau social développé. Notons que les éléphants conservent aussi une immense connaissance sociale leur permettant d'identifier des congénères séparés d'eux depuis longtemps ; or, ils possèdent également un volumineux cerveau.

Mais ne croyons pas que l'intelligence sociale nécessite dans tous les cas la présence d'un gros encéphale, ni qu'elle ne se manifeste que chez les seuls mammifères. Plusieurs études portant sur les oiseaux ont récemment mis en évidence d'étonnantes compétences aviaires en ce domaine. Les observations de Clémentine Vignal et de ses collègues (des universités d'Orsay et de Saint-Étienne) sur les diamants illustrent leurs capacités non seulement à s'identifier individuellement par le chant, mais aussi à tenir compte du contexte social[22]. Les mâles reconnaissent la voix de leur femelle et, surtout, lui répondent en fonction de la situation. Plus précisément, ils chantent deux fois plus en présence d'autres couples. C'est ce qu'on appelle l'effet d'audience. Ce talent n'avait, jusqu'alors, été mis en évidence que chez les primates.

Par sa dimension sociale, la cognition intègre des facultés aussi essentielles que celles du langage, de l'aptitude à comprendre ce qui est dans la tête d'autrui ou à imiter les gestes observés chez les autres. La logique pourrait même jouer un rôle dans le décodage des rapports de force, bien que ces derniers nous semblent *a priori* assez peu liés aux processus cognitifs. Des études sur le geai des pinèdes ont mis en évidence l'application de la loi de transitivité au champ de la hiérarchie sociale. Si un animal A domine B, et C domine A, B est capable d'en déduire qu'il sera dominé par C. Tout ce petit manège social a pu être finement observé par l'éthologiste américain Guillermo Paz y Miño, en laissant s'instaurer une hiérarchie entre plusieurs de ces oiseaux (les dominants fixent les autres qui doivent baisser la tête) sous les yeux d'un geai contemplant ses congénères derrière un miroir sans tain. Si, mis en présence de B, il doit se soumettre, il acceptera automatiquement la domination de A[23]. Les poissons, pourtant fort peu célébrés pour leur grande intelligence, recourent à l'inférence transitive pour déduire, par l'observation seule, le rang social de leurs partenaires, si l'on en juge par les travaux sur les mâles de l'espèce *Astatotilapia burtoni*. Placés dans des aquariums permettant de voir les joutes de leurs concurrents, ces agressifs gladiateurs du lac Tanganyika (à la frontière de la Tanzanie et de la République démocratique du Congo) en déduisent l'état de leur hiérarchie et en tiennent compte lorsqu'on leur offre l'opportunité de venir au contact des autres mâles[24]. À l'évidence, de multiples aspects de la vie sociale impliquent une activité cognitive. Ils supposent la compréhension, la formulation des concepts, l'interprétation des causalités, autant de compétences à l'origine de l'élaboration des cultures[25]. Ils impliquent aussi la capacité de « lire » les comportements des autres, donc sans doute, à mes yeux, un certain degré au moins de « théorie de l'esprit », de compréhension de ce qui se passe dans la tête d'autrui. Bref, l'intelligence sociale ne se limite pas à l'aptitude à l'obéissance du soldat vis-à-vis de son chef ; elle va de pair avec un ensemble de compétences cognitives du plus haut niveau et une forme de partage des intentions. On touche ici à un point qui trouble les philosophes jusqu'à parfois les aveugler. *Marcher ensemble* – tel est le titre de l'ouvrage de l'un de leurs représentants[26] – illustre la problématique du social. On peut se promener côte à côte, en échangeant quelque chose, en vivant un statut de « sujet pluriel », ou simplement aller dans la même direction qu'un inconnu côtoyé sur un trottoir. Le philosophe Pascal Engel, dans une analyse intelligente mais discutable de ce phénomène, part de cette dichotomie pour conclure que l'homme seul serait vraiment un animal social[27]. Mais quel primatologue pourrait souscrire à l'idée selon laquelle deux babouins cheminant dans la même direction au sein de leur troupe seraient plus semblables à des humains empruntant par hasard le même trottoir qu'à ceux qui partagent une conscience de leur appartenance au groupe, ce que la philosophe Margaret Gilbert appelle des « nous-intentions » ? Engel dit aussi que seules les sociétés humaines seraient le théâtre de la création de caractéristiques émergentes non réductibles à la somme des éléments qui les composent. Mais en est-on si sûr ? Les insectes sociaux ne nous apportent-ils pas, à l'évidence, la preuve du contraire ? Mettez quelques milliers de termites les uns sur les autres : vous n'obtiendrez ainsi pas plus une termitière que vous ne fabriqueriez de l'eau en mélangeant simplement de l'oxygène et de l'hydrogène. Supposez qu'existent des babouins non sociaux et imaginez-les ensemble : la société qu'ils formeront n'aura quasiment rien à voir avec celles que nous connaissons au sein de leurs espèces. Visons ici à la clarté, serait-ce au prix de la radicalité : ce qui relève pleinement du social ne tient pas au simple rassemblement d'agrégats mentalement solitaires, mais bien à ces

« savoirs communs » relatifs à autrui et aux « caractéristiques émergentes » que produit le vivre ensemble. C'est cette essence du social – et non pas les détails de la vie en commun qui eux nous différencient – que nous partageons en propre avec de très nombreux vivants, bien au-delà des frontières de notre cousinage avec les primates anthropoïdes.

6

Sans émotion ?

> *« Si l'on étudie la physionomie d'un singe quand il est agacé et quand il est caressé par son gardien, on sera forcé de reconnaître que les mouvements des traits et les gestes sont presque aussi expressifs chez ces animaux que chez l'homme. »*
>
> Charles Darwin, 1890[1]

Darwin le savait, mais beaucoup d'entre nous l'ignorent encore : les animaux aussi ressentent des émotions. Ils éprouvent de la souffrance, du chagrin, de la joie, du plaisir ou de l'amour. La peur de l'anthropomorphisme a beaucoup fait pour nous empêcher de le percevoir, ou tout au moins de l'avouer. L'idée darwinienne ne relève pas de la pure théorie : la Russe Nadezhda Ladygina-Kohts en a démontré la validité en gardant dans sa maison de Moscou un jeune chimpanzé dénommé Joni et en comparant point par point son développement émotionnel et cognitif à celui d'un enfant humain. Elle a bien montré comment Joni éprouvait des sentiments de jalousie, d'empathie, de culpabilité, de loyauté, etc.[2]. Méconnu même du cercle des spécialistes, son travail n'a exercé qu'une bien modeste influence. Il en va tout autrement de celui de Jane Goodall, pionnière de la primatologie de terrain et désormais porte-parole des grands singes. Il suffit de lire quelques lignes de ses livres pour se convaincre que les chimpanzés expriment des sentiments forts, souvent très proches des nôtres[3]. Ces grands singes qui se font l'accolade ou qui s'embrassent sur la bouche, qui jouent, qui rient ; Melissa protégeant désespérément son enfant contre les attaques de sa rivale Passion ; Figan blessé retournant près de sa vieille mère Flo, pourtant affaiblie, pour trouver du réconfort avant de repartir à la conquête du pouvoir ; ce mâle féroce qui, en signe de mépris, s'essuie le pelage là où la femelle apeurée l'a amicalement touché pour éviter d'être agressée ; le vieux Goliath qui s'assoit et voit partir ses anciens amis venant de le battre à mort ; Sniff qui adopte sa petite sœur après le décès de sa mère : quel humain sensible ne percevrait leur univers autrement que rempli d'émotions ? Seule l'ignorance peut désormais faire croire qu'ils ne sentent ou ne ressentent rien. Ou que leurs sentiments n'ont guère d'importance. Pourtant, même dans un monde où la connaissance devrait être la règle, des pratiques subsistent qui témoignent de la difficulté de faire entrer un tel savoir dans notre gestion de la vie animale. Que dire, par exemple, de la façon dont on échange les partenaires sexuels entre zoos ? Cela procède, *a priori*, d'un bon sentiment, à la fois pour la protection des espèces menacées et dans le but d'assurer à ces captifs une vie reproductrice normale et les plaisirs sexuels qui l'accompagnent. Mais lorsqu'on envoie une éléphante, hors de son groupe, vers un autre établissement, cela provoque chez ses partenaires sociaux des perturbations comportementales si importantes qu'elles peuvent entraîner la mort de certains individus. Nul doute que les responsables de zoos n'ignorent pas la réalité de l'émotivité des pachydermes, pas plus que leur mode de vie en société matriarcale. Mais à l'heure de procéder selon les us et coutumes de la « rationalité » humaine, seules semblent entrer en ligne de compte des contingences pratiques. Dans la plupart des cas, nous répondons à la formidable richesse émotionnelle des bêtes par une pauvreté affective d'autant plus terrifiante que le secours de la technique nous donne l'illusion de maîtriser les solutions. Non seulement l'espèce humaine n'a pas, pour paraphraser une sentence célèbre, le monopole du cœur, mais elle offre bien souvent le visage d'une sécheresse sentimentale affligeante. Une indifférence ou une négligence similaire permettait jadis – et elle permet toujours, dans bien des cas – d'ignorer la souffrance infligée à d'autres humains ne bénéficiant pas du statut pleinement reconnu de personnes à part entière.

Un cerveau émotionnel

Sur le plan anatomique, l'existence d'un cerveau émotionnel est connue de longue date. On le désigne sous le nom de système limbique. Le rôle d'une de ses composantes, l'amygdale, dans la peur a été fort bien mis en évidence par des neurologues tels qu'Antonio Damasio. Mais cette émotion – et Damasio n'hésite pas à le rappeler, bien qu'il ne se consacre qu'aux humains – existe aussi chez les bêtes[4]. Pas uniquement chez celles qui possèdent un système limbique, appartenant à ce qu'il est convenu de désigner comme le cerveau reptilien*. Le travail réalisé par le Prix Nobel Eric Kandel chez l'escargot de mer (ou aplysie) illustre son existence chez des organismes

* À la suite du neurobiologiste Paul D. MacLean (1913-2007) et de l'écrivain Arthur Koestler (1905-1983), on a pris l'habitude de considérer que notre cerveau est composé de la superposition d'éléments plus archaïques – l'un d'eux existant déjà chez les reptiles et un autre étant présent chez les mammifères – auxquels se surajoute un important néocortex évolutivement plus récent.

passablement éloignés de nous, qui lui ont permis d'en décoder les mécanismes intimes. On doit également à Damasio une interprétation originale et intellectuellement solide non seulement des émotions, mais aussi des sentiments. Elle repose pour une part sur un mécanisme permettant à notre cerveau de se représenter les états du corps, lesquels sont eux-mêmes fonction des émotions. Ce type d'encartage corporel existe à l'évidence chez les autres mammifères. Lesquels doivent logiquement ressentir des émotions et des sentiments.

En vérité, on se demande ce qui peut bien pousser des scientifiques à contester l'émotivité animale. Sans doute faut-il y voir la marque d'un scepticisme forcené, probablement en voie de disparition, une sorte d'attitude dans laquelle certains se complaisent uniquement parce qu'elle leur donne l'impression de paraître plus savants en doutant davantage. En tant qu'experts, ils se doivent, du moins le pensent-ils, de ne pas céder aux croyances du commun. Mais, quant au fond, rien ne démontre la sincérité de leur point de vue. Jaak Panksepp, un des champions des neurosciences émotionnelles, a proposé une expérience philosophique afin de s'en assurer : imaginons que le Diable mette chacun en demeure de dire si les animaux ont ou non des émotions, les perdants étant invités à le suivre[5]. Combien répondraient par la négative ? Sans doute bien peu.

Rire, amour et souffrance

L'investigation neurochimique apporte un support à la connaissance du cerveau émotionnel. Jaak Panksepp a montré que les rats produisent des substances opiacées lors de leurs jeux, preuve qu'ils y prennent du plaisir[6]. Ne nous en étonnons pas : le jeu joue un rôle décisif dans le développement du jeune ; le fait qu'il procure une émotion positive contribue à la survie. Quelques travaux suggèrent même l'existence du sens de l'humour chez les grands singes[7]. Jane Goodall a été frappée par le rire des jeunes chimpanzés quand ils jouent. Les travaux récents sur le groupe M des animaux de cette espèce vivant à Mahale en Tanzanie confirment et amplifient cette observation : le halètement qu'ils font entendre lors de jeux en apparence agressifs encourage le partenaire dans son interaction. Il s'agit d'une manifestation de joie, et les singes ne s'y trompent pas[8]. Quant aux bonobos, l'étude de leur rire par Elke Zimmerman, une zoologue de Hanovre, révèle une étonnante parenté avec celui des bébés humains[9]. Des animaux moins proches de nous peuvent-ils rire aussi ? Il semble que oui si l'on en juge par les travaux de Jaak Panksepp chez les rats. Ils produisent durant le jeu ou quand on les chatouille un gazouillis ultrasonique d'une fréquence de 50 kHz, bien distincte de la fréquence des sons associés à un échec social ou à un événement négatif (22 kHz). Détail intéressant : on peut sélectionner des souches de rats au sens de l'humour hypertrophié, produisant en surnombre des sons de 50 kHz[10]. Les circuits neuronaux du rire se trouvent dans des zones de notre cerveau phylogénétiquement très anciennes. Que cette expression émotionnelle soit le propre de l'homme ne saurait être désormais considéré autrement que comme une aimable plaisanterie[11].

Dans ces conditions, que dire de l'amour ? La sexualité, bien entendu, fait figure de partenaire essentiel dans le grand jeu de l'évolution des espèces. Normal donc qu'elle existe dans le monde vivant. Mais l'amour romantique, le sentiment amoureux ? Sans doute paraît-il moins nécessaire. Du reste, même chez l'homme, on ne saurait le dire systématique. On peut s'accoupler en l'absence de véritable passion, et l'infidélité pourrait bien être la règle plus que l'exception. Que se passe-t-il donc lorsque deux partenaires choisissent de rester ensemble tout au long de leur vie ? Dans certains cas on parlera, chez l'homme, de grand amour. S'agissant des animaux, les choses paraissent moins claires : ils ne savent pas forcément nous dire ce qu'ils éprouvent. Mieux vaut se garder en l'occurrence d'un romantisme naïf. Mais à quoi nous mène la réflexion rationnelle ? Bernd Heinrich, qui a consacré une bonne partie de sa vie aux corvidés, n'hésite pas à écrire ceci : « Puisque les corbeaux gardent leur partenaire pendant une longue durée, je suspecte qu'ils tombent amoureux comme nous, simplement parce qu'une certaine récompense intérieure est indispensable pour maintenir un lien à long terme[12]. » Des cas d'amour passionnel ont été décrits dans de nombreuses espèces, notamment chez les baleines. La chimie de l'amour étant ce qu'elle est, et pas plus originale chez l'*Homo sapiens* que chez les autres vivants, Marc Bekoff, un éthologiste américain spécialiste du jeu chez l'animal, n'hésite pas à écrire que « certains animaux doivent être capables d'amour romantique[13] ». Il voit une confirmation de son jugement dans le fait que chez la bête, avec la perte du conjoint, vient parfois aussi celle du goût de vivre, pouvant aller jusqu'à provoquer la mort. Le même sentiment de désespoir se manifeste entre parent et enfant à l'occasion d'un décès. Une fois encore, il ne s'agit pas de sombrer dans l'angélisme, ni de faire du monde animal le règne d'une solidarité pleine d'affection. L'amour n'exclut pas la cruauté ou l'indifférence à la douleur. Curieusement, sa version romantique ne semble pas spécialement affecter nos proches cousins, les chimpanzés. Les baleines et les corbeaux connaissent davantage, au moins en apparence, les vertiges de l'amour… Les bêtes n'ignorent pas non plus l'amitié, entre elles et parfois à notre égard. Un sentiment que nous leur rendons quelquefois sous la forme d'une attraction interspécifique encore bien mystérieuse[14].

Non seulement les animaux éprouvent des émotions, non seulement celles-ci se rapprochent de celles des humains, mais leur déterminisme pourrait bien s'avérer très voisin du nôtre. Des psychologues de l'université d'Arizona, à Tucson, ont fait remplir un questionnaire de bien-être à cent trente-cinq chimpanzés répartis dans treize zoos des États-Unis et d'Australie. Il en ressort que le bonheur de vivre est, chez ces animaux, fortement influencé par les facteurs génétiques[15]. Les différences de qualité de soins entre zoos n'ont guère d'influence sur l'humeur de ces primates. Quelque temps auparavant, David Lykken, de l'université du Minnesota, avait mis en évidence ce même déterminisme chez l'homme[16]. Le bonheur de vivre – suprême injustice ? – semble bien être héréditaire. On le voit : non seulement la joie et la peine existent chez les animaux, mais elles sont de même nature que chez *Homo sapiens* ; elles dépendent d'une chimie et d'une architecture cérébrale définies. Il n'y a là rien qui relève de l'imagination de protecteurs de la nature trop sensibles. Il s'agit tout simplement d'une réalité tangible. Celle qui nous met face à l'essentiel et justifie la célèbre déclaration de Jeremy Bentham (1748-1832) :

> *Peut-être* le jour viendra-t-il où le reste du règne animal retrouvera ces droits qui n'auraient jamais pu lui être enlevés autrement que par la tyrannie. Les Français ont déjà réalisé que la peau foncée n'est pas une raison pour abandonner sans recours un être humain aux caprices d'un persécuteur. Peut-être finira-t-on un jour par s'apercevoir que le nombre de jambes, la pilosité de la peau ou l'extrémité de l'os sacrum sont des raisons tout aussi insuffisantes pour abandonner une créature sensible au même sort. Quoi

d'autre devrait tracer la ligne de démarcation ? Sera-t-elle établie par la faculté de raisonner, ou peut-être par la faculté du langage ? Mais un cheval parvenu à maturité ou un chien sont, sans comparaison, des êtres plus sociables et plus raisonnables qu'un enfant d'un jour, d'une semaine ou même d'un mois. Toutefois, supposons qu'il en fût autrement, à quoi cela nous servirait-il ? La question n'est pas : peuvent-ils *raisonner* ? Ni : peuvent-ils *parler* ? Mais bien : peuvent-ils *souffrir*[17] ?

Une question que Dominique Lestel reformule sous la forme d'un « peuvent-ils aimer[18] ? ». La réponse à ces interrogations ne fait désormais plus guère de doute : oui, ils peuvent raisonner, mais ils peuvent aussi souffrir ! Et aimer !

7

Sans langage ?

> *« Pourquoi faudrait-il considérer l'être humain qui parle comme plus étrange que l'éléphant, le pingouin, le castor, le chameau, le serpent à sonnette, le colibri, l'anguille électrique, l'insecte qui imite les feuilles, le séquoia géant, le piège à mouches du sabot-de-Vénus, la chauve-souris qui se guide à l'écho, ou le poisson de mer profonde qui a une lanterne en excroissance sur la tête ? »*
>
> Steven Pinker, 1994[1]

« Parle et je te baptise ! » On ne sait trop finalement si l'équivoque propos du cardinal de Polignac* souligne la similitude avec le grand singe ou l'irréductible différence. Dans l'intention de son auteur, c'est plutôt la seconde hypothèse qu'il faut retenir. Peu importe du reste : son apport à la pensée n'a rien de foudroyant. En revanche, que sa phrase soit passée à la postérité souligne comme une évidence la formidable importance du langage comme élément de la singularité de l'humain.

* On en trouve mention dans *Le Rêve de d'Alembert* de Diderot.

Ces grands singes qui utilisent notre langage

S'ils raisonnent, peuvent-ils parler ? Au XVIIIe siècle, le philosophe français La Mettrie (1709-1751) n'excluait pas – bien au contraire – qu'on puisse enseigner le langage à un *homme sauvage* ou à un *homme des bois*, c'est-à-dire, dans le langage de l'époque, à un orang-outan*. William H. Furness III aurait essayé sans succès de faire parler cet animal. Mais il fallut attendre deux siècles pour que soient entrepris des essais réellement sérieux. On ne saurait dire qu'ils ont vérifié la prédiction de La Mettrie. Les tentatives d'apprentissage de la parole ont échoué : le chimpanzé Vicki élevé par le couple américain Hayes ne parvint qu'à bredouiller quatre sons évoquant « *papa* », « *mama* », « *cup* » et « *up* »[2]. En vérité, ces expériences ne nous apprennent pas grand-chose, l'appareil vocal des grands singes n'étant pas adapté à la production d'une parole de type humain. Cet échec a justifié, à la fin des années 1960, le choix des chercheurs en faveur d'une approche toute différente : la communication par gestes. On s'est alors efforcé d'enseigner à des singes un langage par signes, du genre de celui des sourds-muets, le désormais fameux langage ASL (*American Sign Language*) pour communiquer à l'aide de la manipulation de symboles. Les Gardner puis d'autres primatologues, travaillant souvent en couple tant la charge est lourde pour ceux qui font du rapport avec le singe leur sujet de recherche[3], découvrirent ainsi des possibilités d'acquisitions linguistiques évoquant celles des humains. Washoe, le chimpanzé des Gardner, et la

* Dans l'esprit d'Edward Tyson (1650-1708), l'anatomiste anglais qui avait alors disséqué un être qualifié d'orang-outan ou de Pygmée, *Homo sylvestris* est un grand singe moins bien défini qu'aujourd'hui, mais dont la représentation correspond sans ambiguïté au chimpanzé.

femelle gorille Koko parvinrent à apprendre, grâce à l'ASL, quelques centaines de mots. À la phase d'enthousiasme a succédé celle du doute et des critiques : on a contesté que ces investigations prouvent, par exemple, une aptitude à produire des phrases. De la révolution culturelle on passa au désintérêt. Il faut dire que le chimpanzé de Herbert Terrace, Nim Chimpsky, éduqué de la même façon, devait se montrer moins « loquace », ce qui peut passer pour un paradoxe, s'agissant d'un animal affublé du nom à peine déformé du plus célèbre des linguistes ! Après une phase d'enthousiasme puis une étude en règle des « phrases » de Nim et Washoe, Terrace déclara qu'on n'y décelait pas trace de véritables règles syntaxiques[4]. À la question : « Un grand singe peut-il créer une phrase ? », il répondit par la négative[5], alors que, par contraste, des enfants humains sourds s'avèrent capables de créer spontanément un système de signes atteignant ce niveau[6].

C'est dans le contexte de ce semi-échec que la primatologue Sue Savage-Rumbaugh entreprit de travailler avec le chimpanzé pygmée Kanzi. Il en résulta une nouvelle et plus authentique révolution culturelle en primatologie et en linguistique[7]. Rappelons, au passage, qu'existent non pas une mais deux espèces de chimpanzés, celle dite commune qui est en réalité plutôt rare, et celle dite pygmée qui n'est pas spécialement de très petite taille et qu'on appelle aussi bonobo. Ce dernier, qui habite à l'état sauvage le sud du fleuve Congo, n'a été décrit comme espèce à part qu'assez tardivement. Notons à ce propos que le célèbre primatologue Robert Yerkes (1876-1956), qui en possédait un dans son laboratoire, avait déjà prévu cette révision de la classification, observant chez cette bête des comportements qu'il ne retrouvait pas chez les chimpanzés « ordinaires ». Seul le bonobo peut ainsi vous prendre par la main pour vous montrer quelque chose, ce qui avait impressionné Yerkes. Lui seul fait aussi régulièrement l'amour face à face comme les humains ; mentionnons à ce propos son tempérament de grand fornicateur, ce qui lui attire aujourd'hui plutôt la sympathie envieuse de nos congénères. Dans ses expériences, Sue Savage-Rumbaugh n'essaie pas d'enseigner un langage codé aux bonobos. Elle leur parle comme on le fait avec les enfants, en langage humain (en l'occurrence en anglais). Et l'animal comprend. Si on lui dit « fais mordre le serpent par le chien » (il s'agit ici de deux jouets), il s'exécute convenablement ; et il fait la différence avec « fais mordre le chien par le serpent », ce qui montre une réelle compréhension de la structure logique des phrases. Faute de disposer du langage articulé, le bonobo utilise un tableau d'icônes sur un clavier (le *keyboard*), désignant celles-ci du doigt pour répondre aux questions et dire ce qu'il souhaite exprimer. Son langage ne se limite absolument pas à des demandes stéréotypées du genre : « Donne-moi une banane. » Il fait des remarques adaptées aux situations. En outre, et c'est essentiel, Kanzi produit, dans 80 % des cas, des « phrases » de façon spontanée et non sous la contrainte de l'expérimentateur[8]. J'évoque plus loin (chapitre 14) ma rencontre avec la femelle bonobo Panbanisha et quelques-unes de ses remarques non stéréotypées, « gratuites » et tout à fait à propos. Peut-on comparer les performances des bonobos à celles des enfants ? Sue Savage-Rumbaugh s'y est exercée en soumettant à la fois Kanzi (alors âgé de cinq ans et demi) et des humains de deux ans à un ensemble de six cent soixante phrases nouvelles[9]. Les niveaux de compréhension, évalués de façon indirecte par la réalisation des actions commandées, apparaissent similaires.

Parler ?

Il n'en reste pas moins vrai que les performances des bonobos sont plus remarquables en matière de compréhension que de production de langage. Sans doute faut-il déplorer que le débat avec les linguistes ait été si stérile. Nous en saurions bien davantage si Chomsky et les siens avaient accueilli avec enthousiasme la saga de Kanzi et de ses compagnons, en s'impliquant de façon constructive dans le but de décoder le savoir du singe. De ce manque résulte une insuffisance de l'exploitation des données existantes. Fort heureusement, de jeunes chercheurs reprennent dans cet esprit les vidéos réalisées par Sue Savage-Rumbaugh. Afin de comprendre le sens des répétitions, la jeune Danoise Janni Pedersen a examiné dans le détail un film où l'on voit une conversation avec Panbanisha. Souvent, ces redites participent de l'esprit de la conversation. De fait, Sue et la jeune bonobo échangent des propos sur des sujets très divers, mais la seconde revient régulièrement sur ce qui l'intéresse elle, à savoir aller se promener dans la forêt avec une assistante. Elle y tient d'autant plus que cette dernière traîne derrière elle un chien qu'elle n'aime pas. Dans sa conversation, elle revient sur ce thème à l'aide de son keyboard, alors que la chercheuse lui parle d'autres sujets. Elle finit d'ailleurs par obtenir gain de cause. L'important, aux yeux de Janni Pedersen, tient à la dynamique de cet entretien. Il se s'agit pas simplement d'un jeu de questions-réponses au cours duquel un animal se contente de donner la réplique, mais d'une situation plus conforme à notre libre utilisation du langage. Ce dernier sert ici à autre chose qu'à un échange d'informations relatif à la signification des mots. Il participe d'une dynamique conversationnelle, même si celle-ci s'effectue sans vocalisation de la part du singe[10]. Toute émission de parole lui est-elle pour autant définitivement interdite ? Peut-être pas. En premier lieu, on sait que nos cousins ne sont pas censés disposer d'un organe phonatoire. La particularité humaine tient ici au fait que, dans la petite enfance, le larynx descend. Rien ne permettait d'envisager un phénomène similaire chez le chimpanzé, jusqu'à ce qu'une équipe de Kyoto réalise des études par imagerie à résonance magnétique montrant aussi une certaine descente du larynx de cette espèce au cours de l'enfance[11]. Par ailleurs, des événements récemment survenus dans la vie de Kanzi suscitent de nouvelles interrogations. Sur les films le représentant, on le voit parfois tenter de parler. Je me souviens qu'en les regardant le regretté neurologue Jean-Louis Signoret me confia n'avoir ressenti la même impression qu'auprès des aphasiques humains s'efforçant, mais en vain, d'articuler des sons. Jared Taglialatela et Sue Savage-Rumbaugh ont eu l'idée d'étudier de façon systématique les sons émis par Kanzi, lorsqu'il se trouve dans un contexte bien déterminé : par exemple quand il mange une banane, pointe le symbole « raisin », répond à une requête pour quitter la salle, etc. Dans chacune de ces circonstances il émet un son particulier, un son que personne ne lui a appris. Il produirait donc lui-même son propre langage. Les sceptiques évoquent la traduction d'un état émotionnel plus qu'une expression linguistique. Mais il dit « oui » de la même façon, dans des contextes émotionnels très différents. On ne saurait donc exclure qu'il nous offre l'occasion d'assister à la naissance d'un protolangage[12]. S'il se confirme, ainsi que le suggèrent les études récentes, que ses vocalisations varient en fonction du contexte sémantique, cela inviterait à les rapprocher de celles du langage humain[13]. Les nouvelles observations de la Britannique Katie Slocombe[14] renforcent cette hypothèse encore très aventureuse. Cette primatologue a enregistré les sons de chimpanzés du zoo d'Édimbourg quand ils collectent de la nourriture dans deux dispositifs différents, l'un fournissant du pain qu'ils apprécient beaucoup, l'autre des morceaux de pomme. Elle a ensuite fait écouter les « paroles » de ces animaux à un de leurs congénères, le mâle Liberius, âgé de six ans. Celui-ci se rendait alors infiniment plus souvent auprès du distributeur de pain quand il entendait le son correspondant, et inversement après l'écoute des « mots » liés à la distribution de pomme[15]. L'importance de ce travail tient à ce qu'il ajoute aux données sur Kanzi puisque, dans ce cas, la « parole » d'un chimpanzé est écoutée et comprise par un autre. Inutile cependant de souligner qu'une observation de ce type mérite confirmation en d'autres lieux. Les recherches de Katie Slocombe et Klaus Zuberbühler nous révèlent aussi une intéressante relation entre les cris émis par ces singes et leur auditoire. Ainsi, un animal agressé par un dominant peut se plaindre vocalement en produisant divers types de sons. Ces derniers dépendent en particulier de la sévérité de l'attaque et de la présence à proximité d'un animal ami susceptible de lui venir en aide. Cette observation suggère à la fois l'éventualité d'une certaine sémantique du simple cri, généralement interprété comme une sorte d'acte réflexe sans contenu réel, et celle d'une compréhension par le singe du fait que son appel peut influencer un comportement dans le cadre d'une relation tripartite[16]. L'expérience ne nous renseigne certes pas sur le contenu mental de la victime, sur son savoir conscient de l'effet produit par son appel, mais elle souligne à tout le moins l'importance des signaux acoustiques pour cette espèce.

Sémantique dans la savane

Que la communication sémantique soit largement distribuée dans le monde vivant, y compris dans la nature, ressort de la lecture de plusieurs travaux portant sur les signaux d'alarme de diverses espèces. On doit à un couple de chercheurs de l'université de Pennsylvanie, Dorothy Cheney et Robert Seyfarth, les études pionnières en ce domaine[17]. Elles portent sur le singe vert (ou vervet, une espèce de cercopithèque). Ces primates, communs dans de nombreux pays d'Afrique de l'Est et d'Afrique australe, vivent en groupes de dix à trente individus comprenant en règle générale un à huit mâles adultes, et deux à huit femelles avec leurs petits. Très hiérarchisée, la société des vervets s'organise en fonction du statut des mères, lesquelles restent dans le groupe en permanence, contrairement aux mâles qui, devenus adultes, doivent migrer vers un autre clan. Ces cercopithèques signalent la présence de leurs prédateurs par des cris. On peut leur faire confiance : leurs dénonciations hostiles constituent souvent le meilleur moyen de repérer cet animal très discret qu'est le léopard. Ces primates possèdent des cris d'alarme spécifiques pour désigner chacun de leurs principaux prédateurs, à savoir, outre le félin tacheté, l'aigle martial et le python. Quand ils entendent l'appel signalant la présence de la panthère, ils foncent vers les arbres ; quand on leur signale le rapace, ils regardent vers le ciel, et quand il s'agit du serpent, ils se dressent sur leurs jambes en scrutant l'herbe. Ils agissent de même à l'écoute de l'enregistrement du cri d'alarme d'un congénère. Cette observation désormais classique revêt un intérêt considérable puisqu'elle constitue une indication de l'existence de signaux sémantiques chez des animaux dans leur environnement naturel. Mais leur interprétation rigoureuse exige beaucoup de prudence. La dimension sémantique de la réaction peut paraître évidente puisque l'écoute du cri, même enregistré et en l'absence du prédateur, provoque une réaction identique à la vue de l'ennemi. Cela suggère que le singe possède une représentation mentale de chacun de ses ennemis, qu'il active en entendant un signal chargé de sens. Mais le cri est-il véritablement un mot ou un simple son ? Seul le premier relève de la sémantique. Nous ne confondons pas l'ouïe et le huit, ni même l'ouïe et Louis, parce qu'en entendant la sonorité du mot, nous nous référons à son sens. Pour trancher, Seyfarth et Cheney ont confronté les singes à des cris différents mais ayant des significations proches (le « wrr » émis en vue d'un groupe rival et le « chutter » qui indique à peu près la même chose) et étudié leur habituation à cette stimulation. Le principe de base, communément utilisé en psychologie, repose sur le fait que la répétition d'un même signal se traduit par une diminution de la réaction. De fait, un singe ayant trop entendu le « wrr » d'un congénère ne réagit plus à ce son, ni d'ailleurs au « chutter » de ce même animal. Un vervet habitué au cri dénonçant le léopard ne s'émeut plus à cet appel, mais toujours à celui du même individu signalant un aigle. Ces expériences et quelques autres confirment sans grande ambiguïté que les singes comparent les vocalisations en fonction de leur signification et non de leur sonorité. Il nous faut donc conclure qu'ils utilisent des mots.

Des observations similaires ont été réalisées chez le macaque rhésus[18], le magot (macaque de Barbarie)[19], le cercopithèque diane[20], le lémur catta[21], le suricate (une espèce de mangouste ; dans ce cas le cri d'alarme varie en fonction du type de prédateur, mais aussi de l'urgence)[22], et même la poule domestique[23] ou la mésange à tête noire[24]. Leurs vocalisations sont donc bien chargées de sens. L'existence d'un signal sémantique ne fait en conséquence plus de doute. Il convient toutefois de s'interroger sur la nature cognitive de ce signal[25]. S'agit-il d'une sémanticité perceptuelle ou conceptuelle ? La simple observation ne suffit pas à le démontrer. En pratique, on parle de sémantique à propos des cris d'alarme lorsqu'un événement précis (par exemple, la survenue d'un léopard) déclenche un appel spécifique (un cri signifiant « léopard ») et que ce simple signal suffit à produire la même réponse que le stimulus lui-même : par exemple, la fuite. Mais la sémanticité pourrait être de l'ordre du réflexe, le signal acoustique déclenchant la réaction sans forcément activer des structures cognitives impliquant une *représentation* de l'événement, sans donc qu'il y ait une véritable compréhension de la situation. Les expériences de Seyfarth et Cheney suggèrent l'existence d'une représentation des mots dans le cerveau des primates. Celles de Klaus Zuberbühler nous en apprennent davantage à ce sujet. Ce chercheur étudie la sémantique animale en Côte-d'Ivoire, chez le cercopithèque diane, une espèce des forêts humides d'Afrique de l'Ouest, par ailleurs de plus en plus menacée. La vision de leurs deux principaux prédateurs, l'aigle couronné et le léopard, déclenche un cri spécifique, très différent chez les femelles qui vivent en groupe et les mâles qui restent à part. Quand on fait entendre aux premières le cri d'alarme d'un mâle, elles réagissent en conséquence, ce qui montre qu'elles le « comprennent ». Zuberbühler a cherché à savoir dans quelle mesure leur réponse relève d'une réaction réflexe au signal acoustique ou si elle implique l'existence, dans leur cerveau, d'une représentation mentale de l'aigle ou du léopard. Pour cela, il leur a fait entendre successivement (et à cinq minutes d'intervalle) plusieurs cris. Lorsqu'ils étaient émis par le prédateur lui-même, la seconde réponse des femelles était, comme prévu, plus faible. Le signal étant, dans ce cas, identique sur le plan tant acoustique que sémantique, l'expérience ne permet pas de conclure. En condition de test, il s'agissait de faire entendre d'abord le cri d'alarme du mâle cercopithèque signifiant, par exemple, « présence de l'aigle » puis, cinq minutes plus tard, celui du rapace lui-même. Si seule l'acoustique joue, les femelles doivent crier avec la même intensité la seconde fois ; si la sémanticité est d'ordre conceptuel, on s'attend à une absence de surprise, donc à une réaction moindre, d'autant plus que l'animal n'a pas intérêt à crier plus que nécessaire car il risque d'attirer ainsi d'autres ennemis mal intentionnés. C'est précisément ce qui a été observé. Que se passe-t-il maintenant lorsque les deux signaux ne correspondent pas ? lorsque les femelles entendent d'abord l'alarme du mâle disant « léopard », puis, cinq minutes plus tard, le cri non du félin mais de l'aigle ? Cette fois-ci, leur réaction est aussi forte que la première ; les femelles étaient préparées à la survenue du gros chat, mais comme c'est l'autre prédateur qui se présente l'habituation ne joue pas. Tout se passe comme si les primates disposaient bel et bien, et dans leur environnement naturel, de réels concepts sémantiques. Ils possèdent donc, selon toute vraisemblance, une représentation mentale de la catégorie de prédateur impliquée[26]. Peut-être même est-elle, selon l'hypothèse de Zuberbühler, du même type que celle liée aux concepts linguistiques de « léopard » et d'« aigle » chez l'homme. On est bien loin, faut-il le dire au passage, de l'idée de l'animal-machine de Descartes. D'autant plus que ce qui se trouve ici en cause ne concerne pas simplement l'intelligence des primates, mais celle de tous les participants d'un écosystème. D'autres proies potentielles bénéficient du cri d'alarme des cercopithèques, en particulier les calaos à casque jaune. Au début de ses recherches, ils agaçaient plutôt Zuberbühler par leurs cris bruyants rendant difficile l'écoute des singes. Puis il a pensé que l'affaire méritait d'être explorée plus avant, une tâche qu'il a confiée à l'un de ses étudiants, Hugo Rainey[27]. Pendant dix-huit mois, celui-ci a enregistré la cacophonie des oiseaux casqués, lesquels craignent davantage les aigles que les léopards. Il s'est aperçu que non seulement ils pouvaient faire la différence entre les bruits menaçants provenant des deux prédateurs, mais qu'ils savaient aussi interpréter les cris d'alarme des cercopithèques diane. C'est ce que démontrent les expériences de diffusion de sons enregistrés. Quand ils entendent le cri signifiant « aigle », les oiseaux répondent de manière bruyante, mais pas quand ils apprennent la présence du léopard qu'ils craignent moins. Il s'agit là de la première démonstration de l'aptitude d'un oiseau à comprendre de façon spécifique les cris d'un mammifère. En revanche, on savait déjà les cercopithèques capables de « comprendre » les chimpanzés, mais aussi des oiseaux tels que les pintades[28]. Ces interprétations acoustiques interculturelles ne relèvent en rien de l'anecdote ; elles engagent les capacités de survie des animaux dont l'évolution est, sans doute pour une part, façonnée par la pression qu'exerce leur prédateur. Tout particulièrement le léopard, dans le cas des primates : la présence de ce félin capable de tuer aisément les moins futés d'entre eux a dû jouer un rôle sélectif important dans l'évolution des compétences cognitives des singes[29] et de l'homme[30]. Sur le plan anatomique, l'activation cérébrale produite dans le cerveau d'un singe écoutant l'appel d'un congénère présente les particularités attendues d'un système homologue de celui en place dans l'espèce humaine. On observe en effet le même type d'asymétrie, le métabolisme étant plus élevé du côté gauche, essentiellement dans le pôle temporal et uniquement quand un macaque rhésus en écoute un autre[31]. L'anatomie et la physiologie confirment ainsi l'enseignement de l'éthologie : la communication chez les singes constitue bien le précurseur du langage acoustique humain.

Quel langage pour les dauphins, les chiens et les oiseaux ?

Si des langages voisins du nôtre sont parlés dans la nature, on s'attend à les trouver surtout chez les autres primates. Les singes posséderaient-ils une sorte de privilège linguistique ? Sans doute pas. Ils n'ont même pas le monopole de la capacité de comprendre les signes émis par des humains. Plusieurs espèces bien différentes présentent une aptitude du même genre, notamment les dauphins. S'agissant de ces animaux, le delphinologue Alain Tschudin et ses collaborateurs de l'université de Liverpool ont même montré[32] qu'ils comprennent les signes, sans apprentissage explicite, ce qui évoque les travaux menés sur le bonobo Kanzi.

Plus récemment, les observations faites sur le chien Rico, un border collie de treize ans, mettent en relief l'étonnante capacité des animaux de cette espèce à interpréter un langage humain[33]. Une performance d'autant plus méritoire que Rico n'était pas un animal de laboratoire, dûment préparé par des savants à une destinée nobelisable, mais un chien domestique vivant chez ses maîtres. Né en décembre 1994, gentil, aimé, normal, on lui parlait comme à tous les chiens. Il ramenait les chaussettes ou toutes sortes d'objets qu'on lui désignait. En 2004, il connaissait plus de deux cents mots, soit sensiblement moins qu'un enfant humain du même âge dont le répertoire en contient plusieurs milliers, mais bien plus que la grande majorité des animaux de laboratoire spécialement dressés pour nous comprendre. Son mode d'apprentissage n'avait rien d'inhabituel pour un représentant de son espèce. Il s'effectuait sur le mode du « va chercher le… », ce en quoi sa situation différait sensiblement, notons-le, de celle de la majorité des petits humains. Jusque-là, rien d'extraordinaire. Mais l'équipe de chercheurs de l'Institut Max-Planck d'anthropologie et de l'évolution de Leipzig, dirigée par Julia Fischer, a voulu en savoir plus. Avec Juliane Kaminski et Josep Call, cette éthologiste a mis au point des sessions d'apprentissage plus surveillées, mais toujours par l'intermédiaire du maître légitime. Première observation intéressante : Rico pouvait comprendre de façon *immédiate* le sens d'un mot nouveau. Si on l'envoyait chercher quelque chose qu'il ne connaissait pas dans une pièce où ne figurait qu'un seul item inconnu, il en déduisait, logiquement, qu'il s'agissait de celui-là. Ce processus d'inférence immédiate, les psychologues le désignent sous le nom d'encartage rapide. Il correspond très exactement à la démarche cognitive habituelle de l'apprentissage quotidien des mots chez l'enfant humain. Deuxième constatation essentielle : sans le moindre rappel, Rico se souvenait du nouveau mot quatre semaines plus tard[34]. Son souvenir était donc bel et bien encarté dans sa mémoire.

Nombre de propriétaires de chiens ne s'étonneront qu'à moitié de cette compétence qui paraît si extraordinaire au monde savant. Ils savent bien que leur animal les comprend. Il n'en reste pas moins que l'existence chez les canidés d'une capacité « linguistique » supérieure à celle des grands singes a de quoi surprendre ; elle incite en tout cas à entreprendre davantage d'études psychologiques sur ces animaux. Certains n'hésitent pas à en faire d'ores et déjà « les nouveaux chimpanzés [des psychologues][35] » ! À quoi doivent-ils leur don pour la compréhension des langues humaines ? Tout simplement au fait qu'ils ont été sélectionnés pour cela. S'ils ne comprenaient pas les intentions humaines, ils ne parviendraient pas à s'adapter à notre espèce et donc à survivre. Il suffit d'observer autour de nous pour percevoir qu'ils nous comprennent mieux que nous ne les comprenons. Qu'ils s'adressent souvent à leur maître, de la voix ou la truffe en l'air, sans que celui-ci s'intéresse à leurs « propos ». L'aptitude linguistique de la gent canine pourrait aller bien plus loin qu'on ne le croit si l'on en juge par les travaux menés par l'éthologiste brésilien César Ades sur la chienne Sofia : elle comprend les consignes verbales humaines et répond par l'intermédiaire d'un keyboard plus simple que celui de Kanzi, sur lequel elle tape avec sa patte pour désigner ses intentions[36]. Si l'on commence à mieux identifier la compréhension du langage humain par le chien, que dire de la démarche inverse, l'étude de son mode de communication vocal ? Si, intéressé par les aboiements, vous entreprenez une recherche bibliographique des publications scientifiques à ce propos, vous récupérerez essentiellement des travaux relatifs à la nuisance qu'ils constituent et aux moyens de les atténuer. Sophia Yin, vétérinaire à Davis en Californie, a cherché à y voir plus clair[37]. Avant elle, tout le monde ou presque considérait ces émissions sonores comme dépourvues d'un sens très spécifique. Du reste, les loups n'aboient pas. Ce comportement chez leurs cousins domestiques était donc réputé non fonctionnel. La vérité pourrait se situer aux antipodes de cette analyse superficielle. Yin a analysé les spectrogrammes de 4 600 aboiements de 10 chiens appartenant à 6 races distinctes. Elle a découvert que des sons particuliers correspondaient à différentes situations. À partir des spectrogrammes, elle a été capable d'assigner 80 % d'entre eux à leur contexte spécifique. L'excellente équipe hongroise d'Adam Miklósi s'efforce, elle aussi, de classifier les aboiements. Dans ce but, elle est parvenue à mettre au point une machine capable d'apprendre des signaux acoustiques. À partir de l'enregistrement de 6 000 aboiements et en utilisant un algorithme particulier, leur système permet de classer efficacement ces vocalisations dans une catégorie particulière, ce qui signifie qu'elles ont un sens, qu'elles dépendent réellement du contexte et de l'individu qui les émet[38]. L'aboiement pourrait donc receler une richesse sémantique plus grande qu'on ne le croit habituellement. Il constituerait une adaptation au compagnonnage avec l'homme, pas seulement pour traduire un état affectif global, mais aussi en tant que protolangage. Dans cette hypothèse, qui ne risque guère de convaincre la majorité des linguistes, une forme d'aptitude au langage pourrait faire évolutivement son apparition en un laps de temps court. Sans doute parce que le cerveau des mammifères contient déjà des structures impliquées dans l'art de la communication.

Jugé jusqu'alors sinon muet, du moins sans langage, l'univers des mammifères se révèle plus loquace que prévu. Tout récemment, deux chercheurs de l'université Washington à St. Louis, Timothy Holy et Zhongsheng Guo, ont même découvert l'existence du chant chez la souris[39]. On connaissait déjà la capacité de ce rongeur à émettre des ultrasons. Le mâle fait ainsi sa cour à la femelle. Mais les travaux de Holy et Guo révèlent que ces sons possèdent les capacités du chant. Les souris mâles disposent ainsi d'un répertoire de plusieurs syllabes – organisées selon une séquence temporelle et avec des répétitions précises – d'une grande complexité, supérieure en tout cas à ce que l'on connaît chez les grenouilles et les criquets. Holy et Guo pensent que leur découverte ouvre la porte à une étude de la génétique des chants et – pourquoi pas ? – du langage, puisque ce petit rongeur se prête admirablement à ce type d'investigation. Cette étonnante observation doit nous conduire à une profonde interrogation sur la nature et l'imperfection de nos connaissances sur l'animal. Ne s'agit-il pas en effet, ici, de l'être vivant le mieux connu de la science ? Des dizaines de millions de souris sont passées entre les mains des savants de tous les continents et de toutes les spécialités, et leurs aptitudes linguistiques et musicales ne nous apparaissent qu'aujourd'hui ! À consulter les travaux actuels sur les vocalisations sociales animales, on se demande à quel stade phylogénétique s'arrêtera le mouvement en cours. Peut-être se fera-t-on sans trop de difficulté une raison de l'existence d'un protolangage murin. Mais que dire des poissons ? Savez-vous que plusieurs espèces émettent des vocalisations à l'occasion de la cour faite à la femelle ou de menaces territoriales ? Le substrat anatomique de cette étrange aptitude repose sur des réseaux de neurones situés dans la partie postérieure de leur cerveau et dans le segment dorsal et antérieur de leur moelle épinière. Les neuroanatomistes qui viennent de le mettre en évidence pensent qu'il s'agit là de l'élément à la base des communications acoustiques dans le monde des vertébrés. Après avoir lu le compte rendu de leurs travaux[40], peut-être regarderez-vous d'un autre œil les pensionnaires de votre aquarium ! L'appareil vocal des poissons serait en quelque sorte l'ancêtre de celui des amphibiens (chacun sait ou devrait savoir que grenouilles et crapauds ont bien des choses à dire le soir au bord de l'eau), des reptiles et des mammifères bavards.

S'agissant de la production et de l'imitation des sons, les cétacés paraissent les plus doués parmi les mammifères. Plusieurs espèces chantent d'une façon d'ailleurs souvent jugée poétique[41]. Les compétences grammaticales des dauphins sont les mieux connues[42]. Depuis les études et supputations pionnières de John Lilly (1915-2001) dans les années 1960, on a émis de nombreuses hypothèses à ce sujet sans que la signification exacte de ces signaux acoustiques ait été élucidée. L'existence même d'un langage des dauphins fait encore débat[43], bien que chacun s'accorde à juger intelligents ces sympathiques cétacés. Les analyses les plus récentes confirment l'existence chez le grand dauphin (*Tursiops truncatus*) de sifflements qui constituent de véritables signatures individuelles, témoignant de l'importance de son répertoire vocal[44]. Par-delà l'existence de signaux révélateurs de l'identité de chacun, il semble qu'ils puissent échanger d'autres informations. Lors d'un congrès de mammalogie marine, tenu au Cap (Afrique du Sud) en septembre 2007, la biologiste australienne Lyz Hawkins a fait une mise au point très documentée sur leur système de communication, qu'elle décrit comme « hautement complexe, contextuel et pouvant, en un sens, être qualifié de langage[45] ». Son travail, encore en cours de décodage, porte sur 1 647, pas moins, sifflements émis par 51 groupes différents de dauphins de la baie Byron, en Nouvelle-Galles du Sud. Elle est ainsi parvenue à identifier, en fonction de leur fréquence et de leur durée, pas moins de 186 types de sifflements différents, dont une vingtaine particulièrement communs. L'ensemble recouvre, à l'évidence, une richesse et une complexité qui, sans nous permettre de le considérer comme l'équivalent du langage humain, ne sauraient être interprétées comme une collection de bruits sans signification. Que cette espèce soit la créature pourvue du plus gros cerveau, par rapport au poids du corps, dans le monde des mammifères, juste après l'homme, ne relève sans doute pas du simple détail. Le fait paraît d'autant plus notable que, n'ayant pas de mains, ils ne peuvent créer d'outils et n'utilisent donc pas leur grande masse cérébrale à cela. Sans doute sert-elle pour une large part au développement de leur intelligence sociale et peut-être du langage qui lui est étroitement associé. Leur aptitude à l'apprentissage vocal, retrouvée chez les humains, les chauves-souris et les oiseaux, pourrait résulter d'une pression évolutive permettant à ces créatures sociales de renforcer les liens qui les unissent au sein d'un groupe.

Les récentes observations concernant les éléphants vont dans le même sens. Joyce Poole, une spécialiste américaine, a mis en évidence deux exemples étranges et spectaculaires d'imitation vocale chez des pachydermes africains. Le premier concerne une adolescente nommée Mlaika, âgée de dix ans et vivant en semi-captivité à Tsavo (Kenya), près de la route Nairobi-Mombasa. Elle émet des sons en tous points similaires à ceux des camions, pendant plusieurs heures et après le coucher du soleil lorsqu'ils sont perceptibles de loin. Quant à son congénère Calimero, vingt-trois ans, pensionnaire du zoo de Bâle, il se montre capable, après dix-huit ans de cohabitation avec deux éléphantes d'Asie, d'émettre un gazouillis identique au leur. Rappelons à ce sujet que les deux espèces, assez nettement distinctes, produisent normalement des sons bien différents ainsi que l'atteste l'analyse de leurs signaux acoustiques[46]. S'agissant de ces animaux, la richesse et la subtilité de leur univers peuplé de sens échappent encore à notre compréhension. En clair : notre ignorance est plus en cause que leur « bestialité ». Nul ne saurait douter de leur art de la communication, non seulement à distance, dans la savane, mais aussi lors des relations de proximité. On commence à peine à tenter de décoder leurs grondements, pourtant si aisément perceptibles pour une part. Joseph Soltis et ses collègues s'y efforcent au contact de six femelles adultes du Disney's Animal Kingdom, en Floride. À l'aide de microphones montés sur leur collier, ils montrent que ces signaux ne se produisent pas au hasard, s'adressent principalement aux affiliés, recouvrent une réelle signification et dépendent de l'identité de l'individu ainsi que de l'état émotionnel de celui qui appelle[47]. On ne saurait sans imprudence parler ici de capacité linguistique ou d'une pluralité des langues et dialectes chez les proboscidiens, mais de telles observations suggèrent, pour le moins, l'existence de communications vocales dans le monde animal, bien au-delà du seul univers des primates. La parole pourrait, de ce point de vue, constituer moins un privilège cognitif propre à un statut évolutif particulier qu'un des aspects de l'intelligence sociale nécessaire aux êtres vivant dans des groupes complexes au sein desquels les individus se quittent et se retrouvent au fil de leur existence.

Autre recherche spectaculaire, peut-être plus surprenante encore puisqu'elle ne porte même pas sur une espèce de mammifère, celle de la psychologue américaine Irene Pepperberg, relative au perroquet gris. Plus exactement à *un* perroquet, le sieur Alex[48]. L'animal, disparu en septembre 2007, ne se contentait pas de répéter les questions comme un ordinaire psittacidé ou un quelconque mainate. Il savait reconnaître des formes, des couleurs, possédait des rudiments d'arithmétique, et faisait des additions simples. Selon Irene Pepperberg, il avait des capacités cognitives équivalentes à celles d'un enfant de cinq ans. Alex, qui savait parler, exprimait sa compréhension des catégories sous la forme d'un « je veux X ». S'il disait « je veux une carotte » et qu'on lui apportât une noix, il ne se contentait pas de la grignoter, il disait « non ». Il savait distinguer les expressions « pareil » et « pas pareil », et utilisait de façon adéquate le mot « rien » en l'absence du concept recherché. Si on lui présentait un triangle vert et un rond vert en lui demandant « qu'est-ce qui est pareil ? », il répondait :

« la couleur » ; quand on lui montrait avec le triangle vert un autre bleu, à la question précédente il répondait : « la forme ». Alex pouvait même créer des mots ; il a inventé celui de « Bannery » pour désigner la pomme, sous la forme d'une contraction entre « Banana » (la banane) et « Cherry » (cerise), ce qui semble assez logique. Le secret de cet apprentissage réside, pour une part en tout cas, dans l'utilisation d'une procédure assez spéciale : le système modèle/rival. En pratique, le perroquet observait un dresseur et son assistant. Le premier pose des questions au second, le récompense s'il fournit une réponse correcte et le réprimande dans l'autre cas. L'assistant fait donc figure de modèle pour l'oiseau, et d'émule ou de rival pour le dresseur. Ajoutons à ces capacités intellectuelles des dispositions affectives touchantes. Ces observations ont de quoi surprendre puisqu'elles révèlent des compétences chez un non-primate, un non-mammifère par-dessus le marché. Elles montrent tout simplement que l'intelligence est une faculté bien plus répandue dans le monde animal qu'on ne le croit habituellement. Et elles confirment une certaine possibilité de communiquer avec d'autres espèces. On songe au passage à l'arrogante erreur de Descartes écrivant que si la bête était intelligente elle saurait nous le montrer, parce qu'on ne doit pas « penser, comme quelques anciens, que les bêtes parlent, bien que nous n'entendions pas leur langage : car s'il était vrai, puisqu'elles ont plusieurs organes qui se rapportent aux nôtres, elles pourraient aussi bien se faire entendre à nous qu'à leurs semblables[49] ». Un illogisme d'autant plus coupable que Montaigne y avait répondu par avance, dans son style archaïque : « c'est à deviner à qui la faute de ne nous entendre point : car nous ne les entendons non qu'elles nous[50] ».

Quelque chose dans le cerveau qui préexiste au langage…

Quel lien relie ces aptitudes linguistiques animales à celles des humains ? La question est d'importance. S'agit-il d'une capacité générale à interagir socialement ou de quelque chose qui approcherait de près ce qui fonctionne chez *Homo sapiens* ? Comme les animaux n'utilisent pas un langage parlé tel que le nôtre on peut douter de cette dernière hypothèse, et s'étonner du fait qu'en matière d'apprentissage vocal ceux qui réussissent le mieux ne sont pas des singes, mais des oiseaux comme le perroquet Alex[51] ou des dauphins[52]. Toutefois, les travaux récents de Franck Ramus, un psychologue de l'École des hautes études en sciences sociales, et de ses collaborateurs vont dans le sens de propriétés langagières communes aux hommes et aux singes. Ils montrent que les tamarins (des petits primates, du groupe des ouistitis donc phylogénétiquement bien plus éloignés de nous que le babouin ou le chimpanzé) possèdent, comme les nouveau-nés de notre espèce, la capacité de discriminer les langages humains. Quand on leur fait entendre du néerlandais ou du japonais, ils détectent qu'il s'agit bien d'une langue, même s'ils ne la comprennent pas, et non de sons dépourvus de sens. Pour le démontrer, on utilise, une fois encore, un test de nouveauté équivalant à celui qui permet l'étude des bébés humains. Il n'en va pas de même quand on leur fait entendre des enregistrements inversés n'ayant aucune signification[53]. Cette observation suggère que le cerveau des primates possède des propriétés générales propres à leur système auditif qui préexistent à l'apparition du langage proprement humain. Ou, si l'on préfère, qu'un substrat neurologique associé à cette fonction se trouve bel et bien dans leur cerveau. Étonnantes, les études sur les tamarins donnent à penser que cette aptitude siège dans le cerveau des primates du fait de leur parenté avec nous. Mais il semble que la capacité de reconnaître une langue soit bien plus générale qu'on ne le pense. Juan Toro et ses collègues de Barcelone[54] ont ainsi entraîné des rats à écouter des phrases en japonais ou en néerlandais, langues précédemment « apprises » aux tamarins de Franck Ramus[55]. À partir de ce qu'on leur enseigne, ils se montrent capables de faire la différence entre les nouvelles vocalisations, selon qu'elles proviennent d'une langue ou de l'autre. Ceux qui reconnaissent le japonais n'identifient pas le néerlandais, ni d'ailleurs des enregistrements inversés. Ils savent donc distinguer, dans le rythme et la structure des phrases, ce qui appartient à une langue ou à une autre[56]. Aussi étrange que cela puisse paraître, une telle capacité de reconnaissance d'éléments de langages humains semble assez largement répartie dans la nature, ainsi que l'illustrent notamment de plus anciennes études sur les chinchillas[57], les pigeons[58] et d'autres espèces. Bien entendu, tout cela ne nous dit rien de ce que comprennent réellement les animaux, mais simplement que quelque chose préexiste, dans leur cerveau, qui les rend sensibles à l'univers du langage. Ou, si l'on préfère, que le monde de la parole ne leur est pas totalement étranger, ce qui tend à confirmer l'absence en ce domaine de barrière absolue entre eux et nous.

Cela dit, on doit, en matière de langage, distinguer soigneusement compréhension et production. Et, répétons-le également, seuls les cétacés et les oiseaux sont naturellement aptes à produire clairement des paroles. Les singes, y compris anthropoïdes, n'atteignent qu'un niveau médiocre de performance en ce domaine, sans doute pour la raison banale que nous avons déjà évoquée : l'absence d'organe phonatoire. Concernant leur cerveau, nous étudierons plus loin ce que l'on sait des aires du langage chez les grands singes. Mais que se passe-t-il lorsque les primates émettent des sons ? Dans une étude déjà ancienne réalisée à Munich, le biologiste Detlev W. Ploog (1920-2005) a établi le catalogue vocal des appels du singe écureuil, notamment sous l'effet de stimulations électriques cérébrales ; les seuls sites capables de provoquer des cris furent retrouvés dans les régions sous-corticales et limbiques, donc dépendant de structures archaïques et non d'aires néocorticales (propres au langage humain)[59]. Pour autant, le protocole de cette expérience n'autorise aucune conclusion définitive. Rien ne dit que les sons produits dans ce contexte très artificiel équivalent aux « mots » des singes verts, car nous aussi, humains, sommes capables d'émettre des grognements, des gémissements et autres borborygmes traduisant un état émotionnel, mais dépourvus de dimension sémantique. Il n'en reste pas moins vrai que si, chez l'homme, des ablations du cortex lèsent profondément le langage on n'a à ce jour rien trouvé de tel chez les singes. Peut-être vaut-il mieux recourir aux études par le moyen de l'imagerie cérébrale, évaluant le flux sanguin dans le cerveau, lui-même associé à l'activité des neurones. Aux National Institutes of Health de Bethesda, aux États-Unis, des chercheurs ont récemment mis ainsi en évidence, dans le cerveau de singes rhésus écoutant des gazouillis ou des cris perçants, une activation des zones similaires aux principaux centres du langage chez l'homme, les aires de Broca et de Wernicke[60]. Ce travail complète celui, plus ancien, prouvant l'activation temporale gauche (comme chez l'homme) lors de l'écoute[61]. On voit ainsi, par la force de la démonstration anatomique, émerger l'idée, somme toute banale mais si difficile à faire accepter par les linguistes, d'une évidente parenté entre le monde des cris et des appels des singes et celui de la parole humaine.

Chez le chimpanzé, non seulement les travaux confirmant l'existence d'une aire de Broca s'accumulent, mais Jared Taglialatela, un chercheur de l'Institut Yerkes qui s'est spécialisé dans ce domaine, nous entraîne plus loin dans la connaissance des aptitudes linguistiques du cerveau de cet animal. Il a réussi tout récemment à obtenir des images par le moyen de la résonance magnétique nucléaire de cette zone essentielle : lorsque ces grands singes s'adressent à une personne par le geste ou la « parole », on la voit s'activer comme elle le fait chez un humain en train de parler[62]. Tout porte à croire que le cerveau du chimpanzé possède donc, lui aussi, une aire adaptée au langage. À moins qu'il ne soit, comme le nôtre, suffisamment plastique pour recycler des réseaux de neurones particuliers lorsqu'il se trouve en captivité.

On ne saurait trop insister sur la nécessité de ne pas limiter aux seuls primates les recherches sur une éventuelle spécificité cognitive humaine. Y compris lorsqu'il s'agit du langage. On ne peut, en particulier, contester aux oiseaux un réel talent pour l'expression orale. Nous avons évoqué le cas d'Alex, lié à un contexte expérimental précis, mais que dire de leurs chants ? Il s'agit là d'une compétence répandue : on ne connaît pas moins de quatre mille oiseaux chanteurs ! À leur sujet, deux des plus éminents spécialistes de l'étude de leurs cerveaux, Linda Wilbrecht et Fernando Nottebohm, n'hésitent pas à conclure que « nous ne sommes pas les seuls à maîtriser l'apprentissage vocal[63] ». S'agissant de cette classe de vertébrés, on tend à valoriser son talent artistique plutôt que sémantique. Mais il se pourrait tout aussi bien que nous devions surtout à notre ignorance l'idée communément admise selon laquelle les chants d'oiseaux relèvent de l'aimable sérénade et non d'une communication complexe et sophistiquée. Les études récentes de l'ornithologue américain Christopher

Templeton et de ses collègues, sur la mésange à tête noire, mettent en évidence une richesse sémantique jusqu'alors ignorée. Cette espèce émet en présence d'un prédateur un appel caractéristique (« chick-a-dee ») qui lui vaut d'ailleurs son nom en langue anglaise (*chickadee*). Les congénères de l'émetteur réagissent alors d'une façon adaptée, se ruant en nombre sur leur ennemi selon la classique pratique du « *mobbing* », bien connu chez les oiseaux. Les mésanges à tête noire disposent de deux types de signaux d'alarme ; l'un désigne un ennemi volant, en général un rapace, l'autre un prédateur stationnaire (c'est le « chick-a-dee » classique) en déclenchant le *mobbing*. L'apport de l'étude de Templeton tient au fait qu'elle révèle la richesse de ce cri d'alarme. Il s'agit en fait d'un véritable code. La longueur du cri varie, le nombre de « dee » en fin d'appel étant associé au degré de risque. Les petits rapaces – plus redoutés que les grands, car ils attaquent plus souvent les passereaux – déclenchent des appels plus longs, ce qui mobilise davantage de mésanges. Ainsi, loin de consister en un signal simple, le cri des *chick-a-dee* révèle l'existence d'un système de communication complexe et fortement chargé de sens[64]. Détail remarquable : les subtilités sémantiques de la mésange sont interprétées comme il se doit par ses congénères, mais aussi par les sittelles à poitrine rousse, membres d'une tout autre espèce. Elles répondent en effet de façon tout à fait appropriée aux alarmes des mésanges[65]. Cette observation ne doit pas être sous-estimée. Elle montre notamment que les oiseaux tiennent compte de la rumeur publique, ils écoutent aux portes, y compris celles des voisines de taxons différents. Et ils ne se contentent pas, dans ce cadre, d'une vague interprétation d'un degré émotionnel : ils codent et décodent les informations vocales. Comment, dès lors, évacuer la dimension sémantique des communications animales ?

Les prouesses infinies de la récursivité

Parfois troublantes, les données disponibles ne permettent toutefois pas de dégager une vision unifiée parfaitement établie et susceptible de faire l'unanimité. Disons simplement que la vision d'une espèce humaine seule capable de maîtriser des activités linguistiques paraît difficilement tenable. Il n'en reste pas moins vrai que le langage humain atteint une étonnante complexité. Marc Hauser et Tecumseh Fitch, tous deux psychologues à l'université Harvard, et leur célèbre collègue, le linguiste Noam Chomsky, observent dans une revue générale que si un extraterrestre étudiait notre planète il noterait une remarquable similitude dans le monde des vivants, principalement à cause de l'universalité du code génétique à partir de laquelle se crée une incroyable complexité d'espèces[66]. À l'inverse, il serait tenté d'observer que, en dépit de cette unité profonde, la communication humaine diffère de celle des autres vivants. Peut-être s'étonnerait-il aussi qu'un code génétique universellement partagé ait pu engendrer plusieurs systèmes de communication*.

La comparaison avec la génétique est judicieuse. Dans les deux cas, un nombre limité d'unités de bases produit une quasi-infinité de combinaisons. Les nucléotides qui composent l'ADN n'appartiennent qu'à quatre types (A,

---

* Rappelons ici que le code génétique est le dictionnaire qui établit la correspondance entre le langage de l'hérédité et celui des protéines, donc du corps. Il est universel. Il est donc abusif d'en parler comme de la caractéristique de l'individu ou de l'espèce. Notre stock génétique (notre génotype) nous distingue, pas notre code génétique.

T, C et G) en fonction de la nature de la base qui les différencie. Il en va de même pour les mots ou les unités de langage – par exemple, les voyelles et les consonnes, elles aussi en nombre limité ; mais les humains savent en tirer des palabres, des œuvres écrites ou des discours longs et variés. On voit bien ici le caractère essentiel de la combinatoire, qui plus est selon un mode identique à celui de l'univers du gène, à savoir l'absence de mélange : même si l'enfant métis semble avoir mixé les couleurs de peau de ses parents, les gènes du père et de la mère restent individualisés, pouvant se manifester de nouveau comme entités distinctes dans les générations futures. Cette combinaison se révèle bien plus riche en potentialités que le mélange pur, qui tend toujours à réduire la variation, à faire se perdre les caractéristiques distinctes : à partir d'une association de peintures blanche et noire, on ne peut plus retrouver les couleurs d'origine. Le deuxième élément caractéristique des formes linguistiques tient à l'importance de l'ordre des signes. S'agissant de ces deux critères, les animaux ne sont pas sans montrer certaines dispositions. Le chant de la baleine à bosses comporte des groupes et des thèmes distincts, ainsi que l'ont montré Roger et Katie Payne*, deux éminents spécialistes de biologie marine[67]. Il est manifestement organisé, et son auteur peut donner d'impressionnants récitals, jusqu'à dix heures d'affilée, bien plus longs qu'un opéra classique. Le chant des oiseaux contient non seulement une authentique information, notamment sur l'identité de l'émetteur, mais aussi une réelle structure[68], voire une organisation syntaxique, ainsi que le suggèrent les études sur la mésange à tête

* Après son divorce, en 1985, d'avec Roger, Katie s'est reconvertie, avec succès, dans l'étude des éléphants en Namibie, dans un environnement particulièrement aride, bien différent de celui des océans !

noire. Avec ses collègues, l'ornithologue américain d'origine allemande Jack Hailman a identifié chez cet animal quatre notes : A, B, C, D. Elles se caractérisent par leur apparition dans cet ordre, mais avec une possibilité d'absence ou de doublement de certaines d'entre elles, ainsi que par le fait que les séquences s'achèvent par D. Il existe donc des contraintes dans l'organisation de ces « notes », de même qu'un système combinatoire, d'ampleur certes limitée, mais qui évoque les langages humains, bien qu'on ne sache pour l'heure en décoder finement la signification[69]. Seule certitude : les oiseaux disposent d'un système de vocalisation infiniment plus complexe et raffiné qu'on ne le soupçonnait jusqu'alors. Leurs chants ne sont pas seulement beaux, ils sont riches en signification. Les chœurs du troglodyte maculé atteignent la perfection. Mâles et femelles entonnent des chants polyphoniques harmonieux selon une partition définie. Disposant d'un répertoire d'une vingtaine de phrases, ils en produisent des séries de quatre, chacune de deux secondes, répétées, du type ABCDABCD – les femelles chantant, par exemple, A et C, et leurs compagnons B et D. Détail fascinant : les phrases se succèdent sans chevauchement et sans erreur[70]. On peut discuter de sa valeur linguistique, mais il s'agit ici, à l'évidence, d'un système de codage complexe exprimé vocalement.

Prenant en compte la multitude de travaux des éthologistes ou des psychologues de l'animal, Hauser, Chomsky et Fitch finissent par distinguer deux concepts de langage. Le plus global inclut le système sensorimoteur, le système conceptuel et intentionnel, et un système computationnel permettant la récursivité. Dans son entendement le plus étroit, le langage ne comprendrait que ce dernier système. Que faut-il comprendre par « concept de récursivité », central dans la théorie de la grammaire élaborée par Chomsky ? Il s'agit de la possibilité de créer – à partir d'un nombre limité de composants (par exemple, de mots) – une complexité infinie. On peut de la sorte emboîter une pensée dans une autre jusqu'à l'infini. Voici comment le célèbre linguiste Steven Pinker évoque cette « sorte de fécondité mentale » permettant d'inclure les propositions les unes dans les autres : « Non seulement le bébé a mangé la limace, mais le père a vu le bébé manger la limace, et je me demande si le père a vu le bébé manger la limace, et le père sait que je me demande s'il a vu le bébé manger la limace, et je peux imaginer que le père sait que je me demande s'il a vu le bébé manger la limace, et ainsi de suite[71]. » Tout cela illustre la fécondité de la récursivité. Seule cette capacité-là serait – en tout cas, dans l'hypothèse de Hauser, Chomsky et Fitch – spécifiquement humaine[72]. Ces auteurs peuvent ainsi prendre en compte l'avalanche de résultats qui, aussi diversement interprétables qu'ils soient, témoignent de l'existence de langages animaux et même d'une sémantique animale. Mais, en même temps, ils mettent l'accent sur la quasi-infinité des expressions linguistiques possibles chez l'homme. Autant qu'on sache, les bêtes se limitent effectivement à un langage restreint, sans acquisition fréquente, par exemple, de nouveaux mots, encore qu'il ne faille pas oublier les inventions du bonobo Kanzi ou du perroquet Alex.

Au sujet de la récursivité, Hauser et ses collègues évoquent, en bonne logique, les recherches sur les compétences numériques des animaux. Elles sont manifestes et communes à de nombreuses espèces. Cependant, même les grands singes semblent procéder différemment des humains. Comme s'il leur fallait comprendre chaque chiffre, le 1, puis le 2, puis le 3, puis le 4, et ainsi de suite. Les enfants humains ne procèdent pas ainsi.

Au-delà du chiffre 4, ils comprennent le système ; ils perçoivent sa logique générale, contrairement aux grands singes. Ils atteignent ainsi une capacité de jouer avec les chiffres illimitée, selon un processus similaire à celui de leurs aptitudes linguistiques. Il pourrait donc bien y avoir, dans cette compétence, quelque chose de singulier, de très propice à une extension considérable de certaines compétences cognitives, et peut-être de spécifiquement humain. L'hypothèse est attractive. Notons toutefois que la difficulté à mettre en évidence la récursivité ou même les éventuelles créations linguistiques animales ne prouve pas leur inexistence. Il se pourrait aussi bien que nous n'ayons pas encore su les identifier. Certes, les singes testés par Fitch et Hauser[73] n'ont apporté aucune preuve de leur aptitude à jouer avec la récursivité. Mais, tout récemment, Timothy Gentner et ses collègues de l'université de Chicago[74] ont identifié un tel talent chez l'étourneau d'Europe. Bien qu'il soit difficile de résumer leurs travaux, disons en substance qu'ils visent à savoir dans quelle mesure ces oiseaux distinguent les séquences considérées comme récursives, du type A^nB^n, des séquences qui ne le sont pas, du type $(AB)^n$. En l'occurrence, les sons correspondent à *rattle* et *warble*, ce qui donne des séquences récursives du genre *rattle rattle warble warble*. Les résultats parlent d'eux-mêmes : ces volatiles n'ignorent pas l'art de la récursivité, encore que son acquisition se soit révélée laborieuse, nécessitant quelque dix mille à cinquante mille essais. Cette non-spontanéité de l'acquisition pourrait expliquer que Fitch et Hauser ne l'aient pas observée chez les singes, où ils ne recherchaient qu'une capacité spontanée.

Mais Kate Arnold et Klaus Zuberbühler viennent de grignoter cet autre dogme. Observant les singes hocheurs du parc national de Gashaka Gumti, au Nigeria, ils ont noté la capacité de ces primates à combiner deux sons : « pyow », principalement utilisé en présence du léopard, et « hacks », émis à l'approche de l'aigle. Ces combinaisons, que les mâles produisent spontanément, revêtent un sens bien précis puisqu'elles contiennent diverses informations – notamment l'identité de celui qui vocalise – et qu'elles induisent des comportements (quitter un endroit, par exemple)[75]. Passant de l'observation à l'expérience, ces chercheurs ne se sont pas contentés de faire écouter aux singes du parc national des séquences P-H (« pyow », « hacks ») particulières, enregistrées dans des situations définies. On pouvait, après tout, considérer qu'au codage séquentiel s'ajouterait la perception de subtiles variations dans le ton, traduisant elles-mêmes l'état émotionnel de l'animal qui était seul impliqué dans le mode de communication. Manipulant les vocalisations par un « copier-coller », les chercheurs ont fabriqué artificiellement des séquences P-H correspondant aux codages observés. Les résultats ne prêtent guère à contestation : il s'agit bien d'un authentique codage basé sur la recombinaison d'unités vocales[76]. Zuberbühler n'insiste pas sur l'étendue du répertoire vocal du hocheur, bien au contraire. Il le juge plutôt pauvre, ce qui n'en revêt à ses yeux que plus de signification. Cela suggère en effet que la capacité à combiner les morphèmes ou toute autre forme d'unités vocales – si on tient à réserver ce label aux seuls locuteurs humains – aurait fait son apparition assez tôt au cours de l'évolution. Il ne s'agirait pas, en définitive, de la meilleure preuve de la richesse des langages de notre espèce. Pour le chercheur inspiré par Darwin, cela signifie simplement qu'il était plus économique de combiner des éléments existants que d'élargir le répertoire avec des nouveautés[77]. Le biologiste n'aura d'ailleurs aucun mal à rapprocher cette hypothèse de tout ce que l'on sait par ailleurs : l'art de la combinaison se trouve au cœur des explications en génétique, en immunologie et en neuroscience. Les disciples de Chomsky feraient bien de se préparer à une révision qui ne devrait, du reste, rien avoir de très déchirant : étendre l'art combinatoire et récursif à des représentants du monde animal ne ferait qu'en accroître l'importance ! Animaliser Chomsky – ou le déshumaniser – constitue, à mes yeux, la meilleure façon de lui rendre hommage.

On ressent en définitive, à la lecture de ces travaux, l'impression que, sur ce terrain comme sur tous les autres, la nouveauté absolue que l'on croyait voir émerger avec la lignée humaine pourrait bien se révéler assez subtile, liée, par exemple, à la « simple » réorganisation de capacités préexistantes[78], d'autant plus que les différences génétiques susceptibles de singulariser un langage purement humain font tout simplement défaut[79].

En outre, si nous nous tournons vers notre espèce, en oubliant un instant la possible « infériorité animale », il faut garder à l'esprit l'exemple des Pirahã, sur lesquels nous reviendrons : il existe bel et bien des humains qui – s'agissant d'aptitude numérique en tout cas – ne montrent guère de génie récursif. Si l'on en croit l'ethnologue-linguiste et ex-missionnaire Daniel Everett qui leur a consacré la plus grande partie de son existence, leur langue ne présente aucun signe de pratique de la récursivité. Cette observation qui heurte de front la linguistique chomskyenne ne signe en aucune façon la stupidité de ce peuple, par ailleurs très doué pour la survie dans son milieu d'origine, ni une quelconque impossibilité congénitale à acquérir ce talent qui leur fait naturellement défaut. Des Pirahã élevés en dehors de leur village savent parler le portugais et jouer avec les jeux infinis de la récursivité. Everett en déduit que le langage serait moins inné que ne le croit Chomsky[80]. Je pense plutôt qu'il repose aussi sur un substrat génétique, qui influence sans doute la propension à la pensée récursive, laquelle ne concerne pas uniquement le champ de la linguistique[81]. Gageons que le débat sur la récursivité ne fait que commencer. D'ailleurs, un linguiste bien connu, Derek Bickerton, de l'université de Hawaï à Honolulu, formule même l'hypothèse selon laquelle ce concept ne recouvrirait aucune réalité. Ce serait un simple artefact d'analyse. Quoi qu'il en soit et sans chercher à trancher dans un conflit complexe qui pourrait se révéler essentiel, l'exemple des Pirahã suggère que la spécificité humaine semble ici moins assurée qu'on ne le pense habituellement. D'une tribu « primitive » à l'autre et la question de la récursivité mise à part, notons qu'un certain nombre de populations (à l'instar des Mrabi et des Tasaday) exhibent un langage si rudimentaire qu'il convient de se demander s'il constitue une « supériorité » ou un avantage évident par rapport aux modes de communication utilisés par les grands singes[82].

Que conclure, provisoirement, sur le terrain du langage ? Qu'à l'évidence les animaux en ont un. Que, sans doute, il n'existe pas ici de fossé, ni de raisons de placer l'homme sur un piédestal. Mais il nous faut éviter le piège de deux positions extrêmes et également fausses. Il y a celle des linguistes et des cognitivistes qui tiennent à l'idée d'un langage parlé unique à l'homme, mais aussi celle des éducateurs de grands singes, émerveillés par leur aptitude à échanger avec eux (par le biais de signes et autres modes de communications). Les premiers croient en l'existence d'un privilège propre à une unique espèce, la nôtre en l'occurrence. Ce qui paraît pour le moins étrange dans une perspective darwinienne, ou tout simplement rationnelle, ainsi que l'affirme fortement la regrettée linguiste Elizabeth Bates, adversaire déclarée de Chomsky : « Si les principes structurels élémentaires du langage ne peuvent être appris (selon un processus ascendant) ou dérivés (selon un processus descendant), il n'y a que deux explications possibles à leur existence : ou bien la grammaire universelle nous a été donnée en partage directement par le Créateur, ou bien notre espèce a subi une mutation d'une ampleur sans précédent, l'équivalent du big bang dans le domaine de la cognition. [...] Il faut abandonner toute version forte de l'affirmation de la discontinuité qui caractérise la grammaire dégénérative depuis trente ans. Il faut trouver une manière de faire reposer les symboles et la syntaxe sur le matériel mental que nous partageons avec d'autres espèces[83]. »

Le langage serait-il à l'homme ce que la trompe est à l'éléphant ?

Steven Pinker, qui n'a rien d'un antidarwinien, bien au contraire, justifie pourtant la croyance dans la spécificité humaine en matière de langage en évoquant la trompe de l'éléphant, organe bien singulier. Il aurait pu choisir le radar de la chauve-souris, plus original encore. Mais il est vrai qu'existent des dizaines d'espèces de chauves-souris contre seulement deux (peut-être trois) espèces d'éléphants. L'argument de la singularité est donc plus éclatant avec les pachydermes. Pinker, comme toujours, illustre son point de vue d'un exemple intelligemment choisi. Cela dit, la légitimité de sa comparaison reste à démontrer. Le langage est un instrument de communication et de cognition. Or nous avons tous – humains, primates et mammifères divers, pour nous limiter à eux – besoin de recourir à ces fonctions.

Il nous faut aussi, dira-t-on, des appendices pour toucher, prendre, soulever, etc. La plupart d'entre nous se contentent d'utiliser leurs membres, l'éléphant dispose aussi d'une trompe. C'est un avantage extraordinaire, tout à son mérite. Toutefois, quoique moins bien pourvus que lui, les autres mammifères savent remplir des fonctions similaires avec leurs propres membres et organes. Conçue dans sa dimension quasi ontologique, la croyance dans l'absolue unicité du langage humain suggère l'existence d'une imperfection de toute la nature, qui, comme par miracle, se trouverait corrigée dans une unique espèce privilégiée. On imagine sans difficulté qu'un mammifère très digne et très apte soit dépourvu de l'aiguillon venimeux ou du bec de l'ornithorynque, du groin de l'oryctérope, de la langue du tamanoir ou de la trompe de l'éléphant. On comprendrait en revanche assez mal un déficit systématique de la communication ou de la pensée. En outre, s'il est bien clair que la trompe a fait son apparition chez l'éléphant depuis sa séparation d'avec ses plus proches cousins, les hyrax, il n'en va pas de même dans le cas du langage : cérébralement parlant, nous le verrons, la particularité anatomique de l'homme n'est pas absolue, ainsi que le souligne la découverte de l'homologue de l'aire de Broca chez les singes[84], tout comme le fait que ces derniers, mais pas seulement eux, possèdent clairement la possibilité de comprendre des langages humains et non humains, et celle, dans une certaine mesure, dont l'ampleur se discute, d'émettre des sons chargés de sens. De surcroît, l'un des gènes en rapport avec le langage et identifié comme tel – à savoir *FOXP2*, dont la découverte a suscité le commentaire enthousiaste de Pinker[85], le qualifiant de premier gène codant pour un caractère cognitif – non seulement existe chez les animaux, mais semble également y exercer une fonction dans la communication[86]*. En vérité, et en dépit de l'estime que je porte à Chomsky, à son école et tout particulièrement à Pinker, il me faut bien avouer que se dégage parfois de leur talentueuse œuvre un léger parfum de sectarisme ou, si l'on préfère, d'*a priorisme*. Une fois décrété le langage spécifique de l'homme, il leur semble difficile de reconnaître quelque mérite que ce soit à des observations aussi fortes que celles sur Kanzi.

Cela étant, Pinker a l'immense mérite de souligner ce qui constitue la grande faiblesse de la tentation opposée, celle qui tend à faire des singes communicateurs, Washoe, Sarah, Kanzi et les autres, un modèle approchant de notre ancêtre, un quasi-humain, « celui qui parle presque ». Il est vrai que les premières études sur l'utilisation du langage ASL des sourds-muets ont répandu cette vision des choses, celle d'une parenté telle qu'en nous plaçant, eux et nous, dans une même catégorie on les infériorise automatiquement. Car qui ne voit que, aussi doués soient-ils, les grands singes ne parlent pas comme nous, qu'ils ne manipulent pas aussi bien que nous les langages humains – comment pourrait-il en

* Stephen Anderson formule en des termes différents, plus en rapport avec la communication, la vision pinkerienne de l'originalité du langage humain. Il faudrait, selon lui, le considérer unique comme le sont la danse des abeilles, le chant des oiseaux et les cris d'alarme des singes (Anderson S.R., *Doctor Dolittle's Delusion : Animals and the Uniqueness of Human Language*, Yale University Press, 2004). Mais on notera que, poussée à l'extrême, cette analyse se neutralise elle-même : chaque mode de communication devenant unique en son genre, l'unicité du langage humain n'aurait dès lors rien de guère plus spectaculaire que celle de notre nez par rapport au même appendice chez le nasique ou l'oryctérope ! Où l'on voit que ce n'est pas à l'aide d'une simple formule qu'on peut se débarrasser de l'aberration que constituerait, évolutivement parlant, une particularité biologique aussi socialement signifiante et présente dans une seule espèce qui se trouverait être, comme par hasard, la nôtre !

être autrement ? – et que, par voie de conséquence, en les assimilant à nous, nous en faisons obligatoirement des êtres inférieurs ? D'où ce paradoxe que souligne judicieusement Pinker, dans « cette tentative censée rabaisser *Homo sapiens* de quelques crans dans l'ordre naturel » : « Nous, les humains, exerçons notre autorité sur une autre espèce pour lui faire imiter notre forme de communication instinctive, ou une autre forme artificielle de notre invention, comme si c'était la mesure de la valeur biologique. La résistance des chimpanzés ne doit pas les discréditer, un être humain ne ferait sûrement pas mieux si on le dressait à hululer ou à pousser des cris aigus comme les chimpanzés : l'intérêt scientifique de ce projet symétrique serait pratiquement le même. En fait, l'idée même qu'une espèce ait besoin de notre intervention pour que ses membres puissent montrer un savoir-faire utile, comme un oiseau qui serait incapable de voler à moins d'être éduqué par l'homme, cette idée est loin d'être modeste[87] ! » Pinker, donc, n'a pas tort : il y a une lourde ambiguïté dans la tentation de glorifier l'animal éduqué par des représentants de notre espèce qui, de La Mettrie à Sue Savage-Rumbaugh, donne l'impression que la bête aurait attendu l'homme pour éclore sous la forme d'une créature plus parfaite. Ce qu'avait déjà très bien perçu Nietzsche : « Dire que dresser un animal c'est le "rendre meilleur", voilà qui sonne à nos oreilles comme une dérision. Qui sait ce qui se passe dans les ménageries doute que la bête brute y devienne "meilleure". On l'affaiblit, on la rend moins dangereuse, on fait d'elle, par l'effet déprimant de la peur, par la douleur, par les blessures et par la faim, une bête maladive[88]. »

Cela dit, je me garderai bien de rejeter au rayon de l'insignifiance tous les travaux sur le langage ASL des grands singes, même si je ne crois pas qu'ils nous révèlent le meilleur de ces vivants. Quelques observations – hélas ! par nature anecdotiques – en soulignent parfois le sens. Je songe en particulier à l'épisode qui a marqué la vie de la célèbre femelle gorille Koko, alors âgée de trente-trois ans, durant l'été 2004. Elle a signalé elle-même à son éducatrice, Francine Patterson, qu'elle avait mal aux dents. Plus extraordinaire encore, elle se serait avérée capable de quantifier son niveau de douleur selon une échelle visuelle graduée jusqu'à 10, comme on en utilise chez l'homme. Koko a ainsi pu faire savoir quand son niveau de douleur est passé de 2 ou 3 (juste après absorption de médicament) jusqu'à 7 ou 8, ce qui a justifié l'intervention chirurgicale. On lui a alors proposé de choisir entre l'opération et les médicaments, et elle a « dit », par signes, qu'elle préférait l'intervention. Koko savait ce dont il s'agissait, car on le lui avait montré sur une poupée. On ne peut que regretter, au passage, le manque de publications réellement scientifiques sur ce merveilleux animal, car les articles de la grande presse ou les échos publiés sur Internet n'ont pas la même valeur critique que des référés spécialisés. Mais s'il avait réellement de telles aptitudes à communiquer par l'intermédiaire de l'ASL, il paraît bien difficile, par-delà toutes les considérations théoriques des linguistes, de contester qu'il s'agisse d'un authentique langage. En outre, s'agissant de l'œuvre de Sue Savage-Rumbaugh, la considérer comme une tentative d'humaniser le bonobo en lui imposant un mode de communication humain relèverait de la réduction fallacieuse. La primatologue souligne en fait son désir de décoder ce qui, dans la conversation avec le grand singe, peut illustrer son langage naturel. Elle livre à cet égard l'exemple d'un échange entre sa collègue Mary Chiepelo et Panbanisha. Ayant entendu un cri qu'elle attribua à un écureuil, la première prit le keyboard et dit à la seconde : « Il y a un écureuil. » Mais la bonobo répliqua : « *Dog.* » De fait, trois chiens firent leur apparition un peu plus tard, se dirigeant vers le bâtiment abritant Kanzi. Mary posa alors la question : « Kanzi peut-il voir les chiens ? » Regardant son éducatrice, Panbanisha répliqua : « *A frame* », désignant ainsi un secteur de la forêt contenant une hutte, là où, plus tard, Mary retrouva les traces des chiens. Pour Savage-Rumbaugh, cet échange illustre le type d'informations que les grands singes peuvent se communiquer dans un contexte naturel[89]. Son hypothèse me convainc, car, une fois encore, si un animal exprime une compétence cognitive – qui plus est, dans ce cas, sous une forme ouverte, autre qu'une réponse par oui ou par non –, cela signe sa préexistence dans son esprit. Comme je n'imagine pas que la sélection naturelle l'y ait mise en place sans qu'elle lui serve d'une façon ou d'une autre, je me trouve contraint de croire à la naturalité d'un mode de communication langagier chez le bonobo.

Pour en revenir à la vision pinkerienne, je suis convaincu que les grands singes, comme tous les autres vivants, sont des êtres très complets, absolument parfaits pour ce qui est de leur aptitude à user de leur répertoire comportemental, et résolument honorables. Leur dignité profonde ne tient pas à ce qu'ils sont *presque* comme nous, mais plutôt au fait qu'ils sont intégralement eux-mêmes, c'est-à-dire différents. Voilà ce qui me sépare de quelques éducateurs de grands primates ou de nombreux amis des animaux. Ce qui me distingue de Pinker, c'est que je ne puis croire en l'existence d'une barrière quelconque entre l'homme et les animaux. Il s'agit là d'un péché contre l'esprit, peut-être le plus grand de ceux – nombreux, à vrai dire – qui se puissent commettre aujourd'hui dans ce domaine.

Une grammaire des gestes ?

Cela étant, pour ne pas en rester au stade de l'opinion ou du débat sur les mots, pour en savoir vraiment plus, il faudrait pouvoir mieux décoder l'évolution du langage. La tâche n'a rien de banal : les paroles ne se fossilisent pas. On dispose, en revanche, d'informations nouvelles en provenance des neurosciences, dans la mesure où l'aire du langage dite de Broca impliquée dans la parole – et dont on a identifié l'homologue chez le macaque[90] – jouerait également un rôle dans le contrôle des mouvements. Les gestes, on le sait, participent à la communication non verbale. La face et les mains jouent ici un rôle essentiel. Les grands singes pourraient communiquer davantage de la sorte que de façon phonétique ; leur relative pauvreté linguistique s'expliquerait par l'existence d'un répertoire de comportements moteurs bien plus efficace, les dispensant d'avoir à en élaborer un autre. Plusieurs observations confortent cette théorie associant le contrôle moteur à l'émergence de la parole, parmi lesquelles l'existence de troubles du langage chez les patients parkinsoniens[91]. On sait que ces malades présentent une dégénérescence de certains ganglions à la base du cerveau qui contribuent précisément au mouvement. Or ils ont aussi des difficultés en matière de langage, plus prononcées pour les verbes réguliers que pour les verbes irréguliers. L'explication serait, selon Pinker, que les premiers impliquent la compréhension d'une règle pour manipuler la combinatoire impliquée dans le langage, alors que les seconds ne mettent en cause que la mémoire à long terme. La neurologie nous fournit un autre exemple, plus étrange encore, celui d'un malade ayant perdu le sens du toucher au-dessous du cou, à la suite d'une infection virale. Ses mouvements s'en sont trouvés extrêmement réduits, mais pas ceux qu'il produit en parlant. Même quand ni lui ni son interlocuteur ne voient ses mains, celles-ci bougent pendant qu'il parle. Le geste accompagnant la parole ne serait donc nullement une spécialité italienne superflue mais un élément indispensable du langage* ! Pour attrayante qu'elle soit, la théorie motrice ne rallie pas tous les observateurs. Marc Hauser, par exemple, insiste sur la capacité des singes à utiliser des sons ressemblant à des mots pour désigner, par exemple, des prédateurs, soulignant le fait que leurs communications ne relèveraient pas du seul langage des gestes. D'autres enfin pensent que les mouvements n'ont vraiment rien à voir avec l'essence du langage, sa structure conceptuelle, la récursivité, etc. Mais les données sur les neurones miroirs impliqués dans l'imitation, dont nous reparlerons plus loin, collent assez bien avec la théorie motrice. Découverts chez le singe, ils participent aux actions manuelles ainsi qu'à leur perception chez autrui, donc sans doute à l'imitation. Or, leur distribution cérébrale chevauche celle des aires du langage, à la fois celle de Broca et celle de Wernicke. Cette observation invite à rapprocher parole et geste. Michael Corballis, un spécialiste des sciences cognitives d'Auckland (Nouvelle-Zélande), insiste sur le lien entre ces deux fonctions[92]. Il note l'expansion de l'aire de Broca chez *Homo habilis*, voici donc deux millions d'années, sans doute avant l'apparition du langage articulé, ainsi que l'accroissement remarquable de l'activité manuelle au cours de l'évolution de l'homme préhistorique, laquelle se traduit par celle des outils taillés. Conclusion : nos ancêtres auraient bien pu inventer la grammaire avec des gestes, et avant la parole.

---

* On notera, à ce propos, qu'avec l'apparition des présentations Powerpoint, obligeant parfois le présentateur à lire sur son écran d'ordinateur, d'excellents orateurs à la riche gestuelle deviennent pauvrement statiques. Comme si la lecture s'était substituée à la parole !

À moins que d'autres ne l'aient fait avant la séparation d'avec la lignée du chimpanzé. Auquel cas, ce dernier posséderait bien une connaissance de la grammaire, sous forme non verbale mais gestuelle ! Que la communication par le geste soit chargée de sens, nombre d'expériences le confirment. Erica Cartmill et Richard Byrne, de l'université St. Andrews, en Grande-Bretagne, ont examiné les mouvements des orangs-outans désireux de demander quelque chose à un humain – en l'occurrence, un aliment intéressant (une banane, par exemple). Ces animaux effectuent des gestes très explicites. Si l'interlocuteur fait semblant de ne pas comprendre, les singes répètent leur demande. Si nécessaire, ils modifient leurs gestes ou les exagèrent afin de se faire mieux comprendre, exactement comme nous le ferions avec des mots[93]. Il ne s'agit donc pas simplement pour eux d'attirer l'attention d'autrui de façon désordonnée mais de transmettre un message précis. Détail particulièrement intéressant, il existe une certaine universalité du langage des gestes. Dans bien des cas, nous n'avons aucune difficulté à les comprendre : tendre la main, repousser, désigner du doigt revêtent une signification évidente pour le singe comme pour *Homo sapiens*. Joanna Blake, chercheur à l'université York de Toronto et spécialiste du langage gestuel humain, a examiné l'ensemble des données de la littérature scientifique relative au langage gestuel des enfants de notre espèce et des grands singes de tout âge. Elle insiste, en conclusion, sur les similarités profondes qui existent dans les deux cas. C'est ce qui autorise une compréhension croisée entre nos espèces. Sans doute n'y a-t-il en l'occurrence aucun miracle, mais simplement le fait que des lois fondamentales de la communication sont apparues bien avant l'espèce humaine ; elles sont innées et largement répandues dans la nature[94].

L'art de la communication ne leur fait pas défaut

L'étude de la communication par d'autres moyens que la parole offre un avantage supplémentaire : celui de nous inviter à reconsidérer les relations entre information et signification. La linguistique comme la théorie de l'information, dans la lignée de Claude Shannon (1916-2001) et Norbert Wiener (1894-1964), ou encore l'analyse des communications cellulaires par la médiation de récepteurs membranaires conduisent à mettre l'accent sur le rôle de systèmes de signalisation dans lesquels les partenaires réagissent selon un modèle simple reposant sur le *contenu* de l'information. Rien ne dit que la vie sociale fonctionne d'une façon aussi stéréotypée, ni qu'elle puisse se quantifier en bits informatiques. Des travaux sur les grands singes invitent à poser sur eux un autre regard, basé sur la notion de corégulation, faite d'interactions contingentes et plus ou moins imprévisibles, que Barbara King qualifie de « danse dynamique[95] ». Ainsi perçus, les animaux n'apparaissent plus comme de simples automates, réagissant sur un mode préprogrammé et qui n'est pas sans évoquer le réflexe conditionné, mais comme des experts en intelligence sociale. L'anthropologue américaine applique sa vision de la danse dynamique à l'univers des grands singes, mais sans doute le même système vaut-il pour les autres mammifères, humains inclus. À la réflexion, les communications dans nos sociétés – y compris dans les cénacles aussi spécialisés que les congrès scientifiques, où chacun s'exprime en anglais, mais souvent de très imparfaite façon – ne s'effectuent que rarement selon le modèle simple du pur échange d'informations. Cela vaut peut-être encore pour l'achat d'un billet de train ou d'une bouteille de soda, mais il s'agit là de pratiques pour lesquelles la machine tend à se substituer à l'action humaine. Ce type de réflexion présente un avantage imprévu en mettant l'accent sur ce que le langage de type humain recèle d'assez simpliste. Conçu à la manière des linguistes, comme échange d'informations, il évoque la réaction stéréotypée, celle de l'instinct des insectes, celle censée caractériser les formes de vie peu élaborées, sans liberté par rapport au champ de la contingence et de l'histoire. Ainsi se trouve inversée la perspective sur laquelle débouche la vision d'un langage humain conçu comme le pinacle des facultés cognitives : l'intelligence sociale qu'il implique le situe à cet égard au niveau du distributeur de Coca-Cola !

Peut-être à cause du cloisonnement des champs de recherche – lequel doit beaucoup aux réflexes de territorialité des scientifiques –, l'étude du langage est restée chasse gardée des linguistes, confortant ainsi implicitement l'idée selon laquelle il s'agirait d'une faculté sans lien avec les autres capacités mentales. En réalité, on ne saurait exclure que cette aptitude – celle consistant à parler, l'instinct territorial remontant à des racines phylogénétiques bien plus anciennes ! – tire ses origines des compétences sociales des primates, suggérant qu'elle préexiste, sous d'autres formes, dans d'autres espèces. Trois des meilleurs primatologues spécialisés dans la recherche sur le terrain, Robert Seyfarth, Dorothy Cheney et Thore Bergman, en ont fait l'hypothèse. Ils insistent sur la profonde parenté entre les propriétés du langage et celles des connaissances sociales des singes. On peut les qualifier de *représentationnelles* (quand une femelle babouin entend une vocalisation, elle acquiert des informations spécifiques de l'interaction en cours) ; elles présentent des valeurs *discrètes* (c'est-à-dire sous forme d'éléments distincts, individualisés : l'identité individuelle, le genre, la lignée matrilinéaire, le rang hiérarchique) ; elles suivent une *structure hiérarchique* (les singes classifient leurs compagnons en tenant compte de leur appartenance à un lignage matrilinéaire et de leur rang social) ; elles sont gouvernées par des *règles* et *a priori sans limites* (les babouins savent que seuls les subordonnées poussent des couinements de douleur face à celles qui les dominent et ils peuvent sans fin intégrer de nouveaux sujets dans leur représentation de la société) ; elles sont *indépendantes des modalités sensorielles* (les expériences de play-back démontrent la possibilité d'acquérir du savoir sur les interactions sociales par l'ouïe comme par la vue) ; et enfin on peut les qualifier de *propositionnelles* (les manipulations consistant à faire entendre des réactions de lamentations illogiques – du dominant à l'encontre du dominé – confirment que les primates interprètent, ainsi que l'expliquent Seyfarth et ses collègues, les situations sociales de la façon suivante : « Sylvia est en train de menacer Hanna, ce qui entraîne le fait que Hanna se lamente »)[96]. La récursivité, sans doute, n'entre pas dans cette liste, mais, quelle que puisse être la spécificité de l'aptitude humaine au langage, l'étude de la vie sociale comme celle des gestes met bel et bien en évidence la présence d'un substrat mental commun à l'homme et aux autres primates, et vraisemblablement associé à son art de la parole.

Les linguistes – on ne saurait leur en vouloir – ont hypertrophié le rôle et les mérites du langage qu'ils étudient. Mais n'existe-t-il pas d'autres formes de communication d'une grande richesse ? Les chimpanzés tambourinent sur des troncs d'arbres de façon significative, en produisant de surcroît un bruit caractéristique. Leurs congénères en apprennent ainsi beaucoup sur la direction suivie par leur boss ou sur d'autres éléments d'intérêt[97]. Ces primates distinguent fort bien la signification particulière de ces messages, faisant la différence entre des tambourinages sans importance et d'autres à valeur symbolique. Partie à la rencontre de bonobos vivant dans la brousse, Sue Savage-Rumbaugh a repéré le long de leurs pistes des indices chargés de sens – tout au moins selon elle – pour leurs apparentés et suffisamment précis pour que les traqueurs les suivent[98]. Plus généralement, comment ne pas croire en l'existence de moyens de communication performants et hautement significatifs dans les relations animales ? Quiconque a suivi la chasse coopérative des lions ne manquera pas de s'interroger sur les moyens grâce auxquels telle femelle sait ce que font ses sœurs et ses filles parties dans d'autres directions et en tient compte. Invoquer un mystérieux instinct n'apporte rien à l'affaire. Ce mot à la signification d'ailleurs imprécise ne saurait s'appliquer à une situation aussi complexe. Aucune configuration génétique prédéterminée ne peut indiquer à la chasseresse qu'elle doit partir 95 mètres sur la gauche, accomplir 418 mètres vers l'est, revenir à droite pour atteindre le bosquet situé à 6 mètres, etc. À l'évidence, elle doit comprendre l'intention de ses congénères, et sans doute leur avoir donné des consignes ou en avoir reçu d'elles. Et même si ces associées se connaissent suffisamment pour se comprendre sans se parler, ce jeu social porte la trace d'un mode de communication élaboré et précis, difficile à distinguer radicalement de notre langage, la récursivité mise à part. Que nous n'en comprenions pas, pour l'heure, les modalités n'enlève rien à sa subtilité, et on pourrait commenter à l'identique une foule d'autres situations. Comment, par exemple, la mère hyène « dit »-elle à son petit, en lui léchant le sexe, qu'il ne doit pas la suivre dans la nuit mais revenir au terrier ? Ne doit-il pas, de façon générale, sa survie à sa proximité avec sa génitrice ? Il lui faut, cette fois-ci, faire l'inverse. La mère a-t-elle dit « cesse de me suivre ! », d'une manière ou d'une autre que nul n'a su décoder à ce jour ? Seule certitude : l'information passe, la consigne peut durer des heures, voire des journées entières chez certaines espèces comme le léopard. La morale de l'histoire tient avant tout à ceci : les animaux communiquent, fort efficacement, de façons multiples, sophistiquées et fiables[99]. D'où, paradoxalement, leur aptitude au mensonge, preuve par l'absurde de cette fiabilité : si les messages ne voulaient rien dire, ils ne permettraient pas de tromper quiconque[100].

Qu'on puisse communiquer beaucoup et sans langage de type humain, une mésaventure arrivée à Pierre Jouventin l'illustre de façon amusante. Ce zoologue, surtout connu pour ses travaux sur les manchots et les albatros, avait eu maille à partir avec un jeune chimpanzé mâle qui lui avait mordu le nez. Bien que le primate ait *in extremis* décidé de lui laisser son appendice nasal, Jouventin décida de se venger avec d'autant plus d'aigreur que son adversaire comptait jusqu'alors parmi ses amis et qu'il avait le sentiment de s'être fait bêtement piéger ! Comme on lui avait fait la blague – d'un goût douteux – de placer dans sa voiture un serpent mort, il eut l'idée de prendre le cadavre pour le jeter à la figure de son ennemi, ce qui provoqua des hurlements de terreur dans toute la troupe. Mais le lendemain, le vétérinaire lui reprocha d'avoir embêté les chimpanzés. Comment l'avait-il su, alors même qu'il avait usé de tous les stratagèmes pour que nul humain ne le vît commettre ce forfait d'autant plus coupable qu'il émanait d'un scientifique ? Le jeune mâle avait tout simplement mouchardé, prenant la main du vétérinaire pour l'amener sur les lieux du délit, c'est-à-dire auprès du cadavre de serpent. Ayant lui-même contribué à le placer dans la voiture de Jouventin, le vétérinaire s'expliqua aisément la grande émotivité des singes[101]. Quant au zoologue, il en déduisit qu'à ces derniers ne manque pas même la parole. En tout cas, la capacité de raconter des histoires, y compris à nos congénères, ne leur fait pas défaut !

8

Sans théorie de l'esprit ?

> *« Dès lors que vous avez des états mentaux dans votre ontologie, et la capacité d'attribuer à autrui de tels états mentaux, il n'y a guère plus d'un pas à franchir pour que vous ayez des désirs sur ces états mentaux – le désir qu'elle croie ceci, le désir qu'il désire cela – et pour que vous formiez l'intention de modifier les états mentaux d'autrui. »*
>
> Dan Sperber, 1996[1]

L'un des grands noms de la recherche psychologique sur les chimpanzés, David Premack, fut parmi les premiers à se poser la question de la théorie de l'esprit et de son existence chez les singes[2]. De quoi s'agit-il ? Tout simplement de l'aptitude à se mettre mentalement à la place d'un autre, à lui attribuer un esprit. De là découle une possibilité d'emboîtement des états mentaux, bien illustrée par la citation de l'anthropologue Dan Sperber et propice à assurer la complexité d'une vie sociale riche. Les travaux des psychologues britanniques sur l'autisme offrent à ce concept une application clinique remarquable.

Des autistes et des bêtes

Utah Frith et Simon Baron-Cohen affirment en effet, non sans arguments, que les autistes présentent une déficience en ce domaine. Des tests particuliers (relatifs notamment aux fausses croyances) consistant à montrer des planches illustrant certaines scènes permettent de la mettre en évidence. Le sujet observe, par exemple, une séquence dessinée mettant en scène deux marionnettes, Sally et Ann. La première possède une bille qu'elle garde dans un panier. Elle sort ensuite de la pièce. Ann s'empare de la bille pour la mettre dans une boîte. On demande alors au sujet testé à quel endroit Sally va la chercher à son retour. Un individu normal comprend sans difficulté le sens de la question : « où croit-elle que se trouve la bille ? » et non pas « où se trouve-t-elle en réalité ? ». Il sait que Sally ignore le changement survenu en son absence et qu'elle se dirigera vers son panier. Un petit autiste imagine qu'elle va aller là où *lui* sait que se trouve la bille. Il ne parvient pas à se mettre mentalement à la place de l'autre. Ce déficit psychologique rendrait compte des grandes difficultés des autistes, même lorsqu'ils sont intelligents et parviennent à mener une vie à peu près normale. Les animaux ont-ils une théorie de l'esprit ? La plupart des psychologues en doutent. On ne saurait pourtant considérer les bêtes comme des autistes, car on les imagine mal capables de survivre avec un tel handicap dans des conditions naturelles*.

---

* Le rapprochement animal-autiste est pourtant évoqué, non sans talent, par une éloquente avocate des bêtes, elle-même autiste : Temple Grandin prétend connaître mieux que quiconque les animaux à cause de sa propre maladie. Elle insiste, par exemple, sur la propension des autistes à percevoir les situations au niveau des détails plutôt que globalement. C'est ce qui permet aux oiseaux migrateurs de se souvenir parfaitement d'un long cheminement ou aux écureuils

Faire de l'animal un handicapé ou du handicapé un intermédiaire entre l'homme et la bête est absurde. Cette attitude signe la croyance en une évolution menant biologiquement vers la perfection, et elle me semble tout à fait similaire à celle d'une ethnologie qui voit dans le primitif une étape vers l'humain civilisé. Des individus réussissent certes à survivre avec un handicap sérieux, y compris dans le monde animal, mais aucune espèce ne pourrait en tant que telle subsister à ce prix. La simple réflexion dans le cadre de la logique évolutionnaire ne devrait pas inviter à distinguer, sur ce plan, l'homme des autres animaux. Plusieurs spécialistes de ce sujet, comme Christopher Frith, expliquent l'émergence de la théorie de l'esprit par l'avantage que cette compétence à dû impliquer dans la capacité à prédire ce que les autres animaux vont faire. Ce point de vue raisonnable ne conduit pas à distinguer notre espèce des autres : tous les êtres sociaux doivent tirer un bénéfice d'une telle compétence. D'ailleurs, les structures cérébrales mises en cause dans cette faculté d'attribution des états mentaux (gyrus paracingulaire, pôle temporal, sulcus temporal supérieur, amygdale) n'ont rien de spécifiquement humain, de sorte qu'on comprend assez mal l'analyse des commentateurs déduisant de ces travaux que nous seuls pourrions lire dans l'esprit d'autrui[3]. On connaît du reste nombre de situations dans lesquelles

---

de se rappeler une multitude de caches (Grandin T., *Animals in Translation*, Scribner, 2005). En réalité, une analyse détaillée des faits disponibles ne nous permet en aucun cas de considérer les animaux non humains comme des spécialistes du détail, handicapés face à la perception d'une globalité. Il semble plutôt que leurs particularités en ce domaine reflètent essentiellement des adaptations spécifiques aux conditions de vie des diverses espèces (Vallortigara G., Snyder A., Kaplan G., Bateson P., Clayton N.S. et Rogers L.J., « Are animals autistic savants ? », *PLoS Biology*, vol. 6, 2008, e42).

des animaux montrent qu'ils possèdent bel et bien une théorie de l'esprit. C'est ainsi que, lorsqu'ils se trouvent en difficulté et courent le risque de recevoir un mauvais coup d'un des leurs, les singes verts se mettent parfois à pousser le cri caractéristique signalant la présence du léopard. Leurs congénères, dupés, auront alors tendance à s'enfuir[4]. Inversement, le test des fausses croyances n'a pas été réussi par toutes les populations humaines testées. Les enfants de cinq ans d'un village de Samoa et de Junin Quechua au Pérou ne l'ont pas passé avec succès, tout comme ceux de quatorze ans de Tainae en Papouasie[5]. On ne saurait certes exclure qu'ils auraient pu le réussir à un âge plus avancé, mais les indices en faveur d'une théorie de l'esprit chez certains animaux, associés à ceux de son absence dans des populations humaines, devraient suffire à nous convaincre qu'il ne s'agit sans doute pas là du propre de l'homme.

La preuve par le mensonge et le regard

Tricher ? Les animaux en seraient-ils capables ? Pour le savoir, des psychologues n'ont pas hésité à placer des primates dans des situations favorisant l'expression de leur capacité à mentir. Cette perversité ne semble ni pédagogique ni morale, mais la science est à ce prix, et je suis prêt à sacrifier bien davantage sur l'autel de l'éthique de la connaissance. Une expérience classique consiste à faire interagir des singes avec un humain situé dans un autre local, derrière une vitre ; ils peuvent lui signaler le lieu où se trouve une friandise convoitée et espérer la recevoir en échange. Si l'homme leur donne le présent une fois qu'il l'a découvert, ils lui diront systématiquement la vérité. S'il prend le bonbon et le garde, ils lui indiqueront la prochaine fois une fausse cachette.

Où l'on voit que ces primates ont des prédispositions machiavéliques – mais que dire de celles des expérimentateurs ! – témoignant fortement de la présence chez eux d'une théorie de l'esprit.

Tous les spécialistes n'admettent certes pas que les bêtes, chimpanzés compris, disposent d'une théorie de l'esprit. Daniel Povinelli, en particulier, en doute fortement, alors même que ses premières études l'invitaient à penser l'inverse. Il faut dire qu'il s'est depuis imposé comme le théoricien de la débilité du chimpanzé, auquel il ne reconnaît plus grand mérite[6]. Povinelli a imaginé une série d'expériences simples dans lesquelles l'animal peut demander de la nourriture à deux expérimentateurs humains auxquels on cache, selon les cas, les yeux ou une autre partie du corps. Le chimpanzé aurait réagi vis-à-vis d'eux sans tenir compte, apparemment, du fait qu'ils puissent ou non le voir, donnant l'impression qu'il n'a pas conscience que, selon qu'ils regardent ou non la même chose que lui, les autres disposent d'un savoir différent du sien[7]. Cette expérience a été critiquée par Gordon Gallup, au prétexte que les chimpanzés testés étaient trop jeunes, puisque les petits enfants humains échouent également aux tests évaluant la théorie de l'esprit. On peut surtout lui faire le reproche que lui adressent les Premack, à savoir le conditionnement préalable de ces animaux, invités à passer leurs bras par l'ouverture afin d'être récompensés[8]. Comment auraient-ils pu cesser de le faire face à un expérimentateur ne les regardant pas ? Dans des expériences du même type, les Premack avaient obtenu des résultats bien différents. Dans leur laboratoire, la femelle Jessie (mais pas tous ses autres congénères) eut l'idée d'ôter le bandeau couvrant les yeux d'un expérimentateur susceptible de l'aider. Ils avaient ensuite cherché à voir dans quelle mesure elle pouvait comprendre que le regard de l'informateur contenait bien de l'information. Le principe de l'expérience, très voisine de celle de Povinelli, consistait à bander les yeux du singe placé face à deux récipients (dont l'un seulement contenait de la nourriture) et à deux informateurs, l'un ayant pu assister à l'appâtage, contrairement à l'autre qui était masqué par un écran. Jessie avait choisi le bon informateur, de même que deux des trois autres singes[9*].

Sous le regard de l'homme : ce qu'ils savent de nos intentions

Outre les critiques techniques qu'on peut lui adresser, on doit aussi déplorer le caractère fort peu naturel pour un animal de l'expérience de Povinelli. On a d'autant plus de mal à partager son interprétation qu'un nombre considérable d'observations, dont certaines faites par lui, montrent que les grands singes suivent très souvent la direction du regard d'autrui, humain compris. De son côté, l'équipe de Tomasello a fait état de données diversement interprétables. Ce chercheur a confirmé les conclusions de Povinelli, avant d'imaginer d'autres protocoles et d'obtenir des résultats difficilement compatibles avec une absence de compréhension par le singe des états mentaux d'autrui. Avec Josep Call, il a notamment bien montré que ces primates suivent la direction du regard des humains, et se retournent vers l'expérimentateur lorsqu'ils ne trouvent pas ainsi ce qu'ils cherchent[10]. Avec Brian Hare, un primatologue américain qui a passé quelques années dans le laboratoire de Tomasello et Call à l'Institut Max-Planck d'anthropologie

* L'un de ces deux singes fut cependant incapable d'utiliser efficacement les informations fournies par l'informateur.

et de l'évolution de Leipzig, ces derniers ont imaginé des expériences plus écologiques, tenant compte en particulier de la sociabilité des animaux, habitués à interagir entre eux et non avec des humains. Ils ont, par exemple, mis en place des pièces construites de telle façon qu'un chimpanzé dominant puisse voir son subordonné, lequel avait accès à deux sources de nourriture : l'une visible par le supérieur hiérarchique, l'autre pas[11]. Le sujet d'expérience prit alors l'aliment non apparent pour son congénère, signe clair qu'il agissait en fonction du savoir du partenaire[12]. Tout cela nous invite à mieux chercher à comprendre le fonctionnement cognitif de ces animaux dans leurs conditions d'existence normales. Dans leur milieu naturel, les chimpanzés ne se transmettent habituellement pas d'informations sur l'endroit où se situe la nourriture. Se trouvant, au contraire, en compétition, pourquoi devraient-ils s'aider ainsi ? C'est la raison pour laquelle Tomasello et ses collègues[13] pensent qu'il convient de réinterpréter les travaux sur la théorie de l'esprit chez les grands singes à la lumière d'études plus écologiques et mettant de préférence en scène des congénères entre eux plutôt qu'avec des humains. Par ailleurs, ces chercheurs ont mis en évidence l'aptitude des chiens[14], mais aussi des chèvres[15] à suivre la direction du regard ou à utiliser efficacement des indices par lesquels des humains leur indiquent la position d'un aliment. La domestication explique cette étonnante capacité déjà manifeste chez le jeune chiot[16], que l'on retrouve chez les dauphins[17], les phoques à fourrure[18] et même les corbeaux[19]. Des éléphants en captivité ont également passé avec succès le test de Povinelli, choisissant de quémander leur nourriture à un humain susceptible de les voir, de préférence à un autre dont la vision avait été oblitérée[20]. Comme nul, et sans doute pas Povinelli lui-même, n'imagine que ces animaux aient plus de théorie de l'esprit que le chimpanzé, il devient vraiment très difficile de priver ce dernier de cette aptitude.

Toutes ces données font penser à d'autres observations : par exemple, celles de Frans de Waal sur le chimpanzé Dandy qui, contrairement aux autres mâles de sa troupe, avait trouvé un moyen pour s'accoupler, en dépit de la présence du dominant ; il s'arrangeait pour copuler avec « sa » femelle de telle sorte que le mâle alpha puisse le voir en partie, ainsi que sa partenaire – leur disparition simultanée pouvant éveiller des soupçons –, sans toutefois visualiser l'accouplement ; la dame, quant à elle, se gardait bien d'émettre les soupirs de circonstance. L'animal suivait aussi une excellente stratégie pour préserver sa conjointe illégale des avances des autres mâles : lorsque l'un d'entre eux s'en approchait, il alertait le dominant pour qu'il le chasse. Difficile dans ces conditions de lui refuser une théorie de l'esprit, un savoir sur les intentions d'autrui[21].

S'agissant des félins sauvages, j'ai rapporté ailleurs des observations indiquant qu'ils possèdent la même aptitude[22]. Par exemple, celles relatives aux comportements des lions pendant la chasse, au cours de laquelle certains membres de la troupe se font ostensiblement remarquer : ils cherchent à tromper leurs proies en les forçant à partir dans une autre direction, là où se trouvent leurs partenaires embusqués. Ils réussissent donc à se mettre mentalement à la place de leurs victimes. Ils semblent aussi aptes à comprendre ce que pensent les membres de leur troupe puisqu'ils partent chacun dans une direction différente, sûrs d'être compris de leurs frères.

Ce type d'observation nous conduit sur un autre terrain propice à de modernes polémiques. Surtout depuis que Michael Tomasello a proposé, avec quelques collègues, l'idée selon laquelle le « quelque chose en plus » qu'auraient les humains tiendrait à leur capacité de comprendre et de partager les intentions[23]. Bien qu'il ait mené l'offensive contre les interprétations de Povinelli, ce leader de la recherche en psychologie animale considère « les humains comme les experts mondiaux de la lecture de l'esprit[24] ». J'en suis moins certain que lui quand je songe au chimpanzé Basso ou au cheval Hans, capables de lire sur le visage du maître une bonne réponse qu'il ne croyait pas exprimer si visiblement ! À vrai dire, la pensée de Tomasello évolue en fonction des données disponibles, notamment celles, abondantes, en provenance de sa propre équipe. Dans une revue générale très récente écrite avec son collègue Josep Call, il examine les trois questions que pose l'existence d'une théorie de l'esprit chez les chimpanzés : comprennent-ils les intentions et les buts de leurs interlocuteurs (cela signifierait qu'ils ne se contentent pas de réagir en appliquant simplement des règles de comportement sans comprendre la situation en profondeur) ? Savent-ils quelque chose de la perception et de la connaissance d'autrui (cela supposerait davantage qu'un savoir superficiel) ? Réussissent-ils le test de la fausse croyance, c'est-à-dire peuvent-ils imaginer qu'un autre pense quelque chose d'inexact (comme dans le test de Sally et Ann) ? L'examen des données disponibles conduit Call et Tomasello à répondre affirmativement aux deux premières interrogations, et plutôt négativement à la troisième. Leurs propres observations – mais convenons qu'on ne saurait en l'espèce considérer l'absence de preuve comme une preuve de l'absence – suggèrent que les chimpanzés comprennent si un partenaire sait ou ne sait pas, mais qu'ils ont du mal à lui prêter de fausses croyances. Entre connaissance et ignorance, cet état d'esprit leur ferait défaut. Ils disposeraient donc d'une théorie de l'esprit au sens large sans remplir toutefois le critère de la fausse croyance et sans posséder une théorie de l'esprit au sens le plus étroit du terme[25]. Quoi qu'il en soit, l'opinion de Tomasello concorde certainement avec celle de la majorité des spécialistes d'aujourd'hui. Une semblable capacité pourrait expliquer la fantastique expansion des créations culturelles humaines. Pour construire des mégalithes, des pyramides ou des cathédrales, il faut se mettre à plusieurs et se comprendre parfaitement ! Une association de génies inaptes à la communication ne suffirait pas. La logique de Tomasello est donc impeccable. À ceci près qu'il convient de se demander si les bêtes manquent de l'aptitude à partager leurs intentions. Le primatologue de terrain Christophe Boesch a répliqué sans complaisance à son collègue – tous deux travaillent dans le même institut –, lui reprochant d'ignorer les chasses collectives chez le chimpanzé sauvage, observées en divers lieux et tout particulièrement dans la forêt de Taï, en Côte-d'Ivoire[26]. Richard Schuster, un psychologue de Haïfa, complète la critique en se demandant pourquoi l'on priverait les lions et les hyènes de la même aptitude, au vu de ce qu'ils font dans la nature[27]. Tomasello, quant à lui, semble ne vouloir tenir compte que des résultats d'expériences contrôlées, éliminant d'un revers de la main les observations en milieu naturel, au prétexte qu'elles peuvent trouver d'autres explications[28]. On peut certes les expliquer différemment. Mais on peut aussi les expliquer ainsi. Pour réduire à néant l'argument relatif au chimpanzé, au lion et à la hyène, il ne suffit pas de le critiquer, il faut en prouver la fausseté. Tirer une démonstration d'une simple observation en condition écologique est quasi impossible, mais l'expérience aussi à ses limites, surtout quand elle porte sur un animal sauvage vivant en captivité, c'est-à-dire en milieu très appauvri[29].

Plus récentes, les observations de Derek Lyons et Laurie Santos lèvent le doute qui pourrait subsister quant à l'existence d'une théorie de l'esprit chez les primates non humains. Ces psychologues de l'université Yale, aux États-Unis, ont présenté diverses scènes à des singes capucins : un acteur humain cherchant manifestement, mais en vain, à ouvrir un conteneur opaque et un autre transportant un dispositif de semblable allure mais sans intention d'y trouver quelque chose. Dans ces conditions, sitôt en mesure d'accéder aux caisses, les animaux ne s'intéressent qu'à celle ayant fait l'objet de l'attention de l'humain. À l'évidence, ils ont perçu l'intention. Santos, auteur d'une série de travaux aux conclusions analogues[30], voit même dans cette aptitude une caractéristique essentielle des primates non humains, plus aptes à lire dans l'esprit d'autrui qu'à « simplement » imiter[31]. Au cours des dernières années, nombre d'observations sont venues confirmer, sinon prouver de façon définitive, l'existence d'une théorie de l'esprit chez l'animal : par exemple, la capacité des geais à se souvenir, lorsqu'ils cachent de la nourriture, de l'instant et du témoin présent, et à se conduire en conséquence, ne la déménageant que lorsque l'observateur en question risque de la lui voler, signant ainsi sa compréhension implicite de l'état d'esprit d'autrui[32].

Une intentionnalité du second ordre ?

Le dossier n'est pas clos et quelques scientifiques continuent, avec Daniel Povinelli, à douter que la bête passe l'épreuve de la fausse croyance[33], ce qui revient plus ou moins, à mes yeux, à la juger autiste. Ils croient que l'aptitude animale à « lire » dans les comportements des autres ne se confond pas avec celle des humains, susceptibles, eux, de « lire dans les pensées ». Il y aurait beaucoup à dire sur cette distinction, sur sa valeur heuristique. Après tout, savoir que je ne dois pas manger avant le chef parce qu'il pourra m'en cuire est-il d'une nature complètement autre que de ne pas le faire parce que je sais qu'il va penser que je me conduis mal et en conséquence me sanctionner ? Que dire d'ailleurs du comportement d'obéissance ordinaire, tel que le respect de la hiérarchie militaire ? Relève-t-il ou non de la théorie de l'esprit, ou d'une sorte de réflexe conditionné ? Se poser ces questions n'implique pas un retour à la vision behavioriste simpliste du monde. Cela ne revient nullement à refuser l'existence de l'esprit, ni celle d'une machine mentale assurant le traitement de l'information. Il s'agirait plutôt de mettre en correspondance ce dispositif qu'on ne saurait plus qualifier de boîte noire et le monde avec lequel il réagit.

Par-delà le débat sémantique, la lecture de la littérature scientifique actuelle révèle que le mouvement en cours va clairement dans un autre sens que celui de l'interprétation povinellienne. L'évolution des analyses de Tomasello ou Hauser, pour n'évoquer que les leaders les plus en vue, en témoigne. Peut-être faut-il d'ailleurs avec eux, Brian Hare et quelques autres, songer désormais à s'intéresser moins à l'aptitude à une théorie de l'esprit « complète » et sur le modèle humain qu'aux diverses modalités de construction des facultés cognitives supérieures. Telle ou telle espèce pourrait présenter l'un des attributs de notre espèce mais pas d'autres, tandis qu'une espèce différente posséderait au contraire une compétence « humaine » distincte mais pas celle-ci. Les recherches de Dorothy Cheney et Robert Seyfarth sur les babouins suggèrent l'existence d'une théorie de l'esprit seulement rudimentaire ou incomplète chez les singes. Ces auteurs s'étonnent, à juste titre, de l'inconséquence des mères qui laissent des enfants derrière elles et l'ensemble du groupe sans revenir les chercher ou sans leur lancer d'appel pour leur permettre de localiser la troupe. Ils les pensent incapables de se mettre mentalement à leur place, et par voie de conséquence de comprendre que leurs petits ne savent pas forcément où elles se trouvent[34]. Bien qu'il me trouble beaucoup, ce fait semble mériter une autre explication. J'imagine mal la sélection naturelle s'accommoder d'une telle insuffisance. À l'inverse, je peux croire que dans ce monde cruel la règle du jeu soit qu'il faille avancer et garder le contact avec la troupe : si le petit ne peut le faire, mieux vaut qu'il périsse et cesse d'être un fardeau. Cela ne signifie pas que les mères n'aiment pas leurs enfants ni qu'elles ne puissent les défendre avec courage : elles le prouvent en permanence. Mais cette éthique pourrait ne pas aller jusqu'à admettre l'incapacité. Un babouin spartiate peut trouver logique d'affronter un léopard au péril de sa vie pour défendre un jeune (ce qui peut lui coûter beaucoup), mais ne pas retourner le chercher (ce qui ne lui coûte pas grand-chose) s'il traîne en arrière ; dans le premier cas, en effet, le jeune ne fait pas la preuve de son insuffisance. Quoi qu'il en soit, admettre avec Cheney et Seyfarth une incomplétude de la théorie de l'esprit chez les singes et les autres animaux présente l'avantage d'expliquer aussi le fossé entre leur compréhension et leur production de langages. Kanzi, Alex, Rico et quelques autres nous montrent une capacité quasi illimitée de connaissance des mots. Pourquoi les animaux, qui possèdent à n'en pas douter cette compétence dans leur panoplie cognitive, ne l'utilisent-ils pas pour communiquer entre eux ? Peut-être, c'est en tout cas ce que pensent Cheney et Seyfarth, à cause d'un manque de théorie de l'esprit qui ferait que, ne comprenant pas que les autres ignorent ce qu'eux-mêmes savent, ils n'éprouvent pas le besoin de le leur enseigner.

Ne sous-estimons donc pas la complexité de ce thème très controversé. Il me semble cependant absurde d'imaginer les animaux, et pas seulement les primates, sans théorie de l'esprit. Pour un être social, savoir lire dans la pensée des autres paraît vital. Le fait même que l'autisme soit une pathologie de la théorie de l'esprit rend, par contraste, presque évidente la réalité de cette aptitude chez de nombreuses créatures, car elles ne sont certainement pas atteintes de cette maladie. À mon sens, la question qu'il faut se poser est moins celle de l'existence de cette capacité que celle de son extension. On retrouve ici la dimension de récursivité du langage. On peut en effet comprendre les processus intentionnels en les emboîtant les uns dans les autres, pour s'interroger sur l'intention de l'intention, et ainsi de suite. Les psychologues de l'université de Liverpool ont montré que les adultes humains normaux pouvaient atteindre une intentionnalité du cinquième ordre, du genre : « Je suppose [1] que vous croyez [2] que je souhaite [3] que vous pensiez [4] que j'ai l'intention de [5]. » Mais il s'agit plutôt là d'une limite supérieure. On pourrait donc imaginer avec Robin Dunbar que les chimpanzés et les autres grands singes atteignent une intentionnalité de second ordre, tandis que les petits singes se trouveraient limités au premier ordre[35]. Il ne s'agit là que d'une pure hypothèse. Mais on est en droit d'imaginer que l'avenir de la psychologie comparée passe davantage par la mise en évidence d'une éventuelle différence d'échelle dans les processus cognitifs que par la vaine quête d'un tel fossé cognitif entre nous et le reste du monde vivant.

9

Incapable d'imiter ?

> *« On croit communément que les animaux d'une même espèce ne font tous les mêmes choses que parce qu'ils cherchent à se copier ; et que les hommes se copient d'autant moins, que leurs actions diffèrent davantage. [… en réalité] les hommes ne finissent […] par être si différents, que parce qu'ils ont commencé par être copistes et qu'ils continuent de l'être ; et les animaux d'une même espèce n'agissent tous d'une même manière, que parce que, n'ayant pas au même point que nous le pouvoir de se copier, leur société ne saurait faire ces progrès qui varient tout à la fois notre état et notre conduite ».*
>
> Condillac, 1755[1]

Il fut un temps, pas si lointain, où l'intelligence animale se confondait pour le commun avec celle du perroquet. Celle de l'imitateur capable, certes de nous copier, mais pas d'imaginer ou de créer lui-même. Aujourd'hui, des experts talentueux nous offrent la conclusion opposée. L'animal serait selon eux capable de créer, souvent, et parfois d'assez géniale façon, mais pas d'imiter. Sans doute bien des lecteurs s'étonneront-ils de l'évolution actuelle. Encore faut-il avoir à l'esprit qu'elle a d'anciennes et sérieuses racines. Condillac, déjà, critiquait la thèse de Buffon et, tout en affirmant les animaux capables de sensibilité et de connaissance, il les pensait inaptes à imiter (le naturaliste royal avait, quant à lui, affirmé la capacité des bêtes à copier avant de la contester). De l'imitation l'ami de Diderot faisait un des éléments essentiels du génie humain : elle constituait, à ses yeux, un des principaux facteurs du progrès culturel, en permettant le passage de la connaissance d'un individu à l'autre, puis d'une génération à l'autre, au fil de l'histoire[2]. Les données modernes renouent avec cette façon de voir. De fait, l'imitation n'a rien d'une faculté cognitivement insignifiante. Elle constitue une facette essentielle du fonctionnement mental et même de la genèse des cultures[3].

Émergence de la mémétique

Si l'on tient à faire de l'humain l'unique être historique, et ainsi raisonnent bien des philosophes, alors l'étude de l'imitation pourrait nous apporter une clef de compréhension de cette spécificité. Voilà pourquoi certains la tiennent pour plus essentielle que l'innovation intellectuelle. Y compris parmi les auteurs tentés par les approches biologisantes. Je songe ici à l'usage que la psychologue britannique Susan Blackmore fait de la notion de « mème »[4]. Pour en comprendre la signification, il faut se reporter aux idées développées en 1978, et avec quel brio, par Richard Dawkins dans *Le Gène égoïste*[5], un ouvrage qui fit scandale avant de devenir un classique. Exposant le darwinisme mieux que personne avant lui, Dawkins a dépeint les êtres vivants comme autant de machines à propager des gènes ; ils sont donc, d'une certaine manière, au service des gènes. Ce livre a été publié dans le contexte de l'émergence de la sociobiologie sous l'influence d'Edward Wilson[6] et de beaucoup d'autres chercheurs. De façon générale, les sociobiologistes et les psychologues évolutionnistes établissent une forme de relation entre les gènes et la culture (la seconde participant à la survie ou à l'élimination des premiers), que Wilson traduit par la formule désormais célèbre selon laquelle les gènes tiennent la culture en laisse[7]. Dawkins apporte une autre idée. Celle du « mème », empruntée au mot français « même ». Le « mème » est une idée présentant une certaine capacité à se répliquer, à se propager dans la société. Il y a donc des bons « mèmes », comme il y a de bons gènes ; ce sont ceux qui prolifèrent allégrement dans l'espace social. Ils se répandent en quelque sorte pour leur propre compte. Seule importe leur propension à se dupliquer, à se trouver avantagés sélectivement. Ils peuvent alors évoluer au gré de variations similaires aux mutations génétiques. Le succès d'un « mème » ne dépend pas du fait qu'il procure un bénéfice aux humains qui le véhiculent. Il peut, en théorie, se révéler neutre ou même néfaste. L'idée de Dieu constituerait l'exemple d'un « mème » à succès, un « bon » « mème », bien que Dawkins, athée, le considère comme nuisible. Susan Blackmore, quant à elle, s'efforce de développer la mémétique pour expliquer une forme de sélection naturelle de la culture. Ce faisant, elle s'éloigne de la biologie, puisque la prolifération des « mèmes » deviendrait, selon elle, largement indépendante des contraintes génétiques. Dans cette optique, elle insiste sur le rôle crucial de l'imitation, moyen essentiel pour assurer cette transmission culturelle. Ce qui lui fait écrire que « la mémétique explique l'originalité de notre espèce dans le monde animal [...]. Nous différons parce que nous seuls, à une époque lointaine de notre passé, sommes devenus capables d'une imitation généralisée[8] ».

L'imitation n'a rien d'une faculté banale, ainsi que l'avait déjà observé le grand psychologue de l'enfant que fut Jean Piaget (1896-1980)[9]. Les petits imitent mal avant l'âge de quatre mois ; ils ne pratiquent, selon Piaget, qu'une pseudo-imitation en se contentant de reproduire les actes des autres, tout en les ayant déjà accomplis par eux-mêmes (tel un babillage de leur mère). La véritable capacité d'imitation ne se manifesterait que vers l'âge de neuf mois. Ce schéma piagétien a été revu à la lumière d'observations plus récentes. Par exemple, celles du psychologue Andrew Meltzoff mettant en évidence, dès l'âge de deux ou trois semaines, une capacité d'imitation des expressions faciales[10]. Il se pourrait même que des petits de seulement deux jours soient aptes à imiter des mimiques de joie ou de tristesse[11].

Les animaux peuvent-ils imiter ? À l'évidence oui, mais ce n'est pas toujours facile à démontrer. Lee Dugatkin, un biologiste de Louisville, critique la théorie de Susan Blackmore. Non qu'il s'oppose à la notion de « mème ». Il y adhère, mais il pense que la mémétique vaut tout autant pour les animaux, des poissons aux primates, car ils « se copient mutuellement lorsqu'ils décident ce qu'ils vont manger ou qu'ils choisissent un partenaire sexuel[12] ». Dugatkin a en particulier expérimenté sur une espèce très répandue dans les aquariums : celle des guppys, des poissons vivant normalement en banc. Il a montré qu'après avoir observé une de leurs congénères choisir un mâle en particulier les femelles donnent systématiquement la préférence au même reproducteur : elles copient son choix[13]. Ses études chez le rat délivrent un enseignement encore plus explicite. La femelle Jane choisit entre les mâles Sam et Bob ; si elle prend le premier, on s'arrange pour lui montrer ensuite une autre femelle, Ellen, choisir Bob. Dans ces conditions, si on lui présente à nouveau les deux rats, la rate modifie son choix en faveur du préféré d'Ellen !

Il existerait de multiples exemples d'imitation dignes de la mémétique telle que la définit Susan Blackmore, par exemple quand elle évoque la transmission et l'évolution des histoires drôles. Chacun les reprend à sa façon ; elles se modifient donc quelque peu, mais le point central de l'histoire est conservé, ce qui montre le pouvoir de contagion des idées, même lorsqu'elles sont fausses. Dugatkin évoque à ce propos le travail d'Eberhard Curio sur les merles[14]. Dans cette expérience, les chercheurs ont trompé un merle en lui faisant croire qu'un congénère réagissait à un prédateur en remuant la queue à la vue d'un oiseau, certes bruyant, mais non tueur de merles et inconnu d'eux car vivant en Australie : le philémon. C'est en tout cas ce mangeur de miel que voyait l'oiseau testé, lequel ignorait que son partenaire avait en réalité l'œil sur un petit hibou. Ultérieurement, le merle trompé a transmis le message erroné « les philémons sont des prédateurs ». Et après lui, six autres merles ont été mystifiés. Il s'agit donc, ainsi que le soulignait Curio, d'un exemple de transmission culturelle de reconnaissance de l'ennemi, lequel évoque des situations humaines d'ostracisme se perpétuant entre les familles et les peuples. Conclusion : la mémétique revêt bien un réel intérêt, mais l'imitation n'est pas le propre de l'homme. Et les « mèmes » culturels pas davantage. En définitive, toutes les traditions animales supposent une imitation, ainsi que nous le verrons au chapitre 12. Limitons-nous pour l'instant à un seul exemple : les chimpanzés savent utiliser des plantes médicinales dont ils mâchouillent les feuilles, en particulier pour lutter contre les infections intestinales parasitaires. Les observations dans la nature mais aussi l'expérience[15] indiquent que cette aptitude repose sur leur prédisposition à l'apprentissage social. Leur mode d'acquisition du savoir apparaît, en ce domaine, assez proche de celui des humains, bien que les connaissances médicinales de ces derniers soient infiniment plus étendues !

Des cas d'imitation spontanée

Nombre d'oiseaux imitent spontanément des bruits, sans entraînement spécifique. L'entomologiste Miriam Rothschild s'est beaucoup amusée au contact de sa pie qui imitait tant de choses, à commencer par le bruit de la machine à écrire une fois la ligne achevée, un son qu'elle anticipait. L'intérêt est ici que, dans bien des cas, l'oiseau ne semblait pas en tirer d'autre bénéfice qu'un plaisir malicieux.

> Elle savait, raconte Mme Rothschild, imiter d'autres oiseaux, et il me semblait qu'elle prenait un plaisir énorme à taquiner mes chiens de diverses façons. Par exemple, elle imitait la femme de ménage qui arrivait en disant « Bonjour ! ». Les chiens se levaient aussitôt, arrivaient – et il n'y avait personne. Cette pie s'était aussi rendu compte qu'en imitant les canards les chiens se rueraient dans le jardin, et je l'ai vue plus d'une fois leur jouer ce tour. Jamais, jamais je n'ai pu m'ôter de la tête que c'était pour elle un moyen de s'amuser, et que d'une certaine façon elle devait anticiper. Il était presque impossible de ne pas penser qu'elle en tirait une certaine satisfaction[16].

Dans l'univers des primates, les orangs-outans bénéficient auprès des éthologistes, mais aussi des gardiens de zoo, d'une solide réputation de malice. Il semble que leur aptitude à imiter soit élevée, ainsi que l'illustre cet exemple d'imitation spontanée rapporté par la psychologue Anne Russon et la primatologue Biruté Galdikas, qui a consacré son existence à l'étude et à la défense de ces grands singes hautement menacés. Ces chercheuses ont eu l'opportunité d'observer une femelle orang-outan, connue sous le nom de Supinah, en train d'allumer un feu avec du kérosène pour l'entretenir ensuite en agitant par-dessus un couvercle de poubelle. On ne lui avait pas spécialement demandé de se livrer à cet exercice, mais elle avait dû le voir faire et avait décidé d'utiliser la même technique[17]. Contester les talents d'imitatrice de cette femelle revient à nier l'évidence, dès lors qu'on veut bien se donner la peine de prendre connaissance des rapports que nous livrent les éthologistes sur le terrain. Voici, à titre d'exemple, comment Supinah entreprit de chiper le savon et le linge de la laverie, en l'occurrence un quai au bord de la rivière. Le prendre aux lavandières ne posait pas de difficulté en soi : elles avaient peur du singe. Mais comment se rendre sur le quai dont l'accès était surveillé ? Il fallait effectuer un détour par la voie d'eau. Supinah décida alors d'emprunter un canoë, une tâche en principe assez simple pour un animal de cette espèce, vivant au bord de la rivière ; les orangs-outans ont l'habitude de voler des canoës pour naviguer. Mais dans le cas présent, l'affaire s'annonçait plus complexe, le bateau étant attaché et à moitié rempli d'eau. Supinah dut en conséquence défaire le nœud et écoper, sans omettre de remonter sur la berge pour vérifier que le garde n'avait rien vu. Il lui fut ensuite facile de rejoindre le quai. Les dames de la buanderie locale, effrayées, se jetèrent à l'eau en hurlant, et Supinah se mit immédiatement au travail en utilisant le savon selon la technique des lavandières. Un tel comportement suppose l'imitation d'une succession de gestes humains, sans parler d'une planification particulièrement soignée de l'ensemble des opérations[18]. Face à un tel exploit, qui songerait à chipoter sur la qualité du résultat final ?

Détail significatif : les primates peuvent non seulement imiter, mais aussi reconnaître qu'on les imite. Cela vaut pour les chimpanzés[19] comme pour les macaques[20]. S'ils perçoivent bien qu'un expérimentateur reproduit leurs manipulations d'un objet intéressant, les macaques ne seraient toutefois pas tentés de tester leur imitateur par l'addition d'un mouvement soudain ou imprévisible, ainsi que savent le faire les enfants ou les grands singes. Une difficulté à se mettre mentalement à sa place pourrait l'expliquer, à moins que les macaques ne voient pas, pour bien d'autres raisons, la nécessité d'entrer dans ce petit jeu-là !

Que dire de la capacité des animaux à imiter en situation complètement naturelle, sans intervention humaine ? On comprend qu'il soit plus difficile d'être formel en ce domaine. Les observations sur les dauphins plaident en faveur d'une telle compétence[21]. On avait déjà noté leur grande capacité à imiter le sifflement de leurs congénères en captivité[22]. Les travaux de Vincent Janik, un éminent spécialiste des mammifères marins, montrent qu'il en va de même dans la liberté de l'océan. Les grands dauphins (*Tursiops truncatus*) sont capables de modifier leurs sifflements au contact d'un congénère. Ils leur répondent en utilisant les mêmes sons, ce qui donne à penser qu'ils signalent ainsi la reconnaissance de l'identité de leur partenaire[23]. L'imitation vocale s'étend à d'autres espèces, tout particulièrement aux oiseaux, aux chauves-souris et aux éléphants. S'agissant de ces derniers, nous avons déjà évoqué le cas de la femelle Mlaika imitant les camions qui passent près de la route où elle habite, et celui du mâle africain Calimero reproduisant les gazouillis des deux femelles de l'espèce asiatique[24]. Ces animaux parviennent donc à apprendre, par imitation, des sons qui ne leur sont pas naturels. La logique voudrait que cette aptitude participe à la cohésion des groupes, les sujets d'une même communauté échangeant des sons similaires.

La part de l'émulation et celle de l'imitation : qui singe qui ?

S'agissant des grands singes, on a essayé de les comparer aux jeunes enfants, notamment pour ce qui est de leur aptitude à imiter. Mike Tomasello, un des grands spécialistes de ce domaine de recherche, a montré à des chimpanzés et à des enfants de deux ans le maniement d'un râteau dans le but d'obtenir des aliments[25]. Tous parviennent à imiter, mais l'élément le plus intéressant tient au fait que les enfants procèdent de façon plus fidèle, tandis que les grands singes recherchent surtout l'efficacité. À la limite, ces derniers adoptent n'importe quelle technique, sous réserve qu'elle marche. On pourrait donc, en caricaturant, être tenté de les considérer comme plus intelligents mais moins aptes à l'imitation. Du reste, Tomasello tire argument de cette expérience pour conclure que, cognitivement parlant, l'apprentissage par imitation ne l'emporte pas nécessairement sur l'apprentissage par émulation[26]. Ces deux formes d'apprentissage ont leur utilité, et il faut bien en saisir la différence. Prenons pour exemple une mère chimpanzé qui, en compagnie de son enfant, entreprend de soulever des troncs d'arbres sur le sol pour attraper les insectes qui se cachent dessous. Son petit fera vraisemblablement la même chose. Mais pas forcément parce qu'il entend l'imiter. Peut-être a-t-il ainsi simplement compris que des insectes se trouvent sous les bûches, ce qui lui permet d'en déduire l'intérêt qu'il y a à soulever celles qu'il trouvera pas la suite. On peut aussi imaginer qu'un fort coup de vent et non l'action maternelle soit à l'origine du déplacement de la bûche. En mettant ainsi à découvert des insectes, ce phénomène naturel permettra au jeune primate d'apprendre quelque chose. Il s'agit alors simplement d'un apprentissage par émulation, non par imitation. Le premier type vise plutôt le résultat, le second la méthode elle-même. Mais comment déterminer[27] si ce qui est appris constitue vraiment un résultat – à savoir, dans l'expérience de Tomasello, récupérer la cacahuète – ou un comportement, en l'occurrence manipuler le râteau ? Prenons le cas du mainate dont les capacités à imiter notre langage sont remarquables, ainsi que le prouve l'analyse des spectrogrammes. Il peut clairement réaliser une copie fidèle des sons humains. Mais son dispositif vocal (le syrinx des oiseaux) diffère complètement du nôtre, l'organe supralaryngé. Il doit donc forcément imiter en cherchant à copier le résultat plutôt que la méthode précise des humains. Il en va de même pour les imitations de sonnerie de téléphone. Toutefois, les oiseaux peuvent aussi reproduire le chant des autres volatiles, et c'est, du reste, par une imitation de ce type qu'ils apprennent à chanter. Procèdent-ils alors par émulation ou par véritable imitation ?

Souvenons-nous que Lorenz avait déjà bien observé la relative faiblesse des singes en matière d'imitation, en même temps que la grande compétence des oiseaux et des enfants. Ces derniers, remarquait-il, ont un sens très fin des types de mouvements formels et susceptibles d'empreinte, comme les nombreuses expressions de la vie sociale. L'aîné de mes petits-enfants fut profondément impressionné, alors qu'il n'avait pas encore deux ans, par le mouvement absolument parfait que faisait un de mes amis japonais en s'inclinant pour saluer ; il reproduisit ce salut d'une manière que l'on pourrait qualifier de « non imitée », car jamais un adulte n'aurait pu en donner d'emblée une copie aussi conforme. La chose était d'un comique irrésistible, et il fallait vraiment que mon ami soit spécialiste de l'étude du comportement pour ne pas se sentir « singé » et s'en formaliser[28].

Lorenz voyait surtout dans l'imitation un facteur de cohésion au sein du groupe, une hypothèse que confirment les expériences modernes montrant que les bébés imitateurs deviennent des enfants obéissants et respectueux des interdictions[29]. Il n'en faisait pas véritablement un composant de la cognition. Aujourd'hui, beaucoup insistent au contraire sur le fait qu'une authentique imitation constitue un élément essentiel de l'évolution culturelle.

En vérité, les données sur la relative faiblesse des chimpanzés en matière d'imitation méritent d'être réexaminées avec soin, ainsi que l'a fait Alexandra Horowitz[30]. Cette chercheuse de l'université de Californie à San Diego a repris les études classiques du psychologue britannique Andrew Whiten[31]. Elles portent sur des tests de manipulation d'objets qualifiés de fruits artificiels parce que les singes peuvent les manipuler un peu comme leurs aliments naturels. Whiten et ses collègues ont montré à des enfants humains de deux à quatre ans et à des chimpanzés de quatre ans et demi en moyenne comment ouvrir le dispositif, avec comme récompense à la clef un fruit pour les singes et un bonbon pour les humains. La particularité de cet objet tient au fait qu'on peut le manipuler avec succès en suivant de façon précise la technique présentée ou en agissant autrement. Il permet donc, en principe, de voir si le sujet réussit grâce à une forme d'émulation ou s'il a l'intention précise d'imiter véritablement l'expérimentateur. Dans ces conditions, les chimpanzés réussissent sensiblement moins bien que les enfants, ce qui a autorisé Tomasello à mettre en doute leur réelle capacité d'imitation. Mais qu'en est-il en vérité ? Alexandra Horowitz a présenté ses résultats dans un article au titre provocateur : « Les hommes singent-ils ? Ou les singes humanisent-ils[32] ? », écrit en réponse à un article de Tomasello intitulé « Les singes singent-ils[33] ? ». Elle a repris les expériences de Whiten, non plus avec des enfants mais avec des adultes humains. Et cette fois-là, les performances ont été bien moins bonnes. Alors, que conclure ? On ne saurait croire les adultes moins capables que les jeunes de comprendre l'intention de l'expérimentateur. Le plus vraisemblable est sans doute que l'imitation ne constitue pas une forme supérieure de la vie mentale. Elle implique sans doute des circuits cérébraux spécialisés au niveau du cortex prémoteur et du lobe pariétal[34], sans mise en jeu d'un processus de prise de conscience[35]. Il est probable aussi que, dans bien des cas, le chimpanzé préfère agir intelligemment plutôt que par pure imitation. Songeons, à ce propos, aux expériences d'Emil Menzel, réalisées au début des années 1970. Ce primatologue américain montrait à ses chimpanzés diverses cachettes contenant de la nourriture. Dans un second temps, l'animal était laissé libre de ses mouvements. Il retrouvait bien entendu toutes les cachettes, mais sans suivre l'ordre montré par Menzel. Il adoptait, en règle générale, un chemin plus rapide, réduisant le nombre de détours[36].

Il se pourrait, et cela ressort d'expériences de Tomasello[37], que l'acculturation facilite l'imitation chez le chimpanzé, lequel utiliserait plus cette technique au contact de l'homme que dans la nature. Mais cette façon de voir reste difficile à démontrer. Les animaux ont-ils naturellement besoin d'imiter leurs congénères ? Cela paraît assez évident. On dit, par exemple, que les jeunes guépards doivent *obligatoirement* apprendre à chasser, contrairement aux petits léopards. Leur mère leur amène des proies vivantes dès l'âge de trois mois, et les jeunes l'accompagnent souvent à la chasse. Il n'est pas sûr qu'il faille vraiment parler ici d'imitation, mais on a en tout cas l'impression que les guépards imitent plus que les léopards.

Que dire à propos de cet exemple très classique d'imitation que constitue le bâillement contagieux ? Chacun en a fait l'expérience. On prétend que les hippopotames le pratiquent allégrement, mais s'agit-il du même phénomène ? Le Britannique James Anderson l'a étudié expérimentalement, avec des collègues japonais, chez les chimpanzés en leur présentant des vidéos de congénères bâilleurs ou ouvrant la bouche mais sans bâiller. La fréquence de leurs bâillements s'accroît quand le film montre de vrais bâillements ; mais seules les mères agissent ainsi : les petits qui les accompagnent ne bâillent pas. Les auteurs de ce travail en déduisent qu'étant sensibles au bâillement d'autrui ces grands singes doivent posséder une réelle capacité d'empathie et une conscience d'eux-mêmes[38].

Les animaux peuvent-ils s'enseigner ce qu'ils ont appris de l'homme ? Plusieurs exemples encore, à la limite de l'anecdotique, l'attestent. Le plus connu nous vient de la femelle chimpanzé Washoe, alors qu'elle était avec sa fille Loulis, non encore entraînée à la langue des signes. Elle a pris la main de son enfant pour lui indiquer le signe correspondant au « mot » « nourriture »[39] ! Moins spectaculaires en apparence, les dernières observations d'Andrew Whiten vont peut-être beaucoup plus loin. En collaboration avec Victoria Horner et Frans de Waal, ce primatologue a enseigné à deux femelles de haut rang, appartenant à deux groupes de chimpanzés captifs, une nouvelle méthode pour obtenir de la nourriture – placée dans un dispositif complexe – à l'aide d'un bâton (Whiten, on le sait, adore bricoler ce genre de boîte surprise). À l'une ces chercheurs ont enseigné une technique utilisant l'outil pour soulever une trappe, à l'autre une façon de faire plus simple consistant à pousser. Bien entendu, leurs congénères ne pouvaient assister à la séance d'apprentissage. Une fois ces dames rendues à leur groupe respectif, la culture ainsi acquise s'est répandue à toute leur communauté, et, détail très significatif, tous les singes ont suivi la stratégie de leur expert local. Un troisième groupe, dépourvu de spécialiste, n'a rien appris. La préférence s'est maintenue dans le temps. Même après la découverte de l'autre technique, plus facile, par des membres du clan pratiquant le levage, la communauté a conservé la méthode plus « ancestrale »[40]. Cette expérience autorise plusieurs conclusions essentielles : une confirmation de la réalité de l'imitation (s'il n'y avait ici qu'incitation au bricolage, les chimpanzés auraient découvert aussi la technique alternative), l'importance des traditions et, ce qui revient un peu au même, celle du conformisme.

Les observations de Whiten et Horner conduisent aussi à se demander dans quelle mesure les chimpanzés ne sont pas des imitateurs plus rationnels que les humains. De jeunes singes de leur espèce et des enfants humains ont été confrontés à quelques-unes des boîtes de Whiten. Le sujet observe un expérimentateur introduisant un outil au sommet du dispositif opaque, puis sur le côté, avec à la clef une récompense sous forme de nourriture. Les jeunes des deux espèces reproduisent avec succès la manipulation. Dans un deuxième temps, on leur présente des boîtes identiques mais transparentes. Le sujet peut alors voir que la première manipulation, consistant à introduire l'outil par le haut de la boîte, ne sert à rien à cause de la présence d'une cloison séparant le haut et le bas du dispositif. En fait, il aurait suffi de se contenter de la seconde étape. Dans ces conditions, l'enfant continue d'imiter « bêtement » la séquence de comportements apprise, alors que le chimpanzé comprend et passe de la stratégie purement imitative à une autre plus efficace consistant à se dispenser de l'action inutile[41]. Moralité : il est un imitateur plus rationnel que le petit d'homme ! Mais ne jugez pas ce dernier stupide. Il pratique à l'occasion l'imitation sélective, choisissant ce qui convient et seulement cela, car dès l'âge de quelques mois il sait prédire l'efficacité d'une action dans un contexte donné. C'est ce qu'on appelle la compétence inférentielle ; elle nécessite de comprendre qu'une action observée est dirigée vers un but, sans nécessairement attribuer un état mental à celui qui la réalise. Que dire des animaux sur ce terrain-là ? On doit à des chercheurs autrichiens et hongrois de passionnantes observations faites sur le chien. Cet animal préfère utiliser sa gueule plutôt que sa patte pour tirer sur une barre afin d'ouvrir une boîte. L'expérience consiste à présenter à des chiens le travail d'un congénère démonstrateur réalisant l'opération voulue, à savoir utiliser la patte, dans deux conditions distinctes, selon qu'il a ou non une balle dans la gueule. L'observateur imite cette action non préférée uniquement dans le premier cas. Il pratique une imitation sélective, se montrant capable d'inférer du fait que si le congénère démonstrateur agit ainsi sans y être mécaniquement contraint ce doit être pour une bonne raison[42].

Imitation cognitive

On rapprochera ces expériences sur le chien de celles, également très récentes, du groupe de Tomasello sur huit chimpanzés. Il s'agissait de tester leur aptitude à imiter rationnellement. En l'occurrence, les primatologues allemands ont repris les techniques d'un psychologue hongrois, György Gergely, sur les enfants humains. Pour tester leur capacité d'imitation naturelle, ce chercheur a soumis des bébés de quatorze mois à des situations dans lesquelles le moniteur effectue un geste particulier mais d'une façon libre ou contrainte. S'il se comporte en imitateur rationnel, l'enfant ne copiera fidèlement le mouvement que dans la première situation. En voyant un individu dont les mains sont prisonnières appuyer la tête sur une boîte lumineuse pour la faire fonctionner, le sujet rationnel ne se sentira pas obligé de faire de même ; il utilisera ses membres plutôt que le front ! Ainsi procèdent les enfants humains, mais aussi les chimpanzés de Tomasello : ils reproduisent les gestes faits avec le pied par un démonstrateur aux mains libres, mais pas quand ces dernières sont occupées. Ils n'ont d'ailleurs aucun intérêt à s'intéresser à ce second cas de figure : leurs mains à eux sont toujours libres[43] ! Ces expériences, qui, notons-le, traduisent une évolution dans la pensée même de Tomasello au sujet de la capacité d'imitation du chimpanzé, révèlent sans grande ambiguïté que cet animal comprend la rationalité des intentions d'autrui. Reste à savoir si seul le singe acculturé possède cette compétence à un haut niveau. Tomasello penche vers cette interprétation car les expériences en cours sur le chimpanzé iraient dans ce sens. Ce point de vue se heurte toutefois à un argument d'un poids bien supérieur : les orangs-outans non acculturés réussissent le test sans problème !

Le concept d'imitation, même s'il peut paraître évident à beaucoup, reste en réalité assez flou. Il en existe plusieurs définitions. La plus simple, celle du psychologue Edward Thorndike, en fait un apprentissage consistant à réaliser ce que l'on voit faire par un autre. Plus récemment, l'éthologiste William Thorpe en a parlé comme d'une action consistant à copier un acte nouveau et *a priori* improbable. Mais dans la plupart des cas, l'accent est mis sur ce que l'imitateur fait plutôt que sur ce qu'il sait. L'apprentissage moteur, l'action de copier un mouvement, n'implique pas nécessairement l'intervention d'un processus cognitif. Dans d'autres cas, l'imitateur connaît le mouvement à réaliser, il lui manque simplement un savoir particulier. C'est ce qui se passe lorsqu'un individu apprend d'un autre le code qui lui permettra, par exemple, d'entrer dans un immeuble. Francys Subiaul, un spécialiste de l'intelligence sociale travaillant à l'université George-Washington, a entrepris, en collaboration avec Herbert Terrace, d'examiner les capacités d'imitation cognitive chez deux macaques rhésus, nommés Horatio et Oberon[44]. Le principe de l'expérience consiste en l'apprentissage d'une séquence ordonnée de quatre photographies items (par exemple : une moto, un oiseau, un tableau de Van Gogh et une tête de pharaon) présentées ensuite sur un écran. Le singe doit les désigner dans l'ordre par le moyen d'un apprentissage ordinaire, ou par imitation, en jouant le rôle d'un étudiant observant l'autre singe ayant déjà appris la règle, l'expert. Comme, d'une présentation à l'autre, la position des items sur l'écran diffère, Horacio et Oberon ne pouvaient se contenter d'une imitation motrice*. Dans ces conditions, les animaux apprennent plus vite en imitant que par une forme d'apprentissage par essais et erreurs. Cette expérience démontre donc à la fois l'efficacité du processus d'imitation, supérieur au tâtonnement, et la possibilité pour un animal non humain de recourir à l'imitation cognitive.

* Pour se représenter la situation, on peut songer à un voleur observant un sujet en train de manipuler un distributeur de billets de banque. Après lui avoir dérobé sa carte de crédit, il peut chercher à l'imiter, soit en reproduisant la disposition de ses doigts sur le clavier (imitation motrice), soit en mémorisant les numéros (imitation cognitive). Si la position des chiffres varie d'un clavier à l'autre, seule la seconde méthode lui permettra d'utiliser partout efficacement la carte dans tous les distributeurs.

L'imitation, un instrument pour la pédagogie

Ann et David Premack jugent restreinte la capacité des chimpanzés à imiter. « Singer, disent-ils, n'est pas le propre du singe[45]. » Ils ne voient d'ailleurs pas spécialement dans cette affaire la marque d'une faiblesse cognitive, mais plutôt celle d'un manque d'intérêt pour cette pratique dans les conditions naturelles. Même lorsqu'ils observent des congénères utiliser des outils pour casser des noix, ces grands singes ne cherchent pas à reproduire leurs gestes avec une absolue fidélité. Cela explique le temps qu'ils mettent à réaliser efficacement cette besogne. Les Premack situent dans ce cadre la question, essentielle à leurs yeux, de la pédagogie. Les humains s'efforcent d'enseigner aux enfants, de corriger leurs gestes, de les encourager, de leur faire comprendre qu'existent des normes : ce qui est bien fait et ce qui est mal fait. Les chimpanzés, selon eux, ne procéderaient pas ainsi. Les mères sont aimables avec les petits qui les accompagnent durant le cassage des noix ; elles les laissent libres de voler leur butin, mais elles ne semblent pas se préoccuper d'observer leurs gestes maladroits ni de les corriger. Visiblement, les Premack ne croient pas à la pédagogie animale, y compris celle de la chatte enseignant aux chatons ce qu'il y a lieu de faire avec la souris. Selon eux, cette mère ne juge pas ce qui est bien fait et ce qui est mal fait ; sinon, on peut supposer qu'elle rapporterait davantage de souris aux maladroits qui doivent encore apprendre et moins aux habiles qui n'ont plus besoin d'elle. Il se pourrait bien que cette façon de voir reflète plus notre méconnaissance du monde de la chatte que l'incapacité animale. Ce que l'on sait du comportement des mères guépards traquant de jeunes antilopes sous les yeux de leurs petits et les leur livrant pour qu'ils apprennent à tuer relève, à l'évidence, d'une forme d'enseignement[46]. Il en va de même pour les cercopithèques vervets ou singes verts : bien que les adultes ne semblent pas être experts en pédagogie[47], ils réagissent aux cris des enfants pour corriger leurs erreurs et renforcer les réactions appropriées ; les mères punissent les enfants quand ils se trompent ; l'une d'elles aurait giflé son gosse après qu'il eut lancé à tort un cri d'alarme en voyant une mangouste[48]. Il n'en est pas moins vrai que la pédagogie constitue une facette indispensable de l'apprentissage social et que l'espèce humaine semble l'avoir développée à un très haut niveau, au point de justifier le jugement des Premack : « La pédagogie transforme l'homme [...]. Rien sans doute ne contribue plus à la mutabilité humaine que cet humble fait : les humains enseignent aux humains[49]. » Reste à savoir si les animaux sont totalement inaptes en la matière, ce qui semble fort peu probable. Pour la même raison que celle expliquant son succès dans l'espèce humaine : la pédagogie étant une arme efficace, pourquoi s'en priver[50] ? Une fois encore, la difficulté à la mettre en évidence ne signe pas nécessairement son absence. Les travaux les plus récents semblent d'ailleurs, en ce domaine aussi, ruiner cet autre mythique et hypothétique propre de l'homme. Chez les fourmis[51] et surtout chez certaines mangoustes[52], la démonstration d'un enseignement propre à l'univers de la bête apparaît pour le moins probable. L'exemple des suricates semble particulièrement parlant. Rappelons que ces mangoustes du désert du Kalahari au look étrange, surtout lorsqu'elles se tiennent debout, tels d'humanisés bipèdes, pour observer autour d'elles, consomment des petits vertébrés et des invertébrés, tout particulièrement des scorpions, dont la piqûre peut être mortelle. Très sociaux, les suricates forment des groupes de deux à quarante individus. Les investigations en pleine nature d'Alex Thornton et Katherine

McAuliffe mettent en évidence la réalité d'un enseignement qui débute à la fin du premier mois de la vie des suricates, quand ils commencent à suivre les adultes dans leur collecte, et s'achève à trois mois quand ils sont devenus capables de se nourrir par eux-mêmes. Au début, les aidants/enseignants leur fournissent plutôt des scorpions, tués ou vivants mais amputés de leur aiguillon mortel, puis ils les leur livrent intacts. Ils modifient leur comportement en fonction de l'évolution des cris de mendicité des petits. Des expériences précises, avec diffusion d'enregistrements d'appels de jeunes et une analyse statistique serrée des diverses données, permettent de conclure à la réalité de cette forme d'enseignement, qui se distingue sans ambiguïté d'un « simple » apprentissage social au cours duquel le jeune bénéficie de l'impulsion fournie par la vue d'un adulte actif. De son côté, le maître n'agit pas non plus en nourrice fournissant les victuailles, il dispense un enseignement dont il vérifie l'acquisition et dont il dirige l'évolution en fonction de ce qui a été appris. Cela n'implique d'ailleurs pas forcément l'existence de capacités cognitives très évoluées, ce qui ne fait que suggérer davantage encore que cette compétence est plus largement partagée qu'on ne le croit dans le monde animal. Du reste, sa mise en évidence chez des fourmis par des chercheurs de Bristol[53] le confirme. Notons, au passage, que ces toutes premières observations de l'existence d'un enseignement dans le monde animal n'ont été publiées qu'en 2006, ce qui souligne, une fois encore, non pas la non-réalité des performances de la bête mais notre inaptitude à les découvrir plus tôt. Inversement, ces observations ne prouvent pas en elles-mêmes que tout apprentissage relève de la pédagogie imitatrice. Gardons en effet à l'esprit les problèmes potentiels relatifs à l'imitation. L'existence d'une pathologie comme l'écholalie (la répétition compulsive de ce qui vient d'être dit par autrui) en est une illustration. L'imitation s'avère aussi parfois contraire à l'innovation. Et finalement, il est possible qu'un animal comme le chimpanzé tire écologiquement un meilleur profit à miser sur sa création personnelle que sur la pure imitation, sans toutefois se priver complètement de ce qu'apporte l'observation d'autrui.

Des neurones miroirs pour imiter les autres

Une découverte a permis de faire « entrer » l'imitation dans l'univers neuronal : celle du neurophysiologiste italien Giacomo Rizzolatti. Ce chercheur a enregistré l'activité de neurones situés dans le cortex préfrontal des macaques, plus précisément au niveau du cortex prémoteur ventral, lors d'une action avec préhension d'un objet. Et il a montré que certains de ces neurones s'activent non seulement lorsque le primate exécute une action, mais aussi quand il la voit faire par l'expérimentateur. Ils seraient donc à la fois impliqués dans les fonctions motrices et sensorielles, ou, si l'on préfère, impliqués dans l'action ainsi que dans sa représentation, ce qui n'a rien d'évident. Rizzolatti les a baptisés neurones miroirs. Il est tout à fait logique de les considérer comme des composants essentiels du réseau cérébral impliqué dans l'imitation[54] et même dans le partage des émotions, voire l'empathie[55], tel que cela a été suggéré par plusieurs neurobiologistes. Détail qui pourrait bien se révéler lourd de signification : le cortex prémoteur ventral du singe a comme homologue, chez l'homme, l'aire de Broca, dévolue aux fonctions du langage mais peut-être aussi à la représentation des actions. Nombre d'auteurs qui refusent aux animaux la capacité d'imiter insistent sur la fonction de ces neurones miroirs, y compris Susan Blackmore dans son approche de la mémétique. Ils ne semblent pas troublés par le fait que les neurones miroirs ont été mis en évidence chez le singe ! Les études par imagerie cérébrale nous suggèrent leur probable existence chez l'homme, mais la seule certitude dont on dispose est leur présence chez l'animal. En faire un argument en faveur de la spécificité humaine relève donc, pour le moins, d'un élémentaire défaut de logique. Plus récemment, des neurones miroirs ont été identifiés chez les oiseaux. Ils s'activent lorsqu'ils chantent, mais également quand ils entendent un congénère émettre une musique similaire[56]. Ce fait souligne la relation entre imitation et apprentissage de la langue, et l'on songe aux jeunes enfants répétant les paroles entendues. Par la même occasion, la réalité d'un double privilège humain s'effondre sous l'effet de la recherche neurophysiologique. Sans doute les neurones miroirs jouent-ils encore un rôle essentiel.

Reste à savoir quelle fonction il convient réellement d'attribuer à ces derniers. On en fait volontiers l'outil de l'imitation, mais, jugeant celle-ci rudimentaire chez les primates non humains, Lyons et Santos[57] croient les neurones miroirs essentiellement impliqués dans la reconnaissance des intentions et dans la détection des buts associés aux actions. On est bien loin de la vision de l'animal privé de but et de raison, tel que le voyaient Descartes ou Kant ! De fait, les expériences du groupe de Rizzolatti confirment que ces neurones n'entrent en activité qu'à la perception de l'intention, lorsque, par exemple, un humain avance sa main vers une cacahuète préalablement cachée : le singe ne voit pas la prise de l'objet convoité, il comprend simplement le sens de ce qui se passe, le but de l'expérimentateur[58]. Ainsi, les énigmatiques neurones miroirs – tout comme les expériences de

Whiten révélant l'intelligente stratégie du chimpanzé moins imitateur que l'enfant humain[59] – viennent mettre en évidence la richesse d'un univers mental de créatures simplement moins douées que nous pour ces exercices jadis jugés l'apanage des perroquets. Voilà un bien étrange retournement de situation, qui devrait inviter *Homo sapiens* à davantage de modestie.

10

Sans conscience ?

« On peut évidemment admettre qu'aucun animal ne possède la conscience de lui-même si l'on implique par ce terme qu'il se demande d'où il vient et où il va, qu'il raisonne sur la mort ou sur la vie, et ainsi de suite. Mais, sommes-nous bien sûrs qu'un vieux chien, ayant une excellente mémoire et quelque imagination, comme le prouvent ses rêves, ne réfléchisse jamais à ses anciens plaisirs, à la chasse ou aux déboires qu'il a éprouvés ? Ce serait là une forme de conscience de soi. »

Charles Darwin, 1871[1]

La conscience nous défie ; celle des autres, parce qu'elle nous est inaccessible ; la nôtre, en ce qu'elle nous demeure mystérieuse. Que dire alors de celle de la bête ? Comment y accéder en l'absence d'un échange de paroles ? Le poids de la subjectivité pèse fort lourd en ce domaine. Pourtant, plusieurs neurobiologistes parmi les plus prestigieux abordent aujourd'hui ce thème : Francis Crick, Gerald Edelman, Jean-Pierre Changeux, Wolf Singer, Rodolpho Llinas, Antonio Damasio, etc. Et même si, s'agissant des animaux, la difficulté semble nous entraîner au-delà des possibilités de la science, plusieurs travaux autorisent désormais une discussion.

Le regretté Donald Griffin, zoologue bien connu pour ses travaux pionniers sur le radar des chauves-souris, a collecté de multiples arguments en faveur de l'existence d'une conscience animale[2]. Dans une revue générale récente, écrite peu avant sa mort et en collaboration avec Gayle Speck, il s'est efforcé de synthétiser les données disponibles[3]. Elles se rapportent, selon eux, à trois domaines d'investigation : l'étude du substrat neuronal de la conscience, l'examen de la capacité de souplesse et d'adaptation comportementale des animaux, et enfin les aspects de la communication en rapport avec l'expérience consciente.

À la recherche du cerveau conscient

Nous reviendrons sur l'approche neurologique, qu'elle soit fonctionnelle ou anatomique. Mais il convient d'ores et déjà de prendre conscience que le cerveau humain ne présente pas de réelle singularité ; il ne contient pas un lobe ou un élément inconnu des autres vivants, notamment en ce qui concerne la partie préfrontale, souvent considérée comme particulièrement humaine, voire même comme l'« organe de la civilisation ». Pour l'heure, les neurobiologistes n'ont pas identifié une aire de la conscience, et il paraît sinon acquis, du moins quasi évident pour la plupart d'entre eux que cette fonction implique une activité neuronale assez largement distribuée dans le cerveau. Les données neurologiques disponibles sur des malades atteints de lésions cérébrales et victimes de désordres de la conscience mettent notamment en lumière l'importance de noyaux situés dans la partie postérieure du tronc cérébral ; leur destruction entraîne le coma, tandis que le *locked-in syndrome*, maladie très grave caractérisée par la perte de

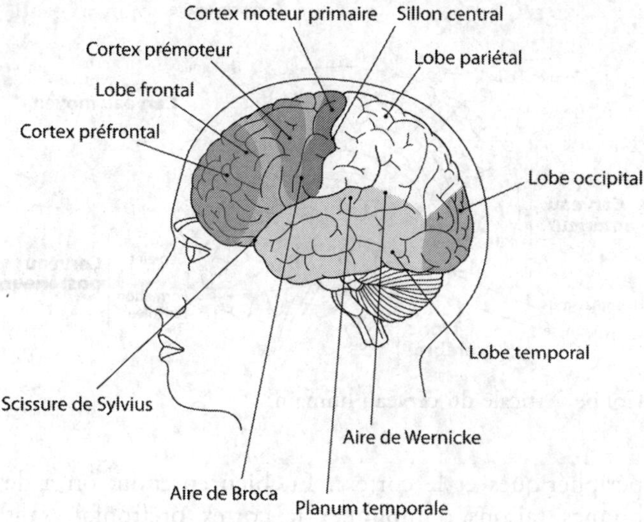

Les quatre lobes cérébraux

l'usage volontaire des membres mais pas de la conscience, résulte de lésions de la partie antérieure du tronc cérébral. Les travaux sur le sommeil, la conscience et l'attention révèlent l'implication de la formation réticulée*, certainement en cause dans la veille et le sommeil. D'autres concernent le tronc cérébral et le cortex (ou gyrus) cingulaire ; on sait par exemple que les crises d'épilepsie se produisant à ce niveau s'accompagnent de pertes de conscience. D'autres encore se focalisent sur le thalamus, un important relais entre les informations

* Il s'agit d'un ensemble de fibres nerveuses situées dans la zone centrale du tronc cérébral, lequel constitue en quelque sorte la partie du cerveau qui fait suite, vers l'avant, à la moelle épinière. La formation réticulée est impliquée dans de nombreuses fonctions, y compris le contrôle de la posture et la vigilance.

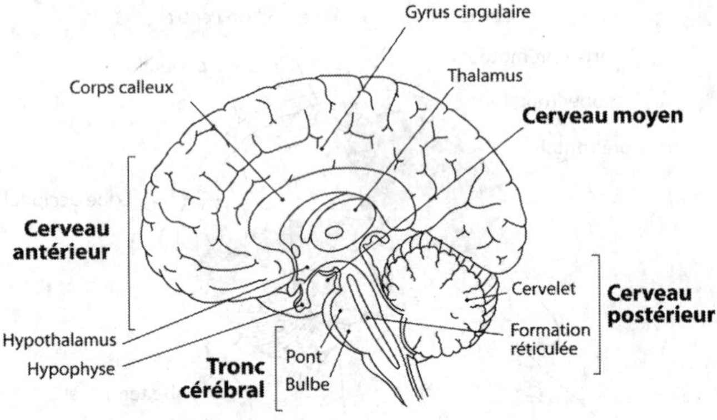

Coupe verticale du cerveau humain

périphériques et le cortex[4]. Et, bien entendu, on a de bonnes raisons d'impliquer le cortex préfrontal, sans parler d'aires plus spécifiquement en cause selon le type de sensibilité concerné : par exemple, les aires visuelles pour ce qui relève de la conscience du même nom, et l'aire faciale fusiforme pour celle de la perception consciente des visages, voire d'autres expertises. Toutes ces zones du système nerveux central présentent une anatomie variant d'une espèce à l'autre, mais aucune ne mérite d'être considérée comme spécifiquement humaine. Peu de temps avant sa mort, Francis Crick s'est passionné pour une lame de substance grise située dans la région de l'insula et richement connectée à la quasi-totalité des zones du cortex, le claustrum. Mais il ne s'agit pas là, une fois encore, d'une structure spécifiquement humaine : on sait notamment que les aires visuelles du chat s'y projettent et on ne connaît pas d'espèce de mammifères où il ferait défaut[5]. Les recherches théoriques en sciences cognitives conduisent les spécialistes à envisager, à côté de modules spécialisés

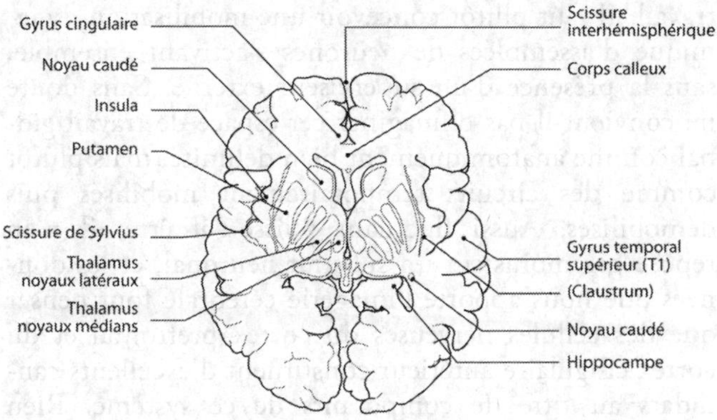

Coupe transversale du cerveau humain

dans les diverses fonctions mentales*, l'existence d'une architecture non modulaire, au niveau de laquelle des systèmes modulaires spécialisés se trouveraient liés – via des connexions à longue distance unissant des neurones largement distribués dans le cerveau –, et qui a reçu divers noms, notamment celui d'espace de travail global[6]. Il serait absurde de concevoir cet élément de la mécanique mentale comme une sorte d'homoncule ou de théâtre cartésien au sein duquel se trouverait localisée l'essence de l'être (pourquoi pas son âme ?). En particulier, il n'est pas nécessaire – ni même judicieux – de croire les informations contenues dans les divers modules présentes également dans l'espace de

* L'examen approfondi du concept de module dépasse le cadre de cet ouvrage. Contentons-nous de rappeler qu'on peut localiser dans le cerveau des fonctions précises. À cette distribution géographique se superpose une répartition modulaire de certaines fonctions psychologiques (on peut parler d'un module du langage). En réalité, tout en dépendant d'un substrat anatomique localisé, les diverses fonctions sont le plus souvent interconnectées.

travail. Il faut plutôt concevoir une mobilisation dynamique d'assemblées de neurones s'activant ensemble, sans la présence d'un superviseur externe. Sans doute ne convient-il pas d'imaginer cet espace de travail global comme anatomiquement bien délimité, mais plutôt comme des circuits temporairement mobilisés puis démobilisés. Aussi fluctuant puisse-t-il être, il n'en repose pas moins sur un substrat neuronal, et les données que nous apporte l'imagerie cérébrale font penser que des cellules nerveuses du cortex préfrontal et du cortex cingulaire antérieur constituent d'excellents candidats au titre de composants de ce système. Rien n'autorise à considérer ce dispositif anatomique comme spécifiquement humain. Le neurologue Antonio Damasio a étudié très en profondeur les bases cérébrales des sentiments et de la conscience, notamment ce qu'il appelle la « conscience étendue », qu'il définit comme « ce qui permet aux organismes humains de porter leurs aptitudes mentales à leur plus haute expression »[7]. Il juge que les données des primatologues – notamment celles de Hans Kummer pour les babouins[8] et de Marc Hauser pour les chimpanzés – suggèrent la présence d'une telle conscience chez des espèces non humaines[9].

Si l'on s'intéresse maintenant aux aspects fonctionnels de la conscience, la situation paraît encore plus limpide. Il est inutile de rappeler que les mécanismes neuronaux ne diffèrent pas chez l'homme et les autres animaux. C'est du reste sur l'aplysie (l'escargot de mer), la souris ou les singes qu'a porté l'essentiel des recherches. Les travaux expérimentaux sur la conscience consistant, par exemple, à enregistrer l'activité électrique des neurones par un jeu d'électrodes implantées dans le cerveau, en particulier chez le singe macaque, supposent de façon implicite et même explicite la reconnaissance de l'existence d'une conscience animale. C'est sur ce type d'analyse que reposent les travaux pionniers sur la conscience visuelle de Nikos Logothetis, qui dirige un département de l'Institut Max-Planck dévolu à la cybernétique biologique, à Tübingen, en Allemagne[10]. Dans leur principe, ces expériences consistent à voir ce qui se passe dans le cerveau lors de la prise de conscience, laquelle peut différer de la simple perception, chaque fois qu'existe une ambiguïté : par exemple, lorsqu'on voit une figure ou un tableau susceptible de montrer deux choses différentes, comme le fameux dessin représentant, selon le regard qu'on lui porte, le visage de Freud ou le corps d'une femme. Le psychologue William James (1842-1910) avait évoqué ce type d'ambiguïté à propos d'une phrase : « pas de lieu Rhône que nous ». Elle n'a pas de sens, mais un anglophone finit par la comprendre comme « *paddle your own canoe* » (pagayez pour faire avancer votre propre barque, c'est-à-dire réussissez par vous-même). Que se passe-t-il dans les neurones du cerveau à l'instant où il prend conscience de cette signification ? Comme nul n'envisage d'implanter des électrodes dans un cerveau humain dans le seul but de le savoir, Logothetis travaille sur des singes, admettant qu'eux aussi sont conscients. Il les soumet à des tests que l'on peut également pratiquer chez l'homme, tels que la rivalité binoculaire, qui consiste à présenter un stimulus différent à chacun des deux yeux : le cerveau de l'animal envoie un signal quand il prend conscience du changement de perception, ce qui constitue une expérience similaire à celle évoquée par William James. Des observations voisines ont été réalisées chez l'homme par la brillante neuropsychologue du Massachusetts Institute of Technology Nancy Kanwisher[11], au moyen, cette fois, de l'imagerie par résonance magnétique, technique moins fine mais moins invasive*. L'examen des données précises obtenues dépasse le cadre de cet ouvrage. Notons pour commencer que nous – singes et humains – n'avons pas conscience de la plupart des activités de notre cerveau. Seule une fraction de ces stimuli atteint la conscience. Observons aussi qu'entrent en jeu des neurones impliqués dans les diverses étapes de l'information visuelle et dans l'activité des aires corticales frontales et préfrontales. Mais surtout, il convient, dans le contexte de la présente discussion, de noter que Logothetis comme Kanwisher assument la réalité d'une parenté des processus conscients chez l'homme et le singe.

S'agissant des mécanismes intimement impliqués dans la conscience, nous sommes loin de pouvoir nous en faire une idée précise. Il existe toutefois un certain nombre de pistes. Plusieurs neurophysiologistes parmi les plus éminents – par exemple, Rodolpho Llinas et Wolf Singer – mettent l'accent sur le rôle des oscillations entre neurones, un mécanisme permettant aux cellules nerveuses impliquées dans une même tâche de se synchroniser pour fonctionner ensemble. De telles oscillations ne sont évidemment pas spécifiques de l'espèce humaine ; elles ont d'ailleurs été étudiées essentiellement chez l'animal[12]. On voit bien ici qu'en pratique chaque effort pour aller plus loin dans l'examen du mécanisme même de la conscience conduit à mettre l'accent sur des phénomènes physiologiques qui ne relèvent en rien d'un éventuel « propre de l'homme ». Christof Koch, un neurobiologiste théoricien

* L'insertion d'électrodes au niveau même du cerveau constitue la technique la plus efficace pour évaluer les fonctions cérébrales. On ne peut la pratiquer qu'exceptionnellement chez l'homme (à l'occasion d'interventions chirurgicales). Fort heureusement, il existe désormais de nombreuses méthodes non invasives, comme celles de l'imagerie cérébrale (en particulier, l'imagerie par résonance magnétique fonctionnelle) ou de l'électroencéphalographie.

qui a beaucoup travaillé sur la conscience en collaboration avec Francis Crick, affirme dans son ouvrage de synthèse que « la conscience n'est pas unique à l'homme[13] », ce qui ne signifie pas, bien entendu, son égale importance chez tous les animaux. Mais, par-delà ses travaux sur les primates et les autres mammifères, Koch pense que des invertébrés tels que les calmars, les abeilles, les drosophiles et même les vers de terre sont capables de comportements assez sophistiqués, de sorte qu'on ne peut exclure qu'ils possèdent eux aussi un certain niveau de conscience.

L'universelle flexibilité des comportements

Depuis Descartes, l'idée selon laquelle le comportement animal se construirait essentiellement selon les modalités stéréotypées de son instinct s'est imposée à l'esprit de beaucoup. Cela explique les efforts de Donald Griffin pour déconstruire ce schéma mental, en insistant sur l'universalité de la flexibilité comportementale. À la vérité, les bêtes, quelle que soit leur espèce, savent s'adapter et faire preuve de souplesse dans leur façon d'être ; celle-ci est difficile à expliquer autrement que par l'intervention d'une certaine conscience, en tout cas d'une intelligence non stéréotypée de la situation. J'en veux pour preuve l'exemple de divers petits échassiers, tels les pluviers. Ils pondent leurs œufs sur le sol – par exemple, dans des prairies ou sur les plages. Lorsque survient un intrus, ils réagissent d'une façon spectaculaire afin de l'écarter. Feignant d'être blessés, donc faciles à attraper, ils positionnent une aile comme si elle était cassée et s'éloignent du nid[14]. Si leur adversaire ne les suit pas, ils se dirigent vers lui et recommencent leur manège. Tous les ornithologues ont assisté à ce spectacle. On peut certes parler d'instinct ou de réaction stéréotypée, tant elle se reproduit à l'identique chaque fois que s'approche du nid un prédateur ou un humain. Mais le pluvier ne réagit pas systématiquement de la même façon. S'il a affaire à un gros herbivore, il se comporte différemment car ni le cheval, ni le bœuf, ni le mouton ne mangent les oiseaux. Le risque n'est plus la prédation mais l'écrasement. Le pluvier change de tactique : il attaque bruyamment l'intrus afin de le faire changer de chemin. Cette adaptation à la variété des défis de l'environnement signe une plasticité comportementale aux antipodes du stéréotype, et donc fascinante à observer.

S'agissant de cette flexibilité, les exemples abondent, même dans des domaines jadis considérés comme traduisant précisément une absence de conscience. Prenons le cas du conditionnement pavlovien. On en a fait le prototype du comportement inconscient, cognitivement très subalterne. Cette version des choses mérite d'être révisée. Comme l'écrit le psychologue Robert Rescorla, « le conditionnement pavlovien n'est pas un processus stupide[15] ». Il situe l'animal comme chercheur d'informations, prêt à utiliser des relations logiques entre les événements. Dans leur revue du sujet, Peter Lovibond et David Shanks, deux psychologues spécialistes de la question, s'efforcent de montrer que le conditionnement pavlovien peut difficilement se mettre en place sans une certaine conscience[16].

Griffin insiste également sur le fait que les actions et les désirs des animaux sont tournés vers des buts, suivant en cela les observations d'Anthony Dickinson et de Bernard W. Balleine[17]. On peut donc leur attribuer une « cognition causale », bien différente d'une « simple conscience non réflexive » qu'on pourrait aussi qualifier de primaire ou de perceptive. Si les animaux perçoivent leurs buts comme désirables, cela implique qu'ils agissent intentionnellement et, dans une certaine mesure, consciemment.

Enfin, Griffin fait état de la fabrication d'outils chez plusieurs espèces, un aspect de la cognition animale que nous évoquerons plus loin à propos de la culture (voir le chapitre 12). Notons simplement ici qu'elle suppose une planification du projet et un certain niveau d'adaptation à des circonstances changeantes.

Quand la communication suggère un niveau de conscience

Chez l'homme, la communication peut être plus ou moins intentionnelle, plus ou moins consciente. L'usage du langage nous permet d'exprimer ce degré de conscience. Mais comment savoir lorsqu'il s'agit des bêtes ? Des observations de divers types mettent toutefois en évidence des formes de communication qui semblent signer l'existence d'un certain niveau de conscience. Mentionnons à ce propos et un peu en vrac : les études sur les langages enseignés par des humains à des animaux (surtout des grands singes, mais également des perroquets), les expériences où les sujets fournissent délibérément des informations sur leurs pensées et leurs sentiments, ou encore les communications naturelles au cours desquelles des animaux (singes appartenant à plusieurs espèces de cercopithèques, lémuriens, mangoustes, ou encore chiens de prairie) informent leurs congénères de la présence d'un prédateur dont ils désignent la nature. La signification sémantique de ces messages (voir le chapitre 7) et le fait que les animaux les utilisent parfois pour mentir attestent leur degré de conscience.

Griffin convient qu'aucun de ces nombreux faits d'observation ne prouve de façon définitive que la probabilité de conscience soit égale à 1, ce qui signerait la certitude de sa présence. Lui-même défend l'idée selon laquelle on devrait examiner la question de la conscience animale en termes de probabilité (en pA, pour « *probability of awareness* »), celle-ci pouvant être comprise entre 0 et 1, c'est-à-dire entre deux valeurs extrêmes, la première signifiant l'absence certaine de conscience et la seconde la certitude de son existence. Faute de données disponibles, on devrait parler d'une situation d'incertitude correspondant à un pA de 0,5. Mais, et c'est la justification de l'utilisation de ce concept de pA par Griffin, l'absence de preuve d'une probabilité égale à 1 n'induit pas que celle-ci vaut 0 !

Mémoire épisodique et voyage dans le temps

Griffin révise aussi les données sur la mémoire épisodique ou déclarative, parfois considérée comme spécifiquement humaine[18]. Les neuropsychologues distinguent cette forme de mémoire consistant à évoquer de façon explicite les souvenirs de celle dite implicite, acquise en l'absence de conscience (par exemple, lors de l'apprentissage d'un mouvement). La mémoire déclarative implique la prise de conscience : dire que j'ai visité l'Inde en février dernier prouve que j'en ai conscience. Les animaux possèdent-ils ce type de mémoire ? Endel Tulving, auteur de travaux pionniers sur la notion de mémoire épisodique, ne le croit pas, bien qu'il ne rejette pas de façon définitive l'idée d'une conscience animale – il pense même plutôt l'inverse[19] –, car il doute que les bêtes puissent mentalement voyager dans le temps, pour la bonne raison qu'« elles n'en ont pas besoin[20] ». Les observations de Nicola Clayton, chercheur à l'université de Cambridge, sur les geais à gorge blanche d'Amérique du Nord suggèrent fortement l'inverse[21]. Ces oiseaux apprécient divers aliments et peuvent les stocker. Ils aiment tout particulièrement les chenilles d'un papillon et, dans une moindre mesure, les cacahuètes. Mais après cinq jours, les premières perdent leur goût contrairement aux secondes. Les geais de Mme Clayton enterrent leurs aliments en divers endroits dans le sable. Si on leur permet de les récupérer après quatre jours, ils préfèrent systématiquement les larves, encore goûteuses ; mais après cinq jours, ils choisissent plutôt les cacahuètes. L'expérience témoigne du fait que ces oiseaux utilisent, dans leur fonctionnement mnésique, les trois critères retenus pour le processus de mémoire épisodique, le « quoi », le « où » et le « quand ». L'aptitude à voyager mentalement dans le temps, c'est-à-dire à tenir compte des événements du passé et à se projeter dans l'avenir, apparaît dans une autre expérience des mêmes chercheurs, impliquant les relations entre plusieurs individus[22]. Quand ils se sentent observés par un congénère, les geais reprennent la nourriture enterrée pour la cacher ailleurs. Ils n'agissent ainsi que s'ils ont été vus et après avoir eux-mêmes déjà chapardé de la nourriture à d'autres. Les oiseaux « honnêtes » ne procèdent pas ainsi. On voit donc bien que les expériences antérieures influencent la versatilité comportementale ; elles autorisent des prédictions sur les intentions d'autrui et sur ce qui peut advenir dans le futur. Une série d'habiles manipulations de l'équipe de Clayton prouve que les geais n'oublient pas à quel instant ils ont été vus et par qui[23]. D'autres amateurs de cachettes enterrées témoignent de la même disposition mentale susceptible de démontrer l'existence d'une théorie de l'esprit. C'est ce qui ressort d'études menées sur les écureuils de Pennsylvanie. Par là très similaires aux geais, ces rongeurs dissimulent leurs petits trésors dans la terre. Un chercheur de la Wilkes University, Michael Steele, a embauché des étudiants pour observer leurs manèges. Dans

20 % des cas, ces animaux font simplement semblant d'enterrer leurs noix, et poussent la supercherie jusqu'à recouvrir le trou de terre et de feuilles. Les étudiants ont noté qu'ils agissaient de préférence ainsi quand on les observait, que le voyeur soit un autre écureuil ou un humain[24]. Tout se passe comme s'ils pensaient que le voyeur peut se transformer en voleur, comme s'ils s'interrogeaient sur ses intentions*…

Avant ces expériences, peu de chercheurs auraient osé penser les animaux capables de se représenter ainsi le temps qui passe, car cela implique la richesse de leur univers mental. Parions que le talent des geais ne se révélera pas unique. Dans un autre domaine, et en pleine nature, il a pu être démontré que des singes mangabeys de Tanzanie conservaient la mémoire de fruits goûteux mais pas mûrs, afin de revenir les cueillir après quelques journées ensoleillées, ce qui témoigne à la fois de leur intérêt pour la météorologie et de leur capacité à « voyager dans le temps »[25].

---

* William Roberts, un chercheur canadien intéressé par ce sujet, croit pouvoir établir une distinction entre la capacité à se souvenir du moment correspondant à un épisode passé et celle qui consiste à mémoriser l'espace de temps qui sépare cet instant du présent. Ses expériences sur le rat le conduisent à penser que cet animal ne dispose que de cette dernière aptitude et non d'une authentique mémoire épisodique (à savoir la connaissance du « quand »). Mais elles portent sur son souvenir d'une nourriture rencontrée une demi-heure ou quatre heures plus tôt (Roberts W.A., Feeney M.C., MacPherson K., Petter M., McMillan N. et Musolino E., « Episodic-like memory in rats : is it based on when or how long ago ? », *Science*, vol. 320, 2008, p. 113-115). Je ne suis pas certain qu'elles aient grand sens car, en la circonstance, la faim, cette forme de « mémoire de l'estomac », constitue sans doute le critère essentiel. Or elle est directement fonction du laps de temps écoulé depuis l'expérience alimentaire antérieure, bien plus sans doute que de toute forme de mémoire épisodique élaborée !

Tout récemment, deux chercheurs de l'Institut Max-Planck d'anthropologie et de l'évolution de Leipzig, Nicholas Mulcahy et Josep Call, ont mis en évidence la capacité des bonobos et des orangs-outans à mettre un outil de côté afin de l'utiliser plus tard. Ils avaient auparavant appris à s'en servir dans le cadre d'expériences classiques[26]. On découvre ici leur aptitude à prévoir, à planifier le futur. Les observations de Mathias et Helena Osvath aboutissent à la même conclusion. Ces primatologues de l'université de Lund, en Suède, ont placé deux femelles chimpanzés et un mâle orang-outan du zoo de Furuvik en situation de choisir entre deux éventualités : consommer tout de suite leur fruit favori ou récupérer un petit tuyau qui leur permettrait d'obtenir, soixante-dix minutes plus tard, un mets plus apprécié encore, une soupe de fruits. Il leur fallait donc réprimer une impulsivité naturelle, tâche difficile ainsi que le révèlent d'autres études précédemment évoquées dans ce livre. En une série de quatre expériences, les chercheurs suédois ont montré de façon très élégante que les grands singes sont capables de privilégier un avantage ultérieur important aux dépens d'un bénéfice immédiat moindre. Ils comprennent en outre très rapidement l'intérêt des nouveaux outils qui leur sont offerts lorsqu'ils présentent les mêmes avantages que le tuyau[27]. Cette capacité de planifier le futur suppose des compétences psychologiques très particulières, qui ne seraient donc pas l'apanage de la seule espèce humaine. Notons qu'une telle aptitude n'a pu être mise en évidence dans la nature. De façon générale, les grands singes ne conservent pas leurs outils, sans doute parce qu'ils n'en éprouvent pas le besoin : ils trouveront toujours sur place ce qu'il leur faut ! La capacité d'intégrer le futur dans le quotidien et le sens de la planification sont plus anciens que notre espèce, ce qui contredit directement l'hypothèse classique, dite de Bischof-Köhler, du nom de ses inventeurs[28], laquelle affirme précisément le contraire. Tout le monde ne la possède pas pour autant, si l'on en juge par les expériences de Marian Naqshbandi et William Roberts. Afin de tester l'hypothèse de Bischof-Köhler, ces psychologues canadiens ont soumis des rats et des singes écureuils à un intéressant dilemme. On leur propose soit une datte, soit quatre dattes. Bien sûr, ils préfèrent en principe la plus grande quantité. Mais, problème de taille, l'alimentation leur donne soif, l'expérimentateur le sait et limite leur accès à l'eau. Dans ces conditions, les singes finissent par se contenter, mais progressivement et après plusieurs essais, de la prise de la datte unique. Ils donnent tort à Bischof et Köhler, atteignant ainsi un niveau de performance inaccessible aux rats[29]. De son côté, Nicola Clayton s'efforce d'aller plus loin avec ses geais, peu satisfaite qu'elle est de ce type d'expérience impliquant un mode d'apprentissage aussi intensif qu'artificiel. Elle préfère la spontanéité. Elle se dit aussi que si ses oiseaux voyagent mentalement dans le temps en direction du passé, en se rappelant des épisodes anciens, ils doivent également se projeter dans l'autre sens. L'expérience lui donne raison. Elle repose en l'occurrence sur l'habile utilisation d'un jeu de cages de grande taille. L'animal peut habiter un compartiment ou un autre. Il se rend compte, par exemple, que dans une pièce on ne lui sert pas de breakfast ou pas d'un aliment particulier. Que fait-il, la veille, quand on lui donne accès à tous les compartiments ? Il cache – c'est, vous l'avez compris, un « cacheur » compulsif ! – le mets dans la pièce où il sait que, le jour suivant, l'expérimentateur n'aura rien mis[30]. Le geai est prévoyant. On s'en serait douté, mais ce que montre l'expérience de Clayton, c'est qu'il agit en fonction de son état motivationnel, non de l'instant mais à venir. Il planifie, il anticipe et déboulonne la statue de Bischof et Köhler[31]. On se demande bien, par parenthèse, ce qu'il ne sait pas faire ! Certes, les découvertes en cours ne résolvent pas tous les problèmes, mais elles changent déjà notre façon de concevoir l'animal et l'homme, en même temps qu'elles nous font percevoir ce qui lie la mémorisation du passé à l'imagination de l'avenir, une idée nouvelle que viennent confirmer les études neuropsychologiques ou par imagerie cérébrale, chez l'homme sain et chez l'amnésique : la mémoire épisodique s'étend au futur[32]. Le voyage dans le temps doit s'envisager dans les deux directions[33].

On comprend bien, à travers ces exemples, l'utilité pour tous les vivants de l'aptitude à voyager mentalement dans le temps ; aucun ne peut se payer le luxe de ne pas tenir compte du passé, ni de ne pas chercher à prédire l'avenir[34]. Sans doute les grands singes en ont-ils les moyens. En tout cas, leur mémoire dépasse ce que l'on peut imaginer, ainsi que l'illustrent les étonnantes observations de Bennett Schwartz, un psychologue de Miami, sur le gorille King[35]. Ce dernier, un mâle à dos argenté d'une trentaine d'années, est un solide gaillard de plus de deux cents kilogrammes. Avec lui, les soigneurs communiquent par l'intermédiaire d'un jeu de cartes. Sa fantastique aptitude à se rappeler qui lui a donné telle ou telle nourriture dépasse celle des gardiens eux-mêmes. Dans une étude plus récente, Schwartz a présenté au gorille trente-trois personnes jamais vues précédemment, chacune jouant un rôle : pantin, guitariste, voleur du téléphone de son entraîneur, etc. À l'issue de cette séance, King s'est révélé capable d'identifier correctement plus de 60 % des activités de ces sujets[36], soit une performance très supérieure à celle des humains. Aux yeux de la police, il serait un témoin parfait pour l'identification de suspects. Reste à savoir s'il maîtrise le concept de temps (hier, aujourd'hui, demain), mais Bennett Schwartz se déclare convaincu que King possède bel et bien une authentique mémoire épisodique[37]. Dans un tout autre ordre d'idées, les récents travaux, sur lesquels nous reviendrons, relatifs à l'activité cérébrale au repos des chimpanzés et menés par les neurologues et les primatologues de l'université Emory à Atlanta, suggèrent fortement l'existence d'états mentaux au cours desquels ces animaux se projettent dans le passé comme dans le futur, ce qui signerait sans ambiguïté la réalité de leur mémoire épisodique[38].

Métacognition

Griffin se demande aussi si les animaux « savent ce qu'ils savent », s'ils possèdent ce que l'on qualifie désormais de métacognition : la cognition de la cognition. C'est une bonne question, car nous ne sommes certainement pas conscients de bien des choses que nous savons. L'étude sur deux macaques rhésus de Robert Hampton, un chercheur de l'Institut de la santé mentale des États-Unis, apporte des données particulièrement intéressantes de ce point de vue. Dans son dispositif expérimental, le singe doit se souvenir d'une certaine disposition d'items présentés sur un écran et appuyer sur une touche pour obtenir de la nourriture, laquelle peut être plus ou moins désirée. Il a la possibilité d'accepter le test qui lui permettra, en cas de succès, d'obtenir son aliment préféré ou, au contraire, de le refuser en récupérant alors un mets qu'il aime moins. Il s'agit en quelque sorte d'un remake de certains jeux télévisés où le participant peut décider de passer son tour en ne gagnant rien, mais en ne perdant pas non plus. L'observation essentielle est ici que, dans les conditions où l'animal ne se souvient pas (ce que Hampton peut évaluer par ailleurs), il se contente de la nourriture moins bonne et ne prend pas le risque d'aller à l'échec. Et inversement lorsqu'il se sent sûr de lui. Tout porte donc à croire que les macaques ont bel et bien conscience de savoir qu'ils savent ou qu'ils ne savent pas[39]. Les expériences de Herbert Terrace, Nate Kornell et Lisa Son nous mènent plus loin encore. Ces chercheurs ont entraîné des singes à répondre à des questions sur la validité de leur jugement : ils étaient récompensés non pas après avoir donné la bonne solution mais pour s'être autoappréciés avec justesse. Ils devaient ensuite associer ce type de réponse à d'autres interrogations selon des modalités qui excluaient que tout cela relevât uniquement d'un conditionnement. Leur réussite prouve leur réel talent, mais aussi celui des expérimentateurs, tant il est vrai qu'ainsi pénétrer dans l'esprit animal, dans la confiance qu'il a en sa propre connaissance, constitue un tour de force[40]. Ces travaux sur la métacognition méritent qu'on s'y intéresse à de multiples égards et pas seulement parce qu'ils confirment l'existence d'une cognition sans langage. On observera, par exemple, que les animaux n'aiment pas se tromper. Les singes de l'équipe de Terrace se fâchent parfois très sérieusement quand ils donnent la mauvaise réponse et perdent des jetons en jouant. Rob Shumaker, qui dirige le Great Ape Trust dans l'Iowa, dit que ses orangs-outans refusent quelquefois de continuer leurs tests mentaux quand ils pensent avoir commis une erreur, jusqu'à ce qu'on leur permette de tout recommencer depuis le début[41].

Mais le savoir sur le savoir équivaut-il à la conscience[42] ? Hampton le pense, ce qui présente le mérite de clarifier les choses ou en tout cas leur expression. Prenons, dit-il, l'exemple d'un lapin qui rencontre un renard. Au lieu de rester pétrifié sur place, il se souvient de la présence d'un terrier à proximité et court s'y réfugier. Difficile de lui contester la réalité du savoir en question : il la prouve en sauvant sa peau. Sans nul doute, il sait ce qu'il sait. Il a conscience de son savoir et en démontre au passage l'utilité biologique au regard de la dure loi de la vie. Mais est-il « *aware* » ou « *conscious* » ? Ne disposant que d'un mot, la langue française ne permet pas de différencier les deux concepts qui traduisent une gradation (le second terme est plus fort et il introduit aussi parfois une dimension morale). Lisa Son et Nate Kornell, qui distinguent métacognition et conscience proprement dite, voient les choses différemment[43]. Un autre exemple les aide à formuler leur argument : les participants des jeux télévisés appuient sur la sonnerie signalant qu'ils connaissent la bonne réponse avant de l'avoir à l'esprit : ils savent qu'ils savent (métacognition) avant d'en avoir la connaissance consciente proprement dite. Quoi qu'il en soit, les recherches concernant le savoir sur le savoir pourraient bien constituer l'un des pôles les plus avancées de la psychologie animale. Il semble que les dauphins – encore eux ! – possèdent cette capacité si l'on en juge par les travaux déjà anciens et hélas incomplets d'un chercheur de l'université de Buffalo, David Smith, sur un représentant de cette espèce, dénommé Natua[44]. Le rat, animal généralement jugé comme intellectuellement moins sophistiqué, était censé ne pas pouvoir prétendre au rang de créature métacognitive. Jusqu'à ce que deux chercheurs de l'université de Géorgie, Allison Foote et Jonathon Crystal, démontrent le contraire[45], prouvant au passage que la prudence devrait être de rigueur avant de conclure à une absence de qualité chez un autre vivant !

La conscience étudiée par son absence

D'une absence l'autre, on rapprochera les expériences sur la métacognition d'autres observations d'une origine complètement différente et qui en constituent en quelque sorte l'image en miroir. Comme souvent, il est possible d'étudier un phénomène par sa non-présence. S'agissant de la conscience, il nous faut évoquer l'existence d'une étrange anomalie décrite par le neuropsychologue britannique Larry Weiskrantz sous le nom de *blindsight* (vision aveugle). Elle affecte des patients porteurs de lésions cérébrales du cortex visuel. Ces sujets se considèrent comme aveugles. Lorsqu'on leur demande ce qu'ils voient dans certains tests, ils répondent « rien ». Mais si l'on insiste, ils donnent une réponse meilleure que ne le voudrait le simple hasard. En vérité, ces sujets voient quelque chose mais ils n'en ont pas conscience. Ce phénomène a été découvert chez l'homme et principalement étudié dans notre espèce. Toutefois, certains auteurs ont rapporté des cas de *blindsight* chez des singes[46]. Entraînés à travailler sur des écrans tactiles d'ordinateurs, ces animaux lésés peuvent donner la bonne réponse – moyennant récompense – à une stimulation visuelle, tout en indiquant dans d'autres séries d'expériences qu'aucun stimulus ne leur est présenté. On voit ainsi que, chez ces singes comme chez les *blindsights* humains, le sujet peut avoir, en partie à tort, la conscience de sa non-vision, ce qui implique qu'il sait ce qu'est une conscience visuelle, celle que doivent posséder les primates non handicapés.

La conscience de soi

Mal définie, la notion de conscience recouvre des dimensions diverses de la vie cognitive. Pour beaucoup, il s'agit avant tout de la conscience de soi, bien difficile à mettre en évidence de façon objective chez les autres espèces animales. Mais cela n'a pas empêché de nombreux philosophes et observateurs d'affirmer que seul l'homme en était pourvu. Gardons-nous de conclure d'une façon aussi péremptoire. De fait, les investigations consistant à placer des chimpanzés devant un miroir suggèrent fortement qu'ils possèdent une forme de conscience d'eux-mêmes. Si on leur colle un morceau de papier sur le visage, après les avoir anesthésiés pour qu'ils n'en sachent rien, ils s'en étonnent quand on les place devant une glace à leur réveil[47]. À l'évidence, cette épreuve du regard de soi les intéresse et ils utilisent volontiers ce dispositif pour examiner des parties non visibles de leur corps[48]. Au College Hunter, Suzan Calhoun et Robert Thompson ont même décrit le cas d'une femelle chimpanzé découvrant, en ouvrant la bouche face au miroir, qu'elle avait perdu plusieurs dents[49]. Pour Gordon Gallup, professeur de psychologie à l'université d'Albany et pionnier des recherches en ce domaine, il n'y a guère de doute quant au fait que ces réactions ne relèvent nullement d'une sorte de réflexe lié à la motricité[50]. Les chimpanzés, mais aussi les orangs-outans, auraient bel et bien la conscience d'eux-mêmes, si toutefois on considère les expériences de ce type comme parfaitement démonstratives. Charles Darwin avait déjà étudié le phénomène :

> Il y a quelques années, je plaçai un jour sur le plancher, au Jardin zoologique, un miroir devant deux jeunes orangs qui n'avaient jamais rien vu de pareil, au moins à ma connaissance. Ils commencèrent par le regarder avec la surprise la plus manifeste, en changeant souvent de point de vue. Puis ils s'approchèrent tout près, avancèrent les lèvres vers leur image, comme pour lui donner un baiser, exactement comme ils l'avaient fait l'un pour l'autre, quelques jours auparavant, lorsqu'on les avait réunis pour la première fois dans la même cage. Ensuite, ils firent toutes sortes de grimaces et se placèrent dans les attitudes les plus variées en face du miroir ; ils s'appuyaient sur sa surface et la frottaient ; ils plaçaient leurs mains à diverses

distances derrière lui ; ils regardaient derrière ; enfin ils parurent presque effrayés, se reculèrent un peu, devinrent de mauvaise humeur, et refusèrent de regarder plus longtemps[51].

Gordon Gallup croit possible d'établir une sorte de seuil dans le développement cognitif, évoquant l'idée selon laquelle « de nombreuses espèces ont un cerveau évolué, mais une pensée vide », en ce sens qu'elles ne peuvent attribuer à d'autres des intentions, des croyances, et plus généralement, des états mentaux. Selon lui, « seuls les orangs-outans et les chimpanzés semblent avoir accompagné l'homme dans son développement cognitif[52] ». Cela me semble d'autant plus discutable que certaines observations donnent à penser que les grands dauphins se reconnaissent également dans les miroirs[53*]. Souvenons-nous, à ce sujet, qu'ils possèdent aussi un très gros cerveau. La même remarque vaut pour les éléphants. Trois spécimens de l'espèce asiatique ont été mis en présence d'un grand miroir dans leur enclos du zoo du Bronx. Tous ont présenté des signes d'autoreconnaissance, y compris en utilisant leur trompe pour examiner un X peint en blanc sur leur front. Joshua Plotnik, chercheur à l'Institut Yerkes d'Atlanta et auteur de ce travail, pense que cette aptitude participe de celle, plus générale et indispensable à une espèce altruiste, consistant à se distinguer soi-même des autres[54]. Le fait que la pie se soit récemment révélée capable de passer avec succès l'épreuve de la reconnaissance dans le miroir confirme cette interprétation en même temps que le génie des corvidés[55].

* Contrairement aux chimpanzés, les dauphins ne s'intéressent qu'aux marques qu'on leur a apposées, pas à celles placées sur leurs congénères, peut-être parce que, à l'opposé des primates, ils ne pratiquent pas le grooming réciproque.

Notons que cette découverte de l'identité apparaît chez les humains vers l'âge de dix-huit mois, et que le test du miroir passé avec succès seulement par quelques primates, dauphins et éléphants ne saurait prouver l'absence de conscience de ce type chez les autres bêtes moins proches de nous. Que dire en effet de la signification générale, pour un animal sauvage, de ce test fort peu écologique ? On ne peut guère interpréter une absence de réponse du sujet qui s'y trouve soumis[56]. Antonio Damasio insiste de son côté sur le fait que la formation de ce qu'il appelle le Soi-autobiographique nécessite « une substantielle capacité de mémorisation et de raisonnement, mais pas nécessairement du langage ». En effet, le concept de « Soi » apparaît chez l'enfant avant le langage, dès dix-huit mois, et peut-être même avant. Cette constatation de la non-nécessité du langage amène Damasio à penser « que des singes comme les chimpanzés bonobos possèdent un Soi-autobiographique ». Il va jusqu'à ajouter : « Je m'aventurerai presque jusqu'à dire que c'est aussi le cas pour certains chiens de ma connaissance. Ils possèdent un Soi-autobiographique, mais ne sont pas tout à fait des personnes[57]. » On opposera avec justesse cette opinion autorisée au verdict sans appel du neurochirurgien d'Oxford, Tipu Aziz, déclarant sans nuance le 28 novembre 2006 à la BBC : « Les singes n'ont aucune conscience de leur personnalité. » Défendre l'expérimentation scientifique est une chose sensée – et j'y reviendrai plus loin – mais qui ne doit pas nous autoriser à tenir des propos excessifs.

L'équivalence si souvent implicitement établie entre conscience et conscience de soi ne conduit pas nécessairement à faire des activités conscientes le sommet des aptitudes mentales. Les expériences émotionnelles en particulier n'impliquent pas forcément l'intervention de processus cognitifs particulièrement élaborés. Nous pouvons avoir conscience d'avoir faim, ou de souffrir, sans grand effort mental, et Marian Stamp Dawkins – éthologiste à l'université d'Oxford mais aussi défenseur de la cause animale – regrette que, s'agissant de la conscience animale, on ne la recherche qu'à travers les activités intellectuelles les plus élaborées[58]. L'homme et d'autres animaux apportent la preuve de leur capacité de conscience émotionnelle à travers leur possibilité d'anticiper une douleur. De toute évidence, cette aptitude ne relève pas du simple tropisme, et elle semble impliquer une réelle conscience. Cela étant dit, il serait certainement maladroit de séparer cognition et émotion par une barrière infranchissable. Les deux mécanismes entretiennent des liens essentiels, et Antonio Damasio l'a démontré avec beaucoup de talent. Mais on ne voit guère de raisons pour que les interactions entre cognition, émotion et conscience ne se produisent que dans une unique espèce vivante.

Dans le cerveau de l'Autre

La question de la conscience renvoie à celle de la subjectivité. Pénétrer le cerveau d'autrui paraît chose impossible. Mais cela nous est-il à tout jamais interdit ? Gardons-nous, sur le terrain de la science, de la tentation de proclamer l'existence de ce genre de limite. L'idéal, en ce domaine, serait de concevoir de nouvelles approches susceptibles de nous permettre de dépasser l'état actuel du débat. Sans doute faudrait-il effectivement pouvoir entrer dans l'esprit de l'autre et tout particulièrement du cousin grand singe que l'on a, pour cause de proximité phylogénétique, plus de chances de parvenir à comprendre. Il semble que les moyens modernes d'investigation autorisent un certain optimisme. J'évoquerai plus loin les travaux des électrophysiologistes qui enregistrent l'activité de populations de neurones codants pour les processus cognitifs les plus élaborés[59]. Ne mettent-ils pas le doigt, dans le cerveau du macaque, sur les « neurones de l'intelligence », pour faire usage d'une formule choc mais sans doute à peine exagérée ? Ils visent en tout cas explicitement à identifier, chez un non-humain, le substrat de facultés mentales supérieures que l'on suppose homologues aux nôtres. Il s'agit là d'une manière, hélas traumatisante, d'entrer dans le cerveau et même dans l'esprit de l'Autre. L'imagerie cérébrale nous offre aujourd'hui des possibilités d'autant plus fascinantes qu'elles n'ont pas ce caractère invasif. S'agissant de leur application aux grands singes, l'affaire n'a rien d'évident. Pour avoir présenté Sue Savage-Rumbaugh à des pionniers de l'imagerie cérébrale humaine désireux d'observer le fonctionnement du cerveau de Kanzi, j'en sais quelque chose. Il faut transporter le singe auprès des dispositifs radiologiques, le calmer, l'asseoir ou le coucher, lui mettre la tête dans une machine, etc. Mais après des débuts laborieux, l'imagerie a commencé à faire ses preuves. Les travaux actuellement menés en collaboration par l'Institut Yerkes et l'université Emory à Atlanta nous en apportent la démonstration. Les chercheurs ont eu recours à la tomographie par émission de positrons. Il s'agit, en pratique, d'injecter un marqueur radioactif (en l'occurrence le 8-fluoroglucose) et de suivre sa fixation dans le cerveau. La consommation de glucose et d'oxygène reflétant l'activité des neurones, on peut ainsi voir un cerveau parler, penser, commander un mouvement, etc. Les chercheurs d'Atlanta se sont tout particulièrement intéressés à l'activité au repos, laquelle passionne de plus en plus les neurobiologistes. En dehors de toute stimulation particulière, cet organe présente une intense activité métabolique. On la met en évidence lorsqu'on soumet un individu à une tâche cognitive monopolisant son attention. On voit alors se désactiver certaines zones, ce qui implique leur activation tonique au repos. Cette dernière n'a rien de banal : elle correspondrait à une activité autoprojectionnelle. L'individu effectuerait un tri au sein de sa mémoire épisodique, voyageant dans le temps entre le passé et le futur. Il s'agirait en quelque sorte d'une activité mentale pure, en dehors de toute stimulation externe. Si les chimpanzés disposent de cette capacité, très probablement liée à la fois à la mémoire épisodique, au voyage temporel et à la théorie de l'esprit, on doit retrouver dans leur cerveau au repos les signes d'activité caractéristiques de celui des humains, à savoir un métabolisme élevé dans les cortex préfrontal médian et pariétal médian. C'est précisément ce qu'ont détecté les chercheurs d'Atlanta. S'ajoutent à ces observations une moindre activation dans les aires corticales gauches impliquées dans le langage et une plus forte activation dans le cortex préfrontal ventro-médian[60]. Les auteurs de ce travail concluent en bonne logique que, selon toute vraisemblance, les chimpanzés comme les humains peuvent s'autoreprésenter mentalement. Je ne voudrais pas donner à penser que je tiens pour définitive l'explication qu'on peut trouver à ces observations. Des biais existent, mais ils tendent plutôt à défavoriser le singe, en le plaçant dans une situation ni naturelle ni compréhensible pour lui. On peut aussi considérer qu'une aire cérébrale utilisée par nous pour une fonction déterminée peut servir chez lui à quelque chose d'un peu différent. Mais ce type d'investigation me semble offrir une voie d'accès à ce qu'il y a de plus subjectif, de plus intime, dans le monde mental de cet Autre. Il permet un voyage quelque peu initiatique vers un continent intérieur qui, plus que toutes les conquêtes, pourrait bien nous faire appréhender une dimension jusqu'alors inconnue du monde vivant.

Une vision darwinienne de la caisse à outils cognitive

Quand Robert Ardrey, Desmond Morris et Konrad Lorenz révélèrent au grand public l'étrange similitude de certains comportements animaux et humains, des observateurs ne comptant pas parmi les moins perspicaces s'étonnèrent que l'on dût comparer notre espèce tantôt au cob de l'Ouganda, tantôt au chimpanzé, tantôt à l'oie cendrée. Ils en retirèrent l'impression que l'homme pourrait bien, en définitive, être un peu tout à la fois, comme s'il pouvait rassembler en sa personne toutes les recettes de l'évolution.

Face à l'accumulation des données de la psychologie comparée, comment ne pas éprouver aujourd'hui un vertige similaire ? Que nous puissions, dans une certaine mesure, nous faire comprendre par les chimpanzés et les bonobos n'étonne pas trop : ce sont de proches parents. Mais pourquoi les animaux les plus capables de nous parler sont-ils des dauphins et, pis encore, des oiseaux ? N'est-il pas étrange que les chiens domestiques nous comprennent mieux que les grands singes ? Pourquoi les données les plus claires en faveur d'une aptitude animale à voyager mentalement dans le temps proviennent-elles de l'étude du geai à gorge blanche et non d'un mammifère ? L'existence de phénomènes culturels en dehors du monde des primates est-elle compréhensible ? Comment expliquer que les otaries maîtrisent les règles de la logique ? Ou encore que de simples salamandres puissent compter jusqu'à trois ? Difficile de ne pas se sentir interpellé par le fait que l'échelle des compétences, évaluée à l'aune des aptitudes de l'animal humain, ne suive pas la gradation de la phylogenèse ! La vérité est que si la logique évolutive ne paraît pas toujours évidente, celle du darwinisme s'applique parfaitement. Tout dépend du cadre sélectif. Que le chien comprenne mieux le langage humain que le gorille ne doit pas étonner : il a été précisément sélectionné pour cette aptitude. Que des oiseaux « parlent » mieux que les chimpanzés n'a rien d'illogique : ils disposent d'un organe phonatoire contrairement aux grands singes. En fait, les contraintes sélectives ont sélectionné certaines compétences, et certaines compétences seulement. L'économie du vivant ne conduit pas, en effet, à l'accumulation de toutes les aptitudes au fur et à mesure de l'évolution. Descartes nous surprend lorsqu'il écrit que si l'animal était doué il le serait nécessairement dans tous les domaines :

> C'est aussi, écrivit-il dans le *Discours de la méthode*, une chose fort remarquable que, bien qu'il y ait plusieurs animaux qui témoignent plus d'industrie que nous en quelques-unes de leurs actions, on voit toutefois que les mêmes n'en témoignent point du tout en beaucoup d'autres : de façon que ce qu'ils font mieux que nous ne prouve pas qu'ils ont de l'esprit ; car, à ce compte, ils en auraient plus qu'aucun de nous, et feraient mieux en toute chose ; mais plutôt qu'ils n'en ont point, et que c'est la nature qui agit en eux, selon la disposition de leurs organes : ainsi qu'on voit qu'une horloge, qui n'est composée que de roues et de ressorts, peut compter les heures et mesurer le temps, plus justement que nous avec toute notre prudence[61].

Cette façon de voir se situe très exactement à l'opposé de celle à laquelle nous conduit l'interprétation évolutionniste moderne telle que la considère, par exemple, le psychologue animalier Marc Hauser, à savoir que nous disposons tous d'un registre cognitif en rapport avec les conditions et contraintes de notre existence[62]. Il n'y a pas de raison de considérer l'animal comme un vivant auquel il manquerait quelque chose ; les diverses espèces ont chacune leurs caractéristiques – leurs talents si l'on veut –, qu'il n'y a pas lieu de hiérarchiser. Déceler, comme le fait Descartes, leurs perfections pour s'étonner qu'elles ne s'étendent pas à tous les domaines apparaît, biologiquement parlant, comme une ineptie.

Du reste, s'il nous fallait raisonner ainsi et si l'homme représentait l'aboutissement de l'aventure du vivant conçue comme une accumulation de compétences, il devrait disposer d'un sonar comme les chauves-souris, d'un système lui permettant de sentir les vibrations au niveau du sol comme les éléphants, et d'une capacité à entendre des ultrasons et des infrasons que des oreilles autres que les nôtres perçoivent fort bien. Les vivants ne stockent pas ainsi inutilement des matériaux nécessairement coûteux en termes énergétiques. Ils se limitent à l'indispensable, à ce qui leur apporte un avantage sélectif. Si certains animaux paraissent peu doués pour l'imitation – la plupart en vérité le sont bien plus qu'on ne le dit –, ce n'est pas par une insuffisance d'évolution, mais parce que cette aptitude ne leur sert pas à grand-chose.

Par ailleurs, l'universalité de talents qui nous semblent extraordinaires – comme l'établissement de cultures animales ou les dons pour l'arithmétique, et nombre d'aptitudes cognitives très généralement répandues dans le monde vivant – s'explique simplement parce qu'ils sont utiles à tous. Ils constituent ce que Marc Hauser désigne comme le jeu d'outils universel[63]. Il en va ainsi de la capacité à identifier les objets, mais aussi de celle à communiquer avec des congénères et à les reconnaître. Sans cela, la vie sociale deviendrait très difficile. Pour la même raison et, j'en conviens volontiers, contre l'avis de la plupart des spécialistes, je suis intimement convaincu que la théorie de l'esprit comme la conscience doivent être largement répandues dans le monde vivant. Leur utilité paraît, en effet, assez évidente.

Si les animaux sont tellement intelligents, ce n'est pas parce que nous les aimons bien ou parce que Dieu a eu l'amabilité de les créer ainsi. Ni même à cause d'un heureux hasard. Mais parce que la sélection naturelle a mis en place des outils cognitifs performants. Si elle a su les introduire dans notre machinerie cérébrale, il n'existait aucun obstacle théorique pour lui interdire de les offrir à d'autres vivants. De même qu'il peut, pour un animal, se révéler utile d'être grand ou petit, fort ou rapide, visible ou mimétique, il a été souvent nécessaire de faire preuve d'intelligence. Tous les animaux qui ont éprouvé ce « besoin » se sont mis à penser avec une grande efficacité. Et on ne voit vraiment pas pourquoi la nature n'aurait placé de tels dispositifs cognitifs de haute volée que dans la seule boîte crânienne de l'homme moderne.

11

Incapable de nous comprendre ?

« Le langage d'action prépare à celui des sons articulés. Aussi y a-t-il des animaux domestiques capables d'acquérir quelque intelligence de ce dernier. Dans la nécessité où ils sont de connaître ce que nous voulons d'eux, ils jugent de notre pensée par nos mouvements […]. En même temps, ils se font une habitude de lier cette pensée au son dont nous l'accompagnons constamment, en sorte que, pour nous faire entendre d'eux, il nous suffit bientôt de leur parler. C'est ainsi que le chien apprend à obéir à notre voix. »

Condillac, 1755[1]

Comprendre l'autre, cette tâche insurmontable ! Plus encore sans doute lorsqu'il appartient à une espèce différente. Une nouvelle de Giono le conte avec talent ; c'est l'histoire de la hase blessée par des freux :

> À genoux à côté d'elle, je caressais doucement l'épais pelage brûlant de fièvre… il n'y avait plus qu'à donner de la pitié, c'était la seule chose à faire : de la pitié, tout un plein cœur de pitié, pour adoucir, pour dire à la bête : « Non tu vois, quelqu'un souffre de ta souffrance, tu n'es plus seule […] »
>
> Je caressais ; la bête ne se plaignait plus.
>
> Et alors, en regardant la hase dans les yeux, j'ai vu qu'elle ne se plaignait plus parce que j'étais pour elle plus terrible que les corbeaux.

Ce n'était pas apaisement ce que j'avais porté là près cette agonie mais terreur, terreur si grande qu'il était désormais inutile de se plaindre, inutile d'appeler à l'aide. Il n'y avait plus qu'à mourir.

J'étais l'homme et j'avais tué tout espoir. La bête mourait de peur sous ma pitié incomprise, ma main qui caressait était plus cruelle que le bec des freux.

Une grande barrière nous séparait[2].

On ne saurait mieux illustrer le poids de l'incompréhension. Une méconnaissance réciproque mais dans laquelle nous ne saurions nous prévaloir d'une évidente supériorité. À Descartes proclamant la bête stupide au prétexte qu'elle ne nous exprime pas ses pensées Montaigne avait, nous l'avons déjà signalé, répondu par anticipation de la seule façon logique qui soit, sous la forme d'un « à qui la faute si nous ne nous comprenons pas* ? » La barrière d'espèce, la grande barrière de Giono, rend l'échange difficile. Mais est-il impossible ? Et, surtout,

* Dans sa lettre à Newcastle en date du 23 novembre 1646, Descartes répond à Montaigne et précise sa pensée au prix d'un raisonnement circulaire : le problème n'est pas tant que les animaux ne parlent pas, car ils pourraient s'exprimer comme les muets, mais qu'ils ne pensent pas. Cependant, qu'est-ce qui autorise cette dernière conclusion, sinon leur absence de paroles ? Pour le dire autrement, l'argument permettant d'affirmer qu'ils n'ont pas de pensée est : ils ne parlent pas ; et celui permettant de les dire sans moyen d'expression est : ils n'ont pas de pensée ou, en tout cas, ne trouvent pas le moyen de nous l'exprimer. Le problème est donc bien qu'ils ne savent pas se faire comprendre, mais Descartes n'explique pas pourquoi nous ne les comprenons pas, sans doute parce qu'il est convaincu qu'il n'y a rien à comprendre. Il ne répond donc pas de façon pertinente à Montaigne. Son argument anatomique, exposé dans le *Discours de la méthode* quand il dit que les animaux devraient « se faire entendre à nous », s'inverse aisément lui aussi, ainsi que l'a clamé Voltaire : si nous avons les mêmes organes, nous devrions être pareils. Mais ces réflexions n'auraient pas convaincu Descartes : pour lui, l'essentiel était dans l'âme, non dans le corps proprement dit.

cette barrière ne serait-elle pas en train de s'effondrer ? Les chimpanzés Washoe et Sarah ou le bonobo Kanzi nous écoutent, nous répondent et donc, d'une certaine façon, nous parlent. On peut dire la même chose du chien Rico, du perroquet Alex et de quelques dauphins.

Ces observations étonnent ; elles bouleversent la vision que l'éthologie peut avoir de la communication intraspécifique. Mais elles rejoignent aussi le savoir implicite des propriétaires d'animaux domestiques. Eux savent que le chien comprend beaucoup, qu'entre le chat et l'homme on ne sait qui domestique l'autre, et il faudrait une fois encore citer Montaigne évoquant les « singeries réciproques » qu'il entretenait avec sa chatte, ne sachant plus très bien quel rôle revenait à chacun. Mieux, ou peut-être pis encore, il y a ce sentiment profond que l'animal, surtout le chat, nous place dans une relation qui nous engage en profondeur. Même s'il ne dit rien, il est témoin et il sait. Au point qu'on ne s'étonnera que pour la forme de ces propos de Jacques Derrida :

> Souvent je me demande, moi, pour voir, qui je suis, et qui je suis au moment où, surpris nu, en silence, par le regard d'un animal ; par exemple les yeux d'un chat, j'ai du mal, oui, du mal à surmonter une gêne. Pourquoi ce mal ? J'ai du mal à réprimer un mouvement de pudeur. Du mal à faire taire en moi une protestation contre l'indécence. Contre la malséance qu'il peut y avoir à se trouver nu, le sexe exposé, à poil devant un chat qui vous regarde sans bouger, juste pour voir[3].

Les chiens nous comprennent mieux que nous ne les comprenons

Les observations faites sur Rico comprenant deux cents mots humains, alors que nous n'identifions pas autant de ses vocalisations, invitent à se demander si nous ne devrions pas inverser la logique de Descartes (voir le chapitre 7). Et si eux nous comprenaient, alors que nous ne les comprenons pas ? Les expériences de Brian Hare et Michael Tomasello nous apportent à ce propos de passionnantes informations. Ces auteurs ont d'abord mis en évidence la capacité des chiens à trouver de la nourriture cachée grâce à l'utilisation d'indices impliquant une certaine capacité à interpréter les communications humaines[4]. Le principe de ces expériences consiste à placer l'animal dans une pièce où se trouvent deux récipients, dont l'un seulement contient la nourriture. Le sujet n'a droit qu'à un choix, mais l'expérimentateur l'aide par des signaux aisément interprétables par des humains, tels que désigner du doigt ou du regard la bonne boîte, ou encore tapoter dessus ou disposer une marque. Curieusement, les primates testés ont, dans la majorité des cas, échoué à ce test ou réussi avec un assez médiocre niveau de performance, en dépit du fait qu'ils savent fort bien suivre le regard d'un expérimentateur ou d'un congénère[5]. Nous l'avons dit, il y a matière à critiquer une comparaison entre un animal vivant en liberté, dans un riche milieu humain (le chien de la maison) et un autre maintenu en cage, en condition forcément appauvrie, même en contact avec des scientifiques futés et des gardiens consciencieux[6]. L'historien des sciences notera, avec sans doute quelque malice, que les expérimentateurs du début du XXe siècle n'ignoraient pas l'aptitude des chimpanzés à suivre la direction du regard humain. Ainsi, quand il soumettait la femelle Basso à des calculs, le psychologue allemand Karl Marbe (1869-1953) ne croyait nullement en son aptitude à l'arithmétique lorsqu'elle montrait le carton marqué 10 pour répondre à la question « combien font six plus quatre ? ». Il pensait que le chimpanzé parvenait à lire dans son esprit en suivant les mouvements plus intimes de son regard, dont lui-même n'avait pas conscience[7]. Une hypothèse que l'on retrouve dans l'histoire du fameux cheval surdoué, le nommé Hans, capable de compter en donnant sur le sol force coups de sabots, et qui arrêtait son tambourinage quand le visage du maître lui faisait involontairement percevoir qu'il avait atteint la bonne réponse[8] ! On se demande si certains expérimentateurs d'aujourd'hui s'intéressant à Basso n'auraient pas *a priori* tendance à favoriser l'hypothèse d'une compétence mathématique plutôt que celle d'une captation de la pensée d'autrui ! Où l'on voit qu'une aptitude mentale réputée intelligente se banalise, tandis qu'une autre jugée simpliste peut atteindre la gloire ! Quoi qu'il en soit, des données plus récentes confirment elles aussi que les chimpanzés n'ignorent pas qu'on peut tirer une connaissance en suivant le regard d'autrui[9], et, en définitive, cette aptitude semble assez générale dans le monde vivant, y compris dans l'examen des photographies. Ainsi, un macaque rhésus observant l'image d'un lion explore essentiellement la zone du cliché comprise entre les yeux du fauve et ce qui se situe devant, négligeant le côté opposé, même s'il n'a jamais rencontré un tel animal[10]. Ce fait suggère une aptitude à se représenter l'attention d'un autre comme un état intentionnel. Mais les chiens apparaissent comme les champions de l'utilisation des signes humains[11], encore que les dauphins semblent fort bien pourvus en la matière[12] et qu'ils sachent parfaitement pointer un objet pour guider un humain[13].

Chez les canidés, cette aptitude l'emporte sur la capacité olfactive, pourtant essentielle : les études hongroises de Viktoria Szetei et de ses collègues révèlent en effet qu'un chien préfère suivre les consignes gestuelles de son maître plutôt que de se fier à son nez, choisissant de la sorte un récipient vide aux dépens de celui qui recèle un odorant salami[14] ! Cet animal réussit également le test de Povinelli qui vit l'échec des chimpanzés : entre deux femmes, non connues d'eux et tenant un sandwich dont ils ne pouvaient s'emparer en toute discrétion, l'une pouvant les voir, l'autre regardant ailleurs, les chiens ont systématiquement choisi de quémander auprès de la première[15]. Les chercheurs hongrois ont même mis en évidence une authentique forme de communication intentionnelle entre l'animal et son maître, dans le cadre d'une série d'expériences consistant à placer de la nourriture ou un jouet en présence du propriétaire. Le compagnon commence par attirer l'attention de ce dernier à l'aide d'un aboiement, puis dirige son regard en alternance vers l'objet convoité et celui qui peut le lui donner, et ce d'une façon « logique » selon qu'il connaît ou non la localisation de la récompense[16]. Rien de tout cela n'étonnera l'ami des bêtes, mais de telles expériences n'en bouleversent pas moins l'enseignement de quelques-uns des meilleurs experts en intelligence animale !

Ces données ne font qu'illustrer la grande logique de l'évolution, ainsi que le souligne Peter Savolainen, un biologiste moléculaire auteur de travaux sur les différences génétiques entre chiens et loups. « Il leur était [aux chiens], dit-il, bénéfique d'être capables de lire les messages humains[17]. » De toutes les domestications, celle du canidé semble la plus ancienne, évaluée selon les cas entre 135 000 et 14 000 ans avant le présent[18]. Autant dire que la sélection naturelle n'a pas manqué de temps pour mettre en place une telle aptitude, et les travaux de Hare et Tomasello le démontrent avec beaucoup d'élégance. Ces auteurs ont testé non seulement des chiens domestiques, mais aussi leur version sauvage et ancestrale. Les chiots de seulement quelques semaines, y compris ceux ayant peu de contacts avec des humains, réussissent bien ces tests – contrairement aux loups, élevés ou non par *Homo sapiens*. Entre les deux canidés, pourtant génétiquement proches, existent donc des différences comportementales innées quant à la façon d'interpréter les signaux émis par des représentants de notre espèce[19]. Afin de tester l'hypothèse selon laquelle la domestication a changé cette dimension de la cognition canine, Brian Hare et ses collègues se sont intéressés à une population de renards de Sibérie, très liée à l'homme depuis un demi-siècle. Ces créatures apprivoisées ne nous craignent plus, et on peut les considérer comme en voie de domestication. Tous ne vivent pourtant pas au contact des humains. Or, même ceux qui n'en avaient côtoyé que pendant vingt minutes ont réussi à trouver la nourriture placée par l'expérimentateur en suivant la direction de son regard ou celle de son doigt pointé. Contrairement aux renards de souche sauvage[20] ! Les observations sur les chèvres domestiques conduisent à la même conclusion puisque ces animaux s'avèrent, eux aussi, capables d'utiliser la direction du regard et divers indices sociaux humains pour trouver leur pitance[21]. Bien qu'attractive, la théorie liant l'aptitude à comprendre les signaux humains à la domestication se trouve infirmée par des observations plus récentes qui révèlent que, dans d'autres conditions expérimentales, les loups suivent, aussi efficacement que les chiens, la direction du doigt pointé[22].

Pour sa survie, le chien dépend désormais de nous. L'inverse n'est pas vrai. L'utilité de notre compagnon canin ne fait certes pas de doute en bien des circonstances, mais il ne nous est pas indispensable ; c'est la raison pour laquelle John Archer et d'autres psychologues intéressés par la logique de sa domestication pensent qu'il nous utilise sur le mode parasitaire, comme le coucou se fait adopter par une autre mère que la sienne[23].

Voilà vraisemblablement pourquoi il nous comprend mieux que nous ne le comprenons. Il sait notamment déterminer notre état attentionnel, ainsi que le démontre une autre étude du groupe de Tomasello[24] : de la nourriture étant placée dans une pièce en présence du maître et avec interdiction de s'en saisir, les chiens testés s'en sont emparés principalement lorsque leur propriétaire regardait ailleurs ou avait les yeux bandés. Nous comprendre constitue en fait pour cet animal une condition de la survie. Il en va ainsi depuis très longtemps, puisque sa domestication remonte à un passé plus lointain que celle des autres compagnons de l'homme. Il n'est du reste que de regarder, dans la rue, le comportement des maîtres et de leurs animaux pour s'en convaincre. Le compagnon à quatre pattes réagit immédiatement au moindre signal humain, par la voix, le frétillement de la queue ou le mouvement. Il n'est pas rare, en revanche, de voir des chiens quémander du regard l'attention de leur maître sans le moindre succès. Ils savent lire en nous, mais le plus souvent nous ne possédons pas leur compétence. Ils poussent parfois même cette forme d'art jusqu'à inhiber leur propre capacité de raisonnement. On doit à Adám Miklósi et à ses collègues hongrois d'intéressantes expériences sur le sujet. Ces chercheurs se sont efforcés d'évaluer la logique canine dans une série de tests. Placés face à deux récipients dont l'un contenait un jouet caché, les chiens pouvaient utiliser leur propre raisonnement logique ou suivre une consigne humaine. Si l'un des containers apparaissait vide, ils en déduisaient aisément que l'objet convoité se trouvait dans l'autre. Mais face à des indices contradictoires, ils préféraient ceux provenant de l'homme, tels que le regard ou le geste[25].

De l'empathie entre espèces

La science aborde ici un champ d'investigation d'autant plus paradoxal qu'il conduit à redécouvrir des phénomènes que bien des humains sans aucune connaissance zoologique connaissent d'instinct. Y compris l'existence d'une possibilité de communiquer avec des représentants d'autres espèces. Des observations très récentes l'illustrent par un exemple qui, pour être des plus familiers, vient à peine de faire l'objet d'une approche scientifique, à savoir que les chiens bâillent quand ils nous voient le faire. Des psychologues britanniques l'ont prouvé en expérimentant sur trente-neuf représentants de la gent canine : trente et un d'entre eux ont reproduit notre bâillement en nous observant ! Ils en déduisent que ce phénomène de contagion des conduites pourrait traduire, chez ces animaux, la présence d'une forme rudimentaire d'empathie[26].

De fait, l'existence des parentés comportementales entre espèces conduit à se poser une double question : les animaux peuvent-ils éprouver ce que d'autres (humains compris) ressentent, et, inversement, l'empathie ne constituerait-elle pas un mode d'accès légitime à la cognition d'autrui ? En dépit de sa volonté déclarée de bâtir une éthologie objective, Konrad Lorenz était fasciné par ses objets d'étude et par tout ce que l'empathie pour l'animal lui permettait de comprendre[27]. Cette attitude n'a cependant pas fait école. La plupart des chercheurs – fuyant le risque d'être dénoncés comme adeptes d'un quelconque anthropomorphisme, acceptable chez un béotien amoureux de son chat ou de son chien, mais indigne d'un scientifique – ont tenu à garder la plus grande distance avec leur objet d'étude. Refuser l'empathie n'a pas suffi aux behavioristes ; s'interdisant tout accès à l'esprit, ils ont quasiment légiféré, condamnant sans appel le moindre écart de conduite en ce domaine. Beaucoup d'autres se sont efforcés de faire comme si les animaux étaient privés d'intention, alors même qu'ils pouvaient difficilement ne pas être convaincus du contraire.

Plus récemment, un certain usage de l'empathie, voire de l'anthropomorphisme, a retrouvé droit de cité[28] (nous le verrons plus loin au chapitre 17). Pascale Sicotte et Christine Nisan, qui s'intéressent aux grands singes, se sont interrogées sur le recours à l'empathie en primatologie, c'est-à-dire dans un domaine de recherche impliquant une proximité naturelle avec l'objet d'étude[29]. Dans ce cas, chercher à décoder le comportement en « se mettant dans la peau de l'autre » va presque de soi. L'empathie pourrait donc constituer un outil de connaissance. Elle doit être distinguée de l'anthropomorphisme puisque, en un sens, elle en est l'opposé. « L'empathie, écrivent nos deux primatologues, est le mécanisme qui permet à un observateur de se mettre dans la sphère de référence de l'autre. L'anthropomorphisme est le mécanisme inverse, qui amène l'observateur à projeter ses sentiments et ses perceptions sur l'autre. » Mais, en pratique, les deux mécanismes fonctionnent de concert. Quoi qu'il en soit, il convient de voir dans l'empathie une approche cognitive plus qu'émotive et un moyen de se poser des questions sur ce que l'on observe. Sarah Hrdy, auteur de travaux pionniers sur l'infanticide chez les singes langurs, admet y avoir eu recours et avoir été influencée par la connaissance des rapports de force entre les sexes dans sa propre vie[30]. Pascale Sicotte avoue avoir suivi une démarche similaire dans sa recherche, notamment en observant l'émigration des femelles à partir de leur tribu d'origine vers un groupe étranger, mouvement parfois contrecarré par les mâles. « Lorsque je regarde en arrière pour suivre l'évolution de mes intérêts de recherche, je remarque

que l'attention que j'ai portée aux comportements liés à la contrainte du choix de la femelle est due, en partie, à l'assimilation que j'ai faite de ces processus chez les gorilles à certaines manifestations de la violence faite aux femmes chez les humains. Cette impression d'avoir des expériences communes avec mes sujets a donc favorisé une approche empathique[31]. » Il est possible que les éthologistes femmes recourent naturellement davantage à l'empathie que leurs collègues masculins, accusés d'avoir une approche plus anthropocentrique de leur science. Une chose est sûre : les femmes occupent une position privilégiée en matière d'étude des grands singes sur le terrain. Jane Goodall pour le chimpanzé, Dian Fossey (1932-1985) pour le gorille de montagne et Birute Galdikas pour l'orang-outan sont devenues de véritables icônes de la recherche primatologique. Pascale Sicotte illustre par une boutade un exemple de son empathie et de son anthropomorphisme conscient : en suivant la femelle Tuck et son petit Ndatwa du groupe 5 vers un autre, elle s'était dit que ce dernier l'avait probablement reconnue et qu'il avait pensé : « Oh ! Elle a été transférée elle aussi. » En tout cas, la primatologue s'était vue ce jour-là, par rapport à Tuck et à Ndatwa, « comme une autre femelle du groupe 5 ayant été transférée dans le nouveau groupe[32] ».

Sur une échelle plus vaste, mais souvent mal connue dans le monde occidental, les primatologues japonais, dont l'œuvre est immense mais pas toujours appréciée à sa juste valeur, ont utilisé l'empathie comme une démarche scientifique à part entière[33]. Masao Kawai parle à ce sujet de la méthode *kyôkan* (empathie), justifiant par exemple ainsi le fait qu'ils nourrissent les singes sur lesquels ils travaillent[34]. Ce faisant, ils agissent dans le cadre de pratiques shintoïstes traditionnelles, les animaux étant admis à venir prendre sur les autels la nourriture offerte aux divinités.

Giono nous l'enseigne par son texte sur « la grande barrière » : il n'est pas facile d'être sûr que les intentions que nous croyons lire sur le visage d'un animal d'une autre espèce que la nôtre correspondent à la réalité. Mais en pratique, les spécialistes qui connaissent bien leurs sujets d'étude finissent par n'avoir plus guère de doutes. Sue Savage-Rumbaugh affirme pouvoir déchiffrer les émotions des grands singes aussi facilement que celles des humains. Bien d'autres primatologues pensent de même. David MacDonald, spécialiste des renards, voit du premier coup d'œil quand un de ces canidés est heureux. Même des espèces sans expression faciale peuvent être « lues » par les connaisseurs. C'est ce qui se passait entre Konrad Lorenz et ses oies cendrées. Souvent, ce savoir résulte essentiellement de l'effort de recherche, de sorte que le néophyte n'y a pas accès. Mais dans bien des cas, la situation parle d'elle-même. Quand un éléphant exige le passage, l'ambiguïté n'est pas permise car cet animal sait se montrer convaincant ! En revanche, certaines grimaces de grands singes ne s'interprètent pas facilement. Mais souvent, bien des choses passent entre les espèces, spécialement sur le terrain de l'émotion. Il n'y a d'ailleurs ici nul mystère, simplement la marque de la sociabilité et de la parenté qui nous lie, du fait de l'évolution.

Le débat sur la compréhension des autres espèces animales en contient un autre : celui sur le vocabulaire. Dans la querelle qui a suivi l'apparition de la sociobiologie, les commentateurs de diverses disciplines, souvent parmi les meilleurs, ne se sont pas privés de critiquer l'utilisation de mots tels qu'altruisme, égoïsme, coopération, voire peur, joie, etc. Clamant que l'objectivité conduisait à refuser ce vocabulaire anthropomorphique, ils ont préconisé le recours à des expressions neutres, sans rapport avec les comportements humains. Mais quel sens cela aurait-il ? Comment contester qu'on puisse parler de peur au sujet de nombreuses réactions observées expérimentalement, y compris celles étudiées par le psychiatre devenu neurophysiologiste Eric Kandel sur l'aplysie, espèce bien différente de l'*Homo sapiens* ? Si le mot « peur » recouvre la réalité à laquelle chacun pense quand il l'utilise, c'est bien manifestement le vocable à utiliser. Si on trouve plus judicieux l'expression « réaction d'aversion », c'est implicitement que l'on croit à une différence de nature, difficilement explicable si l'on admet – et comment faire autrement ? – la réalité de l'évolution des espèces. Car, et ce point importe beaucoup, si l'utilisation des mots n'est pas idéologiquement neutre, leur non-utilisation ne l'est pas davantage. Refuser aux bêtes la possibilité d'être égoïstes, altruistes, agressives, etc., c'est leur refuser l'accès à un univers émotionnel riche. On retrouve ici ce curieux changement de paradigme, si fréquent, même chez des biologistes rationalistes, chaque fois qu'il s'agit de l'humain. Ils veulent bien que nous soyons organiquement comme les animaux, que nous ayons des origines animales, mais lorsqu'il s'agit des choses réellement importantes – la culture, l'histoire, la morale, etc. –, ils changent de registre et *de facto* le biologique en devient secondaire.

12

Sans culture ?

« Nous pouvons également retourner la question, et nous demander comment des animaux intelligents, dont le développement s'étend sur cinq ans, comme chez les singes, voire douze chez les grands singes, plus longtemps encore chez les éléphants et les baleines, pourraient ne pas transmettre des informations au fil des générations. Comment pourraient-ils ne pas disposer d'une culture quelconque ? »

Frans de Waal, 2001[1]

Si les animaux sont des créatures intelligentes, sont-ils à même de produire des cultures ? Des signes du génie animal, il en existe beaucoup. Mais sont-ils marqués du sceau de l'innovation, et les animaux peuvent-ils transmettre leurs découvertes ? Là est toute la question. Prenons l'exemple du castor. Depuis longtemps, les naturalistes s'émerveillent de sa capacité à construire des barrages afin de transformer son environnement. Mais ils expliquent le plus souvent cette œuvre architecturale par le miracle de l'instinct, réduisant ainsi, à l'aide d'un mot à la signification imprécise, les mérites de son auteur. Une démarche de ce type se trouve déjà chez Buffon. « Les animaux, écrit-il dans son *Histoire naturelle*, [...] n'inventent et ne perfectionnent rien [...] », ils ne sont pas « capables de quelque espèce de progrès ». S'ils possédaient une telle aptitude, « les castors d'aujourd'hui bâtiraient avec plus d'art et de solidité que ne bâtissaient les premiers castors [...]. Chaque espèce ne fait jamais que la même chose de la même façon[2] »*. Outre le fait qu'on ignore à peu près tout de l'évolution du savoir-faire de ces rongeurs, la vérité est qu'on connaît mal les bases cognitives de leur comportement d'ingénieur hydraulique. Sans doute fait-on la part belle à l'« instinct », à des réactions à des stimuli simples. Ainsi, attiré par le clapotement de son milieu naturel, le castor ne ferait qu'entasser « bêtement » des matériaux sur un haut-parleur diffusant un bruit d'eau vive[3]. Mais cette constatation n'autorise pas à réduire à néant l'intelligence de tout l'ouvrage. Celui-ci implique un projet à long terme. Durant son laborieux travail, le castor ne mange pas ; il ne bénéficiera de son travail qu'après avoir transformé le cours d'eau en étang. Avant cela, il lui faut besogner dur et sans gratification. Même s'il n'a pas en tête le schéma de construction (mais, en vérité, on n'en sait rien), s'il ne travaille pas sur plan comme nos architectes, il doit pour le moins intégrer son œuvre dans une perspective temporelle, pendant parfois des semaines. En possède-t-il une image mentale ? Se projette-il dans l'avenir ? On imagine mal qu'une démarche cognitive élémentaire suffise à expliquer la réalisation d'un projet aussi complexe et d'aussi longue durée, et qu'il puisse s'élaborer de façon stéréotypée, selon un modèle toujours identique : un fleuve est un lieu complexe, changeant, surtout dans les paysages

* Dans son *Traité des animaux*, Condillac écrit exactement l'inverse : « Les bêtes apprennent à toucher, à voir, à marcher, à se nourrir, à se défendre, à veiller à leur conservation. Elles font donc des découvertes [...] ; elles inventent donc. Elles perfectionnent... »

parfois glacés où habite ce rongeur. Face aux aléas climatiques, il prouve son aptitude à se dépasser. Quand la mare est couverte d'une épaisse couche de glace, il perce son barrage afin de faire baisser le niveau d'eau, sans doute pour mieux respirer. Dans nombre de circonstances, tant en captivité que dans la nature, cet animal a modifié son mode opératoire, par exemple pour construire des monticules lui permettant d'accéder à de la nourriture ou à un tronc d'arbre protégé de plaques de métal, ou encore en bouchant des tuyaux dans le but d'élever le niveau d'eau de son aquarium (provoquant ainsi des inondations !), etc.[4].

Imo et le miracle japonais

Nos civilisations sont nées du miracle grec, de l'émergence en un site privilégié des grandes interrogations qui, aujourd'hui encore, dominent la pensée occidentale. On peut, de la même façon, évoquer le miracle japonais à propos d'une découverte à l'origine du vaste mouvement d'étude des cultures animales. Bien entendu, ce n'est pas à l'automne 1953, sur l'île de Koshima, que les animaux ont commencé à agir culturellement. Mais c'est à ce moment-là que nous, humains, avons pris conscience que d'autres créatures, en l'occurrence des singes, des macaques japonais, pouvaient découvrir et diffuser leur savoir.

On doit beaucoup à ces animaux. Mais on doit aussi beaucoup aux primatologues japonais. Leur œuvre est immense, mais elle a mis du temps à être pleinement appréciée. Négligée, parfois méprisée avec arrogance, cette science nippone a bouleversé l'éthologie. Elle a été initiée par Kinji Imanishi (1902-1992), alpiniste, philosophe et éthologiste. Sur la vision du monde de ce précurseur, on peut dire bien des choses. Si son antidarwinisme – plus précisément, son opposition non à Darwin mais à la théorie de la sélection naturelle – ne correspond pas à l'état actuel de nos connaissances, Frans de Waal a montré ce qu'avait d'injuste l'hostilité avec laquelle certains l'ont traité[5]. Le monde de la recherche occidentale découvre aujourd'hui l'importance de ce précurseur[6]. Je vois pour ma part, dans l'agressivité à son encontre, la preuve que la précieuse théorie de l'esprit ne domine pas systématiquement la pensée des chercheurs, car si tel avait été le cas, on se serait davantage intéressé aux motivations et à l'apport de ces scientifiques orientaux.

À l'origine, Imanishi avait mis deux de ses élèves, Juni'ichiro Itani (1926-2002) et Shunzo Kawamura (1924-2003), sur d'autres projets, en particulier l'étude des chevaux du cap Toi. En discutant, les deux étudiants aperçurent au loin un groupe de singes et jugèrent ces primates plus intéressants que les équidés. Ils surent convaincre leur maître le soir même et prirent la route dès le lendemain, d'abord à pied, puis en bateau jusqu'à Koshima. Sur l'île, lors de cette première reconnaissance, en date du 5 décembre 1948, ils ne trouvèrent que des excréments de singes. Mais le projet venait de débuter. Satsuo Mito, fille du fermier chez lequel ils avaient séjourné, fut chargée d'identifier les animaux, de les nommer et de prendre connaissance de leurs relations sociales. En fait, Imanishi voulait poursuivre ses recherches dans l'esprit du travail qu'il venait de mener pendant la guerre sur les chevaux de Mongolie, en se basant sur la reconnaissance individuelle de chaque animal, ce qui imposait de leur donner un nom. En septembre 1953, Satsuo Mito fit alors l'observation qui devait changer radicalement notre regard sur le macaque. Après avoir ramassé une patate couverte de sable, la femelle Imo, âgée de dix-huit mois, l'a trempée dans l'eau d'une rivière proche du bord de mer, s'apercevant ainsi qu'on pouvait la nettoyer efficacement. Non seulement Imo venait de faire une découverte utile pour son propre usage, mais elle allait la transmettre à ses congénères. Les scientifiques furent alors témoins à la fois d'une découverte (une acquisition culturelle ou protoculturelle animale) et de sa transmission[7]. Un jeune mâle fut le premier à profiter de l'initiative d'Imo. Un mois après la découverte initiale, il se convertit au lavage des patates ; la mère d'Imo adopta la nouvelle technique au bout de trois mois ; et quatre ans après, quinze singes s'étaient ralliés à l'innovation. Cette époque correspond à ce que Masao Kawai appelle la période d'acquisition individuelle. Ceux qui n'adoptèrent pas la technique à ce moment-là ne s'y rallièrent jamais. Presque tous les adeptes étaient jeunes, de un à trois ans. Après cette date, le lavage des patates devait se généraliser sur les côtes de Koshima, car les nouveaux enfants l'apprirent de leurs mères. Ce fut la période de propagation culturelle. En 1962, les trois quarts des singes connaissaient et pratiquaient la technique, qui s'affina encore en fonction des goûts individuels. Au début, les macaques nettoyèrent les tubercules dans l'eau douce ; puis ils préférèrent l'eau de mer qui donnait un goût salé plus agréable. Quelques individus les brossèrent avec leurs mains, d'autres les firent rouler dans l'eau, etc. Par la suite, de nouvelles acquisitions s'ajoutèrent à celle-là, par exemple le lavage des grains de blé, également mis au point par Imo à l'âge de quatre ans. Désormais habitués à l'eau de la mer, les singes japonais en vinrent à s'intéresser à ce nouvel espace, aidé en cela par Satsuo Mito qui y lança des cacahuètes. Les macaques y prirent du plaisir, et l'océan devint pour eux un terrain de jeux. Ils continuent aujourd'hui à tremper les patates dans l'eau. Mais il ne s'agit plus de lavage : celles qu'on leur donne sont propres. Sans doute les préfèrent-ils salées. Les primatologues japonais ne parlent donc plus de lavage mais d'assaisonnement !

Toutes ces observations ont fait l'objet de commentaires enthousiastes et parfois même délirants. Selon une rumeur étrange, quand le centième singe fut converti à la culture du lavage, une « énergie supplémentaire [sic] » se trouva ainsi libérée et les colonies de singes des autres îles se mirent, elles aussi, à laver les patates. Inutile de dire qu'il n'est pas nécessaire de recourir à ce genre de fantaisie pour s'intéresser aux découvertes simiesques : la réalité se suffit à elle-même. Ainsi que le rappelle Frans de Waal, l'enthousiasme ne fut pas unanime[8]. Il y eut aussi des critiques. On ne peut que s'en féliciter dans l'intérêt de la science. De Waal observe néanmoins que Bennett Galef, un des principaux sceptiques[9], n'a pas pris la peine de visiter l'île, se fondant uniquement sur les observations d'un chercheur américain venu quinze années après la découverte initiale. Selon Galef, il n'y avait pas eu de communication des savoirs, mais simplement des découvertes individuelles. Il prétendait aussi que Satsuo Mito ne donnait des patates qu'aux singes laveurs. L'argument est absurde : si cela avait été le cas, la découverte n'aurait pas été diffusée. De toute façon, la gardienne des singes n'avait pas procédé ainsi, et pour une raison évidente aux yeux de tout primatologue : les macaques japonais étant fortement hiérarchisés, on ne saurait sans risque faire autrement que nourrir les leaders en premier. N'occupant qu'une position subalterne, Imo aurait connu de gros ennuis si on l'avait servie avant les autres. Elle dut attendre son tour. La modestie de sa position sociale constitue un aspect intéressant de toute cette histoire. On rapprochera cet événement de bien d'autres faits historiques : les grands de ce monde n'ont pas découvert grand-chose. Sans doute ne peut-on cumuler aisément la passion du pouvoir et celle du savoir. Cela étant, les remarques de Galef sur le rôle de l'imitation dans cette diffusion du savoir ne doivent pas être négligées. Il est toujours bien difficile de faire la part des choses entre l'imitation proprement dite (ou apprentissage social) et l'apprentissage par tâtonnements, facilité par la stimulation d'un congénère. Le premier présente l'avantage de faire gagner du temps.

Les multiples cultures des chimpanzés

Ces acquisitions simiesques ne constituent que l'un des exemples (parmi les plus intéressants, car nous en avons établi la chronologie historique) des acquisitions culturelles chez les primates. On en a trouvé beaucoup d'autres, notamment l'utilisation répandue d'outils. Les chimpanzés recourent à des instruments, en l'occurrence des brindilles, pour pêcher des termites, une activité connue depuis plus d'un siècle[10] mais scientifiquement attestée à la suite seulement des observations pionnières de Jane Goodall à Gombe[11]. Pour en mesurer la portée, pour comprendre ce qui a changé quand la primatologue a vu, pour la première fois, en novembre 1960, David Greybeard (certains de ces singes donnent l'impression de posséder une barbe grise) utiliser son bout de bois, il faut replacer les choses dans leur contexte. Jane Goodall avait été la secrétaire de son mentor, le prestigieux paléoanthropologiste Louis Leakey (1903-1972), en une époque où l'homme se définissait comme le « *tool maker* » (le « fabricant d'outil »), l'*Homo faber*. La découverte changeait la perspective et, à la lettre de sa protégée l'informant des prouesses de David Greybeard, Leakey répondit par ce télégramme : « Ah ! Nous devons désormais redéfinir l'homme, redéfinir l'outil, ou accepter le chimpanzé comme humain[12]. »

S'agissant de cette aptitude civilisatrice – la fabrication de brindilles pour pêcher les termites –, les filles, une fois encore, se révèlent plus précoces que les garçons[13]. L'usage de caméras installées à demeure dans des sites éloignés de tout, non plus seulement en Afrique de l'Est mais aussi au Congo, a permis d'observer des comportements similaires. Il rend possible la visualisation des chimpanzés déchiquetant des brindilles pour affiner leur outil, l'enfiler avec les mains dans des termitières émergées ou au contraire pousser le bâton du pied – comme le jardinier le fait avec une pelle – quand les colonies sont dans le sol, passer d'un outil à l'autre, etc.[14]. D'une façon générale, l'existence de phénomènes culturels chez les chimpanzés ne semble plus guère faire de doute[15]. Ils incluent la fabrication d'outils[16], l'utilisation de médicaments contenus dans diverses plantes[17], et bien d'autres comportements. Ces futées créatures n'ont pas le monopole de l'outil. Les orangs-outans en manipulent aussi dans la nature[18], et pas seulement en captivité où l'on connaît depuis longtemps leur art du bricolage. On croyait, jusqu'en octobre 2005, les gorilles bien moins doués. De fait, ils ne pêchent pas à l'aide de brindilles ni ne cassent de noix avec des pierres : il leur suffit de cogner pour briser termitières ou coques. Les observations de Thomas Breuer dans la forêt marécageuse de Mblei Bai, au nord du Congo, prouvent cependant qu'ils n'ignorent pas l'outil. Le 9 octobre 2004 (mais son article parut un an après), cet éthologiste allemand a vu, avec ses collègues, le groupe de George en lisière de forêt, près d'un trou d'eau créé par des éléphants. La femelle adulte, Leah, s'est avancée, s'y immergeant lentement ; elle observa longuement une branche s'enfonçant dans l'élément liquide, fit quelques pas sur ses deux jambes ; l'eau semblait profonde et Leah s'en retourna, puis elle avança de nouveau, se saisit de la branche avec sa main droite et l'enfonça devant elle d'une façon très exactement similaire à celle d'un humain désireux de pratiquer un sondage. Elle avança encore, utilisant cette fois-ci le bâton un peu comme une canne, pour se supporter, avant de faire marche arrière, alertée par les cris de son enfant. Les photos de cet événement, publiées sur Internet, ne laissent guère de doute quant à l'intention de la dame gorille. Dans le même article, Breuer fait part d'une seconde observation, impliquant la femelle Efi, du groupe Zu, et datant cette fois-ci du 21 novembre 2004. Il la vit, en lisière de forêt, détacher des branches et en faire un pont pour traverser un marais. Des traces de pas observées par d'autres équipes suggéraient déjà l'existence de cet art chez les gorilles, mais cette fois les chercheurs purent observer l'exploit de leurs propres yeux[19]. Il existe aussi des rapports sur la capacité des bonobos à utiliser des outils[20]. J'ai personnellement vu, dans le laboratoire de Savage-Rumbaugh, Kanzi, le plus célèbre représentant de cette espèce, tailler des silex à la manière des hommes préhistoriques dans le but de sectionner une corde, de sorte qu'on en vient à se demander si les prouesses culturelles des chimpanzés ne doivent pas être rapprochées de celles des australopithèques ou des anciens ancêtres de l'homme[21].

Les recherches de Christophe Boesch, un primatologue suisse qui travaille actuellement à l'Institut Max-Planck d'anthropologie et de l'évolution de Leipzig, semblent de nature à valider cette hypothèse. Il a étudié pendant des années les chimpanzés de la forêt de Taï en Côte-d'Ivoire. Ces animaux y cassent avec des marteaux et des enclumes les dures noix de coula, de panda ou d'autres arbres. Nourrissantes, celles-ci leur apportent quotidiennement quelque trois mille calories. Mais cette activité est difficile, car si les noix de coula sont relativement molles, permettant l'utilisation de marteaux en bois, celles de panda, extrêmement dures, nécessitent le recours à des outils en pierre. Les jeunes regardent leur mère et s'efforcent de reproduire ses gestes pour parvenir à leur tour au même résultat. L'implication d'un authentique processus d'imitation a fait l'objet de controverses, ainsi que nous l'avons mentionné plus haut, certains psychologues pensant que l'activité maternelle ne fait que stimuler l'intérêt du jeune, lequel finirait par découvrir tout seul la façon de faire. Les études d'Andrew Whiten et Christophe Boesch donnent à penser que « les chimpanzés apprennent par imitation, capacité qui autorise la transmission des comportements culturels. En d'autres termes, ils cherchent à imiter ce que d'autres ont réalisé devant eux, mais en progressant par approximations successives[22] ». Conclusion logique de ces deux experts : « Nous sommes obligés de constater que la caractéristique qui semblait nous distinguer du monde animal, nos capacités culturelles, n'est plus si… caractéristique[23]. »

Reste à savoir quelle peut être l'étendue de ces créations culturelles et comment elles varient d'un groupe à l'autre. Les recherches en ce domaine ont accompli des progrès remarquables grâce à la collaboration des diverses équipes travaillant sur le terrain. Elles ont échangé de façon systématique les données sur les comportements observés et tenu compte de leur fréquence, selon qu'il s'agissait de comportements usuels, courants, rares, absents. Le degré de variété des cultures de chimpanzés nous paraît, grâce à cet effort coopératif, bien plus riche que prévu. Dans ses études pionnières, l'anthropologue de l'université de Cambridge William McGrew recensait dix-neuf types d'utilisations d'outils en 1992. Un peu plus tard, Michael Tomasello et Christophe Boesch en ont identifié vingt-cinq. En mettant leurs informations en commun, les diverses équipes ont rassemblé quelque cent cinquante et une années d'observations cumulées, portant sur les sites de Boussu, Taï, Gombe, Mahale/Groupe M et Mahale/Groupe K (aujourd'hui disparu), Kikale et Budongo. Les chercheurs ont retenu trente-neuf comportements culturels, tels que casser des noix, creuser à l'aide d'un pilon, pêcher des termites, récupérer des fourmis avec une brindille, manger des fourmis sur une brindille, récupérer la moelle des os avec une brindille, fabriquer un coussin de feuilles, fabriquer un éventail à mouches avec une branche feuillue, se chatouiller avec une pierre ou un bâton, jouer en lançant des pierres, éliminer des parasites après les avoir placés sur une feuille, pratiquer la poignée de main au-dessus de la tête, frapper sur un tronc d'arbre ou une pierre dure les doigts repliés pour attirer l'attention, danser sous la pluie, etc. Bien entendu, les trente-neuf comportements recensés ne recouvrent pas la complexité de l'arsenal culturel des chimpanzés, beaucoup d'autres restent certainement à identifier. Élément particulièrement intéressant : ces activités culturelles ne sont pas universelles mais fonction des traditions locales[24]. On peut parler de « culture de Gombe » ou de « culture de Taï », comme on parle de « culture chinoise » ou de « culture européenne », selon Whiten et Boesch qui montrent qu'il ne s'agit pas là de paroles en l'air, mais bien d'une démarche opérationnelle permettant d'identifier le sujet observé : « Par exemple, un individu qui casse des noix, qui déchire des feuilles mortes avec ses dents pour attirer l'attention, qui pêche des fourmis avec un petit bâton et tape sur le sol ou sur un tronc d'arbre avec ses doigts repliés pour attirer les femelles, vient de la forêt de Taï. Un chimpanzé qui utilise des feuilles pour le toilettage et qui tient la main de son partenaire pendant cette activité vient soit de la forêt de Kibale, soit des monts Mahale. Si, en plus, il pêche des fourmis, il n'y a plus de doute : il vient de Mahale[25]. » Le respect des traditions culturelles locales s'impose en règle générale, mais sans stéréotypie excessive. Ainsi, la femelle Gwekulo, transférée de la communauté K à M, a su adopter les comportements de ses nouveaux partenaires et les influencer à l'occasion[26].

Les derniers travaux d'Andrew Whiten, non pas sur le terrain en Afrique, mais en des lieux de captivité, étendent la portée de ces observations. En montrant que le savoir relatif à l'ouverture d'une boîte (selon une méthode précise) acquis par une femelle chimpanzé – grâce à l'enseignement d'un chercheur – se transmet durablement à l'identique au sein de son groupe, ils prouvent l'importance d'un conformisme culturel susceptible de rendre compte de la transmission des traditions[27]. L'existence d'une chaîne culturelle au fil des générations se trouve confirmée par les études plus récentes des mêmes chercheurs, au cours desquelles un chimpanzé apprend à un autre qui, à son tour, montre la manipulation au suivant. Le processus de transmission s'avère, dans cette expérience, identique chez le singe et l'enfant[28]. Comme chez l'homme, l'évolution culturelle des autres grands singes implique l'imitation, moyen idéal de transmission, mais aussi l'innovation. Cette dernière semble plus difficile à mettre en évidence dans la nature, où les éthologistes répugnent à intervenir pour manipuler leurs sujets d'observation. L'équipe de l'excellent primatologue japonais Tetsuro Matsuzawa s'y est toutefois exercée sur les chimpanzés casseurs de noix de Bossou (Guinée). Les chercheurs leur ont fourni de nouvelles espèces de noix, des noix de coula. Les jeunes animaux se sont révélés plus innovants[29]. En outre, quand l'introduction de l'aliment a coïncidé avec la venue d'une femelle immigrante déjà experte dans la manipulation de ces fruits, l'observation de la nouvelle venue a favorisé la diffusion du savoir. On le voit : imitation et innovation participent à l'évolution culturelle des autres grands singes. Difficile, dans ces conditions, de nous reconnaître une position privilégiée en ce domaine. Leurs cultures et les nôtres évoluent selon les mêmes modalités psychologiques.

Détail remarquable, l'existence de ces traditions culturelles animales, de ces savoirs qui se propagent d'une certaine façon en des sites précis mais différemment ailleurs, a été retrouvée dans d'autres espèces bien différentes, notamment chez les baleines. On dispose dans ce cas précis d'éléments suggérant la réalité de phénomènes de sélection culturelle, associant, par l'intermédiaire des mères, diversités génétique et culturelle. Ce qui montre que la culture évolue comme les processus biologiques et également en relation avec l'hérédité[30]. S'agissant des cétacés, les observations se multiplient depuis quelques années. Michael Noonan, un éthologiste du Canisius College de Buffalo, a eu la chance, tout comme Whiten avec les chimpanzés, d'assister directement à un exemple de transmission culturelle. Observant les orques du Marineland des chutes Niagara, il a constaté le stratagème d'un mâle de quatre ans : il régurgitait les arêtes des poissons avalés, ce qui avait pour effet d'attirer les goélands et de lui permettre d'ajouter des oiseaux – trois ou quatre par jour – à son menu. Jamais Noonan n'avait rien vu de semblable ! Peu de temps après, le demi-frère de ce dauphin géant (rappelons que, quoique qualifiés de baleines tueuses, les orques sont des dauphins), la mère de ce dernier et son jeune de six mois, puis un mâle plus vieux, ont adopté aussi ce mode d'alimentation original[31]. Voici donc établie la preuve que les cétacés savent utiliser des appâts et qu'ils se transmettent ce genre de découverte !

Classifier les processus culturels

Désormais identifiés dans de nombreuses espèces, et non seulement parmi les primates et les cétacés, mais aussi chez les rats, les oiseaux et même les poissons, les processus culturels sortent du champ de l'anecdote. Après avoir été considérée comme exceptionnelle, la culture fait désormais partie intégrante du vivant, tout au moins du vivant vertébré. Cette accumulation d'observations n'apporte pas nécessairement en elle-même un grand progrès conceptuel, d'autant plus que la notion de culture est difficile à cerner. Il n'existe même pas de classification des phénomènes culturels observés. On doit à un spécialiste de l'université St. Andrews, Richard Byrne, en association avec d'autres experts, un premier effort de clarification en ce sens[32]. Ces auteurs ont récemment examiné de façon critique six visions de la culture, liées à six critères distincts selon que l'on prend en considération : 1) les variations de modes de transmission ou, à l'inverse, 2) la manifestation d'une activité mentale, 3) l'avantage qu'elle apporte ou au contraire 4) la relative inefficacité qu'elle implique, 5) les produits physiques réalisés ou bien plutôt 6) les symboles immatériels ne valant que par leur signification. Non seulement ces critères peuvent être distingués, mais ils apparaissent aussi comme diamétralement opposés, deux par deux, les uns aux autres.

Reprenons l'examen de ces catégories. Selon une approche commune, la culture n'a pas grand-chose à voir avec le talent ou le caractère extraordinaire d'une réalisation. Il s'agirait en fait d'opposer la transmission culturelle au strict déterminisme génétique. Si un animal réalise une chose indépendamment de ce déterminisme et s'il la transmet, on peut, selon cette façon de voir, parler de culture. Cette dernière se définit alors comme un mode de transmission indépendant du génome, une autre forme d'hérédité. Les études sur les dialectes utilisés par les oiseaux chanteurs en fournissent une illustration. L'abord en fonction de la variété des modes de transmission ne conduit pas à examiner les mécanismes, mais plutôt la direction dans laquelle s'effectue la diffusion de l'information, par exemple de parents à enfants, entre générations, ou entre individus d'une même génération. Ce qui est acquis culturellement n'a pas une utilité en soi, mais peut bénéficier aux membres du groupe par l'intermédiaire d'un phénomène de xénophobie. Même sans valeur adaptative, le trait culturel ainsi acquis peut persister longtemps du fait de ce que Robert Lachlan et Peter Slater ont appelé le phénomène de « trappe culturelle », les individus étant en quelque sorte piégés par leur apprentissage social[33]. Ce type de processus culturel ne semble pas devoir nécessiter une compétence cognitive exceptionnelle, mis à part la capacité d'un apprentissage social et donc celle d'imiter. Les observations de Whiten révélant que les chimpanzés suivent essentiellement la technique apportée par leur expert, même lorsqu'il en existe une autre plus efficace, prouvent l'existence du conformisme intellectuel et la réalité d'une transmission culturelle qui favorise bel et bien la tradition plus que l'adaptation[34]. Les mots culture et tradition sont le plus souvent utilisés comme synonymes dans la littérature animalière. Le concept de tradition paraît plus clair. Il recouvre l'existence de types comportementaux présents dans certaines unités sociales et se transmettant en leur sein[35]. Certains auteurs estiment que le mot culture recouvre quelque chose de plus complexe, et d'aucuns suggèrent de le réserver aux humains. Mais les deux appellations soulignent également l'existence d'une transmission héréditaire indépendante du génome. On commence à peine à prendre conscience du poids de la tradition. Pourtant nombre d'observations convergent, notamment pour mettre en exergue le rôle de la mère. Souvent les filles – par exemple chez les léopards – retournent sur leur lieu de naissance afin d'y accoucher à leur tour. Plus remarquable encore, lorsque la nourriture se fait rare, les chimpanzés mâles, qui tendent normalement à se répandre sur de larges espaces pour chercher les femelles, reviennent dans le territoire maternel, et ce même lorsque leur génitrice a disparu depuis des années[36]. Voilà bien un exemple d'apprentissage social et de tradition qui souligne, par-delà la question culturelle proprement dire, l'importance d'une transmission non directement génétique. Récemment, Stephen Lycett, un primatologue de Liverpool, s'est livré à une analyse phylogénétique poussée des cultures de chimpanzés en examinant de façon critique la théorie selon laquelle ces animaux disposeraient « seulement » d'un savoir inné et non de cultures proprement dites. Il considère que, si tel était le cas, on devrait observer entre les diverses populations sauvages de cette espèce essentiellement des différences associées à leur origine évolutive : les cinq groupes de la sous-espèce d'Afrique de l'Est (*Pan troglodytes schweinfurthii*) étudiés devraient se distinguer moins entre eux que des deux autres de la race d'Afrique de l'Ouest (*Pan troglodytes verus*). Or ce n'est pas le cas. Les variations culturelles ne suivent pas de façon étroite celles de la génétique. Ainsi, une communauté de l'Est – celle de Budongo – se rapproche plus de ses congénères de l'Ouest que des sujets géographiquement et donc génétiquement plus proches[37]. Les modes de distribution des traditions locales invitent donc à privilégier l'hypothèse culturelle plutôt que l'hypothèse génétique.

À l'opposé de cette interprétation se situe la vision de la culture en tant que signe d'une activité de l'esprit. Il s'agit alors de mettre davantage l'accent sur le contenu cognitif que sur le mode de transmission. Seule la dimension sémantique de la culture importe ici, et absolument pas son éventuelle variation d'une population à l'autre. De ce point de vue, mais pas selon le critère précédent, on n'hésitera pas à parler de culture à propos d'un chimpanzé réalisant une prodigieuse découverte, même s'il se révèle incapable de la communiquer à quiconque. Les activités de tailleur de pierre des hommes préhistoriques illustrent cette dimension du phénomène culturel. De nombreuses observations chez les grands singes en pleine nature témoignent aussi de la dimension cognitive de leurs comportements. Il en va de même pour les cétacés, pour les rats noirs ayant élaboré des stratégies efficaces dans le but de récupérer les graines des cônes de pin[38], pour tous les vertébrés supérieurs en fait, et sans doute pour bien d'autres espèces.

La culture constitue souvent un bonus, une prime, un moyen de survivre. C'est le cas pour les éléphants du désert en Namibie. La connaissance des points d'eau est vitale pour eux[39]. On peut sans doute dire la même chose à propos des rats des forêts de pins de Jérusalem[40]. Il semble évident que la culture constitue un avantage, chez l'homme comme chez l'animal. Mais elle peut aussi, pour cette même raison, constituer une limite, et empêcher des progrès ultérieurs en restant figée sur des positions efficaces, mais peut-être cognitivement limitées.

Mais si, au contraire, on met l'accent sur l'apprentissage social et l'imitation, activité dont la présence chez l'animal fait encore l'objet de débats (voir le chapitre 9), la relative inefficacité d'une pratique pourrait paradoxalement constituer le signe de son acquisition culturelle. Ce n'est pas que cette pratique ne puisse atteindre la perfection ; cependant, lorsqu'elle a lieu, on ne peut *a priori* trancher entre l'hypothèse culturelle de la transmission par le jeu de la vie sociale et l'hypothèse génétique impliquant l'action de la sélection naturelle. Présentant l'avantage d'une diffusion rapide, la culture acquise par apprentissage et imitation risque moins de se trouver sanctionnée négativement que les savoirs résultant d'une simple série d'essais et d'erreurs. C'est pourquoi elle peut s'imposer même lorsqu'elle comporte des imperfections. Si l'on admet son existence chez l'animal, on doit logiquement en déduire que la tendance à copier se manifeste régulièrement et pas toujours de façon optimale. Cela dit, une solution imparfaite étant meilleure qu'une absence de solution, elle pourra être transmise d'une génération à l'autre. Cela peut expliquer, par exemple, la variété des outils utilisés dans les diverses populations de chimpanzés : certaines méthodes de pêche aux termites sont plus efficaces que d'autres, mais étant donné la tendance à copier, les individus de chaque tribu continuent à suivre leurs traditions même quand elles ne sont pas les meilleures. On peut interpréter de la même manière le fait que, toujours chez ces animaux, un bâton destiné à la pêche sera jeté une fois émoussé, plutôt que retravaillé. Mais bien entendu, au fil des générations, les techniques les plus efficaces tendront à être sélectionnées.

L'existence de créations culturelles physiquement observables constitue un critère de choix bien connu, en particulier dans le cas des artefacts taillés par les hommes préhistoriques, dont les plus anciens remontent à au moins 2,6 millions d'années. Mais on peut mentionner dans la même rubrique les outils de pierre utilisés par les chimpanzés pour casser les noix, ou encore les brindilles avec lesquelles ils attrapent des insectes, les feuilles qu'ils plient afin de boire de l'eau[41], ou pour laver, voire extraire des dents dans leur cavité buccale ou celle d'un proche[42]. Les chimpanzés de Goualougo savent préparer des outils en deux parties pour pêcher les termites[43], témoignant là d'un niveau technologique plus élevé que celui de leurs congénères des autres sites. Ceux de Fongoli, au sud-est du Sénégal, utilisent des armes létales pour la chasse : deux anthropologues de l'État d'Iowa, Jill Pruetz et Paco Bertolani, viennent de découvrir qu'ils utilisent des branches pointues comme des lances après les avoir travaillées avec les dents – ce qui les différencie des brindilles pour la capture des insectes –, afin d'embrocher et de tuer les galagos, des prosimiens* nocturnes qu'ils prélèvent dans leur cache. Inconnue jusqu'alors, cette pratique serait fréquente à en juger par le contenu des fèces de ces prédateurs anthropoïdes[44]. Dans la savane sèche d'Ugalla, en Tanzanie, les chimpanzés utilisent des outils (bâton, écorce, morceau de bois) pour creuser des trous qui leur permettent d'extraire les organes de stockage des végétaux[45]. Expérimentalement, des membres de cette espèce se montrent également capables d'utiliser des jetons[46] et d'apprendre à les échanger contre de la nourriture**, voire à les économiser pour un usage futur[47]. Ils pratiquent manifestement le troc, une capacité que les économistes croyaient réservée à l'humain, mais seulement à la condition d'en tirer un bénéfice substantiel[48]. Cela tient sans doute à

* L'ordre des primates comprend deux sous-ordres, celui des simiens (dont nous faisons partie) et celui des prosimiens, lesquels comprennent les lémuriens, les ayes-ayes, les galagos et les tarsiers.

** On doit à Claudia Sousa et Tetsuro Matsuzawa les études les plus spectaculaires sur le sujet, mais la capacité des chimpanzés à utiliser des jetons et à les échanger contre une récompense est connue depuis plus de soixante ans ! (Cowles J.T., « Food-tokens as incentives for learning in chimpanzees », *Comparative Psychology Monographs*, vol. 23, 1937, p. 1-96 ; Wolfe J.B., « Effectiveness of token rewards for chimpanzees », *Comparative Psychology Monographs*, vol. 12, 1936, p. 1-72.)

une prudence naturelle : il y a toujours un risque, celui que le confrère se sauve avec la monnaie d'échange sans rien donner en retour ! Les grands singes ne jouissent pas du privilège d'être les seuls primates manipulateurs d'outils. Toutefois, la comparaison de leurs performances avec celles du capucin montre non seulement qu'ils réussissent mieux, mais aussi qu'ils sont capables de comprendre des relations de causalité pour réaliser une tâche[49]. Cela dit, les capucins peuvent attribuer de la valeur aux nourritures et aux outils, ainsi qu'on peut en juger par leur propension à les échanger volontairement avec des représentants de notre espèce[50]. La pratique du troc, quelle qu'ait pu être son rôle dans l'essor des économies humaines, semble tout à fait à la portée des primates, y compris dans un contexte non expérimental. Les envahissants macaques rhésus de Vrindavan, une ville située à cent cinquante kilomètres au sud-est de Delhi, nous en apportent la preuve. Quémandeurs patentés – ils n'ont en fait aucune autre ressource alimentaire –, ils ne se contentent pas de faire la manche : ils volent les lunettes des pèlerins et ne les leur rendent qu'en échange de nourriture !

Tout récemment, la capacité des capucins à manipuler des outils a été mise en évidence dans la nature. Les animaux de cette espèce vivant dans les forêts sèches de Caatinga, au nord-est du Brésil, en manipulent même quotidiennement. Antonio C. de Moura et Phyllis C. Lee, deux chercheurs de l'université de Cambridge, ont montré que ces singes utilisent des outils de pierre pour déterrer des tubercules. Ils frappent en général plusieurs fois le sol avec le caillou tenu dans une main, l'autre leur servant à enlever la terre. Ils utilisent également des outils pour casser des noix, creuser des trous dans les branches et les tubercules, ou sonder les cavités des arbres et des rochers. C'est surtout durant les longues saisons sèches qu'ils recourent à ces pratiques afin de se nourrir[51].

L'outil semble en fait assez répandu dans le monde vivant. Y compris au sein d'espèces où l'on ne s'attend pas à en trouver, telles que les cétacés, mammifères certes connus pour leur intelligence mais dépourvus de membres : des dauphins de l'Ouest australien utilisent des éponges comme instrument afin de racler le fond de l'océan sans endommager la peau fragile de leur rostre, et pour se prémunir de certaines rencontres dangereuses (des poissons venimeux, par exemple)[52]. Des rongeurs comme les degus, pourtant pourvus de courtes pattes, sont remarquablement doués pour le maniement de petits outils tels que des râteaux[53]. Nous devons toutefois distinguer les situations dans lesquelles l'animal se contente d'utiliser l'objet naturellement disponible sans le façonner (le marteau et l'enclume de pierre du chimpanzé pour casser des noix, ou ceux de la loutre de mer pour consommer coquillages et oursins) de celles qui supposent une réelle manipulation (par exemple, lorsque les éléphants d'Asie modifient des branchages pour en faire un éventail destiné à chasser les mouches)[54] ou une combinaison d'objets (chez le babouin, cette capacité de manipulation combinatoire apparaît dès l'âge de deux mois)[55]. En ce domaine, les observations sur les corbeaux de Nouvelle-Calédonie sont tout à fait spectaculaires[56]. Ces oiseaux utilisent des ramilles de feuilles dénudées qu'ils coupent et façonnent pour en faire un dispositif en forme d'hameçon, qu'ils introduiront ensuite dans des cavités pour récupérer des proies. Ils abandonnent souvent ces dispositifs après usage, mais ils peuvent aussi les emporter ou les réutiliser. Des expériences sur ces volatiles maintenus en captivité montrent qu'ils savent s'emparer d'un petit bâtonnet de la longueur voulue pour l'introduire dans un tube en plastique et y récupérer de la nourriture[57]. Les corbeaux de Nouvelle-Calédonie connaissent même le méta-outil, l'outil utilisé pour obtenir un autre outil qui servira à prendre la nourriture. Ils pratiquent cet habile détour mental, que l'on croyait caractéristique de notre lignée, spontanément et au moins aussi bien que les singes[58]. Dans d'autres études, une femelle de cette espèce s'est révélée capable de recourber en hameçon des fils métalliques mis à sa disposition. Il s'agit donc là, en l'absence de toute possibilité d'imitation, d'une authentique innovation. Les juvéniles de cette espèce s'exercent de façon spontanée et sans contact avec les adultes ni démonstration par un moniteur humain[59]. L'un d'entre eux, dénommé Corbeau (dans un texte anglais qui donne à l'espèce le nom de *crow*), produisait dès l'âge de quatre-vingt-dix-neuf jours un outil de treize centimètres de long à partir d'une ramille, sans avoir suivi l'exemple de quiconque. Il existerait donc un don naturel pour ce type de création, exempt de tout acquis social. En revanche, la stimulation exercée par le contact avec autrui se trouverait impliquée dans la transmission et l'évolution de techniques précises. Du reste, les jeunes corbeaux accordent une très grande attention aux outils utilisés par leurs parents adoptifs humains. Ces observations donnent à penser que ces remarquables animaux pourraient bien nous offrir un merveilleux modèle pour le décodage des interactions entre une aptitude héréditaire à la culture et l'apprentissage social ou individuel[60]. Une microcaméra montée sur la queue de ces oiseaux permet désormais de confirmer qu'ils utilisent des ustensiles dans la nature. Ainsi le corbeau mâle EK1 n'a-t-il pas utilisé moins de trois instruments pour effectuer des sondages en terrain meuble[61]. Travaillant tantôt avec son bec, tantôt avec une brindille, il s'est montré particulièrement soucieux de conserver et de transporter ses outils les plus précieux, un phénomène d'autant plus remarquable que le sol des forêts où il habite abonde en morceaux de bois divers. La chouette des terriers utilise un tout autre objet. Ce petit carnivore diurne d'Amérique du Nord chasse des insectes. Pour optimiser ses chances de les capturer, il dispose des bouses dans et autour de son terrier. Il parvient ainsi à appâter les bousiers qui constituent une bonne part de son ordinaire. En étudiant ce phénomène, les zoologues de Floride ont expérimentalement prouvé que les utilisateurs de ce curieux outil naturel en tirent un bénéfice substantiel, et ce dans la nature même[62]. Cette observation en évoque une autre, sur des hérons verts, eux aussi capables d'appâter les poissons en jetant sur l'eau des morceaux de pain ou des insectes, mais il n'avait pas été possible, dans ce cas, de prouver qu'ils en tiraient réellement avantage[63]. Bien qu'elle reste mal connue, l'utilisation d'outils chez les oiseaux est loin d'être exceptionnelle. Même en éliminant avec soin les comportements futés mais sans utilisation d'objet-instrument – comme lorsqu'un goéland laisse tomber un œuf sur un rocher (bien différent de l'exemple du vautour percnoptère le cassant avec une pierre) –, des chercheurs canadiens ont recensé en 2002 trente-neuf cas d'authentiques utilisations d'outils plus quatre-vingt-six autres jugés limites, tels que les appâts pour la pêche[64]. La même étude confirme que l'outil a évolué différemment au sein d'espèces d'oiseaux distinctes, donnant lieu toutefois, en règle générale, à un accroissement du volume du néostriatum, structure généralement considérée comme l'équivalent du néocortex des mammifères.

Les manifestations culturelles ne valent pas uniquement par leur caractère matériel. Elles peuvent aussi participer d'un rituel et avoir une dimension symbolique. Le biologiste britannique Julian Huxley (1887-1975) a, voici des années, évoqué l'existence de pratiques rituelles chez l'animal[65]. Elles contribuent à forger l'identité. On peut ranger dans cette catégorie la façon de se serrer la main à l'intérieur des communautés voisines des chimpanzés de Mahale. Chez l'homme, les échanges de cadeaux entre groupes distincts contribuent à la richesse et la complexité des échanges sociaux. Chez les Bochimans du Kalahari, les flèches empoisonnées – dont la fabrication constitue une prouesse technique – revêt une signification culturelle particulière lorsqu'elles sont offertes à un autre groupe.

Comment comparer ?

Il me semble futile de limiter la recherche sur les cultures animales à une énumération de performances plus ou moins étranges ou spectaculaires, sans autre but que d'accumuler les anecdotes ou de suggérer implicitement la non-singularité des cultures humaines. Par-delà la variété observée, peut-on s'efforcer à quelque synthèse ? Et d'abord « culturel » est-il synonyme d'« intelligent » ? On en doute, à considérer les conclusions de ceux qui croient plus en la créativité du singe qu'à son aptitude à apprendre et à transmettre. Pourtant, les comparaisons phylogénétiques donnent plutôt à penser qu'une vie sociale culturelle sélectionne l'intelligence, ce qui signifie qu'il faut être doué pour se cultiver, mais aussi qu'elle « rend plus intelligent[66] ».

La recherche doit désormais utiliser les observations disponibles pour mieux comprendre la nature et la genèse des processus culturels. Les travaux sur les corbeaux de Nouvelle-Calédonie paraissent exemplaires à cet égard. Ceux sur les primates également, notamment les recherches du groupe de Marc Hauser, consistant à montrer la capacité d'un animal, en l'occurrence un tamarin, non seulement à manipuler des outils, mais aussi à les associer (le moyen) de façon séquentielle pour obtenir de la nourriture (le but). Dans ces conditions, ce primate réussit à combiner deux outils, mais avec difficulté. Cela dit, après avoir « compris » le problème de la connexion physique entre deux objets, il parvient à le généraliser pour l'adapter aisément à d'autres situations. On voit ici à la fois les limites de sa compétence et son aptitude à tirer parti d'un apprentissage adapté[67].

Bien sûr, aucune culture animale ne rivalise en termes d'ampleur avec celles des hommes. Deux primatologues français, Bertrand Deputte et Jacques Vauclair, estiment que, « si des éclairs de génie ont pu traverser le cerveau de quelques individus de certaines espèces de primates non humains, ils ne se sont apparemment pas propagés à l'ensemble de ces espèces et n'ont concerné, jusqu'à présent, que la résolution de conflits sociaux relatifs à la survie ou à l'“ambition” personnelle, sociale et/ou sexuelle. Les quelque 100 000 ans d'exercice et de développement du langage et des outils qui en dérivent ont permis à l'homme de passer du problème de la survie à celui de la manipulation de la vie[68] ». Michael Tomasello et ses collègues proposent en complément de l'hypothèse de l'intelligence sociale celle de l'intelligence culturelle, selon laquelle l'homme se distinguerait moins des grands singes par son intelligence générale que par des aptitudes sociales favorisant les échanges culturels[69]. Leurs observations expérimentales sembleront des plus intrigantes au néophyte. Le chimpanzé comprend aussi bien que nous les notions de cause, de quantité et d'espace, mais montre une infériorité en matière d'apprentissage social, de communication ou de théorie de l'esprit.

S'il est vrai que les cultures humaines s'étendent à toute la planète et la dominent, aux dépens souvent des autres espèces, je m'avoue peu sensible à l'exclamation critique de Bennett Galef : « Nous construisons des cathédrales et nous marchons sur la lune tandis qu'ils [les chimpanzés] sont encore assis nus sous la pluie[70]. » Car l'impérialisme culturel ne caractérise qu'une partie de l'espèce humaine. Surtout marquée par quelques grandes civilisations, cette dernière n'atteint pas à l'universel autant qu'on l'affirme souvent sans précaution. L'ignorance arithmétique chez les Pirahã ou les Munduruku d'Amazonie en est une illustration. Ce type d'observation présente un intérêt considérable, car il apporte un élément de comparaison plus raisonnable que celui qui met en parallèle le génie humain et un animal singulier, unique membre étudié de son espèce (ou presque), dont il représente peut-être la moyenne et qui est placé dans des conditions fortement atypiques.

Tel un homme préhistorique ?

Une autre approche permettant la comparaison nous vient des recherches de l'équipe de Christophe Boesch sur les chimpanzés utilisateurs d'outils pour casser les noix de coula. Comment évaluer la « valeur » culturelle de leur besogne ? Par exemple, en cherchant à la comparer avec celle des préhumains. Boesch et ses collègues ont identifié dans la forêt de Taï, en Côte-d'Ivoire, un site contenant les vestiges de l'activité de chimpanzés. Baptisé Panda 100 ou P100, il a fait l'objet d'une fouille similaire à celles pratiquées par les archéologues. P100 a ainsi livré pas moins de 40 kg de coquilles de graines et 4,5 kg de pierres représentant un total de 479 pièces. Comme son nom l'indique, ce lieu a vu la consommation de noix de pandas, des noix très dures nécessitant l'utilisation d'outils en pierre. Les pandas sont des arbres qui ne poussent pas côte à côte, chaque spécimen étant séparé des autres par une centaine de mètres. On estime qu'un chimpanzé peut casser une centaine de noix de ce type par jour. Le site P100 a été utilisé de façon intermittente (depuis au moins 1975 jusqu'à 1996) et saisonnière, entre février et août. Les objets déterrés ont été examinés à la manière des préhistoriens, précisément localisés autour de douze enclumes et soigneusement décrits. Faits de roches diverses, mais surtout de granit (dans 79 % des cas), ils auraient été créés par accident et non taillés intentionnellement ; mais les études sur le bonobo Kanzi montrent que les grands singes peuvent aussi, dans une certaine mesure, tailler des outils. Les auteurs de ce travail en concluent que les chimpanzés se sont engagés dans une activité culturelle mimant celle des anciennes civilisations oldowayennes (1,9 à 1,7 million d'années avant le temps présent), nous invitant ainsi à des spéculations sur l'origine des artefacts trouvés dans les sites les plus anciens. En clair, non seulement on ne peut exclure que les outils les plus archaïques n'ont pas été le fait de non-humains, d'australopithèques, mais on peut aussi imaginer qu'ils ont été tout simplement l'œuvre de chimpanzés ou plutôt d'autres grands singes[71].

Notons que l'activité de cassage de noix par ces primates ne date pas d'hier. On doit sa description scientifique à Frédéric Joulian, Christophe Boesch et quelques autres, mais les Portugais la mentionnaient dès le début du XVIIe siècle. Il sera bien difficile de savoir depuis quand les grands singes la pratiquent, mais on connaît déjà des sites vieux de 4 300 ans, et les éléments disponibles donnent à penser que la découverte de l'art de la pierre taillée par cette espèce est indépendante de la nôtre[72]. S'il devait apparaître qu'on leur doit les plus anciens sites à outils, il nous faudrait revoir, et en profondeur, notre interprétation culturelle de l'homme. Depuis des décennies, philosophes et préhistoriens dissertent sur l'*Homo faber*, l'homme utilisateur d'outils. Nombre de paléoanthropologistes parmi les plus prestigieux considèrent comme logique d'attribuer le qualificatif d'*Homo* au premier fabricant d'outil. Certes, les chimpanzés de la forêt de Taï se contentent de les utiliser sans les fabriquer, ce qui autorise sans doute le scepticisme de paléoanthropologues comme Tim White[73]. Mais que penser de singes qui taillent des cailloux ? Quand j'ai vu le bonobo Kanzi casser une pierre pour en faire un outil capable de cisailler une corde afin d'ouvrir une boîte, j'ai bien sûr aussitôt pensé au comportement de nos ancêtres manipulant des silex. Mais comment comparer la performance du singe avec celle de l'homme préhistorique ? Où commence le travail humain ? Les préhistoriens Kathy Schick et Nicholas Toth ont examiné le cas Kanzi à la lumière des connaissances de leur discipline[74]. Première constatation : le bonobo, comme d'ailleurs un orang-outan soumis à une activité lithique avant lui[75], peut casser des cailloux. Il ne procède toutefois pas exactement comme le ferait un humain. En premier lieu, il songe moins à imiter qu'à réaliser l'outil souhaité. En second lieu, il fonctionne plutôt à l'opposé de la technique normale : évitant de garder un caillou dans chaque main, il lance le marteau contre la pierre destinée à devenir outil, sans doute à cause de la forme de ses mains, son pouce étant moins opposable que le nôtre. Enfin, il ne retouche pas son outil. Il vérifie pourtant qu'il est bien coupant en le passant délicatement sur sa langue. Notons aussi que le bonobo – en tout cas celui-ci – ne semble pas posséder le sens de la symétrie. À l'évidence, il n'a pas atteint le stade de la fabrication des bifaces, ce qui n'a rien d'étonnant : il ne fut atteint que par l'*Homo erectus* (il y a 1,65-1,5 million d'années). Le seul élément relatif à un sens de la symétrie chez le chimpanzé concernerait la production de sa litière, mais il relève sans doute essentiellement d'un comportement moteur n'impliquant pas la maîtrise d'une telle notion. On trouverait donc ici un aspect de la cognition humaine non apparent chez ses plus proches cousins, ni d'ailleurs chez les premiers hominidés tailleurs d'outils en Afrique[76].

Les observations de Boesch dans la nature ou celles relatives à Kanzi ouvrent la voie à une approche objective. Si un observateur sans préjugé, examinant un site d'outils taillés par des chimpanzés, ne peut les différencier des plus anciens artefacts humains, c'est que l'outil commence avant l'homme ou que le chimpanzé doit être classé parmi les humains.

Culture et génétique

Une idée persistante veut que la culture relève, par définition, du non-inné, qu'elle n'ait rien à voir avec la génétique. C'est ainsi qu'on considère comme culturel ce qui varie d'un lieu à l'autre. Le rire ou le bâillement ne seraient pas culturels, car on les trouve partout, contrairement aux chants des oiseaux qui ne sont pas identiques en tous lieux. On voit bien, pour une part, comment justifier une telle appréciation : un trait suffisamment contraint pour apparaître systématiquement est sans doute génétiquement codé et non créé par un groupe animal ou humain. Mais la télévision ou l'automobile ont conquis la planète : dira-t-on qu'il ne s'agit pas d'objets culturels ?

Mettre en parallèle culture et génétique n'a rien de stupide. Dans les deux cas, il s'agit de modes de transmission héréditaire. À l'occasion du décodage du génome du chimpanzé, Andrew Whiten a judicieusement présenté les diverses cultures de cette espèce sous le titre « Le second système d'hérédité des chimpanzés et des humains[77] ». Il soulignait ainsi l'existence d'une transmission autre que celle du génome. Cette même logique lui permet d'affirmer la très réelle existence de cultures de chimpanzés : le fait qu'elles évoluent sans suivre de façon stricte la phylogénie au sein des races de cette espèce (et donc indépendamment des relations génétiques)[78] suggère l'absence de gènes codant la transmission culturelle proprement dite, au profit de l'existence de véritables traditions chez ces primates.

Mais pourquoi opposer les deux hérédités ? L'idée selon laquelle le biologique (ou le génétique) se distingue radicalement du culturel relève de la simple adoption d'un schéma de pensée standard. En réalité, les deux sont liés et même *nécessairement* liés. Lorsque des chimpanzés – en général des femelles – passent d'un groupe à l'autre, ils apportent avec eux à la fois leurs gènes et leurs cultures, ce que Whiten d'ailleurs ne conteste pas. C'est pourquoi il nous faut complètement revoir l'idée selon laquelle instinct et culture s'opposeraient. Prenons l'exemple du corbeau de Nouvelle-Calédonie, si talentueux dans la création d'outils. Les études des chercheurs d'Oxford, nous l'avons vu, nous révèlent l'habileté des jeunes de cette espèce à en fabriquer, même sans apprentissage social[79]. En fait, on a déjà observé des confections spontanées d'outils par des primates (macaques à queue de lion[80], babouins[81] ou tamarins[82]…) et par un pic de l'espèce *Cactospisza pallida*[83]. Mais que dirions-nous d'un humain placé dans la même situation que le corbeau de Nouvelle-Calédonie, c'est-à-dire dans un espace clos avec les matériaux nécessaires à la fabrication d'outils ? Nul doute que lui aussi en confectionnerait. Devrions-nous en conclure que cette aptitude est purement instinctive et non culturelle ? Une telle conclusion confinerait à l'absurde. La vérité est simplement que la mise au point d'outils ne s'oppose pas à la démarche instinctive, mais repose également sur des capacités préexistantes.

Génétique et culture ne se contredisent pas, elles vont de pair. De toute évidence, une acquisition culturelle ne peut se faire sans un certain mécanisme génétique. En ce sens, les gènes rendent la culture possible, plus précisément ils codent pour un certain agencement neuronal, lui-même responsable d'activités de l'esprit, lesquelles permettent des créations culturelles. Inversement, l'ensemble des éléments culturels définit un contexte social qui contribue à sélectionner certains génotypes préférentiellement aux autres. Il y a là un processus de coévolution gènes-cultures, sorte de cercle magique dans lequel les processus biologiques sont altérés par les changements culturels qu'ils ont eux-mêmes en partie permis[84]. Certes, la mémétique rend en théorie possible la prolifération de « mèmes », d'idées à fort pouvoir réplicatif, indépendamment de l'avantage qu'ils confèrent à leur porteur. Mais encore faut-il que ces « mèmes » soient en adéquation avec les cerveaux humains qui les véhiculent – sans quoi ils n'exerceraient aucune attraction sur eux – et qu'ils ne tuent pas les esprits qu'ils parasitent, faute de se condamner eux-mêmes. Tout cela n'implique nullement une correspondance gène-culture directe et simpliste. On peut effectivement décrire des transmissions culturelles dans une certaine mesure indépendantes de la transmission génétique. Les divers modes de circulation d'informations entre les êtres, y compris le fait « d'écouter aux portes », si fréquent dans le monde vivant[85], en sont une parfaite illustration. Détail remarquable : quelques-uns des exemples les plus clairs concernant l'importance de ces pratiques dignes du commérage nous viennent des poissons, vertébrés quelque peu méprisés des cogniticiens de tout poil. Le travail sur le labre nettoyeur mérite d'être mentionné à ce propos. Cet animal se nourrit des parasites de ses « clients », d'autres poissons de plus grande taille, nous fournissant ainsi un bel exemple de mutualisme, de situation à avantage réciproque. Du moins en première approximation, car le labre préfère le mucus de son « client » à ses parasites. Il lui nuit alors gravement en attaquant son revêtement protecteur. C'est pourquoi le gros poisson s'intéresse à l'honnêteté de son petit « associé ». Le labre se tient à carreau quand il soigne un de ses prédateurs, tout écart de conduite pouvant être sévèrement puni. Les autres poissons, ceux qui ne font pas profession de le consommer, observent attentivement sa conduite. Or, lorsqu'il se sait vu, le labre s'abstient de toute tricherie. Dans le cas inverse, il donnera libre cours à ses mauvais penchants. En d'autres termes, il tient compte de sa réputation. Tel est bien son intérêt, car on estime à deux mille le nombre d'interactions nécessaires à sa survie tout au long de son existence[86]. Autant dire qu'un tricheur identifié comme tel aura bien du mal à trouver des clients. Que les animaux « écoutent aux portes », nombre d'autres observations le suggèrent. Les rats tiennent compte des informations glanées auprès de leurs compagnons, les geais de celles obtenues en observant leurs congénères cacher de la nourriture, les guppys femelles en suivant les choix sexuels de leurs consœurs, etc. Une femelle guppy peut ainsi préférer un mâle plus terne à un autre richement coloré, juste parce qu'elle en a vu une autre effectuer ce choix. Ce faisant, grâce à un mécanisme culturel, une évolution biologique peut se trouver inversée. On notera au passage un élément essentiel : non seulement l'existence de cultures animales, mais aussi leur évolution, contredisant de nouveau l'idéologie buffonienne mentionnée au début de ce chapitre. On observera aussi que le mécanisme de la circulation des informations sur la place publique vaut pour les animaux comme pour les humains* et autorise les mêmes associations et dissociations entre génétique et culture. Mais en aucun cas il ne s'agit d'une totale indépendance puisque, même si une information culturelle se transmet à l'encontre d'une prédisposition génétique – lorsqu'une femelle naturellement attirée par un mâle suit culturellement la « mode » inverse –, *in fine* son choix modifiera le *pool* génétique. De plus, dans ce contexte, il est logique que les porteurs de gènes favorisant une transmission culturelle efficace se trouvent privilégiés.

Peut-on démontrer plus avant l'association du génétique et du culturel ? En théorie, évidemment ; en pratique, cela est plus difficile. Le biologiste marin Hal Whitehead pense l'avoir mise en évidence chez les cétacés. Certaines espèces, comme les cachalots, vivent en structures matrilinéaires. Ces animaux présentent la double particularité de posséder des attributs culturels remarquables, sous la forme d'un chant jugé esthétique par les humains, et d'occuper de vastes espaces géographiques. Pionnier de l'étude des baleines par des méthodes non létales[87] – auparavant on se contentait surtout d'examiner l'anatomie des spécimens chassés –, Whitehead a étudié plusieurs groupes familiaux, enregistrant leurs chants et prélevant des échantillons de peau pour réaliser des études génétiques, plus précisément celle de leur ADN mitochondrial, lequel offre la particularité de venir essentiellement de la mère. Il ressort de ce

* Cela vaut peut-être même pour les plantes, certaines d'entre elles réagissant de façon adaptée à la présence d'un herbivore en produisant des molécules qui, transmises par voie aérienne, apportent l'information à leur voisine, ce qui leur permet de produire à leur tour les tanins répulsifs.

travail que les cétacés présentant le même ADN ont aussi les mêmes chants. Comme nul n'imagine que ces derniers soient codés par l'ADN mitochondrial, il faut plutôt penser que cela traduit un enseignement de la mère à ses enfants, de sorte que la transmission culturelle suit celle des gènes. Une seconde observation de Whitehead permet d'affiner son hypothèse : la diversité génétique réduite des espèces vivant en sociétés matrilinéaires, comme les cachalots. L'analyse d'une telle faiblesse montre que la chute de la diversité peut se produire en deux cents générations seulement si le passage dans la lignée maternelle d'une idée utile leur accorde un avantage reproductif de 10 %[88]. Une mère capable de transmettre à ses enfants un message efficace (par exemple : « mange des poulpes ») par l'intermédiaire de son langage, sous la forme d'un cliquètement particulier, peut très bien octroyer un tel avantage. Cela ne marche évidemment que pour une société familiale, sans la présence d'étrangers capables d'entendre le même conseil et d'en bénéficier.

D'autres cétacés nous prouvent la force du lien entre génétique et culture. Il s'agit des dauphins de l'Ouest australien étudiés par Michael Krützen et ses collègues. Nous avons déjà mentionné la capacité de certains de ces animaux à se couvrir le rostre d'éponges afin de fouiller sans dommage le fond de la mer. L'observation étonne puisqu'elle porte sur un animal dépourvu de membre. Mais le plus étrange tient ici au fait que seuls certains représentants de l'espèce connaissent cette technique, que les auteurs qualifient de *sponging*. Mieux, leurs recherches génétiques confirment que les cétacés manipulateurs d'éponges appartiennent tous à la même lignée maternelle. Cette observation prouve l'existence d'une transmission culturelle, et ce en lien avec la parenté[89]. Un autre type d'association entre le génétique et le culturel nous est fourni par l'exemple de l'évolution des langues humaines : elle suit celle des gènes, de sorte que les deux évoluent de concert[90].

La volonté si communément répandue de séparer le biologique du culturel paraît donc totalement injustifiée. À l'évidence, le second ne peut qu'être « sécrété » par le premier, à moins de recourir à ce que j'appellerai l'hypothèse du Saint-Esprit, celle d'un ensemencement de l'esprit humain par l'extérieur. Contrairement aux objets inertes, les objets culturels et biologiques proviennent du vivant. Ils sont fondamentalement de même nature.

13

Sans morale ?

« Le sens de la réciprocité lui fait défaut. Or pouvoir s'émanciper de la tyrannie du particulier, c'est aussi, d'un même mouvement, se frayer un accès vers l'universel sans lequel on voit mal comment l'idée de moralité, de "bien commun" ou de respect mutuel aurait un sens. »

Luc Ferry, 2000[1]

On comparera la phrase de Luc Ferry citée en exergue avec cette remarque de Darwin : « L'amitié du chien pour son maître est proverbiale et, comme le dit un vieil écrivain : le chien est le seul être sur terre qui vous aime plus qu'il ne s'aime lui-même[2]. » L'animal domestique, et tout particulièrement celui-là, constitue peut-être un cas particulier. Mais l'empathie de la bête pour l'homme, sans être la règle, se manifeste plus souvent qu'on ne le croit. Ainsi, un jour qu'il suivait les chimpanzés de Gombe, Geza Teleki, qui avait oublié son casse-croûte, s'efforça de faire tomber quelques fruits d'un arbre à l'aide d'un bâton. Après une dizaine de minutes, le jeune mâle Sniff, observant la maladresse de l'humain, cueillit des fruits et descendit de son arbre pour les offrir au chercheur ! Il existe de nombreuses histoires de relations plus ou moins contre-nature entre espèces différentes. Frans de Waal évoque, photo à l'appui, ces chiennes ayant élevé des tigres. J'ai raconté dans un autre livre l'étrange histoire de ce tigre associé à un léopard en Inde[3]. Tout le monde a entendu parler de la curieuse passion pour les bébés oryx d'une lionne dénommée Kamuniak (la « bénie », dans le langage local) et vivant à Samburu au Kenya : d'une façon quasi compulsive, elle a, en 2002, adopté successivement au moins cinq de ces antilopes. J'ai moi-même rencontré, une nuit, au parc national Kruger en Afrique du Sud, un phacochère occupant l'extrémité d'un gros tuyau de drainage à l'autre bout duquel habitait une famille de hyènes ! Plusieurs personnes ont observé le comportement de dauphins aidant des humains en train de se noyer, et même manifestant une attitude protectrice envers un cadavre de requin, pourtant représentant d'une espèce ennemie. En 2003, un léopard indien a fait parler de lui : depuis octobre de l'année précédente, il venait régulièrement la nuit, dans un village de Waghodia Taluka, rendre visite à une amie, en l'occurrence une vache, sans lui faire aucun mal et à la grande satisfaction des habitants, dont les exploitations agricoles se trouvèrent ainsi protégées des autres animaux. On dira qu'il s'agit là d'anecdotes. Mais n'en va-t-il pas de même pour tous les comportements d'une haute valeur morale célébrés dans l'espèce humaine ? Par définition, l'exceptionnel échappe à la banalité et à la répétition. Tout cela illustre pour le moins que, même si on les tient pour de simples créatures instinctives, les bêtes peuvent avoir des mœurs surprenantes, non stéréotypées, cultivant parfois une étrange forme d'empathie, et fort éloignées de l'égoïsme ou de « la tyrannie du particulier ».

J'imagine que Luc Ferry ne verrait rien dans ces exemples qui relève d'une élévation à la hauteur de l'universel, ni même d'un quelconque sens moral. De fait, je ne crois pas une seconde la panthère amie de la vache plus végétarienne ou plus aimable que ses congénères. Je m'intéresse moins ici à l'impératif moral qu'à la singularité de mœurs individuelles, dans la mesure où l'éthique, telle que nous la concevons généralement, implique à la fois une dimension de conformité aux obligations de la communauté (ou de l'espèce) et une autre, toute différente, qui impose parfois de faire – à l'image d'Antigone – un choix opposé à celui du groupe auquel on appartient. En outre, une analyse objective des attitudes morales au sein de notre espèce nous conduirait assez vite à fréquemment relativiser leur valeur : tel sujet gentil ou héroïque dans une circonstance déterminée pourra se révéler monstrueux dans une autre. La mise sur un piédestal de certains de nos congénères s'effectue le plus souvent *a posteriori*, et au prix de l'oubli des épisodes obscurs de leur histoire. En outre, et de façon plus globale, est-on si sûr qu'*Homo sapiens* bénéficie en pratique d'une élévation morale au-delà de tout soupçon ? Le moins qu'on puisse dire est que ses « exploits » historiques, anciens ou récents, ne le donnent pas à penser.

Des « comportements analogues à la morale » ?

Le père de l'éthologie, Konrad Lorenz, a évoqué l'existence chez les animaux de « comportements analogues à la morale ». Dans *L'Agression. Une histoire naturelle du mal*, il mentionne « le tabou transmis par la tradition » qui a quelque chose à voir avec « une morale rationnelle, dans le sens kantien ». Il note toutefois que les « inhibitions instinctives » et les « rites qui empêchent chez les animaux le comportement asocial » ne provoquent qu'un comportement *fonctionnellement* analogue à la morale, mais différent. « Néanmoins, écrit-il aussi, celui qui creuse plus profondément ces phénomènes ne peut s'empêcher d'admirer toujours à nouveau ces mécanismes qui contraignent les animaux à un comportement désintéressé, visant uniquement le bien de la communauté, analogue à celui qu'à nous autres humains impose la loi morale[4]. »

Lorenz a souvent fait figure d'extrémiste sur le terrain de la comparaison entre l'animalité et l'humanité. Mais l'évolution, ces dernières années, de l'éthologie et de la sociobiologie nous a entraînés encore plus loin. Frans de Waal et Marc Hauser ont consacré chacun un livre à la moralité des bêtes[5]. Marc Bekoff, biologiste de l'université du Colorado à Boulder, ne s'est pas contenté de nous livrer quelques exemples troublants ; il va jusqu'à clamer : « Accusez-moi d'anthropomorphisme si vous voulez, mais je suis convaincu que de nombreux animaux peuvent distinguer le vrai du faux[6]. »

Neuropsychologie du bien et du mal

Il est difficile de déterminer avec précision les origines animales de la moralité. Mais cela n'empêche pas d'essayer d'aborder la question d'une façon rationnelle. On peut, entre autres, s'intéresser aux structures cérébrales impliquées dans les attitudes « morales », notamment celles qui jouent un rôle dans l'empathie, les émotions et les sentiments (par exemple, l'amygdale et l'hypothalamus), et qui font intervenir des neurotransmetteurs tels que la sérotonine, la dopamine et l'oxytocine. Inutile de dire qu'il ne s'agit pas là d'un arsenal anatomique et neurochimique spécifique à l'homme. À un niveau cognitivement plus significatif, le cortex préfrontal joue certainement un rôle essentiel dans la conduite de la vie et notamment dans celle d'une existence moralement « normale », puisque des lésions de cette aire cérébrale entraînent une forme de sociopathie et une perte du sens moral, ainsi que le montrent clairement les observations des neurologues Antonio et Hanna Damasio[7]. Certes, il s'agit là d'une partie du cerveau phylogénétiquement plus développée chez les grands singes et l'homme, mais nous n'en avons pas le monopole. L'observation par imagerie cérébrale de sujets soumis à des tests neuropsychologiques, évaluant ce qui se passe dans leur tête face à une situation posant un problème d'ordre éthique, met en évidence le rôle de plusieurs régions des cortex frontal et pariétal[8], et confirme l'intérêt de cette approche matérialiste des valeurs que nous qualifions d'humaines. Notons, au passage, que ce substrat neuronal implique des aires différentes, en rapport avec la complexité du problème émotionnel et cognitif à gérer. Le dilemme du bébé qui pleure illustre cette dimension particulière du jugement moral, elle-même reflet de l'ancien débat entre utilitaristes et kantiens. Imaginons des fuyards réfugiés dans la cave d'une maison avec leur petit enfant, tandis qu'une armée ennemie fouille partout en tuant tous ceux qu'elle rencontre ; le bébé se met à pleurer à leur approche : le père a alors le choix entre le laisser faire et sacrifier toute sa famille ou l'étouffer dans l'espoir de sauver les autres. La pratique utilitariste repose sur une analyse rationnelle de la situation pesant le pour et le contre, et conduit à l'attitude meurtrière ; la déontologie kantienne interdit de rompre l'impératif interdisant de tuer son enfant. L'une de ces conduites repose sur l'intervention de réseaux de neurones supportant la pensée abstraite, l'autre sur celle de systèmes intervenant dans les émotions. Le cerveau a en outre à gérer le dilemme personnel qu'implique ici le jugement moral[9].

Si tous ces travaux conduisent à faire du télencéphale un organe de la morale, ils ne permettent en rien de définir celle-ci comme le propre de l'homme, encore qu'il ne soit pas absurde de penser que la distinction entre le bien et le mal atteigne dans notre espèce une dimension symbolique particulière.

Mystérieux altruisme

L'empathie constitue l'un des fondements comportementaux de la morale. C'est parce qu'il doute de leur capacité en ce domaine que Marc Hauser considère les animaux davantage comme des « patients moraux » que comme des « agents moraux »[10]. Pourtant, la synthèse rédigée par Stephanie Preston et Frans de Waal, du Centre des primates Yerkes, à Atlanta, montre que la morale est largement répandue dans la nature, non seulement chez les primates, mais aussi chez les dauphins, les baleines, les éléphants, les hippopotames, certains rongeurs, etc.[11]. Nul cependant ne s'étonnera que quelques-unes des observations les plus spectaculaires soient issues de recherches sur les primates. Les travaux menés voici quatre décennies par Stanley Wechkin à Chicago méritent d'être rappelés[12]. Des singes rhésus affamés préféraient ne pas prendre de nourriture dès lors qu'ils savaient que cela entraînerait un choc électrique pour un autre congénère. L'un d'entre eux s'est ainsi soumis à une diète de cinq jours et un autre de douze jours. En clair, ils se sont laissés mourir de faim. Les rats se comportent de même, quoique à un moindre degré, ainsi que l'illustrent des expériences vieilles d'un demi-siècle[13]. Hal Markowitz, un chercheur de San Francisco, a fait état d'observations sur des cercopithèques diane obligés d'insérer un jeton pour obtenir de la nourriture. Par trois fois, il a vu un mâle aider une vieille femelle à accomplir cette tâche. Il a récupéré le jeton qu'elle avait laissé tomber pour le mettre lui-même dans la machine afin qu'elle obtienne la nourriture[14]. La simple vue d'une image de congénères éprouvant de la peur perturbe les macaques rhésus davantage que l'anticipation d'un réel choc électrique, ce qui souligne à la fois l'étendue de la réaction empathique et celle du rôle de la représentation mentale dans les émotions[15].

Il existe de multiples exemples de compassion, d'entraide, de soutien aux malades et aux anormaux, dans les populations animales, en captivité et en liberté. Ainsi, Prince, le bonobo de Yerkes, protégeait son compagnon malade (un chimpanzé appelé Panzee) de façon si spectaculaire que le maître de la primatologie craignait, en évoquant ce cas, de se ridiculiser auprès de ses collègues[16]. Azalea, la femelle rhésus trisomique d'un centre de primatologie du Wisconsin, a été plutôt bien traitée par ses congénères en dépit de son anomalie, de sa passivité et de sa difficulté à appréhender correctement les interactions sociales[17]. Les mâles adultes de sa colonie protégeaient Wolf, une vieille femelle aveugle de l'espèce macaque à face rouge, également gardée dans le Wisconsin ; Wania 6672, un macaque japonais présentant des troubles neurologiques, était bercé, toléré et réconforté en dépit de ses cris, de son agressivité et de ses divers défauts[18] ; Mozu, une macaque du Japon, sans pieds ni mains et se déplaçant sur des moignons, a survécu longtemps malgré son handicap, signe qu'elle n'était pas persécutée[19] ; des cétacés de l'espèce des pseudo-orques se sont volontairement échoués auprès de leur chef malade, l'entourant jusqu'à sa mort et n'acceptant de retourner à la mer qu'après son décès[20]. Les exemples sont nombreux, souvent anecdotiques[21]. Et on peut, bien entendu, mentionner au moins autant de cas opposés, témoignant d'une cruauté souvent féroce, parfois gratuite, voire d'une certaine indifférence au bien-être de congénères auxquels rien ne les lie. Les expériences de la primatologue californienne Joan Silk semblent même confirmer ce manque d'intérêt pour autrui chez les chimpanzés. Soumis à des tests leur permettant d'acquérir de la nourriture avec à la clef un avantage pour un congénère non allié, ils se préoccupent essentiellement de leur propre bénéfice[22]. Par nature compétiteurs, détecteurs d'intention, les singes iront plus volontiers chercher dans une caisse où ils ont vu un expérimentateur cacher quelque chose que dans celle où on leur désigne du doigt la chose à trouver. Voyant la monitrice, ils raisonnent en se disant : « Elle veut la nourriture et voit où elle est », plutôt que « Elle me montre la nourriture »[23]. Peut-être sera-t-on tenté d'accorder à ces études contrôlées une valeur démonstrative supérieure à la collection d'anecdotes évoquée plus haut. Mais doit-on tirer des expériences de Joan Silk et de celles qui les confirment[24] la conclusion que la compassion appartiendrait en propre à notre espèce ? Beaucoup le penseront en songeant au personnage emblématique de Mère Teresa. Mais cela ne reviendrait-il pas à privilégier une autre anecdote, dans le champ de l'humain celle-ci ? Imaginez un éthologiste extraterrestre enquêtant dans le sous-continent indien. Quelle chance aurait-il de repérer la sainte femme parmi plus d'un milliard d'individus ? Ne verrait-il pas plus aisément de riches Indiens ou Européens sortir des palaces et côtoyer des milliers de mendiants sans leur prêter la moindre attention ? Ne conclurait-il pas son analyse objective en des termes en tous points identiques à ceux de Joan Silk, à savoir : « indifférence [de notre espèce] au bien-être des sujets non apparentés » ? De surcroît, les études les plus récentes mettent en évidence des éléments inattendus. Une série d'expériences dans le laboratoire de Michael Tomasello révèle non seulement que les chimpanzés sont capables de sélectionner les meilleurs collaborateurs susceptibles de les aider dans des tâches qu'ils ne peuvent remplir seuls[25], mais que les jeunes de cette espèce aident spontanément les expérimentateurs humains[26]. Pourquoi font-ils à notre égard preuve d'un altruisme dont ils ne témoigneront plus une fois adulte, en compagnie de leurs congénères ? Peut-être ce mystère tient-il aux impitoyables nécessités de la compétition intraspécifique propre à la vie sauvage[27]. Le fameux partage de la viande chez les chimpanzés de Gombe s'expliquerait tout autant par le harcèlement dont est victime l'heureux possesseur de ce bien que par son désir d'en retirer un avantage ultérieur par le jeu des alliances[28]. Mais ne faut-il pas aussi songer à remettre purement et simplement en cause l'idée d'une absence d'altruisme spontané chez les chimpanzés ? Les toutes dernières expériences de l'équipe de Tomasello nous y invitent. Les chercheurs de ce groupe ont soumis trente-six chimpanzés vivant en semi-liberté dans un sanctuaire ougandais et autant d'enfants humains à des tests similaires, consistant à placer un objet hors d'atteinte d'un individu mais à portée du sujet testé. Dans ces conditions, ce dernier accepte bénévolement d'aider un autre individu inconnu de lui et sans récompense. Les chimpanzés se montrent aussi altruistes que les petits humains, et ce à l'égard de congénères autant que de représentants de notre espèce[29]*.

* Chaque fois que des primates réalisent un exploit cognitif, on doit se demander si des corvidés ne peuvent faire de même. Les recherches récentes menées à Cambridge nous enseignent que le corbeau freux collabore volontiers et sans apprentissage avec un collègue pour résoudre une tâche similaire à celle accomplie par les chimpanzés. Comme les grands singes, il préfère avoir un ami pour partenaire. La seule différence tient au fait que si on le force à attendre la venue du collaborateur il essaie tout seul, ce qui pourrait traduire

Mais les grands singes n'auraient pas le monopole de la vertu. Des observations récentes sur des capucins le confirment. Elles portent sur des situations comparables au jeu du dictateur, dans lequel un des deux partenaires a seul le pouvoir de décision. Frans de Waal et ses collègues ont permis au sujet décisionnaire de choisir entre un jeton d'une certaine valeur (un analogue de nos monnaies) et un jeton équivalent pour lui mais qui s'accompagne d'une récompense pour le congénère. Dans ces conditions, le singe préfère la solution altruiste au choix égoïste. Qu'autrui reçoive un cadeau lui procure, semble-t-il, un réel plaisir. À condition que le bénéficiaire lui soit familier, qu'il le voie et qu'il ne reçoive pas plus que lui[30]. À l'université Yale, les psychologues Venkat Lakshminarayanan et Laurie Santos confirment cette conclusion en offrant également à un capucin le choix entre deux alternatives qui ne changent rien pour lui, mais simplement pour un congénère situé dans une autre cage. Dans tous les cas, il reçoit du marshmallow, mais il peut faire en sorte que son voisin bénéficie de la même friandise ou se contente d'une branche de céleri, moins appréciée. L'expérience montre qu'il préfère lui faire plaisir[31].

Peut-on encore, dans ces conditions, refuser aux singes petits et grands toute forme d'empathie ? Des

---

une moins bonne compréhension du problème (Seed A.M *et al.*, « Cooperative problem solving in rooks [*Corvus frugilegus*] », *Proceedings of the Royal Society London B*, vol. 275, 2008, p. 1421-1429). Il est possible que l'évolution n'ait pas sélectionné exactement les mêmes capacités cognitives dans ces deux espèces sociales que sont le corbeau et le chimpanzé. Le premier maintient des alliances à long terme et choisit un partenaire sexuel pour la vie ; le second, plus versatile, passe d'un groupe et d'un allié à l'autre. Le grand singe devrait, selon cette façon de voir, sa plus grande intelligence à cette souplesse sociale plus prononcée.

chercheurs le pensent, ceux qui ne leur attribuent pas davantage de théorie de l'esprit ou de sens de l'imitation. Le débat, sur ce terrain comme sur bien d'autres, n'est pas clos. On notera toutefois que le substrat neuronal de ces compétences ne semble pas leur faire défaut, en tout cas s'il s'agit des fameux neurones miroirs de Rizzolatti, puisqu'ils ont été, répétons-le, découverts chez les singes. Il se pourrait bien que la capacité d'empathie s'étende très au-delà du monde des primates. Les observations récentes de chercheurs de Montréal suggèrent qu'elle existe aussi chez les souris. Les épreuves douloureuses infligées à certaines d'entre elles exercent une influence sur leurs compagnes, du moins lorsqu'elles se connaissent[32]. La souffrance des unes semble donc conditionner celle des autres. Une fois encore, certains sceptiques crient au réflexe conditionné, sans trop s'interroger sur la valeur même de ce concept, espérant sans doute que ce mot magique suffira pour effacer une réalité expérimentale.

Quoi qu'il en soit, si l'agressivité et l'égoïsme ne constituent pas des anomalies dans une perspective darwinienne (basée sur la compétition, sur la sélection), l'altruisme pose un problème plus sérieux. Il transgresse en apparence le principe même qui guide la vie, à savoir l'« intérêt » des gènes[33]. La résolution par Hamilton du problème du paradoxe de l'altruisme a donné naissance à la sociobiologie[34], interprétation des comportements sociaux dans le cadre de la conception darwinienne. Elle consiste à démontrer que l'altruisme relève souvent de l'égoïsme « génétique » (quand il consiste à aider des parents) ou d'une forme de donnant-donnant (l'altruisme réciproque). Mais que dire de la compassion dont bénéficie l'animal infirme ? Risquons-nous à quelques explications possibles. Celui qui aide son parent malade ne le sait pas forcément perdu ; celui qui assiste l'étranger souffrant peut, à l'inverse, percevoir qu'il cesse d'être un compétiteur et que rien ne justifie plus de l'agresser ; s'il le faisait, ses partenaires risqueraient même d'en déduire qu'il ne se sent pas assez fort pour attaquer les puissants et qu'il ne mérite donc qu'une place subalterne dans la hiérarchie. Tout cela contient une part de vérité, et il y a sans doute bien d'autres explications. Mais que dire des comportements charitables observés dans l'espèce humaine ? Sont-ils *toujours* désintéressés ? N'y a-t-il pas parfois de l'exhibitionnisme, une recherche d'avantages – politiques, médiatiques et autres – à jouer le personnage du « bon ». Tant d'âmes « charitables » ont fini par se retrouver en prison pour escroquerie qu'on ne saurait douter que les « gentils » agissent quelquefois par démagogie et avec une sincérité douteuse, ce qui, notons-le au passage, ne rend que plus méritoires les actions désintéressées.

On s'interrogera aussi sur les intentions réelles des animaux compatissants. Pensent-ils réellement à ce qu'ils font ? Ont-ils une conscience de l'autre, ce qui suppose qu'ils en aient une d'eux-mêmes ? Le jeune singe qui vient réconforter son congénère en train de hurler, agit-il par charité ou par réflexe conditionné (par qui ?), ou tout simplement parce que les cris l'agacent et qu'il préfère y mettre fin ? Une fois encore, faute de nous trouver dans la tête de l'animal, comment répondre à ces interrogations ? Et que dire, sur ce terrain, de l'humanité ? Est-on bien certain que la mère qui prend dans ses bras son enfant capricieux fait systématiquement jouer sa théorie de l'esprit, qu'elle intègre dans sa conscience l'intentionnalité de son enfant et n'agit qu'en fonction de son intérêt à lui ? Ne faut-il pas imaginer de façon plus réaliste que, dans bien des cas, elle prend le hurleur dans ses bras parce qu'elle en a assez de l'entendre crier, qu'elle recherche donc son confort à elle plutôt que le sien ? Poser la question, c'est évidemment y répondre : même les meilleurs des parents agissent ainsi, et leurs enfants prennent très jeunes conscience qu'entre eux et leurs géniteurs se joue une partie de bras de fer, dans laquelle leur petitesse et leur capacité de nuire constituent un paradoxal mais incontestable avantage.

Il n'est même pas certain à mes yeux qu'on puisse objectivement distinguer le comportement moral de la réelle intention morale. Le perroquet Alex savait dire à Irina Pepperberg, quand il la voyait fâchée : « Venez ici ! Je suis désolé ! » Sa maîtresse ne croyait pas trop à la sincérité de son remords, car il pouvait mordre puis dire « Je suis désolé », et ainsi de suite. Sans doute y avait-il ici une forme de dressage, de réflexe conditionné. Mais ayons la lucidité de jeter un œil sur l'apprentissage des bonnes manières dans les sociétés humaines. De « dis bonjour à la dame » au « fais ça, fais pas ça », en passant par des rituels tels que la confession dans la religion catholique, nos principes d'éducation ressemblent beaucoup à du conditionnement. On peut même se demander si ce que l'on considère comme un enfant bien élevé n'est pas un enfant bien conditionné. Certes, s'agissant de notre espèce, nous avons accès aux sentiments de l'autre par l'intermédiaire du langage, mais nous ne savons pas pour autant ce qui se passe dans son cerveau, et, même lorsque les techniques modernes d'imagerie cérébrale nous en offrent la possibilité, cela ne nous en dit pas beaucoup sur le caractère désintéressé du remords ou de la compassion.

Anges et démons, les humains le sont. Les animaux aussi. Méfions-nous donc de l'angélisme autant que de la croyance en la pure bestialité. La contemplation des mœurs animales démontre la très grande importance des comportements de coopération[35] et pas seulement chez les primates, ainsi que l'illustrent les passionnantes observations de l'éthologiste Anne Rasa sur les mangoustes naines[36], mais donne aussi à voir l'expression d'un égoïsme cruel, des infanticides et d'autres meurtres, dont des fratricides, ainsi que le révèlent les nombreux cas identifiés de caïnicides (ou *siblicides*, selon la terminologie d'origine anglaise)[37] ! Il nous faut donc éviter la double tentation, celle d'un « rousseauisme » animal absolu, où tout le monde s'aime, celle d'une jungle brutale où tous s'entre-tuent, et ce chez la bête comme chez l'humain. Une fois de plus, La Mettrie avait su en prendre conscience, et son goût du paradoxe ou de l'argumentation contradictoire l'y avait aidé, démontrant tantôt que l'animal doux et gentil ne se différencie pas de l'homme puisqu'il est aimable, tantôt que la bête sanguinaire nous ressemble puisqu'elle est méchante. Il en déduisait implicitement que la « loi naturelle » – nous dirions aujourd'hui la morale – existe chez tous ou chez personne.

Un sens de la justice

L'altruisme et la compassion constituent des aspects essentiels de la vie morale. Mais celle-ci comporte aussi le sens de l'équité, lequel, quant au fond, n'a rien de fondamentalement mystérieux : la vie en société implique une forme de justice dans l'échange, tout particulièrement si l'on entend pratiquer la coopération. Ce sentiment relève autant de la logique que de la morale ; il suppose en effet que les partenaires disposent d'un système mental leur permettant d'évaluer ce que chacun apporte, afin de décider si les règles de réciprocité sont bien respectées. Le concept d'équité renvoie inévitablement à celui de justice. Quelles sont les compétences animales en ce domaine ? Dans bien des situations, la lourdeur des hiérarchies rend difficile l'observation d'un sentiment d'équité. Les expériences chez le capucin permettent toutefois d'instructives observations. Ce singe d'Amérique du Sud peut se révéler très tolérant, coopératif avec ses congénères et même avec les humains, puisqu'on l'utilise comme aide pour certains handicapés. Avec Sarah Brosnan, Frans de Waal a soumis des animaux de cette espèce à un test de paie non équitable. Il s'agit de récompenser les singes, comme dans de très nombreuses expériences de psychologie animale, mais d'une façon inégale. Dans ces conditions, le capucin qui voit l'expérimentateur humain lui donner moins qu'à un congénère accomplissant un travail similaire rechigne à participer à la tâche. L'effet est encore plus net si l'autre reçoit la même chose alors qu'il ne fait rien : le singe victime d'une semblable injustice se met en grève, préférant renoncer à toute récompense. Les auteurs de cette étude en déduisent que l'aversion pour l'iniquité a une origine évolutive[38]. Détail intéressant que révèlent les recherches plus récentes de la même équipe, cette fois sur le chimpanzé, la réaction à un comportement injuste dépend du degré de proximité. Les animaux se montrent plus tolérants à l'égard de ceux avec lesquels ils entretiennent des relations sociales fortes, une situation comparable à celle observée chez l'homme[39].

Cela n'implique pas l'absence de différences en ce domaine entre nous et nos plus proches parents dans la nature. À cet égard, les expériences de l'équipe allemande de Michael Tomasello sur des tests de prise de décision doivent être considérées. Elles reposent sur le jeu dit de l'ultimatum, moyen classique d'évaluer le sens de la réciprocité. Il consiste, pour l'essentiel, à mettre en situation un « proposeur » et un « répondeur ». On offre au premier une somme d'argent, mais il doit, pour l'obtenir, bénéficier de l'aide du second. Il lui faut, par voie de conséquence, lui rétrocéder une partie de son gain. Chez l'homme, ce type d'expérience permet de montrer que nous ne nous comportons pas comme des partenaires purement rationnels, des *Homo economicus*. La théorie économique basée sur la maximalisation du choix voudrait en effet que le répondeur accepte n'importe quelle offre non nulle de son partenaire. Après tout, mieux vaut recevoir un petit pourcentage que rien du tout. En réalité, les répondeurs rejettent en règle générale toute offre inférieure à 20 %, et leurs partenaires leur proposent le plus souvent entre 40 et 50 %. Qu'en est-il du singe ? Se comporte-t-il en *Homo economicus* ou en *Homo reciprocans* ? Pour le savoir, les chercheurs allemands ont placé des chimpanzés face à un distributeur de nourriture d'un genre particulier. Le « proposeur » se trouve face à deux choix possibles. Pour obtenir son gain, il doit manipuler une tige, après quoi le répondeur agit, s'il le souhaite, sur une autre permettant à tous deux de récupérer leur bien selon la décision du « proposeur ». Ce dernier peut choisir, par exemple, entre une situation équitable offrant 50 % à son partenaire ou une autre inéquitable (80 % pour lui, 20 % pour l'autre), ou encore entre une proposition à son désavantage (20 % pour lui) et une autre à son avantage (80 % pour lui), etc. Le résultat de ces expériences montre que, sans surprise, il offre rarement plus qu'il ne prend lui-même, et que son partenaire collabore avec un enthousiasme supérieur s'il se trouve mieux récompensé. Au-delà de ces faits attendus, on observe que le répondeur ne rejette qu'exceptionnellement une offre non nulle. Et, même dans cette situation – lorsque son collaborateur ne lui laisse rien –, il ne lui refuse son aide que dans 44 % des cas, ce qui pourrait en dire long sur un altruisme que beaucoup lui refusent. L'élément essentiel tient au fait que, contrairement à l'humain, le chimpanzé accepte moins de 20 % de part du gâteau. Il se comporte comme un sujet économiquement rationnel davantage que comme un obsédé de la réciprocité[40]. Il tiendrait moins compte des préférences d'autrui, alors que l'humain développerait, entre trois et huit ans, un fort sentiment égalitaire teinté d'esprit de clocher le poussant à privilégier le partage avec ses proches[41]. On notera au passage que cette façon de voir, qui tend à s'imposer sous l'influence de Tomasello, conduit un peu paradoxalement à attribuer à notre cousin primate plus de rationalité et moins de chauvinisme qu'à nous. L'homme de la rue aurait plutôt prédit l'inverse !

De son côté, Marc Bekoff pense que l'impartialité et l'équité sont répandues dans le monde animal, et que le jeu, largement mais inégalement pratiqué dans la nature, contribuerait à l'inculquer[42]. Cette activité, essentielle dans la jeunesse, implique en effet l'acceptation tacite de règles, de codes de conduite : il ne s'agit pas de se tromper et de donner à son partenaire l'impression d'être agressé ; l'interaction doit être équitable si l'on souhaite trouver quelqu'un avec qui jouer. D'une façon ou d'une autre, l'enfant doit dire à son copain : « Je veux jouer avec toi », afin de lui faire comprendre qu'en dépit des apparences il ne souhaite pas vraiment se battre avec lui ou que ses mimiques belliqueuses ne doivent pas être prises au sérieux. Plus qu'une initiation à de futurs comportements d'adultes (agression, sexe), le jeu servirait à la mise en place du sens de l'équité, avec ce que cela suppose sur le terrain de la morale et de l'apprentissage de la coopération, mais aussi sur celui de la cognition, de l'intelligence sociale. On notera, à ce propos, que la croissance cérébrale entre la naissance et la maturité semble aller de pair avec la propension au jeu, caractéristique de l'espèce : les animaux à gros cerveaux paraissent précisément être les plus joueurs[43]. Ainsi, dans le monde des marsupiaux, les wombats, qui aiment jouer, sont mieux pourvus à cet égard que les koalas, plus paresseux. Les observations de Bekoff sur les coyotes attestent de la pénalisation frappant les moins joueurs : ils n'entretiendraient que de faibles liens avec leurs congénères. La sanction qui les frappe est lourde, puisque dans la région du parc national du Grand Teton (en bordure de Yellowstone) 60 % des jeunes d'un an vivant à l'écart de leur groupe périssent, contre 20 % seulement de ceux qui restent avec leurs compagnons ! Bekoff pense que le jeu active le cerveau de façon massive, en agissant sur les connexions entre neurones[44].

À bien considérer la masse d'observations disponibles, qu'elles relèvent de l'approche scientifique objective ou de la simple anecdote, on ne saurait douter à la fois de la naturalité du sens moral et de son existence dans le monde animal non humain. Cette conclusion ne suffit toutefois pas à clore le débat. Elle pose à son tour d'autres questions, notamment en rapport avec la « physiologie » de la morale ou encore afin d'expliquer à la fois l'universalité des règles éthiques et leurs considérables variations (le « Tu ne tueras point » s'accompagne partout de multiples exceptions). Marc Hauser propose une vision chomskyenne. Il existerait une grammaire morale codant pour des règles générales qui s'accommodent des variations culturelles, tout comme la grammaire universelle n'interdit pas les différences entre les langues[45]. Et notre cerveau posséderait non seulement un « organe du langage » mais aussi un « organe de la morale ». L'hypothèse est attractive ; elle le sera plus encore lorsqu'il deviendra possible d'en préciser les paramètres. L'intérêt, pour l'heure, tient au fait qu'elle situe le sens moral dans une dimension cognitive plus générale. Il ne saurait se confondre avec une sorte de gentillesse universelle et quelque peu béate. Il intègre divers aspects de la vie mentale, tels que le concept d'action dirigée vers un but, la théorie de l'esprit, etc. En d'autres termes, la question morale n'a rien de simple, et pour l'aborder il ne faut pas s'éloigner de la science mais s'en rapprocher. Ou, si l'on préfère, revenir une fois encore à Darwin, lequel croyait en la naturalité de la démarche éthique, contre son propre disciple Thomas Huxley.

Détail intéressant de l'histoire des sciences : on a vu, à partir de l'auteur de *L'Origine des espèces*, se développer deux lignées de biologistes. Les continuateurs de Huxley, majoritaires jusqu'à ces dernières années et qui ont trouvé en Robert Ardrey puis en Richard Dawkins leurs plus éloquents porte-parole, clament qu'il suffirait de gratter un vernis superficiel d'humanité pour retrouver le pur égoïsme inné. Ces auteurs jugés particulièrement « biologisants » soutiennent donc la thèse selon laquelle il faudrait se battre contre sa nature. Ils rejoignent ainsi très curieusement le point de vue de Kant constatant – en opposition avec Rousseau – les mauvais penchants naturels de l'homme, qui ne devient bon qu'en sortant de sa condition animale[46]. Les élèves de Darwin reprennent aujourd'hui le dessus, par la voix de Frans de Waal[47] et de Marc Hauser, pour renouer avec l'idée d'une naturalité de la morale.

14

Pauvres en monde ?

« La pierre est sans monde, l'animal est pauvre en monde, l'homme est configurateur de monde. »

Martin Heidegger, 1930[1]

L'homme configure le monde. L'animal est pauvre en monde. Ainsi s'énonce la vision heideggérienne de la frontière entre eux et nous. On sent bien, comme toujours avec Heidegger, que quelque chose fait sens dans cette distinction. Mais comment mesurer le degré de pauvreté en monde des uns et des autres ? Que l'univers mental du philosophe ou celui du savant soit d'une richesse plus grande que celui du bonobo, fut-il le plus génial de l'espèce, nul ne songe à le contester, encore qu'il ne serait pas si simple de quantifier la chose ou de se défaire d'une inévitable subjectivité d'*Homo sapiens* à la vigueur intellectuelle dûment reconnue. Mais que dire de la richesse en monde de ceux que l'on qualifie de « communs des mortels » ? À moins de vivre dans un micro-univers ultramentalisé, on ne saurait nier que l'immense majorité de nos contemporains ne se soucie en aucune manière ni du *Dasein* heideggérien, ni de la signification moléculaire ou ontologique du 1 % de différence génétique qui nous distingue du chimpanzé. Leurs préoccupations restent infiniment plus terre à terre, au niveau du plus anecdotique des faits divers, quand ce n'est pas de la simple survie. Évaluée à l'aune de cet humain moyen-là, la pauvreté-richesse en monde des vivants, ou tout au moins des mammifères, pour restreindre le problème à un éventail permettant les comparaisons, ne révèle pas une si massive distinction. Il est de bon ton de disserter sur la liberté, l'éthique ou l'ouverture au monde des humains. Mais songe-t-on à s'intéresser à ce qui, dans l'univers de la bête, devrait sembler fort riche, même aux yeux des représentants de notre espèce ? Sans doute n'est-il pas facile de faire preuve ici d'exhaustivité, faute de connaissances et parce que, à vrai dire, on ne saurait définir parfaitement bien ce champ d'investigation.

À propos de l'amour paternel

L'idée qui conduit si souvent à refuser à la bête la dignité de personne trouve son origine dans la stéréotypie supposée de ses comportements. La plupart des commentateurs y ont recours, y compris parmi les zoologues. Mais la recherche de la vérité mérite plus de nuance. Prenons l'exemple de l'amour paternel, parce qu'il semble moins nécessaire que l'amour maternel. Nul, même parmi les disciples de Descartes, ne songerait à contester le fait que la mère animale doit consentir d'immenses sacrifices pour sa progéniture. À beaucoup cela semble admirable mais trivial : ne s'agit-il pas de la condition même de l'existence ? Sans amour maternel, aucun mammifère ne saurait survivre. Comme un slogan on évoquera l'instinct (toujours lui), qu'on accepte de glorifier poétiquement, jamais ontologiquement. Évoquons plutôt l'amour paternel, moins évident, moins « instinctif », et aussi parce que le jeu de la paternité ouvre la voie à celui des relations de parenté, lesquelles constituent dans les sociétés humaines primitives un évident élément de la non-pauvreté de leur monde.

En règle générale, dans l'univers du vivant, le père est peu présent et parfois même dangereux. C'est souvent le compagnon de la dame qui lui tue ses enfants. Plus précisément, il pratique l'infanticide quand les petits ne sont pas de lui. Ainsi procèdent les grands prédateurs, lion et léopard, mais aussi certains singes et nombre d'autres espèces. De fait, la mère se méfie souvent des mâles ; elle cherche à les éviter ou élabore d'habiles stratagèmes, le plus classique étant de copuler avec plusieurs concurrents pour que chacun croie les enfants à lui et les épargne. De façon générale, elle garde les petits à ses côtés et préfère qu'ils évitent la fréquentation du macho. Chez les lions, cela se comprend d'autant mieux que les mâles peuvent, d'un seul coup de patte, même sans réelle agressivité, tuer ou handicaper à vie un enfant. Et pourtant, j'ai plusieurs fois vu des lionceaux s'approcher de leur père et réclamer de lui une aimable caresse. Souvent, le roi de la jungle reste un peu distant, préférant ne pas étaler ses sentiments, ainsi qu'on le faisait – et qu'on le pratique toujours, sans doute – dans les familles humaines traditionnelles. Parfois, les choses vont plus loin. Chez les lions récemment réintroduits à Kwandwe, une réserve à l'est du Cap, les enfants adorent leur père. Non seulement ils le saluent, comme on le fait dans les grandes lignées de félins bien élevés, mais ils se jettent sur lui, montent sur son visage, l'écrabouillent un peu, le mordillent, etc., sans se faire houspiller. Que dire de la richesse des mondes affectifs de ces gros chats, en dehors du champ de l'ordinaire stéréotypie ? Une fois encore, faute de disposer d'une échelle d'évaluation de la pauvreté-richesse en monde, on n'en sait trop rien ; du moins les choses ne se présentent-elles pas comme elles le devraient en vertu des critères d'un univers social simple et sans singularité.

Chez les léopards la situation attendue est pire encore, puisqu'il s'agit d'animaux officiellement solitaires. On lit partout que les parents chassent leurs enfants devenus adultes et que les pères congédient sans ménagement les jeunes mâles afin d'éviter de devoir supporter un rival. On pouvait croire à cette vision schématique tant que personne ne côtoyait de façon régulière des léopards dans la nature. J'ai pour ma part eu le plaisir de partager des soirées entières avec mon vieil ami Prince aux côtés de ses deux fils, et d'observer que, s'il avait certes choisi de prendre pour lui la nourriture – rapportée par la femelle –, jamais il n'a essayé de tuer ses petits, ni de les chasser. Il a même accepté de les voir monter dans son arbre afin de finir les restes. Certes, les fauves fonctionnent selon des règles sociales que nous pouvons désapprouver ou ne pas apprécier, mais rien ne permet de les juger dépourvus du sens de la nuance, d'amour, de reconnaissance individuelle, etc.

Richesse du social et structures de la parenté

Les espèces moins secrètes – et pour cette raison mieux connues – révèlent aussi des éléments d'une singulière richesse sur le terrain des relations de parenté. Prenons l'exemple des babouins, lesquels font l'objet de travaux depuis des décennies, notamment à Amboseli, au pied du Kilimandjaro. Les mâles, très hiérarchisés, portés sur le sexe et le machisme, sont connus pour leur mauvais caractère. À cette attitude les femelles opposent d'habiles pratiques, y compris une nymphomanie qui les fait copuler avec plusieurs partenaires, peut-être pour diminuer le risque d'infanticide. Dans ce réseau social, le mâle était considéré jusqu'à aujourd'hui comme une véritable brute et son monde jugé extrêmement pauvre ; il se contentait de faire des enfants aux femelles, peut-être de tuer à l'occasion quelques petits issus d'autres pères, sans montrer beaucoup plus de subtilité, d'autant qu'il pouvait passer d'un groupe à l'autre, même après la naissance de ses propres enfants.

Les derniers travaux de Jason Buchan et de ses collègues de l'université Duke aux États-Unis mettent en évidence plus de richesse dans le système. L'un des problèmes essentiels des babouins, comme d'ailleurs des humains, consiste à éviter de faire les frais du cocufiage. Mais comment s'y prendre dans un tel contexte, quand les femelles sont si volages et les mâles potentiellement voyageurs ? Travaillant sur une population suivie depuis 1971, Buchan et ses collègues ont observé soixante-quinze juvéniles (sur cent deux) dont ils ont pu déterminer génétiquement le véritable père. Après avoir collecté toutes les données sur les situations conflictuelles entre les jeunes, ils ont montré que douze des quinze mâles de la troupe intervenaient pour défendre leurs propres enfants. Ils n'étaient pourtant pas censés connaître ce que savaient les chercheurs, à savoir de qui ils étaient le père. Mais ils ne se trompaient pas. Comment faisaient-ils ? Plus généralement, comment font les animaux se trouvant dans cette situation, puisqu'elle semble, à l'examen, assez commune ? Comment s'y prennent-ils pour que leur népotisme naturel ne les pousse pas à se comporter d'une façon biologiquement contre-productive, consistant à venir en aide à des rejetons qui ne seraient pas vraiment les leurs ? Ils disposent, semble-t-il, de deux types d'indices. Les premiers sont indirects. Le mâle peut se souvenir des femelles avec lesquelles il a copulé, à l'époque où elles étaient en œstrus, ce qui suppose un petit calcul, que les hommes ne savent pas toujours bien effectuer, faute de connaître l'existence du délai de gestation ou de disposer d'une mémoire suffisante. Le mâle peut aussi recourir à des indices directs, tels que l'odeur ou l'apparence physique du petit. On retrouve ici un élément familier de notre vie sociale, lorsqu'il s'agit de désigner les éléments de ressemblance entre le nouveau-né et la mère, et surtout, du fait de l'incertitude, entre lui et le père. Bien qu'il soit parfois de bon ton de se moquer de la réalité de la ressemblance enfants-parents, nier le fait est bien difficile. Les données de Buchan montrent que les babouins utilisent les deux sortes d'indices[2]. Leur monde est suffisamment riche pour qu'ils sachent de qui ils sont les parents, pour que cela les préoccupe et pour les faire agir en conséquence[3].

Le décorticage des structures de la parenté, sous l'influence de Lévi-Strauss, a grandement contribué à l'essor de l'ethnologie en même temps qu'à la mise en relief de la richesse des mondes primitifs. Un travail similaire mérite d'être accompli dans le monde animal. Je me suis efforcé de l'ébaucher dans le cas du léopard, animal secret et réputé asocial[4]. En réalité, l'examen précis des relations interindividuelles révèle une organisation bien différente, plus proche de celle, dite sociale, des lions que de l'asociabilité pure. Les filles tendent à établir des territoires voisins de celui de leur mère, constituant en quelque sorte des agrégats génétiques faits de relations non neutres, quoique pas toujours aimables, entre les apparentées. Les mâles s'en vont en général plus loin, ainsi que j'ai pu le découvrir dans les réserves de Sabi Sand, et, même s'ils n'évitent pas complètement l'inceste, on a l'impression qu'ils s'efforcent d'en limiter la pratique.

Chez les primates, la situation est mieux connue. Les chercheurs japonais ont démontré, voici une cinquantaine d'années, que le statut hiérarchique des mères influence celui de leurs filles[5]. Le même phénomène a été observé chez les macaques rhésus acclimatés à Cayo Santiago, île inhabitée au sud-est de Porto Rico[6]. S'agissant des primates, la compétence individuelle pour le décodage des relations de parenté paraît extrême. Bernard Chapais, un chercheur de l'université de Montréal, ne s'est pas contenté d'observer ces relations, qui confirmaient les données classiques sur les macaques japonais, il les a manipulés. Il lui a suffi pour cela d'organiser un réseau de cages, de telle sorte qu'un ou plusieurs individus puissent être aisément mis de côté. En situation normale, le système social en vigueur chez ces singes paraît à la fois simple et assez étonnant : la dominance se transmet de façon héréditaire, si bien que la femelle alpha est suivie dans la hiérarchie de toute sa descendance ; la seconde femelle adulte vient donc après tout le lignage, et toute sa parentèle l'emporte de la même façon sur la femelle occupant le troisième rang, et ainsi de suite. À l'intérieur de chaque pedigree, c'est la fille la plus jeune qui bénéficie de la meilleure position. Dans le cas des troupes de Chapais, la femelle dominante A, née en 1973, régnait sur les autres adultes étrangères B et C, et, parmi ses quatre filles, celle née en 1987 (A7) dominait celle née en 1983 (A3), qui dominait celle née en 1982 (A2) qui dominait celle née en 1981 (A1) ; des deux enfants de A3, c'est celle née en 1991 (A32) qui l'emportait sur celle née en 1989 (A31), et toutes deux dominaient A2 et ses enfants, A1 et bien sûr tous ceux des lignées B et C. La mise en place de cette hiérarchie s'effectue au fur et à mesure des oppositions : quand deux petits s'affrontent, la dominante appuie sa fille la plus jeune. À tout cela s'ajoute un subtil système d'alliance. Quand Chapais isolait trois enfants ensemble, laissant s'établir un ordre de dominance, l'introduction d'un adulte lié au plus faible changeait automatiquement l'ordre. Le dernier devenait le premier dès lors qu'il se trouvait soutenu, et ce de façon durable. L'aide n'intervient qu'en cas de parenté forte : avec une mère, une grand-mère ou une sœur*. Ces observations et manipulations, et beaucoup d'autres avec elles, prouvent que l'ordre social ne relève pas du hasard, ni de la seule force physique. Il dépend du népotisme et de l'alliance, et ce de façon subtile puisqu'il existe des situations mettant en opposition ces deux paramètres. Comment se comporte une jeune femelle en cas de conflit entre la dominante à laquelle elle est soumise et sa propre sœur ? Cela dépend des circonstances, mais l'animal agit toujours pour en retirer le plus grand bénéfice : il peut avoir intérêt à nuire à sa sœur, ne serait-ce que pour favoriser sa position par rapport à son aînée.

On voit ici que le fonctionnement social atteint un haut niveau de complexité et suppose la prise en compte de règles sociales, ainsi qu'une sorte de calcul de l'avantage susceptible d'être retiré de la situation[7]. Je n'ignore pas que certains verront dans cette capacité même la marque de l'animalité, à savoir l'impossibilité de s'extraire d'une condition originelle qui pousse à aller dans le sens de son intérêt. Mais ce serait entrer dans un cercle vicieux où tout apparaîtrait préjudiciable à l'animal : s'il se comporte « bêtement » sans voir où se situe son intérêt, sans être guidé par la raison, on le dira stupide ou sans but ; s'il sait parfaitement comment s'y prendre, on l'affirmera inapte à s'extraire des lois du déterminisme. Je crois pour ma part qu'il faut renoncer

* Les tantes ne sont pas considérées comme des parents proches, parce que les relations « homosexuelles » intrafamiliales ne se produisent jamais entre parents considérés comme tels, et qu'elles ont été observées dans leur cas.

à ce schéma pour reconnaître que nous subissons tous les lois du déterminisme et que la richesse en monde, si elle signifie quelque chose, ne saurait s'évaluer en prenant comme critère un hypothétique et insensé pouvoir d'échapper à sa condition. Ce qui fonde cette richesse, ce n'est pas l'indéterminisme ou l'évasion des lois naturelles, mais la complexité de l'univers dans lequel on vit.

Sur le terrain du social, cette complexité repose sur la multiplicité des personnages et de leurs interactions. Donc sur l'individuation et la capacité à en prendre conscience. Les singes passent énormément de temps à s'observer les uns les autres dans la nature. Dans un contexte expérimental, nous l'avons vu, ils préfèrent voir des diapositives ou des films représentant des congénères plus que toute autre chose, et ils sont experts en reconnaissance des visages[8]. Mieux, les macaques bruns femelles préfèrent observer des diapositives d'autres femelles avec des enfants plutôt que des femelles sans progéniture. Quand on leur demande, moyennant récompense, d'associer les photos des mères à celles de leurs enfants, elles ne se trompent pas[9]. Les chimpanzés sont capables de reconnaître les liens de parenté entre des représentants de leur espèce (essentiellement entre mère et fils) qu'ils n'ont jamais vus[10]. Les macaques rhésus savent en outre, sur simple examen de photographies, détecter la position hiérarchique des individus[11], et le temps passé à regarder les images dépend de ce critère : ils consacrent moins de temps aux dominants, peut-être parce que la détermination de leur identité leur pose moins de problèmes. De façon générale, les macaques se basent surtout sur l'examen de la face pour discriminer entre les individus, mais ils peuvent aussi, après entraînement, utiliser d'autres critères corporels[12].

Habitués à cela comme vous l'êtes, vous ne verrez peut-être rien de particulièrement intelligent dans la capacité à se reconnaître au sein d'un réseau social. Mais il faut imaginer l'extraordinaire niveau de complexité que ce système atteint chez les primates. Prenons l'exemple de babouins vivant dans un groupe de quatre-vingts individus. En considérant les relations de ceux-ci deux par deux, on obtient un total de 3 160 couples ; le nombre de trios atteint, quant à lui, 82 160. Pour s'y reconnaître – et soyez bien certains qu'ils s'y reconnaissent parfaitement –, ces singes doivent utiliser des stratégies cognitives adaptées, à savoir une catégorisation en classes familiales, tenant compte de la position hiérarchique héréditaire de chaque femelle, et bien entendu de celle, fluctuante, des mâles[13]. Comme l'otarie Rio et les autres animaux logiques, les babouins trouvent donc un usage tout à fait naturel et adapté à des compétences mentales qu'on aurait pu croire réservées aux seuls humains. Cet exemple nous prouve à quel point l'arithmétique sociale met en jeu des facultés mentales qui ne se réduisent nullement au seul usage de la force brutale.

Plus généralement, le grand biologiste britannique William Hamilton (1936-2000) a théorisé les relations de parenté dans une perspective évolutionniste qui constitue l'une des bases de la sociobiologie[14] et débouche sur de nombreuses considérations concernant aussi bien l'ethnographie que l'éthologie, notamment en ce qui concerne les migrations[15]. Ces données m'ont conduit à proposer l'ébauche d'une approche ethnologique du monde animal que j'ai appliquée à l'univers du léopard[16] et que d'autres auteurs me semblent promouvoir à leur façon[17]. À ce stade, le critique ne se privera pas d'affirmer que les structures de la parenté identifiées chez les « primitifs » sont extraordinaires précisément par leur variété. Chez *Homo sapiens*, c'est parfois le père, parfois son frère, parfois un autre membre du corps social qui importe, qui possède la richesse de la lignée ou qui commande. La stéréotypie animale pourrait bien se manifester par l'universalité des structures de la parenté. Mais comment le savoir de façon certaine ? En dehors des babouins et des chimpanzés, peu d'espèces ont fait l'objet d'études sur de nombreux groupes bien différents. Il n'est nullement certain que les lois sociales soient les mêmes d'un lieu à un autre. S'agissant du gorille, celui des montagnes (le plus étudié) ne se conduit pas socialement comme celui des plaines, appartenant pourtant à la même espèce. Le premier vit en groupe plus permanent que le second[18]. Dans le cas des babouins, Shirley Strum ne s'est pas privée pour revenir sur le schéma social mis en évidence par ses prédécesseurs, en particulier en présentant ces singes sous un angle infiniment moins agressif[19]. Concernant les chimpanzés, ceux de Gombe ne vivent pas en tous points de la même façon que ceux de Mahale, pourtant voisins. Certes, il faut bien souvent savoir distinguer dans ces différences celles qui sont liées aux animaux observés et celles qui tiennent aux regards de ceux qui les étudient. Quoi qu'il en soit, elles constituent sans doute plus la règle que l'exception.

Actes gratuits et sens de l'à-propos

Vu sous l'angle du stéréotype et jugé éminemment « matérialiste », l'animal n'agirait que dans la perspective de son intérêt immédiat. De fait, beaucoup d'études sur les grands singes montrent qu'ils « parlent » surtout pour demander quelque chose : une banane, une pomme, etc. Que le souci de réclamer les anime ne devrait ni nous surprendre ni nous conduire à les mépriser : nous fonctionnons pareillement. En outre, les conditions très artificielles du laboratoire nous renseignent peut-être davantage sur la vision des mondes humains que sur celle des mondes animaux. Dans tous les cas, on aurait tort d'en rester à cette simple affirmation, ainsi que le font certains auteurs, notamment Luc Ferry[20]. Le bonobo Kanzi, en particulier, nous a habitué à des propos non matériellement intéressés. Ma visite au Yerkes en compagnie de Sue Savage-Rumbaught m'en a convaincu. Sue m'a bien entendu présenté Kanzi, mais il était déjà assez âgé et un peu trop costaud pour être mis en la compagnie d'étrangers. J'ai surtout côtoyé de plus jeunes bonobos et notamment la femelle Panbanisha. Quand elle m'a accueilli avec Sue, à la porte de l'institut, elle m'a demandé, par l'intermédiaire de son keyboard, si je lui avais apporté un cadeau. Je me suis trouvé si gêné de ne pas l'avoir fait que, de retour à Paris, mon premier geste a été de lui acheter un chapeau (elle les adore) ; en l'occurrence, un béret basque, supposé être une spécialité française (choix discutable, car il n'en existe pas de petite taille). Cette anecdote confirme que les grands singes savent quémander, ce qui ne constitue pas une bien grande découverte. Plus tard, vagabondant avec Panbanisha et Sue, nous sommes allés voir les chimpanzés, ceux de l'espèce commune. Ils étaient trois, Mercury, Austin et Sherman. Sur le chemin, Sue a dit que nous allions leur rendre visite, mais elle n'a nommé que deux des trois chimpanzés. Panbanisha lui a répliqué aussitôt, par l'intermédiaire de son keyboard : « Tu as oublié Sherman. » Cette fois-ci, le propos ne se situe plus du tout dans l'univers de la demande, de la recherche de gratification immédiate. Il s'agit en quelque sorte d'un acte gratuit, d'un commentaire libre sur l'état de la société. Kanzi et Panbanisha ne se comportent pas comme des chiens de Pavlov ; ils ne répondent pas sur le mode du conditionnement ; ils ont le sens de l'à-propos qui leur permet, quoi qu'on en pense, d'entretenir une forme de conversation libre. Mais cette dernière ne peut se situer que dans le contexte d'une relation non contrainte, celle dont ont bénéficié les bonobos du Yerkes. Un humain captif n'échange pas de libres propos avec ses geôliers tortionnaires, même s'ils le soumettent à un interrogatoire. Ne nous étonnons pas de notre difficulté à les détecter chez un grand singe : quand elle prend la forme d'une mise en demeure, face à des questions fermées et avec à la clef une récompense qui invite au conditionnement, l'expérimentation parfaitement contrôlée devient, par nature, incapable d'objectiver cette aptitude à la libre conversation et à l'inattendu. On a trop peu mis l'accent sur le caractère surprenant de certaines répliques. Elles signent pourtant le sens de l'à-propos et l'absence de conditionnement proprement dit. Sue Savage-Rumbaugh m'a confié avoir un jour demandé à Kanzi de mettre les carottes dans l'eau parce qu'elle voulait les laver avant de les manger. Quand le bonobo les a prises pour les jeter dehors, elle l'a interrogé sur son geste. Lui montrant la pluie qui tombait à l'extérieur, il a justifié rationnellement son comportement inattendu. Une telle attitude infirme sans grande ambiguïté le jugement de Steven Pinker selon lequel les animaux parlants se répètent jusqu'à la niaiserie.

Le contact avec les bonobos donne à voir, à qui ne se réfugie pas dans l'ignorance (rappelons que certains des détracteurs de Sue Savage-Rumbaugh ont toujours refusé son invitation à venir observer ses grands singes à Atlanta), une foule de situations illustrant leur aptitude à saisir le monde d'une façon non stéréotypée et dans toute sa richesse. Inévitablement, il nous faut ici recourir à l'anecdote avec ce qu'elle implique d'extrascientifique. Mais pour l'heure, l'expérience repose par sa nature même sur un état de « pauvreté en monde » qui n'est que le reflet de la pauvreté du mode opératoire, le superflu ne nous étant livré que par l'exercice non contraint (la vraie vie ?). Afin de distraire ses pensionnaires, condamnés à une existence dans un cadre très limité, Savage-Rumbaugh leur présente des films ou des jeux. Assez logiquement, nous l'avons vu, les situations montrant d'autres grands singes attirent davantage leur attention. Les chercheurs ont ainsi observé les réactions de leurs primates face à un sujet revêtu d'un costume de gorille, jouant le rôle du « monstre ». Pour l'avoir chassé à coups de marteau, le prestige des chercheurs auprès des chimpanzés Sherman et Austin s'accrut considérablement. Ces derniers n'avaient pas compris qu'il s'agissait d'un jeu. Panbanisha et Kanzi ne le devinèrent pas davantage au début, puis, l'ayant perçu, ils se mirent à l'apprécier en tant que farce. Et même à l'utiliser à leur profit. Panbanisha faisait ainsi parfois les frais des démonstrations de force de Mercury. Un jour, se promenant dans son secteur avec son éducatrice Mary Chiepelo, elle tombe sur lui, grognant et belliqueux. La bonobo réagit en tirant de son sac à dos le masque de gorille pour demander à Mary, en tapant sur son keyboard, de jouer au « monstre » et de chasser Mercury. Ce qu'elle fit, avec succès. Cet épisode révèle à la fois l'aptitude de Panbanisha à trouver une stratégie relativement complexe pour se tirer d'affaire (rien à voir avec la fuite ou la dissimulation derrière la femme humaine !), à distinguer le jeu de la réalité, à comprendre que son adversaire ignorait ce qu'elle savait (s'agit-il d'autre chose que de la marque d'une théorie de l'esprit ?), bref à mettre de la richesse dans une banale situation conflictuelle qu'un comportementaliste sans originalité n'imaginerait pas se régler autrement que par la loi du plus fort[21].

« Jamais l'animal ne saura ce que c'est que mourir »

Aux yeux de Heidegger, la richesse en monde pourrait bien se mesurer à l'aune de notre faculté de savoir qu'on peut disparaître. Or, selon lui, « seul l'homme meurt et il meurt continuellement[22] ». Nul ne saurait dire ce qui justifie une telle certitude, l'idée religieuse de l'âme mise à part. Malebranche a le mérite d'exposer les choses sous une caricaturale clarté : « Car si, le cheval mort, Dieu anéantit son âme comme n'étant plus bonne à rien, il conservera la vôtre assurément comme bonne à bien des choses[23]. » Même sans référence théologique implicite, on retrouve l'idée d'une spécificité de la mort humaine, sous des formes diverses, chez de nombreux philosophes et écrivains. Ceux qui aiment les bêtes, comme ceux qui ne les aiment pas. Par exemple, chez Jean-Jacques Rousseau : « Jamais, écrit-il, l'animal ne saura ce que c'est que mourir[24]. » Ou encore chez Schopenhauer : « L'animal n'a idée de la mort que dans la mort même ; l'homme marche chaque jour vers elle avec pleine connaissance[25]. » Le philosophe allemand a écrit de très belles lignes sur l'animal, y compris face à la mort, afin de dénoncer la cruauté dont on fait preuve à son égard. Elles témoignent, pour le moins, d'une sensibilité plus riche que celle de Kant. On devrait surtout lire ou relire ce qui arriva au chasseur William Harris (1807-1848) après qu'il eut tué son premier éléphant, une femelle, lorsqu'il revint la chercher le lendemain. Il trouva auprès d'elle son petit, désespéré, qui se précipita vers lui, l'enlaçant de sa trompe comme pour lui demander de l'aide. « Là, dit Harris, je ressentis un vrai regret de ce que j'avais fait et il me vint à l'idée que j'avais commis un meurtre[26]. »

Les animaux ne restent donc pas indifférents face à la disparition d'un proche. Mais jusqu'où vont leurs réactions en ce domaine ? L'observation des éléphants nous apporte de précieuses informations. Méfions-nous cependant des discours fantaisistes ou mythologiques relatifs, par exemple, aux cimetières où viendraient mourir ces pachydermes. Rien n'en prouve l'existence, même si la rareté des cadavres d'éléphants dans la nature, y compris là où ils abondent, a quelque chose de troublant. Certes, on trouve en règle générale assez peu de squelettes animaux ; mais les autres bêtes meurent cachées ou finissent dévorées intégralement par les hyènes, chose impossible dans le cas de ces géants. Oublions la question de ces mythiques cimetières pour revenir à la mort elle-même. Il existe de nombreux témoignages sur les réactions des éléphants quand ils se trouvent face à un congénère décédé. Celui de Cynthia Moss présente l'avantage de provenir d'une scientifique et non d'un observateur désireux d'embellir la réalité. Il concerne la mort de la femelle Tinia, tuée par un braconnier. Ses congénères ont tout fait pour la ranimer ou la redresser ; ils lui ont mis de l'herbe dans la bouche. Puis,

> rassemblés autour du cadavre de Tinia, ils l'effleurèrent doucement de la trompe et des pieds. Comme le sol était caillouteux et qu'il avait plu, il n'y avait pas de terre meuble ; ils essayèrent pourtant de creuser des pieds et de la trompe et, lorsqu'ils parvenaient à ramasser un peu de terre, ils la répandaient sur le corps de Tina. Trista, Tia et quelques autres s'éloignèrent pour aller casser des branches dans les buissons environnants puis ils les rapportèrent et les déposèrent sur le cadavre [...]. À la tombée du jour, ils l'avaient presque ensevelie sous la terre et les branchages. Puis ils la veillèrent pendant la plus grande partie de la nuit et ce n'est qu'un peu avant l'aube qu'à regret ils commencèrent à s'éloigner pour regagner l'abri du parc protégé. Teresia [sa mère] fut la dernière à partir. Les autres [...] s'arrêtèrent pour gronder doucement. Teresia les regardait,

> le dos tourné vers sa fille. Tendant une patte en arrière, elle toucha plusieurs fois le cadavre. Les autres grondèrent à nouveau en direction de Teresia qui [...] les rejoignit[27].

Plus récemment, Karen McComb, Lucy Baker et Cynthia Moss ont enrichi par de nouvelles investigations notre connaissance du sens de la mort chez l'éléphant d'Afrique. Elles ont présenté à dix-sept familles de proboscidiens du parc national Amboseli les crânes d'un buffle, d'un rhinocéros et d'un de leurs congénères. Les éléphants n'ont accordé aucun intérêt aux deux premiers types d'objets mais beaucoup au troisième. Ils l'ont reniflé, touché de la trompe et du pied. Dans une seconde série d'études portant sur dix-neuf familles, elles leur ont montré un crâne d'éléphant, de l'ivoire et un morceau de bois. C'est l'ivoire qu'ils ont « préféré », suivi du crâne et enfin du bois. Rien ne montre, en revanche, qu'ils s'intéressent plus spécifiquement aux restes de leurs parents[28]. Ces animaux se révèlent sensibles à la souffrance et à la mort de leurs congénères même lorsqu'il ne s'agit pas de proches[29]. Quand un éléphant est abattu dans une réserve, le taux des hormones de stress des autres individus, même non présents sur les lieux de l'exécution, s'élève, sans doute à la suite de l'émission, par les sujets présents, de signaux de stress sur de longues distances[30].

Bien des animaux réagissent à la mort et souvent d'étranges façons. Nul ne l'ignore dans le cas des chiens, qui hurlent à la mort de leur maître sans que l'on sache très bien s'ils se manifestent à cause du décès proprement dit ou du sentiment d'abandon. Marc Bekoff a vu une renarde enterrer un mâle de son espèce (peut-être son conjoint), et ce de façon si parfaite qu'après quelques heures le cadavre n'était plus visible. Ayant publié cette observation dans un journal local, on lui apprit alors que le même comportement avait été noté dans l'État de New York, ainsi que chez des loups[31]. Chez le léopard, dont les petits finissent fréquemment tués par les lions, la mère mange les jeunes cadavres, et ce avec un apparent dégoût. Ce comportement étrange peut faire l'objet d'interprétations diverses, d'autant plus que la panthère continue parfois d'appeler ses petits. On peut l'expliquer par la perturbation psychique qui l'affecte. Je mettrais plutôt l'accent sur le fait que, outre le désir de ne rien laisser perdre, la mère entend surtout effacer toute trace, afin de ne pas attirer d'autres bêtes susceptibles d'exterminer le reste de sa portée.

Certaines observations donnent à penser que la mort s'accompagne d'une odeur caractéristique. L'entomologiste Miriam Rothschild a étudié ce curieux phénomène chez les insectes. Lorsqu'ils meurent ou font semblant d'être morts – stratégie plus fréquente qu'on ne le croit –, ils émettent des molécules dont la nature peut être étudiée par chromatographie gazeuse. Ce type d'examen met en évidence la production d'une bouffée de ces substances sous la forme d'un « pic de la mort », visible sur les spectres étudiés. Fort de cette expérience, l'entomologiste pense qu'existerait une possibilité de perception de la mort[32]. Ce qui expliquerait la réaction si particulière des chiens, dont certains médecins affirment qu'ils perçoivent avant eux le décès de leurs patients* ! Un phénomène

* Miriam Rothschild évoque dans la même interview un propos de Premack, lequel aurait déclaré ne pas vouloir aller plus loin dans son apprentissage du langage aux chimpanzés « parce que, s'il leur apprenait réellement la langue, ils comprendraient ce qu'est la mort » (D. Denton, 1995, p. 135). J'ai beaucoup de mal à imaginer Premack se livrant à cette confession, à la fois à cause de son scepticisme sur l'art de la sémantique chez les grands singes et parce que sa démarche expérimentale ne semble pas précisément guidée par un souci éthique à l'égard de nos cousins primates.

identique a été évoqué au sujet du chat Oscar : au centre gériatrique de Providence, dans l'État de Rhode Island, il signale au personnel les patients qui vont mourir dans les deux heures. Il a fait ses preuves à plus de vingt-cinq reprises et son « exploit » a été relaté dans un article de la très prestigieuse revue médicale *The New England Journal of Medicine*[33].

Passionnant, l'exemple d'Oscar ne doit pas donner lieu à des interprétations déplacées. Rien ne dit qu'il éprouve une émotion particulière. Peut-être détecte-t-il « simplement » quelque chose, comme une « odeur » de la mort. Chez les chimpanzés, en revanche, on sait depuis des années que la mort d'un congénère entraîne une réaction violente des mâles. Geza Teliki a décrit les conséquences de la mort accidentelle du chimpanzé Rix à Gombe. Ses compagnons virent sa chute puis celle du rocher qui lui brisa le cou. Les autres mâles, Hugo, Mike, Godi et Sniff, ont hurlé, lancé des pierres, chargé dans tous les sens ; puis ils ont contemplé le corps, poussant des cris plaintifs, le touchant ou le flairant. Une femelle s'est assise pendant une heure à côté de lui. La troupe est partie après trois heures, sous la conduite de son dominant et non sans une évidente réticence[34]. Toujours à Gombe, Jane Goodall a décrit la réaction de Flint, alors âgé de huit ans et demi, à la mort de sa mère, la bien connue Flo. La « vie devint pour lui vide et dépourvue de sens ». Il se laissa mourir et périt trois semaines après sa mort. Si l'on veut éviter le mélodrame, on peut imaginer qu'il avait la même maladie que sa mère. Mais les faits sont troublants. Le film tourné par l'équipe de Tetsuro Matsuzawa à Bossou (Guinée) l'est plus encore. On y voit Jokro, enfant de deux ans et demi, et sa mère Jire, vieille de trente-cinq ans. Un chercheur a tout filmé pendant une quarantaine de jours. La maladie du petit, sa sœur qui cherche à l'aider en jouant, puis la mort. Et surtout les vingt-sept jours qui suivent : la mère transporte le cadavre de l'enfant sur son dos, comme lorsqu'il vivait. Jusqu'à la momification. Nul ne sait ce qui se passe dans sa tête et sans doute peut-on parler de comportement pathologique. Mais justement, c'est ce qui ici incite à la réflexion, ce caractère inutile, gratuit, absurde de la relation à la mort. À l'évidence, la femelle expérimentée et son groupe savent faire la différence entre un être vivant et un être inanimé. Ce que l'on voit relève d'une forme de travail de deuil. Sans chercher, une fois encore, une interprétation qui devrait davantage au contenu de notre esprit qu'à celui de Jire, force est de constater que la mère ne vit pas seulement ici et maintenant, dans un monde d'où la mort se trouverait évacuée, réduite au statut d'« arrêt de la vie »*.

S'agissant des grands singes, il convient d'évoquer aussi le témoignage de la femelle gorille Koko, celle qui parle aux humains par l'intermédiaire d'un millier de signes (s'agit-il de mots ?). Francine Patterson, qui joue les interprètes entre elle et le reste du monde, dit que quand on lui a demandé « où vont les gorilles quand ils meurent » elle a répondu : « Un trou écarté, confortable. » Lorsqu'on lui a posé la question : « Que ressentent les gorilles quand ils meurent ? Sont-ils heureux, tristes, effrayés ? », elle a répliqué : « Ils dorment[35]. » Comme toujours, s'intéresser aux performances des grands singes nous amène à chercher aussi du côté des cétacés, animaux fort différents mais cognitivement si proches. En novembre 1990, les biologistes marins qui étudiaient depuis deux décennies un groupe d'orques se sont émus du comportement de deux jeunes un ou deux

* Ce film est visible sur Internet à l'adresse suivante : www.pri.kyoto-u.ac.jp/chimp/Bossou/Jokro.html.

jours après la mort de leur mère. Nageant ensemble, à l'écart de tous les autres, ils ont visité à plusieurs reprises tous les lieux où leur génitrice était allée les jours précédents. Ce comportement a été interprété comme une marque de chagrin[36] ; il signe pour le moins une absence d'indifférence à l'égard du décès d'un proche.

Il faut ici se méfier d'un double risque : celui d'un anthropomorphisme propice à hypertrophier la portée d'une histoire parfois mal vérifiée, et celui qui consiste à balayer d'un revers de main les faits étranges mais réels comme on le ferait d'un simple enfantillage. Le recours à l'anecdote, avec ce qu'il suppose de critiquable, mérite d'être ici de nouveau évoqué. Souvent les éthologistes rigoureux s'en méfient, non sans raison d'ailleurs. On ne saurait placer sur le même plan un fait d'expérience, contrôlé et répétable, et une observation unique, toujours explicable de multiples façons, quand elle n'est pas purement et simplement inventée. De ce point de vue, il est désolant que le savoir sur Koko ne se trouve pas dans des publications scientifiques mais dans des livres, des films, des articles et des messages Internet à l'intention du grand public. Mais lorsqu'on discute de la pauvreté du monde animal, c'est toujours au nom de la stéréotypie du comportement des bêtes, c'est en leur refusant la singularité des mœurs. Dans ces conditions, seules les anecdotes peuvent nous apporter l'illustration de la richesse des mondes animaux. S'agissant de la mort, je ne prétends pas avoir une idée claire de comment les animaux se la représentent. Je doute qu'ils philosophent à son sujet comme Heidegger et Schopenhauer. De leurs côtés, bien des humains en situation de pénurie se contentent de cérémonies funéraires minimalistes. Relativisons donc la théorie selon laquelle le sens de la mort, pour ne pas dire son culte, serait le critère absolu de la dimension humaine.

Le problème de la mort va de pair avec celui du rapport au temps. L'idée générale qui préside, en ce domaine, à la vision de Heidegger est celle d'une existence animale ici et maintenant, incapable de se projeter dans le temps. Or ce que nous avons dit plus haut de la planification, de l'aptitude à voyager dans le temps, contredit de façon frontale cette vision des choses. Nicola Clayton a mis en évidence cette aptitude chez des oiseaux, animaux pourtant moins cérébrés que les mammifères, et d'autres après elle l'ont identifiée dans différentes espèces. Interrogez-vous sur le contenu de vos poches. Des clefs, de l'argent, un couteau suisse, un passeport. Autant d'objets potentiellement utiles, mais non nécessaires dans l'instant. Vous les gardez avec vous car vous savez qu'ils peuvent servir, parce que même dans le contexte de la plus routinière des vies existe une permanente aptitude à dépasser les exigences de l'instant. La créature qui, de l'avis de Heidegger, vit sans exister n'est pas censée fonctionner ainsi. C'est ce que pensent nombre de philosophes, ce que la plupart des chercheurs croyaient. Mais cela ne correspond pas à la réalité[37].

Développer une conception du monde : « chacun sa voûte terrestre »

Même si l'on refuse d'en faire des philosophes, nul doute en tout cas que les animaux puissent intégrer leur savoir dans un champ de signification. Jacob von Uexküll (1864-1944) a montré que tout être vivant avait son *Umwelt* propre, l'univers au sein duquel les choses prennent sens. « Chacun sa voûte terrestre », écrivit-il à ce sujet dans un passage lumineux :

> Si nous comparons le corps d'un animal à une maison, nous pouvons dire que jusqu'à présent les anatomistes ont

étudié le détail de sa structure et les physiologistes les installations mécaniques de l'intérieur. Quant aux écologues, ils ont délimité et examiné le jardin qui l'entoure. Mais on a toujours dépeint ce jardin selon l'aspect qu'il revêt à nos yeux humains, sans s'arrêter à celui qu'il prend pour l'habitant de la maison. La vue qu'on prend de là est des plus surprenantes. Le jardin ne se détache pas, comme il semble à nos yeux, d'un monde plus vaste dont il ne représenterait qu'un petit fragment ; il est circonscrit par un horizon dont la maison occupe le centre. À chaque maison correspond sa propre voûte céleste où gravitent soleil, lune et étoiles, lesquels appartiennent directement à la maison[38].

En vérité, chacun pense intuitivement que le monde existe tel qu'il le perçoit et que cette perception n'implique aucune compétence particulière. C'est oublier que dans la réalité nous l'appréhendons tous différemment. Qu'il s'agisse des formes ou des couleurs, les divers cerveaux animaux en délivrent des représentations différentes. Même en un lieu identique, un ver, une grenouille ou un homme n'habiteront pas le même endroit. Et sans doute des humains occupant un même site ne le percevront pas de façon absolument identique. C'est que le monde vécu, ce que le biologiste allemand von Uexküll a défini par le concept d'*Umwelt*, est aussi une construction du cerveau. Cette façon de voir nous invite également à renoncer à l'idée habituelle selon laquelle notre système nerveux percevrait avant de penser. La vérité, sans doute, est autre. Il y a de la cognition dans la perception. Voir, sentir, toucher, écouter, ne sont pas des actes d'une grande banalité. Il s'agit au contraire de comportements à travers lesquels s'effectue notre représentation du réel ou, si l'on préfère un terme plus philosophique, l'élaboration de notre conception du monde. Les organes des sens ne doivent pas se concevoir comme des instruments peu intelligents, le cerveau seul disposant de la capacité à comprendre. Ils sont les prolongements de cet organe, des structures « intelligentes » qui participent à l'élaboration des connaissances. De ce point de vue, tous les êtres vivants, et singulièrement tous les mammifères, ont une conception du monde ; ils ne se contentent pas de percevoir « bêtement » l'univers, ils l'interprètent, ils lui donnent du sens[39]. J'ai décrit ce phénomène dans le cadre de mon étude sur le léopard : quand il chemine au petit matin, à la recherche de toutes les odeurs qui traînent ici ou là, il s'informe, il se fait chercheur de sens[40]. Tout dans sa vie est quête de sens, et c'est la raison pour laquelle les transferts d'animaux d'un lieu à un autre échouent si souvent. Pour éviter de tuer un de ces fauves quand il commence à s'attaquer au bétail, on le transporte parfois à quelques dizaines de kilomètres, voire des centaines, de son lieu d'habitation. Mais on le voit souvent revenir chez lui, ce qui suppose un savoir géographique assez mystérieux, mais aussi et peut-être surtout un rejet de ce qui, pour lui, ne fait pas sens. Il revient dans *son* monde.

Intégrer le nouveau

Quelques penseurs ont émis l'idée d'une ouverture de l'homme, représentant d'une espèce dont le savoir ne serait pas fini, programmée par son innéité biologique, mais capable d'intégrer du nouveau. Exactement comme si le potentiel biologique ne définissait qu'une base à partir de laquelle se développerait réellement l'être. Il y a dans cette façon de voir quelque chose d'intéressant en même temps qu'un désir de singulariser une fois de plus notre espèce et celui d'échapper à un déterminisme jugé inquiétant. L'homme serait plus évolué parce que incomplet, inachevé, son sentiment d'insuffisance le poussant à aller de l'avant afin d'acquérir ce qui lui manque (voir le chapitre 22). À considérer certaines espèces animales d'une évidente perfection, ainsi que je l'ai fait dans le cas du léopard[41], on a effectivement tendance à les juger trop bien pourvues : canines, griffes, cerveau avisé connaissant d'emblée les lois de la géométrie, il donne l'impression de n'avoir besoin d'aucune prothèse additionnelle pour chasser, quand nous devons, nous, inventer le fusil, les vêtements, les véhicules adaptés à la chasse ou à d'autres activités. Sous bien des aspects, même si l'on peut y voir un paradoxe, les animaux nous donnent l'impression d'être trop parfaits et nous *merveilleusement* imparfaits. Il y a quelque chose de vrai dans ce jugement, et Descartes ne s'était pas privé de l'émettre. Mais doit-on en conclure, avec lui, que les bêtes sont incapables de faire face à la nouveauté, voire à l'incongruité survenant dans leur environnement ? De cela aussi on doit douter, ainsi que l'exemple de la panthère m'a permis de le montrer. Elle sait se vautrer dans de la bouse d'éléphant avant de partir chasser, un phénomène que j'interprète comme une volonté de masquer son odeur par celle d'une créature inoffensive pour la proie, ce qui suggère qu'elle ne possède pas tout dans sa panoplie originelle, qu'elle-même est incomplète. Je l'ai aussi vue profiter de la présence de ma Land Rover pour se dissimuler aux yeux de ses proies ou en tirer un bénéfice lors d'une confrontation avec une hyène, ennemi héréditaire par excellence, sachant à juste titre – mais le sachant comment ? – que je lui serais favorable et que de moi elle pourrait se rapprocher. La voiture constitue un élément relativement inédit pour elle, mais la panthère est capable de l'interpréter, d'avoir une théorie de la voiture. Certes, cette théorie n'est sans doute pas véritablement conforme aux lois de la mécanique, et je n'imagine pas qu'elle sache quoi que ce soit du moteur à explosion. Mais il en va de même pour la plupart des humains utilisant les techniques modernes : l'individu moyen qui tourne le bouton de son poste radio ignore tout du principe du transistor ; il a pourtant une représentation efficace de ce dispositif : il lui permet d'entendre des informations ou de la musique, interprétation scientifiquement imprécise, mais suffisante pour l'usage qu'il en a.

Non seulement les animaux ne doivent pas être considérés comme des créatures uniquement dominées par leur seul instinct, incapables d'apprendre du nouveau, mais, à l'inverse, ainsi que le notent judicieusement James et Carol Gould : « Plusieurs performances cérébrales qui semblaient typiquement humaines – le langage, par exemple – paraissent dues autant à une programmation innée qu'à un apprentissage[42]. » Où l'on voit que des savoirs instinctifs peuvent être essentiels et que ce n'est pas sur ce terrain, celui de la non-programmation de l'homme, qu'on a le plus de chance de détecter *la* différence absolue. En vérité, l'homme est un animal spécialisé, mais finalement ni plus ni moins que les autres vivants : « Notre spécialisation génétique, écrivent à ce propos les Gould, n'est peut-être pas beaucoup plus élaborée que celle qui donne aux chauves-souris l'aptitude à se diriger par écholocation[43]. »

Inversement, ce que nous ont montré les grands singes élevés au contact de l'homme et tout particulièrement Kanzi, c'est d'abord et surtout leur étonnante capacité à intégrer du nouveau. De ce point de vue, ils ont plus innové que les chercheurs. Ces derniers n'ont pas essayé de parler le bonobo ou de pratiquer ses jeux et ses traditions ancestrales. Ils lui ont offert un keyboard, un ordinateur, des jouets en plastique, des nourritures humaines, sans même évoquer l'environnement immobilier, également spécifique de notre espèce. Et lui s'en est fort bien sorti. Tout comme d'ailleurs l'otarie

Rio, le perroquet Alex ou les geais à gorge blanche de Nicola Clayton. Pourtant, Luc Ferry, partant du principe qu'un Chinois migrant en Allemagne devient un Allemand, s'interroge : « Partout le bonobo ne reste-t-il pas, *pour l'essentiel*, un bonobo, *comme si la nature et non la culture* dictait la quasi-totalité de ses comportements[44] ? » Mais enfin, les humains – y compris les Chinois qui migrent en Europe – ont-ils jamais cessé d'être des humains, et des Chinois lorsqu'ils le sont de naissance ? Et surtout, un bonobo de labo n'est-il pas plus différent d'un bonobo de brousse qu'un Chinois de Chine d'un Chinois d'Allemagne ? Le bonobo, contrairement au migrant asiatique, quitte bel et bien l'univers de son espèce contre son gré pour se retrouver dans le nôtre. Étrange croyance, décidément, que celle, si prégnante, qui nous fait croire que notre espèce, et seulement elle, pourrait en quelque sorte s'extraire du monde réel pour en intégrer, comme par miracle, un autre tout différent et dont la *nature* serait d'être *contre-nature* ! Comme l'écrit Frans de Waal, « il est temps d'en finir avec l'idée très répandue que l'humanité est la seule forme de vie qui soit passée de la nature à la culture – comme si un jour nous avions ouvert une porte donnant sur une vie entièrement nouvelle[45] ».

Vous avez dit art ?

Vu sous le regard du biologiste – mais il va sans dire que rien ne justifie la primauté absolue de son analyse –, l'art fait figure d'énigme. Ne s'agit-il pas, au moins en apparence, d'un comportement « gratuit», biologiquement désintéressé, pour ne pas dire inutile. À cet égard, cette dimension des valeurs humaines diffère singulièrement de celle qui vaut pour la morale : le bien accompli ici pourra être profitable, et on imagine mal une société animale sans aucune règle de conduite sociale, car cela aboutirait à sa perte. Mais l'art ? Certes, la société marchande favorise en ce domaine comme en d'autres un certain mercantilisme, mais chacun reconnaîtra que l'art ne saurait se réduire à cela. Darwiniennement parlant, il semble dénué de raison[46]. Les animaux paraissent sans aucun doute bien pauvres en ce domaine. Mais sont-ils complètement démunis ? Il existe de nombreux exemples naturels de constructions esthétiques : toiles d'araignées, nids de tisserins, formes et couleurs de créatures spectaculairement équipées, etc.[47] On connaît même des animaux ayant des pratiques qui, si elles étaient de notre fait, seraient considérées comme artistiques. Les oiseaux à berceau de Nouvelle-Guinée nous offrent un exemple connu d'expression esthétique. Les mâles construisent des nids en paille bien structurés et vastes, évoquant des huttes, dans lesquels ils accumulent des objets clinquants (des pièces en plastique ou de la verroterie, par exemple) ou beaux en eux-mêmes, tels que des ailes de scarabées ou des fleurs, qu'ils changent d'ailleurs régulièrement. Il s'agit bien sûr pour eux d'attirer une partenaire. Détail intéressant : le décor et la technique varient d'une région à l'autre, de sorte que nous nous trouvons, une fois encore, face à de véritables traditions culturelles[48]. Ajoutons que le jeu de la séduction chez ces oiseaux relève d'un art fort complexe s'élaborant en plusieurs étapes. La stratégie de la femelle varie en fonction de son âge, et le mâle se doit d'avoir plusieurs cordes à son arc s'il veut entrer en compétition avec les autres prétendants, tous artistes accomplis[49] !

On pourra évidemment contester qu'il s'agisse ici réellement d'art. Tout comme on s'opposera peut-être à l'idée selon laquelle les chants d'oiseaux constituent des œuvres musicales authentiques, en dépit de l'admiration que Mozart portait à son étourneau. Mais une approche scientifique de la perception et de la création artistique nous contraint à une analyse des faits objective. Ce talent repose nécessairement sur des compétences, à commencer par celles liées à l'appréciation et la reconnaissance des styles. De ce point de vue, les travaux sur les pigeons « critiques d'art » mériteraient d'être mieux connus. Les expériences menées par Shigeru Watanabe sont pourtant assez fascinantes. Ce chercheur a entraîné des pigeons à reconnaître des peintures de Monet et de Picasso selon un principe bien connu : celui de la récompense pour une bonne réponse, consistant ici à picorer sur la reproduction du tableau qu'il fallait désigner[50]. Les volatiles formés à l'école du maître impressionniste se sont révélés capables de généraliser, désignant de façon correcte les autres tableaux de ce peintre. Ceux dressés à reconnaître du Picasso réussirent également bien. Même face à des reproductions de médiocre qualité, aux contours flous ou en noir et blanc, ils donnèrent la bonne réponse. Plus extraordinaire encore : ils surent établir des associations : Renoir étant classé avec Monet, Braque avec Picasso, etc.

Face à cette capacité du monde aviaire, les performances des grands singes paraissent médiocres. Ne parlons même pas des divers cas de charlatanisme pur et simple, lorsque des « artistes » vendent au prix fort les œuvres d'animaux peignant à peu près n'importe quoi avec leur queue ou avec leurs pattes. On connaît toutefois plusieurs cas de peintres chimpanzés, pour certains célébrés, notamment par l'éthologiste et excellent vulgarisateur Desmond Morris[51]. Rappelons au passage que Picasso lui-même plaça sur un de ses murs une toile du fameux singe Congo. J'avoue ne pas porter une admiration sans bornes aux œuvres qu'il a réalisées, trop abstraites à mon goût. Mais quelques critiques sérieux les ont appréciées. Élément intéressant : elles ne sont pas particulièrement faciles à imiter. Ceux que l'exercice a tentés n'ont produit que des peintures maladroites et dans l'excitation. Rien à voir avec le comportement des chimpanzés peintres qui, eux, restent calmes et concentrés. Autre phénomène fascinant : la récompense (toujours la friandise !) ne constituerait pas la motivation essentielle des artistes primates, puisqu'en les stimulant ainsi on n'a réussi qu'à leur faire produire en toute hâte des œuvres médiocres. Il semble que les chimpanzés peintres aient aussi une idée très claire du moment où ils estiment leur œuvre terminée. Si on la leur arrache des mains avant terme, ils le prennent fort mal. En revanche, une fois achevée, elle ne semble plus guère les intéresser. Ils sont moins nombrilistes que nous.

Il existe aussi des éléphants artistes. On connaît le cas de Siri dont les œuvres avaient impressionné le peintre néerlandais Willem De Kooning (1904-1997). Elle dessinait en tenant un crayon dans sa trompe. Une autre de ses congénères, dénommée Carol, produisit de nombreux tableaux, lesquels ont été vendus un peu partout en Amérique[52]. Une fois encore, s'agissant d'art « moderne », les critères manquent et, sans même évoquer le snobisme assez omniprésent en ce domaine, le spectateur peut ressentir de l'émotion, y compris face à une œuvre d'artiste dépourvu de talent ! Je reste, pour ma part, infiniment plus sensible à la beauté de certains nids d'oiseaux ou d'autres réalisations plus naturelles !

Les musiciens de la nature

La musique constitue une autre forme d'art. Bien des animaux sont musiciens, à commencer par les oiseaux chanteurs. Les baleines à bosse et d'autres cétacés produisent aussi des sons que l'on s'accorde à considérer comme musicaux. On a pu qualifier ces animaux de « compositeurs invétérés », car ils utilisent plusieurs des concepts musicaux humains : rythme, longueur de phrase, structure du chant[53]. De nombreuses espèces de grenouilles, mais aussi des insectes, émettent des sons mélodieux. Autant il est permis de discuter de la valeur artistique des peintures faites par les singes ou d'autres créatures, autant certains chants d'animaux présentent une évidente qualité, y compris pour les musiciens professionnels. On sait ce qu'Olivier Messiaen doit aux oiseaux. Le spectrogramme du chant du troglodyte des canyons évoque un morceau de Chopin. On trouve dans la sixième symphonie de Beethoven des similarités avec les chants de la caille et du coucou, lesquels évoquent respectivement les refrains pour hautbois et clarinette[54]. Mozart, je l'ai dit, admirait le talent de son étourneau auquel il consacra une oraison funèbre en forme de poème, le 4 juin 1787. Recopiant un des fragments musicaux de son volatile, il lui ajoutait un aimable commentaire – « *Das war schön* » (C'était beau !) –, ce qui n'a rien de surprenant car il s'agit quasiment du début de son dernier mouvement du concerto pour piano en *sol* majeur K. 453[55]. Tout porte à croire qu'existe une certaine universalité de la musique, c'est-à-dire une capacité à émettre ou à apprécier des sons d'origines diverses. En tout cas, chez l'homme, cette passion vient de loin, puisqu'on a retrouvé en Slovénie une flûte en os, œuvre des néanderthaliens locaux vivant voici 53 000 ans. Hélas ! on ne dispose pour l'heure que de peu de données portant sur les autres primates. Josh McDermott et Marc Hauser ont certes mis en évidence l'existence de préférences acoustiques chez les tamarins, mais celles-ci diffèrent des nôtres. Ils en déduisent que la musique proprement dite pourrait ne constituer qu'une adaptation évolutive récente[56]. Mais pourquoi ne pas conclure de cette étude la commune existence de préférences acoustiques, en dépit de leurs différences ? En outre, on ne connaît rien des éventuels goûts « musicaux » des grands singes, si ce n'est que contrairement aux souris ils ne chantent pas.

Penser que nous partageons avec d'autres vivants une forme d'inspiration indubitablement artistique n'est pas absurde. La rythmicité musicale pourrait même constituer une potentialité plus fréquente et plus ancienne qu'on ne le croit, si l'on en juge par l'aptitude de plusieurs espèces d'arthropodes. Chacun connaît le cas des grillons ou des criquets. Celui des araignées sauteuses de l'espèce *Habronattus dossenus*, étudiées par Ronald Hoy, un neuroéthologiste de l'université Cornell, étonne plus encore[57]. Le mâle de cette espèce fait la cour à sa femelle par le moyen d'une transmission sismique. Les films réalisés par l'équipe de Hoy nous révèlent un être fascinant, expert en flamenco. Les pattes antérieures donnent sur le sol de véritables coups de tambour et se lèvent en l'air avec un style à faire pâlir un chef d'orchestre. Est-ce de l'art ? On peut en discuter sans fin, mais l'unique certitude est ici que le son émis constitue l'une des clefs du succès de l'araignée, et que son manège a bel et bien pour finalité de plaire à sa partenaire. Regrettons en tout cas que la phylogénie des facultés musicales n'ait guère fait l'objet d'études exhaustives[58], malgré le fait qu'elles se prêtent à des études expérimentales. Du moins semble-t-il clair que de telles facultés ainsi que d'autres compétences cognitives n'ont pas suivi une évolution linéaire, comme poussées par un objectif d'hominisation, puisque, si on les trouve dans des groupes très distincts, elles manquent à nos cousins immédiats, les grands singes, suggérant que notre ancêtre commun en était aussi dépourvu. N'excluons pas pour autant toute compétence de cet ordre chez les primates. Non seulement on a pu apprendre la danse à des chimpanzés, mais les neurophysiologistes ont récemment prouvé l'existence d'un système de représentation de la hauteur des sons dans le cortex auditif du marmouset[59] ; que les ouistitis, singes n'ayant guère l'habitude de fréquenter les concerts, possèdent un diapason cérébral a de quoi étonner. Mais n'oublions pas qu'il s'agit d'animaux qui vocalisent beaucoup pour communiquer. Il paraît raisonnable d'imaginer, d'un point de vue évolutionniste, que ce dispositif neuronal, participant à l'origine aux communications sociales, fut essentiel au développement de nos capacités musicales[60].

Et la philosophie ?

Nul ne saurait définir avec certitude l'outil de mesure de la pauvreté ou de la richesse en monde. Mais on peut parier que Heidegger avait en tête quelque chose en rapport avec sa démarche philosophique. Inutile de dire que, pour ce qui est de la neuropsychologie des concepts philosophiques, on en sait bien peu. La plupart des philosophes s'accorderont à penser que les concepts dont ils font leur quotidien relèvent d'une longue réflexion, faisant elle-même suite à une nécessaire maturation. Ne peut-on, à l'inverse, s'interroger sur la « naturalité » des concepts philosophiques ? Prenons en tout premier lieu conscience du fait que des catégories philosophiquement essentielles comme le « quoi », le « où » ou le « quand » sont représentées dans le cerveau et correspondent à des voies neuronales bien identifiées, en particulier grâce aux recherches de Mortimer Mishkin, pionnier de la neuropsychologie, et de ses nombreux élèves, lesquelles portent sur le singe, donc sur un animal*.

Toujours sur le terrain de la neurophilosophie, les travaux sur l'essentialisme psychologique méritent d'être évoqués. Le concept d'essence constitue à l'évidence l'un des sujets de prédilection de l'échange philosophique. Nous n'entrerons certainement pas ici dans le débat sans fin qui l'oppose à celui de l'être. Depuis l'allégorie de la caverne utilisée par Platon, nul ne saurait ignorer que derrière l'apparence de la chose perçue existe l'idée d'une réalité sous-jacente, invisible mais lourdement chargée de sens. Il semble que le concept d'essence apparaisse très tôt dans l'enfance, entre quatre et six ans, et soit bien antérieur à l'acquisition de connaissances réelles. Cette observation bouleverse l'idée traditionnelle de la psychologie de l'enfance, en ce sens qu'elle fait du petit autre chose qu'un simple penseur concret[61]. Il a dès son plus jeune âge l'idée d'un potentiel inné. Il pense qu'un bébé kangourou élevé par une chèvre saura faire des bonds, même s'il ne voit pas sa mère adoptive sauter comme l'aurait fait sa génitrice. Le petit enfant a l'idée de l'existence de structures sous-jacentes. Face à deux photos très similaires, l'une représentant un chien,

* L'information visuelle parvient au cerveau au niveau de l'aire visuelle dite V1, située dans le lobe occipital. À partir de là, elle est transmise dans d'autres aires. La voie passant par le bas, dans la région occipito-temporale, permet de localiser les objets (donc de répondre à la question « Où ? ») une autre, dorsale, dans la région occipito-pariétale, permet de les identifier (et donc de répondre à la question « Quoi ? »). Une lésion dans le système du « Où ? » se traduit par l'incapacité d'apprécier la position des choses, une lésion dans le système du « Quoi ? » empêche de les reconnaître (Mishkin M., Ungerleider L.G. et Macko K.A., « Object vision and spatial vision : Two cortical pathways », *Trends in Neurosciences,* vol. 6, 1983, p. 414-417).

l'autre un loup, il pense que ces deux animaux diffèrent par des propriétés indétectables sur l'image, telles que l'origine, ou des propriétés internes dont il ignore du reste à peu près tout. Notons que ce concept d'essence, très précocement enraciné, diffère de celui de l'appartenance à une classe, en ce sens qu'il renvoie à l'idée de propriétés sous-jacentes. L'essentialisme se traduit, dès l'enfance, par de nombreuses connaissances : un animal ne peut se transformer en un autre, ou « les chiens ne font pas des chats », etc. Détail intéressant, l'innéisme des petits, plus marqué que chez l'adulte, semble largement répandu dans les diverses cultures. Ainsi, un gamin de cinq ans pense qu'un enfant adopté par une famille possédant un langage différent de celui de ses vrais parents parlera plus vraisemblablement la langue de ses géniteurs. Cet exemple révèle à quel point le nativisme est enraciné dans nos cerveaux, indépendamment de l'apprentissage d'une connaissance réelle. Sans aucun doute, tout cela fait sens. Les animaux sont-ils également essentialistes ? Difficile à dire. On sait qu'ils sont capables de catégoriser[62]. Oiseaux et mammifères ont effectivement l'esprit de catégorie, notamment les pigeons, bien étudiés voici plusieurs décennies par Richard Herrnstein (1930-1994) et d'autres psychologues du comportement[63]. Mais cela ne prouve pas leur aptitude à croire en l'existence de propriétés sous-jacentes. Je la leur prête pourtant volontiers. Rechercher l'existence de phénomènes sous-jacents, comme celle d'une intention cachée, me semble en effet utile à tous les vivants. L'antilope qui voit bouger les herbes a intérêt à disposer d'un outil mental lui permettant de croire en l'existence d'une cause non apparente derrière le phénomène observé ; elle ne voit qu'un végétal, mais elle formule l'hypothèse de la présence du prédateur. Mieux, elle sait que ce dernier est, *par nature*, caché. Dans ce cas, c'est précisément la chose dissimulée qui importe. Je postule donc très volontiers que l'antilope a formulé à son usage son propre mythe de la caverne. Et pour cause : pour elle, l'exercice n'était pas gratuit mais vital. Je conviens que cette construction intellectuelle relève de l'hypothèse. En tout cas, ce que l'on peut déjà affirmer, en prenant connaissance des données sur l'essentialisme psychologique chez l'enfant, c'est que derrière la richesse en monde du philosophe se cache une aptitude mentale tout à fait élémentaire, présente chez des esprits que Heidegger ne pouvait que considérer comme fort pauvres en monde.

15

Sans histoire ?

> *« Il serait absurde de nier que, grâce à une organisation génétique définie, encore aujourd'hui, par l'appartenance à son espèce, l'individu humain se construit et se modifie dans une histoire qui – sauf abandon aux loups – est nécessairement sociale, culturelle, linguistique et affective, poussant là le processus d'individuation à un degré qui n'a pas d'équivalent dans la nature. Bref, qu'il est dans la nature de l'Homme de s'être séparé de la nature, d'être véritablement et définitivement anature. »*
>
> Alain Prochiantz, 2001[1]

« Les animaux sauvages, *a fortiori* les domestiques, n'ont pas toujours été les mêmes ; ils ont présenté tel ou tel aspect, sont apparus dans telle région, à telle époque, et leurs rapports avec les hommes ont fortement changé au fil des millénaires[2]. » Quand Robert Delort publie un livre intitulé *Les Animaux ont une histoire*, c'est pour présenter les bases d'une zoohistoire conçue comme une aventure gouvernée par l'homme ou par les forces qui guident le processus évolutif. Rien donc qui puisse s'opposer aux considérations de tous ceux – biologistes ou philosophes – qui insistent sur le caractère unique de l'historicité humaine. Bien au contraire, puisque cette histoire n'en est une que du fait de l'intervention de l'homme. Il y aurait beaucoup à dire sur les soubassements implicites de ce regard : l'histoire humaine ne serait-elle pas aussi celle d'un façonnement par des contraintes ? Tel soldat promu au rang de héros était-il vraiment libre ou forcé par son commandant de mourir au combat ? Son histoire a-t-elle été le fruit de sa volonté propre ou d'une contrainte ? Et sans doute serait-il naïf de réduire celle des rapports homme-animal aux interactions entre un acteur autonome et un être dépendant. Quoi qu'il en soit, n'évitons pas la question : les animaux ont-ils une histoire indépendante de celle des hommes ?

Une chronique des guerres animales

Ce que l'on sait de leur aptitude à créer des cultures, à les transmettre d'une génération à l'autre, constitue en soi une réponse : la société des macaques japonais a *historiquement* changé depuis le lavage des patates, même si ce changement est peut-être plus chargé de sens pour nous qui l'observons que pour eux qui le vivent. Peut-on déceler d'autres exemples, équivalents aux grands épisodes historiques humains qui font la matière de nos manuels scolaires ? Bien entendu, tout dépend, une fois encore, de ce que l'on met derrière les mots. Mais des guerres animales, on en connaît. L'une des plus fascinantes a été décrite par Jane Goodall chez les chimpanzés de Gombe ; il s'agit de la « guerre de quatre ans » qui éclata en 1974. Les mâles du groupe du nord (huit adultes accompagnés de douze femelles et de leurs jeunes) envahirent à plusieurs reprises le territoire du groupe du sud, moins important (six mâles adultes, un adolescent, trois femelles d'âge mûr et leurs petits). Ils ne formaient auparavant qu'une unique troupe, mais après la scission leurs relations devinrent de plus en plus hostiles, et ceux du nord, désormais connus sous le nom de communauté de Kasakela, se montrèrent belliqueux à l'égard de ceux du sud (baptisés communauté de Kahama). Répliquant à leur agression, Hugh et Charlie, deux mâles sudistes, fonçaient alors vers la frontière, prompts à défendre leur communauté.

Les choses s'envenimèrent progressivement au cours des deux années suivantes, chaque rencontre devenant prétexte à des échanges violents, bien qu'à l'occasion les trois plus vieux mâles s'échangeassent des signaux amicaux. Une année encore s'écoula avant le premier assaut meurtrier mené par la bande de Kasakela. Il a été observé par un membre de l'équipe de Jane Goodall : une patrouille de six mâles nordistes détecta la présence du jeune mâle Godi, de la tribu adverse. Les agresseurs approchèrent en silence, sans se faire repérer par leur future victime. Quand Godi perçut le danger, il prit la fuite. Trop tard : Humphrey, Figan et le poids lourd Jomeo fonçaient sur lui, épaule contre épaule. Humphrey fut le premier à l'atteindre, l'attrapant à une jambe. Il roula sur lui, bientôt rejoint par Figan, Jomeo, Sherry et Evered. Humphrey cloua son ennemi au sol, s'asseyant sur sa tête et lui tenant les jambes avec ses mains. Godi ne pouvait fuir. Rodolf, le vieux mâle de Kasakela, lui infligea des morsures sur tout le corps. La frénésie meurtrière fut terrible et la pauvre victime laissée dans un pitoyable état. Godi périt certainement de ses blessures car on ne le revit plus.

Durant les quatre années suivantes, quatre autres assauts furent observés. La deuxième victime fut le jeune mâle Dé, méchamment blessé par Jomeo, Sherry et Evered, associés à la femelle Gigi. On ne le revit plus. Puis vint le tour de Goliath. Ce fut l'événement le plus tragique pour Jane Goodall : c'était son vieil ami, le deuxième chimpanzé à avoir accepté sa présence à ses côtés. Jadis, il avait régné sur la colonie ; il était encore courageux, et on ne sait pas très bien pourquoi il avait pris le parti du sud car il comptait des amis nordistes. Il était vieux et fragile quand ses cinq agresseurs, Figan, Faben, Humphrey, Satan et Jomeo se jetèrent sur lui. Émilie, l'étudiante, a tout vu. Elle a expliqué comment les agresseurs avaient attaqué pour tuer, tentant même de le démembrer comme ils le font pour les colobes, petits singes vivant dans la même forêt et qu'ils dévorent parfois. Plus tard, Émilie a retrouvé les agresseurs, dans un grand état d'excitation. Terriblement blessé, Goliath parvint à s'asseoir, il vit partir ses anciens compagnons devenus ses assassins, puis il disparut à jamais dans la forêt. Il ne restait alors plus que trois mâles sudistes : Charlie, Sniff, désormais sorti de l'adolescence, et Willy Wally, ancienne victime de l'épidémie de polio de 1966. Bientôt viendrait le tour de Charlie. Nul n'assista à l'agression, mais des pêcheurs entendirent les cris de guerre et son corps fut retrouvé plus tard. Le sort des survivants était scellé, mais pour Jane Goodall le choc fut plus terrible que prévu. La prochaine victime ne devait pas être un mâle, mais une femelle, la vieille Madame Bee. « Je suppose, écrivit la primatologue, que j'aurais dû être préparée à cela, connaissant les brutales attaques sur les étrangères. Mais Madame Bee n'était pas une étrangère, et je pensais qu'une fois éliminés tous les mâles rivaux, ceux de Kasakela essaieraient de reprendre les trois femelles passées à l'ennemi[3]. » Elle aussi fut attaquée par surprise ; elle parvint à se glisser dans les fourrés, et les chercheurs ne la retrouvèrent que parce que sa fille adolescente se trouvait non loin d'elle dans un arbre. L'équipe de Jane Goodall ne put rien faire pour elle : on lui apporta de la nourriture et de l'eau, mais elle n'absorba pas grand-chose. Madame Bee périt quatre jours plus tard. Willy Wally disparut ensuite. Pendant un an, il ne resta que Sniff, confiné dans une toute petite zone sableuse entre la communauté de Kasakela et celle de Kalande. Jane Goodall a écrit son espoir de le voir rejoindre cette deuxième troupe ou de trouver un lopin de terre sûr. « Il était si jeune et si aimé[4]. » La primatologue l'avait vu grandir ; elle avait été touchée quand, après la mort de sa mère, il avait adopté sa jeune sœur de quatorze mois. Mais Sniff non plus ne fut pas épargné. Ce fut la fin de la communauté de Kahama. On vit encore parfois les deux femelles restantes avec leurs petits, puis elles disparurent à leur tour.

Entre la mort de Godi en 1974 et celle de Sniff en 1977 s'étaient écoulées les années les plus noires de l'histoire de Gombe. La saga de ce groupe, que Jane Goodall avait si bien connu, ne devait pas en rester là. La disparition de tous les sudistes laissa un vaste territoire au clan de Kasakela : plus de quinze kilomètres carrés contre douze auparavant. Ils avaient gagné la bataille et conquis un nouvel espace. Mais, comme dans les guerres napoléoniennes, au prix de contraintes supplémentaires et de nouveaux défis. L'invasion mit le groupe en contact direct avec ceux de Kalande, une communauté puissante. Les rencontres avec ces voisins devinrent conflictuelles. Deux mâles disparurent : Sherry et le vieil Humphrey. On ne sait pas pourquoi avec certitude, mais probablement à cause de conflits territoriaux. Deux femelles, vivant plus ou moins à l'écart au sud, disparurent aussi. Ne comptant, en 1981, plus que cinq mâles adultes, la communauté de Kasakela perdit alors du terrain au sud, mais aussi au nord, face au clan Mitumba. On pouvait craindre le pire. Quatre mâles kalandeites arrivèrent ensuite aux abords du camp pour attaquer

Melissa et son enfant, sans parvenir à les tuer. Quelques semaines plus tard, les gardes entendirent ceux de Kalande crier au sud du camp et ceux de Mitumba leur répondre au nord. Ceux de Kasakela n'osaient plus répondre ; ils ne venaient même plus manger les excellents fruits au bord du cours d'eau, de peur que le bruit du courant ne les empêche de percevoir la venue de leurs ennemis. Mais heureusement pour eux, les quatre jeunes mâles du groupe prirent des forces : Mustard, Atlas, Beethoven et Freud n'auraient sans doute pas pesé lourd en cas d'attaque, mais ils pouvaient lancer de bruyants appels et donner l'illusion d'une communauté plus puissante qu'elle n'était en réalité. Les patrouilles des mâles de Kasakela reprirent alors au sud, à Kahama, et au nord, au-delà de Rutanga. Ce fut le *statu quo*. Pendant quelques années. Car les Kasakela devaient faire encore parler d'eux plus tard.

Gombe avait connu l'horreur. Il y eut aussi les cas d'infanticide. La xénophobie des grands singes fut si terrible que même des femelles en furent victimes. L'une d'entre elles donna tous les signes de la soumission, elle tendit la main pour effleurer l'un des mâles. Il s'écarta aussitôt, prit une poignée de feuilles pour se laver la fourrure là où il l'estimait souillée par la main étrangère. La femelle fut attaquée et son enfant tué. Quand ils furent commentés de par le monde, ces horribles incidents eurent partout pour effet de rendre les chimpanzés plus proches de nous : eux aussi avaient ces mœurs terribles que nous pensions exclusivement humaines. Et souvent Jane Goodall se réveille la nuit avec l'image de ces (ses) chimpanzés buvant le sang de leurs victimes. Oui, ils sont vraiment très humains ! Et ils ont continué à l'être plus récemment : en 1993, les mâles de Kasakela ont tué et mangé l'enfant d'une femelle mitumba ; en 1998, ils ont capturé deux petits de Kalande, l'un parvint à s'évader mais l'autre fut assassiné et dévoré ; la même année, ils ont attaqué un mâle adolescent de Kalande, laissé très sévèrement blessé, et en 2002, le corps d'un mâle adolescent mitumba a été retrouvé après une incursion des Kasakela[5].

La guerre, mais aussi la révolution : les animaux n'ignorent pas ces bouleversements sociaux. Relativement stables, leurs sociétés sont aussi le théâtre de contestations. Dario Maestripieri les a décrites dans le cas de son espèce favorite, celle des macaques rhésus. En s'alliant entre elles, des lignées familiales peuvent se rebeller contre l'ordre social dans lequel elles vivent et détrôner leurs dominants, qui chutent alors parfois jusqu'à atteindre le bas de la hiérarchie[6]. L'existence de cette éventualité nous révèle que les vivants non humains savent aussi ne pas accepter l'ordre établi et que la révolte n'est pas le propre de notre espèce !

Que les guerres animales nous soient longtemps restées inconnues ne prouve encore une fois que notre incapacité à les détecter, nullement leur absence. Comme dans le cas de l'infanticide, longtemps insoupçonné avant les travaux sur les lions et retrouvé ensuite dans bien des espèces, les coalitions criminelles et guerrières ne relèvent sans doute pas de l'exception. On les a mises en évidence dans d'autres tribus de chimpanzés[7], au sein d'autres espèces, y compris chez les aimables capucins[8], les loups, etc. Tout porte à croire qu'il existe une évolution biologique des guerres et des comportements qui les sous-tendent[9]. Nous n'avons pas, en tant qu'espèce, le monopole de l'horreur dans ses développements historiques.

Même en l'absence d'un Homère pour en raconter les épisodes en les enjolivant, les chimpanzés et les autres animaux ont une histoire. Et celle-ci ne se limite pas aux relations qu'ils ont entretenues avec nous. Mais cela les change-t-il en profondeur ? Ont-ils connaissance d'une forme quelconque d'*évolution* historique ?

Paix chez les babouins

Nabuchodonosor ? Bethsabée ? Ne les cherchez pas au Moyen-Orient ou dans la Bible. Ce sont des babouins, quelques-uns de ceux qu'étudie Robert Sapolsky au Masai Mara, dans la zone la plus riche en faune du Kenya. Sapolsky est un drôle de chercheur. Allure de hippie de la bonne époque, mais rien à voir avec un marginal. Il enseigne à Stanford, où il travaille sur le stress et la thérapie génique de maladies neurologiques. Réputé pour ses expériences en laboratoire, il est aussi un homme de terrain qui a suivi les troupes de babouins olive depuis plusieurs décennies. Ce qui lui a permis de réaliser l'une des plus étranges découvertes de toute l'histoire de l'éthologie. L'affaire remonte au début des années 1980. Les soixante-deux singes de la troupe dite de la forêt vivent alors à un kilomètre d'un *lodge* pour touristes. Certains de ses membres vont fouiller dans les poubelles, où ils rencontrent les concurrents de la troupe dite des éboueurs, qui s'efforcent de leur bloquer l'accès. Les mâles s'affrontent. Parmi ceux du clan de la forêt, seuls les plus agressifs osent se nourrir dans cette zone conflictuelle. Résultat : quand, en ce lieu, éclate en 1983 l'épidémie de tuberculose bovine, eux seuls en meurent. Restent les subordonnés, les femelles et leurs petits. Dès lors, tout change chez les babouins ; les plus teigneux disparus, la hiérarchie se relâche, affection et épouillage mutuel remplacent morsures et menaces. Un nouveau type de société émerge, bien différent de celui décrit par des générations de chercheurs à travers la savane africaine. Nul, à vrai dire, n'avait jusqu'alors songé à décrire chez ce peuple quelque goût que ce soit pour les mœurs pacifiques ! Le plus extraordinaire ne tient pourtant pas à cette mutation sociale, mais à sa pérennité. Deux décennies plus tard, Sapolsky fait le point sur la destinée de la troupe de la forêt. Les animaux ne sont plus les mêmes. Il y a eu de nouvelles naissances et, surtout, les mâles survivants ont été remplacés par de nouveaux venus. Or le pacifisme est resté de mise chez ces primates. Moralité : les immigrants se sont vu enseigner les mœurs policées de la tribu ! Et l'étude physiologique du petit peuple des babouins témoigne de la diminution de l'état de stress : les niveaux hormonaux ne laissent place à aucune ambiguïté à ce sujet. Même les individus occupant les positions les plus subalternes vivent dans un certain état de quiétude, alors qu'ils servent habituellement de souffre-douleur[10] !

Il est donc possible de manipuler agressivité et tension sociale. Frans de Waal l'avait déjà montré par des expériences sur deux espèces de macaques. Le rhésus est connu pour son tempérament querelleur et violent ; celui dit à face rouge pratique plus volontiers, après les conflits, la réconciliation par le biais d'un comportement qui consiste à se prendre par les hanches. Quand on mélange les deux espèces, les faces rouges dominant les rhésus, ces derniers adoptent des mœurs plus policées et, après quelque temps, tous les jeunes des deux espèces vivent, dorment, jouent et s'épouillent gentiment ensemble[11] !

Les primates ne sont donc pas des créatures mues uniquement par un instinct stéréotypé. Les babouins du Kenya prouvent qu'eux aussi peuvent évoluer. Voilà de quoi jeter un regard nouveau sur la théorie de l'anthropologue Maurice Godelier, selon lequel seul l'homme peut produire et transformer le social[12]. Même si Robert

Sapolsky reconnaît ne pas savoir ce qui s'est passé, les faits sont là. Une culture nouvelle a émergé. Ce qui montre que ces singes peuvent changer, apprendre. Mais cela, à dire vrai, on le savait déjà. L'essentiel tient à la transmission de cette culture nouvelle à travers les générations et les populations immigrantes. Elle distingue ces peuples singes-là des autres peuples de la même espèce. Reste à savoir si nous pouvons en tirer une morale. En tout cas, Frans de Waal espère que les humains sauront se comporter avec autant de sagesse que les babouins de Sapolsky[13].

Des révolutions culturelles ?

Guerre et paix : sans doute restons-nous là sur le terrain de mœurs finalement très bestiales. Que dire de la culture ? Nous avons déjà donné plusieurs exemples d'évolutions culturelles qui traduisent celles de sociétés animales riches en pouvoir créatif (voir le chapitre 14). L'histoire des macaques du Japon est bien documentée. Les primatologues font ici fonction d'historiens. Mais elle n'est pas unique. Nombre d'événements culturels datés signent des évolutions significatives. Prenons l'exemple des baleines à bosse. Les mâles chantent durant les migrations sans qu'on sache très bien si leur but est d'attirer les femelles ou d'éloigner les concurrents. Les populations des divers océans de la planète produisent des chants distincts. Michael Noad et ses collègues australiens ont étudié avec précision les chants des baleines à bosses entre 1995 et 1998 du côté de la Grande Barrière de corail, en consacrant à cette tâche pas moins de mille cinquante-sept heures d'enregistrement ; ils ont ainsi observé un premier changement en 1995 et 1996. Deux animaux sur quatre-vingt-deux chantaient alors quelque chose de complètement nouveau. En 1997, le refrain avait fait des adeptes : la plupart des cent douze chanteurs émettaient soit l'ancien, soit le nouveau chant ; trois d'entre eux produisaient une version intermédiaire intégrant des éléments de l'un et de l'autre. En 1998, seul le nouveau chant subsistait. Noad et ses collaborateurs évoquent à ce propos une « révolution culturelle chez les baleines[14] ». Les cultures évoluent, les techniques animales aussi. On peut même envisager l'existence d'une véritable coévolution entre l'homme et certaines autres espèces animales. John Marzluff et Tony Angell, qu'émerveille à juste titre le grand talent des corvidés, le pensent à propos de ces animaux. Les travaux de Nathan Emery et Nicola Clayton ont permis de déceler chez ces sujets un phénomène d'évolution convergente qui les rapproche des grands singes. Marzluff et Angell croient à une coévolution culturelle aux origines anciennes puisqu'on trouve des corbeaux peints sur les parois de Lascaux. Ces oiseaux auraient activement observé nos activités, notamment les transformations provoquées par la révolution agricole, et se seraient adaptés culturellement afin de profiter au mieux de notre voisinage[15].

Jusqu'où va cette historicité des animaux ? Nul ne saurait le dire avec certitude. Mais soyons sûrs qu'elle n'a pas fini de nous étonner. Je n'exclus même pas que des espèces très éloignées de nous sur le plan phylogénétique aient une forme ou une autre d'historicité. Voilà pourquoi, si j'apprécie grandement l'œuvre du neurobiologiste Alain Prochiantz, je ne partage pas son jugement selon lequel « les invertébrés ont pour caractéristique principale d'être de presque pures machines génétiques. Cela veut dire en clair que, dans leur adaptation, ce qui relève de l'histoire se limite essentiellement à l'histoire des espèces et que les individus n'ont pas d'histoire, ou si peu, que nous pouvons les considérer, à l'intérieur d'une espèce, comme des clones ou des quasi-clones[16] ». Il existe certes une histoire de l'espèce, mais aussi autant d'histoires individuelles qu'il y a de bêtes.

16

Sans droit ?

« Le [...] pas qu'accomplit la raison, achevant d'élever l'homme au-dessus de la société avec les animaux, résida dans le fait qu'il comprit [...] qu'il était au fond la fin de la nature et que rien de ce qui vit sur terre ne pouvait entrer en concurrence avec lui sur ce point. La première fois qu'il dit au mouton : "La peau que tu portes, la nature ne te l'a pas donnée pour toi, mais pour moi", qu'il la lui retira et s'en revêtit, [...] il prit conscience d'un privilège qu'il avait, en raison de sa nature, sur tous les animaux, qu'il ne considéra plus désormais comme ses compagnons dans la création, mais comme des moyens et des instruments dont sa volonté peut disposer. »

Emmanuel Kant, 1786[1]

Pour Kant, les choses sont claires : il existe des personnes et des choses. Chacune de ces catégories possède un statut moral particulier. Les animaux n'étant pas des personnes, ils sont, par nature, soumis au bon vouloir de l'homme.

Pour ne pas offenser la dignité… humaine

Le philosophe de Königsberg enseigne avec le talent, ou la lourdeur, qui le caractérise. D'autres fonctionnent sur un registre plus rugueux mais aboutissent à un même résultat brut : de l'animal l'homme peut disposer à son gré. Au fil des années et des changements de sensibilité, la situation a évolué, le plus souvent dans le sens d'une moindre cruauté. Mais au nom de quel principe ? S'agit-il de défendre la dignité de l'animal victime ou de protéger l'homme contre le spectacle de la cruauté ? La réponse à cette question ne souffre guère d'ambiguïté : dans l'esprit de la loi Grammont du 2 juillet 1850, c'est bien l'humain qui constituait la mesure de toute chose. De sorte que la cruauté contre la bête était punissable pour la seule raison qu'elle offensait la dignité humaine. L'animal n'avait de droit qu'indirectement. Parce que l'homme le voulait bien, parce qu'un spectacle pénible le gênait. Comme si l'observateur était ici plus à plaindre que la victime ! Désormais, les animaux sont aussi protégés « pour eux-mêmes ». Depuis le 7 septembre 1959, les créatures maintenues en captivité le sont également contre le mal qui peut leur être infligé en privé. La loi du 12 novembre 1963 va plus loin en instituant un délit de cruauté, tandis que celle du 10 juillet 1976 affirme : « Tout animal est un être sensible devant être placé par son propriétaire dans des conditions compatibles avec les impératifs biologiques de son espèce[2]. » Par ailleurs, le Conseil de l'Europe a organisé des conventions sur la protection animale, dont celle de 1987, ratifiée par la France le 11 mai 2004. En outre, certaines législations, comme la Constitution suisse, proclament que « les êtres vivants doivent être respectés et ménagés au nom de leur valeur intrinsèque[3] » ; mais la Constitution suisse postule également que l'homme reste prioritaire. En clair, si la chose est bénéfique pour lui, il peut disposer de l'animal.

En France, la juriste Sandrine Hannedouche décèle un « dépérissement de la théorie de l'animal-chose » dans l'évolution du Code pénal, en dépit de quelques séquelles. Elle estime que le droit évolue vers « la reconnaissance d'une personnalité des animaux », en particulier dans la mesure où le texte réprime pour la première fois les actes du « propriétaire ». L'animal se trouve ainsi directement protégé pour lui-même, et non pas seulement le droit de propriété : « L'hypothèse de la personnification des animaux, considérablement renforcée par le nouveau Code pénal, s'est dorénavant suffisamment imposée pour qu'il soit raisonnablement concevable que notre droit généralise la reconnaissance d'une personnalité propre de l'animal, donnant ainsi toute son ampleur à sa protection en tant qu'être sensible[4]. »

La Déclaration universelle des droits de l'animal

Les choses changent donc lentement, mais sans que se trouve vraiment reconnue une notion de personnalité animale pleine et entière. Celle-ci a été réclamée par plusieurs écrivains et philosophes. Outre Montaigne et Schopenhauer, défenseurs de l'animal, il convient de mentionner à ce propos les noms de Jeremy Bentham, André Géraud (1882-1974), Henry S. Salt (1851-1939), Georges Heuse, Peter Singer, Tom Regan, Georges Chapouthier, Jean-Claude Nouët… Leurs efforts, pas toujours sous-tendus par une philosophie ou une idéologie identiques, ont abouti à l'élaboration d'une Déclaration universelle des droits de l'animal, laquelle subit des rédactions successives débouchant sur une proclamation officielle le 15 octobre 1978, dans la grande salle de l'Unesco. L'article premier de ce texte affirme : « Tous les animaux ont des droits égaux à l'existence dans le cadre des équilibres biologiques. Cette égalité n'occulte pas la diversité des espèces et des individus. » Le but est d'assurer la défense de l'animal par la reconnaissance de sa « personnalité juridique[5] ». Cette proclamation tire sa force, mais aussi peut-être sa faiblesse, de son évidente résonance avec la Déclaration universelle des droits de l'homme de 1789. D'où, sans doute, une certaine ambiguïté : les humanistes y seront, par nature, à la fois sensibles pour la forme de compassion qu'elle exprime, et hostiles dans la mesure où cette dernière doit, selon eux, être réservée à l'homme. À l'inverse, les non-humanistes s'irriteront de cette reprise et n'apprécieront pas ce besoin d'établir la dignité animale sur un modèle humain. Ma propre sensibilité me situe dans cette mouvance : je ne souhaite pas fonder la dignité des bêtes sur le fait qu'elles seraient *un peu* comme l'homme (mais en moins bien). Tout au contraire, leur grandeur réside dans leur originalité. Ce n'est donc pas avec enthousiasme que je vois se dessiner cette évolution, même si j'en approuve les motivations.

Par-delà la philosophie juridique en vigueur, les réglementations vont dans le sens d'une prise en compte de la condition animale, notamment celle de l'animal de laboratoire. Lorsqu'il s'agit de primates, singulièrement d'anthropoïdes tels que le chimpanzé, la situation est plus nette encore. Si on admet, avec le généticien américain Morris Goodman et quelques autres (voir le chapitre 18), que les chimpanzés méritent d'être rangés dans le genre *Homo*, ce qui ferait d'eux des hommes, il tombe sous le sens qu'ils doivent avoir des droits. Comme nous.

Des droits pour les chimpanzés ?

Quand on pense à ces primates, on songe aussitôt à l'une des grandes dames de la science : Jane Goodall, la plus prestigieuse de toutes celles qui nous ont mieux fait connaître le monde animal. La recherche lui doit beaucoup ; elle fut l'une des premières femmes à étudier les animaux dans leur milieu naturel. Elle a vécu avec les chimpanzés. Elle a appris à les connaître, pas seulement à les aimer.

Jane Goodall a reçu toutes les consécrations. Quand on l'interroge, cette femme d'action et de convictions répond avec un grand calme. Bien sûr, je lui ai demandé ce qu'elle pensait de l'éventuelle révision d'une classification des primates mettant ses amis dans le genre *Homo*. « Sur le plan scientifique, m'a-t-elle confié, je pense que cela se justifie. Mais je suis plus prudente, car je crois qu'il ne faut choquer personne. » Son souci ? Surtout ne pas « brandir le chiffon rouge devant le taureau ». Dans les faits, sa prudence se justifie essentiellement sur le territoire américain, où militent encore des mouvements favorables à une idéologie créationniste. Sur le fond, Jane Goodall affirme avec force la parenté de l'homme et des grands singes. Quand, au sujet de ces derniers, je lui ai demandé : « Ont-ils des droits ? », sa réponse a fusé, aussi ferme que calme : « Oui, ils ont des droits fondamentaux comme ceux qu'on applique aux humains, car ils sont si proches de nous. Et pas seulement par la structure de leur corps, de leur ADN, ou de leur système immunitaire. Mais parce qu'ils partagent avec nous des capacités intellectuelles et, plus important encore, émotionnelles. » Ou, pour le dire autrement : « Ils sont capables de souffrir mentalement et pas seulement physiquement. »

Alors que reste-il à l'homme ? L'anthropologue Elizabeth Watson, qui présentait voici quelques années des arguments en faveur de l'intégration des chimpanzés dans le genre *Homo*, a énuméré nombre de découvertes, souvent dues à Jane Goodall, qui révèlent que « la plupart des caractéristiques que l'on croyait purement humaines se retrouvent à un certain degré au moins chez les grands singes : la conscience de soi, l'aptitude au langage, l'usage d'outils, la résolution de problèmes, la guerre ou encore une société complexe[6] ».

La vraie différence ? C'est peut-être qu'on parle souvent de droits de l'homme mais pas fréquemment de droits du singe. Qu'aux peuples primates nous ayons fait grand tort, nul ne saurait de bonne foi le nier. Mais la repentance ne sert à rien. Mieux vaut se préoccuper des menaces qui subsistent et, pis encore, qui s'amplifient. Surtout dans leur milieu de moins en moins naturel, qui coïncide pour leur malheur avec le centre de gravité de la folie africaine, là où les guerres civiles succèdent aux génocides. En forêt tropicale, les singes constituent des aliments ou des monnaies d'échange. Dans des marchés à peine clandestins se vendent des créatures au bord de l'extinction, ce qui est le cas de 40 % des 234 espèces de primates. Le drame s'étend avec la déforestation. Pas seulement parce qu'elle détruit leur milieu naturel, mais aussi parce qu'elle amène des populations au cœur de lieux où n'existe évidemment ni culture, ni élevage. Des braconniers ont alors beau jeu de proposer aux travailleurs de ces chantiers le fruit de leurs chasses illicites. Au Congo, on a évalué à plus de 8 200 animaux sauvages, soit 124 tonnes de viande, la consommation annuelle d'un camp de 600 bûcherons. Et ne parlons pas des abattages pratiqués par les rebelles confinés dans la clandestinité. De cela les bonobos font tout particulièrement les frais, puisque le seul parc national censé les protéger, celui de Salonga au sud de Lomako, a été régulièrement sillonné par les braconniers et les déserteurs, tous lourdement armés. Cela n'a rien de marginal : au Gabon, on estime que 50 % de la viande vendue sur les marchés vient des chasses en brousse, et que 20 % du total est constitué de primates. Au Cameroun, on tuerait ainsi annuellement 800 gorilles (sur un effectif de seulement 3 000) et 400 chimpanzés, des chiffres qui s'inversent au Congo : 3 000 chimpanzés abattus pour 600 gorilles. À cette forme d'anthropophagie s'ajoute le drame de la collecte des petits destinés à la captivité : pour les prendre, il faut abattre les mères. Dans le cas du chimpanzé, on estime que pour chaque petit qui parvient vivant en Europe dix autres ont été tués.

On ne saurait placer ces drames sur le même plan que celui de l'expérimentation faite dans les laboratoires de recherche – par exemple, dans le cadre de la mise au point de vaccins, contre le sida notamment. La cruauté n'y existe pas, et la noblesse de la finalité interdit de justifier le terrorisme proanimal qui a fait son apparition ici ou là. Mais on ne doit pas non plus évacuer quelques considérations d'importance, à commencer par le fait que la mise au point de certains médicaments, si on les testait sur les grands singes, impliquerait la disparition d'une partie considérable de leur population. Inversement, le fait que les chimpanzés ne développent pas le sida les a rendus moins intéressants pour ceux qui travaillent sur des projets de vaccin contre cette maladie. Ce qui pose la question du sort des bêtes « stockées » à cet effet.

Dieu merci, sur ce terrain, la prise de conscience paraît manifeste, puisqu'aux États-Unis un rapport officiel[7], publié voici quelques années, a préconisé le déblocage d'un fond de 100 millions de dollars pour créer de nouveaux sanctuaires à leur intention. On voudrait désormais assurer à tous ces valeureux primates, serviteurs de la science, voire spationautes, une retraite digne. Mais il faut savoir que ces créatures vivent quarante à quarante-cinq ans, ce qui suppose des frais de maintenance non négligeables. Voilà pourquoi, de la décision théorique à la pratique, le pas n'a pas encore été franchi. S'ajoutent à cela les protestations, déjà vives en Amérique du Nord, des humains riverains des établissements pour vieux singes retraités infectés par le virus du sida. Que faire des survivants ? Les euthanasier ? Solution rejetée, car jugée non conforme à l'éthique. Il ne reste dès lors qu'à leur offrir le droit à la retraite. Des chimpanzés de l'US Air Force et de la NASA ont été désignés comme les premiers bénéficiaires de cette mesure, qu'on peut qualifier d'humanitaire dès lors qu'elle s'applique à des *Homo*. Jane Goodall m'a néanmoins fait part de son inquiétude : des animaux promis à la retraite avaient, en fait, été confiés à un institut de toxicologie. Et puis la décision ne suffit pas. Il faut l'appliquer et, pour cela, l'argent manque. Certes, aux États-Unis, il devrait être facile de trouver des terrains pour héberger les vieux singes, mais pas forcément les fonds. En outre, on ne peut confier cette tâche à de vieilles personnes bien intentionnées. Il faut des experts ! L'affaire s'annonce d'autant plus ardue que ces retraités de la science devront faire l'objet de soins, notamment d'ordre psychiatrique, beaucoup d'entre eux ayant souffert d'une séparation précoce d'avec leur mère, de mauvais traitements, d'isolation sociale, etc. Ils présentent d'ailleurs de multiples signes pathologiques : automutilations, stéréotypie et comportements compulsifs, etc. Le traitement suppose un enrichissement environnemental mais sans doute aussi une psychopharmacothérapie : les inhibiteurs sélectifs de recapture de la sérotonine et d'acétylcholinestérase ont déjà été suggérés pour traiter leurs syndromes dépressifs et leur déclin cognitif[8].

Certes, des perspectives se font jour pour les grands singes vedettes – dans la lignée de Kanzi et Panbanisha –

invités à Des Moines, dans l'Iowa. Mais le sort des primates stars risque de ne pas se confondre avec celui de leurs congénères moins illustres. Autant dire que tout n'ira pas de soi pour caser les mille chimpanzés yankees* retraités et les accompagner jusqu'à la fin de leur existence. Chimp Haven, le sanctuaire américain, a ouvert ses portes pour ses premiers résidants (Rita et Teresa) en avril 2005 ; il en abrite plus de cent et devrait en héberger le double. Fort heureusement, nombre de bonnes volontés s'activent. Le Jane Goodall Institute possède une ferme au Canada où des chimpanzés bénéficient d'une retraite dans une relative liberté. Des problèmes similaires se posent en Europe ; là aussi, assurer aux serviteurs de la science une digne fin de vie n'a rien de simple, ainsi que l'illustre la difficulté à faire bénéficier les chimpanzés néerlandais infectés par divers virus des conditions prévues à leur intention en Espagne : les habitants du cru n'apprécient guère l'idée de côtoyer ces pestiférés[9] ! Toutefois, même si beaucoup de problèmes subsistent – difficulté de faire bouger l'organisation de la recherche médicale, disparition des forêts en Afrique –, les choses changent. Ou plutôt, comme le dit Jane Goodall,

* Le nombre de chimpanzés disponibles pour la recherche biomédicale aux États-Unis est actuellement en déclin et devrait se réduire encore en l'absence de programmes de reproduction de cette espèce en captivité. Évalué à 1 494 en 1997, il était de 1 171 le 1er avril 2005. Les projections pour l'avenir prévoient un effectif de 792 à la date du 1er avril 2010. Les scientifiques s'émeuvent de cette situation, d'autant plus que le décodage de son génome rend cet animal encore plus intéressant pour la recherche. Il faut en outre savoir que, s'il devait se révéler utile pour des travaux sur des maladies infectieuses (ce fut le cas dans la lutte contre les hépatites, mais pas dans celle contre le sida), le temps pourrait manquer pour reconstituer une population captive suffisante de cette espèce (J.L. VandeBerg et S.M. Zola, « A unique biomedical resource at risk », *Nature*, vol. 437, 2005, p. 30-32).

« ce sont les attitudes qui changent et cela surtout est essentiel ».

Cette modification, la publication du *Chimp Genome* (le génome du chimpanzé) en septembre 2005 l'a démontrée d'éclatante façon. À côté d'articles relatifs au décodage de la séquence génétique, de nombreux autres, parus dans le même numéro de la revue *Nature*, ont été consacrés aux problèmes moraux liés à la recherche médicale sur cet émouvant animal doué de raison[10]. La contribution princeps elle-même évoque nos obligations éthiques à l'égard de ce cousin, soutient les positions en sa faveur et déplore que ce fantastique événement scientifique survienne en un moment où l'on craint la disparition de cet animal dans la nature[11]. Plusieurs autres chercheurs, parmi les plus prestigieux, insistent sur ce point[12]. On a vu alors se manifester des préoccupations en tous points similaires à celles relatives à notre espèce[13] : les études sur les grands singes devraient suivre les principes éthiques qui ont été adoptés pour les humains incapables de donner un consentement éclairé (mais qui leur servira d'avocat ?), ce qui reviendrait à les considérer comme des personnes et non comme des objets ; l'euthanasie doit être exclue comme moyen de contrôle des populations, mais pas forcément dans un but « humanitaire* » ; leur potentiel

* On notera l'ambiguïté du propos au travers du vocabulaire employé. Dans leur article sur l'éthique de la recherche sur les grands singes, Pascal Gagneux et ses collègues évoquent de la même façon la possibilité de « tuer humainement » les primates atteints de souffrances incurables (Gagneux P. *et al.*, 2005). L'expression se comprend de deux manières différentes, selon qu'on veut dire que l'expérimentateur doit se comporter de façon humaine ou qu'il faut traiter le malade animal « humainement », c'est-à-dire « chimpanzément ». On retrouve ici la substance de la question juridique adaptée à l'animal ; à savoir, doit-on le défendre pour lui-même ou pour ne pas offenser la dignité humaine ?

génétique ne doit pas être modifié, ce qui signifie, en pratique, qu'on ne peut créer des chimpanzés transgéniques comme on fabrique des souris transgéniques porteuses de gènes d'autres espèces, notamment humains. L'élément le plus important à mes yeux tient ici au fait que la communauté des spécialistes impliqués dans la recherche génétique sur cet animal adhère de façon délibérée à une telle politique, source de contraintes pour leurs travaux[14].

Que conclure ? Gardons-nous des considérations juridiques étroites ou de déclarations planétaires ne servant parfois qu'à la publicité de ceux qui les font. Le mouvement actuel va clairement dans le sens d'une plus grande reconnaissance de la dignité des grands singes, ainsi que l'atteste la résolution adoptée en juin 2008 par le Parlement espagnol qui leur reconnaît des droits inaliénables. Si bien des divergences subsistent quant au fond[15], l'évolution en cours laisse néanmoins présager quelques points d'accord susceptibles de faire l'unanimité :

• Il ne semble plus admissible de manger de la viande de singe, et tout particulièrement de grands singes, tels que les chimpanzés ou les gorilles. Bien entendu, pour être applicable, cette règle doit s'accompagner de mesures efficaces : obligation faite aux compagnies de déboisement de nourrir leurs bûcherons, création d'orphelinats de primates à la sortie des villes (ceux qui les visitent se disent incapables de tuer de nouveau ces animaux par la suite), recyclage des braconniers doués comme gardes rémunérés, etc.

• On a le droit d'utiliser des primates pour faire de la recherche, parce que la finalité en est noble (elle autorise d'ailleurs le travail sur l'espèce humaine elle-même). Toutefois, cette recherche ne pose pas moins mais *davantage* de problèmes éthiques que celle menée sur l'humain, car on la poursuit sur des êtres incapables de fournir un consentement éclairé et dans un but qui ne bénéficiera à aucun des leurs. Cela signifie que seules des expériences d'un haut niveau d'intérêt scientifique doivent être acceptées lorsqu'elles représentent un danger ou une douleur pour la bête. Les recherches sur la cognition animale doivent être, quant à elles, systématiquement encouragées, à la fois à cause de leur importance pour la compréhension des mécanismes mentaux et parce qu'elles vont dans le sens de la reconnaissance de la dignité des autres vivants.

• Les grands primates ayant travaillé au service de la science, ou plus généralement au service de l'homme, doivent être traités avec des égards comparables à ceux dont bénéficient les personnes âgées. Il faut leur accorder une retraite digne, dans des lieux de vie de qualité, ou les euthanasier (mais dans l'unique souci de mettre fin à leur souffrance, et non de se simplifier la vie).

• Les établissements zoologiques qui exhibent de tels êtres doivent le faire dans un but scientifique, didactique et avec, si possible, le désir de préserver les espèces rares en favorisant leur reproduction. Mais il n'est plus admissible de présenter un animal dans une cage trop exiguë, dépourvue des objets nécessaires à la qualité de son existence ou de cachettes où il puisse échapper au voyeurisme des humains quand il le souhaite.

Le regard des humains ? Là peut-être est l'essentiel : il nous faut regarder les animaux autrement. Savoir qu'ils nous réservent des surprises et comprendre qu'ils ne sont ni des brutes ni des retardés mentaux. Alors, si un jour ils nous parlent vraiment, si on découvre le moyen de communiquer avec eux (ou inversement), le temps sera venu de considérer la question de leur citoyenneté.

III

LE PROPRE DE L'HOMME OU LE MYTHE DE L'HUMANITÉ COMME UN PLUS

« Où est la frontière ? […] Pourquoi est-ce que je les nomme des bêtes et pourquoi est-ce que je les distingue des hommes ? »

Edmund Husserl, 1995[1]

17

Nous ? ou eux ? Anthropomorphisme ou anthropocentrisme ?

« Tout animal est plus ou moins homme. »
Diderot, 1769[1]

La crainte de l'anthropomorphisme : voilà ce qui explique le rejet de la notion de personne animale dans le monde savant. De fait, il existe une forme de niaiserie naïve, celle de la « mémère qui parle à son chien-chien » en projetant sur lui des intentions qu'il n'a pas forcément, selon une démarche par essence bien éloignée de celle de la science. Non sans raison, le savant se méfie de cette approche simpliste autant que subjective. Aimer n'est pas connaître ; l'amoureux n'a pas grand-chose à dire à l'endocrinologiste, et l'ami des bêtes pas davantage au naturaliste.

La logique concrète de Voltaire et l'émergence de la neurophysiologie

En cédant à une tendance biophilique, le spécialiste craint surtout de se mettre au niveau du vulgaire, de paraître aux yeux de ses confrères aussi ridicule qu'un médecin des temps anciens ne parlant pas le latin. Cela explique que, de Buffon à Povinelli, l'expert entende garder ses distances vis-à-vis de son sujet d'étude en l'infériorisant. Il tient à faire connaître sa résistance à toutes les formes de sensiblerie et son appartenance à un autre univers que celui de l'amateur ordinaire. Seuls des géants de la dimension de Konrad Lorenz ou d'Edward Wilson ont osé faire sauter le verrou de la pédante distanciation vis-à-vis de la bête. Distinguons bien ces pionniers des poètes amateurs à l'anthropomorphisme simpliste. Rien ne dit que ce que nous avons en tête les autres l'ont aussi, tout particulièrement quand ils appartiennent à une espèce différente. Il ne convient pas à la démarche scientifique de moraliser le monde environnant et d'en faire une peinture idyllique, celle de la fable ou celle du conte. L'objectivité implique une tout autre approche. Mais elle n'impose pas pour autant la négation *a priori* de certaines similarités. Voltaire l'avait fort bien perçu dans sa sévère critique de Descartes, « le machiniste », coupable à ses yeux de ne juger le psychisme qu'à l'aune de la capacité langagière :

> Est-ce parce que je te parle que tu juges que j'ai du sentiment, de la mémoire, des idées ? Eh bien ! Je ne te parle pas ; tu me vois entrer chez moi l'air affligé, chercher un papier avec inquiétude, ouvrir le bureau où je me souviens de l'avoir enfermé, le trouver, le lire avec joie. Tu juges que j'ai éprouvé le sentiment de l'affliction et celui du plaisir, que j'ai de la mémoire et de la connaissance.
>
> Porte donc le même jugement sur ce chien qui a perdu son maître, qui l'a cherché dans tous les chemins avec des cris douloureux, qui entre dans la maison, agité, inquiet, qui descend, qui monte, qui va de chambre en chambre, qui trouve enfin dans son cabinet le maître qu'il aime, et qui lui témoigne sa joie par la douceur de ses cris, par ses sauts, par ses caresses.
>
> Des barbares saisissent ce chien, qui l'emporte si prodigieusement sur l'homme en amitié ; ils le clouent sur une table, et ils le dissèquent vivant pour te montrer les veines masaraïques. Tu découvres dans lui tous les mêmes organes

de sentiment qui sont en toi. Réponds-moi, machiniste, la nature a-t-elle arrangé tous les ressorts du sentiment dans cet animal, afin qu'il ne sente pas ? a-t-il des nerfs pour être impassible ? Ne suppose point cette impertinente contradiction dans la nature[2].

Toute la démarche scientifique justifie en pratique la réflexion de Voltaire. Prenons l'exemple de la douleur. Je me pique avec une épingle, j'ai mal, je crie. Que dire de la même expérience faite sur une bête ? Elle aussi pousse un cri, retire sa patte, manifeste son désarroi. La logique la plus élémentaire invite à conclure qu'elle souffre. La neurophysiologie étudie ce phénomène sur des modèles animaux, car l'homme et les autres mammifères partagent les mêmes voies nociceptives. La mise au point des antalgiques impose d'ailleurs leur étude expérimentale sur l'animal, preuve concrète que la douleur de la bête ne se distingue pas fondamentalement de celle de l'homme. Il n'y a ici nul mystère, la parenté phylogénétique des vivants étant la cause d'un commun schéma de construction et de perception (« les mêmes organes de sentiment », dans le langage de Voltaire). Si l'homme et l'animal réagissent de façon similaire dans des conditions identiques, l'interprétation la plus scientifique, celle qui économise le mieux les hypothèses *ad hoc*, est qu'ils ressentent la même chose. Bien évidemment, ce raisonnement ne nous oblige pas à occulter tout le vécu historique qui entre en jeu dans notre perception de la souffrance. Le contexte subjectif et les expériences passées font que nous vivons les choses d'une manière plus ou moins intolérable. Mais il s'agit là moins d'une ligne de démarcation entre l'homme et l'animal qu'entre les humains eux-mêmes. Certains *Homo sapiens* supportent des opérations sans anesthésie ou des trépanations ; d'autres ne peuvent même pas en imaginer l'éventualité sans éprouver un sentiment de panique. La douleur n'est pas que la douleur. Ma douleur n'est pas celle d'autrui. Mais rien ne dit non plus que la douleur de tel chimpanzé soit identique à celle de tel ou tel de ses congénères, et moins encore qu'elle se confonde avec celle d'un représentant d'une autre espèce. En clair, l'argument du vécu qui nous différencie de l'animal invite à reconnaître l'individualité de chaque individu animal. À revenir à la personne.

Pour un anthropomorphisme heuristique

S'agissant du débat sur l'anthropomorphisme, on peut aligner sans fin les arguments selon la logique de la bouteille à moitié vide ou à moitié pleine. Sans aucun doute, nous appartenons au monde animal, mais aussi à une espèce singulière et donc pas aux autres. Nous sommes à la fois comme eux et différents. Je n'entends d'ailleurs pas, à ce propos, prendre position sur le mode militant, mais plutôt rechercher la dimension heuristique de la démarche choisie. En d'autres termes, la question essentielle devient : l'approche anthropomorphique est-elle utile à la connaissance ? Permet-elle de prévoir efficacement un comportement ? Curieusement, tout en la rejetant comme une véritable pathologie intellectuelle, le behavioriste John S. Kennedy semble l'admettre implicitement. L'anthropomorphisme « fonctionne », mais à cause de l'évolution qui a conduit les animaux à agir *comme s'ils* pensaient ou ressentaient : « C'est, écrit-il, la sélection naturelle et non l'animal qui, généralement, fait en sorte que ses actes "riment à quelque chose", comme on dit[3]. » Comment interpréter un tel jugement ? Ce qui relève pour Kennedy de l'évidence me semble au contraire bien obscur. Du point de vue scientifique, c'est-à-dire darwinien, quel sens donner à son appréciation ? Quand un homme se conduit d'une certaine façon, selon les normes les plus intelligentes et morales possible, n'est-ce pas la sélection naturelle qui, chez lui comme chez la bête, a fait en sorte que les choses soient ainsi ? À moins de recourir à l'hypothèse d'une intervention divine, tout ce qui concerne le vivant résulte de ce processus. Dire « C'est la sélection naturelle et non l'animal » n'a strictement aucun sens. Affirmer « C'est le cerveau de M. Dupont et non M. Dupont qui fait ou pense telle ou telle chose » n'en aurait pas davantage. À moins de supposer l'existence d'une essence, d'une âme de nature extranaturelle, qui rendrait tout le reste insignifiant. Loin de moi donc la tentation de promouvoir un anthropomorphisme niais, parfois sympathique mais heuristiquement pauvre. Vive, en revanche, l'anthropomorphisme méthodologique, permettant, par exemple, de prédire efficacement un comportement. Et merci, au passage, à notre mère à tous, la sélection naturelle ! Comme Frans de Waal, j'adhère à cet anthropomorphisme heuristique, c'est-à-dire qui fonctionne comme un instrument au service de la connaissance. Il nous invite à accepter un principe de parcimonie évolutive. Cela signifie que lorsque deux animaux phylogénétiquement voisins présentent des conduites proches, on doit *a priori* l'expliquer par des mécanismes similaires (plutôt qu'en invoquant une hypothèse additionnelle). Y compris quand l'un des deux est humain[4].

Cet anthropomorphisme ne me semble pas seulement acceptable : je le crois, dans une certaine mesure, *indispensable*. Car on ne peut pas faire l'économie d'un postulat de départ qu'énonce avec justesse l'éthologiste belge Véronique Servais : « Ou bien l'animal est un agent rationnel pourvu d'intentions réelles, ou bien c'est un organisme aveugle gouverné par des lois qui lui échappent[5]. » Chacun de ces deux choix initiaux conditionne, dans une large mesure, la conclusion de l'observation réalisée. Si, à la limite, je m'interdis toute reconnaissance de l'existence d'un état mental – voire, conformément au dogme behavioriste, toute investigation à son sujet –, j'exclus par avance la possibilité d'en découvrir la réalité et je ne risque guère de trouver ce que je ne cherche même pas. Si, à l'inverse, je suppose une rationalité des conduites, tout comportement, même absurde, trouvera toujours une explication. Certes, l'expérience peut dans une certaine mesure réorienter la conclusion. Mais faire le choix de la meilleure hypothèse dès le début évite de passer beaucoup de temps – parfois toute une carrière de recherche – à œuvrer dans le champ de l'inutile. Comme l'hypothèse de l'animal automate se trouve contredite par tout ce qu'enseignent la théorie de l'évolution et l'ensemble de la biologie, je préconise de considérer la bête comme un agent rationnel. Et il me semble que les données disponibles justifient assez clairement ce parti pris. Inutile de dire que, indépendamment de ce qu'elle apporte à la connaissance, cette démarche a grandement contribué à améliorer la gestion des espèces animales, y compris sauvages. Je pense en particulier aux transferts d'éléphants effectués au mépris de leur vie sociale[6]. Transporter de jeunes mâles hors du contrôle exercé par les plus vieux, ou séparer les membres d'une même famille, s'est révélé catastrophique. La prise en compte de leur rationalité propre a changé les choses.

La revendication d'un anthropomorphisme heuristique conduit à se situer à l'opposé de l'anthropocentrisme, lequel marque une néfaste rupture dans la démarche de la pensée. Cela étant, nous devons n'en apprécier que davantage la franchise d'auteurs choisissant explicitement la démarche inverse. Je pense à Alain

Prochiantz, qui n'hésite pas à se réclamer d'une « voie [...] qu'on pourra dénoncer, à juste titre, comme une forme d'anthropocentrisme radical », en proposant que « soit faite une distinction entre l'Homme et les autres vertébrés »[7]. Cet aveu me rassure, car la seule mauvaise position est toujours celle qui ne s'assume pas.

Selon moi, un certain anthropomorphisme se justifie donc parfaitement : si j'observe chez un animal quelque chose qui se voit de façon similaire chez l'homme, j'ai – sauf preuve du contraire – toutes les raisons de penser qu'il repose sur un même déterminisme physiologique ; sur une profonde parenté structurale, tellement connue des biologistes d'aujourd'hui qu'ils en oublient que cette découverte est vieille d'un demi-siècle seulement, ainsi que le rappelle le Prix Nobel François Jacob. Elle remonte à la première séquence d'une protéine, celle de l'insuline, établie par un autre Prix Nobel, Frederick Sanger. « À ce moment-là, écrit Jacob, on considérait encore que chaque organisme avait ses propres molécules : que les molécules qui composaient une souris différaient de celles qui composaient une poule ou une vache – et que c'était parce qu'une vache était faite de molécules de vache qu'elle était une vache[8]. » Le séquençage des insulines de différentes espèces a montré qu'elles ne se distinguent que par quelques acides aminés (lesquels sont les composants élémentaires des protéines). Si, d'un coup de baguette magique, on remplaçait la nôtre par celle du bovin, nous n'en serions pas moins humains ! Il en va de même pour les autres protéines séquencées par la suite. Et, argument ultime, la comparaison par les biologistes moléculaires Alan Wilson et Marie-Claire King[9] des protéines de l'homme et du chimpanzé a révélé une identité de l'ordre de 99 %. Tout cela confirme l'interprétation de François Jacob d'un univers du vivant conçu comme un vaste bricolage, par opposition à l'idée d'une création divine de formes correspondant à des plans de construction distincts. Au cours de l'évolution, les espèces ont sans cesse recyclé des matériaux biologiques utilisés précédemment. Telle protéine participant à une fonction particulière chez un être vivant se trouvera, après quelques réaménagements, employée dans un autre but chez son « cousin » ; il s'agit là d'un processus de bricolage qui ne doit rien à un sculpteur surhumain. C'est cette naturalité des espèces animales et végétales, cette identité des matériaux qui les composent, voire de leurs plans de construction ainsi que le révèle l'embryologie moderne, qui seules fondent l'approche objective que l'on peut avoir de l'étude de notre relation et de notre parenté avec le reste de la nature. Voilà pourquoi on ne saurait se prévaloir d'une originalité infinie sans se donner la peine de la chercher dans la matérialité de notre génome ou de notre cerveau, davantage que dans la littérature, la philosophie ou l'idée que nous nous faisons du monde. Retour aux faits : tel est le slogan qui devrait nous animer.

18

Plus de gènes ?

> *« Je ne suis pas intéressé par ce que j'ai en commun avec la souris ; ce qui m'intéresse c'est en quoi je diffère de nos plus proches parents, les chimpanzés. »*
>
> Svante Pääbo, 2001[1]

Tous cousins ? Certes, mais à quel degré ? Nous savoir parents relève ici de la théorie plus que du vécu. Avec l'amibe ou le ver, je sais avoir des liens sans pour autant me sentir charnellement proche. Mais avec les grands singes, tout change. Que s'est-il donc passé entre eux et nous depuis que nos chemins ont divergé ? L'évolution, bien entendu, a continué ses bricolages, pour reprendre la terminologie chère à François Jacob. Mais avec quels résultats ? En produisant quelles différences ?

Un pour cent ?

Détailler l'ensemble des travaux en ce domaine sort du cadre de cet ouvrage. Disons simplement que les analyses moléculaires postérieures aux travaux initiaux de Marie-Claire King et Alan Wilson ont évalué entre 0,6 % et 5 % les différences de séquences génétiques[2]. Plus récemment encore, le consortium international en charge de l'étude du très petit chromosome 22 a abouti au chiffre de 1,44 %[3] et révélé en outre quelques perturbations chromosomiques. Curieusement, ce travail a souvent été interprété comme la démonstration que la différence entre l'homme et le chimpanzé était plus grande que prévue, 83 % des protéines présentant quelques variations entre l'*Homo sapiens* et le chimpanzé. Mais encore faut-il garder à l'esprit qu'entre les humains existent aussi des différences. Comment savoir, en outre, dans quelle mesure les changements affectent des gènes fonctionnels ou des pseudogènes (copies défectives de gènes fonctionnels) ? Sur les 231 gènes probablement fonctionnels du chromosome 22 ayant pu être analysés, 179 ont des régions codant pour des protéines de longueur identique, et 140 des protéines codées différeraient par un ou plusieurs acides aminés, mais avec probablement peu de conséquences fonctionnelles ; sur les 52 gènes restants, 47 montreraient des changements structuraux plus significatifs[4].

Publié en septembre 2005[5], le décodage du génome du chimpanzé Clint – grand serviteur de la science décédé peu de temps avant de connaître la gloire sous la forme d'une série d'articles consacrés par la revue *Nature* à son matériel génétique – nous livre le chiffre quasi définitif d'une différence de 1,23 % pour ce qui est des substitutions ponctuelles au niveau des séquences et de 2,7 % si l'on tient compte des duplications[6]. L'avènement du *Chimp Genome*, quatre années après celui du *Human Genome*, et un ou deux an(s) avant celui de l'orang-outan[7], revêt une valeur symbolique largement soulignée par les revues scientifiques. Sur le fond, on en apprend beaucoup et peu à la fois. Entre eux et nous, la différence porte en première approximation sur 35 millions de paires de bases (les unités élémentaires de la séquence d'ADN) et 5 millions d'insertions et de délétions[8]. Mais est-ce considérable ou bien peu de chose ? De plus, la plupart des différences semblent neutres, non façonnées par la sélection naturelle[9], sans importance pourrait-on dire. Tout au plus s'autorise-t-on désormais à conclure à davantage de différences au niveau du chromosome Y (caractéristique du mâle)[10] et à l'existence de « points chauds » vers l'extrémité des chromosomes, ou télomère, sujette à davantage de recombinaisons et de duplications dans l'espèce humaine[11]. Ces changements chromosomiques massifs – duplications ou pertes – pourraient avoir joué un rôle plus essentiel que les mutations ponctuelles affectant un unique nucléotide[12]. D'autres travaux mettent l'accent sur des différences d'épissage*, c'est-à-dire sur la façon selon laquelle un même gène peut donner naissance à des protéines distinctes[13].

En vérité, on en sait énormément mais pas assez pour comprendre. D'autant plus qu'il ne faut pas oublier, ainsi que le souligne à bon droit un des meilleurs experts, Ajit Varki, de l'université de Californie à San Diego, que les différences identifiées à ce jour pourraient bien n'apparaître plus tard que comme de simples variations du génome de l'une ou l'autre des espèces[14]. Pour l'heure, on en reste à ce jugement de Svante

* Lors de la synthèse des protéines, le message génétique de l'ADN est transcrit sous la forme d'un ARN messager, lui-même traduit en une ou plusieurs protéines. Le phénomène d'épissage, ou *splicing* alternatif, fait qu'un même messager peut se trouver découpé en plusieurs segments (les exons) qui s'accolent ensuite après excision de certains éléments (les introns). En fonction des divers collages effectués, on peut ainsi obtenir plusieurs protéines à partir d'un même gène. Selon les données de l'équipe canadienne de Benjamin Blencowe, on noterait 6 à 8 % de différences en ce domaine entre l'homme et le chimpanzé (Calarco J.A. *et al.*, « Global analysis of alternative splicing differences between humans and chimpanzees », *Genes and Development*, vol. 21, 2007, p. 2963-2975).

Pääbo, grand maître de la recherche en ce domaine : « Nous ne savons pas pourquoi nous sommes phénotypiquement si différents du chimpanzé. On sait qu'une partie du secret est cachée [dans la séquence génétique], mais nous ne le comprenons pas encore[15]. » Après le décodage du *Chimp Genome*, un seul fait ne risque guère de se trouver remis en cause : la très grande parenté entre les matériaux génétiques de l'homme et de notre plus proche cousin.

On a beaucoup glosé, pour ne pas dire fantasmé, sur l'histoire du 1 % de différence, puisque tel est le chiffre généralement reconnu, sinon par la science (pour elle, ce serait plus précisément 1,23 %), du moins par le grand public cultivé. Chacun l'analyse à sa façon, parfois non sans argument. 1 % c'est peu, mais ce peut être beaucoup, ainsi que le clame Steven Pinker. Un tout petit changement dans un unique gène suffit parfois à provoquer une horrible maladie. Deux génomes présentant une différence de 1 % pourraient, en théorie et en théorie seulement, différer de 1 % dans chacun de leurs gènes, ou de 100 % au niveau de 1 % de leurs gènes, tous les autres étant identiques. On peut donc tout dire, mais, en pratique, si on veut évaluer le poids de ce 1 %, il faut chercher une méthode de comparaison avec ce que l'on sait du reste du monde vivant. Le fait est que seules des espèces très proches se distinguent aussi peu. Voilà pourquoi on peut se permettre de considérer ce fameux 1 % comme infime. C'est sur ce terrain que l'argument d'un Pinker comparant l'unicité du langage humain à la trompe de l'éléphant perd tout son poids. Certes, de ce point de vue – et de beaucoup d'autres – le pachyderme diffère immensément de l'hyrax, vague cousin à l'allure de gros cobaye. Mais la différence génétique entre ces deux-là dépasse certainement de beaucoup le 1 %. Un chiffre aussi minuscule correspond à celui qui vaut lorsqu'on compare l'éléphant d'Afrique à celui d'Asie ; il est donc assurément faible (bien que ces deux espèces soient rangées dans des genres différents).

Les chimpanzés sont des hommes comme les autres

Du point de vue d'une taxonomie objective, que pèse donc ce 1 % ? Posée en ces termes, la question trouve une réponse facile : des organismes séparés par une si faible différence seront à peu près partout considérés comme proches, comme membres du même genre. Or, dans la famille des primates hominoïdes, l'homme est du genre *Homo*, les deux chimpanzés sont des *Pan*, le gorille un *Gorilla*, et l'orang-outan un *Pongo*. Notons au passage que, zoologiquement parlant, l'homme appartient au groupe des grands singes, autrement dit des Hominidés*. Il est donc absurde de s'interroger, comme le font certains scientifiques, sur les différences qui nous séparent de ces derniers : il n'y en a, *par définition*, aucune[16]. La bonne formulation consiste à se demander ce qui nous distingue des *autres* grands singes ? Mais ne faut-il pas aller plus loin, suivre complètement la logique de la nomenclature scientifique et classer *Homo* et *Pan* dans un genre commun ? Cette question a fait

* Dans la classification des espèces, on désigne par « Hominoïdes » la superfamille qui rassemble les hommes et les grands singes actuels (chimpanzé commun, bonobo, gorille, orang-outan, gibbon), ainsi que le rameau de leurs ancêtres communs ; par « Hominidés » la famille qui réunit l'homme, le chimpanzé, le gorille et l'orang-outan ; par « Homininés » la sous-famille qui inclut l'homme et le chimpanzé ; et par « Hominines » la tribu qui regroupe l'homme et le rameau de ses ancêtres et parents depuis la séparation d'avec le chimpanzé (*cf.* Hublin J.-J., *Quand d'autres hommes peuplaient la terre*, Flammarion, 2008, p. 19).

l'objet de plusieurs débats, notamment à l'occasion d'un congrès international sur la biologie humaine et les origines de l'homme, en Afrique du Sud, en 1998. J'ai à cette occasion rencontré Elizabeth Watson, de l'Institut de biosciences moléculaires de l'université Massey, en Nouvelle-Zélande, qui présentait une communication sur ce thème. Elle avait une voix douce, un sourire avenant et un joli bébé. Rien à voir avec l'image d'une révolutionnaire. Et pourtant, elle m'a annoncé ce qui constituerait l'une des grandes révolutions intellectuelles. « Après tout, m'a-t-elle confié avec simplicité, on a admis après Copernic et Galilée que la Terre n'était pas au centre de l'Univers, après Darwin que l'homme n'était que l'un des maillons de la chaîne des vivants. Il reste désormais à prendre conscience que d'autres que nous appartiennent aussi au groupe des hommes, au genre *Homo*. » Elle participait à la session spécialement consacrée à la révision de ce genre. Curieusement, les orateurs, tous spécialistes de la question, ont conclu dans le même sens : génétiquement, le chimpanzé est notre frère. Il faut l'inclure dans le genre *Homo*[17].

L'élément le plus nouveau tenait précisément à ce consensus. Car Morris Goodman défend cette idée depuis une quarantaine d'années et il se souvient d'avoir « été attaqué de façon plutôt violente[18] ». À l'origine, ce chercheur de la Wayne State University, à Detroit, avait observé que les protéines immunologiques du sang nous rapprochaient considérablement des grands singes. La biologie moléculaire se développant, il devint possible de séquencer des morceaux entiers de notre hérédité. Résultat : Goodman put calculer que nous ne nous différencions du chimpanzé que par 1,6 % de notre matériel génétique. En revanche, entre le chimpanzé et le gorille, les données actuelles établissent que la distance génétique atteint 2,1 %. La conséquence ? L'évolutionniste la comprend aussitôt : si l'on dessine un arbre généalogique, on voit partir une branche menant à un premier grand singe, l'orang-outan, puis une autre qui va vers le gorille, et enfin, au niveau d'une ultime bifurcation, se séparent l'homme et le chimpanzé.

S'il s'agissait de n'importe quelle espèce animale, nul ne songerait à entamer le moindre débat. Mais l'homme reste un cas à part. D'où la nécessité d'argumenter. Elizabeth Watson m'a montré les données sur les autres espèces. Par exemple, deux phoques que l'on classait à part avant d'en faire des espèces sœurs. Homme et chimpanzé ne se différencient pas davantage. Alors ? Comment conclure autrement qu'en les plaçant dans le même genre ? Curieusement, on découvre en germe cette conclusion révolutionnaire dans les propos des grands anciens, à commencer par Carl von Linné (1707-1778). Le célèbre fondateur de la classification des êtres vivants du siècle des Lumières ne connaissait évidemment pas la théorie de l'évolution ; il croyait toutes les espèces créées isolément selon le plan divin. Mais il interrogeait ses confrères : « Je ne vois aucune différence qui me permette de distinguer l'homme des grands singes au point d'en faire des genres différents. J'aimerais bien qu'on m'en indique une[19]. » Avant lui, l'anatomiste anglais Edward Tyson (1650-1708) avait disséqué un jeune chimpanzé et identifié 48 caractères communs avec l'homme contre 34 seulement avec les petits singes, ce qui ne l'empêcha pas de conclure qu'il s'agissait d'un animal.

Le chimpanzé et peut-être le gorille deviendraient donc des hommes. Pour le premier, Elizabeth Watson proposa le nom *Homo niger*, pour le second, elle choisit *Homo gorilla*, conformément aux règles de priorité. Voici donc nos cousins devenus plus humains. Mais sur le fond, cela ne change rien. Il ne s'agit pas d'affirmer qu'ils savent parler ou penser comme nous ; simplement de comprendre qu'ils sont infiniment plus proches qu'on ne le pensait

Morris Goodman s'est efforcé d'étudier ce problème plus en profondeur au cours des dernières années. En compagnie du généticien Derek Wildman, il a comparé de façon précise les séquences de 97 gènes humains avec leurs homologues chez le chimpanzé mais aussi l'orang-outan, le gorille et les singes de l'Ancien Monde. Il a également distingué les séquences non synonymes des autres (les modifications de nucléotides de l'ADN ne s'accompagnent pas nécessairement de changements au niveau des protéines, de sorte que ces modifications dites synonymes importent peu). Il a ainsi constaté qu'au niveau des premières, les seules présentant une signification fonctionnelle, l'identité de séquence atteint 99,4 %, contre 98,4 % pour les séquences synonymes[20]. Ces données font apparaître un degré de parenté génétique plus considérable encore que prévu, la fameuse différence passant de 1 à environ 0,5 % ! De ce point de vue, le chimpanzé non seulement est notre plus proche parent, mais il se révèle aussi davantage lié à l'homme qu'aux autres grands singes, orang-outan et gorille, et à plus forte raison qu'aux gibbons[21*].

Si l'on s'en tient aux concepts couramment utilisés pour la classification systématique des espèces, nous devrions donc être inclus dans le même genre, à savoir le

* Il convient toutefois de se méfier de toutes les visions simplistes, dans la mesure où, concernant certains éléments de sa séquence, le génome du gorille se révèle plus proche de celui de l'humain que celui du chimpanzé (Chen F.-C. et Li W.-H., « Genomic differences between humans and other hominoids and the effective population size of the common ancestor of humans and chimpanzees », *American Journal of Human Genetics*, vol. 68, 2001, p. 444-456).

genre *Homo*, lui-même composé de deux sous-genres : *Homo* (*Homo*) et *Homo* (*Pan*). Notre espèce reste baptisée *Homo sapiens*, mais le chimpanzé dit commun ne devrait plus s'appeler *Pan troglodytes* mais *Homo* (*Pan*) *troglodytes*, et le bonobo non plus *Pan paniscus* mais *Homo* (*Pan*) *paniscus*. Les chimpanzés sont donc des hommes, à moins qu'il ne faille inverser les choses et considérer, avec l'écologiste et écrivain Jared Diamond, le *sapiens* comme le troisième chimpanzé[22] ! De la même façon, tous les humains et préhumains fossiles apparus sur notre lignée depuis la séparation d'avec le chimpanzé voici 6 millions d'années deviendraient aussi des *Homo*. Cela ne change rien pour l'homme de Néanderthal (*Homo neanderthalensis*) ou pour *Homo erectus* (apparu voici 1,8 million d'années). Mais les préhumains plus anciens devraient recevoir, selon Goodman en tout cas, un nouveau nom de baptême : *Ardipithecus ramidus* (– 4,5 millions d'années), *Australopithecus africanus* (– 4,2 mA) et *Paranthropus robustus* (1,9 mA) deviendraient *Homo* (*Homo*) *ramidus*, *Homo* (*Homo*) *africanus* et *Homo* (*Homo*) *robustus*. Un très ancien fossile comme Toumaï (– 7 millions d'années) pose problème. Si on le considère comme engagé dans la lignée humaine, il faudrait en faire un *Homo* (*Homo*), et un *Homo* (*Pan*) si c'est un ancêtre du chimpanzé. Inutile de dire que cette façon de voir ne fait pas l'unanimité. Pour de multiples raisons. Les paléoanthropologues jugent nettes les différences entre préhumains, grands singes et humains. Mais peut-être cela ne fait-il que refléter l'énergie qu'ils consacrent à les décortiquer afin de retracer des généalogies précises. En tout cas, les travaux les plus récents heurtent tous ceux qui, parmi eux, croient en une différence ancienne. L'analyse comparée de 20 millions de paires de bases du matériel génétique de l'homme, du chimpanzé, du gorille, de l'orang-outan et du macaque vient situer le point de divergence entre les deux premiers un bon million d'années plus tard que prévu, entre 6,3 et 5,4 millions d'années[23]. Se trouveraient dès lors exclus de la lignée proprement humaine les plus anciens fossiles tels Toumaï, Ororin et *Ardipithecus kadabba*. Non seulement nous aurions ainsi davantage d'ancêtres communs, mais cet air de famille qui nous unit au chimpanzé se trouverait encore renforcé par une autre découverte embarrassante, à savoir la très grande proximité de nos chromosomes X, alors que d'autres parties du génome signeraient une divergence plus ancienne. Cela signifierait que durant peut-être plus d'un million d'années nos ancêtres se sont hybridés avec ceux du cousin le plus proche. La *lady* de la bonne société victorienne à laquelle on prête l'exclamation : « Mon Dieu, nous descendons du singe, mais faites au moins que cela ne se sache pas ! » aurait sans doute trouvée « *shocking* » cette troublante hypothèse. Elle ne s'en trouve pas moins confirmée par d'autres analyses de nos génomes[24]. Difficile, dans ces conditions, de dénier au chimpanzé le titre de parent proche !

Quel gène ? *FOXP2* ?

Il n'existe, quant au fond, aucune raison de nous croire bien distincts du reste de la nature. Cela dit, comme nous ne sommes pas des chimpanzés, on peut penser qu'en décodant nos deux génomes on devrait finir par trouver sur quoi porte la différence. Peut-être mettra-t-on le doigt sur des gènes impliqués dans le développement du cerveau et dans l'apparition des cultures humaines. Inutile de dire que les généticiens s'efforcent de les repérer. Avant même la publication du *Chimp Genome*, on disposait d'études portant sur quelques milliers de gènes autorisant des comparaisons. Le décodage du génome du chimpanzé confirme même que la pression de la sélection dans la genèse de nos différences génétiques ne fut pas si grande*. La prise en compte de l'ensemble du génome révèle à l'évidence que l'hominisation – au sens où on l'entend habituellement (capacité mentale, bipédie, etc.) – n'implique qu'une minorité de différences génétiques. En d'autres termes, ce n'est pas 1 % de modification au niveau de chaque gène qui nous humanise ! Sans doute faut-il s'intéresser plutôt à quelques gènes cibles susceptibles d'expliquer *la* différence. Raison de plus pour les chercher !

D'ores et déjà, plusieurs gènes font l'objet de toutes les attentions. On songe en particulier à *FOXP2*, premier gène identifié comme étant impliqué dans une faculté cognitive humaine, en l'occurrence le langage ou plutôt la parole. Il a été mis en évidence grâce à l'étude par les neuropsychologues anglais de la famille KE, atteinte d'une pathologie du langage[25]. On a beaucoup discuté du qualificatif qu'on lui a parfois attribué, celui de « gène de la grammaire ». Il ne semble pas pleinement justifié ; quoi qu'il en soit, le langage étant

* Pour évaluer le rôle de la sélection, on tient compte des modifications des séquences génétiques se traduisant par un changement au niveau de la structure protéique (les séquences dites non synonymes) et de celles qui n'ont pas de conséquences (les séquences dites synonymes ; cela tient au fait que plusieurs codons de l'ADN codent pour un même acide aminé dans la protéine, on peut donc modifier un nucléotide de l'ADN sans changer la protéine). Le rapport du taux des premières (K_A) sur celui des secondes (K_S) fournit donc une évaluation de la force de la sélection. Quant un gène ne peut varier sans conséquence délétère, K_A est très faible et K_A/K_S petit. Quand la sélection positive se manifeste, ce rapport peut atteindre 1 ou plus. La comparaison des génomes du chimpanzé et de l'homme livre un rapport K_A/K_S de 0,23 (The Chimpanzee Sequencing and Analysis Consortium, 2005, p. 69-87), soit à peu près identique à celui concernant les variations des humains entre eux (entre 0,20 et 0,23).

plus ou moins spécifique de l'homme, l'étude de ce gène présente un évident intérêt. Cependant, il nous faut d'abord constater l'existence de *FoxP2** dans les autres espèces animales. L'évolution l'a même conservé presque inchangé depuis des dizaines de millions d'années, étant donné qu'entre la souris et nous seuls trois acides aminés ont été modifiés. Voici donc un bel exemple de stabilité, puisque 70 millions d'années nous séparent tout de même du rongeur. Détail intéressant : deux des trois changements sont propres à l'homme. De très minces différences nous distinguent par conséquent du chimpanzé, une nouvelle variante de ce gène ayant pu faire son apparition à une date récente lors de l'hominisation, il y a environ 200 000 ans. On peut donc penser qu'un polymorphisme nouveau de *FOXP2* aurait accompagné l'humanisation[26].

Mais comme ce gène existe chez de nombreuses espèces qui ne sont pas censées pratiquer le langage articulé, il importe de savoir à quoi il peut servir et de comprendre comment sa fonction a pu évoluer. L'étude de son expression lors du développement embryonnaire met en évidence une profonde similarité entre l'homme et la souris. Sur le plan fonctionnel, des travaux récents sur les oiseaux révèlent que, lorsque ces animaux chantent, *FoxP2* ainsi que *FoxP1* sont préférentiellement exprimés au niveau cortico-striatal (c'est-à-dire au sein d'une zone assez homologue de celle dans laquelle ils s'expriment à l'intérieur du cerveau fœtal humain[27]). Il apparaît aussi que l'expression de

---

* Comme gènes et protéines portent le même nom, on convient, pour les différencier, d'écrire les premiers en italique et les secondes en romain. En outre, on écrit en majuscules les gènes humains et en minuscules ceux de la souris ou des autres animaux, ce qui explique la distinction entre *FOXP2* et *FoxP2*.

FoxP2 varie chez le canari en fonction de la saison, pour se trouver particulièrement élevée lorsque se produit leur apprentissage vocal de nouvelles syllabes, à savoir de juillet à septembre[28]. Ces découvertes renforcent l'idée d'une parenté entre le langage humain et le chant des oiseaux. Mais n'oublions pas que cette famille de gènes possède une origine bien plus ancienne, puisqu'un animal aussi peu bavard que le crocodile présente des modalités d'expression de *FoxP2* assez similaires à celles observées chez les oiseaux, avec notamment une expression significative dans la zone équivalant au striatum[29]. Il serait décevant de devoir conclure que les mouvements mandibulaires de cet aimable reptile sont, cognitivement *parlant*, de même nature que nos babillages. Mais n'éliminons pas la possibilité de découvertes surprenantes. Peut-être les sauriens sont-ils des disciples de Wittgenstein ? Ce qu'on ne saurait dire, il faut le taire ! Disons plus sérieusement qu'une fois de plus la nature a agi tel un bricoleur : des éléments utiles à une fonction se trouvent recyclés dans une autre. Il n'y a donc pas de nécessité pour que, même s'il joue un rôle crucial dans l'acquisition du langage humain, *FoxP2* exerce obligatoirement une fonction linguistique chez d'autres espèces, avant d'être bricolé pour nous faire parler[30]. Cela étant, les observations faites sur la souris indiquent que ce « gène du langage humain » est aussi, chez les rongeurs, un « gène de communication » (en tout état de cause, nous ne connaissons pas encore très bien l'ensemble des fonctions de ce gène). Les neurologues new-yorkais de l'équipe de Joseph Buxbaum ont, en collaboration avec des biologistes moléculaires de Philadelphie, créé des souris génétiquement manipulées pour ne posséder plus aucune copie ou une seulement de *FoxP2*. Celles qui en sont totalement dépourvues ne produisent plus les ultrasons caractéristiques de l'espèce et présentent de graves troubles moteurs ; elles meurent d'ailleurs en bas âge. Celles qui possèdent une unique copie de *FoxP2* émettent moins d'ultrasons. Il apparaît donc que, comme dans l'espèce humaine, ce gène intervient chez la souris dans la communication et la motricité[31*]. Impossible dans ces conditions de faire du seul « gène du langage » clairement identifié à ce jour un argument en faveur de l'exceptionnelle originalité de l'homme.

En décodant le *Chimp genome*

On ne saurait certes exclure l'existence de gènes purement humains ou dont certaines versions seraient spécifiques de notre espèce. Quelques-uns concernent la biologie des acides sialiques, des sucres très répandus qui jouent un rôle important au niveau des membranes cellulaires. On doit à Ajit Varki et à ses collègues biologistes moléculaires de l'université de Californie à San Diego les travaux pionniers en ce domaine[32]. L'un de ces gènes proprement humains code pour un récepteur se liant à l'acide sialique et dénommé SIGLEC11. On ne le trouve pas chez les autres primates, qui eux possèdent

* La découverte de *FoxP2* a suscité nombre de bricolages génétiques dont les résultats ne donnent pas lieu à des interprétations simples. Alors que la suppression de ce gène entraîne chez les souris une réduction de la production d'ultrasons, que l'on peut interpréter comme un effondrement de leurs capacités « linguistiques », l'introduction de la mutation liée aux anomalies du langage chez l'homme se traduit par des modifications de leur développement cérébral et de leur apprentissage moteur, sans réduire pour autant le nombre d'ultrasons produits (Groszer M. *et al.*, « Impaired synaptic plasticity and motor learning in mice with a point mutation implicated in human speech deficits », *Current Biology*, vol. 18, 2008, p. 354-362).

le gène voisin *SiglecP16*, qualifié de pseudogène car non fonctionnel[33]. On ne sait pas grand-chose de l'action de *SIGLEC11*, mais comme il s'exprime dans des cellules qui, sans être nerveuses, se situent dans le cerveau (les cellules microgliales), il convient d'en savoir plus à ce propos. La plupart des rares autres nouveautés génétiques humaines correspondent, à l'inverse, à l'inactivation de gènes fonctionnels dans d'autres espèces ; cette observation conduit à penser que, d'une façon en apparence un peu paradoxale, notre génome se caractérise, biochimiquement, par des pertes plus que par des acquisitions de compétences. C'est d'ailleurs ce qui ressort du travail de Varki, lorsqu'il démontre qu'à cause d'une mutation survenue dans le gène *CMAH* l'homme ne peut pas produire une forme commune d'acide sialique, l'acide N-glycolylneuraminique Neu5Gc, commun chez les mammifères et présent chez le chimpanzé. Nous ne possédons que son précurseur, l'acide N-acétylneuraminique Neu5Ac[34]. Ajit Varki affirme que l'évolution humaine est associée à un « bouleversement sialique ». Celui-ci se serait effectué en plusieurs étapes, la perte de Neu5Gc survenant entre 6 et 3 millions d'années avant le temps présent et les modifications des *SIGLEC* remontant à 2,5 ou 3 millions d'années, c'est-à-dire lors de périodes cruciales et précoces de l'hominisation, ce qui pourrait signer une implication dans l'expansion du cerveau humain[35]. Pour l'heure, force est de considérer que, si ce changement explique assez bien notre résistance au paludisme des grands singes (avec en contrepartie une susceptibilité à notre propre agent de la malaria, à savoir *Plasmodium falciparum*), son effet sur l'organe de la pensée n'a rien de véritablement démontré. Un autre gène différenciant, celui de la chaîne lourde de la myosine exprimée dans les muscles de la mastication, aurait été inactivé lors de l'évolution humaine, après la divergence d'avec le chimpanzé. Cela pourrait expliquer la réduction de la mâchoire chez l'homme moderne et ses ancêtres récents, un phénomène qui va de pair avec l'expansion du cerveau[36]. Mais la taille n'explique pas tout, et il faut garder à l'esprit que, si le chimpanzé a un cerveau quatre fois plus petit que le nôtre, la baleine et l'éléphant nous battent, tout au moins en valeur absolue.

S'agissant de ce précieux organe, les observations de Bruce Lahn, un généticien de Chicago, méritent qu'on leur accorde de l'attention. Son équipe étudie les modifications de gènes directement impliqués dans le développement cérébral et dont des mutations provoquent une microcéphalie, tels que *Microcephalin* et surtout *ASPM* (pour *Abnormal spindle-like microcephaly associated*). Plusieurs changements se manifestant à leur niveau au cours de l'évolution des primates semblent avoir une valeur adaptative, car les généticiens trouvent des indices de sélection positive. *ASPM* en particulier constitue un excellent candidat pour expliquer l'accroissement du volume cérébral. Son évolution semble s'être accélérée dans la lignée des grands singes. Une modification avantageuse au niveau d'un acide aminé de la protéine correspondante semblant survenir tous les 300 000 à 400 000 ans, son évolution pourrait expliquer l'accroissement du volume cérébral non seulement chez les anthropoïdes par rapport aux autres singes, mais aussi chez *Homo sapiens* par rapport aux autres hominines[37]. Il semble toutefois que l'accélération de l'évolution du gène *ASPM* ait débuté bien avant cette date qui marque la forte expansion cérébrale caractéristique du cerveau humain, voici approximativement 7 à 8 millions d'années[38]. Cette évolution génique accélérée se trouverait chez *Homo sapiens* ainsi que chez le chimpanzé et le gorille, ce qui pose un problème de taille du fait de leur relativement faible capacité crânienne. En clair, elle se traduirait par des modifications plus subtiles que le seul accroissement du volume cérébral. Les travaux récents de Bruce Lahn confirment l'importance évolutive des gènes *ASPM* et *Microcephalin* (ou *MCPH1*). Non seulement la sélection naturelle a contribué à les façonner lors de l'évolution des primates, mais elle poursuivrait son action aujourd'hui encore au sein de la lignée humaine[39]. Ainsi, un variant de *Microcephalin* aurait fait son apparition voici 37 000 ans, soit à peu près au même moment que la pensée symbolique en Europe[40], et un autre d'*ASPM* aurait émergé il y a seulement 5 800 ans, c'est-à-dire juste avant la naissance des premières cités au Proche-Orient[41]. Ces observations nous révèlent de façon assez fascinante les modifications génétiques actuellement en cours et susceptibles d'affecter encore notre cerveau. Pour le dire autrement, cela signifierait que l'évolution se poursuit toujours. Tous les humains ne seraient pas également pourvus à cet égard. Un échantillonnage de 1 184 individus montre que l'allèle récent de *Microcephalin* se trouve chez au moins 75 % des Européens, des Asiatiques et des Amérindiens (83 % chez les Basques, 78,6 % chez les Français, 100 % en Mongolie et au Brésil), mais chez une minorité d'Africains (7 % chez les San de Namibie, 8,7 % chez les Zime du Cameroun, 30 % chez les Masaï de Tanzanie). L'allèle moderne d'*ASPM* varie lui aussi d'un endroit à l'autre. Impossible, dans ces conditions, d'utiliser ces données pour illustrer la spécificité humaine. Elles montrent au contraire bien davantage ce qui distingue notre groupe zoologique des autres vivants – ou les humains entre eux – que ce qui nous sépare des autres grands singes.

ASPM et *Microcephalin* ne semblent pas être les seuls gènes à avoir bénéficié d'une évolution accélérée dans la lignée des anthropoïdes. Dix-sept gènes en rapport avec le contrôle du volume cérébral ou avec le comportement ont été identifiés par l'équipe de Bruce Lahn comme ayant fait l'objet d'une pression sélective accrue au cours de l'évolution de notre groupe zoologique[42]. On peut donc envisager la survenue d'un événement singulier, en rapport avec la formation du système nerveux, lors des dernières centaines de milliers d'années de notre phylogenèse. Cette accélération évolutive pourrait avoir davantage affecté l'homme que le chimpanzé, ce qui expliquerait les différences de capacité crânienne, mais rien ne dit que la ligne de démarcation, à supposer qu'il faille en établir une, soit à situer entre lui et nous.

Les comparaisons des génomes de chimpanzé et d'humain, après la publication des brouillons des séquences de l'une et l'autre espèce, ont rendu possible une recherche plus systématique. Des chercheurs de la firme privée Celera et de l'université Cornell, dans l'État de New York, ont déjà publié des travaux à ce sujet[43]. La livraison du périodique *Nature* en date du 1er septembre 2005 nous a ensuite offert le premier brouillon de la séquence du *Chimp Genome*[44]. Ces données ne confèrent, pour l'heure, rien qui ressemble à « la découverte des gènes qui rendent humain ». Les généticiens mentionnent, parmi ceux qui ont le plus divergé depuis la séparation d'avec notre proche cousin, des gènes codant pour les défenses immunitaires, la réponse aux tumeurs, l'apoptose (ou mort cellulaire programmée), la formation des spermatozoïdes et la perception sensorielle[45], notamment ceux de l'odorat (l'évolution se traduisant par la réduction de cette fonction dans notre espèce), mais ils mentionnent également un gène intervenant dans l'audition, ce qui fait dire aux auteurs de ce travail[46] qu'il pourrait être indirectement en rapport avec le langage, des gènes impliqués dans le développement du squelette, et, plus nettement encore, des gènes liés au métabolisme, ayant permis une évolution de notre régime alimentaire, plus carnivore que celui des grands singes. S'il existe une différence génétique visible entre le chimpanzé et l'homme, c'est bien celle-là : notre capacité accrue à scinder les acides aminés. Cette évolution du régime alimentaire aurait contribué à l'accroissement du volume cérébral. Elle a pu avoir également d'autres conséquences, notamment sur la longévité, plus grande chez *Homo sapiens* que chez les autres grands singes[47]. Il s'agit en apparence d'un paradoxe, puisque la plus grande consommation de graisses animales constitue un facteur de risque bien connu dans nos sociétés, notamment sur les plans cardio-vasculaire et cérébral. Sans doute avons-nous développé des systèmes génétiques de protection contre ce risque. Il est à cet égard remarquable que les autres primates ne disposent que d'un allèle du gène codant pour la molécule d'apolipoprotéine E qui transporte le cholestérol, l'allèle E4, lequel prédispose, au sein de l'espèce humaine, à la fois aux maladies cardio-vasculaires et à la maladie d'Alzheimer. Nous possédons aussi deux autres allèles, E2 et E3, qui eux semblent protecteurs[48]. Que la principale différence génétique entre l'homme et le chimpanzé tienne au fait que nous sommes des carnivores et eux des végétariens, mangeurs de viande seulement de façon occasionnelle, réactualise la vision de Raymond Dart (1893-1988), découvreur de l'Australopithèque, et de son disciple écrivain Robert Ardrey, celle qui fait de nous les enfants de Caïn[49], les fils d'un tueur, né dans la savane et ayant développé un goût prononcé pour la chasse.

Un autre gène intéressant, pêché par les décodeurs de génomes, est celui de la glutamate déshydrogénase. Il catalyse la désamination du glutamate, le plus abondant des neuromédiateurs excitateurs (c'est-à-dire activant la neurotransmission, d'autres médiateurs pouvant l'inhiber), en alpha-kétoglutarate. Jusqu'en 1994, on n'en connaissait qu'un seul, *GLUD1*, avant d'en découvrir un second, *GLUD2*. Or ce dernier serait apparu voici 23 millions d'années, en une période de sélection positive correspondant à la divergence entre les grands singes (gibbons compris) et les autres primates[50]. Il est tout à fait possible que l'apparition de ce deuxième gène affectant le glutamate, s'exprimant principalement dans le cerveau mais aussi dans la rétine (qui en constitue le prolongement) et les testicules, ait joué un rôle décisif dans la formation des encéphales des grands singes. Or il s'agit là d'une étape tout aussi essentielle, au cours de notre évolution, que la divergence avec les chimpanzés, car elle comporte, comme du reste celle de l'apparition plus ancienne des singes de l'Ancien Monde, une encéphalisation et une spécialisation qui ne feront que s'accroître lors de l'hominisation[51]. Bien que non caractéristique de l'homme mais de l'ensemble des grands singes, le gène *GLUD2* pourrait nous livrer d'importantes informations sur la cérébralisation, singulièrement si, comme l'envisage Ajit Varki, on devait découvrir des mutations chez les *Homo sapiens* mâles. S'agissant d'un gène situé sur le chromosome X, c'est principalement dans le sexe dit fort que de telles variations devraient se traduire par un phénotype particulier[52].

Il nous faut encore mentionner, parmi les gènes d'intérêt, celui de la sous-unité 8 de la cytochrome c oxydase (COX8). Il code pour une des nombreuses protéines impliquées dans la production d'énergie en présence d'oxygène (aérobie). Comme le cerveau dépend de ce métabolisme, le fait que *COX8* ait subi une évolution accélérée au sein de la lignée des grands singes aurait pu fournir le carburant nécessaire à l'anthropoïsation[53]. Christopher Walsh et ses collègues de l'université Harvard s'intéressent à un autre gène susceptible de nous différencier des autres primates : *AHI1*, qui joue un rôle dans le guidage des axones du cortex et de la moelle épinière. Non seulement des mutations de *AHI1* se traduisent par un retard mental et une pathologie psychiatrique (le syndrome de Joubert), mais l'existence de subtiles modifications de sa séquence au sein de la lignée des primates suggère qu'il a fait l'objet d'une pression de sélection[54]. On soupçonne qu'il en va de même pour des séquences génétiques ayant subi de nombreuses duplications au cours de l'évolution. L'exemple le plus frappant concerne un gène à la fonction non identifiée, *MGC8902*. Il comporte plusieurs copies de celui codant pour une protéine appelée DUF1220. Détail remarquable (sur le plan phylogénétique, en tout cas), ces duplications sont plus nombreuses chez les hommes que chez les grands singes, et chez ces derniers que chez les macaques. On ignore ce que cela signifie, mais comme *DUF1220* se trouve hautement exprimé dans des régions du cerveau impliquées dans les fonctions cognitives supérieures, à savoir le néocortex, on peut imaginer que cette multitude de copies joue un rôle dans le développement cérébral[55].

Le lecteur aura compris, au passage, que tous les gènes n'ont pas évolué à la même vitesse au cours des derniers millénaires. On cerne encore assez mal les mécanismes impliqués dans la vitesse des processus évolutifs. Les recherches de David Altshuler à Harvard et Peter Donnelly à Oxford conduisent à mettre l'accent sur les « points chauds » du génome, ceux où s'effectuent le plus grand nombre de recombinaisons génétiques, du fait des échanges entre les deux chromosomes de la même paire. Elles révèlent qu'en dépit de leur grande homologie de séquence les génomes de l'homme et du chimpanzé ne présentent pas les mêmes points chauds[56]. Bien qu'on n'en comprenne pas l'origine, cette différence pourrait se révéler lourde de signification, mais peut-être plus pour expliquer le polymorphisme intraspécifique que les différences entre espèces. Sans doute devrions-nous aussi regarder du côté des gènes qui ne s'expriment pas en codant pour des protéines, mais simplement pour des ARN (normalement, celui-ci est ensuite traduit en protéine). Le gène *HAR1F* suscite à cet égard un intérêt particulier. Il semble avoir fait l'objet d'une évolution rapide dans la lignée humaine, et il se trouve exprimé dans les neurones dits de Cajal-Retzius qui jouent un rôle essentiel dans le développement cérébral[57]. Implicitement, chacun pense que l'évolution a dû s'accélérer dans la lignée humaine, que quelque chose s'est passé lors de l'hominisation qui viendrait expliquer notre « supériorité ». Les premières données génétiques suggérant une vitesse plus grande du processus évolutif dans le branchement qui mène à notre espèce ont paru aller de soi. Las, des recherches plus systématiques sont venues troubler ce champ de certitude. La comparaison de 14 000 gènes a permis de mettre en évidence une pression de sélection probable sur 233 gènes chez les chimpanzés, contre 154 seulement chez nous[58]. Moralité : au regard de l'évolution des espèces, nos cousins mènent la course en tête ; ils n'occupent nullement la seconde position.

Quoi qu'il en soit, la brève énumération de gènes susceptibles de nous différencier, même présentée sur un mode plus exhaustif[59], ne révèle rien de très humanisant au sens habituel du terme, sauf peut-être en ce qui concerne *ASPM*. On est d'ailleurs frappé par le fait que plusieurs des changements les plus nets tiennent à la suppression de l'activité de certains gènes (acide N-glycolylneuraminique, récepteurs olfactifs, chaîne lourde de la myosine, etc.). Cette perte de compétence, même si elle a pour effet de permettre éventuellement un développement accru d'autres potentialités, ne correspond certainement pas à l'idée que l'on peut se faire habituellement de ces mutations humanisantes susceptibles de faire scintiller le génome cérébral d'un éclat nouveau. Du reste, et les chercheurs américains ayant réalisé ces travaux le soulignent, il ne faut pas céder à la tentation de constituer la liste des gènes qui font de nous des humains. D'ailleurs, les nombreux animaux transgéniques, drosophiles ou souris, porteurs de gènes de notre espèce, ne nous ressemblent pas davantage que leurs congénères ordinaires. Cela étant, s'agissant des gènes, même s'il est bien peu vraisemblable que l'on trouve celui qui rend humain et que nombre d'entre eux nous distinguent du chimpanzé, on ne saurait exclure que des changements portant sur quelques-uns seulement puissent exercer des effets considérables[60].

Des différences d'expression entre les gènes ?

En réalité, les différences semblent devoir porter moins sur les gènes que sur la façon dont ils sont activés (ou inhibés) lors du développement. Eddy Rubin, un des meilleurs experts de la question, ne dit pas autre chose quand il remarque que tous les mammifères ont à peu près les mêmes gènes : « Ils fonctionnent comme des briques avec lesquelles vous pouvez construire un garage ou un gratte-ciel. Il ne s'agit que de matériaux, tout dépend de la façon dont on les utilise. » Faute de concerner essentiellement ceux impliqués dans la structure de notre corps, les différences entre nos congénères et les grands singes portent donc plus vraisemblablement sur d'autres gènes, ceux qui commandent l'expression génique : les promoteurs des gènes ou encore les facteurs de transcription qui déclenchent ou inhibent la lecture du message de l'ADN sous forme d'ARN messager, lequel sera ensuite traduit en protéine. Marie-Claire King et Allan Wilson avaient mis l'accent sur le rôle différentiel des régulations géniques voici déjà plus de trente ans[61]. Difficile à démontrer, cette hypothèse trouve une confirmation dans le cas du gène de la prodynorphine, précurseur de plusieurs endorphines (molécules naturelles de l'organisme, semblables à l'opium). Des différences dans la région du promoteur de ce gène distinguent l'homme des autres singes[62*].

De son côté, Jean-Pierre Changeux insiste sur l'effet des « facteurs de transcription [qui] pourraient servir, en quelque sorte, d'éléments d'assemblage, de "raccords" ou "connexions moléculaires" pour construire des réseaux intracellulaires de régulation des gènes. L'efficacité de ces réseaux de facteurs de transcription serait elle-même contrôlée par les multiples systèmes de production et de transmission de signaux qui existent *à l'intérieur* des cellules et *entre* les cellules[63] ». On expliquerait ainsi la non-linéarité de la correspondance entre la complexité du génome – en termes de nombre de gènes – et celle du système nerveux.

* L'équipe d'Edward Rubin s'est efforcée d'évaluer la vitesse d'évolution des régions de l'ADN impliquées dans la régulation ou d'autres fonctions non codantes. Il apparaît que les zones de ce type ayant le plus évoluée chez l'homme voisinent celles de gènes en relation avec les protéines d'adhésion neuronales. Il en va exactement de même pour le chimpanzé, mais pas pour la souris. Toutefois, les gènes concernés ne sont pas identiques chez le singe et chez l'homme. On peut donc penser qu'une évolution significative de séquences impliquées dans la régulation de gènes liés au développement neuronal s'est produite à la fois dans la lignée du chimpanzé et dans celle de l'homme, mais selon des modalités non identiques (Prabhakar S. *et al.*, « Accelerated evolution of conserved noncoding sequences in humans », *Science*, vol. 314, 2006, p. 786).

Cette façon de voir met moins l'accent sur les différences entre gènes au sein de notre matériel héréditaire – celles qu'on peut analyser en décodant le génome – que sur la façon selon laquelle ils s'expriment. Comprenons bien, à ce propos, que tous nos gènes ne sont pas activés partout, ni tout le temps. Si tel était le cas, l'organisme ne se différencierait pas : rien ne distinguerait les cellules du foie de celles du cerveau. En fait, dans chacune de nos cellules et à un moment donné, seul un certain nombre de gènes s'expriment. Ailleurs, ils sont présents mais muets. Seule la combinatoire des gènes activés explique la différenciation des tissus et des organes. On dispose désormais de puissants outils pour étudier l'expression des gènes. Il s'agit des fameuses puces à ADN, ou *DNA arrays*. Très perfectionnées, les plus complexes sondent quasiment tous les gènes humains (y compris ceux qu'on ne sait pas identifier avec certitude) ; on pense qu'il en existe environ 25 000. Mais les puces les plus perfectionnées contiennent plus de 45 000 sondes, lesquelles peuvent correspondre à des gènes précisément connus, ou ne constituer pour l'heure que des marqueurs dont on ignore la fonction. Plusieurs équipes s'efforcent d'évaluer l'expression des gènes dans le cerveau de l'homme et des grands singes. D'une extrême complexité, les résultats obtenus donnent lieu à des interprétations difficiles à comprendre pour le profane. Ces sondes étant faites pour détecter les gènes humains, leur application au génome des grands singes peut souffrir d'un manque de sensibilité. Quoi qu'il en soit, quand on compare l'expression des gènes de l'homme avec ceux du chimpanzé, on note un pourcentage élevé de facteurs de transcription parmi ceux qui sont davantage exprimés (on les dit « *up régulés* ») dans notre lignée, confirmant ainsi l'hypothèse de Marie-Claire King et Allan Wilson[64]. Les données de diverses équipes révèlent aussi l'existence de différences non négligeables en termes d'expression génique entre le cerveau de l'homme et celui des autres grands singes[65]. Les chercheurs de ces groupes en ont déduit que, d'une façon générale, les gènes s'exprimeraient plus fortement dans le cerveau humain, ce qui pourrait traduire une activité supérieure dans nos neurones. Le gène de la prodynorphine serait, lui aussi, davantage exprimé chez l'homme que chez le chimpanzé, expliquant probablement certaines particularités de la vie cognitive et sociale[66]. Il en va de même pour les gènes des thrombospondines 4 et 2, des glycoprotéines de la matrice extracellulaire impliquées dans le contrôle de la formation des synapses et de l'expansion des neurones[67].

Avec Monica Uddin, Morris Goodman s'est efforcé d'aller plus loin. En 2004, il a sélectionné des puces plus puissantes que celles utilisées par les autres équipes, capables de détecter à peu près tous les gènes : soit plus de 39 000 séquences génétiques, contre seulement 10 000 à 18 000 pour ses concurrents de l'époque. Mais il a surtout étudié l'expression génique au niveau d'une zone très particulière du cerveau humain, le gyrus cingulaire antérieur, où se trouvent notamment les cellules en fuseau caractéristiques des primates les plus humains, ainsi que nous le verrons dans le chapitre suivant. Dans ces conditions, Monica Uddin et Morris Goodman observent une grande parenté entre le chimpanzé et l'homme, avec une plus grande proximité entre lui et nous qu'entre lui et le gorille, par exemple – et, bien entendu, les autres singes. Entrant dans le détail, ils considèrent que les gènes qui s'expriment de façon particulièrement prononcée chez l'homme et le chimpanzé sont surtout ceux impliqués dans le métabolisme énergétique aérobie et les fonctions neuronales. C'est-à-dire des gènes susceptibles d'expliquer des aspects très caractéristiques du fonctionnement cérébral[68]. Pour l'heure, le décodage du *Chimp Genome* ne nous apporte que peu d'informations sur ce terrain : il faudrait pour y voir plus clair en connaître davantage sur les séquences impliquées dans la régulation des gènes. L'équipe de Svante Pääbo a toutefois pu examiner les niveaux d'expression génique dans les divers tissus du chimpanzé et de l'homme. Ils apparaissent remarquablement similaires chez ces deux espèces. Détail intrigant : alors qu'on pense qu'elles se distinguent surtout par leur cerveau, il n'en va en fait pas du tout ainsi. Les différences dans l'expression des gènes sont surtout marquées dans les testicules, un peu moins dans le cœur, le foie et le rein, et moins encore dans le cerveau[69] ! En caricaturant, on pourrait en déduire que, génétiquement parlant, humains et chimpanzés se distinguent davantage par leurs organes génitaux masculins et donc leurs conduites sexuelles que par leurs aptitudes mentales ! Sans doute ces observations méritent-elles une analyse plus nuancée. Plus vraisemblablement, il convient de conclure que dans le cerveau le système est plus contraint, n'autorisant que peu de modifications d'une espèce à l'autre. Et bien que ce soit dans cet organe que les changements d'expression génique se révèlent les plus faibles, les gènes actifs y ont accumulé plus de changements dans la lignée humaine que dans celle du chimpanzé.

Par ailleurs, la réflexion autant que l'essor des technologies et des méthodes d'analyse nous entraînent vers un niveau toujours plus élevé de complexité : davantage que la mesure de l'expression de chaque gène, il faut sans doute s'efforcer d'évaluer la combinatoire de tous les gènes, et ce dans les diverses régions du cerveau. Autant dire que cela nous amène à envisager des expériences difficiles à réaliser – tout particulièrement dans le cerveau humain vivant – puis à interpréter, car cela revient à décoder tous les types de relations. Daniel Geschwind et ses collègues de Los Angeles s'y efforcent néanmoins. Leurs données mettent en évidence une forte conservation des connexions entre gènes quand on passe du cerveau du chimpanzé à celui de l'homme : les gènes qui fonctionnent de concert chez le second « travaillent » aussi ensemble chez le premier. Mais il existe également des différences, surtout lorsqu'on étudie des zones du cerveau liées à des fonctions cognitives supposées plus élaborées : 17,4 % des connexions entre gènes, dans ces zones, seraient spécifiques du cortex humain (c'est-à-dire absentes chez le chimpanzé)[70]. Évitons donc les interprétations simplistes. Mais l'analyse des faits aujourd'hui disponibles ne révèle en aucune manière un quelconque bouleversement de notre biochimie cérébrale. Ce qui nous sépare du chimpanzé ne tient pas exclusivement au fonctionnement du cortex. Les faibles différences qui nous distinguent de lui – le fameux 1 % – ne sont en aucun cas massivement regroupées au sein de l'organe mental. Génétiquement parlant, aucune révolution n'est survenue au cours de l'évolution de la lignée humaine, ni dans le fonctionnement cérébral, ni ailleurs.

Trente fois moins de gènes que le lys trompette

Voilà qui autorise non pas un anthropomorphisme béat, mais la reconnaissance d'une très grande proximité. L'anthropocentrisme, en revanche, plus rien ne saurait le justifier sur ce terrain-là. Galilée a démontré, voici plusieurs siècles, que notre planète ne constituait pas le centre du monde. Après lui, Darwin a établi que l'humain n'était même pas un vivant complètement à part. Le décodage de notre matériel génétique, dans le cadre du fameux projet *Human Genome*, et les connaissances sur le matériel génétique de nombreuses espèces vivantes ont prouvé, par l'étude de nos hérédités aux uns et aux autres, que nous ne saurions nous prévaloir d'une supériorité intrinsèque. Qu'on en juge : notre génome contient 3,2 milliards de paires de bases (l'unité au sein de la double hélice d'ADN). C'est beaucoup, sans doute. Plus que la tomate (0,655 million), la mouche drosophile (0,9 million), la poule (1,2 million) ou la carpe (1,7 million). Mais moins que la souris (3,454 milliards), le lys trompette (90 milliards) et la modeste amibe faite d'une unique cellule (670 milliards)[71].

Notre espèce ne jouit donc pas d'une quelconque supériorité génomique. Faut-il s'en étonner puisque, en tant qu'espèces, tous les vivants ont, d'une certaine manière, la même ancienneté remontant à l'origine de la vie ? Ils possèdent aussi le même degré de « perfection », tant il est vrai que nous sommes tous adaptés à une niche écologique particulière, celle en regard de laquelle nous pouvons nous juger supérieurs aux autres. Comme l'écrit le neurogénéticien britannique John Hardy, « cette découverte portera un nouveau coup à la vue anthropocentrique de l'univers, et sera similaire à la découverte copernicienne de l'héliocentrisme. Dans la plupart de nos pensées et discussions, nous plaçons de façon implicite l'homme au sommet de l'évolution, les autres espèces étant quelque peu des humains ratés, moins intelligents et moins complexes que nous ». Et Hardy de conclure : « C'est un non-sens, naturellement : elles sont aussi adaptées à leur environnement que nous l'étions à rôder dans la savane africaine[72]. » Bref, il faut en finir avec l'anthropocentrisme génomique, comme avec tous les autres anthropocentrismes. Mais, même convaincus de la réalité de l'évolution, nous conservons souvent aujourd'hui une vision tout aussi fausse de notre position dans la nature qu'au bon vieux temps de l'interprétation biblique. Nous nous la représentons comme une échelle menant à l'homme. Or l'évolution est un buissonnement, riche de multiples espèces disparues au fil du temps et de beaucoup d'autres toujours vivantes. Façonnées par le même nombre de millénaires, ces dernières sont, en termes de degré de perfectionnement, aussi évoluées les unes que les autres. Toutes sont des aboutissements.

19

Plus de cerveau ?

« Le sang circule malgré les oppositions de Gassendi ; la terre tourne malgré l'anathème du pape ; les animaux ne sont plus des automates malgré les arrêts de la Sorbonne ; l'anatomie et la physiologie du cerveau du docteur allemand subsistent et subsisteront malgré les efforts de Napoléon et de ses imitateurs. »

Franz Joseph Gall, 1809[1]

On peut dire que le cerveau sécrète la pensée comme le rein l'urine, ou choisir une formulation moins abrupte. Mais en définitive, tout nous conduit à ce banal et brutal matérialisme. À la structure et au fonctionnement du cerveau. Le mérite de Franz Joseph Gall (1758-1828) aura été, en dépit de l'opposition d'au moins deux empereurs – François II et Napoléon, tous deux horrifiés par son athéisme –, de nous y ramener avec insistance. S'il doit y avoir, entre l'homme et ses cousins dans l'arbre phylogénétique, une quelconque rupture, c'est là qu'il faut *in fine* la rechercher. La tâche paraît simple tant les neurosciences s'imposent désormais comme un champ solide du savoir. La réalité est plus complexe, faute de disposer d'une échelle autorisant des comparaisons quantifiées. S'agissant des similarités entre les génomes, on peut aligner des pourcentages tels que ceux présentés au chapitre précédent. Mais sur le terrain de la cognition – les poids respectifs des cerveaux mis à part –, comment évaluer les choses ? Globalement, le sentiment qui se dégage des données disponibles conduit à penser que l'extraordinaire parenté génomique ne correspond pas à celle des structures cérébrales et des fonctions cognitives[2]. Mais l'évidence de la différence résiste-t-elle à l'examen précis des données ? On devine en posant la question que, fort de la constatation de similarités frappantes et de distinctions faciles à établir, il faudra hésiter entre l'éloge de la singularité et celui de l'identité.

Des cerveaux si proches

Première constatation, qui n'a rien d'un détail : d'importantes différences de poids distinguent les cerveaux des hommes de ceux des singes. De ce point de vue, une évolution se dessine dans la lignée de nos ancêtres qui tend à nous distinguer des autres anthropoïdes. *Homo habilis*, *Homo ergaster*, *Homo erectus* et *Homo sapiens* évoluent, en un peu plus de deux millions d'années, selon une séquence caractérisée tout particulièrement par l'accroissement de la capacité crânienne. Cela suggère que, sur le plan de l'intelligence – la faculté de pratiquer le raisonnement abstrait –, il est clair qu'*Homo sapiens* dispose d'une réelle supériorité. Aussi bien s'agit-il là d'une évidence. Mais peut-on aller plus loin quand on examine la structure du cerveau ? Entre l'homme et les petits singes les différences apparaissent manifestes, encore que tout soit relatif : le cerveau de n'importe quel simien se rapproche plus du nôtre que de celui d'une musaraigne ou d'un ver. S'agissant des anthropoïdes, les travaux récents nous invitent à la modestie. En fait, jusqu'à une date récente, même les meilleurs neuroanatomistes étaient convaincus que l'homme, animal au front impressionnant, bénéficiait d'un cortex frontal (dont on a dit qu'il était l'organe de la civilisation) infiniment plus développé que celui de toutes les autres créatures. Cela cadrait avec l'idée que l'on se faisait de cette aire cérébrale intervenant notamment dans le contrôle des comportements. Mais avec l'anthropologue et neurobiologiste Katerina Semendeferi, l'excellente neuroanatomiste Hanna Damasio a réexaminé de façon bien plus précise le cerveau des grands singes. À la surprise des chercheuses et des observateurs présents, elles ont dû constater que le cortex préfrontal ne différencie pas vraiment les grands primates entre eux : s'il représente 36,8 % de notre cerveau, il constitue 36,3 % de celui de l'orang-outan, 35,1 % de celui du gorille, 34,9 % de celui du bonobo et 34,8 % de celui du chimpanzé[3].

Cela n'implique pas la stricte équivalence de ces zones d'une espèce à l'autre. Katerina Semendeferi pense en particulier qu'au sein du cortex frontal une aire dite aire n° 10 est proportionnellement plus développée chez l'homme. D'autres particularités existeraient dans ce lobe, sans que sa surface totale distingue les divers grands singes entre eux[4]. Une étude par imagerie à résonance magnétique révèle en particulier une proportion plus élevée de substance blanche dans le cerveau de l'homme que dans celui des grands singes. Cela pourrait s'expliquer par une connexion plus riche entre le cortex préfrontal et d'autres zones du cerveau, dans la mesure où, rappelons-le, la substance grise est composée des corps cellulaires des neurones, et la substance blanche des axones qui relient les cellules nerveuses les unes aux autres[5]. Il s'agit là d'un élément essentiel, la connectique expliquant sans doute une bonne part de la complexité cérébrale. On notera toutefois que ces données font l'objet de sérieuses contestations : d'autres anthropologues et neuroanatomistes aboutissent à des conclusions toutes différentes ; ils ne mettent en évidence aucun accroissement particulier de la substance blanche préfrontale ni d'ailleurs d'une zone cérébrale quelconque, la distinction homme-singe étant sans doute associée à des mécanismes plus subtils et non globalement visibles, tels que l'expression génique, le métabolisme énergétique ou la plasticité des synapses[6]. En outre, on ne manquera pas de constater que, jusqu'alors, on glorifiait plutôt la « matière » grise. Du reste, des neurologues californiens ont découvert une corrélation significative entre la substance grise du lobe frontal et le facteur g, capacité cognitive générale qui constitue le noyau central de l'intelligence telle que l'évaluent les tests de quotient intellectuel[7]. Parions donc que les tenants de la différence essentielle entre *Homo sapiens* et anthropoïdes n'auraient pas manqué de s'extasier plus encore si nous l'avions emporté sur le terrain de la matière grise plutôt que sur celui de la matière blanche.

Cela dit, ne cherchons pas à le dissimuler : les cerveaux des grands singes et des hommes n'en diffèrent pas moins en valeur absolue. N'oublions pas que celui du chimpanzé représente moins du tiers du nôtre, ce qui signifie qu'il contient beaucoup moins de neurones et de synapses. La taille va de pair avec le nombre de neurones et celui des divisions cellulaires. Les cellules progénitrices du cortex de la souris ne se divisent que 11 fois contre au moins 28 fois chez le macaque et sans doute davantage chez l'homme. La situation est toutefois un peu plus complexe que ne le voudrait une arithmétique élémentaire, dans la mesure où la densité neuronale change en fonction de la taille, et ce diversement selon les phylums de l'arbre de l'évolution. Chez les rongeurs, l'accroissement du volume cérébral va de pair avec une réduction de la densité en neurones : par rapport à la souris, le castor a relativement peu de cellules nerveuses en plus ; ce sont surtout les cellules gliales* qui bénéficient de l'expansion de sa tête. Chez les primates, la densité reste à peu près la même, ce qui fait qu'un singe à gros cerveau possède réellement davantage de neurones et sans doute, en voie de conséquence, de facultés cognitives supérieures[8]. Toutes choses égales par ailleurs, il faudrait à une souris un cerveau de quarante-cinq kilogrammes et un corps de trois tonnes pour avoir autant de neurones que nous ! Les primates bénéficient donc globalement de cette évolution isométrique, mais, possédant de loin le plus gros cerveau dans la lignée, *Homo sapiens* en jouit davantage encore. Cette richesse cellulaire se traduit bien évidemment par une organisation plus complexe du cortex[9].

La taille importe donc beaucoup. Il ne faut cependant pas oublier que l'homme de Néanderthal avec sa capacité crânienne de 1 500 cm^3 nous dépassait sensiblement, et, bien que son intelligence ne fasse pas de doute, on a peine à la croire supérieure à la nôtre. Mais surtout, la découverte récente du minuscule *Homo floresiensis* vient compliquer plus encore les choses[10]. Cet humain des îles Flores s'est adapté par sa petite taille (1 mètre) à la vie insulaire. Quoique archaïque et évoquant *Homo erectus*, il vécut jusqu'à une date toute récente (18 000 ans avant le temps présent). Il jouissait sans doute d'un niveau élevé de civilisation, car il avait dû construire une embarcation pour parvenir sur ces îles lointaines et il savait chasser les éléphants nains. Or cet

* Le cerveau est composé de deux types de cellules : les cellules nerveuses (ou neurones) qui transmettent l'influx nerveux, et les cellules gliales qui jouent de nombreux autres rôles.

humain ne possédait pas un cerveau plus grand que celui du chimpanzé (de l'ordre de 400 cm^3, valeur infime par rapport aux 1 000 cm^3 en moyenne des *H. erectus*). Il n'a, de ce point de vue, rien à voir avec les Pygmées, lesquels possèdent un cerveau peu réduit par rapport à celui des autres *sapiens* (de l'ordre de 1 000 cm^3 contre 1 250 cm^3). Il s'agirait plutôt d'une forme naine d'*Homo erectus*. Toutefois, même comparé à cette espèce, son volume crânien paraît aberrant puisque, rapporté à la taille du corps, celle de son cerveau est bien plus faible, plus réduite même que celle des australopithèques. Il n'en était pas moins bien plus humain que ces derniers[11]. Bien qu'encore assez mystérieux – le statut de l'homme de Flores nourrit toujours d'âpres controverses –, tout cela nous montre la possibilité d'une humanisation cérébrale dans un volume compatible avec la capacité crânienne du chimpanzé. Il ne s'agit certes pas de clamer l'équivalence des cerveaux de *Homo floresiensis* et de *Pan troglodytes*, et encore moins de dire qu'entre les encéphales d'un orang-outan et ceux d'un Parisien le neurologue ne peut voir la différence. Cette dernière existe bel et bien[12].

Mais tout n'est pas affaire de volume, ainsi que le souligne l'interrogation de Frans de Waal : « Peut-on […] considérer que le cerveau d'un singe n'est jamais qu'un gros cerveau de rat, et celui d'un homme un gros cerveau de singe[13] ? » Une analyse détaillée vient souligner la complexité du problème dès lors qu'on entreprend de comparer des espèces de taille différente. On sera par exemple tenté d'attribuer une certaine valeur évolutive à la réduction en pourcentage d'une aire telle que l'aire V1 (aire visuelle primaire, là où les stimuli visuels parviennent au cerveau), qui n'occupe que 3 % du cerveau humain contre 6 % chez les grands singes, et 11 à 12 % chez les macaques[14]. Mais on observera aisément que tout cela tient pour une bonne part à la taille de l'animal. Ainsi le babouin hamadryas possède-t-il une aire V1 équivalant à 9,5 % de son cerveau, soit une valeur plus proche de celle de l'homme que son cousin macaque, pourtant phylogénétiquement pas plus éloigné de nous. Tout cela peut s'expliquer pour une bonne part par l'expansion du corps et celle du cerveau qui l'accompagne[15]. Par-delà la capacité crânienne et les surfaces respectives des diverses aires cérébrales, d'autres critères anatomiques méritent d'être pris en considération, tout particulièrement ceux en rapport avec les circonvolutions et les repliements du cortex. De ce point de vue, le cerveau humain présente une complication atypique par rapport à celui des autres primates, ce qui contribue sans doute à expliquer les capacités cognitives d'*Homo sapiens*[16]. Notre petit cousin des îles Flores disposait très vraisemblablement à la surface de son minuscule encéphale de circonvolutions bien plus profondes que celles du chimpanzé, ce qui contribue à rendre compte de leurs différences intellectuelles. Mais sur ce plan aussi la taille joue un rôle essentiel, puisqu'un cerveau plus volumineux n'impose pas seulement l'extension des repliements ou des sillons, mais aussi l'accroissement de leur nombre, ainsi que le révèle la comparaison des cerveaux de babouin hamadryas et de macaque rhésus. Le premier paraît plus replié que le second[17].

Sans la nier, il s'agit donc simplement de réévaluer la différence : elle est plus faible qu'on ne le croyait, et l'anatomie cérébrale des grands singes semble remarquablement similaire à la nôtre. Cela rejoint cette parenté d'apparence qui avait frappé Diderot et justifiait son interrogation : « Avez-vous vu au jardin du Roi, sous une cage de verre, cet orang-outan qui a l'air d'un saint Jean qui prêche dans le désert ? », phrase que l'on ne manquera pas de rapprocher de la provocation du cardinal de

Polignac, le fameux « Parle et je te baptise » lancé au grand singe[18].

S'agissant des relations entre cerveau et facultés cognitives, on s'attache surtout à comparer *Homo sapiens* aux autres primates. Mais l'analyse évolutionniste invite à considérer un champ plus large. La plupart des commentateurs tendent à prendre comme un fait acquis notre supériorité pondérale encéphalique. Or les études n'autorisent pas une telle conclusion. En valeur absolue, je l'ai dit, les baleines* et les éléphants nous dépassent sensiblement, les premières avec un poids cérébral compris entre 2,6 et 9 kg selon les espèces, les seconds avec des encéphales de 5,5 kg pour l'espèce asiatique et

---

* Au sein de la classe des cétacés, le groupe des odontocètes (les cétacés pourvus de dents) défie les hominidés pour le titre de champion cérébral ; il a fait l'objet d'une encéphalisation accélérée lors de l'oligocène, l'époque géologique comprise entre 34 et 23 millions d'années avant le temps présent (Marino L., « Brain size evolution », *in* W.F. Perrin *et al.* [éd.], *Encyclopedia of Marine Mammals*, Academic Press, 2002, p. 158-162 ; Marino L. *et al.*, « Origin and evolution of large brains in toothed whales », *The Anatomical Record* Part A, vol. 81A, 2004, p. 1-9). Le cervelet de certains dauphins serait en outre, en taille relative, plus grand que celui de tous les primates, humains compris (Marino L. *et al.*, « Relative volume of the cerebellum in dolphins and comparison with anthropoid primates », *Brain, Behaviour and Evolution*, vol. 56, 2000, p. 204-211). Il convient toutefois de ne pas simplifier à l'excès : le cerveau de ces animaux se distingue très nettement de celui des anthropoïdes, notamment par son caractère primitif (Morgane P.J. *et al.*, « Evolutionary morphology of the dolphin brain », *in* R.J. Schusterman, J.A. Thomas et G.G. Wood [éd.], *Dolphin Cognition and Behavior : A Comparative Approach*, Lawrence Arlbaum, 1986, p. 5-29). Ils possèdent essentiellement du paléocortex, y compris dans des zones correspondant à notre néocortex. Ce « cerveau ancien » correspond au système limbique impliqué dans les émotions. Cette caractéristique pourrait impliquer une vie émotionnelle plus riche dans cette espèce que dans la nôtre ou, si l'on préfère, une plus grande difficulté à dissocier la réponse émotionnelle de la réponse rationnelle.

6,5 kg pour l'africaine, soit quatre fois plus lourds que les nôtres. On objectera qu'il s'agit d'animaux immenses. Certes, mais un cerveau lourd est énergétiquement coûteux. L'exemple de certains dinosaures géants à petite tête prouve qu'un grand corps n'implique pas une boîte crânienne en proportion. Si les éléphants, qui de surcroît n'ont quasiment pas de prédateurs – sauf dans le Savuti, au Botswana, où les lions les attaquent –, supportent de tels encéphales, cela doit représenter une valeur d'utilité. Sans doute mettent-ils leur intelligence au service des nécessités de leur vie sociale complexe[19]. S'agissant du poids cérébral, il faut aussi savoir qu'en valeur relative la taille évolue à l'inverse de l'encéphalisation. Ainsi, le cerveau de l'homme – représentant d'une grande espèce – ne constitue que 2 % du poids corporel, alors que celui d'une petite espèce comme la souris atteint 10 %. Par ailleurs, l'intelligence de certains oiseaux (les corvidés, en particulier) ne saurait plus faire de doute. Or ces animaux ne possèdent pas une bien grande matière cérébrale. Un mode de calcul plus sophistiqué consiste à évaluer un quotient d'encéphalisation mesurant la déviation de la taille cérébrale par rapport à l'espèce « standard » de la lignée considérée. Dans le cas des mammifères, il s'agit du chat auquel on attribue arbitrairement la valeur 1. L'homme atteint cette fois-ci une valeur record comprise entre 7,4 et 7,8, soit bien au-dessus de celle des baleines (1,8) ou des éléphants (1,3), mais pas tellement mieux que les dauphins (5,3). De plus, comme les singes capucins (4,8 pour l'espèce à front blanc) se situent en bien meilleure position que les chimpanzés (entre 2,2 et 2,5) – en principe plus intelligents –, on peine à considérer ce critère comme un standard absolu[20] ! Si l'on tient à raisonner globalement, sans doute vaut-il mieux se baser sur le nombre de neurones et de connexions que sur le poids total. Si l'on prend en considération l'épaisseur du cortex et la densité des cellules nerveuses, nous pourrions détenir un record enviable avec un nombre de neurones de l'ordre de $1{,}2 \times 10^{10}$, soit un peu plus de 10 milliards, chiffre voisin de celui atteint par les baleines et les éléphants, soit – le nombre des synapses par neurone atteignant 29 800 dans notre cas[21] (on ignore sa valeur chez nos compétiteurs cétacés et pachydermes) – un total de $3{,}6 \times 10^{14}$ synapses (plus de 30 000 milliards) ! Si on ajoute à cela l'existence d'une épaisse couche de myéline sur les axones de nos neurones, ce qui favorise la vitesse de conduction de l'influx nerveux, on peut prétendre disposer d'une capacité de traitement de l'information supérieure[22]. Mais, une fois encore, les chiffres ne parlent pas d'eux-mêmes : la supériorité humaine ne saute pas aux yeux.

Même les aires impliquées dans le langage ne semblent pas complètement spécifiques de l'espèce humaine, puisqu'on a retrouvé chez les anthropoïdes l'asymétrie du *planum temporale* et une zone proche de l'aire de Wernicke humaine (laquelle est impliquée dans la compréhension du langage)[23]. L'asymétrie cérébrale se traduit par la prédominance de l'hémisphère gauche pour le langage, mais aussi pour le mouvement de la main, la majorité des humains étant droitiers*. De nombreux chercheurs, neurologues, linguistes, psychologues ou spécialistes de l'évolution voient dans la spécialisation de l'hémisphère gauche pour le langage la clef de l'émergence de l'esprit humain[24]. C'est la raison pour laquelle la question de la latéralité du cerveau ou des organes de préhension devient essentielle. Plusieurs observations

* Les voies nerveuses se croisent au niveau cérébral. Ainsi, le membre gauche se trouve commandé par l'hémisphère droit et le membre droit par l'hémisphère gauche.

récentes ont conduit à identifier une prédominance d'une des deux mains chez des grands singes. Certains ont contesté la généralité de ce fait, mais les observations de William D. Hopkins et de ses collègues de l'Institut Yerkes à Atlanta mettent clairement en évidence la prédominance de la main droite chez le chimpanzé ; l'orang-outan serait plutôt gaucher, et le gorille ne présenterait qu'une tendance non significative (sur le relativement faible échantillon examiné) à être droitier[25]. En collaboration avec la primatologue du Lincoln Zoo de Chicago, Elizabeth Lonsdorf, Hopkins démontre aussi la fréquence de la latéralité chez le chimpanzé sauvage lorsqu'il utilise des techniques telles que la pêche aux termites avec un bâton ou le cassage des noix. La préférence apparaît évidente et héréditaire, amenant les auteurs de ce travail à conclure à l'apparition de la latéralité de la main il y a plus de 5 millions d'années, avant la dichotomie entre la lignée humaine et celle des chimpanzés[26].

À lire les données les plus diverses qui s'accumulent, on se demande s'il ne faudrait pas parler de règle plutôt que d'exception à propos de la latéralisation, laquelle varie parfois selon le sexe, puisque s'agissant des chevaux de concours les juments préfèrent leur côté droit et les étalons le gauche[27]. Détail très intéressant, les corbeaux de Nouvelle-Calédonie, si doués pour manipuler des outils d'origine végétale, sont également latéralisés et droitiers[28]. Autre exemple de latéralisation dans le cerveau aviaire : celui du compas magnétique permettant l'orientation lors de la migration. Une étude chez le rouge-gorge montre une nette dominance de l'œil droit, correspondant lui-même à l'hémisphère cérébral gauche[29].

Par ailleurs, la découverte chez le macaque, par l'équipe montréalaise de Michael Petrides, d'une zone homologue à l'aire de Broca, impliquée dans la commande de la musculature oro-faciale, nous rapproche d'une compréhension évolutionniste et rationnelle des origines du langage, tout en soulignant, une fois de plus, le caractère moins unique qu'on ne le clame du cerveau humain[30]. On trouve dans la même espèce une aire cérébrale participant à la reconnaissance de la voix[31]. Chez les primates, l'analyse des fibres du faisceau arqué, qui jouent un rôle important dans le langage humain (ses lésions se traduisent par une aphasie), apporte des données plus contrastées mais assez logiques[32]. Ces fibres rapprochent le chimpanzé de l'homme et le distinguent assez nettement du macaque. Chez les deux premières espèces, elles se projettent de façon voisine en direction du lobe frontal. Les projections temporales sont, en revanche, plus marquées chez l'homme que chez le chimpanzé et totalement absentes chez le macaque. On a donc l'impression que le support anatomique du langage a évolué graduellement à partir de précurseurs existant chez les autres primates. Pour le dire autrement, l'hominisation ne comporte pas de rupture anatomique brutale[33]. La logique darwinienne se trouve ainsi respectée.

On ajoutera, au niveau microscopique et au niveau des mécanismes physiologiques, que le système nerveux fonctionne fondamentalement de la même manière dans l'ensemble du monde vivant, sous la forme de réseaux de neurones transmettant l'influx nerveux et échangeant des messages chimiques. Comme le dit Jean-Didier Vincent, « un neurone humain ne possède pas en effet le supplément d'esprit qui donnerait sa dimension spirituelle à l'homme ». Tout simplement parce qu'« un neurone au singulier n'est pas porteur de sens[34] ». Ce qui revient à dire que le psychisme dépend davantage d'ensembles de cellules que de cellules en particulier.

Mais là encore, les fonctions mentales dépendent de structures souvent étrangement analogues d'une espèce à l'autre. Prenons l'exemple de l'aptitude arithmétique. Nous l'avons vue largement répandue dans le monde vivant. S'agit-il de la même chose chez le singe et chez l'homme ? Les études menées par Andreas Nieder et Earl Miller au Massachusetts Institute of Technology, ainsi que par Stanislas Dehaene à Paris, mettent en évidence, dans les profondeurs du sillon intrapariétal, des populations homologues de neurones sensibles aux nombres, et ce dans les deux espèces[35]. Comment ne pas en conclure qu'au cours de l'évolution des espèces une commune aptitude à compter a émergé, en rapport avec l'activité de cellules nerveuses précisément définies ? À moins d'imaginer un méchant démiurge s'acharnant à détruire cet édifice neuronal primatologique pour en construire un autre, tout différent, mais au même endroit, afin de tromper l'observateur darwinien, force nous est d'admettre que nous n'avons pas inventé les bases biologiques de l'arithmétique élémentaire, nous les avons héritées de nos ancêtres non humains. Cela dit, le système n'a pas arrêté là son évolution. Le réseau neuronal lié à la compétence mathématique et tous les autres impliqués dans les diverses tâches cognitives ont subi des modifications au cours de l'hominisation.

Cependant, si l'évolution a permis d'atteindre des complexités fort différentes, les mécanismes essentiels ne diffèrent pas. Il n'existe pas une physiologie spécifique de l'âme humaine. Nous sommes, ainsi que l'a dit Jean-Pierre Changeux, des hommes neuronaux, mais les chimpanzés sont des chimpanzés neuronaux, et les cercopithèques des cercopithèques neuronaux. Le biologiste se révèle bien incapable de différencier les âmes au niveau cellulaire.

Le cerveau ou le corps ?

Souvent, l'observation des animaux nous donne à penser qu'ils ne comprennent pas bien des choses que nous leur expliquons ou qui nous paraissent évidentes, renforçant l'impression d'une insuffisance, d'une déficience intellectuelle. Il n'est pas sûr que l'incompétence en question soit nécessairement de l'ordre de l'intelligence, même quand elle nous apparaît comme telle. Je voudrais à cet égard évoquer l'extraordinaire histoire du cas I.M. Les médecins, notamment les neurologues, désignent par leurs initiales les cas intéressants afin d'éviter de les nommer par leur nom. On connaît ainsi plusieurs exemples de *split brain* (« cerveau fendu ») présentant une déconnexion des hémisphères cérébraux et qui donne l'impression que le sujet possède deux « moi », l'un commandé par le cerveau gauche, l'autre par le droit. W.J., un des patients de Michael Gazzaniga, a même un jour tenté de frapper sa femme de son bras gauche tandis que son bras droit essayait de s'y opposer. Les neurologues ont décrit bien d'autres exemples bizarres, comme celui des patients qui considèrent qu'une partie de leur propre corps ne leur appartient pas. On a beau leur dire, leur démontrer qu'elle est bien à eux, ils ne le croient pas. Ces malades ne sont pas fous ; leur cerveau a simplement perdu la représentation du membre en question ; il ne peut donc leur appartenir puisque, même s'il existe, même s'ils le voient, ils « savent » (leur cerveau « sait ») qu'il n'est pas à eux. Revenons donc au cas I.M. Cette fois-ci, il ne s'agit pas d'un humain mais d'un serpent ratier noir à deux têtes, étudié par Gordon Burghardt, un éminent spécialiste américain du comportement des reptiles[36]. Il arrive que des serpents naissent ainsi ; ils sont comme les fameux frères siamois jadis exhibés dans les foires. En présence de proies, la tête gauche de I.M. attaquait d'abord les petites et la tête droite d'abord les grosses. Le problème du serpent tenait au fait que les deux têtes attaquaient en même temps, ce qui réduisait sensiblement l'efficacité digestive de la bête. Normalement, l'ingestion d'une seule proie ne prenait que quelques minutes, alors que celle de deux proies, une par la tête gauche, l'autre par la droite, durait une heure. Ayant eu tout loisir de constater les méfaits de sa double voracité, il aurait donc été logique que le serpent décidât de procéder de façon séquentielle. On sera donc tenté de conclure à la faible « intelligence » des ophidiens, puisque ces animaux, ou en tout cas le sieur I.M., n'ont pas la capacité de comprendre la conséquence d'un comportement qui n'est pas en soi absurde (la conscience qui habite éventuellement le cerveau gauche n'a guère de raison de se soucier du bien-être de son partenaire de droite, et vice versa) mais dont le résultat se révèle néfaste. Cependant, lorsqu'on rapproche cette observation de cas neurologiques du genre de ceux que je viens d'évoquer, les choses prennent un relief bien différent. On comprend alors qu'existent dans notre cerveau une ou plusieurs représentations de notre ou de nos « moi », et qu'en cas de déconnexion entre ces « moi » (en l'occurrence, il n'y a pas chez I.M. deux « moi » dans un cerveau comme chez les *split brains*, mais réellement deux cerveaux) rien ne peut justifier qu'un de nos hémisphères cérébraux considère comme sien ce qui appartient à un autre, même lorsque tous deux voyagent dans un même corps. En tout cas, nous ne sommes pas ici en présence d'un déficit d'intelligence, puisque les pathologies humaines de la perception du soi sont indépendantes de cette dimension de la cognition. Et pas davantage d'un déficit de la personne, ainsi que pourrait le suggérer un dualisme cartésien choqué par cette situation où la pensée ne parvient pas à s'imposer au corps. Pour la comprendre, il faut avoir à l'esprit cette remarque du neuroanatomiste John Z. Young (1907-1997) : « Les faits montrent que moi et mon cerveau ne faisons qu'un ; sans lui je ne serais rien. Si la personne est inséparable du cerveau, demander lequel des deux contrôle l'autre n'a aucun sens[37]. » S'agissant de I.M., les deux personnes-cerveaux qui cohabitent chez lui ne manquent nullement de « personnalité », bien au contraire : elles en auraient plutôt en excès.

Entre le corps et le cerveau existe donc une étrange relation dont nous n'avons pas conscience du fait de son automaticité, sauf dans de rares cas pathologiques. Le second recèle dans ses structures un encartage du premier. C'est ce qui rend compte des relations entre la raison et les émotions, selon la théorie d'Antonio Damasio, lequel explique notamment que les oiseaux et les mammifères doivent avoir des sentiments parce qu'ils possèdent dans leur cerveau les structures responsables de l'encartage du corps. Ce que révèle l'exemple du serpent I.M., c'est qu'une anomalie en apparence cognitive – en l'occurrence, un comportement inadapté – relève moins de l'insuffisance du cerveau que de la corporalité. Ce n'est pas dans les deux crânes d'I.M. qu'on trouvera la trace d'un déficit. Il serait certes périlleux de vouloir distinguer le cerveau du corps : ce serait revenir au dualisme cartésien, et rien n'est plus éloigné de ma pensée que cela. Du moins cette remarque ruine-t-elle la tentation de chercher dans nos encéphales, comme d'ailleurs dans nos gènes, la présence d'une différence ultime, susceptible de fonder l'essence de l'homme.

Le cerveau machiavélien

La vérité la plus fiable est, ici comme ailleurs, qu'il nous faut considérer le cerveau dans le cadre de l'évolution des espèces, mais sans croire à une progression animée par l'objectif de parvenir à *Homo sapiens*. C'est à la lumière de ce principe de base qu'il convient d'étudier l'évolution de la taille du cerveau. Cette dernière, faut-il le rappeler, varie d'une espèce à l'autre en fonction du groupe zoologique ou au sein de chacun d'eux. Un insectivore tel que le hérisson, un prosimien comme le galago et le singe écureuil présentent un poids corporel assez voisin (respectivement 860 g, 850 g et 680 g). Mais celui de leur cerveau varie énormément : respectivement, 3,4 g, 10,3 g et 22 g, ce qui traduit la forte capacité crânienne des primates. Mais peut-être aussi la grande sociabilité des singes.

La vie sociale a en effet contribué à façonner l'intelligence au cours de l'évolution des espèces, notamment chez les primates. Darwin l'enseignait dès sa *Descendance de l'homme*. Plus près de nous, des auteurs comme John Allman, puis Richard Byrne et Andrew Whiten ont émis l'hypothèse du cerveau social, souvent désignée comme celle du cerveau machiavélien, laquelle postule l'existence d'un lien précis entre la taille du cerveau et celle du groupe. De la théorie à la démonstration, le cheminement ne fut pas si simple, mais l'éthologiste et anthropologue anglais Robin Dunbar finit par détecter, au sein de la classe des primates, une étroite corrélation entre l'importance du groupe social et celle du néocortex[38]. John Allman, un spécialiste de l'évolution du cerveau travaillant au CalTech (California Institute of Technology), a repris cette étude de façon plus exhaustive, sur un échantillon plus large, et conclu que le groupe social détermine

45 % de la variance du néocortex chez les diverses espèces de primates[39].

Plus récemment, Byrne a apporté une nouvelle confirmation de sa théorie du cerveau machiavélien en montrant que la taille du néocortex permet de prédire le taux de tromperie chez les primates[40]. À tel point qu'un Descartes moderne et lucide pourrait modifier son cogito en un « Je mens donc je suis ». Les galagos et les lémurs – des prosimiens eux aussi – trichent très peu et ne possèdent qu'une fine couche néocorticale, contrairement aux grands singes qui trompent allégrement leur monde. Voilà qui n'a rien de très moral, ni de très encourageant quand on sait que, s'agissant du néocortex, c'est *Homo sapiens* qui l'emporte et de très loin. Sans doute la malhonnêteté animale n'est-elle pas seule en cause. Richard Byrne s'avoue tout à fait conscient du fait que, s'il avait pris comme critère d'évaluation l'esprit de coopération, il aurait obtenu les mêmes résultats. Car entraide et tromperie ne sont que les deux facettes d'une même aptitude : la subtilité sociale.

Dans l'ensemble, les tenants de l'intelligence sociale se sont surtout intéressés aux primates. Mais pour confirmer la validité de leur théorie, il faut la tester sur des groupes zoologiquement différents. La hyène tachetée nous offre de ce point de vue un exemple de choix. Cet animal vit en clans, qui comprennent jusqu'à quatre-vingt-dix individus et qui ne sont pas sans évoquer les groupes de babouins. La liste des points communs entre ces deux espèces phylogénétiquement bien distinctes a de quoi impressionner : statut social directement lié au rang hiérarchique de la mère et automatiquement hérité par sa progéniture, pratique du népotisme, capacité à détecter les parents génétiques et préférence affichée à leur égard, possibilité de reconnaître les positions hiérarchiques et de s'en souvenir parfaitement, goût pour l'association avec des sujets de rang immédiatement supérieur, préférence des mâles pour la copulation avec les femelles occupant une position sociale élevée, capacité à faire des inférences transitives concernant le rang social et les relations de parenté, etc.[41]. Comportementalement, donc, les hyènes se rapprochent des singes, alors même que leurs ancêtres ont divergé voici 90 à 100 millions d'années. À cela s'ajoute le fait qu'elles possèdent un cortex frontal proportionnellement plus large que celui des autres carnivores moins sociaux.

Autre exemple fascinant, en dehors de l'univers des primates : celui des éléphants. Le biologiste allemand Bernhard Rensch (1900-1990), voici un demi-siècle, a mis en évidence leur aptitude à apprendre des tâches de discrimination, de même que leur capacité à se souvenir un an après de la règle ainsi acquise[42]. Nous avons déjà fait état de leur gigantesque cerveau. Sans doute leur intelligence leur sert-elle à se repérer au sein de leur réseau social étendu dans l'espace et dans le temps[43]. La théorie du cerveau social[*] trouve une autre confirmation à travers les observations sur les corvidés – créatures particulièrement futées, ainsi que nous l'avons souvent mentionné. Si l'on considère l'exemple des geais, le geai des pinèdes pratique l'art de l'inférence transitive[44] mieux que le geai à gorge blanche, moins social[45]. Tout cela est cohérent. En

* Les données récentes de R. Dunbar invitent cependant à envisager une hypothèse un peu différente. Selon ce chercheur, la corrélation entre la taille du cerveau et celle du groupe social vaut essentiellement pour les primates. Pour d'autres ordres de mammifères, comme les carnivores et les artiodactyles (antilopes et autres ongulés), la taille relative du cerveau serait principalement corrélée à la vie en couple, laquelle supposerait de plus grandes ressources cognitives, pour faire le bon choix et éviter d'être trompé par le partenaire (Shultz S. et Dunbar R.I.M., « The evolution of social brain : anthropoid primates contrast with other vertebrates », *Proceedings of the Royal Society London B*, vol. 274, 2007, p. 2429-2436).

entrant dans le détail, on ne manquera pas de relever cependant quelques contre-exemples : les casse-noix d'Amérique sont aussi performants que les geais des pinèdes plus sociaux, l'ours peu social possède un neocortex bien développé[46] et des comportements plus flexibles que ceux de la hyène, les grands singes non humains sont plus cérébralisés mais moins sociaux que les cercopithèques, etc. Moralité : l'hypothèse de l'intelligence sociale est attractive, mais elle nécessite des aménagements ou la prise en compte d'autres paramètres[47].

Cellules en fuseau et connexions intracérébrales : voici venu le temps de la microanatomie

Davantage qu'à la taille globale, il importe de s'intéresser à des éléments plus précis des divers cerveaux animaux[48]. Ainsi les primates disposent-ils d'aires spéciales, telles que l'aire visuelle temporale moyenne. Certains types cellulaires pourraient être spécifiques des grands singes et de l'homme, comme les neurones de von Economo*, encore appelés cellules en fuseau (*spindle cells*) du cortex cingulaire, identifiées par la neuroanatomiste new-yorkaise Esther Nimchinsky seulement chez ces espèces[49]. Détail qui n'en est peut-être pas un, ces cellules normalement peu nombreuses se raréfient encore chez le sujet atteint de maladie d'Alzheimer ou d'autres démences. John Allman a trouvé très peu de cellules de ce type chez l'orang-outan, quelques dizaines de milliers chez l'homme et un nombre intermédiaire chez le gorille, le chimpanzé et le bonobo[50]. Il s'agirait donc d'une invention récente, apparue au cours de l'évolution voici peut-être dix millions d'années, puisque les

* Dénommés ainsi en l'honneur de l'histologiste et neurologue viennois Constantin von Economo (1876-1931).

autres primates en seraient dépourvus. Ce qui pourrait expliquer leur fragilité, selon Allman : la sélection naturelle aurait manqué de temps pour mieux les protéger. Voilà pourquoi ils souffrent tout particulièrement dans la maladie d'Alzheimer, dans les démences fronto-temporales[51], mais peut-être aussi dans la schizophrénie, voire l'autisme[52]. Notons au passage cet intéressant paradoxe qui veut que la prédisposition à une déficience puisse souligner une supériorité phylogénétique : on a dit la maladie d'Alzheimer ou l'autisme spécifiques de l'humain car liés à des systèmes neuronaux évolutivement récents. Cela n'a rien d'illogique : on ne peut souffrir d'un organe inexistant, et la démence pourrait, en théorie, n'atteindre que des esprits suffisamment développés. Il est tout de même étonnant que les démences fronto-temporales se caractérisent par l'atteinte de fonctions cognitives récemment apparues dans l'évolution, alors qu'elles affectent des zones cérébrales relativement archaïques, comme le cortex cingulaire antérieur et la région fronto-insulaire. L'explication tiendrait au fait que cette démence ne touche, au sein de ces régions, qu'une population particulière de cellules qui sont, elles, phylogénétiquement récentes[53].

Allman pense que les neurones de von Economo assurent une connexion rapide entre le cortex cingulaire antérieur et d'autres parties du cerveau, jouant ainsi un rôle déterminant dans les relations entre l'émotion et la réponse corporelle aux sentiments, une interprétation qui s'accommode fort bien des théories de Damasio sur les relations entre la cognition et la perception du corps. Ces cellules permettraient une réponse très rapide au contexte social. Elles constitueraient un substrat important de l'intelligence sociale. Leur présence chez les grands singes, mais pas chez les autres primates, irait de pair avec un changement important dans l'évolution de la vie sociale. Les grands singes vivent en société, mais aussi sur un mode dispersé. Ils pratiquent la fusion-scission. Cela conduit à une complication supplémentaire sur le plan de l'intelligence sociale, dans la mesure où il leur faut garder à l'esprit la connaissance de congénères qui ne demeurent pas nécessairement en permanence en leur compagnie. Ils doivent conserver leur trace mentale dans le temps.

Détail intéressant : il se pourrait, selon des observations toutes récentes, que les cellules en fuseau ne soient pas l'apanage des seuls grands singes, humains compris. Les cétacés – en tout cas, la baleine à bosse – en seraient également pourvus[54]. Or il s'agit précisément d'une espèce à gros cerveau et faisant preuve d'une riche vie sociale. On observe là un nouvel exemple d'évolution convergente entre les cétacés et les primates les plus évolués. S'agissant des premiers, une analyse comparée des espèces, tant cognitive que neuroanatomique, pourrait être des plus instructives, les cellules en fuseau se trouvant chez la baleine à bosse, l'orque et le cachalot, mais pas chez le dauphin dont l'intelligence ne saurait par ailleurs être contestée.

Toujours selon Allman[55], il semble également qu'une aire du cortex frontal, celle située le plus en avant (l'aire n° 10 dans la représentation classique élaborée par Brodmann au début du XXe siècle) est essentiellement développée chez les anthropoïdes, surtout chez l'homme moderne et dans une moindre mesure chez les grands singes – notons, au passage, son importance relative chez le petit homme de Flores, détail signant sa modernité cérébrale[56] –, beaucoup moins chez le gibbon (le grand singe le plus éloigné de nous) et très peu chez les autres simiens[57]. Il s'agit d'une observation intéressante, cette aire n° 10 étant impliquée dans le rappel mnésique des expériences passées de l'individu, dans sa capacité à planifier des réponses adaptatives et même dans les aspects émotionnels des jugements moraux[58]. Élément intéressant, du point de vue d'Allman, les neurones en fuseau se connectent à d'autres parties du cerveau et notamment à l'aire n° 10. Il en déduit que ces deux éléments spécifiques des anthropoïdes auraient pu, au cours de l'évolution, jouer un rôle essentiel dans le partage de la nourriture et le transfert, d'une génération à la suivante, des informations caractéristiques des familles humaines étendues.

Ces travaux traduisent un regain d'intérêt pour une recherche différentielle portant sur la microanatomie. Jusqu'à présent, on s'était surtout intéressé à la différence pondérale globale ou à la proportion des divers lobes les uns par rapport aux autres, sans trouver grand-chose de probant en dehors de l'évolution du poids cérébral. Todd Preuss, un neuropathologiste de l'université Emory d'Atlanta, met plutôt le doigt sur des particularités anatomiques qui font du cerveau humain autre chose qu'un cerveau de chimpanzé en expansion[59]. Outre les neurones de von Economo, qui nous distinguent essentiellement des « petits » singes, on peut mentionner, au titre de ces différences subtiles, celles qui portent sur l'organisation tissulaire du cortex visuel primaire[60], et celles qui concernent les « microcolonnes » qui fonctionneraient comme des microprocesseurs cérébraux[61]. Ces microcolonnes seraient plus larges dans le *planum temporale* gauche humain (impliqué dans le langage), ainsi que dans l'aire 10 et dans l'aire de Broca (elle aussi liée au langage)[62]. L'équipe hongroise du neurophysiologiste Gábor Tamás s'intéresse à un autre aspect de l'organisation cellulaire cérébrale, une catégorie particulière d'interneurones. De façon générale, le cortex cérébral est constitué de couches de neurones organisés en colonnes. Les plus connues de ces cellules sont celles qualifiées de pyramidales, dont les prolongements s'étendent parfois sur de longues distances. Mais les colonnes sont aussi reliées entre elles par des interneurones pourvus, eux, de courts axones. En utilisant de petites tranches de cerveaux humains provenant de prélèvements chirurgicaux, Tamás et ses collègues ont montré que certains d'entre eux – les neurones chandeliers – permettent de véritables réactions en chaîne au sein du cerveau. Grâce aux connexions qu'ils établissent avec de multiples partenaires, ils transmettent l'influx issu d'un unique neurone pyramidal à de multiples autres[63]. Pour l'heure, ce phénomène n'a pas été retrouvé, en tout cas avec une telle ampleur, dans d'autres espèces animales. Tamás pense qu'il pourrait rendre compte de la meilleure efficacité de la machine cérébrale humaine. On notera toutefois que les cellules chandeliers existent également chez les autres mammifères, mais en moins grande concentration.

Ces particularités microanatomiques se révéleront d'autant plus passionnantes à étudier qu'on pourra les rapporter aux relations entre neurones cérébraux. La connectivité entre les diverses aires constitue un aspect crucial du fonctionnement cérébral et mental*. Le pourcentage élevé de substance blanche dans la partie préfrontale du cerveau

* Les connexions intracérébrales jouent un rôle essentiel dans la vie mentale. Il importe de s'y intéresser lorsqu'on compare le cerveau de l'homme à celui du chimpanzé, mais plus encore s'il s'agit de franchir un saut phylogénétique plus grand. Cela vaut tout particulièrement quand on prend en considération les cerveaux de mammifères et d'oiseaux. Ces derniers montrent en effet des compétences très proches de celles des grands singes, y compris en ce qui concerne les fonctions dites exécutives (prise de décision, flexibilité cognitive, planification des actions et inhibition des comportements inappropriés). Or ces dernières sont, chez les mammifères, sous le contrôle du cortex préfrontal ; chez les oiseaux, la zone correspondante est le nidopallium caudo-latéral, situé plus en arrière. En apparence, elle n'évoque guère le cortex préfrontal. C'est par ses connexions avec diverses structures qu'elle s'en rapproche, ce qui explique sans doute les compétences cognitives aviaires (Güntürkün O., « The avian "prefrontal cortex" and cognition », *Current Opinion in Neurobiology*, vol. 15, 2005, p. 686-693).

de l'homme, en comparaison de celui des autres primates, anthropoïdes compris, plaide en faveur d'un plus grand nombre de relations entre les neurones du cortex[64]. La connectivité varie selon les espèces et pas seulement en ce qui concerne le cortex cingulaire antérieur et l'aire n° 10. Ainsi le noyau géniculé latéral se projette-il, chez le chat, à la fois sur le cortex visuel primaire V1 et sur l'aire V2, alors qu'il n'est directement lié qu'à V1 chez les primates (V2 étant principalement innervé par V1). De façon plus précise, il est extrêmement important d'étudier les éléments du cerveau en relation avec la vie sociale et notamment le machiavélisme, cette capacité de manipulation d'autrui visant à favoriser ou à ruiner des alliances. L'un des supports de cette faculté privilégiée des humains tient à l'aptitude à finement reconnaître les congénères. Les primates sont experts en la matière. Nous l'avons dit, les singes préfèrent entre toutes les photos de singes et ils y reconnaissent aisément les caractéristiques individuelles de chacun, leurs relations de parenté, leur position sociale, etc. Sur le plan anatomique, cette compétence repose, pour une bonne part au moins, sur des cellules du cortex temporal inférieur et du sulcus temporal supérieur. Ces dernières interviennent dans la reconnaissance des visages et des expressions, selon des modalités distinctes. Les premières jouent un rôle dans la détermination de l'identité faciale, les secondes dans le décodage des expressions. Ainsi, lorsqu'on présente à un rhésus des portraits d'autres macaques de la même espèce, les neurones liés à l'identité s'activent de façon similaire, indépendamment de l'état émotif du sujet représenté (le contraire se produit lors de la reconnaissance des expressions)[65]. Ces deux mécanismes revêtent un intérêt essentiel dans le cadre de la vie sociale de ces animaux. Il n'est pas impossible que l'étude fine de notre cerveau nous en fasse découvrir autant sur l'univers du social que sur celui de la cognition. À moins que ces deux facettes de la vie mentale ne soient si intimement liées qu'on ne puisse les distinguer…

Alors que la plupart des experts s'intéressent surtout aux relations cortico-corticales, celles réunissant les neurones du cortex entre eux, Todd Preuss[66] évoque à la suite de Karl Pribram, un pionnier des neurosciences, celles entre le cortex et les zones sous-corticales, mettant l'accent sur l'importance de l'intention et de l'action.

S'agissant des fonctions de la connectivité entre les aires cérébrales, on se doit de mentionner le rôle possible de l'énigmatique claustrum. Avec Christof Koch, Francis Crick a été intrigué par le fait que cette mince bande de substance grise se trouve réciproquement connectée à toutes les régions du cortex. Cette caractéristique la désigne comme un support possible de la conscience. Faute d'expériences précises, on en reste ici au niveau de l'hypothèse. Si ce mystérieux claustrum joue bel et bien ce rôle majeur, force est de constater sa présence dans toutes les espèces de mammifères, ce qui lui interdit par là même d'apparaître comme une sorte de support de l'âme, prétendument réservée aux seuls humains[67].

De l'accumulation des données de plus en plus fines que nous livrent les neurosciences d'aujourd'hui, rien ne se dégage qui puisse correspondre à une évidente et magistrale différence entre nous et le reste du monde vivant. Les différences que nous avons mentionnées méritent-elles d'être considérées comme essentielles ? De très bons neurologues, tel Michael Gazzaniga, se croient autorisés à le penser, au prétexte notamment qu'« aucune autre espèce n'aspire à être plus que ce qu'elle est[68] ». La phrase est belle. Reste à savoir si le décodage de la mécanique neuronale la justifie véritablement.

20

Tous géniaux et tellement différents de l'huître ?

« Considérez l'huître dans sa coquille, je ne sais pas au juste ce qu'elle y fait ; mais je la soupçonne fort de s'élever aux spéculations les plus sublimes de l'arithmétique et de l'algèbre ; de sonder les profondeurs de l'analyse, de se proposer les problèmes les plus compliqués sur la nature des équations, et de les résoudre comme si elle était un Diophante ; c'est peut-être ce que fait l'huître dans sa coquille. »

Diderot, 1751[1]

De Descartes, le biologiste a beaucoup à dire et à redire, notamment à cause de son dualisme qui le pousse à distinguer radicalement l'esprit du corps. Mais que penser de sa vision de l'animal ? Du moins a-t-elle le mérite de situer l'enjeu : « Si les bêtes pensaient ainsi que nous, écrit le philosophe dans sa lettre à Newcastle du 23 novembre 1646, elles auraient une âme immortelle aussi bien que nous ; ce qui n'est pas vraisemblable, à cause qu'il n'y a point de raison pour le croire de quelques animaux sans le croire de tous et qu'il y en a plusieurs trop imparfaits pour croire cela d'eux, comme sont les huîtres, les éponges, etc.[2]. » Comme bien d'autres, le zoologue Pierre Jouventin a répondu à l'illustre philosophe : « Il y a tout de même moins de différences entre un homme et un chimpanzé qu'entre ce dernier et une huître[3]. » Le mollusque, décidément, doit symboliser bien des choses. On n'en finirait pas d'aligner les citations à ce sujet. Par exemple celle de Michel Malherbe, qui écrit dans son introduction au *Traité des animaux* de Condillac, auteur influencé par le propos de Diderot cité en exergue : « Cessons de parler toujours des dauphins : l'huître aussi est un animal[4]. » Certes, et on peut évoquer ce mollusque lamellibranche pour glorifier, à la manière de ces philosophes du XXe siècle, cet incompris aquatique ou, en suivant Descartes, pour rabaisser le monde animal au prétexte qu'il compte parmi ses représentants un être aussi peu mentalisé que lui. Ne rions d'ailleurs pas de son attitude, car elle persiste encore aujourd'hui : lorsque le Parlement espagnol a voté une résolution en faveur des droits des grands singes, les opposants se sont demandé quand viendrait le tour du poisson rouge[5].

Une irréductible différence ?

On ne saurait faire reproche à l'auteur du *Discours de la méthode* de tout ignorer de ce que Charles Darwin révélera au monde deux siècles plus tard. Mais enfin, l'homme de réflexion peut difficilement ne pas constater qu'entre l'huître et le singe, ou même le chien, existe tout un monde. De fait, il ne l'ignore sans doute pas. N'énumère-t-il pas lui-même les arguments prouvant les mérites « de quelques animaux » ? Mais il se croit finalement autorisé à mettre dans une unique catégorie *tous* les représentants de l'animalité. Comment expliquer une telle opinion ? Simplement à cause d'une idée préconçue d'origine religieuse : l'âme, en tout cas l'âme immortelle, est le propre de l'homme. Ou, si l'on préfère, Dieu a créé d'un côté les hommes, de l'autre les animaux, *tous* les animaux, certes différents les uns des autres, mais qui tirent en quelque sorte leur définition du fait de ne pas être humains. Ce dogme, Descartes, savant et penseur, n'envisage nullement de le contester, en dépit du bon sens. Aux preuves de l'existence d'une pensée animale semblable à la nôtre il avoue n'avoir rien à répliquer, si ce n'est que dans ce cas les bêtes devraient avoir une âme immortelle. Certes, il observe la merveilleuse structure du corps animal, « machine incomparablement mieux ordonnée [...] qu'aucune de celles inventées par les hommes[6] ». Mais tout cela ne s'explique que par la perfection du Créateur, infiniment plus doué que les hommes, qui eux se contentent de fabriquer péniblement des automates.

Cette lecture du monde vivant, d'autres que Descartes la firent aussi, et on n'en finirait pas de citer les philosophes et les théologiens qui, sur la seule considération d'arguments religieux, se refusèrent à envisager une réelle parenté avec la bête[7]. Saint Augustin fait partie de ceux-là, lui qui observe que, dans la Bible, le Christ accepte la mise à mort des animaux, non des humains. Il en déduit l'irréductibilité de la différence : « Des hommes aussi, avec lesquels nous composons une société de droit, il a tiré des signes, mais en les guérissant, pas en les tuant. Il aurait agi de même avec les animaux et les arbres s'il avait jugé que nous formions avec eux une même société[8]. »

L'histoire du savoir n'a cependant rien de linéaire. La distinction précise entre l'homme et l'animal apparaît être moins archaïque ou médiévale que relativement moderne. Rousseau, Linné et bien d'autres, pourtant très postérieurs à Descartes, hésitent à se prononcer sur le statut de divers « hommes sauvages ». Sont-ils des humains, des singes ou autre chose ? Ce n'était, en ce temps-là, pas si clair. Les Lumières et l'humanisme moderne vont placer l'homme sur un piédestal, et donner naissance aux discussions sur ce qui lui appartiendrait en propre. De ce point de vue, l'ancien ordre des choses, centré sur le divin, situait tous les vivants si loin de Dieu que cela les rendait quasi égaux, même s'ils provenaient d'actes créateurs bien distincts. La nouvelle vision du monde, glorifiant l'idée de progrès de l'humanité, a renversé la perspective. Désormais, les hommes se veulent au sommet de la hiérarchie et placent le fossé non devant mais derrière eux. Encore ne s'agit-il là que d'un débat occidental. Les Japonais et bien d'autres peuples fort civilisés n'ont jamais imaginé l'existence d'une telle barrière entre les espèces.

Vue sous le regard de l'ethnologue, la dichotomie homme-animal ne saurait se réduire à un schéma mental universellement partagé. La réalité est infiniment plus riche, ainsi que le suggèrent nombre de réflexions, à commencer par celles de l'anthropologue Philippe Descola. Celui-ci distingue plusieurs formes de pensée selon qu'on différencie l'homme de l'animal par leur monde intérieur ou par leur physique. La philosophie occidentale de Descartes, que Descola baptise naturalisme, enseigne que les corps constituent des machines non fondamentalement différentes d'une espèce à l'autre – l'âme seule ou l'esprit, si l'on préfère un mot moins teinté d'inspiration religieuse, séparant les deux mondes. Nous nous situons ici à l'opposé de l'animisme, tel celui des Achuar d'Amazonie étudiés par Descola, qui perçoivent les animaux comme pourvus d'une personnalité, mais distincts de nous par leur corps. Toutefois, il existe deux autres combinaisons possibles, selon le tableau croisé qu'offre une classification établie sur les deux axes envisagés (l'intériorité et le corps). Le totémisme prend en compte la ressemblance à la fois des corps et des esprits (l'aborigène d'Australie dira le kangourou semblable à lui, car issu du même principe d'individuation, lié à un lieu de dépôt de semence), tandis que son strict opposé, qualifié d'analogisme par Descola, et que l'on trouve par excellence sur le plateau central du Mexique, ne voit que des différences, tant au niveau du corps que de l'esprit[9]. Que des « primitifs » ou des auteurs anciens pensent à leur façon ne signifient pas qu'ils aient raison : la science peut fort bien, et elle ne s'en prive pas, montrer l'ineptie des dogmes et des idées reçues. Mon propos ne vise donc pas ici à mettre sur le même plan un savoir provenant d'une recherche rationnelle et un autre qui ne relève que d'une croyance. J'entends simplement souligner que la vision occidentale, imbue d'un humanisme sûr de lui et dominateur, ne s'impose en aucun à cas à tous les esprits humains comme une absolue évidence.

Notons en outre que les lignes précédentes ne portent que sur les *opinions* humaines dans leur diversité. Car, chose remarquable et qui justifie fortement le recours aux données scientifiques, la discussion sur le propre de l'homme s'est poursuivie, jusqu'à ces dernières décennies, sans un réel examen des faits, sans demander, si l'on ose s'exprimer ainsi, son avis au chimpanzé. Plus précisément, les faits avérés avant la seconde moitié du XXe siècle ne conduisent qu'à souligner la similarité avec notre cousin primate : qu'il s'agisse de l'anatomie, de la physiologie ou de la relation phylogénétique, tout plaidait en faveur de la proche parenté. Le champ du cognitif seul délivrait un autre message. Mais que savait-on en ce domaine au sujet du singe ? Pratiquement rien. Une fois encore, on dissertait de différences sur la base d'une ignorance qui nous servait paradoxalement de prétexte à autoglorification. Un zoologue extraterrestre enquêtant sur la question du propre de l'homme aurait du mal à comprendre pour quelle raison certains *Homo sapiens* ont pu se poser la question de façon aussi obsessionnelle. Sans doute en tirerait-il la conclusion qu'il s'agit essentiellement d'une réflexion nombriliste, sans grande signification objective[10].

Où commence vraiment la pensée ?

La réflexion que nous poursuivons ici invite logiquement à conclure qu'aucun fossé ne saurait exister entre l'homme et les primates, qui sont phylogénétiquement ses plus proches parents. Il s'agit là de la logique darwinienne la plus évidente. Mais est-on si certain que des animaux moins cousins que les grands singes ne présentent pas d'étonnantes parentés cognitives avec nous ? Ce que nous avons vu d'Alex le perroquet, l'un des plus illustres « Einstein du monde animal », des corbeaux, des geais et de bien d'autres volatiles a valeur d'évidente preuve. Bien entendu, en tant que vertébrés, oiseaux et mammifères sont cousins de notre espèce. Les poissons aussi, mais quand, à l'occasion de la publication d'un travail consacré à leurs facultés cognitives[11], le psychologue animalier Josep Call[12] a dit à ses collègues qu'il lisait un article consacré à ce sujet, leur première réaction fut d'éclater de rire ! Voilà qui illustre bien l'étendue du préjugé relatif à l'inintelligence de la majorité des espèces ! Existerait-il, dans le monde vivant, une propension plus généralisée au développement de la cognition ? La question provoque, mais elle mérite d'être posée, par exemple à propos des performances étonnantes des céphalopodes, mollusques à bien des égards proches de nous sur le plan du comportement. On sait aussi que des créatures assez rudimentaires, comme la mouche drosophile, l'escargot de mer aplysie ou le ver nématode *Caenorhabditis elegans*, constituent d'excellents modèles de divers aspects de la biologie et du comportement, ce qui vient souligner une forme de compétence généralisée du vivant à fonctionner sur un registre cognitif. L'expérience nous enseigne la présence de compétences étonnantes chez les invertébrés, créatures presque toujours à petit cerveau. Par exemple, la possibilité de généralisation visuelle. Martin Giurfa et ses collègues de l'université de Toulouse ont entraîné des abeilles à reconnaître des stimuli sur la base de caractéristiques simples. Si on les soumet ensuite à un stimulus nouveau mais proche des précédents, elles sont capables d'en déduire qu'il possède avec eux un élément commun. C'est ce qu'on appelle la généralisation, la capacité à extraire de façon abstraite un ensemble de caractéristiques ou de concepts pour étendre à toute une catégorie les propriétés d'un élément singulier. Chez les abeilles, cette aptitude s'applique même à des stimuli complexes mais présentant des éléments communs avec les objets précédemment reconnus[13]. On croyait jusqu'alors ces insectes simplement aptes à reconnaître des caractéristiques visuelles simples, mais nous devons désormais conclure qu'elles utilisent des stratégies de reconnaissance très similaires à celles des vertébrés. Comment ne pas être impressionné par cette capacité chez un animal pourvu d'un mini-cerveau de 1 mm^3 contenant seulement 960 000 neurones ? En fait, la généralisation apparaît comme une compétence largement distribuée dans le monde animal, très vraisemblablement parce qu'elle correspond à des propriétés générales d'un système physiologique sélectionnées au cours de l'évolution des espèces[14]. Sans doute s'agit-il moins ici de s'émerveiller devant le miracle de la compétence de ces petites bêtes que de s'interroger sur le mode de construction du système nerveux, par nature capable de réaliser des opérations cognitives.

Dans quelle mesure les performances des invertébrés, notamment en matière de mémorisation, reflètent-elles une pensée réelle : l'aptitude à manipuler des symboles, à posséder une représentation mentale de ce à quoi on « pense », etc. ? Comment répondre à cette question dès lors que certains débattent encore des simples capacités d'imitation des grands singes. Peut-on aller plus loin ? Est-il permis de considérer, par exemple, que des invertébrés possèdent une forme de conscience ? En apparence, l'hypothèse paraît absurde tant nous sommes convaincus qu'il s'agit là de l'une des facultés mentales les plus évoluées, dans la classification implicitement hiérarchique que nous établissons des choses de l'esprit. Mais, d'un autre côté, si la pensée est une production de la chimie et de la connectique des neurones, pourquoi ne s'agirait-il pas d'une propriété, certes encore mystérieuse mais naturelle, voire assez générale dans le monde vivant ? Nous considérons les processus conscients comme supérieurs aux processus inconscients, mais est-ce justifié ? Par-delà la discussion générale qui peut se prolonger sans fin au café du Commerce ou plus vraisemblablement aujourd'hui au café philo, il convient de s'accrocher aux résultats, aux données scientifiques, lesquelles constituent le plus sûr moyen de ne pas se laisser piéger par les idées toutes faites.

Existe-t-il donc une conscience chez les invertébrés ? En ce domaine, on doit assurément à Karl von Frisch (1886-1982) les études les plus classiques. Elles ont valu le prix Nobel de médecine 1973 à son auteur, qui a notamment étudié la danse des abeilles, un mode de communication au cours duquel, après avoir découvert une source significative de nectar, l'ouvrière en indique l'emplacement à ses congénères en se déplaçant selon des modalités extrêmement précises[15]. Ces travaux devaient susciter une intéressante controverse, en particulier au sujet de la « *waggle dance** », très élaborée. Correspond-elle réellement à l'utilisation de symboles abstraits ou, de façon moins spectaculaire, s'agit-il d'un moyen de communiquer des informations olfactives, ainsi que l'a suggéré Adrian Wenner ? Sans prêter aux abeilles un goût particulier pour la création et la manipulation des concepts, il se pourrait que les hyménoptères assistant à la danse ne connaissent que l'association odeur-nourriture et qu'ils prennent leur envol, accomplissant des cercles concentriques jusqu'à trouver le gradient olfactif qui leur permet de se diriger vers la cible. Plusieurs raisons d'ordre méthodologique rendent le problème difficile à résoudre. Elles justifient l'effort de Michael Polakoff, qui a réexaminé la question en profondeur par des expériences mieux contrôlées[16]. Cet entomologiste californien a montré que la direction du vent n'influence pas le voyage de l'abeille, contrairement à ce que l'on pourrait croire si l'odeur seule la guide. Dans l'ensemble, ses observations suggèrent que les abeilles utilisent bel et bien des symboles abstraits pour communiquer, confirmant ainsi les hypothèses originelles de von Frisch.

Il faudrait s'étendre bien davantage sur le cas de ces animaux, notamment dans le cadre conceptuel qu'apporte la connaissance de l'évolution à la fois des espèces et des outils mentaux. Il est bien évident que nous ne sommes pas des insectes : nous en sommes même fort éloignés sur le terrain de la phylogenèse. Ne leur étant que lointainement apparentés, on s'attend à ce que nous ne partagions avec eux, sur le plan cognitif, qu'un bagage mental minimal. Cependant si nous admettons que l'esprit s'est développé uniquement pour

* *Waggle* signifie « remuer » en anglais. C'est également le nom d'une danse country.

répondre aux contraintes de l'environnement et, chez les espèces sociales, afin de permettre un rapport plus efficace à autrui, nous devons en déduire la possibilité d'avoir beaucoup en commun avec des êtres phylogénétiquement très différents, mais subissant des pressions de sélection à certains égards similaires. Nous retrouvons ici un cas de figure identique à celui correspondant à l'évolution de l'aile chez l'insecte, l'oiseau et la chauve-souris. D'un point de vue évolutif, ces organes ne dérivent pas les uns des autres. Mais sur le plan fonctionnel, ils sont similaires ou voisins. Si nous considérons maintenant l'importance cruciale des relations avec autrui dans la cognition, qui se traduisent, nous l'avons vu, par le développement anatomique d'un cerveau social volumineux, alors les hyménoptères vivant en communauté (fourmis et abeilles) peuvent constituer un modèle de cognition sociale. N'a-t-on pas recours au ver *Caenorhabditis elegans* ou à la drosophile pour étudier des pathologies humaines, y compris des maladies de l'esprit comme celle d'Alzheimer, en introduisant des mutations pathologiques dans ces animaux ? Il pourrait être tout à fait pertinent d'utiliser les sociétés d'insectes comme modèles, par exemple, de l'adaptation sociale[17]. En réalité, le temps n'est plus où l'on pouvait se permettre de suivre Aristote ou Descartes en considérant les arthropodes – qu'il s'agisse des insectes ou des crustacés – comme de petits robots caparaçonnés sans esprit. La série d'observations récentes sur les abeilles, les drosophiles, les fourmis[18] ou les araignées sauteuses prouve qu'il existe bel et bien de la cognition dans ces petits cerveaux, et je ne serais nullement étonné que leur étude donnent lieu à de précieuses découvertes[19].

Les travaux sur les céphalopodes illustrent les compétences intellectuelles d'un autre groupe d'invertébrés. Ces animaux – calmars, pieuvres, poulpes – sont des mollusques, mais leur « cerveau » présente de grandes analogies avec celui des vertébrés ; il n'a en tout cas pas grand-chose à voir avec celui des autres mollusques, tels que l'huître – encore elle ! – ou l'escargot. Sur le plan comportemental, on sait depuis près d'un demi-siècle et les observations pionnières de John Z. Young sur la pieuvre (*Octopus vulgaris*) que ces animaux apprennent. Deux chercheurs italiens, Graziano Fiorito et Pietro Scotto ont fait état plus récemment de données très étonnantes, révélant leur capacité à apprendre en observant un congénère. L'expérience consiste à placer deux *Octopus* dans un aquarium, mais séparés par une paroi vitrée, de sorte que celui qui ne fait rien dans un premier temps (l'observateur) peut voir son congénère (le démonstrateur) subir un conditionnement consistant, par exemple, à attraper une balle rouge plutôt qu'une blanche. Si on soumet ensuite le premier au même test, sans avoir cherché directement à le conditionner, il se révèle capable de réaliser la même tâche sans erreur, preuve, selon les auteurs de ce travail, qu'il a appris par la simple observation[20]. Il s'agit là d'un bien étrange état de fait, dans la mesure où ces animaux vivent solitaires ; on imagine donc mal qu'ils aient naturellement l'opportunité d'apprendre en observant les autres. D'autres céphalopodes comme la seiche vivent en société et échangent des signaux. Ces mollusques distinguent leurs divers prédateurs et adoptent des stratégies différentes en fonction de la nature du danger. On tendait jusqu'ici à réserver ce type de compétence aux seuls vertébrés, tout particulièrement aux singes. Nous avons déjà évoqué l'art avec lequel ces derniers émettent des vocalisations distinctes pour signaler la présence du léopard, de l'aigle ou du serpent, trois formes de danger qui exigent un recours à des stratégies de sauvegarde différentes. Non seulement les seiches s'adressent des messages visuels distincts en fonction de la nature de l'ennemi[21], mais elles modifient de façon extrêmement subtile les modalités de polarisation de leurs iridophores* afin que le signal d'alerte parvienne à leurs congénères sans perturber leur camouflage[22]. De l'ensemble de ces observations se dégage l'idée d'un véritable langage céphalopode[23].

Si toutes ces études méritent de faire l'objet de discussions approfondies, il nous faut néanmoins envisager la possibilité selon laquelle un cerveau d'invertébré pourrait avoir du monde une représentation conceptuelle d'une grande richesse. Faut-il vraiment s'en étonner ? Peut-être pas si l'on veut bien prendre la peine de considérer qu'il n'y a pas, dans l'évolution des espèces, de but implicite visant à faire « pousser » graduellement l'intelligence dans le sens de celle qui caractérise le génie humain, mais des possibilités biologiques liées au fonctionnement et aux connexions des neurones, de nature à produire la manipulation de symboles. Une telle capacité a très bien pu apparaître, au cours de l'évolution, dans de nombreux phylums bien distincts, tout comme l'aile présente chez les insectes, chez certains reptiles de l'ère secondaire, chez les oiseaux ou les chauves-souris. Les récentes études sur les corvidés et leurs capacités de raisonnement, d'imagination ou de projection dans l'avenir viennent illustrer un autre exemple d'évolution convergente – dans ce cas, celle de l'intelligence[24] – entre eux et les grands singes (humains compris). En fait, et cette constatation émerge lentement comme une évidence qu'il nous était jusqu'alors impossible de percevoir, non

* Il s'agit des structures irisées qui donnent leurs couleurs à la peau de ces animaux. Ce sont des sortes de plaques réfléchissantes situées en dessous de sacs de pigments de couleurs diverses (les chromatophores). L'effet produit est assez similaire à celui qu'on observe sur les ailes de certains papillons.

seulement il existe de multiples similarités entre oiseaux et primates, mais la supériorité cognitive des seconds sur les premiers n'est absolument pas démontrée expérimentalement[25]. Les philosophes s'amuseront de constater que, dans son *Traité de pédagogie*, Kant – qui sépare radicalement l'homme de l'animal, créature de l'instinct qui n'a rien à apprendre – trouve quelque mérite cognitif aux oiseaux, qui « sont instruits en cela [l'apprentissage du chant] par leurs parents, et c'est chose touchante de voir, comme dans une école, les parents chanter de toutes leurs forces avant leurs petits et ceux-ci s'efforcer de tirer les mêmes sons de leurs jeunes gosiers[26] ». Pour convaincre son lecteur, le philosophe propose même une expérience de biologiste : mettre des œufs de moineaux dans une cage de serins afin de vérifier que les oisillons apprendront l'art de leurs parents adoptifs, sous réserve toutefois de les placer dans une cage où ils ne peuvent entendre les oiseaux du dehors. Savourons ces lignes de Kant, éthologiste sensible au génie animal : elles ne correspondent pas à la tonalité générale de son œuvre. Les oiseaux nous enseignent donc une certaine modestie phylogénétique. Rien ne prouve même de façon définitive que les anthropoïdes dominent intellectuellement les autres singes[27]. Depuis des décennies[28], l'étude comparée des performances cognitives chez des espèces variées ne réussit pas à mettre en évidence leur claire gradation dans le monde du vivant, et les observations les plus récentes ne contredisent certainement pas cet état de fait. S'agissant du domaine de l'éthique, on ne saurait non plus affirmer nos cousins primates à coup sûr plus moraux que les loups ou d'autres carnivores sociaux[29]. L'univers du mental apparaît riche de multiples facettes ; il n'est pas un don accordé à des privilégiés de l'histoire biologique.

Que dire de l'idiot du Valais ?

L'argument de Descartes se discute tant du point de vue de la bêtise animale que de celui de l'intelligence humaine. On peut se demander si tous les vivants sont aussi peu cérébralisés que l'huître, mais aussi s'interroger sur l'universalité du génie humain. En fait, nombre de philosophes ont perçu le problème. À commencer par Kant pour qui l'imbécile « n'accède même pas à l'usage animal de la force vitale (comme les crétins du Valais) ou ne parvient qu'à une imitation purement mécanique des actions extérieures qui sont possibles aux animaux (couper, creuser) ; on ne peut pas dire que c'est une maladie de l'âme, mais plutôt une absence d'âme[30] ». De son côté, Locke écrit que « le fœtus dans le ventre de sa mère ne diffère pas beaucoup de l'état du végétal[31] ». Mais c'est Montaigne qui pousse l'argument le plus loin en jugeant qu'il « se trouve plus de différence de tel homme à tel homme que de tel animal à tel homme[32] », ce qui suscitera plus tard les moqueries de Malebranche. De fait, le propos de l'auteur des *Essais* semble, en première approximation, assez caricatural. Mais que dire de la différence entre Einstein et un anencéphale ? Comment la comparer à celle séparant un humain inculte d'un chimpanzé acculturé tapotant sur un clavier d'ordinateur à l'Institut Yerkes d'Atlanta ? Que l'on prenne pour critère l'intelligence abstraite, l'autonomie psychique ou le sens moral, il sera bien difficile de trouver en toute objectivité plus de proximité entre les membres de la première paire qu'entre ceux de la seconde. Curieusement, c'est cette fois-ci sur le terrain parfois jugé sulfureusement inégalitaire de la génétique que l'unité humaine se révèle la plus forte.

L'auteur du *Discours de la méthode* n'ignore pas non plus l'existence des imbéciles. Mais il écrit pourtant :

« C'est une chose bien remarquable, qu'il n'y a point d'hommes si hébétés et si stupides sans en excepter même les insensés, qu'ils ne soient capables d'arranger ensemble diverses paroles, et d'en composer un discours par lequel ils fassent entendre leurs pensées ; et qu'au contraire, il n'y a point d'autre animal, tant parfait et tant heureusement né qu'il puisse être, qui fasse le semblable[33]. » Plus loin, il affirme : « Il n'est pas croyable qu'un singe ou un perroquet, qui serait des plus parfaits de son espèce, n'égalât en cela un enfant des plus stupides, ou du moins un enfant qui aurait le cerveau troublé, si leur âme n'était d'une nature toute différente de la nôtre. » En fait, les travaux comparant grands singes et enfants, même normaux, ne montrent pas de supériorité systématique du jeune humain. Témoin certaines observations des psychologues Winthrop et Luella Kellogg lorsqu'ils élevaient en même temps leur fils Donald et la femelle chimpanzé Gua : « La situation – tous deux vivant ensemble en compagnons de jeux et en associés – était très semblable à celle d'une famille comptant deux enfants. Gua, en raison d'une maturité et d'une agilité supérieures, tenait le rôle de l'aînée. C'est là une stimulation supplémentaire qui fait qu'en de telles circonstances le cadet apprend plus vite. Gua, en fait, était presque toujours l'agresseur, ou dirigeait les opérations quand il s'agissait de trouver de nouveaux jouets, ou de nouvelles méthodes de jeu, tandis que l'enfant humain tendait à jouer le rôle de l'imitateur et du simple suiveur[34]. » On comprend que cette situation ait fini par poser quelques problèmes domestiques et hâter la difficile décision de séparer les deux camarades de jeux.

La difficulté de tribus indiennes en matière de calcul, déjà plusieurs fois signalée, illustre une autre possible infériorité de l'humain par rapport à l'anthropoïde[35]. Certes, comparer un singe entraîné et un homme à l'écart de la civilisation ne doit pas conduire à des conclusions simplistes, car nul ne saurait refuser au second la capacité d'acquérir des compétences hors de portée du premier. Aussi bien ne s'agit-il pas de démontrer la supériorité de l'anthropoïde, mais de relativiser ce que l'on considère unanimement comme son infériorité. Il me faut à ce propos évoquer un souvenir personnel, remontant à la visite que j'avais faite à Sue Savage-Rumbaugh et à Kanzi (j'y avais vu le bonobo tailler des silex et avais été accueilli, comme je l'ai dit, par la primatologue et la jeune femelle Panbanisha me demandant si je lui avais apporté un cadeau). Après avoir été le témoin de tant de preuves du génie des singes, j'avais dû quitter l'institut ; quand Sue, en me raccompagnant, m'avait présenté de nouveaux visiteurs : ils étaient venus emprunter une copie du keyboard avec lequel elle communique avec Kanzi et ses congénères, dans le but de l'utiliser avec des enfants humains mentalement retardés ! De son côté, dans sa défense du chimpanzé, Jane Goodall constate que cet animal se révèle, lorsqu'il est en bonne santé, bien plus proche d'un humain normal qu'un *Homo sapiens* au cerveau lésé[36].

Sur le terrain de l'idéologie, on interprétera tout cela selon les modalités les plus contrastées qui soient et en fonction de ses préjugés. Mais de fait, rien ne nous autorise à considérer l'homme comme universellement parfait. De ce point de vue, on peut souscrire à la critique par l'anthropologue Tim Ingold du plus fameux théoricien de la conscience animale : « Griffin veut rendre les animaux rationnels, alors qu'on sait très bien que l'homme ne l'est pas[37]. » Le propos rabaisse certes le génie animal, mais plus encore la vanité humaine. Il ne fait que renforcer l'ambiguïté de la césure entre l'homme et la bête. Divers mythes, rêveries, données et légendes sur les « hommes sauvages » ou sur les « animaux dénaturés » contribuent à la renforcer. Rousseau évoquait déjà les grands singes qu'on prend par ignorance pour des animaux, mais qui sont « de véritables hommes sauvages[38] ». Le naturaliste Linné lui-même n'avait pas des idées très claires au sujet de ce qui, dans la contemplation de cette « sauvagerie », relevait de l'humain ou du singe. Cependant, on ne saurait tirer argument de ces propos, puisqu'ils relèvent surtout d'un constat d'ignorance (on connaissait à peine ces créatures étranges) ou de faits aberrants (dans le cas des enfants sauvages élevés par des animaux).

Oliver : grandeur et décadence d'un *humanzee*

L'exemple d'Oliver illustre la subsistance d'une zone d'incertitude, y compris dans le monde savant. Ce « chimpanzé » eut son heure de gloire voici quelques années. Récupéré au Zaïre par la famille Burger, son maître dut s'en défaire en 1976 au profit de Michael Miller : l'épouse avait fait savoir que ce serait lui ou elle, « l'animal » n'ayant aucune attirance pour les autres singes femelles mais appréciant en revanche les dames humaines, dont elle-même ! Cet anthropoïde au faciès étonnant connut des fortunes diverses avant de finir dans un sanctuaire pour primates en 1996. Oliver tirait sa réputation de son odeur corporelle envahissante (un critère contesté par certains observateurs), de sa bipédie, de sa calvitie, de son crâne en forme d'œuf, de sa mandibule en retrait (donc d'allure humaine), de sa psychologie assez spéciale, et même, paraît-il, de sa capacité à pleurer. À partir de là, les rumeurs s'amplifièrent. D'autant plus qu'une première étude lui attribua à tort 47 chromosomes, soit une valeur intermédiaire entre l'homme (46) et le chimpanzé (48). On fit donc d'Oliver un chimpanzé trisomique (hypothèse étrange, car il aurait dû alors avoir 49 chromosomes plutôt que 47), un chimpanzé mutant, un hybride chimpanzé-bonobo, voire un *humanzee*, fruit des amours entre un chimpanzé et un humain. Quelques experts n'en étaient pas moins formels, faisant de lui soit un chimpanzé, soit un bonobo, divergence qui souligne tout de même la réalité de l'ambiguïté. Aussi étrange que cela puisse paraître, l'affaire fut prise au sérieux par des autorités, comme les primatologues Gordon Gallup et George Schaller, ou le généticien David Ledbetter, et l'« animal », lors de son décès, eut les honneurs d'un article dans la très distinguée revue *Science*[39]. Ce triste événement eut le mérite de lever le mystère. Les généticiens texans John Ely et Charleen Moore étudièrent ses chromosomes et son ADN mitochondrial. Et Oliver apparut *post mortem* comme ce qu'il était vraiment, à savoir un chimpanzé probablement originaire du Gabon ou en tout cas de cette région du monde[40]. Les amateurs de mystère en seront pour leurs frais ; on ne saurait toutefois dissimuler ce que l'épisode a de troublant, à savoir non seulement une incertitude zoologique, mais aussi l'hypothèse sérieusement émise, à la fin du XXe siècle et dans le plus prestigieux des journaux scientifiques de la planète, qu'il ait pu s'agir d'une créature mi-animale, mi-humaine.

Glorifier le bonobo sans humilier l'huître !

De toute façon, même en oubliant Oliver et les pseudo-hommes sauvages du XVIIIe siècle, le problème théorique de la frontière entre eux et nous ne peut pas ne pas être posé du simple fait de l'histoire de nos origines. La continuité de la phylogenèse prouve l'impossibilité de tracer une absolue limite[41]. Tout fantasme mis à part, sur les amours entre humains et chimpanzés ou autres gorilles libidineux (gare à eux !), ou simplement affectueux (King Kong), il a dû jadis se passer de drôles de choses à la frontière de l'espèce. Les découvertes récentes de généticiens suggérant que durant 4 millions d'années (entre 9 et 5 millions d'années avant le temps présent) les ancêtres des deux espèces auraient non seulement pu s'accoupler mais efficacement s'échanger des gènes[42] ont fait couler beaucoup d'encre vers le milieu de l'année 2006. Les journaux s'en sont donné à cœur joie – n'y avait-il pas dans ces accouplements « fautifs » matière à scandale ? –, d'autant plus que cette révélation venait chatouiller l'ignorance d'une majorité nord-américaine que l'on dit encore créationniste[43]. On oubliait, en l'occurrence, que les ancêtres en question n'avaient pas, des deux côtés, le même aspect que les humains et les simiens contemporains, ce qui facilitait sans doute les choses. Par-delà la réalité de ce qui n'est pour l'heure qu'une hypothèse raisonnable de généticiens, le frémissement produit par cette actualité constitue en soi un fait chargé de signification. Il réactive une zone de questionnement qui relève davantage de l'anthropologie que de la zoophilie.

Quoi qu'il en soit, et toute affaire de sexe exceptée, même si l'on s'efforce de nier notre animalité présente ou de prétendre que nous avons rompu avec elle, il existe forcément dans l'histoire de nos ancêtres une zone indécise où le concept d'humain cesse d'être un absolu. Mais que cette remarque ne conduise à aucune conclusion hâtive, tant il est vrai que le regard évolutionniste peut impliquer des façons de voir différentes et même antagonistes. Selon la plus simple, celle de la croyance en un irrésistible perfectionnement tout le long du chemin menant à l'homme moderne, les petits singes sont jugés moins intelligents que les anthropoïdes, eux-mêmes moins doués que les humains primitifs, lesquels font piètre figure face aux modernes Occidentaux. Si elle présente le mérite d'attenter à la paranoïa humaniste, la logique de l'Oliver *story*, celle des animaux dénaturés ou des fossiles préhumains, ne fait que renforcer la théorie implicite du cheminement linéaire dont nous serions l'aboutissement. L'autre façon de voir, d'inspiration plus darwinienne, invite à rejeter la notion d'une échelle linéaire menant du plus simple (le plus « bête ») au plus humain, au profit d'une nature buissonnante dans laquelle tous les vivants atteignent un haut degré de perfection, y compris sur le plan cognitif, ce qui explique que, sur bien des plans, *Homo sapiens* soit « inférieur » à d'autres singes, voire même à des oiseaux, et – pourquoi pas ? – à de simples invertébrés. Chaque espèce a façonné, avec le talent généreusement prêté par la sélection naturelle, les outils adaptés à sa condition. Ce qui rend compte, selon le même schéma, de l'universalité de la perfection et de l'imperfection. La caisse à outils mentale est toujours la meilleure qui soit, efficace et aussi légère que possible. Cela revient à dire que, ne contenant que l'essentiel, elle ne permet rien d'autre que le strict nécessaire. Généreuse, mais pas trop : ainsi se manifeste la sélection naturelle. Nos talents s'expliquent de la sorte, tout comme notre imperfection à percevoir ceux des autres. Pour appréhender les diverses dimensions du problème, nous avons besoin de nos cousins proches Kanzi, Oliver et *Homo habilis*, dont la proximité nous enracine dans l'univers du vivant, mais aussi de nos parents éloignés, Alex, le geai à gorge blanche, et *Octopus*, dont l'étrangeté vient glorifier d'autres phylums que le nôtre. Nous ne sommes pas plus évolués qu'Oliver, qui ne l'est pas davantage que la pieuvre. N'ayons pas peur de le répéter : l'évolution n'a rien d'une échelle progressive aboutissant à l'homme. C'est un foisonnement de talents dont la multitude fait la richesse. Entre *Eux* – tout particulièrement s'agissant des grands singes – et nous existe un continuum, qui ne nous autorise pas pour autant à nous croire l'aboutissement du processus[44].

Ne cherchons pas à dissimuler l'ambiguïté apparente de notre propos. Pour répondre à Descartes, nous avons vanté les mérites du bonobo, évoqué l'acquisition du langage ASL par les chimpanzés, insisté sur l'étendue du lobe frontal des grands singes et proclamé que l'infime 1 % de matériel génétique qui nous sépare de ces gens-là justifie de les dire *Homo*. Ce faisant, nous les éloignons à ce point de l'huître que leur valorisation conduit à humilier davantage les autres créatures, à déplacer la frontière entre les génies et les autres. C'est ce piège-là qu'il faut savoir éviter, en reconnaissant la multiplicité des talents. De ce point de vue, il se pourrait bien que les recherches sur la cognition des oiseaux méritent à terme davantage le prix Nobel que celles sur les primates. Après tout, que ces derniers soient un peu comme nous, nous avions toutes les raisons de le supposer. Mais que les corvidés ou les psittacidés sachent manipuler outils, concepts ou langage parlé, voilà qui n'avait rien d'une évidence. Quant au fond, et pour boucler ce chapitre où nous l'avons commencé, je n'exclus même pas qu'il nous faille un jour regarder d'un œil nouveau le modeste mollusque filtreur, dont chacun clame l'absence d'esprit. La recherche sur les mécanismes neurophysiologiques doit déjà beaucoup à cet autre mollusque qu'est l'aplysie. Et si vous croyez que ces créatures illustrent le niveau minimal d'intelligence possible, prenez connaissance des expériences du Japonais Toshiyuki Nakagaki sur l'organisme amiboïde qu'est le *Physarum polycephalum*. Cette moisissure gélatineuse de la classe des myxomycètes est généralement classée bien bas dans la hiérarchie des espèces. Elle prend des formes diverses en fonction de ses conditions d'existence, notamment celle d'un plasmodium, constitué d'un réseau de filaments possédant de nombreux noyaux dans un cytoplasme non cloisonné. La « bête » – il s'agit en réalité d'un protiste, ni animal ni végétal – pousse ainsi dans diverses directions. Nakagaki l'a placée dans un labyrinthe. Elle s'y étend dans toutes les branches avant de choisir la meilleure par une rétraction des filaments engagés dans les voies sans issue. Conclusion de Nakagaki : « Ce processus remarquable de computation cellulaire implique que les matériaux cellulaires puissent montrer une intelligence primitive[45]. » Ne croyez pas qu'il s'agisse ici de la pensée d'un auteur marginal : il travaille pour le compte du plus prestigieux centre de recherche japonais (le RIKEN) et son travail a été publié dans la revue *Nature*. Certes, cette forme d'intelligence – si l'on accepte ce mot – se différencie nettement de celle des grands singes ou des humains. Elle n'en traduit pas moins l'aptitude de tous les vivants à percevoir leur monde, à traiter l'information et à agir selon une certaine finalité*.

Percer les si mal connus mécanismes de la cognition en étudiant l'huître ou la moisissure, voilà assurément un défi intéressant, autant que le meilleur moyen de répondre complètement à Descartes en lui démontrant que tous les vivants ont une âme.

---

* Jeremy Narby s'efforce de pousser cette idée, non sans talent, mais avec d'étranges relents *new age* et une vision enthousiaste de l'« intelligence de l'évolution » que certains rapprochent de l'*intelligent design* des créationnistes (Narby J., *Intelligence dans la nature. En quête du savoir*, Buchet-Chastel, 2005).

21

D'UN PLUS À L'AUTRE : Y A-T-IL VRAIMENT UN PROPRE DE L'HOMME ?

> *« C'est comme si l'écart que l'on veut à toutes forces maintenir entre l'homme et la bête pouvait toujours et encore se maintenir dans son infinité : on connaît le paradoxe de Zénon d'Élée, selon lequel Achille ne rattrapera jamais la tortue, car l'espace infime qui le sépare d'elle peut toujours encore se diviser à l'infini. On dirait que ces quatre-vingt-dix neuf pour cent de gènes communs, le partage de la nourriture, les conduites de compassion, la communication par ASL ou par ordinateurs, la transmission de techniques acquises, ont moins pour résultat de nous faire découvrir des compétences animales inédites que de nous mettre au pied du mur : que reste-t-il alors de décisif, à nous autres hommes, pour marquer, pour fonder notre différence ? »*
>
> Élisabeth de Fontenay, 2004[1]

Le propre de l'homme ? Robert Merle, un romancier connu qui a fait de cette expression le titre d'un de ses livres, a déjà souligné ce qu'elle avait d'ambigu, si ce n'est d'antinomique : « Le propre de l'homme, est-ce le rire ? Mais les chimpanzés rient aussi. Le propre de l'homme, est-ce la raison ? Mais comment la refuser aux dauphins et aux primates, à qui l'on voit faire tant de choses étonnantes qui ne relèvent pas d'un simple dressage ? Le propre de l'homme, enfin, est-ce le langage ? Mais peut-on le dire encore quand on voit un chimpanzé s'exprimer avec les mains comme un sourd et muet[2] ? »

Darwin, voici plus de cent trente-cinq ans, avait fait le même constat dans *La Descendance de l'homme*[3]. Il y mentionnait l'existence chez les animaux de diverses facultés cognitives, y compris d'abstraction et de linguistique, mais aussi de capacités morales, sans omettre la possibilité d'actes héroïques, le sens du beau, voire une propension à la religion, dont il trouvait la trace dans « la croyance aux esprits » ou encore dans la théorie du professeur Braunbach selon laquelle « le chien regarde son maître comme un dieu »[4]. On trouve même, chez Darwin, une vision très équilibrée et, le style mis à part, étonnamment moderne, ne niant ni les différences ni la parenté entre les vivants :

> On ne peut douter qu'il existe une immense différence entre l'intelligence de l'homme le plus sauvage et celle de l'animal le plus élevé. Si un singe anthropomorphe pouvait se juger d'une manière impartiale, il admettrait que, bien que capable de combiner un plan ingénieux pour piller un jardin, de se servir de pierres pour combattre ou pour casser des noix, l'idée de façonner une pierre pour en faire un outil serait tout à fait en dehors de sa portée. Encore moins pourrait-il suivre un raisonnement métaphysique, résoudre un problème de mathématiques, réfléchir sur Dieu, ou admirer une scène imposante de la nature. Quelques singes, toutefois, déclareraient probablement qu'ils sont aptes à admirer, et qu'ils admirent la beauté des couleurs

de la peau et de la fourrure de leurs compagnes. Ils admettraient que, bien qu'ils soient à même de faire comprendre par des cris à d'autres singes quelques-unes de leurs perceptions ou quelques-uns de leurs besoins les plus simples, jamais la pensée d'exprimer des idées définies par des sons déterminés n'a traversé leur esprit. Ils pourraient affirmer qu'ils sont prêts à aider de bien des manières leurs camarades de la même troupe, à risquer leur vie pour eux, et à se charger des orphelins ; mais ils seraient forcés de reconnaître qu'ils ne comprennent même pas cet amour désintéressé pour toutes les créatures vivantes qui constitue le plus noble attribut de l'homme.

Néanmoins, si considérable qu'elle soit, la différence entre l'esprit de l'homme et celui des animaux les plus élevés n'est certainement qu'une différence de degré, et non d'espèce. Nous avons vu que des sentiments, des intuitions, des émotions et des facultés diverses, telles que l'amitié, la mémoire, l'attention, la curiosité, l'imitation, la raison, etc. dont l'homme s'enorgueillit, peuvent s'observer à un état naissant, ou même parfois à un état assez développé, chez les animaux inférieurs[5].

Des différences qui s'effacent les unes à la suite des autres

Que conclure, en toute simplicité et fort des connaissances actuelles, de la multitude des études relatives à ce qui sépare l'homme de l'animal ? Le simple bilan des diverses approches n'a rien du match nul. Sur tous les terrains, la fameuse différence se réduit comme peau de chagrin. L'évolution des espèces montre la réalité de la parenté avec les autres vivants, et la paléoanthropologie met au jour une succession de fossiles qui font le lien entre nous et les autres primates, sans même parler de cet étonnant petit bonhomme de Flores, relativement moderne mais au cerveau pas plus gros que celui d'un chimpanzé. Que, dans le détail, les choses soient loin d'être limpides n'enlève rien à ce fait bien saillant : des intermédiaires existent, nombreux, qui attestent de l'absence de fossé phylogénétique. L'anatomie nous montre, elle aussi, et par-delà la multitude et l'extrême diversité des formes du vivant, un schéma de construction qui ne nous singularise que fort peu des grands singes. S'agissant du cerveau, organe à tort ou à raison plus déifié que les autres, existent certes de sérieuses différences de poids, mais les aires cérébrales humaines ont leurs homologues chez le chimpanzé, y compris en ce qui concerne des points particuliers jadis considérés comme différenciants, tels que l'asymétrie cérébrale. Même le très humain lobe frontal n'occupe pas, chez nous, une surface proportionnellement plus grande que chez le chimpanzé ou l'orang-outan. De surcroît, si nous n'admettions comme unique critère que la masse de matière encéphalique, la baleine et l'éléphant nous devanceraient de beaucoup. Au niveau moléculaire, s'agissant des éléments qui président à la morphogenèse, la parenté s'avère fantastique, y compris avec des créatures phylogénétiquement éloignées. La physiologie ne nous livre pas d'autre enseignement. Du reste, toute la médecine expérimentale repose sur l'étude de l'animal, et on ne connaît pas d'organe ni de tissu spécifiquement humain dans sa structure ou son fonctionnement. La génétique renforce tellement, elle aussi, l'idée d'une extraordinaire proximité que, si nous pouvions évacuer tout anthropocentrisme, c'est-à-dire juger d'une façon plus objective et quantifiée, nous placerions le chimpanzé dans le genre *Homo*. Si, fort des connaissances disponibles et dans l'esprit d'une science-fiction presque réaliste, nous nous livrions au jeu de la Création, construire un homme en suivant le plan de son génome décrypté ne nous prendrait ni plus de temps ni plus de matériaux que fabriquer une souris. Sur le terrain de la psychologie, nul ne peut désormais se rallier à la position d'un Descartes ou d'un Buffon et affirmer que les bêtes agissent sans but. Elles ont des sentiments, des objectifs, elles pensent, s'organisent socialement, ont le sens de la famille et du groupe ; elles peuvent voyager mentalement dans le temps, dans le passé ou vers le futur ; elles imitent, possèdent très vraisemblablement une théorie de l'esprit ainsi qu'une conscience ; elles savent et, parfois, elles savent qu'elles savent ; elles créent ou développent des cultures qui se différencient au gré des traditions et de l'histoire locales. Bien entendu, elles souffrent quand on leur fait du mal. Elles possèdent parfois le sens de la mort. Et enfin, quand on s'efforce de l'étudier avec finesse, leur monde cesse de nous apparaître aussi pauvre que ce qu'en dit Heidegger.

Les dernières années pourraient même être décrites comme la lente mais très sûre remise en cause de tous les points de divergence supposés entre eux et nous. Si on dressait le bilan des découvertes – certes, parfois contradictoires, incertaines ou difficilement explicables – en les classant en deux colonnes, celles qui suggèrent un fossé et celles qui conduisent à en nier l'existence, laissant à un juge extérieur au débat le soin de trancher, quel serait le verdict ? Poser la question, c'est y répondre : bien sûr, on a vu émerger de nouveaux concepts susceptibles d'établir *la* différence (par exemple, celui de théorie de l'esprit ou les nouvelles considérations sur l'imitation), mais jamais la claire démonstration de l'existence d'un fossé. L'affaire est si claire que même Daniel Povinelli, qui persiste à croire en une discontinuité fondamentale entre humains et non-humains, au point d'aller jusqu'à dénoncer Darwin lui-même, convient qu'au cours du dernier quart de siècle la quasi-totalité des travaux expérimentaux ont, à l'exception des siens, conduit à remettre en cause la réalité de cet abîme supposé. Pour étayer ses propres convictions, il lui faut se livrer à un véritable travail de déconstruction des observations de ses collègues[6].

Fasciné par une différence qui diminue sans cesse ?

Ainsi, l'histoire des études sur *la* différence se réduit à une longue série de négations. Tous les critères se sont écroulés les uns à la suite des autres, au moins en tant que facteurs de différenciation absolus. On pourrait donc s'attendre à une perte d'intérêt pour la recherche, en apparence vaine, de *la* différence. Mais non, tout se passe comme si la réduction du champ d'un possible propre de l'homme n'invite pas à en nier l'existence. La différence se réduit sans disparaître, sur le modèle du paradoxe de Zénon d'Élée justement évoqué par la philosophe Élisabeth de Fontenay en exergue de ce chapitre. On pourrait même dire qu'aux yeux de nombreux esprits pourtant éclairés elle en renforce le sens, peut-être parce que cette réduction nous rapproche de l'*essence* de *la* différence. On clamera une fois encore qu'assurément la bête n'est pas idiote, mais qu'elle manque de théorie de l'esprit ; qu'assurément elle crée, mais qu'elle ne peut imiter ; qu'assurément elle souffre, mais qu'elle ne sait pas rire ; qu'assurément elle est parfaite, mais que précisément cette perfection signe son infériorité puisqu'elle lui interdit de s'améliorer, etc. Ce faisant, et on le note trop peu, les arguments évoluent jusqu'à contredire les évidences passées, preuve qu'elles n'allaient pas de soi, et nous invitent à penser que les actuelles devraient s'imposer moins encore à l'esprit. Comment ne pas s'étonner qu'on puisse juger l'imitation plus humaine que l'aptitude à créer, sachant qu'on attribuait hier volontiers cette « absurde » compétence à des créatures toutes rangées dans la catégorie des perroquets ? Comment ne pas trouver étrange que, face à un singe savant, on accepte d'admettre ses compétences arithmétiques plutôt que son aptitude à lire dans notre esprit, que ne méconnaissaient pas des expérimentateurs du début du XXe siècle quand ils débusquaient le tour de force de Hans le Malin, mais que leur refusent quelques-uns de leurs plus modernes successeurs ? Bien évidemment, les préjugés doivent s'effacer devant la réalité des faits, fussent-ils troublants, mais outre qu'aucun d'entre eux ne vient sans conteste prouver l'absolue singularité humaine, on se doit, pour le moins, de conclure que cette dernière n'a plus rien d'une évidence.

Chacun – moi y compris – scrute pourtant les données comparées du *Human Genome* et du *Chimp Genome* dans l'espoir de trouver peut-être un gène différenciateur. La découverte de *FOXP2* donne du grain à moudre. Mais ce candidat-là ne semble pas très cognitif, ni d'ailleurs véritablement humain, comme du reste la plupart des autres gènes identifiés. Il y a ici un paradoxe, mais il n'est pas totalement inattendu. D'une certaine manière, si la différence n'a rien de manifeste – et l'évidence nous l'enseigne –, l'espoir subsiste de tomber sur l'atome chargé de sens, sur l'essence de la différence. Quelque chose comme l'âme ? Descartes l'avait localisée dans la glande pinéale. D'autres l'associent peut-être à un polymorphisme de *FOXP2*. Il serait effectivement fascinant, et pour certains plaisant, de découvrir ainsi ce petit trésor physiologique ou moléculaire à l'issue d'une moderne quête du Graal.

Nous sommes et ils sont la mesure de toute chose

La vérité est qu'il n'y a probablement rien de tel. Il n'y a pas de propre de l'homme. Plus précisément, les particularités génétiques et épigénétiques qui nous distinguent des autres espèces ne fondent en rien notre supériorité. Dans le grand jeu de la sélection, tous ceux qui ont survécu l'emportent sur les disparus, sans qu'on puisse les hiérarchiser. Entre eux, les différences constituent la règle, mais elles sont plurielles. Les différences existent, mais pas *la* différence ! La seule chose qui nous fait trouver un sens particulier à ce qui nous distingue des autres, c'est que nous jugeons en fonction de nous. Il ne saurait en être autrement. Physiologiquement ou cognitivement parlant, on ne peut penser qu'avec son propre organe mental, donc par rapport à soi-même. Si nous étions des robots animés par un esprit extérieur à nous, ce serait lui qui penserait et pas nous. Mais comme tel n'est pas le cas, chaque cerveau constitue bien la mesure de toute chose. L'homme est donc effectivement la mesure de toute chose ! Mais l'huître pourrait afficher la même prétention. Outre son haut degré d'arrogance, l'ennui de la version humanisante de cette exclamation tient à la contradiction implicite qu'elle recèle : elle se veut outil pour la pensée objective, alors qu'elle n'est que triomphe de la subjectivité ! L'homme, mesure de toute chose : cette expression admirable apparaît, à la réflexion, comme un des plus grands péchés contre l'esprit que l'humain ait jamais commis. Et « Dieu sait » qu'il en a commis beaucoup ! Le slogan humaniste imprègne notre vision du monde, aujourd'hui encore et peut-être plus que jamais. Alors que les faits objectifs ruinent l'hypothèse selon laquelle l'humain échapperait aux lois du vivant, il n'est pas sûr qu'implicitement beaucoup ne conservent, solidement ancrée en eux, l'idée d'une différence de nature. Ou tout au moins qu'ils ne se rallient à l'opinion commune, celle de Kant notamment, selon laquelle l'homme serait certes un animal mais aussi autre chose. Faute d'avoir trouvé ce qui le caractérise en propre, ils acceptent son animalité tout en imaginant une sorte de supplément d'âme. La stratégie ne consiste plus ici à nier le réel mais à l'évacuer comme insignifiant. Dans cette perspective, l'humanité ne constitue plus un donné objectif. Elle s'acquiert au prix d'un *dépassement* de la condition animale. Reste à savoir si une telle expression recouvre une quelconque réalité ou si elle n'est qu'un assemblage de mots vide de sens.

22

Plus de liberté ?

> *« Tous les animaux sont achevés et terminés ; l'homme est seulement indiqué et esquissé […]. La nature a achevé toutes ses œuvres ; pour l'homme uniquement, elle ne mit pas la main, et c'est précisément ainsi qu'elle le confia à lui-même. »*
>
> Johann Gottlieb Fichte, 1796[1]

À bien des égards, les dernières décennies ont été, sur le terrain de la réflexion, celles de la biologie. De Lorenz au *Human genome*, nombre de ses percées, spectaculaires entre toutes, modifient notre regard sur la nature de notre espèce. Avec comme résultat une évidente rupture entre ceux à qui répugne toute forme de « biologisme » et ceux qui tirent prétexte des acquis de la science pour proposer un nouveau regard sur nous-mêmes. Pourtant, par-delà les différences, la plupart des auteurs en arrivent, à un moment ou à un autre, à introduire entre les autres vivants et nous un paramètre différenciant. On ne compte plus le nombre de livres présentant le savoir issu de la biologie et s'achevant par une phrase du genre : « Pour la première fois dans l'histoire de la vie, une espèce devient capable de dépasser sa condition pour prendre en main son destin. » Pour beaucoup, un certain niveau de complexité (celui de l'homme) permettrait l'émergence de propriétés nouvelles, inconnues du monde animal. Il est certes raisonnable de penser que la complexité des comportements et la capacité d'apprendre à apprendre traduisent une évolution majeure. Mais nombre d'observations donnent à penser qu'avec les grands singes on assiste déjà à l'émergence de facultés inédites[2]. Et sans doute pourrait-on en décrire de multiples autres tout au long de l'évolution des vivants. À en juger par les écrits de philosophes comme Fichte, Kant, Rousseau, aujourd'hui Luc Ferry, mais aussi de biologistes, parmi lesquels Lorenz, Prochiantz, Vincent, S. J. Gould bien sûr, parfois moi-même, la plus émergente et la plus humaine des caractéristiques aurait pour nom l'incomplétude.

La seule créature qui doive être éduquée : de l'incomplétude au libre arbitre

Tout le monde s'accordera à dire avec Prochiantz que « nous ne sommes pas des mouches[3] ». J'ajouterai : pas plus que des souris, ni même que des chimpanzés. Mais que penser de cette idée selon laquelle l'animal serait d'emblée parfait et pour cette raison non perfectible, alors que *Homo sapiens* serait imparfait mais perfectible ? On la trouve déjà chez Descartes quand il évoque la perfection animale, ce qui revient à sceller une inaptitude à progresser. La qualité apparaît ici toute relative, puisqu'elle s'applique à de simples machines sans pensée et que, de toute façon, les bêtes ne sont pas véritablement parfaites en elles-mêmes, mais plutôt en tant que créations de Dieu. Rousseau également évoque l'absence d'« instinct propre » à l'homme[4] et sa « perfectibilité[5] ». Kant, quant à lui, voit dans l'homme « l'unique créature qui doive être éduquée » : « La discipline, écrit-il, change l'animalité en humanité[6]. »

Élisabeth de Fontenay n'éprouve aucune tendresse pour les adeptes de ce « pathos existentiel et [de] ces litanies que récitent à l'envi beaucoup de métaphysiciens et de psychanalystes : incomplétude, inachèvement, manque, négativité, éventail des possibles, contingence radicale, foncière insécurité, événementialité, incondition humaine[7] ». Il ne s'agit pas ici d'user de férocité à leur égard (j'ai pu en faire partie à l'occasion), mais de constater qu'à la logique d'une reconnaissance de la continuité animal-homme, basée sur des *faits* observés, des auteurs à la pensée élégante opposent un discours dont la pertinence conceptuelle reste à démontrer.

Pour certains, c'est dans l'incomplétude, donc dans l'indéterminé, que résiderait un possible libre arbitre. Mais cela ne revient-il pas à superposer les concepts les moins clairs, pour ne pas dire vides de sens. On peut citer à ce propos Luc Ferry, selon qui « la question du propre de l'homme » est « la question de la liberté ou de sa rupture avec le règne de la nature »[8]. Ferry dit aussi : « Il me semble à nouveau pertinent et légitime de situer le propre de l'humain dans cet écart par rapport à tous les enracinements historico-naturels que j'appelle liberté[9]. » Dans le même ouvrage, le brillant et bouillant biologiste Jean-Didier Vincent va dans un sens analogue : « Je me surprends à penser (mais probablement s'agit-il encore d'un sursaut d'anthropocentrisme) que l'évolution des animaux est un long cheminement vers la liberté[10]. » Même un philosophe aussi peu antibiologisant que Daniel Dennett croit la liberté propre à l'homme ; elle serait à ses yeux « plus jeune que notre espèce[11] », ce qui signerait sa spécificité. Le lecteur voudra bien noter que, loin de me laisser aller à la caricature, je ne mentionne ici que des auteurs que j'estime.

Ce discours sur la liberté ne relève pas, il faut le noter avec insistance, du seul exercice de style. Il justifie une certaine attitude à l'égard de l'animal et tout particulièrement la négation de son statut de personne. Luc Ferry le dit fort clairement dans sa critique de l'utilitarisme zoophile de Peter Singer. Ce dernier refuse le mal fait à l'animal en vertu du principe selon lequel nous devrions viser à accroître la plus grande quantité de bonheur chez tous les êtres sensibles, sans tenir compte de critères tels que la conscience, l'intelligence ou la sociabilité. La continuité entre « genre animal » et « genre humain » interdit en effet de trouver un critère discriminant. C'est dans le contexte de cette logique que Ferry introduit l'idée de liberté, pour se situer dans la lignée de Kant et de Rousseau. C'est elle et elle seule qui, en nous *arrachant à la nature*, nous met à part[12]. Le critère apparaît donc essentiel. Ferry parle également de la « liberté et [de] la gratuité de certains de nos comportements[13] ». Il cite au passage le primatologue Jacques Vauclair pour en conclure que « le langage des singes même les plus doués pour cet apprentissage, comme la [sic] fameuse Kanzi, ne s'évade pratiquement jamais du contexte des demandes adressées au "maître", à l'exclusion de toute forme de partage désintéressé et réciproque d'une expérience avec autrui[14] ». Les contacts que j'ai eus avec les bonobos qui vivent avec lui (Kanzi est bien un mâle) m'ont sans ambiguïté prouvé le contraire, et on n'en finirait pas de citer les nombreux exemples d'échanges d'informations, désintéressés, avec les grands singes.

Limiter l'intelligence animale à une compétence exercée en solitaire sans le rapport à autrui relève de l'idée préconçue. On a pu démontrer expérimentalement la capacité des tamarins, primates pourtant très éloignés de nous, à coopérer dans le but de résoudre des problèmes[15], prouvant ainsi que celle-ci n'appartient pas en propre aux seuls grands singes, humains compris. Sans doute « l'expérience avec autrui » passe-t-elle, chez les autres primates, bien souvent derrière les préoccupations égoïstes. Mais il en va de même chez nous, et ils savent à l'occasion nous donner le témoignage de leur aptitude sur ce terrain aussi. Voici, à titre d'exemple entre mille autres, l'histoire citée par Frans de Waal et destinée à démontrer que les singes savent singer (voir le chapitre 9) :

> À Yerkes Primate Center d'Atlanta, dans notre colonie de chimpanzés, il arrive parfois que les petits se prennent un doigt dans le grillage de leur enclos. Il ne peut en être retiré par la force. Les adultes ont appris à ne pas tirer le jeune en arrière ; les victimes parviennent toujours, en définitive, à se libérer. [...] Nous avons vu à plusieurs occasions d'autres singes imiter la situation désespérée de la victime. La dernière fois, par exemple, comme je m'approchais, j'eus droit aux cris menaçants de la mère et du mâle alpha. Je restai donc près de la clôture pour observer. Une autre jeune vint me raconter l'événement. Me regardant bien en face, elle glissa un doigt dans le grillage, l'y accrocha lentement, puis se mit à tirer dessus comme si elle aussi était prisonnière[16].

Je vois dans ce récit le témoignage d'une bien réelle « expérience avec autrui », de surcroît non intéressée et dépourvue d'égoïsme. En d'autres termes, une illustration de la « capacité à s'arracher [à ses] intérêts égoïstes », caractérisant pour Ferry « la faculté d'anti-nature » qui serait propre aux humains[17]. Mais que dire de cette « faculté d'anti-nature » si on la trouve communément dans la nature ? Ou, réciproquement, si on ne l'y trouve pas uniquement parce qu'on ne la cherche pas étant donné qu'on a la conviction qu'*a priori* elle ne doit pas exister ? Car la liste est longue, en vérité, des témoignages d'empathie animale, y compris à l'égard de non-congénères. Nous en avons signalé au fil de ces pages, mais pour en rester au cas du bonobo, puisqu'on nous affirme qu'il ignore « le partage désintéressé », que dire de Kuni, une femelle du zoo de Twycross, en Grande-Bretagne ? Le jour où elle vit un étourneau s'assommer sur une vitre de sa cage, elle le ramassa délicatement, puis monta au sommet du plus grand arbre, lui déplia les ailes et le lança pour lui donner son envol. Comme la manœuvre échoua, elle rejoignit à nouveau l'oiseau tombé près du fossé, pour le protéger de la curiosité des autres singes. À la fin de la journée, l'étourneau s'envola de lui-même[18]. On pourrait aux exemples de ce type consacrer un livre entier.

Un inadmissible changement de règle du jeu

Ce qui me gêne, dans le récital sur le thème de l'ouverture vers la liberté, ce n'est pas tellement qu'il puisse relever de la poésie plus que de l'examen des faits. C'est plutôt qu'il traduise, sur le terrain de la logique, un inadmissible changement de règles du jeu. Citons, à ce propos, le neurobiologiste Alain Prochiantz quand il évoque la notion de liberté propre à l'homme dans le cadre de l'ontogenèse, de la construction psychique et même anatomique, en tout cas au niveau cérébral :

> Mais en sus de ces phénomènes instinctifs, et malgré ce qui est imposé, aux vertébrés comme à tous les êtres vivants, par l'appartenance à l'espèce, le plan génétique laisse une grande liberté aux détails de la construction. Cette liberté est due à l'invention d'un cerveau qui, pour ainsi dire, reste embryonnaire toute la vie, et poursuit sa construction jusqu'à la mort. […] Il y a donc nécessairement dans l'étude de l'Homme quelque chose qui échappe au réductionnisme biologique[19].

Cette proposition d'un changement de grille de lecture lorsqu'on passe de l'animal à l'humain me heurte profondément. Surtout lorsqu'elle nous vient de biologistes, détaillant souvent avec talent – c'est le cas pour Prochiantz lorsqu'il traite du développement cérébral et pour Vincent à l'égard des passions – les faits scientifiques de leur discipline avant de donner l'impression de changer de registre, à la manière d'un Pasteur quittant son laboratoire pour rejoindre son oratoire. Je ressens ici le même malaise qu'à la lecture d'un livre policier, où un très rationnel Hercule Poirot résoudrait le mystère d'un meurtre en chambre close en concluant à l'intervention d'un extraterrestre capable de traverser les murs ! À quoi bon, pour en arriver là, multiplier découvertes d'indices et raisonnements subtils !

Il me semble que le mouvement de la pensée se doit d'obéir à une cohérence interne. Sans doute peut-on faire le choix de la raison objective ou celui de la pure spiritualité, de l'enquête dans le monde du réel ou de la voie du fantastique. Mais le mélange des genres me paraît trahir la démarche intellectuelle. Il est trop facile de bâtir une intrigue complexe pour se contenter d'en dénouer les fils à l'aide d'une pirouette irrationnelle. On trouve pourtant cela chez les meilleurs auteurs. Je songe à Helvétius consacrant d'excellentes pages d'un matérialisme irréprochable expliquant tout par l'« organisation » (c'est-à-dire, en termes modernes : la physiologie, le plan de développement, le programme génétique), pour en arriver – en tout cas, selon les propos que lui prête Diderot – à réfuter face à l'humain la pertinence de son propre raisonnement. Voilà un glissement logique difficilement admissible. La même contradiction insulte plus encore la raison quand, après des dizaines d'excellentes pages sur le fonctionnement et le développement cérébraux, sur les gènes et les hormones, des biologistes laissent entendre que s'agissant de l'humain cette réalité devient insignifiante. On a le droit de détruire un édifice intellectuel savamment construit, mais pas sans en noter la contradiction. « Les obsédés du propre de l'homme ne feignent en effet d'accepter la parenté simiesque, écrit à ce propos Élisabeth de Fontenay, qu'à la condition de lui refuser le dernier mot, c'est-à-dire d'oublier la radicale critique de la finalité et du progrès qu'elle comporte[20]. »

De plus, quelle raison y aurait-il à changer ainsi de logique ? S'agissant de la liberté, pourquoi ne pas suivre celle de la neuropsychologie et, en cohérence avec les données qu'elle nous offre, conclure avec Francis Crick que « le libre arbitre est situé dans le sillon antérieur cingulaire ou pas loin[21] » ?

S'agissant de l'énoncé d'un propre de l'homme, le glissement – voire l'inversion logique – paraît patent et constant depuis la fameuse déclaration de Descartes sur l'incapacité des bêtes à nous comprendre quand nous ne savons pas davantage décoder leur langage. Alors qu'ils ne parviennent pas à se mettre mentalement à leur place, refusant parfois explicitement de le faire, certains concluent à l'absence de théorie de l'esprit chez l'animal. Au nom du rejet de l'anthropomorphisme, ils les privent d'une capacité d'empathie qu'ils s'interdisent eux-mêmes à leur égard. Souvent, ils croient pouvoir affirmer que seule l'acculturation donne au singe éduqué par l'homme des capacités cognitives élevées, suggérant par là qu'elles viendraient plus de notre génie que du leur, trouvant sans doute normal que ce soient les animaux – dits inférieurs – qui aient à faire la démarche d'utiliser notre langage, quand nous ne tentons même pas de pénétrer dans leur univers. Ils ne voient pas non plus que cette acculturation signe une plasticité, une « incomplétude », une ouverture au monde que précisément ils excluent. En revendiquant la plus grande rigueur, plusieurs expérimentateurs concluent à l'absence de conscience de soi, de langage, d'aptitude à manier la récursivité ou à douter, et ce sans la nécessaire réserve que devrait imposer un raisonnement bâti sur des preuves. Le constat de cette contradiction me semble essentiel, tant il est vrai qu'on se trouve, en ce domaine, bien souvent face à une bouteille à moitié vide ou à moitié pleine. Poser des questions du genre « Les animaux sont-ils intelligent ou conscients ? » peut susciter des réponses positives ou négatives en fonction de la définition qu'on donne à ces mots. Aussi bien la seule démarche sensée consiste-t-elle à utiliser les mêmes critères de façon constante et à ne pas introduire de concepts mal définis (liberté, incomplétude, etc.), pour ne pas dire dépourvus de sens, comme autant de petits démons perturbateurs du raisonnement logique.

Pour une logique darwinienne

La proximité anatomique et physiologique entre l'homme et les autres primates reflète elle-même une parenté. Elle traduit le fait que tous les vivants, humains compris, sont le fruit de l'évolution des espèces par le moyen de la sélection naturelle et le jeu des mutations. Il n'y a pas eu une évolution pour les bêtes et les végétaux, et une autre pour les hommes. Nous résultons de l'action de processus similaires. Il n'y a pas lieu, dans ces conditions, de rechercher des différences en quelque sorte magiques ou surnaturelles, à moins d'imaginer qu'un grand démiurge n'anime le tout en greffant une âme spécifique aux seuls humains. Curieusement, alors que l'évolutionnisme et même, quoique avec plus de réticences, le darwinisme tendent à faire l'unanimité, on n'en finirait pas de citer les œuvres modernes de philosophes, voire de biologistes, adeptes de la commune dichotomie selon laquelle existerait entre l'homme et la bête une solide distinction, celle qui, pour Luc Ferry, sépare « le monde de la culture et celui de la nature[22] ». Exactement comme s'il s'agissait de deux entités. Comme si l'on pouvait situer dans deux univers séparés le cerveau et l'esprit. La réalité est bien entendu que l'un produit l'autre ; le cerveau sécrète l'esprit, et la nature crée la culture[23].

L'homme mais aussi les animaux sont par nature des êtres de culture, des organismes qui ont tendance à produire du monde autour d'eux. La culture (les cultures) humaine(s) n'a (n'ont) rien d'insignifiant, bien au contraire. Mais elle(s) ne tombe(nt) pas du ciel. La culture ne renvoie pas à un monde différent de celui du biologique. À moins de recourir à l'hypothèse du Saint-Esprit, celle d'un don venu d'ailleurs, elle provient bien de la matière cérébrale, donc de la nature. Et même si elle avait une origine divine ou extraterrestre, elle n'aurait de sens que parce que nous la reconnaissons et la vivons comme culture. Elle s'intégrerait à nous et deviendrait part entière de notre nature. Faire du culturel un monde indépendant du biologique est aussi irrationnel qu'imaginer la pensée indépendante du cerveau. Oui, le cerveau sécrète la pensée (comme les reins l'urine). Et oui, la culture est une production biologique, qui fait biologiquement sens et qui, si elle n'avait plus rien de biologique, se trouverait par là même dépourvue de signification.

23

Tous les droits ?

« Pour éviter que les recherches médicales ne conduisent à l'extinction des populations de chimpanzés sauvages, on pourrait les élever en captivité. Mais cela ne résoudrait pas le problème éthique fondamental, pas plus que la mise en esclavage des enfants de Noirs nés en Amérique, après l'interdiction du commerce des esclaves avec l'Afrique, n'a rendu acceptable au siècle dernier la pratique de cet asservissement aux États-Unis. Pourquoi admet-on que l'on puisse faire des expériences sur Homo troglodytes, *mais non sur* Homo sapiens *? »*

Jared Diamond, 1992[1]

L'animal sans droit ou au bon vouloir de l'homme, voilà bien l'une des conséquences les plus claires d'un certain projet humaniste. On peut légitimement s'enthousiasmer de la dimension prométhéenne de notre espèce ou craindre au contraire un expansionnisme irraisonné. Mon propos ne se situe pas directement sur ce terrain-là. Il vise plutôt la part de contradiction qui nourrit l'humanisme quand il se fait exploiteur de la bête.

L'ambiguïté du modèle animal

La science nous apporte indirectement, pour ne pas dire involontairement et même malgré elle, l'une des meilleures preuves de l'ambiguïté de la relation à l'animal dont les chercheurs ne prennent que rarement conscience. Je fais allusion à la notion de modèle animal. La recherche biologique, singulièrement celle à visée médicale, y recourt fréquemment. Il s'agit, dans bien des cas, d'un prérequis obligatoire pour une aventure scientifique opérationnelle. S'agissant d'une tentative non dépourvue de risque – par exemple, l'administration d'un « candidat médicament » dont on ignore les éventuels effets secondaires néfastes, ou encore une expérimentation invasive, voire mortelle –, la procédure suivie consiste à faire l'économie de l'humain. À passer par une autre espèce, et ce au nom de l'éthique : faute d'oser intervenir sur l'homme, on se dit que la bête devrait faire l'affaire.

Il existe des multitudes de modèles animaux, adaptés à toutes les voies de recherche. Parfois, il s'agit d'un individu normal auquel on administre simplement un médicament ; plus souvent, d'un sujet subissant une manipulation, dans certains cas traumatisante, comme peut l'être l'ablation d'une partie du cerveau. De plus en plus fréquemment l'expérimentation consiste à fabriquer des êtres nouveaux, en particulier des souris transgéniques, auxquels on a, par exemple, introduit un gène pathologique humain dont on veut mieux connaître la fonction ou dont on espère neutraliser l'effet délétère. Autant de situations éthiquement distinguables dans la mesure où, sur l'être créé par nous, peut-être estime-t-on posséder « naturellement » plus de droits que sur celui qui existe indépendamment de nous. Mais, de façon générale, chercheurs et agences concernés ne voient, dans ces diverses investigations, aucun réel problème moral, sous réserve qu'elles soient correctement réalisées. Or elles reposent sur une ambiguïté fondamentale, celle de la similitude ou de la non-similitude avec l'homme. Car, de deux choses l'une : soit la bête est essentiellement différente de notre espèce, et on ne voit pas très bien comment elle pourrait constituer un modèle de quelque chose d'humain ; soit elle nous est suffisamment proche pour qu'on puisse tirer des conclusions de l'investigation proposée, et, à ce moment-là, on ne saurait faire l'économie des questions d'ordre éthique. George Bernard Shaw (1856-1950) a posé le problème en des termes symétriques dans la préface au *Dilemme du docteur* : « Si un cobaye peut être sacrifié pour les quelques misérables petites choses que cela nous apprend, un homme ne devrait-il pas l'être au nom du très grand avantage que nous pouvons en tirer[2] ? » Toute la question est là : si l'animal diffère tellement de nous, au point que l'utiliser ne nous pose aucun problème, cela ne sert pas à grand-chose, et seule la manipulation de l'humain s'avère pertinente. L'éthique et la logique se rejoignent ici pour interpeller notre raison autant que notre conscience morale. Sauf évidemment si l'on accepte le dualisme de Malebranche (« Les animaux mangent sans plaisir, ils crient sans douleur, ils croissent sans le savoir, ils ne désirent rien, ils ne craignent rien »). Sans doute peut-on, dans cette hypothèse, étudier le comportement alimentaire ou le mouvement sans tenir compte de l'intention. Mais gardons à l'esprit que, pour Malebranche, Dieu seul est cause : quand je veux bouger mon bras, je crois que je décide, mais c'est en fait le choix du divin. On voit mal un chercheur moderne souscrire à cette façon de penser. Mais ne reconnaître aucune dimension éthique à l'expérimentation animale ne revient-il pas, implicitement, à partager la thèse de

Malebranche et de Descartes, celle d'une animalité constituée d'une machine complexe, plus ou moins semblable à celle des humains, mais dépourvue d'une « substance » essentielle ? Le modèle animal ainsi considéré implique ce dualisme. Et inversement, le monisme conduit à faire de la bête un être moral.

En vérité, entre *elles* (les bêtes) et nous, la proximité est bien entendu réelle. On procède en fait implicitement à une sorte de marchandage mitonné de tâtonnements. On juge éthiquement moins grave de travailler sur l'animal, et l'on se dit que cela constitue un premier pas avant d'aborder l'expérimentation sur l'homme. À cette démarche logique je n'ai rien à redire, car je crois la connaissance chose si essentielle qu'elle mérite des sacrifices. Elle autorise la prise d'un certain risque sur le terrain de l'éthique. C'est ce qui, à mes yeux, justifie l'expérimentation animale, mais aussi sur l'homme, laquelle est d'ailleurs acceptée dans toutes les sociétés modernes. Encore faut-il l'exprimer sans ambiguïté. Et reconnaître que ce n'est pas le fait qu'il soit soumis au bon vouloir de l'homme, selon l'expression de Georges Chapouthier[3], qui nous autorise à utiliser l'animal. C'est notre force, non un droit absolu quelconque, qui fonde cette domination. Quant au fond, expérimenter sur lui plutôt que sur nous ne pose pas nécessairement moins de problèmes éthiques, pour au moins deux raisons : il ne peut espérer bénéficier des fruits de cette recherche – contrairement au patient humain sur lequel on teste un médicament – et il ne donne aucun consentement éclairé[4].

Un certain nombre de chercheurs professionnels, Chapouthier en particulier, ont exprimé avec force la nécessité de continuer la recherche expérimentale, y compris sur l'animal, en même temps que celle de lui reconnaître une dignité, voire des droits. C'est une attitude méritoire, car elle n'a rien de facile, les affrontements ayant pour conséquence, en règle générale, de cristalliser les positions et les oppositions. Agressés par les antivivisectionnistes, les représentants de la communauté scientifique courent le risque de s'enfermer d'eux-mêmes dans une position extrémiste et cruelle. Un tel aboutissement serait préjudiciable à la science comme aux animaux qui la servent. Une enquête un tant soit peu nuancée révèle infiniment plus de subtilité dans l'esprit des chercheurs, bien qu'ils répugnent à s'exprimer sur ce sujet avec une totale franchise, par peur de déplaire à leurs confrères, à leurs « ennemis » antivivisectionnistes ou, plus simplement, de paraître naïfs. Mais nombre d'expérimentateurs s'avouent végétariens, précisément parce qu'ils ne se sentent pas le droit d'exploiter inutilement l'animal* ; beaucoup mentionnent leurs réticences à exploiter et à tuer leurs « cobayes », et même le neurobiologiste Colin Blakemore, cible principale des mouvements antivivisectionnistes anglais, a confié la gêne qu'il éprouvait lorsqu'il expérimentait directement sur l'animal et la préférence qu'il aurait eu pour des modèles alternatifs, s'ils avaient existé[5].

Il s'agit au fond de concilier, non sans difficulté, deux impératifs également essentiels : celui de la quête du savoir et celui de la préservation de l'intégrité des personnes animales. Mais il ne sert à rien de chercher à masquer la contradiction, ni de recourir à des arguments susceptibles de se retourner aussitôt contre ceux qui les

* Neurobiologiste et journaliste, Sophie Petit-Zeman a même publié un article sur Internet dans *The Guardian* pour se dire vivisectionniste et végétarienne, ce qui n'est contradictoire qu'en apparence si l'on veut bien admettre qu'on peut, sans dommage pour la collectivité, se passer de viande mais pas d'expérience scientifique (Marris E., « Grey matters », *Nature*, vol. 444, 2006, p. 808-810).

émettent. Prenons le cas de la douleur. C'est le plus parlant et il vient à l'esprit chaque fois que l'on se remémore le cri de Jeremy Bentham : « Peuvent-ils souffrir ? » La recherche sur les analgésiques recourt, pour d'évidentes raisons, au modèle animal. On soumet un rat à une agression classique, telle que la plaque chauffante ou le pincement de la queue. Il a mal, il le « dit ». Une molécule efficace pour réduire *sa* « douleur » devient un candidat médicament à *notre* intention. Cela confirme implicitement la proximité de l'animal et de l'homme. On répliquera, non sans logique, que notre douleur diffère de celle de la bête, car dans toute souffrance humaine se cache une dimension cognitive, une peur d'avoir peur, un renvoi à des souvenirs peuplant un univers mental souvent très riche. La douleur n'est pas que la douleur, elle dépend aussi de la façon avec laquelle on se la représente. Certes. Mais la mise au point d'un médicament contre cette sensation pénible, susceptible de posséder la meilleure efficacité, implique logiquement la construction d'un modèle animal capable d'intégrer le plus possible cette humanité de la souffrance. Inévitablement, le but sera de faire en sorte que l'animal soit à cet égard le plus humain possible, faute de quoi cette recherche perdrait tout sens. En d'autres termes, on peut discuter sans fin de la parfaite similitude de l'animal et de l'humain selon ce critère, mais toute la démarche de celui qui privilégie l'homme, qui insiste sur sa différence, consistera très précisément à construire un animal susceptible de toujours mieux évaluer non l'animalité de la douleur, mais son humanité. Le sens de son combat est de tendre vers ce qu'il conteste, à savoir la non-singularité de l'homme par rapport à l'animal. Pour le dire autrement, on peut, à mon sens, travailler de façon éthique sur la douleur chez l'animal, mais sûrement pas en affirmant que sa souffrance n'a rien à voir avec la nôtre, car, dans ces conditions, lui infliger un désagrément même minime ne serait que pure cruauté.

Jared Diamond a fort justement dénoncé l'injustice faite aux deux autres chimpanzés (le chimpanzé commun et le bonobo) – nous-mêmes constituant la troisième espèce –, en des termes définitivement semblables à ceux de Shaw :

> On juge [...] acceptable de soumettre des grands singes à des expériences mortelles, afin de réaliser des recherches médicales, mais non des êtres humains. La raison justifiant cette démarche est précisément que les chimpanzés sont presque nos semblables sur le plan génétique. On peut leur inoculer un grand nombre des mêmes maladies infectieuses que les nôtres, et leur organisme répond aux agents pathogènes de façon très similaire au nôtre. Donc, les expériences sur les grands singes permettent de mettre au point des traitements médicaux bien mieux que des expériences sur n'importe quel autre animal. Il y a un problème d'éthique encore plus difficile à résoudre que celui posé par la mise en cage des grands singes dans les zoos. Tout compte fait, des millions d'êtres humains qui se sont conduits en criminels sont enfermés dans des conditions bien pires que celles des grands singes dans les zoos ; mais il n'y a pas d'analogue humain socialement accepté des recherches médicales effectuées sur les animaux, alors que des expériences sur des êtres humains fourniraient aux chercheurs des renseignements bien meilleurs que celles effectuées sur les chimpanzés. Cependant, les expériences sur l'homme réalisées par les médecins nazis dans les camps de concentration sont regardées par tout le monde comme l'une des abominations les plus monstrueuses commises par les nazis. Pourquoi accepte-t-on de réaliser de telles expériences sur des chimpanzés[6] ?

La conclusion de Diamond, un chercheur qui n'a rien de marginal – il collabore régulièrement à la revue

Nature, icône des publications scientifiques –, est qu'en définitive, face à cette contradiction, l'opinion publique doit choisir. Ce qui signifie que la décision relève forcément du contexte social et en aucun cas d'un impératif absolu. Jane Goodall a elle aussi dénoncé avec vigueur la honte que représente la mise en détention de ces animaux *innocents*, et ce à perpétuité et dans des conditions qui seraient jugées scandaleuses si on les appliquait à des *criminels*. Rien à ses yeux ne distingue cette pratique de celle ayant pu justifier jadis des traitements indignes à l'encontre d'autres humains réduits en esclavage, d'autant plus que, par son esprit, le grand singe en bonne santé mentale est plus proche d'un humain normal que nombre de nos congénères au cerveau lésé[7]. Chacun appréciera comme il le voudra ce jugement de Jane Goodall, mais, émanant de l'une des personnes qui possèdent sur ces primates le plus grand savoir concret, il mérite d'être considéré.

Éthique et empathie

Nous avons plus haut défendu l'idée d'une heuristique de l'empathie, du recours à une forme de compréhension ou d'interaction avec des représentants d'une autre espèce comme moyen de la connaître mieux. Cette approche est à l'origine des recherches sur le terrain de Jane Goodall, de Dian Fossey ou de Biruté Galdikas, ou en laboratoire de Roger Fouts, de Sue Savage-Rumbaugh ou de Francine Patterson. Mais elle n'est pas exempte de toute ambiguïté sur le plan de l'éthique, tout particulièrement lorsqu'il s'agit de travaux sur des animaux captifs. Les recherches très strictes des Premack sur la femelle chimpanzé Sarah ont été conduites dans un environnement appauvri, du point de vue du singe. Bien sûr, Sarah a appris. Mais elle nous a surtout enseigné beaucoup de choses ; et n'a-t-elle pas *aussi* désappris en devenant en quelque sorte moins chimpanzé ? Si nous la considérons comme un singe, c'est éthiquement discutable puisque nous la privons de son identité ; si nous en faisons une femelle *Homo*, il faut alors se la représenter comme un prisonnier innocent, placé en captivité dans un environnement artificiel, juste pour le plaisir intellectuel que nous éprouvons à mieux décoder certains aspects de son comportement. Aucun comité d'éthique n'accepterait aujourd'hui de parrainer une semblable expérience. Il est remarquable que Roger Fouts, qui a hérité de Washoe, le chimpanzé des Gardner, ait fini par juger son travail non éthique. Avait-il le droit, pour assouvir *sa* passion de la recherche, de soumettre un grand singe, si proche de notre espèce, à toutes sortes de tâches ? Son livre porte la trace de cette mutation. Il y remercie les « cinq personnes qui l'ont inspiré : Washoe, Loulis, Moja, Tatu et Dar ». Des personnes ? Ce sont cinq chimpanzés. Cette sensibilité explique la relative faiblesse de ce primatologue sur le terrain de la production scientifique, mais aussi la force de son témoignage de pionnier[8]. Fouts a sombré dans l'alcoolisme ; puis il a vaincu la dépression, et a fait de son malaise une raison de vivre : le combat pour la sauvegarde des grands singes. Ce faisant, il a, dans une large mesure, quitté la scène de la recherche et des publications scientifiques. Francine Patterson, l'« interprète » du gorille Koko, emportée par son empathie à l'égard du singe, n'a pas véritablement produit une œuvre de science, publiant essentiellement à l'intention du grand public. Sue Savage-Rumbaugh, dont l'apport à la psychologie comparée a été déterminant, n'a sans doute pas favorisé des recherches susceptibles de gêner, ne fût-ce que de façon minimale, Kanzi ou les autres bonobos.

L'ambiguïté paraît ici inévitable, à proprement parler *essentielle*. Si on refuse l'approche empathique, si on part du principe que l'animal ne saurait être comme nous, qu'il n'a pas d'âme, on a toutes les chances de ne jamais découvrir les secrets de son esprit, puisque postulant son inexistence on ne les cherche même pas. Il est tout à fait possible que certaines observations, même parmi les meilleures qualitativement, doivent être réexaminées en tenant compte du caractère artificiel du contexte dans lequel elles ont été réalisées, notamment celles des Premack et de Terrace sur le « langage » des chimpanzés. En définitive, ne convient-il pas de comparer le grand singe placé dans un contexte si peu écologique davantage à l'enfant-loup humain qu'à un représentant normal de notre espèce ? Nul ne songerait, pour des raisons éthiques évidentes, à élever délibérément un petit enfant sous l'emprise complète d'animaux d'autres espèces. Et, à supposer qu'on le fasse, qu'en pourrait-on déduire de très significatif au sujet de son psychisme ? On voit bien ici que le prétexte de la froide objectivité ne constitue en aucune manière une garantie de sérieux, dès lors qu'on postule l'animal sans âme propre. Si, à l'inverse, on lui prête le statut de personne, qui plus est, dans le cas du chimpanzé ou du bonobo, de personne *Homo*, donc « humaine », alors son décodage par le moyen de la science implique de tels droits à son encontre qu'il devient presque indécent d'en faire un sujet d'expérience. Bien entendu, on étudie aussi le petit de l'homme, même très jeune, en suivant une méthode scientifique et sans que cela pose d'insurmontables problèmes éthiques. Mais le bébé examiné l'est en tant que petit d'homme, élevé par ses véritables parents et reconnu d'emblée comme respectable. Tout cela rend inévitable l'ambiguïté de l'expérience sur les grands singes, même en l'absence de manipulation traumatisante.

L'étude des fonctions cognitives supérieures nous place face à une contradiction si évidente que nul ne semble la relever. Prenons l'exemple de cette fascinante approche neurologique de l'intelligence que constitue l'expérience de Keisetsu Shima, Jun Tanji et leurs collaborateurs de la faculté de médecine Tohoku au Japon[9]. Par des enregistrements dans le cortex préfrontal latéral de deux macaques, elle met en évidence l'existence de populations de neurones spécifiquement impliqués dans la compréhension de séquences logiques. C'est une façon d'approcher la notion de l'intelligence en termes de fonctionnement cérébral[10]. Ce faisant, la recherche ne fait que confirmer les hautes capacités intellectuelles d'un animal. Notons bien que l'expérience présuppose la reconnaissance d'une telle aptitude. Cette découverte japonaise ne doit rien au hasard ; on ne peut la comparer à l'observation fortuite d'un comportement culturel par un animal dans la nature. Cette recherche a été planifiée dans le cadre d'une hypothèse posée par avance comme plus que probable, à savoir la capacité du cerveau de macaque à posséder un certain niveau d'abstraction, et de servir de modèle animal pour l'étude de l'intelligence humaine. Ce présupposé n'a pas empêché d'implanter les électrodes nécessaires à cette expérience.

On possède aujourd'hui des animaux ainsi appareillés afin d'étudier les plus hautes compétences mentales, ici l'intelligence ou tout au moins l'esprit de catégorisation, là la capacité d'empathie ou la théorie de l'esprit, ou bien encore la compétence mathématique (ou à numériser). On peut raisonnablement prédire que l'on disposera bientôt de bien d'autres moyens d'investigations localisant, dans le cerveau du singe, la plupart des fonctions cognitives ou affectives. On voit bien vers quoi nous entraîne l'évolution de ce type de recherche : vers la contradiction intrinsèque qu'elle recèle si on refuse de lui attribuer une préoccupation éthique au prétexte qu'il ne s'agit pas d'humains. La lucidité nous invite à nous interroger sur la façon dont les générations futures évalueront l'éthique des travaux en cours. Il n'est pas impossible que tout le monde juge cruel, voire inadmissible, d'imposer à des animaux si intelligents et si sensibles le port d'électrodes dans le cerveau. Il ne serait pas surprenant que cette pratique soit considérée comme aussi scandaleuse que les expériences médicales réalisées à Tuskegee en 1932 et dans les quatre décennies qui ont suivi (l'injection de l'agent de la syphilis à des Noirs pauvres de l'Alabama), ou que les pratiques de la médecine nazie. Sans doute insistera-t-on, comme élément à charge, sur le fait que les investigations neurophysiologiques ne pouvaient prétendre ignorer les capacités supérieures des singes, puisque précisément on les réalisait dans le but de les étudier et, de façon implicite, de mieux comprendre la cognition humaine. De telles accusations ont d'ores et déjà été formulées à l'encontre de Harry Harlow. Auteur de travaux pionniers, jadis célébrés comme exemplaires en psychologie expérimentale, ce chercheur de l'université du Wisconsin a mis en évidence le désespoir de bébés singes isolés de leur mère. Certains avaient été maintenus dans la solitude complète pendant quinze ans. Ils en avaient ressenti un traumatisme durable, se traduisant par une forme de dépression profonde, tout au long de leur existence. Les critiques mettent en évidence l'inutilité d'une telle expérience dont les résultats étaient prévisibles[11]. On aurait pu, disent-ils en substance, faire l'économie d'une semblable cruauté ! Par-delà leur intérêt discutable, les expériences de Harlow présentent ceci de remarquable qu'elles ne visent pas à étudier la torture, mais l'amour et l'affection.

Une cruauté extrême sert dans ce cas de figure à en démontrer toute l'utilité. Par l'expérience, Harlow a illustré les théories du psychanalyste anglais John Bowlby (1907-1990) : l'attachement à la mère constitue un lien fort dont la perturbation est source de traumatisme ! L'ambiguïté du modèle animal se manifeste ici dans sa plénitude, car c'est bien une situation humaine que Harlow entend illustrer : ses singes sont comme les bébés de Bowlby. Si tel n'était pas le cas, leur souffrance n'en aurait été que plus inutile.

Cela dit, par ma position je ne vise pas à délégitimer la recherche. Bien au contraire : je considère qu'existe un devoir éthique de connaître et notamment de connaître l'Autre. Il me semble seulement qu'une telle démarche consiste précisément à ne pas refuser l'ambiguïté, à ne pas se complaire dans un confort intellectuel facile, en se contentant de dire que l'animal n'est *qu'un* animal. Il faut imaginer des protocoles expérimentaux susceptibles de nous donner un meilleur accès à l'esprit du singe, celui qu'il nous montre non pas quand on le met artificiellement en demeure de répondre à nos questions humaines, mais lorsqu'on lui permet d'exprimer ce qu'il est vraiment. Certains laboratoires changent leur façon de traiter l'animal, surtout quand il s'agit d'un primate, en renonçant de plus en plus aux diverses contraintes. On y soumet les bêtes aux tests comportementaux dans leur environnement naturel, plutôt qu'en les obligeant à rejoindre celui du laboratoire, inconnu ou menaçant. En éliminant ainsi la composante liée au stress, l'expérimentateur en tire lui aussi avantage. Plusieurs chercheurs se refusent désormais à forcer l'animal à se soumettre à un test. On l'entraîne à coopérer. Viktor Reinhardt, de l'Animal Welfare Institute à Washington, s'est fait connaître pour avoir enseigné aux singes rhésus à offrir d'eux-mêmes leur bras à l'extérieur de la cage pour subir un prélèvement sanguin, et ce sans récompense à la clef[12]. Bien entendu, aussi souhaitables qu'ils soient, ces nouveaux comportements expérimentaux ne suppriment pas l'ensemble des problèmes éthiques, singulièrement lorsque l'animal subit un traitement dangereux pour sa vie, voire mortel. Ils vont toutefois dans le bon sens.

« C'est l'homme qui parle pour l'animal »

Qui peut, dans ces conditions, dire ce qu'est l'animal ? L'incertitude vaut pour ses défenseurs autant que pour ses exploiteurs. D'une certaine façon, nul autre que lui ne devrait pouvoir parler en son nom propre. Avec quelque cruauté, la philosophe Janine Chanteur clame que « les droits de l'animal que certains hommes ont cru devoir déclarer au nom de l'animal ne sont qu'imposture : qui ne voit que l'homme parle pour l'animal à qui il manque et manquera toujours ce qui légitime le droit, c'est-à-dire la liberté de ne pas rester enfermé dans les automatismes et les répétitions qui sont les limites de l'animalité[13] ? ». Est-ce à dire que le droit est fait pour ceux-là seuls qui se battent pour l'obtenir ? Le faible, le handicapé ou la plus humble des victimes devraient-ils n'en avoir aucun ? Janine Chanteur n'a pas tort de dire que c'est l'homme qui parle pour l'animal. Le droit ne se justifie-il pas aussi, en théorie, comme le moyen de protéger le plus faible de celui qui est en situation de le dominer ? Ou ne fait-il que traduire la domination des puissants qui, pour imposer un ordre social favorable à leurs intérêts, mettent en place l'instrument régentant l'état de fait ? Nous n'allons pas disserter ici sur l'impératif d'ordre et celui de justice, mais en l'absence de forts venant défendre les plus faibles il est évident que la brute triompherait.

Toutefois, ne perdons pas de vue les propres contradictions de la vision opposée. Les raisons de rendre justice aux bêtes ne sont pas non plus dépourvues d'ambiguïté. On sent bien que tend à s'établir une hiérarchie des êtres, que l'on préfère le chimpanzé au moustique. Doit-on juger du droit des diverses espèces vivantes selon une hypothétique gradation naturelle – par exemple, celle de leurs compétences cognitives ? Ce n'est pas si simple. Citons à ce propos Dominique Lestel :

> « Le dauphin et le gorille doivent être protégés parce qu'ils sont intelligents », entend-on dire. Ils doivent être protégés pour des raisons multiples, profondes et obscures. Leur intelligence, réelle ou supposée, est un bon justificatif rationnel pour des actions qui s'appuient sur d'autres fondements. Des rapports privilégiés avec certains animaux sont indispensables à toutes les cultures. Les cultures occidentales utilisent des critères cognitifs pour les justifier, à la mesure d'une continuité évolutive vécue de façon très médiatisée[14].

Il est, en pratique, bien difficile d'éviter la hiérarchisation, de ne pas préférer l'intelligent bonobo ou la jolie panthère au minable ver parasite ou au néfaste insecte piqueur. L'accent mis sur le cas très particulier de notre proche cousin chimpanzé invite à prendre en considération divers paliers sur le terrain de la morale – ou du droit – à l'égard des animaux. Georges Chapouthier les distingue selon que l'on prend en compte tous les vivants (biocentrisme), uniquement les animaux (zoocentrisme), seulement les animaux susceptibles de souffrir (pathocentrisme) ou d'avoir une certaine aptitude intellectuelle (peut-être pourrait-on parler de cognicentrisme), ou juste l'homme (anthropocentrisme)[15].

Cela étant dit, les motifs qui poussent à la défense de l'animal demeurent encore obscurs et, darwiniennement parlant, je ne suis pas certain de savoir les interpréter de façon satisfaisante. Mais que dire des raisons de clamer haut et fort le droit absolu de l'humain ? Si ce n'est qu'elles traduisent l'égoïste position de celui qui les proclame. Comment ne pas être frappé en lisant les propos suivants, publiés dans un ouvrage à l'intention de la communauté scientifique : « On ne redira jamais assez combien il est dangereux de ne pas faire de différence entre l'homme et l'animal [...] Ceux qui l'ignorent ou veulent l'ignorer portent à l'homme un tort qui peut avoir les conséquences les plus graves[16]. » Voilà qui insulte la raison autant que la justice et la morale. Ne conviendrait-il pas, dans un livre destiné à des chercheurs, d'apporter des éléments prouvant cette différence ? Et, surtout, ne faudrait-il pas, sur le terrain de l'éthique, rendre justice à ceux que nous sacrifions ? Que les choses soient claires : je ne désapprouve pas la recherche sur l'animal, mais cela ne diminue pas les droits que je leur reconnais, cela les renforce.

IV

PERSONNE OU PERSONNE ?

« Je propose d'utiliser le mot "personne" au sens d'être rationnel et conscient de soi. »

Peter Singer, 1997[1]

24

Il ne leur manque rien

> *« Imaginons qu'une famille d'éléphants regarde une émission télévisée dans laquelle des gens munis de fausses trompes tenteraient de s'en servir pour attraper une pièce de monnaie ou déraciner un arbrisseau. Ces malheureux ne cesseraient de marcher dessus, et surtout de montrer à quel point ils sont peu doués pour ce genre d'exercices. Je doute que nous trouvions cela très drôle, mais il se pourrait que les éléphants ne s'en lassent pas. »*
>
> Frans De Waal, 2001[1]

À qui donc manque-t-il quelque chose ? Un excellent neuropsychologue de mes amis m'a confié un jour l'impression qu'il avait ressentie en prenant dans ses mains le cerveau d'un grand singe. À ses yeux, il n'était pas fini, un peu humain, presque humain. Mais pas complètement. De ce point de vue (celui que, sans doute, partage implicitement l'homme de la rue), c'est à l'animal qu'il manque quelque chose. Sous une forme plus sophistiquée, la notion heideggérienne d'une « pauvreté en monde » vient se ranger dans la même famille d'arguments.

Nous avons vu que les philosophes de l'incomplétude voudraient nous convaincre de l'inverse. C'est à sa perfection supposée que l'animal devrait de ne pouvoir progresser. Et, inversement, son imperfection congénitale offrirait à l'homme la potentialité de *devenir* humain. Ce qui justifie le rôle essentiel de l'éducation, voire – pour les régimes totalitaires – de la rééducation. Le propos de Kant sur cette « seule créature qui soit susceptible d'éducation[2] » résonne à cet égard différemment en fonction du contexte*. Pour Descartes, Buffon, Rousseau, Kant, et bien d'autres, l'homme tire paradoxalement sa supériorité du fait qu'il lui manque quelque chose. Non fini, il vit dans la perspective d'un devenir qui n'est pas tracé à l'avance.

Un chimpobo !

Dans ces conditions, où donc chercher le manque ? Chez l'animal ou chez l'homme ? En vérité, sans doute les uns et les autres ne songent-ils pas au même manque. Mais s'il n'y avait tout simplement pas de manque ? On peut, nous l'avons dit, évoquer la supériorité de l'un ou de l'autre dans un domaine déterminé. L'homme, à cet égard, l'emporte sans doute pour tout ce qui relève de la capacité d'abstraction, mais pas forcément dans d'autres domaines.

> Les pigeons, par exemple, écrit Frans de Waal, sont supérieurs aux humains quand il faut, mentalement, imposer des mouvements de rotation à des images visuelles. Certains oiseaux font preuve d'une mémoire étonnante. Les casse-noix d'Amérique étudiés par Clark dissimulent jusqu'à 33 000 graines dans des cachettes dispersées sur des kilomètres carrés et les retrouvent presque toutes plusieurs

* Surtout quand on le traduit, comme c'est généralement le cas, par « l'unique créature qui doive être éduquée ». Mais j'ai choisi de garder ici l'ancienne traduction de Jules Barni.

mois plus tard. Oubliant parfois où j'ai pu garer ma voiture, j'avoue être impressionné par ces volatiles dont le cerveau n'est pas plus gros qu'une cacahuète[3].

Les investigations les plus récentes, tant chez les oiseaux que chez les babouins, révèlent l'existence d'aptitudes mnésiques considérables. Deux pigeons entraînés pendant des années ont appris à se souvenir de 800 à 1 200 images avant d'atteindre leur limite. Trois babouins en ont mémorisé entre 3 500 et 5 000 au bout de trois ans de test, et sans montrer de signe de saturation[4]. Certes, une grande mémoire ne constitue pas nécessairement la preuve d'une immense intelligence, mais du moins révèle-t-elle l'existence d'une aptitude à contrôler une très riche information. Sans aucun doute une capacité mnésique aussi étendue correspond-elle aux nécessités écologiques de la vie de ces animaux. Raison de plus pour l'imaginer potentiellement plus importante encore dans les conditions naturelles.

L'évolution, nous l'avons dit, ne se confond pas avec une progression vers un point ultime, qu'on l'appelle oméga ou autrement. Elle prend la forme d'un buissonnement où une multitude de branches constituent autant d'aboutissements distincts et d'ailleurs temporaires. De ce point de vue, il convient de ne pas se tromper dans la dénonciation de l'égocentrisme humain. On a raison d'évoquer ce chimpanzé qui vit en nous, ainsi que le font d'éminents spécialistes[5]. Oui, nous sommes bel et bien des grands singes et pas seulement des grands singes. Mais on risque de déduire, à tort, de ce jugement que l'esprit du chimpanzé vivrait en nous sous la forme d'une strate inférieure sur laquelle se superposerait quelque chose de plus sophistiqué, de plus digne, le résultat d'une évolution linéaire guidée par Dieu sait qui pour arriver jusqu'à nous. Du reste, nous sommes à la fois un peu chimpanzé, un peu babouin, un peu oiseau, etc. Et si on se limite aux cousins proches, nous tenons à la fois du chimpanzé (pour l'agressivité) et du bonobo (pour la sexualité), justifiant ce jugement de Marc Hauser : « Nous sommes à bien des égards des “chimpobos”, des grands singes hybrides[6]. » Bien que respectable – pas toujours – et très original, ce chimpobo dominateur et sûr de lui n'a rien de plus moderne ou de plus évolué que ses parents primates. Aussi anciens que lui, ils sont tout aussi bien adaptés à leur existence que nous ou, si l'on préfère, pas moins parfaits.

Aucune supériorité absolue

S'il existait un modèle de perfection dans la nature, doué d'une absolue supériorité en tous domaines, il se serait imposé à tous, par le moyen de la sélection naturelle. En fait, les circonstances font qu'une multitude de possibilités conviennent. Toutes présentent des avantages et des inconvénients. Le système relève d'un principe d'économie : nous ne pouvons tout avoir, car chaque chose a un coût. D'une certaine manière, il paraît avantageux de bénéficier d'un gros cerveau et de muscles puissants. Mais ces dispositifs nécessitent d'importantes ressources énergétiques. De la même manière, aussi attractive qu'elle puisse paraître, la possession d'un gigantesque harem, à l'image du mâle hamadryas, présente aussi des inconvénients, en particulier celui de contraindre le dominant à un effort de surveillance démesuré, au risque de ne même plus trouver le temps de se nourrir ou d'assurer sa propre protection. Chaque être doit donc mettre en balance bénéfice et handicap, associés à une structure ou à un comportement. Il doit viser un optimum et se débarrasser des ressources les moins nécessaires. Voilà bien la vision qu'impose la théorie de l'évolution, et elle contredit celle d'une supériorité totale. Aucun vivant ne concentre toutes les compétences : pouvoir voler et nager, voir et disposer d'un sonar, être le plus fort et le plus souple, le plus lourd et le plus rapide, le plus visible et le plus discret, etc. Il n'est certes pas absurde de considérer l'univers de notre point de vue : s'interroger sur le sens des choses implique que se trouve posé, implicitement au moins, un référentiel, lequel renvoie à celui qui questionne, donc à nous. Toutefois, l'histoire des relations entre la pensée scientifique et la pensée philosophique ou religieuse nous incite à renoncer aux visions plaçant l'homme au centre de l'univers. À cet égard, l'interprétation évolutionniste elle-même laisse place à de sérieuses ambiguïtés. Mettant l'accent sur la continuité plus que sur la discontinuité dans la genèse des facultés cognitives, il est tentant, à la suite de Georges Chapouthier*, d'ajouter le préfixe « proto » aux compétences animales (protoculture, protolangage, etc.) pour traduire l'absence de rupture entre eux et nous[7]. Mais bien que je recoure souvent au même préfixe, il me semble que nous devrions exprimer les choses autrement. Les bêtes ne sauraient être considérées comme des « ébauches » d'humains.

Ces considérations interdisent de parler de supériorité, mais sans doute pas de complexité. On ne peut, à cet égard, qu'applaudir à ce jugement de Jean-Pierre Changeux : « Je n'ai *jamais* utilisé le terme “progrès”

* Chapouthier réagit en fait à une analyse de David Premack insistant plutôt, et curieusement, sur la discontinuité entre l'homme et les grands singes (Premack D., « Human and animal cognition : continuity and discontinuity », *Proceedings of the National Academy of Sciences USA*, vol. 104, 2007, p. 13861-13867).

pour qualifier l'évolution biologique. J'ai employé, et persiste à employer les termes plus objectifs et neutres d'*accroissement de complexité*, en particulier dans le cas de l'évolution du cerveau[8]. » De ce point de vue, *Homo sapiens* paraît plus complexe mais pas plus évolué que le ver nématode *C. elegans*, ne serait-ce que parce qu'il possède davantage de cellules ou de gènes. En revanche, entre nous et les autres grands singes, l'écart de complexité n'a rien d'aussi évident. Seule notre subjectivité nous le fait percevoir gigantesque. On peut éventuellement avancer que, par rapport au chimpanzé, l'homme bénéficie d'un cerveau beaucoup plus volumineux – donc bien plus de neurones ou de synapses –, ce qui implique effectivement une complexité plus grande sur le plan de la connectique intracérébrale. Mais que dire, au regard de ce paramètre, de l'homme de Flores vis-à-vis du même singe ? Ne sont-ils pas pourvus l'un et l'autre de la même capacité crânienne ? Pourquoi devrait-on juger cette sorte d'*Homo erectus* nain plus complexe que l'anthropoïde ? Quant à l'idée d'une supériorité fondée sur une liberté ou une morale propres à notre espèce, elle reste assez vague. Et même contraire à la réalité des faits.

Un babouin, « véritable héros »…

On peut toujours proclamer dans un salon ou écrire dans un livre que les animaux manquent du sens de la réciprocité, qu'ils ignorent l'acte gratuit ou la morale, et ne prennent pas de distance par rapport à l'intérêt immédiat. Mais comment interpréter les incidents survenus le 16 août 1996 dans un zoo de Chicago ? Un enfant s'est penché dans l'enclos des gorilles. Chute de six mètres. Il était en bien médiocre état quand la femelle Binti Jua, âgée de huit ans, l'a pris dans ses bras, s'est assise sur un tronc d'arbre et lui a tapé doucement dans le dos. L'événement fit d'elle l'une des personnalités de l'année 1996 sélectionnées par le *Time*. Nul ne peut prétendre savoir avec certitude le fond de sa pensée, ni la réalité de ses motivations. Mais rien n'autorise non plus à déclarer, comme crurent pouvoir le faire certains, qu'elle aurait agi de même avec un sac de sable ! Faute d'explication définitive, Frans de Waal nous offre un commentaire qui présente au moins l'avantage du bon sens :

> Je ne prétends nullement savoir ce qu'elle pensait, mais je sais que personne ne l'avait préparée à une urgence aussi spécifique. Il est très peu probable qu'elle ait été victime d'une « confusion de ses instincts maternels », alors qu'elle avait sur le dos son propre petit âgé de dix-sept mois. Comment un animal aussi intelligent pourrait-il avoir confondu un petit de sa propre espèce et un gamin blond en baskets et T-shirt rouge ? C'est la surprise générale qui est la plus surprenante ! Ceux qui étudient le comportement des grands singes ne voyaient là rien d'exceptionnel. Le primatologue suisse Jürg Hess déclara ainsi au magazine *Stern* : « Un tel incident ne peut paraître sensationnel qu'à ceux qui ignorent tout des gorilles[9]. »

On dira qu'il s'agit là d'une anecdote, d'un événement exceptionnel, que, dans l'ensemble, les animaux ne se comportent pas ainsi au bénéfice des représentants d'autres espèces, voire d'étrangers de leur propre espèce. Mais qu'en est-il des humains ? L'héroïsme serait-il véritablement chez nous si répandu ? Si tel était le cas, nul ne s'en étonnerait ni ne le célébrerait.

On rappellera à ce propos que Charles Darwin n'a nullement hésité à évoquer l'existence d'un héroïsme animal ; par exemple, au travers de cet exemple emprunté au naturaliste allemand Alfred Edmund

Brehm (1829-1884) et relatif à une troupe de babouins attaquée par des chiens en Abyssinie :

> Aussitôt les vieux mâles se précipitèrent en bas des rochers, la bouche ouverte et poussant des cris si terribles que les chiens battirent en retraite. On encouragea ceux-ci à une nouvelle attaque, mais dans l'intervalle tous les babouins étaient remontés sur les hauteurs, à l'exception toutefois d'un jeune ayant six mois environ, qui, grimpé sur un bloc de rocher où il fut entouré, appelait à grands cris à son secours. Un des plus grands mâles, véritable héros, redescendit la montagne, se rendit lentement vers le jeune, le rassura et l'emporta triomphalement – les chiens étaient trop étonnés pour l'attaquer[10].

L'auteur de *La Descendance de l'homme* fournit d'autres exemples, y compris celui d'une aide interspécifique, en signalant le cas de ce gardien de jardin zoologique qui lui montra les traces des blessures que lui avait infligées un féroce babouin. Il n'eut la vie sauve que grâce à la conduite « sympathique et héroïque de la part d'un petit singe américain [...] grand ami du gardien », qui s'élança à son secours. Il avait pourtant, nous dit Darwin, « une peur horrible du babouin ». Mais il le tourmenta et le mordit[11]. Voilà pourquoi, et ce à plusieurs reprises, le biologiste britannique lui décerne le titre de héros ! Ne croyez pas qu'il s'agisse ici d'un propos énoncé à la légère, car, dans sa conclusion et alors qu'il redoute que son extension de la théorie évolutionniste aux origines de l'homme ne choque bien des gens, il revient sur ces exemples en usant d'une formule qui n'est pas sans évoquer la réplique prêtée à son collègue Thomas Huxley face à l'archevêque Wilberforce :

> J'aimerais autant pour ma part descendre du petit singe héroïque qui brava un terrible ennemi pour sauver son gardien, ou de ce vieux babouin qui emporta triomphalement

son jeune camarade après l'avoir arraché à une meute de chiens étonnés – que d'un sauvage qui se plaît à torturer ses ennemis, offre des sacrifices sanglants, pratique l'infanticide sans remords, traite ses femmes comme des esclaves, ignore toute décence, et reste le jouet des superstitions les plus grossières[12].

On leur en demande trop

Les actuels psychologues de l'animal ne cèdent pas souvent à ce lyrisme. À lire leurs protocoles, on ressent souvent l'impression qu'ils demandent décidément beaucoup à leurs sujets d'expérience. On songe parfois à Descartes s'étonnant que les animaux ne nous comprennent pas. Face aux données révélant les facettes de l'intelligence animale, certains croient pertinent d'imposer sans discussion des critères pourtant très discutables. Prenons l'exemple des études sur les éléphants menées par Moni Nissani, de l'université d'État Wayne, à Detroit[13]. Influencé par l'entomologiste Fabre et le behavioriste Thorndike, cet auteur entend examiner la délicate question de la compréhension animale. Une bête peut, tel le sphex de Fabre, réussir un problème incroyablement compliqué mais échouer pitoyablement face à un obstacle trivial. Nissani a soumis des éléphants travaillant au transport du bois en Birmanie à des tâches de discrimination similaires à celles utilisées par Bernhard Rensch dans les années 1950 (que nous avons précédemment mentionnées)[14]. Une friandise appréciée des éléphants est placée dans un des seaux recouverts qui font face à l'animal, lequel doit soulever le bon couvercle pour la récupérer ; s'il se trompe, on retire l'aliment avant qu'il ne le prélève. Le pachyderme apprend, plus ou moins bien en fonction des individus et de l'âge, mais il parvient à ses fins. Comprend-il pour autant la situation ? Nissani croit pouvoir répondre à la question en le soumettant à des tests légèrement différents. Le couvercle se trouve cette fois-ci à côté du récipient. Il suffit donc à l'éléphant qui raisonne de mettre directement sa trompe là où il faut. Or il choisit, dans la plupart des cas, de soulever inutilement le couvercle avant de prendre la récompense. Il a appris une séquence stimulus-réponse, plutôt qu'un raisonnement causal ! Moralité : il parviendrait à ses fins en tâtonnant, par essais et erreurs, comme le chat de Thorndike, mais sans rien comprendre. L'éléphant de Nissani est une machine cartésienne dépourvue de raison. Il est l'opposé de celui du lieutenant-colonel James H. Williams (1898-1958) qui, après avoir côtoyé ces animaux vingt-cinq années durant en Birmanie, écrivit dans *Elephant Bill* qu'ils « n'arrêtent jamais d'apprendre parce qu'ils sont toujours en train de penser[15] ». Belle illustration du fait que nos « *Umwelt* » diffèrent magistralement : l'éléphant de l'un n'est pas celui de l'autre ! Je comprends que Nissani veuille s'opposer aux visions animalières par trop louangeuses. Sa conclusion me semble toutefois non seulement excessive mais fort peu critique. On pourrait, après tout, considérer comme tout aussi intelligente la compréhension de la règle consistant à soulever le couvercle plutôt que de se contenter « bêtement » de prélever de la nourriture. Mais on doit surtout comprendre, et on s'étonne que Nissani passe cet aspect-là des choses sous silence, ce qu'est un éléphant d'Asie mis au service de l'homme : c'est un animal brisé. Il a vécu enchaîné et torturé jusqu'à complète soumission. Si un humain lui demande de se prêter à un test, il ne va certainement pas se contenter de prendre une nourriture facile ; il fera tout pour respecter ce qu'il croit être les ordres de ses tortionnaires. De toute évidence, cet animal qui sait creuser le sable pour chercher de l'eau – prouvant ainsi la plasticité de son psychisme – a la compétence cognitive de plonger directement sa trompe dans un seau pour se nourrir en se dispensant de soulever un couvercle. Il le peut d'autant plus que, dans certaines expériences, le morceau de canne à sucre a été bruyamment lancé dans le récipient. L'hypothèse la plus crédible est que le pauvre proboscidien ne s'autorise pas à prendre la friandise si appréciée sans obéir à ce qu'il croit être la règle !

Même des chercheurs de très grande qualité affichent souvent un scepticisme excessif. Je pense à des expérimentateurs aussi sérieux que David Povinelli, voire David Premack et Michael Tomasello. Premack, par exemple, reconnaît avec d'autres l'étonnante capacité des chimpanzés à numériser, à classer de mémoire des chiffres dans un ordre croissant (comme 1, 3, 7, 9) ou décroissant (comme 8, 6, 4, 1). En revanche, il remarque leur inaptitude à reconnaître la notion d'ordre monotone, c'est-à-dire à classer ensemble une série de chiffres d'ordre croissant avec une autre d'ordre décroissant (plutôt que désordonnée). Mais sait-on bien si *tous* les humains possèdent de façon manifeste une telle compétence ? Curieusement, face au constat d'inaptitude de l'animal, l'expérimentateur ne s'interroge jamais sur celle des humains eux-mêmes dès qu'ils vivent à l'écart de notre civilisation, celle qui précisément imagine et réalise ces observations.

L'étude de Peter Gordon revêt, à cet égard, une importance considérable[16]. Nous avons déjà mentionné le travail de ce chercheur qui s'est intéressé à un problème plus général des sciences cognitives, celui de la relation entre la pensée et le langage. L'absence du mot signifie-t-elle celle du concept correspondant ? Pour aborder ce problème, il a choisi les Pirahã de l'Amazonie. Il s'agit d'une tribu brésilienne résistant à la modernisation et étudiée par le linguiste Daniel Everett et sa femme Keren, qui ont passé vingt années à leurs côtés. Ces Indiens n'ont de mots que pour les chiffres « un », « deux » et « beaucoup ». Même les notions de un et de deux sont chez eux approximatives. Seuls les hommes ont pu être soumis aux tests, les femmes et les enfants étant trop timides. Ils n'arrivent même pas à recopier convenablement des séries de bâtons tracées sur du papier ; ils y parviennent jusqu'à trois, mais une série de cinq traits a été recopiée comme une de trois ! Leur compétence arithmétique ne dépasse pas celle des pigeons, des chimpanzés ou des petits enfants humains, ainsi que le note la journaliste scientifique Constance Holden[17]. Une expérience très simple l'atteste : une friandise est placée dans une des deux boîtes dont le couvercle représente respectivement quatre et cinq poissons ; ils voient dans laquelle des deux le chercheur place le bonbon, mais leur choix, après interversions des boîtes, ne dépasse pas le niveau du hasard : ils ne parviennent tout simplement pas à différencier une image de quatre poissons d'une autre de cinq ! Ils utilisent une forme d'estimation analogique globale. Gordon pense que leur langage n'autorise pas la récursivité : face à deux piles de noix, ils ne pourraient pas affirmer que l'une est plus haute que l'autre, mais se contenteraient de dire que l'une est grande et l'autre petite ! L'équipe de Stanislas Dehaene nous en apprend plus encore par ses travaux portant sur une autre tribu amazonienne, celle parlant le munduruku[18]. Cette langue ne permet pas non plus les opérations arithmétiques avec de grands chiffres. Ses locuteurs ne disposent pas de mots pour les nombres supérieurs à cinq. Incapables d'effectuer des calculs exacts, ils peuvent faire des opérations approximatives et comparer des quantités aussi bien que les adultes « civilisés ». Ces extraordinaires observations semblent confirmer que l'absence d'un mot restreint les fonctions cognitives. Les Pirahã et les Munduruku possèdent pourtant un langage complexe et nul ne songerait à considérer leur cerveau comme étant moins apte aux mathématiques que celui des anthropoïdes. Il va sans dire qu'entre les observations de Gordon et les études expérimentales chez les singes existe une différence de taille : l'apprentissage. Les chimpanzés ne pratiquent pas spontanément l'arithmétique ; on la leur enseigne. De même, les enfants pirahã se révèlent capables d'apprendre les chiffres, et nul doute qu'ils peuvent atteindre un niveau mathématique dépassant celui des grands singes. Les adultes ne parviennent pas à progresser, ils disent avoir « la tête trop dure pour cela[19] » ; il leur est d'ailleurs impossible d'utiliser de la monnaie. On peut interpréter de différentes manières les observations de Gordon et penser, avec lui, que chez l'homme comme chez les animaux, seule la connaissance des chiffres inférieurs à trois est innée. Notons, au passage, que les représentants de ces tribus amazoniennes ne sont pas les seuls humains au savoir arithmétique rudimentaire. Il en va de même pour d'autres « primitifs », tels que les Mrabi[20].

Le chimpanzé, le primitif et l'Occidental

Quelle que soit l'explication choisie, ces études nous montrent l'extrême difficulté d'évaluer des humains vivant à l'écart de la civilisation à l'aune des valeurs de la société occidentale moderne. Personne n'imagine que les Pirahã possèdent naturellement un cerveau moins apte aux mathématiques que les représentants d'autres tribus brésiliennes. Alors que dire des animaux ? Si des *Homo sapiens* ont du mal au-delà du chiffre 3, comment ne pas ressentir comme une évidence le caractère exceptionnel des performances de chimpanzés qui, après entraînement, comptent jusqu'à 9. On ne peut certes pas, et il faut le répéter avec insistance, mettre sur le même plan une capacité révélée après un apprentissage poussé et une autre plus spontanée. Mais quelle que soit l'hypothèse que l'on retienne concernant leur faculté d'acquisition des connaissances, il n'en demeure pas moins que si un animal se révèle capable de faire quelque chose cela signifie qu'il en a la possibilité, que son cerveau peut réaliser la tâche, qu'il est potentiellement compétent.

En vérité, c'est toute la psychologie comparée qu'il nous faudrait revoir sur un mode critique, en reconnaissant qu'elle porte, en pratique et essentiellement, sur la mise en parallèle homme civilisé-singe vivant en laboratoire. Les experts conviennent parfois de l'utilité d'observations de l'animal dans sa niche écologique ou tout au moins en prenant en compte les problèmes cognitifs qui se posent dans son environnement. Ils ne soulignent pour ainsi dire jamais que les questions que nous adressons aux sujets d'expérience ne sont pas celles du genre humain dans son ensemble, mais celles des psychologues cognitivistes d'aujourd'hui. Quel sens la problématique de la théorie de l'esprit pourrait-elle avoir pour un Indien Hopi vivant dans son contexte traditionnel ? Il ne dispose d'aucune terminologie de ce type et ne distingue pas l'esprit intérieur du sujet vivant dans le monde extérieur[21]. Sans doute pourrait-on obtenir du « primitif » éduqué des réponses plus proches de celles du « civilisé ». Mais, outre qu'on ne l'a guère fait, que pourrait-on en déduire ? Que le Hopi traditionnel est plus proche du New-Yorkais que le bonobo ? Cela constituerait-il une bien grande découverte ?

Christophe Boesch figure parmi les rares chercheurs ayant osé critiquer la psychologie expérimentale comparée[22]. Il le fait bien sûr au nom des primatologues de terrain agacés par la suprématie de leurs collègues expérimentateurs, au premier rang desquels figurent ceux de l'Institut Max-Planck de Leipzig ! Ces derniers affirment volontiers que seule leur approche permet de contrôler tous les facteurs et de reproduire les données obtenues, autorisant ainsi des conclusions valides. Boesch leur oppose la nature même de leurs protocoles, lesquels visent à comparer non pas les humains dans leurs variétés mais un type particulier représenté par le sujet de race blanche de classe moyenne avec non pas l'ensemble des chimpanzés mais certains d'entre eux maintenus en captivité. Qui oserait aujourd'hui, s'il s'agissait d'humains, comparer des Blancs libres avec des primitifs prisonniers ? À l'examen, la plupart des études comparatives recensées par Christophe Boesch comportent souvent au moins cinq biais évidents : 1) les humains étudiés sont des individus libres vivant dans leur groupe social naturel, alors que les singes sont des captifs appartenant à des groupes socialement appauvris ; 2) ils sont testés avec des congénères de leur espèce, contrairement aux chimpanzés ; 3) on les laisse dans la même pièce que les expérimentateurs, contrairement aux animaux qui s'en trouvent séparés par une barrière physique ; 4) lorsqu'il s'agit d'enfants, on les maintient à proximité de leurs parents durant l'examen, les petits singes ne bénéficiant pas du même privilège ; enfin, 5) on les soumet à des tests directement créés à l'intention de leur espèce et avec du matériel humain. Ces divers biais se justifient, au moins en partie, pour des raisons techniques ou éthiques : on imagine mal, par exemple, séparer les petits humains de leur mère. Mais ils sont susceptibles d'influencer de façon radicale le résultat des expériences. Tel semble d'ailleurs bien être le cas. Dans les vingt-trois études examinées par Boesch, toutes réalisées par d'excellentes équipes et parues dans les meilleurs journaux scientifiques, on observe que lorsqu'une barrière physique séparait l'expérimentateur du singe (mais pas de l'humain testé de façon comparée), dans treize cas sur seize, il fut noté une supériorité de notre espèce, tandis que dans les sept autres investigations (sans barrière physique) une seule aboutit à ce résultat. La présence d'un parent se traduit par le même déséquilibre, et si l'on prend en considération la somme de ces deux biais (barrière physique et absence parentale), on voit que les dix études dans lesquelles ils sont présents concluent à la supériorité humaine, contrairement aux cinq autres dans lesquelles ils sont absents. On s'étonne de la rareté de ce type d'analyse critique qui, à mon avis, ne doit pas conduire à un rejet de l'approche expérimentale mais simplement à une relativisation de ses conclusions par rapport aux recherches en milieu naturel et même par rapport aux observations plus ou moins anecdotiques.

Quelques éthologistes se sont exercés à la comparaison des performances culturelles de chimpanzés et d'humains très peu « civilisés », tels que les Tasmaniens[23] ou encore les Mrabi de Thaïlande et les Tasaday des Philippines[24]. Ces « primitifs » vivent ou vivaient d'une économie de subsistance. Dépourvus de poterie ou d'outils en métal, les Tasmaniens ont fait figure de parents culturellement pauvres de la planète. Mais selon Gordon Hewes les Mrabi et les Tasaday sont plus démunis encore. À bien des égards, c'est-à-dire en essayant de prendre le point de vue objectif d'un extraterrestre, distinguer le niveau culturel des Tasmaniens de celui des grands singes ne relève pas de l'évidence : peu d'outils, connaissances botaniques réduites, peur des gros animaux (dans le cas des Mrabi et des Tasaday) et par voie de conséquence piètres talents de chasseur, langage des plus rudimentaires, pas de commerce, pratique médicale réduite à la consommation de plantes à effet thérapeutique et absence de médecins ou de chaman. L'observateur venu d'ailleurs et sans *a priori* sur la nature humaine ne songerait probablement pas à établir entre eux et les chimpanzés de Gombe ou de Taï un quelconque fossé cognitif. Tout au plus prendrait-il note de la capacité à faire du feu chez les seuls humains, encore qu'en s'informant bien il découvrirait l'aptitude des chimpanzés ou des orangs-outans réhabilités – donc acculturés (humanisés ?) – à entretenir un foyer. En creusant un peu plus la question, à supposer qu'il en ait le moyen, c'est-à-dire en trouvant la possibilité de communiquer avec eux, il apprendrait que les Mrabi et les Tasaday croient en l'existence des esprits, bien qu'ils n'aient pas de lieux de culte définis et ne se réfèrent à aucun mythe de création. On aimerait savoir ce que ce génial voyageur interplanétaire apprendrait de la mythologie des chimpanzés, car, de ce côté-là, l'énigme subsiste pleinement. Que conclurait-il en définitive de son analyse comparative ? À ses yeux, l'évident fossé qui sépare le grand singe du « civilisé » placerait le « primitif » du côté du premier plutôt que du second. Pour que l'hypothétique extraterrestre voie les choses autrement, il faudrait qu'il entreprenne l'expérience décisive, celle de l'acculturation. Il ne manquerait pas de constater que le Tasaday mis au contact de l'Occidental « progresserait » d'étonnante façon. Et même s'il devait se révéler récalcitrant, ses enfants parviendraient à apprendre ce qu'ignoraient leurs ancêtres. L'extraterrestre en déduirait alors que préexiste en eux une « aptitude à la civilisation » qui les distingue du bonobo ou du chimpanzé.

Des animaux acculturés

Comme toutes les autres, la logique de l'acculturation doit être étudiée dans un souci de cohérence. Il faut l'appliquer au grand singe comme à l'homme « primitif », et inversement. Tirant argument des difficultés d'imitation du chimpanzé sauvage par rapport à celui vivant avec des humains, Michael Tomasello insiste sur le rôle essentiel de l'acculturation dans les performances de cet animal étudié en laboratoire[25]. Il donne ainsi à penser que son talent manquerait d'authenticité, et il en tire implicitement des conclusions plutôt défavorables quant au statut cognitif du grand singe. Il n'est d'ailleurs pas le seul. Pour Deputte et Vauclair, « la confrontation des primates non humains avec l'homme, dans des conditions bien contrôlées, révèle chez les [anthropoïdes, mais aussi les capucins,] des capacités qu'ils n'ont pas la possibilité d'exprimer dans un contexte social naturel. Ils acquièrent une "langue étrangère" par la compréhension de la multitude d'indices à interpréter offerte par l'homme[26] ». J'avoue mal comprendre ce raisonnement. Pourquoi ne pas appliquer au sujet du singe le même raisonnement qu'à propos du « primitif ». Pour apprendre quelque chose par acculturation, ils doivent, l'un comme l'autre, en avoir potentiellement la compétence. Si le chimpanzé imite dans certaines circonstances, fussent-elles exceptionnelles, ou s'il acquiert une « langue étrangère », cela prouve qu'il peut le faire, qu'il a, comme le disait Montaigne, « un discours au-dedans qui [le] rend disciplinable et volontaire à apprendre* ». La comparaison avec l'acquisition d'une langue étrangère me semble justifiée : un Chinois ne parle pas le français dans des conditions « naturelles », mais il peut

* Dans l'« Apologie de Raimond Sebond », Montaigne écrit avec une impressionnante lucidité : « Si ne sont pas les bestes incapables d'estre encore instruites à nostre mode. Les merles, les corbeaux, les pies, les perroquets, nous leur apprenons à parler : et cette facilité, que nous recognoissons à nous fournir leur voix et haleine si souple et si maniable, pour la former et l'astreindre à certain nombre de lettres et de syllabes, tesmoigne qu'ils ont un discours au-dedans, qui les rend ainsi disciplinables et volontaires à apprendre » (M. de Montaigne, *Œuvres complètes*, coll. « Bibliothèque de la Pléiade », 1976).

apprendre notre langue parce qu'il dispose « naturellement » de l'arsenal cérébral nécessaire à cette tâche ; inversement, il ne pourrait acquérir le langage d'une chauve-souris, parce que son cerveau n'en est pas capable. En d'autres termes, la manifestation d'une compétence, dans quelque circonstance que ce soit, implique l'existence d'une potentialité. Cela signifie que si un animal acquiert, par un processus d'acculturation au contact de l'humain, une capacité apparemment nouvelle, c'est parce que préexiste l'aptitude nécessaire à cette acquisition. De surcroît, et Tomasello le note fort judicieusement[27], on peut légitimement se demander qui est le plus proche du grand singe vivant dans la nature : celui, acculturé, qui « bénéficie » d'un environnement culturellement enrichi au contact des primatologues cognitivistes, ou son congénère conservé en captivité dans un milieu d'une infinie pauvreté ? La même remarque vaut d'être faite au sujet du « primitif ». Beaucoup s'interrogent avec raison sur les méfaits d'une acculturation souvent synonyme d'alcoolisme, de prostitution, de clochardisation, de disparition de langues et de cultures originales, etc. Mais revenons à notre extraterrestre jouant les ethnologues auprès des Mrabi, des Tasaday et, pourquoi pas (un tel être doit bien pouvoir aussi voyager dans le temps !), d'un Tasmasnien. À supposer une fois encore qu'il expérimente, il lui apparaîtrait que la vraie différence entre l'homme et le grand singe réside dans la capacité du « primitif » humain à se civiliser. Il comprendrait alors qu'un homme est bien un homme, tandis qu'un singe reste un singe.

Le problème de l'acculturation nous place ainsi face à un dilemme sérieux : plaide-t-elle en faveur de *la* différence ou de son contraire ? Le fanatique du propre de l'homme devra ici choisir. Ma position me met à l'écart de cette exigence : je tiens les vivants pour des êtres doués de plasticité. Déterminés en partie par leurs réseaux changeants de gènes, ils n'en sont pas moins capables d'importantes variations adaptatives en fonction des circonstances. Cela explique aussi bien la survie des enfant-loups humains que celle des animaux en captivité ; aussi bien l'édification des cathédrales que le cassage des noix par les chimpanzés ; aussi bien la pauvreté apparente de la culture des Tasaday que la richesse intellectuelle méconnue mais certaine des Bochimans, etc. Ni l'homme civilisé, ni le « primitif », ni le bonobo ou la baleine n'y trouvent le moindre déshonneur : chacun dispose d'un large éventail de possibilités, et aucune barrière ne vient radicalement séparer un vivant privilégié de tous les autres. Face au chimpanzé et au « primitif » acculturés qui réalisent une prouesse, je réagis en voyant dans leur « exploit » la marque de leur génie (et de leur génotype) originel. Pour le dire autrement, leur talent leur appartient, il ne réside pas tout entier dans l'habileté de l'expérimentateur, psychologue ou ethnologue.

Par ailleurs, en prouvant la plasticité de l'animal, l'acculturation confirme qu'on ne saurait réduire celui-ci au stéréotype de la créature purement instinctive. Ne croyons pas non plus que seule la proximité avec *Homo sapiens* pourrait permettre à la bête de s'extraire des normes de l'espèce. Certes, nous avons enseigné nos langages à d'autres vivants. Certes, nous réussissons parfois à faire cohabiter le chat et la souris dans nos maisons, à la grande joie des enfants et des magazines à l'eau de rose. Mais ce genre de comportements « contre-nature » s'observe aussi dans le monde sauvage sans que nous y soyons pour grand-chose. J'ai évoqué le cas de ce léopard indien, ami d'une vache à laquelle il rendait gentiment visite la nuit, cette cohabitation d'une autre panthère avec un tigre, ou encore le cas (sans doute pathologique) de la lionne Kamuniak jouant le rôle de mère adoptive pour des bébés oryx. Même en se méfiant d'une commune tendance à enjoliver les choses, ou du lobbying de groupes végétariens désireux de les détourner à leur profit, des exemples de ce genre existent. Ils ne prouvent pas à mes yeux l'exceptionnelle valeur morale des protagonistes. Ils confirment simplement leur très réelle plasticité comportementale, le fait qu'ils ne se conforment nullement à un quelconque et hypothétique cahier des charges caractéristique de leur espèce. Que nous puissions modifier les mœurs animales révèle moins la toute-puissance d'une acculturation menée à notre initiative que la plasticité du vivant.

L'acculturation comme paradoxe neurologique

Sur le terrain de la neurobiologie, les phénomènes d'acculturation ou d'acquisition de compétences nouvelles posent des problèmes fascinants, tant chez les humains que chez les animaux, mais bien peu discutés. Prenons l'exemple de la lecture et de l'arithmétique. On fait remonter l'acquisition de la première à 5 400 ans avant le temps présent et celle de la seconde à moins d'un millier d'années (si l'on choisit pour date initiale l'invention des chiffres arabes et des algorithmes qui lui sont associés). Une si faible ancienneté exclut l'hypothèse de la création d'une circuiterie cérébrale nouvelle par un processus d'évolution biologique. On ne saurait pourtant douter de l'existence de réseaux neuronaux dévolus à l'arithmétique et à la lecture. Les observations sur des cerveaux lésés ou les études en imagerie cérébrale l'attestent, qui plus est selon un schéma remarquablement stable. Comment notre cerveau a-t-il pu acquérir une telle organisation spécifique de compétences aussi nouvelles ? S'agissant du langage, sa bien plus grande ancienneté permet de concevoir une lente émergence au fur et à mesure de l'apparition de la lignée de l'homme moderne. Impossible d'imaginer la même chose dans le cas de la lecture et de l'arithmétique ! Pour résoudre le problème, Stanislas Dehaene a formulé l'hypothèse du recyclage neuronal. En d'autres termes, le cerveau utiliserait des structures déjà en place, et servant à une fonction voisine, pour créer de nouvelles compétences[28]. Une hypothèse qui n'est pas sans évoquer celle de François Jacob à propos du bricolage de l'évolution : cette dernière aurait utilisé des matériaux (en l'occurrence, des gènes) existants pour leur donner une nouvelle utilité. On évite ainsi de recourir à une explication basée sur le mystère ou la fantaisie. L'un des corollaires de cette hypothèse est que doit préexister dans le cerveau une sorte de prototype, défini par une certaine enveloppe génétique et susceptible de faire l'objet de ce recyclage. Cela se vérifie à l'évidence dans le cas de l'arithmétique, puisque les animaux présentent en ce domaine des compétences rudimentaires mais avérées et, de surcroît, associées aux aires cérébrales correspondant à celles du siège de l'aptitude homologue chez l'homme.

Diverses observations, fragmentaires mais solidement basées sur l'expérience, soulignent la justesse de l'hypothèse de l'existence d'un prototype animal des compétences cognitives ou culturelles humaines. Atsushi Iriki, un neurophysiologiste de l'université de Tokyo, développe cette idée d'une façon d'autant plus intéressante qu'elle se nourrit de données expérimentales précises. Ce chercheur s'intéresse au concept d'*Homo faber* : l'homme conçu, voire même défini, comme celui qui, contrairement aux autres animaux, fabrique des outils[29]. Iriki travaille sur le macaque japonais. Cet animal n'en utilise que rarement de façon spontanée. Mais on peut lui apprendre à le faire – par exemple, en lui fournissant une sorte de râteau qui lui permet d'attirer à lui une nourriture inaccessible autrement. Détail intéressant : il lui faut du temps (environ deux semaines), mais il y parvient dans tous les cas. En outre, une fois cette règle acquise, il apprendra de façon presque immédiate à utiliser un petit râteau pour en attraper un second plus grand avec lequel il peut récupérer une nourriture plus éloignée. On voit bien ainsi son aptitude à accéder à une forme de compréhension. En tant que prototype de l'*Homo faber*, le macaque nous révèle quelque chose de plus passionnant encore, à savoir son aptitude à intégrer l'outil dans son schéma corporel. Il s'agit ici d'une capacité en apparence essentiellement humaine. Nous sentons bien que l'intérêt de l'instrument tient au fait qu'il prolonge efficacement notre corps. Comme il est interchangeable, il présente le fantastique avantage d'ouvrir la voie à une panoplie de prothèses utilisables en fonction de circonstances diverses. L'*Homo faber* apparaît ainsi comme celui qui peut étendre son corps grâce à l'outil, qui plus est de façon flexible.

Par des enregistrements de l'activité d'une population précise de neurones (situés dans le cortex intrapariétal) et grâce à l'imagerie cérébrale, Iriki a pu montrer que le macaque intègre de la même façon l'outil dans son schéma corporel. Détail particulièrement significatif : le râteau en main utilisé à une fin précise devient bien le prolongement de la représentation de la main, mais pas celui tenu de façon passive. Cette modification du schéma corporel est en outre transitoire et donc adaptée à la situation. Iriki conclut de ses observations non seulement que le macaque serait un prototype de l'*Homo faber*, mais que le mécanisme mis ainsi en évidence permet de comprendre – dans ses grandes lignes – les acquisitions culturelles et peut-être même de prévoir nos aptitudes futures. On retrouve ici une idée voisine de celle de Stanislas Dehaene, celle de l'utilisation à des fins nouvelles de réseaux de neurones préexistants… Iriki pousse le raisonnement plus loin encore. Il pense qu'en parvenant ainsi à modifier sa propre image corporelle le singe acquiert la notion de *self* (le « soi »). Il reconnaît même comme lui appartenant sa main et l'outil lorsque, incapable de les voir directement, il les observe sur un écran d'ordinateur. De la reconnaissance du soi au concept d'autrui, il n'y a qu'un pas que le chercheur japonais se déclare prêt à franchir. Grâce à l'outil, le singe dépasserait la notion de *self* pour développer une théorie de l'esprit. Iriki pense produire ainsi une évolution intellectuelle qui n'est pas sans évoquer celle dont ont bénéficié nos ancêtres au cours des temps préhistoriques. Il se défend cependant de vouloir en faire des humains. Ses expériences nous donnent, en définitive, une vision de ce que peut être un processus d'acculturation au niveau cérébral. Elles pourraient bouleverser notre compréhension du singe et de son devenir, mais aussi celle des phénomènes qui affectent notre propre espèce : l'ordinateur et Internet ne seraient-ils pas en train de modifier nos cartes et nos potentialités cérébrales[30] ?

Gardons-nous toutefois d'aller trop loin dans l'utilisation du mot prototype. Le singe ne saurait être considéré comme un être sur la voie qui mène à l'humain. Il existe en tant que tel et dispose, comme nous, de matériaux cérébraux susceptibles de lui permettre de nouvelles acquisitions. Je n'aime pas trop la formulation d'Iriki lorsqu'il parle d'un « précurseur silencieux de l'intelligence humaine chez le singe ». Cette capacité n'est pas véritablement silencieuse, en attente d'un devenir ; elle ne tire pas sa raison d'être d'un quelconque désir du singe de se dépasser pour devenir humain. Elle se manifeste dans la vie de l'animal, même s'il n'utilise jamais de râteau ; elle répond simplement à une nécessité, celle de faire face aux conditions changeantes de l'environnement, de gérer la nouveauté ou les défis qui se présentent à la bête comme à l'*Homo faber*. La bête et l'homme sont faits pour intégrer de l'inédit, non pour emprunter à l'infini les voies d'un stéréotype immuable. Cette plasticité n'implique pas, contrairement à ce qu'on lit parfois, que nous pourrions devenir infiniment plus intelligents en utilisant toute notre matière grise. Elle signifie simplement que notre dispositif mental a la capacité de tenir compte de la nouveauté ou, si l'on préfère la terminologie d'Alain Prochiantz, de permettre que « l'expérience historique des individus s'inscrive, jusqu'à la mort, dans une création morphologique permanente de la substance cérébrale[31] ». Mais l'animal a autant besoin que nous de cette ouverture aux variations de l'environnement et à l'historicité : le monde change, et il doit en tenir compte. Quand un léopard utilise ma Land Rover pour se dissimuler aux yeux de ses proies, il se construit, grâce à la plasticité de son cerveau et à partir d'un dispositif neuronal préexistant, une théorie personnelle du véhicule qu'il intègre à sa vision du monde et à son développement historique propre. Il fabrique du nouveau et il le fait parce qu'il dispose d'une « machine » le lui permettant, sous la forme d'une circuiterie cérébrale non complètement figée.

La raison du plus fort contre celle de la logique

La question de l'acculturation n'amène pas seulement à s'interroger sur la plasticité du cerveau animal. Elle doit nous inviter aussi à inverser la perspective habituelle, à prendre conscience de ce que l'expérience à laquelle nous soumettons la bête s'impose à elle comme une mise en demeure, une obligation faite à l'autre de se mettre à notre place parce que nous ne savons pas prendre la sienne. Souvent compliqués, les tests utilisés en psychologie animale se révèlent, en réalité, presque toujours très peu écologiques, et comme toujours en science, les données négatives restent difficilement interprétables, les résultats positifs étant forcément plus probants. Cela ne signifie nullement que nous devrions renoncer à ces protocoles difficiles et arbitraires. Il est essentiel de rechercher, par l'expérimentation, la nature des capacités mentales des animaux. Il faut absolument soumettre à la vérification la réalité des prouesses souvent extraordinaires de tel ou tel génie animal, observées dans des conditions imprécises. La rigueur doit être de mise, notamment lorsqu'on manie la critique : tels les chantres de l'intelligence animale, mais aussi les grands sceptiques qui voient trop facilement dans la bête un infirme cognitif et qui confirment leur jugement en les soumettant à des tests inappropriés.

Il faut aussi reconnaître, ce qui est exceptionnellement le cas, que seul un petit nombre d'animaux a été testé, alors qu'on connaît les performances de toutes les populations humaines. Pour Premack, les chimpanzés sont doués, mais spécialisés, alors que les humains peuvent faire tout ce que font les animaux, même en étant privés de leurs dispositifs physiologiques[32]. Faute du radar des chauves-souris ou du sonar des cétacés, ils peuvent les créer par le biais de la technologie. C'est en effet merveilleux, et, que l'on sache, aucune autre bête n'a jamais rien fait de tel. Mais peut-on sérieusement mettre en balance le talent d'un animal pris au hasard avec celui d'un ingénieur capable de telles prouesses ? Que dirait-on d'un article d'épidémiologie comparant un individu sain d'une population A à 100 000 autres d'une population B (comptant, par exemple, 20 % de sujets atteints de troubles cardiovasculaires) et concluant que les prévalences de ces maladies sont respectivement de 0 % et 20 % ? On inviterait ses auteurs à revoir leurs notions les plus élémentaires de statistiques. Certes, les sociétés humaines ont créé des radars et des sonars, mais il est tout simplement faux de dire que les hommes savent faire ou utiliser ces instruments. En vérité, seule une infime minorité d'entre eux le peut, la plupart en étant parfaitement incapables, et, jusqu'à une période très récente, l'immense majorité des représentants de notre espèce ignorait tout de l'existence de Darwin, d'Einstein ou de Pasteur. Vanter l'humanité au prétexte qu'elle comprend des Jacques Monod, des Mozart, des Michel-Ange ou des Van der Weyden revient à clamer les mérites de quelques rares et exceptionnels représentants de l'espèce. Bien entendu, il n'existe ni théorie de la relativité ni cathédrale romane chez les animaux, et nul commentateur sérieux ne saurait négliger le caractère extraordinaire de créations ou de découvertes humaines abouties. Mais ce fait, immense, ne suffit pas à démontrer l'existence d'un fossé entre eux et nous. Bien au contraire, car si celui-ci existait il séparerait non l'homme des animaux, mais les hommes entre eux.

Deputte et Vauclair ont peut-être raison d'écrire : « Si des éclairs de génie ont pu traverser le cerveau de quelques individus de certaines espèces de primates non humains, ils ne se sont apparemment pas propagés à l'ensemble de ces espèces et n'ont concerné, jusqu'à présent, que la résolution de conflits sociaux relatifs à la survie ou à l'“ambition” personnelle, sociale et/ou sexuelle. Les quelque 100 000 ans d'exercice et de développement du langage et des outils qui en dérivent ont permis à l'homme de passer du problème de la survie à celui de la manipulation de la vie[33]. » Certes, les singes n'ont pas conquis la planète avec l'impérialisme des humains et aucune de leurs cultures – lesquelles vont tout de même au-delà de la régulation de conflits sociaux, car Imo lavant ses patates participait d'une autre démarche mentale – ne s'est propagée à la totalité de l'espèce et dans la totalité de l'espace. Mais n'oublions pas les Pirahã. *Homo sapiens* a bien conquis la planète. Il a longtemps subsisté et il subsiste aujourd'hui encore des îlots où d'authentiques membres de cette espèce sont très loin d'avoir acquis le pouvoir de « manipuler la vie » autrement que par l'intermédiaire de la procréation et de la prédation ou d'autres pratiques qui ne doivent rien à la biologie moléculaire.

De façon générale, les recherches sur les capacités cognitives des animaux sont établies de telle façon que ces derniers peuvent, au mieux, espérer atteindre notre niveau. La façon d'aborder la question de la théorie de l'esprit ou de la reconnaissance de soi en constitue une excellente illustration. Rarement, pour ne pas dire jamais, les expérimentateurs adoptent une attitude plus ouverte à la recherche de performances animales inexpliquées, inattendues. Leur approche ne saurait donc apporter autre chose que la vérification d'une hypothèse préétablie. Or, sur un terrain aussi complexe, il faudrait aussi se laisser aller à la découverte de l'imprévu. Même et surtout quand il exhale un parfum d'anecdote. C'est souvent ainsi que se révèle la créativité animale. Je songe, en l'occurrence, aux amusantes observations du primatologue Duane Rumbaugh (le mari de Sue) sur la femelle chimpanzé Lana à qui il enseigna – récompense à l'appui, conditionnement oblige – l'art d'uriner dans une bassine. Les théories habituelles en matière de conditionnement auraient voulu qu'avec le temps la situation ne cesse de s'améliorer. Il n'en fut pas exactement ainsi : Lana apprit à fractionner ses actions, urinant quelques gouttes seulement mais plus fréquemment afin d'obtenir plus souvent la récompense. Et quand elle n'avait manifestement plus d'urine dans sa vessie, elle se contentait de cracher dans la bassine. Ainsi, soumise à une assez ordinaire expérience de conditionnement, elle avait répondu par un comportement intelligent, créatif et rationnel – en définitive, plus intéressant à étudier qu'un banal apprentissage[34].

L'expérience de Lana, comme les études sur le langage des grands singes ou les considérations sur les « bienfaits » cognitifs de leur acculturation, devrait nous inviter à nous demander pourquoi l'animal, *toujours*, se trouve mis en demeure de faire comme nous, de se plier à nos normes, d'adopter notre langage et notre compréhension des choses. En fait, la seule raison que l'on puisse ici identifier est celle du plus fort. Elle n'a rien de nouveau : aux primitifs le civilisé a imposé son langage, sa religion, ses vêtements et parfois ses maladies vénériennes. Du moins les ethnologues ont-ils essayé de parler leurs langues et quelquefois de vivre comme eux. Vis-à-vis de l'animal, quelle expérience peut-on citer qui a vu le scientifique s'ingénier à parler le macaque ou le bonobo ? Tout au plus parviendrait-on à évoquer la souvent piètre imitation de quelques cris et de certains chants d'oiseaux.

Il est curieux de voir comment un certain nombre de scientifiques parmi les plus talentueux ne perçoivent pas leurs contradictions lorsqu'ils comparent notre espèce à l'animal. D'aucuns peuvent témoigner d'une rigueur exemplaire dans le conditionnement de la bête et en manquer singulièrement dans leur discours. C'est sur le ton de l'évidence que certains affirment que les autres vivants sont dépourvus de tel ou tel attribut. Je songe par exemple à Daniel Dennett, auquel on ne saurait faire reproche d'hostilité à l'égard du darwinisme. Je ne conteste pas sa perspicacité intellectuelle et je m'avoue en accord avec lui sur la plupart des points. Mais que signifie cette affirmation selon laquelle l'homme seul aurait inventé non seulement la liberté, mais aussi le doute ? Que savons-nous du doute animal ? Je ne suis nullement certain que les bêtes disposent d'un tel attribut, mais comment oser en affirmer l'inexistence, et ce sans le moindre doute, alors même que c'est de cette capacité-là que l'on discute ? Afin de différencier l'agent humain de l'agent animal, Dennett nous dit aussi que des créatures affublées par l'homme de marquages divers (bagues, plaques métalliques, etc.) semblent mener une vie normale, alors qu'on n'imaginerait pas cela possible dans notre espèce[35]. Mais l'affirmation ne se révèle-t-elle pas, à l'examen, un peu légère ? Les rhinocéros décornés, afin de les protéger des braconniers, ne semblent pas, en effet, modifier leurs comportements. Mais comment expliquer que de multiples espèces possèdent des cornes, des marques faciales, des plumages bigarrés ou d'autres attributs bien visibles, autrement que parce qu'ils sont chargés de sens. La vérité, une fois encore, est que nous en savons trop peu pour conclure qu'un animal tagué se porte aussi bien qu'un autre. Il continue à vivre, mais peut-être vivrait-il mieux sans cela ! Tout comme l'homme à qui l'on imposerait un marquage. Du reste, les travaux sur les marques faciales des guêpes en relation avec leur statut social révèlent effectivement que leurs modifications entraînent pour elles de lourdes sanctions[36].

On observe ici un biais de taille : faute de savoir ce que l'animal a dans la tête, on décrète qu'il n'a rien. Et même lorsque l'évidence saute aux yeux, on trouve le moyen de l'occulter. On a trop peu énoncé, à ce propos, ce qui constitue la leçon la plus fondamentale de l'épisode de la vache folle. Il ne s'agit certes pas de l'éventuelle rupture de lois naturelles ou écologiques : après tout, l'utilisation de farines animales procédait d'un logique recyclage des déchets. Non, l'essentiel tient au fait que si les vaches peuvent devenir folles c'est qu'elles possèdent l'organe de la folie, qu'elles ont un cerveau et ne sont donc pas réductibles à une machine transformatrice de plantes en viande[37]. Mais qui s'intéresse à l'esprit des bovins ? Qui même songe qu'ils en ont un ? Il est pour le moins paradoxal de voir si souvent fonder sur notre ignorance une logique de la singularité et de la supériorité de l'humain. Ce n'est pas non plus en infériorisant l'animal qu'on a le plus de chances d'en percevoir le talent. Ce n'est pas davantage en lui attribuant automatiquement nos défauts qu'on se différencie le plus sûrement de lui.

Ce qu'ils peuvent nous apprendre

On a dit parfois en commentant des essais de communication avec les singes qu'on avait réussi à leur donner le langage pour nous apercevoir en définitive qu'ils n'avaient rien à nous dire. On a affirmé exactement la même chose au sujet des « primitifs » : aucun d'entre eux ne nous a rien appris en biologie moléculaire ou en astrophysique ! De fait, tous ces primates humains et non humains n'ont rien à nous dire sur la conquête de la Lune ou sur les Jeux olympiques. Mais tout à nous apprendre sur eux, sur leur façon de concevoir le monde, et donc sur ce qu'est une conception du monde, sur les mécanismes de leur pensée et, par voie de conséquence, sur ce qu'est la pensée. Et, donc, sur nous. À condition, bien entendu, de savoir les entendre. Curieusement, il semble que bien des observateurs soient si convaincus de la pauvreté de leur monde qu'ils refusent l'enquête, même quand elle devient possible. Je fais allusion ici à l'exemple des enfants-loups. Dominique Lestel fait remarquer, à très juste titre, que nul n'a jamais essayé d'en savoir plus sur ce qu'ils avaient acquis dans leur expérience passée[38]. On les décrit indifférents vis-à-vis de ceux dont ils avaient partagé la vie. Mais nul ne peut sérieusement croire qu'ils n'aient existé que dans le manque lorsqu'ils étaient enfants-loups ; ils ont forcément vécu quelque chose, ils ont inévitablement acquis des comportements particuliers (les deux sœurs recueillies par le révérend Singh auraient développé des comportements d'assistance mutuelle). On comprend, bien sûr, qu'on ait surtout voulu leur assurer un développement à peu près convenable, mais que nul ou presque n'évoque cette expérience naturelle comme une opportunité de pénétrer dans une certaine mesure l'univers de l'animalité me semble désolant.

Notons, au passage, la nécessité de ne pas se laisser piéger par les termes du débat. Certes, ainsi que l'écrit Georges Chapouthier, « l'humanité n'existe que par l'animalité[39] ». Les deux mots renvoient, presque automatiquement, l'un à l'autre. Mais comment, par-delà l'inintéressant débat sur le vocabulaire, comprendre ici la question du propre de l'homme ? Ceux qui se réfugient dans l'ignorance se contentent de nous décréter hors du monde animal, celui des créatures sans âme. D'autres font de l'homme l'avenir de l'animal au prétexte (justifié) que nous descendons de lui par le mécanisme de l'évolution, mais tout en suggérant que nous n'appartiendrions plus à cette catégorie. D'autres encore disent que nous sommes bien des animaux mais aussi autre chose, ce qui implique l'existence d'un « plus » (la liberté, l'incomplétude) au-delà de la bestialité, dont nous aurions le monopole. Mon point de vue tranche radicalement avec tous ceux-là : je tiens l'humain pour un animal et seulement pour un animal, en précisant toutefois qu'il n'est pas un animal comme les autres pour l'excellente raison que chaque vivant diffère des autres. Nous sommes animaux, pleinement animaux et pourvus de diverses bizarreries zoologiques (bipédie, gros cerveau, tendance au bavardage et à l'impérialisme culturel, goût pour l'automobile et la télévision, etc.), nous différenciant d'autres créatures pas moins étonnantes par leurs écailles, leur trompe, leurs chants magnifiques, leurs parades spectaculaires, leur sonar, leur sixième sens et parfois même leur altruisme, voire – dans le cas du chat – leur aptitude à nous domestiquer.

25

Des personnes !

> *« Que vaut l'identification entre "personne" et "être humain", s'il s'agit pour ce dernier de posséder un certain nombre de critères tels que l'intelligence, l'utilisation du langage articulé, l'autodétermination, la projection dans le temps, etc. ? Comment ne pas remarquer en effet que ces déterminations excluent certains humains de la sphère des personnes ? »*
>
> Florence Burgat, 1997[1]

Pour définir la notion de personne, l'évocation de la sensibilité, de l'aptitude à raisonner, ou encore de la capacité à souffrir ne suffit pas. Peter Singer suggère « d'utiliser le mot "personne" au sens d'être rationnel et conscient de soi[2] ». On pourrait ajouter : « conscient de son identité et de celle de ses partenaires sociaux ». Souvenons-nous de l'agressive objection de Janine Chanteur : « C'est l'homme qui parle pour l'animal[3]. » Il y aurait beaucoup à dire à ce propos, à commencer sur le plan de la logique, puisque nous ne connaissons que notre langage. Les bêtes déclinent-elles parfois leur identité, dans le style « Bonjour, je m'appelle Untel » ? Nous ne le savons pas avec certitude, mais de nombreux travaux, portant notamment sur les oiseaux et tout particulièrement sur les manchots, suggèrent fortement l'existence d'une vocalisation personnalisée ayant valeur de signature individuelle. Il semble que les dauphins déclinent leur identité sous la forme d'un sifflement caractéristique qu'ils conserveraient tout au long de leur existence[4]. L'information identitaire serait indépendante de la voix ou de la localisation de l'animal, exactement comme chez l'homme, puisqu'on peut dire « Je suis M. Durand » en utilisant différentes intonations et sans changer le sens de la phrase. Les expériences consistant à diffuser des enregistrements de sifflements de synthèse véhiculant des modulations de fréquence déterminées mais pas les autres caractéristiques vocales le confirment[5].

La notion de personne remonte à Boèce (480-524), philosophe romain, qui l'introduit dans son combat contre les hérétiques Eutychès et Nestorius, à propos de la Trinité ; il voit dans la personne une substance *individuelle* de nature *rationnelle*. Émergent donc, dès cette époque, deux critères : l'individu (ou, si l'on préfère, l'autonomie) et la raison. Kant n'attribue de dignité qu'aux seules personnes (humaines), les animaux n'ayant qu'« une valeur relative », contrairement aux personnes qui possèdent « une valeur interne, c'est-à-dire une *dignité* »[6]. On retrouve comme concept central chez Kant l'autonomie, condition de la dignité[7]. Bien entendu, cette façon de voir s'est, durant des siècles, accommodée – sans grand mal, il faut en convenir – de pratiques qui heurtent le discours sur la personne humaine. La philosophe Florence Burgat nous rappelle en particulier que « dans la Rome antique seul l'homme libre bénéficiait du statut de sujet de droit ; et dans les quatre rapports juridiques entre obligeants et obligés que Kant répertorie, il ne reconnaît pas à l'esclave de personnalité : les animaux, “êtres privés de raison qui ne nous obligent pas et par lesquels nous ne pouvons être obligés", n'ont ni droits ni devoirs. Les hommes ont "aussi bien des droits que des devoirs". Mais certains parmi eux sont "sans personnalité (des serfs, des esclaves)" et n'ont "que des devoirs et aucun droit"[8] ». Notons au passage, et on ne le souligne jamais assez, que le critère d'autonomie si cher à Kant vient contredire sa propre vision d'une morale universelle. À l'évidence, il va dans le sens du relativisme moral, tant on voit mal un peuple de sujets autonomes et individualisés se comporter à l'identique. En quoi, s'ils le faisaient, mériteraient-ils le qualificatif d'individus ?

Le concept de personne s'oppose à celui de chose ou de propriété[9]. Refuser à l'animal le titre de personne, c'est implicitement – comme on le fit pour l'esclave – affirmer qu'il est la propriété d'un homme ou d'une communauté. En ce sens, le problème relève entre autres de la sphère juridique, et les commentateurs plus ou moins favorables à la notion de personne animale visent avant tout l'établissement d'un droit de l'animal. Ce n'est pas absurde, car l'usage insistant d'un terme ne se justifie à mes yeux que par son caractère opérationnel ; dans le cas contraire, le verbiage risque de l'emporter. Cependant, ma réflexion ne se situe pas uniquement dans la perspective du combat pour le droit de l'animal, même si je me place sans ambiguïté de son côté.

L'utilité pratique du concept de personne apparaît tout particulièrement dans le cadre de considérations sur la biodiversité. Sur ce terrain aussi, évitons le malentendu : je tiens le combat pour la protection des animaux menacés comme l'une des grandes priorités du moment. C'est dans cette perspective que je pense admissibles certaines interventions sur la personne animale : déplacement de populations, utilisation des diverses techniques de reproduction non naturelles, recombinaison génétique, clonage, etc. Mais je ne crois pas ces manipulations anodines ou éthiquement neutres. Certains écologistes raisonnent en termes de biomasse, d'effectifs, de populations, etc, sans poser les animaux concernés comme sujets. Dans son combat au service de l'éléphant, lutte que je soutiens pleinement, le zoologue Pierre Pfeffer ne critique pas la chasse au pachyderme si elle est nécessaire à l'équilibre des populations. Il se préoccupe de l'espèce éléphant plus que des éléphants. Pour ma part, je me soucie des deux et, viscéralement, surtout des éléphants. Des éléphants en tant que personnes*.

Prenons un exemple. Imaginons – ce qui est trop souvent réalité – un groupe d'enfants tués dans un village, alors même que surviendraient autant de naissances nouvelles. Songerait-on à dire que le maintien de l'équilibre de la population rend cette tragédie moins insupportable ? De toute évidence, pour les parents des disparus, et même pour les autres, les heureux événements ne sauraient supprimer la douleur liée au fait que des êtres manquent à leurs proches. De la même façon, quand un enfant animal meurt, il vient à manquer à sa mère et peut-être à d'autres ; son remplacement par un congénère n'efface ni la souffrance des parents ni la trace du disparu. Parce qu'il était une personne animale, et non un simple représentant de l'espèce, un matricule dans les effectifs d'une population écologiquement contrôlée.

* Les Américains Christen Wemmer et Catherine Christen ont publié un passionnant ouvrage collectif entièrement consacré à l'éthique des relations entre l'homme et l'éléphant (Wemmer C. et Christen C.A. [éd.], *Elephants and Ethics. Toward a Morality of Coexistence*, The Johns Hopkins University Press, 2008). Un des articles y décrit ces animaux comme des « quasi-personnes » (Varner G., « Personhood, memory, and elephant management », p. 41-67).

Une élégante recherche de l'écologiste écossais David Lusseau sur les Grands dauphins illustre admirablement le fait qu'un individu animal n'équivaut nullement à un autre dans son réseau social et qu'il ne saurait être immédiatement remplaçable en cas de disparition[10]. Ce chercheur a suivi une population dans le détroit Doubtful en Nouvelle-Zélande de 1994 à 2001. Il a accumulé une immense quantité de données sur une communauté locale de soixante-deux dauphins, notant les contacts de chacun. Leur examen ne lui a rien appris au premier abord. Puis, s'associant à Mark Newman, un physicien de l'université du Michigan à Ann Arbor, il a pu appliquer les techniques mathématiques complexes d'analyse des réseaux au système social des dauphins. C'est alors que les choses prirent un sens nouveau. L'ensemble des soixante-deux cétacés se révéla ainsi constitué de deux sous-communautés liées entre elles par quelques individus seulement. Ces sujets ne présentaient, en apparence, aucune particularité notable, si ce n'est leur position centrale dans le réseau social. Les chercheurs furent ainsi amenés à prédire que leur disparition aboutirait naturellement à la division de la communauté des dauphins en deux groupes. L'avenir devait leur donner raison. En effet, lorsque, quelques années plus tard, deux individus clefs, véritables pivots du système social dans le détroit Doubtful, disparurent, le groupe se scinda en deux clans. Quand ils revinrent un peu plus tard, la communauté se reforma. Moralité : dans une collectivité animale, bien des choses reposent sur des individus déterminés aux rôles non interchangeables. Voilà aussi pourquoi nous pouvons considérer les animaux comme des personnes. Voilà pourquoi la capture ou la destruction d'un orque ou d'un autre cétacé au profit des pêcheurs ou des propriétaires de parcs aquatiques peut être catastrophique, non seulement pour la victime, mais aussi pour toute une communauté[11].

Les expériences *knock out* pratiquées par Jessica Flack sur un groupe de macaques à queue de cochon permettent de tirer le même enseignement : en écartant trois singes « policiers » d'un groupe de quatre-vingt-quatre sujets, elle a appauvri tout le système social[12]. Ici aussi, les individus ne sont pas immédiatement remplaçables. Tout ce que l'on sait des éléphants nous livre le même éclairage, celui d'une vie sociale riche où chaque individu tient sa place, produit du sens et en recherche, ainsi qu'en témoigne, entre autres, l'observation d'états de stress post-traumatique très similaires à ceux observés dans l'espèce humaine[13]. La prise de conscience de la réalité de leur existence, décrite par ceux qui en ont été les témoins, rend dérisoires les propos sur l'animal « accaparé », « jamais présent à lui-même », condamné à rester dans « le milieu ambiant » faute de posséder un monde, incapable de « rencontre » ou adepte d'une « altérité » symbolisée par l'utilitarisme de la mante religieuse femelle quand elle croque son mâle à l'issue de la copulation.

Comme les humains, les éléphants vivent selon une sociabilité faite de couches diverses : l'unité élémentaire composée de la mère et de ses enfants, l'unité familiale, le groupe de plusieurs familles, etc. En fonction du contexte écologique, ces sociétés pratiquent la fusion ou la scission entre ou au sein des groupes. Mais, chose remarquable, la dynamique de leur structure sociale, évaluée par le nombre de contacts entre les individus lorsqu'ils sont amenés à se rencontrer dans la savane, suit une logique qui ne doit pas grand-chose au « milieu ambiant », en l'occurrence la distribution spatiale, mais beaucoup à une sociabilité propre[14]. L'éléphant qui a vécu jadis avec un partenaire dont il s'est trouvé séparé à la suite d'une scission le retrouvera à l'occasion pour entretenir avec lui une relation privilégiée, confirmant ainsi l'existence d'un monde propre, d'une capacité à la rencontre, et d'une recherche constante de sens. Nullement « accaparé » par ses comportements bassement alimentaires – encore qu'il leur consacre l'essentiel de son temps –, le pachyderme fonctionne selon une logique qui signe son existence dans un « monde » propre, à l'évidence distinct du « pauvre » milieu ambiant. En d'autres termes, il se comporte comme une personne interagissant avec d'autres personnes.

D'aucuns diront l'affirmation artificielle : peut-être les considérons-nous ainsi, mais eux, comment se voient-ils ? Est-ce l'homme qui, une fois encore, parle en leur nom (ce qui diminuerait la valeur du propos) ? Efforçons-nous de nous plonger dans leur vie. Prenons l'exemple, magnifiquement étudié par Dorothy Cheney et Robert Seyfarth, des babouins du delta de l'Okavango. Dans leur société hautement complexe, des cris fusent en permanence. Chacun sait bien à qui est destiné chaque grognement, ainsi que l'illustrent toutes les observations : quand une supérieure passe auprès d'une subordonnée, cette dernière et elle seule s'éclipse, sauf si un grognement amical lui a signalé qu'elle pouvait rester. Comme l'expliquent les deux chercheurs, quand Sylvia s'exprime, tous savent que cette voix est la sienne ; qu'elle menace, qu'elle cherche à établir un contact, à apaiser une concurrente de plus bas niveau, qu'elle soit calme ou agitée, nul n'ignore qu'il s'agit de Sylvia, même s'ils la nomment autrement. Cela veut dire qu'ils la reconnaissent, bien entendu, mais plus généralement qu'ils possèdent une représentation, un concept de Sylvia en tant qu'individu. « Si les singes étaient des hommes, écrivent à ce propos Dorothy

Cheney et Robert Seyfarth, nous nommerions ce concept *personne*[15]. »

Le tragique révèle mieux que tout la dimension sensible et concrète du vivant, qu'il s'agisse de l'individu confronté à la mort, comme nous l'avons vu précédemment, ou de ce qui, en un sens, le dépasse : sa collectivité, voire sa civilisation. Car on peut s'attendre à voir disparaître nombre de traditions simiennes avant même l'extinction de l'espèce chimpanzé[16]. Comment ne pas songer ici au cas des sociétés « primitives », à peine localisées et déjà menacées de mort, physiologique ou par acculturation. De même que des langues, des ethnies, des civilisations humaines disparaissent sous nos yeux, avec la perte de richesse et de diversité que cela suppose, des cultures animales s'évanouissent, et ce au moment même où l'on prend conscience de leur réalité. Nous pouvions, jusqu'à ces dernières années, feindre de croire que la survie, éventuellement en captivité, de quelques représentants de l'espèce chimpanzé suffisait à préserver l'essentiel. Nous savons aujourd'hui qu'un chimpanzé n'équivaut pas à un autre, qu'une civilisation simienne ne se confond pas avec une autre. Le drame tient ici à cette prise de conscience tardive, au seuil du moment ultime. Comment songer sans frémir qu'on va peut-être disposer d'excellentes cartes génétique et culturelle de l'espèce chimpanzé, permettant de poser de façon scientifiquement pertinente – c'est-à-dire susceptible de donner lieu à des réponses – les plus fascinantes des questions, sans plus avoir aucun individu ni aucun groupe à étudier ?

Les lignes qui précèdent donnent à penser que le mouvement de « personnalisation » de l'animal doit tout, ou presque, à la recherche spécialisée. Et l'on pourra y voir une source d'ambiguïté : d'un côté, le label de la science en prouve le sérieux ; d'un autre, les humanistes auront beau jeu de dire que c'est « l'homme qui parle au nom de l'animal ». Mais ne faut-il pas, plus simplement, admettre que ce statut de personne, certes attribué par des humains, ne fait que reconnaître une réalité, le fait qu'à l'évidence des animaux méritent cette appellation. Considérons, par exemple, la liste déjà longue des grands singes dûment personnalisés par l'attribution d'un nom. Ils ne se le sont certes pas attribué eux-mêmes, tout comme les enfants de notre espèce. Presque tous ont participé activement à leur propre succès, justifiant qu'on les considère comme acteurs de leur réussite*. Le mouvement de personnalisation s'impose de lui-même. À travers sa relation avec l'animal, l'homme devient plus humain, tout comme la bête qui accepte de pratiquer le langage que nous tentons de lui enseigner. Dans le même temps, certains robots s'animalisent, leur créateur les imaginant selon le modèle des vivants fabriqués par le mécanisme de la sélection naturelle. Ils n'ont dès lors plus grand-chose à voir avec l'idée que l'on s'en fait habituellement. Ils acquièrent une forme d'autonomie, certains diront de liberté. Ce ne sont plus de pures constructions stéréotypées entièrement soumises à la volonté d'un ingénieur. On commence même à évoquer la possibilité de les rendre un jour moraux ou conscients[17]. L'évolution en cours donne, en définitive, une curieuse impression : après avoir révisé la notion de barrière entre l'homme et l'animal, ne faudra-t-il pas aller un jour plus loin encore dans la reconsidération des identités[18] ?

Reconnaître l'animal sur la base de son individualité et non sur celle de son espèce nous entraîne assez loin. Cela invite à renoncer à toute forme de « spécéisme », et

* Un site Internet en dresse la liste : http://web.linix.ca/pedia/index.php/List_of_apes.

pas seulement lorsqu'il s'agit de débattre du bien-être des vivants non humains. S'agissant du traitement que nous nous permettons de leur infliger, la plupart d'entre nous raisonnent sur la base de l'espèce concernée[19]. Ainsi, la plupart des neurophysiologistes qui s'autorisent à pratiquer des lésions sur le cerveau du chat – par exemple dans le cadre de l'étude du rêve – s'interdiraient sans aucun doute de faire la même expérience sur leur félin domestique. En échappant au stéréotype de son espèce, la bête révèle sa complexité. Il ne s'agit pas ici de nier l'existence de caractéristiques propres à chaque catégorie de vivants, ni le génie abstrait d'*Homo sapiens*, mais de concevoir toutes les formes animales comme des espaces de diversité et d'individuation.

Pour autant, ayant reconnu à l'animal un statut de sujet individuel, doit-on s'interdire toute manipulation ? Je ne le pense pas. Le cas des éléphants, que Montaigne cite en exemple pour justifier son jugement et critiquer « l'humaine suffisance », l'illustre bien. Leur espèce est menacée ; mais en certains endroits d'Afrique australe, ils prolifèrent au point de dégrader leur environnement et de faire courir un péril aux autres vivants. Il n'est donc pas absurde de chercher à prendre en mains leur destin. Aucune des solutions envisagées ne donne pleinement satisfaction, mais ce n'est pas l'objet de ce livre que de les discuter en détail. En Afrique du Sud, on a procédé à des abattages dans le parc Kruger, essayé la contraception, pratiqué des transferts d'individus ou (mieux) de groupes dans des espaces moins peuplés, etc. Je ne doute pas une seconde que chacune de ces solutions, toutes imparfaites, pose de nombreux problèmes moraux vis-à-vis du (ou des) peuple(s) éléphant(s). Mais ici comme ailleurs, la démarche éthique ne saurait consister en la négation du problème, mais dans une évaluation équilibrée des bénéfices et des risques, avec pour objectif la protection des espèces.

Que dire maintenant de la manipulation pour la connaissance, de l'expérimentation ? Cette fois-ci, la question éthique se pose en des termes différents, car il ne s'agit pas de protéger l'objet d'expérience – pour son compte ou celui de son espèce – mais d'en tirer un avantage pour nous humains. La quête du savoir constitue un des aspects les plus glorieux de l'histoire humaine. Elle est incertaine par nature. Certains des épisodes parmi les plus héroïques de l'histoire de la médecine ont même vu des savants expérimenter sur eux des pratiques nouvelles et salvatrices. Pour autant, il reste difficile de justifier le choix consistant à placer l'éthique de la connaissance au premier rang des valeurs humaines. Jacques Monod, toujours si rationnel, n'a pu y parvenir[20] et je n'ai pas la prétention d'atteindre un tel objectif. Je voudrais simplement insister sur ce point : par nature exigeante, l'éthique de la connaissance impose une attitude digne, celle qui, toujours, conduit à choisir en conscience, sans chercher à se dissimuler les conséquences des pratiques que l'on choisit. Sur ce terrain aussi, Charles Darwin a le mérite d'éclairer notre regard sur le monde. On trouve dans *La Descendance de l'homme*, un passage terrible où l'auteur, pourtant figure du triomphe de la science contre l'obscurantisme, dénonce, non sans émotion, le risque d'une science sans conscience : « On a vu un chien à l'agonie caresser encore son maître. Chacun connaît le fait de ce chien qui, étant l'objet d'une vivisection, léchait la main de celui qui faisait l'opération ; cet homme, à moins d'avoir réalisé un immense progrès pour la science, à moins d'avoir un cœur de pierre, a dû toute sa vie éprouver du remords de cette aventure[22]. » Aux yeux du père de la biologie moderne le savant ne saurait s'octroyer tous les droits sur l'ensemble des vivants et son action l'engage fortement sur le plan moral. Il semble d'ailleurs que les techniciens des animaleries chargés de soigner ces auxiliaires de la recherche et souvent de pratiquer l'euthanasie quand ils arrivent en fin de vie éprouvent à leur égard des sentiments forts mais cachés, teintés de culpabilité. Ils commencent aujourd'hui seulement à les révéler, à la suite notamment d'une enquête du magazine *New Scientist*[21]. Une seule chose me semble d'une absolue certitude : l'animal doit être considéré en tant que personne, et sa manipulation pose, *en toutes circonstances*, un problème éthique. D'autres activités humaines – par exemple, la chasse, pour ceux qui n'en tirent pas leur subsistance, ou la corrida – paraissent plus difficiles à justifier.

La bête a droit à des égards. Mais en faire une personne ne revient pas à la considérer comme une personne humaine, car ce serait lui refuser le privilège de son originalité. Cela n'implique pas non plus de la défendre contre tous les périls de la nature. Ce qui est en cause concerne plutôt, non les rapports des animaux entre eux, mais celui des humains avec les bêtes. De plus, un principe d'égale considération peut conduire à rejeter toute exploitation des autres créatures. Je ne vois pas les choses ainsi, tant il est vrai que la logique darwinienne implique de telles interactions néfastes à l'égard des vivants qui nous entourent, ne serait-ce qu'à des fins alimentaires. De ce point de vue, même en renonçant à une maltraitance que l'on pourrait assimiler à de la cruauté – ainsi d'ailleurs que le souhaite la majorité des populations occidentales –, il subsistera une quasi-impossibilité de supprimer toute forme d'exploitation de l'animal. Mais si l'on se résout à lui faire du tort, du moins doit-on savoir que ce choix nous engage. À mes yeux, la démarche éthique ne relève pas de la loi ou des directives. Elle ne doit pas uniquement se reposer sur les règles imposées, mais se traduire par une prise de responsabilité. Agir de façon éthique, en situation complexe, ce n'est pas simplement décharger sa conscience en se contentant de suivre la loi, c'est porter un poids, à l'image de celui qui choisirait d'abandonner dans le péril une partie des siens, dès lors que deviendrait certaine l'impossibilité de les sauver tous. Cette prise de position, peut-on seulement la justifier ?

Je dois reconnaître que mon empathie pour l'animal vient de l'enfance, d'une époque où j'intellectualisais peu les choses du monde, et qu'elle ne m'a jamais quittée. La vérité est que j'aime les bêtes parce que je les aime, parce que, d'une certaine façon, je me sens de leur côté, et bien souvent pour déplorer la façon dont ma propre espèce les traite. Au fond, c'est affaire de sentiment plus que de raison. Toutefois leur fragilité, leur résistance et l'injustice dont elles font constamment l'objet y sont aussi pour beaucoup. Loin de moi donc la volonté et la possibilité d'expliquer tout de cette zone de mystère. Mais j'entends au moins situer dans le débat ma position, dont on observera qu'elle diffère sensiblement de celle de Peter Singer, lequel ne justifie pas son combat par l'amour des animaux, mais parce qu'il veut « qu'ils soient traités comme les êtres indépendants et sensibles qu'ils sont[23] ». Ma démarche reflète moins une théorie abstraite de la bête et du statut qui doit lui être réservé qu'une empathie instinctive à son égard. Ajoutés à la passion pour la connaissance, tout cela me situerait d'une certaine manière à l'opposé de l'utilitarisme de Singer.

C'est pourquoi je voudrais proposer ici un autre regard, une façon de voir d'autant plus nécessaire à mes yeux que je me veux à la fois du côté de la science et de celui de la bête. Et qui repose pour l'essentiel sur ce que nous apporte la connaissance de la théorie de l'esprit, laquelle m'apparaît comme l'une des plus grandes avancées de la démarche cognitive animale et humaine. L'évolution des espèces nous a tous, animaux humains et non humains, bâtis de telle sorte que nous nous préoccupons de savoir ce qui habite la tête d'autrui. Pas toujours et pas autant qu'il le faudrait. Mais nous ne saurions vivre sans cela, au risque de nous retrouver autistes et donc privés d'autonomie. C'est cette théorie de l'esprit qui fait découvrir l'altérité, qui amène à voir, en compétition avec le nécessaire (et biologiquement déterminé) égoïsme, que cet Autre qui nous paraissait simple objet de notre désir de possession a, comme nous, un univers mental qui le rend non seulement sensible à la souffrance, mais qui lui fait nécessairement habiter un univers chargé de sens. De ce point de vue, l'Autre est comme nous. Étant pensé comme nous, nous pouvons ressentir ce qu'il éprouve. Ainsi s'explique l'empathie. Et les choses évoluent parce que notre regard sur l'univers du vivant a changé. Mais cela ne relève pas uniquement, ni même principalement, de l'évolution de notre sensibilité et de nos représentations médiatisées de l'animal. Cela tient en grande partie à un savoir émergent, aux découvertes empiriques menées dans la nature et en laboratoire. En d'autres termes, il ne s'agit pas d'une mode mais du résultat d'une connaissance. Autant l'humanisme avait placé l'homme sur un piédestal en vertu de l'ignorance des époques passées, autant nous sommes en droit de définir les animaux comme d'authentiques sujets au nom de savoirs certes encore très fragmentaires, mais objectifs. Dans cette perspective, la démarche de l'éthique de la connaissance, celle de la science, donc, débouche naturellement sur une vision de l'altérité qui, en reconnaissant à l'autre une originalité et un esprit propres, vient tempérer les égoïsmes.

Diderot l'avait exprimé à d'Alembert dans un style étonnamment moderne : « Cet animal [qui] se meut, s'agite, crie », et a « toutes vos affections ; toutes vos actions [...] prétendrez-vous, avec Descartes, que c'est une pure machine imitative ? Mais les petits enfants se moqueront de vous, et les philosophes vous répliqueront que si c'est là une machine, vous en êtes une autre[24]. »

[illegible] un esprit [illegible] après [illegible]
[illegible]
[illegible] avait [illegible] d'Alembert [illegible]
[illegible] moderne [illegible]
[illegible] effets, toutes les
[illegible]
[illegible]
[illegible]
[illegible] c'est [illegible] que des [illegible]

PROJECTION

Pour l'heure, il s'agit surtout de sensibiliser le public au sort des animaux. Passionné par la protection des orangs-outans, Willie Smits, un Néerlandais qui s'occupe d'un centre de réhabilitation à leur usage à Bornéo, a eu une idée géniale, d'apparence futuriste, mais fort simple à réaliser : placer des webcams à l'intention de ses protégés. Ceux d'Indonésie, mais également leurs congénères de l'Apenheul Primate Park à Apeldoorn (Pays-Bas) et ceux du Great Ape Trust de Des Moines (Iowa). Les grands singes pourraient ainsi interagir à des milliers de kilomètres de distance[1]. Est-ce irréaliste ? Pas le moins du monde : de nombreuses expériences prouvent qu'ils se reconnaissent sur l'écran et qu'ils savent interagir avec un ordinateur. On peut donc imaginer que demain tous les orangs du monde – tous les captifs « civilisés » en tout cas – se trouvent interconnectés et échangent des idées (comment s'évader ?). Rien sur le fond ne s'oppose véritablement à un tel projet. Imaginons qu'il se poursuive. Que les grands singes s'interrogent sur l'amabilité de leur gardien. Sur le peu de liberté dont ils jouissent. Qu'ils se disputent. Mais aussi qu'ils élaborent des projets en commun. Qu'ils développent leurs compétences arithmétiques en s'échangeant les questions posées par leurs expérimentateurs humains. Qu'ils ne se contentent pas de nous montrer qu'ils possèdent un savoir de leur savoir, mais qu'ils se questionnent sur leurs savoirs réciproques. Qu'aptes à voyager dans le temps ils jouent avec leur mémoire épisodique et leur appréhension de l'avenir. Que ceux qui peignent disent aux autres les émotions qu'ils éprouvent. Que d'une façon ou de l'autre ils livrent un message donnant une idée de la façon dont ils se représentent. Qu'ils finissent par nous étudier. Imagination pure ? Nous avons vu que, tout cela, eux ou d'autres vivants non humains savent plus ou moins le faire. Ils le savent mais, faute de liberté, de nécessité aussi, ils ne nous le montrent que sur commande. Imaginons donc qu'ils le fassent entre eux et pour eux-mêmes. Et sous les yeux de tous les humains, et peut-être un jour de tous les primates, branchés sur Internet. Doutera-t-on alors qu'il faille les traiter comme des personnes ? Pour l'heure, l'initiative de Willie Smits et ce livre aussi sont comme une grosse pierre au sommet d'une colline. À force de la pousser, à coup sûr elle va dégringoler la pente. Nul ne sait où elle aboutira, mais quelque chose va se passer qu'il ne sera pas possible d'interrompre.

NOTES

I - RENCONTRES

1. Lévi-Strauss C., *La Pensée sauvage*, Plon, 1962, p. 5-6.

Chapitre 1. Sous le regard de l'autre

1. Lestel D., *L'Animalité. Essai sur le statut de l'humain*, Hatier, 1996, p. 70.
2. Bailly J.-C., *Le Versant animal*, Paris, Bayard, 2007, p. 31.
3. Char R., *Les Matinaux*, Gallimard, 1950, p. 52.
4. McMillan F.D. (éd.), *Mental Health and Well-Being in Animals*, Blackwell, 2005.
5. Millman S.T. *et al.*, « The impact of applied ethologists and the International Society for Applied Ethology in improving animal welfare », *Applied Animal Behaviour Science*, vol. 86, 2004, p. 299-311.
6. The Chimpanzee Sequencing and Analysis Consortium, « Initial sequence of the chimpanzee genome and comparison with the human genome », *Nature*, vol. 437, 2005, p. 69-87.
7. Stafford N., « Animal protection awarded », *The Scientist*, 8 nov. 2004, 5 (1).
8. Wise S.M., *Rattling the Cage. Toward Legal Rights for Animals*, Perseus Books, 2000. Wise S.M., *Drawing the Line*, Cambridge, MA, Perseus Books, 2002.
9. Regan T., *The Case of Animal Rights*, University of California Press, 1983.
10. Chapouthier G., *Les Droits de l'animal*, PUF, coll. « Que-sais-je ? », 1992 ; Antoine S., et Nouët J.-C., *La Fondation Ligue française des droits de l'animal*, Fondation LFDA, 2003.
11. Singer P., *La Libération animale*, Grasset, 1993.

12. Conn P.M., et Parker J.V., *The Animal Research War*, Plagrave Macmillan, 2008.
13. Francione G.L., « Animals – property or persons ? », *in* C.R. Sunstein et M.C. Nussbaum (éd.), *Animal Rights. Current Debates and New Directions*, Oxford University Press, 2004.
14. Combes C. et Guitton C., *L'Homme et l'Animal. De Lascaux à la vache folle*, Pour la Science, 1999.
15. Ferry L., *Le Nouvel Ordre écologique. L'arbre, l'animal et l'homme*, Grasset, 1992, p. 77.
16. Crick F., *L'Hypothèse stupéfiante*, Plon, 1994.
17. Goodall J., « Learning from the chimpanzees : a message humans can understand », *Science*, vol. 282, 1998, p. 2184-2185.
18. Despret V., « Animal et humain, d'individu à individu », *La Recherche*, n° 405, février 2007, p. 67.
19. *Ibid.*, p. 65.
20. Fouts R., *L'École des chimpanzés*, Lattès, 1998.

Chapitre 2. Prince ou la découverte de l'individu

1. Kaplan F., *Des singes et des hommes. La frontière du langage*, Fayard, 2001, p. 58.
2. Christen Y., *Le Peuple léopard. Tugwaan et les siens*, Michalon, 2000.
3. Kaplan F., 2001, p. 58.
4. Fagen R. et Fagen J., « Individual distinctiveness in brown bears (*Ursus arctos*) », *Ethology*, vol. 102, 1996, p. 212-226.
5. Prochiantz A., *Machine-Esprit*, Odile Jacob, 2001, p. 11.
6. *Ibid.*, p. 167.
7. *Ibid.*, p. 175.
8. Platon, *Le Politique*, Les Belles Lettres, 1950, p. 262a-263e.
9. Jouventin P., *Les Confessions d'un primate. Les coulisses d'une recherche sur le comportement animal*, Belin-Pour la Science, 2001, p. 103.

Chapitre 3. Cet autre que nous ne savons pas voir

1. Françoise Héritier F., « Le soi, l'autre et la tolérance », *in* J.-P. Changeux (éd.), *Une même éthique pour tous ?*, Odile Jacob, 1997, p. 117-118.
2. Strum S.C., *Voyage chez les babouins*, Eshel, 1990.
3. Whiten A., Goodall J., McGrew W.C., Nishida T., Reynolds V., Sugiyama Y., Tutin C.E.G., Wrangham R.W. et Boesch C.,

« Cultures in chimpanzees », *Nature*, vol. 399, 1999, p. 682-685 ; Whiten A. et Boesch C., « Les cultures des chimpanzés », *Pour la Science*, mars 2001, p. 87-93 ; Wrangham R.W., McGrew W.C., De Waal B.M. et Heltne P.G., *Chimpanzee Cultures*, Harvard University Press, 1994.

4. Fabre J.H., *Souvenirs entomologiques. Études sur l'instinct et les mœurs des insectes*, 1985, p. 78.

5. *Ibid.*, p. 79.

6. Ferry, 1992, p. 105.

7. Reznikova Z., *Animal Intelligence. From Individual to Social Cognition*, Cambridge University Press, 2007.

8. Buffon, *Histoire naturelle* (tome VIII), *De la nature de l'homme*, Éditions Pourrat frères, 1883.

9. Condillac, *Traité des animaux*, Vrin, 2004.

10. Bergman T.J., Beehner J.C., Cheney D.L. et Seyfarth R.M., « Hierarchical classification by rank and kinship in baboons », *Science*, vol. 302, 2003, p. 1234-1236 ; Kummer H., *Vies de singes. Mœurs et structures sociales des babouins hamadryas*, Odile Jacob, 1993.

11. Bagemihl B., *Biological Exuberance : Animal Homosexuality and Natural Diversity*, St. Martin's Press, 1999.

12. Swartz K.B. et Evans S., « Not all chimpanzees (Pan troglodytes) show self-recognition », *Primates*, vol. 32, 1991, p. 483-496.

13. Premack D. et Premack A., *Le Bébé, le Singe et l'Homme*, Odile Jacob, 2003.

14. Gillan D.J., « Reasoning in the chimpanze. II : transitive inference », *Journal of Experimental Psychology. Animal Behavior Processes*, vol. 7, 1981, p. 150-164 ; Boysen S.T., « Individual differences in the cognitive abilities of chimpanzees », *in* R.W. Wrangham, McGrew W.C., F.B.M. de Waal et P.G. Heltme (éd.), *Chimpanzee Cultures*, Harvard University Press, 1994, p. 335-350.

15. Rumbaugh D.M., « The learning and sensory capacities of the squirrel monkey in phylogenetic perspective », *in* L.A. Rosenblum et R.W. Cooper (éd.), *The Squirrel Monkey*, Academic Press, 1968, p. 255-317.

16. Uher J., Asendorpf J.B. et Call J., « Personality in the behaviour of great apes : temporal stability, cross-situational consistency and coherence in responsc », *Animal Behaviour*, vol. 75, 2008, p. 99-112.

17. Whiten A. *et al.*, 1999 ; Whiten A., « The second inheritance system of chimpanzees and humans », *Nature*, vol. 437, 2005,

p. 52-55 ; Vogel G., « Chimps in the wild show stirrings of culture », *Science*, vol. 284, 1999, p. 2070-2073.

18. Van Schaik C.P., Fox E.A. et Fechtman L.T., « Individual variation in the rate of use tree-hole tools among wild orang-utans : implications for hominid evolution », *Journal of Human Evolution*, vol. 44, 2003, p. 11-23 ; Van Schaik C.P., Ancrenaz M., Borgen G., Galdikas B., Knott C.D., Singleton I., Susuki A., Utami S.S. et Merrill M., « Orangutan cultures and the evolution of material culture », *Science*, vol. 299, 2003, p. 102-105 ; Van Schaik C.P., *Among Orangutans*, Harvard University Press, 2004.

19. Itani J. et Nishimura A., « The study of infrahuman culture in Japan : a review », *in* E.W. Menzel (éd.), *Precultural Primate Behaviour*, Karger, 1973, p. 26-50.

20. Westergaard G.C., Lundquist A.L., Haynie M.K., Kuhn E. et Suomi S.J., « Why some capuchin monkeys (*Cebus apella*) use probing tools (and others do not) », *Journal of Comparative Psychology*, vol. 112, 1998, p. 207-211.

21. Noad M., Cato D.H., Bryden M.M., Jenner M.N. et Jenner K.C., « Cultural evolution in whale songs », *Nature*, vol. 408, 2000, p. 537 ; Whitehead H., « Cultural selection and genetic diversity in matrilineal whales », *Science*, vol. 282, 1998, p. 1708-1711.

22. Krützen M., Mann J., Heithaus M.R., Connor R.C., Bejder L. et Sherwin W.B., « Cultural transmission of tool use in bottlenose dolphins », *Proceedings of the National Academy of Sciences USA*, vol. 102, 2005, p. 8939-8943.

23. Sapolsky R.M. et Share L.J., « A pacific culture among wild baboons : its emergence and transmission », *PLoS Biology*, vol. 2, 2004, E106.

24. Janik V.M. et Slater P.J.B., « Traditions in mammalian and avian vocal communication », *in* D.M. Fragaszy et S. Perry (éd.), *The Biology of Traditions : Models and Evidence*, Cambridge University Press, 2003, p. 213-235.

25. Svartberg K. et Forkman B., « Personality traits in the domestic dog (*Canis familiaris*) », *Applied Animal Behaviour Science*, vol. 79, 2002, p. 133-155.

26. MacDonald K., « Developmental and stability of personality characteristics in pre-pubertal wolves : implications for pack organization and behavior », *in* H. Frank (éd.), *Man and Wolf : Advances, Issues, and Problems in Captive Wolf Research*, Dr. W. Junk Pub., 1987, p. 293-312.

27. Fentress J.G., « The covalent animal : on bonds and their boundaries in behavioral research », *in* H. Davis et D. Balfour (éd.), *The Inevitable Bond Examining Scientist-Animal Interaction*, Cambridge University Press, 1992, p. 44-70.

28. Svartberg K., Tapper I., Telrin H., Radesäter T. et Thorman S., « Consistency of personality traits in dogs », *Animal Behaviour*, vol. 69, 2005, p. 283-291.

29. Kalin N.H., Larson C., Shelton S.E. et Davidson R.J., « Asymmetric frontal brain activity, cortisol, and behavior associated with fearful temperament in rhesus monkeys », *Behavioral Neuroscience*, vol. 112, 1998, p. 286-292.

30. Carere C., Drent P.J., Privitera L., Koolhaas J.M. et Groothuis T.G.G., « Personalities in great tits, Parus major : stability and consistency », *Animal Behaviour*, vol. 70, 2005, p. 795-805.

31. Heinrich B., *Mind of the Raven*, HarperCollins, 1999.

32. Lopez P., Hawlena D., Polo V., Amo L. et Martin J., « Sources of individual shy-bold variations in antipredator behaviour of male Iberian rock lizards », *Animal Behaviour*, vol. 69, 2005, p. 1-9.

33. Wilson D.S., Coleman K., Clark A.B. et Biederman L., « Shy-bold continuum in pumpkinseed sunfish (*Lepomis gibbosus*) : an ecological study of a psychological trait », *Journal of Comparative Psychology*, vol. 107, 1993, p. 250-260.

34. Mather J.A. et Andersson R.C., « Personalities of octopuses (*Octopus rubescens*) », *Journal of Comparative Psychology*, vol. 107, 1993, p. 336-340.

35. Holden C., « He thinks he's human… », *Science*, vol. 307, 2005, p. 1405.

36. Anderson B., « The g factor in non-human animals », *in* G. Bock, J. Goode et Wess K. (éd.), *The Nature of Intelligence*, Wiley, 2001, p. 79-95.

37. Maggioncalda A.N. et Sapolsky R., « L'éternelle adolescence des orangs-outans », *Pour la Science*, n° 298, août 2002, p. 68-73.

38. Gould J.L. et Gould C.G., *The Animal Mind*, Scientific American Library, 1994.

II - LE VRAI SAVOIR DES ANIMAUX OU LE MYTHE DE L'ANIMALITÉ COMME ABSENCE

1. Burgat F., *Animal, mon prochain*, Odile Jacob, 1997, p. 15.

Chapitre 4. Sans raison ?

1. Descartes R., « Lettre à Morus », février 1649, in *Œuvres philosophiques*, tome III, Garnier, 1976-1983, p. 884.
2. Descartes R., in *Œuvres philosophiques*, tome III, Garnier, 1976, p. 58.
3. Malebranche N. de, *De la recherche de la vérité*, Vrin, 1945, tome II, p. 255.
4. Bacon F., *The Advancement of Learning*, Random House, 2001.
5. Thorndike E.L., *Animal Intelligence*, Macmillan, 1911.
6. Povinelli D.J., *Folk Physics for Apes. The Chimpanzee's Theory of How the World Works*, Oxford University Press, 2000 ; Nissani M., « Do Asian elephants (Elephas maximus) apply causal reasoning to tool-use tasks ? », *Journal of Experimental Psychology : Animal Behavior Processes*, vol. 32, 2006, p. 91-96.
7. Dawkins R., *Le Gène égoïste*, Menges, 1978.
8. Matsumoto K. et Tanaka K., « Neuroscience. Conflict and cognitive control », *Science*, vol. 303, 2004, p. 969-970.
9. Christen Y., 2000.
10. Berthoz A., *Le Sens du mouvement*, Odile Jacob, 1997, p. 10.
11. Monod J., *Le Hasard et la Nécessité*, Seuil, 1970.
12. Pica P., Lemer C., Izard V. et Dehaene S., « Exact and approximate arithmetic in an Amazonian indigene group », *Science*, vol. 306, 2004, p. 499-503.
13. Gouteux S., Thinus-Blanc C. et Vauclair J., « Rhesus monkeys use geometric and nongeometric information during a reorientation task », *Journal of Experimental Psychology General*, vol. 130, 2001, p. 505-519.
14. Balda R.P. et Turek R.J., « Memory in birds », *in* H.L. Roitblat, T.G. Bever et H.S. Terrace (éd.), *Animal Cognition*, Erlbaum, 1984, p. 513-532.
15. Menzel E.W., « Chimpanze spatial memory organization », *Science*, vol. 182, 1973, p. 943-945.

16. Schusterman R.J. et Krieger K., « California sea lions are capable of semantic comprehension », *Psychological Record*, vol. 34, 1984, p. 3-23.

17. Savage-Rumbaugh S. et Lewin R., *Kanzi. The Ape at the Brink of the Human Mind*, Doubleday, 1994.

18. Gardner R.A., Gardner B.T. et Van Cantfort T.E. (éd.), *Teaching Sign Language to Chimpanzees*, State University of New York Press, 1989 ; Fouts R., 1998 ; Premack D. et Premack A., 2003.

19. Pepperberg I., *Alex Studies. Cognitive and Communicative Abilities of Grey Parrot*, Harvard University Press, 1999.

20. Köhler W., *The Mentality of Apes*, Routledge & Kegan Paul, 1925.

21. Byrne R., *Thinking Ape. Evolutionary Origins of Intelligence*, Oxford University Press, 1995.

22. Heinrich, 1999.

23. Murphy R.A., Mondragón E. et Murphy V.A., « Rule learning by rats », *Science*, vol. 319, 2008, p. 1849-1851.

24. Schusterman R.J. et Krieger K., 1984.

25. Kastak C.R. et Schusterman R.J., « Long-term memory for concepts in a California sea lion (*Zalophus californianus*) », *Animal Cognition*, vol. 5, 2002, p. 225-232.

26. Gillan D.J., « Reasoning in the chimpanzee. II : transitive inference », *Journal of Experimental Psychology, Animal Behavior Processes*, vol. 7, 1981, p. 150-164.

27. Premack D. et Premack A., 2003.

28. *Ibid.*

29. Fagot J., Wasserman E. et Young M. : « Discriminating the relation between relations : the role of entropy in abstract conceptualization by baboons (*Papio papio*) and humans (*Homo sapiens*) », *Journal of Experimental Psychology : Animal Behavior Processes*, vol. 4, 2001, p. 316-328.

30. Premack D. et Premack A., 2003.

31. Call J., « Descartes' two errors : reason and reflection in the great apes », *in* S. Hurley et M. Nudds (éd.), *Rational Animals ?*, Oxford University Press, 2006, p. 219-234.

32. Hanus J. et Call J., « Chimpanzee infer the location of a reward on the basis of the effect of its weight », *Current Biology*, vol. 18, 2008, p. R370-R372.

33. Povinelli D.J., *Folk Physics for Apes. The Chimpanzee's Theory of How the World Works*, Oxford University Press, 2000.

34. Blaisdell A.P., Sawa K., Leising K.J. et Waldmann M.R., « Causal reasoning in rats », *Science*, vol. 311, 2006, p. 1020-1022.

35. Hauser M. et Spaulding B., « Wild rhesus monkeys generate causal inferences about possible and impossible physical transformations in the absence of experience », *The Proceedings of the National Academy of Sciences USA*, vol. 103, 2006, p. 7181-7185.

36. Herrmann E., Call J., Hernandez-Lloreda M.V., Hare B. et Tomasello M., « Humans have evolved specialized skills of social cognition : the cultural intelligence hypothesis », *Science*, vol. 317, 2007, p. 1360-1366.

37. Egan L.C., Santos L.R. et Bloom P., « The origins of cognitive dissonance. Evidence from children and monkeys », *Psychological Science*, vol. 18, 2007, p. 978-983.

38. Brannon E.M. et Terrace H.S., « Ordering of numerosities 1-9 by monkeys », *Science*, vol. 282, 1998, p. 746-749 ; Brannon E. et Terrace H.S., « Representation of the numerosities 1-9 by rhesus macaques », *Journal of Experimental Psychology*, vol. 26, 2000, p. 1-19.

39. Matsuzawa T., « The Ai project : historical and ecological contexts », *Animal Cognition*, vol. 6, 2003, p. 199-212.

40. Hauser M.D., MacNeilage P. et Ware M., « Numerical representation in primates », *The Proceedings of the National Academy of Sciences USA*, vol. 93, 1995, p. 1514-1517.

41. Cantlon J.F. et Brannon E.M., « Basic math in monkeys and college students », *PLoS Biology*, vol. 5, 2007, e328.doi:10.1371/journal.pbio.0050328.

42. West R.E. et Young R.J., « Do domestic dogs show any evidence of being able to count ? », *Animal Cognition*, vol. 5, 2002, p. 183-186.

43. Uller C., Jaeger R., Guidry G. et Martin C., « Salamanders (*Plethodon cinereus*) go for more : rudiments of number in an amphibian », *Animal Cognition*, vol. 6, 2003, p. 105-112.

44. Pepperberg I., 1999.

45. Lyon B.E., « Egg recognition and counting reduce costs of avian conspecific brood parasitism », *Nature*, vol. 422, 2003, p. 495-499.

46. Hauser M., *À quoi pensent les animaux ?*, Odile Jacob, 2002.

47. McComb K., Packer C. et Pusey A., « Roaring and numerical assessment in contests between groups of female lions, *Panthera leo* », *Animal Behaviour*, vol. 47, 1994, p. 379-387.

48. Boysen S.T. et Berntson G.G., « Quantity-based interference and symbolic representations in chimpanzees (*Pan troglodytes*) », *Journal of Experimental Psychology : Animal Behavior Processes*, vol. 22,

1996, p. 76-86 ; Boysen S.T., Berntson G.G. et Mukobi K.L., « Size matters : impact of item size and quantity on array choice by chimpanzees (*Pan troglodytes*) », *Journal of Comparative Psychology*, vol. 115, 2001, p. 106-110.

49. Shumaker R.W., Palkovich A.M., Beck B.B., Guagnano G.A. et Morowitz H., « Spontaneous use of magnitude discrimination and ordination by the orang-utan (*Pongo pygmaeus*) », *Journal of Comparative Psychology*, vol. 115, 2001, p. 385-391.

50. Sawamura H. et Shima K., « Tanji : Numerical representation for action in the parietal cortex of the monkey », *Nature*, vol. 415, 2002, p. 918-922.

51. Dehaene S., *La Bosse des maths,* Odile Jacob, 1996 ; Dehaene S., « Les bases biologiques de l'arithmétique élémentaires », *Pour la Science*, n° 330, avril 2005, p. 70-75 ; Hauser M., « What do animals think about numbers ? », *American Scientist*, vol. 88, 2000, p. 144-150.

52. Hauser M., « Our chimpanzee mind », *Nature*, vol. 437, 2005, p. 60-63.

53. Wrangham R.W. et Peterson D., *Demonic Males*, Houghton Mifflin, 1996.

54. Dehaene S., « Single-neuron arithmetic », *Science*, vol. 297, 2002, p. 1652-1653.

55. Gordon P., « Numerical cognition without words : evidence from Amazonia », *Science*, vol. 306, 2004, p. 496-499. Pica P., Lemer C., Izard V. et Dehaene S., « Exact and approximate arithmetic in an Amazonian indigene group », *Science*, vol. 306, 2004, p. 499-503.

56. Gelman R. et Gallistel, « Language and the origin of numerical concepts », *Science*, vol. 306, 2004, p. 441-443.

57. Nieder A., Freedman D.J. et Miller E.K., « Representation of the quantity of visual items in the primate prefrontal cortex », *Science*, vol. 297, 2002, p. 1708-1711. Nieder A. et Miller E.K., « A parieto-frontal network for visual numerical information in the monkey », *The Proceedings of the National Academy of Sciences USA*, vol. 101, 2004, p. 7457-7462. Nieder A., « Counting on neurons : the neurobiology of numerical competence », *Nature Reviews Neuroscience*, vol. 6, 2005, p. 177-190.

58. Wolfe J.B., « Effectiveness of token rewards for chimpanzees », *Comparative Psychology Monographs*, vol. 12, 1936, p. 1-72.

59. Addessi E., Crescimbene L. et Visalberghi E., « Do capuchin monkeys (*Cebus paella*) use tokens as symbols ? », *Proceedings of the Royal Society London B*, vol. 274, 2007, p. 2579-2585.

60. Visalberghi E., « Tool use in *Cebus* », *Folia Primatologica*, vol. 54, 1990, p. 154-164.

61. Addessi E., Mancini A., Crescimbene L., Padoa-Schioppa C. et Visalberghi E., « Preference transitivity and symbolic representation in capuchin monkeys (*Cebus apella*) », *PloS ONE*, vol. 3, 2008, e2414.doi:10.1371/journal.pone.0002414.

62. Premack D. et Premack A., 2003.

63. Eimas & Quinn Eimas P.D. et Quinn P.C., « Studies on the formation of perceptually based basic-level categories in young infants », *Child Development*, vol. 65, 1994, p. 903-917.

64. Nieder A. et Miller E.K., 2004.

65. Hasegawa I. et Miyashita Y., « Categorizing the world : expert neurons look into key features », *Nature Neuroscience*, vol. 5, 2002, p. 90-91.

66. Sigala N. et Logothetis N.K., « Visual categorization shapes feature selectivity in the primate temporal cortex », *Nature*, vol. 415, 2002, p. 318-320.

67. Herrnstein R.J. et Loveland D.H., « Complex visual concept in the pigeon », *Science*, vol. 146, 1964, p. 549-551 ; Huber L., Troje N., Loidolt M., Aust L.J. et Grass D., « Natural categorization through multiple feature learning in pigeons », *Quarterly Journal of Experimental Psychology B*, vol. 53, 2000, p. 341-357.

68. Mercado E., Killebrew D.A., Pack A.A., Macha IV et Herman L.M., « Generalization of "same-different" classification abilities in bottlenosed dolphins », *Behavioral Processes*, vol. 50, 2000, p. 79-94.

69. Ferry L. et J.-D. Vincent, *Qu'est-ce que l'homme ? Sur les fondamentaux de la biologie et de la philosophie*, Odile Jacob, 2000, p. 165.

70. Premack & Premack, 2003.

71. Shima K., Isoda M., Mushiake H. et Tanji J., « Categorization of behavioral sequences in the prefrontal cortex », *Nature*, vol. 445, 2007, p. 315-318.

72. Chafee M.V. et Ashe J., « Intelligence in action », *Nature Neuroscience*, vol. 10, 2007, p. 142-143.

73. Miller M., *The Cat IQ*, Penguin, 2e éd., 1996.

74. Shumaker & Beck Shumaker R.W. et Beck B.B., *Primates in Question. The Smithsonian Answer Book*, Smithsonian Books, 2003.

75. Thompson P.M., Cannon T.D., Narr K.L., Van Erp T., Poutanen V.P., Huttunen M., Lonnqvist J., Standertskjold-Nordenstam C.G., Kaprio J., Khaledy M., Dail R., Zoumalan C.I. et Toga A.W.,

« Genetic influences on brain structure », *Nature Neuroscience*, vol. 4, 2001, p. 1253-1258.

76. Anderson B., « The g factor in non-human animals », *in* G. Bock, J. Goode et Wess K. (éd.), *The Nature of Intelligence*, Wiley, 2001, p. 79-95.

77. Gould J. et Gould C.G., « Le raisonnement des animaux », *Pour la Science*, n° 254, décembre 1998, p. 50-57.

78. Fabre J.H., *Souvenirs entomologiques. Études sur l'instinct et les mœurs des insectes*, quatrième série, Sciences Nat, 1987, p. 200.

79. Pinker S., *L'Instinct du langage*, Odile Jacob, 1999.

80. Schuster S., Wöhl S., Griebsch M. et Klostermeier I., « Animal cognition : how archer fish learn to down rapidly moving targets », *Current Biology*, vol. 16, 2006, p. 378-383.

81. Gould J. et Gould C.G., 1998.

82. Gould J. et Gould C.G., 1998, p. 54.

Chapitre 5. Sans vie sociale ?

1. Wilson E.O., *L'Humaine Nature*, Stock, 1979, p. 56.

2. McComb K., Moss C., Durant S.M., Baker L. et Sayialel S., « Matriarchs as repositories of social knowledge in African elephants », *Science*, vol. 292, 2001, p. 491-494.

3. Bates L.A., Sayiatel K.N., Njiraini N.W., Poole J.H., Moss C.J. et Byrne R.W., « African elephants have expectations about the locations of out-of-sight family members », *Biology Letters*, vol. 4, 2008, p. 34-36.

4. Cité in Pennisi E., « Elephant matriarchs tell friend from foe », *Science*, vol. 292, 2001, p. 417-418.

5. Bergman T. *et al.*, 2003.

6. Silk J.B., Alberts S.C. et Altmann J., « Social bonds of female baboons enhance infant survival », *Science*, vol. 302, 2003, p. 1231-1234.

7. De Waal F., *La Politique du chimpanzé*, Le Rocher, 1987.

8. Duffy K.G., Wrangham R.W. et Silk J.B., « The price of power : male chimpanzees exchange political support for mating opportunities », *Current Biology*, vol. 17, 2007, p. R586-R587.

9. Stammbach E., « Group responses to specially skilled individuals in *Macaca fascicularis* », *Behaviour*, vol. 107, 1988, p. 241-266.

10. Flack J.C., Girvan M., de Waal F.B.M. et Krakauer D.C., « Policing stabilizes construction of social niches in primates », *Nature*, vol. 439, 2006, p. 426-429.

11. Davidson D., *Paradoxes de l'irrationalité*, L'Éclat, coll. « Tiré à part », 1991.

12. Marx K., « Thèse sur Feuerbach », in *L'Idéologie allemande* (Marx K., Engels F.), Éd. sociales, 1975, p. 25.

13. Godelier M., *Métamorphoses de la parenté*, Fayard, 2004.

14. Kropotkine P., *L'Éthique*, Stock, 1979.

15. Lorenz K., *L'Agression. Une histoire naturelle du mal*, Flammarion, 1969.

16. Eibl-Eibesfeldt I., *Contre l'agression*, Stock, 1972.

17. De Waal F., *De la réconciliation chez les primates*, Flammarion, 1992.

18. Frith C. et Wolpert D., *The Neuroscience of Social Interaction : Decoding, Influencing, and Imitating the Actions of the Others*, Oxford University Press, 2004.

19. Dunbar R.I.M., « The social brain hypotheses », *Evolutionary Anthropology*, vol. 6, 1998, p. 178-190.

20. Ghazanfar A.A. et Santos L.R., « Primate brains in the wild : the sensory bases for social interactions », *Nature Reviews Neuroscience*, vol. 5, 2004, p. 603-616.

21. Barrett L., Henzi P. et Dunbar R., « Primate cognition : from "what now ?" to "what if ?" », *Trends in Cognitive Sciences*, vol. 7, 2003, p. 494-497.

22. Vignal C., Mathevron N. et Mottin S., « Audience drives male songbird response to partner's voice », *Nature*, vol. 430, 2004, p. 448-451.

23. Paz-y-Miño G., Bond A.B., Kamil A.C. et Balda R.P., « Pinyon jays use transitive inference to predict social dominance », *Nature*, vol. 430, 2004, p. 778-781.

24. Grosenick L., Clement T.S. et Fernald R.D., « Fish can infer social rank by observation alone », *Nature*, vol. 445, 2007, p. 429-432.

25. De Waal F.B.M. et Tyack P.L. (éd.), *Animal Social Complexity. Intelligence, Culture, and Individualized Societies*, Harvard University Press, 2003.

26. Gilbert M., *Marcher ensemble*, PUF, 2003.

27. Engel P., « Ensemble, c'est tout ! », *Sciences et Avenir*, octobre-novembre 2007, numéro hors série, 2007, p. 18-19.

Chapitre 6. Sans émotion ?

1. Darwin C., *L'Expression des émotions chez l'homme et les animaux*, Bruxelles, Complexe, 1981, p. 155.

2. Ladygina-Kohts N.N., *Infants Chimpanzee and Human Child. A Classic 1935 Comparative Study of Ape Emotions and Intelligence*, de Waal F.B.M. (éd.), Oxford University Press, 2002.

3. Goodall J., *Through a Window. My Thirty Years with the Chimpanzees of Gombe*, Houghton Mifflin, 1990.

4. Damasio A., *Le Sentiment même de soi. Corps, émotions, conscience*, Odile Jacob, 1999.

5. Panksepp J., *Affective Neuroscience*, Oxford University Press, 1998.

6. Panksepp J., « Beyond a joke : from animal laughter to human joy ? », *Science*, vol. 308, 2005, p. 62-63.

7. Gamble J., « Humor in apes », *Humor*, vol. 14-2, 2001, p. 163-179.

8. Matsusaka T., « When does play panting occur during play in wild chimpanzees ? », *Primates*, vol. 45, 2004, p. 221-229.

9. Douglas K., « What are you laughing at ? », *New Scientist*, 20/27 December 2003/3 January 2004, p. 72-73.

10. Burgdorf J., Panksepp J., Brudzynski S.M., Kroes R. et Moskal J.R., « Breeding for 50 kHz positive affective vocalization in rats », *Behavior Genetic*, vol. 35, 2005, p. 67-72.

11. Panksepp, 2005.

12. Heinrich, 2000.

13. Bekoff M., « Beastly passions », *New Scientist*, 29 avril 2000, p. 32-35.

14. Lestel D., *Les Amis de mes amis*, Seuil, 2007.

15. Weiss A., King J.E. et Enns R.M., « Subjective well-being is heritable and genetically correlated with dominance in chimpanzee (*Pan troglodytes*) », *Journal of Personality and Social Psychology*, vol. 83, 2002, p. 1141-1149.

16. Lykken D., *Happiness : The Nature and Nurture of Joy and Contentment*, New York, St. Martin's Press, 2000.

17. Bentham J., *in* J.H. Burns, H.L.A. Hart (éd.), *An Introduction to the Principles of Morals and Legislation*, The Athlone Press, University of London, 1970, p. 282-283.

18. Lestel D., 2007, *op. cit.*

Chapitre 7. Sans langage ?

1. Pinker S., p. 367.

2. Hayes K.J. et Hayes C., « The intellectual development of a home-raised chimpanzee », *Proceedings of the American Philosophical Society*, vol. 95, 1951, p. 105-109.

3. Gardner R.A. *et al.*, 1989.

4. Terrace H.S., Petitto L., Sanders R.J. et Bever T.G., « On the grammatical capacity of apes », *in* K.E. Nelson (éd.), *Children's language*, vol. 2, Gardner Press, 1980, p. 371-495.

5. Terrace H.S., Petitto L.A., Sanders R.J. et Bever T.G., « Can ape create a sentence ? », *Science*, vol. 206, 1979, p. 891-902.

6. Goldin-Meadow S. et Mylander C., « Spontaneous sign systems created by deaf children in two cultures », *Nature*, vol. 391, 1998, p. 279-281.

7. Savage-Rumbaugh E.S., Murphy J., Sevcik R.A., Brakke K.E., Williams S.L. et Rumbaugh D.M., « Language comprehension in ape and child », *Monographs of the Society for Research in Child Development*, vol. 58, 1993, p. 1-222 ; Savage-Rumbaugh S. et Lewin R., *Kanzi. The Ape at the Brink of the Human Mind*, Doubleday, 1994 ; Savage-Rumbaugh E.S., William S., Furuichi T. et Kano T. : « Language perceived : Paniscus branches out », *in* W. McGrew, L. Marchant et T. Nishida (éd.), *Great Apes Societies*, Cambridge University Press, 1996 ; Savage-Rumbaugh E.S., Shanker S.G. et Taylor T.J., *Apes, Language, and the Human Mind*, Oxford University Press, 1998.

8. Savage-Rumbaugh E.S., McDonald K., Sevcik R.A., Hopkins W.D. et Rupert E., « Spontaneous symbol acquisition and communicative use by pygmy chimpanzees (*Pan paniscus*) », *Journal of Experimental Psychology : General*, vol. 115, 1986, p. 211-235.

9. Savage-Rumbaugh E.S. *et al.*, 1993.

10. Pedersen J. et Fields W.M., « Aspects of repetition in Bonobo-Human conversation : creating cohesion in a conversation between species », *Journal of Integrative Psychological and Behavioral Science*, 2008, doi:10.1007/s12124-008-9067-6.

11. Nishimura T., Mikami A., Suzuki J. et Matsuzawa T., « Descent of the larynx in chimpanzee infants », *The Proceedings of the National Academy of Sciences USA*, vol. 100, 2003, p. 6930-6933.

12. Ananthaswamy A., « Has this chimp taugh himself to talk ? », *New Scientist*, 14 January 2003, p. 12-13.

13. Benson J.D. et Greaves W.S. (éd.), *Functional Dimensions of Ape-Human Discourse*, Equinox, 2004 ; Taglialatela J.P., Savage-Rumbaugh S. et Baker L.A., « Vocal production by a language-competent *Pan paniscus* », *International Journal of Primatology*, vol. 24, 2003, p. 1-17.

14. Slocombe K.E. et Zuberbühler K., « Functionally referential communication in a chimpanzee », *Current Biology*, vol. 15, 2005, p. 1779-1784.

15. Mason B., « More animals join the learning circle », *New Scientist*, vol. 187, 27 août 2005, p. 8.

16. Slocombe K.E. et Zuberbühler K., « Chimpanzees modify recruitment screams as a function of audience composition », *Proceedings of the National Academy of Sciences USA*, vol. 104, 2007, p. 17228-17233.

17. Cheney D.L. et Seyfarth R.M., *How Monkeys See the World : Inside the Mind of Another Species*, University of Chicago Press, 1990.

18. Gouzoules H., Gouzoules S. et Tomaszycki M., « Agonistic screams and the classification of dominance relationships : are monkeys fuzzy logicians ? », *Animal Behaviour*, vol. 55, 1998, p. 51-60.

19. Fischer J., Hammerschmich K. et Todt D., « Local variation in Barbary macaque shrill barks », *Animal Behaviour*, vol. 56, 1995, p. 623-629.

20. Zuberbühler K., Cheney D.L. et Sheyfarth R.M., « Conceptual semantics in a nonhuman primate », *Journal of Comparative Psychology*, vol. 113, 1999, p. 33-42 ; Zuberbühler K., « Causal cognition in a non-human primate : field play-back experiments with Diana monkeys », *Cognition*, vol. 76, 2000, p. 195-207.

21. Macedonia J.M., « What is communicated in the antipredator calls of lemurs : evidence from play-back experiments with ring-tailed and ruffed lemurs », *Ethology*, vol. 86, 1990, p. 177-190.

22. Manser M.B., « The acoustic structure of suricates' alarm calls varies with predator type and the level of response urgency », *Proceedings of the Royal Society London B*, vol. 268, 2001, p. 2315-2324.

23. Gyger M., Marler P. et Pickert R., « Semantics of an avian alarm call system : the male domestic fowl, *G. domesticus* », *Behaviour*, vol. 102, 1987, p. 15-40.

24. Templeton C.N., Greene E. et Davis K., « Allometry of alarm calls : black-capped chickadees encode information about predator size », *Science*, vol. 308, 2005, p. 1934-1937.

25. Zuberbühler K., 2000.

26. Zuberbühler K., « Langage evolution : the origin of meaning in primates », *Current Biology*, vol. 16, 2006, p. R123-125.

27. Rainey H.J., Zuberbühler K. et Slater P.J. : « Hornbills can distinguish between primate alarm calls », *Proceedings of Royal Society London, B Biological Sciences*, vol. 271, 2004, p. 755-759.

28. Zuberbühler K., 2000.

29. Zuberbühler K. et Jenny D., « Leopard predation and primate evolution », *Human Evolution*, vol. 43, 2002, p. 873-886.

30. Christen Y., 2000.

31. Poremba A., Malloy M., Saunders R.C., Carson R.E., Herscovitch P. et Mishkin M., « Species-species calls evoke asymmetric activity in the monkey's temporal poles », *Nature*, vol. 427, 2004, p. 448-451.

32. Tschudin A., Call J., Dunbar R.I., Harris G. et Van der Elst C., « Comprehension of signs by dolphins (*Tursiops truncates*) », *Journal of Comparative Psychology*, vol. 115, 2001, p. 100-105.

33. Kaminski J., Call J. et Fischer J., « Word learning in a domestic dog : evidence for "fast mapping" », *Science*, vol. 304, 2004, p. 1682-1683 ; Bloom P., « Can a dog learn a word ? », *Science*, 2004, vol. 304, p. 1605-1606.

34. Kaminski J. *et al.*, 2004.

35. Bloom, 2004.

36. Ades C., Ramos D., Rossi A.P. et Suenaga L.V., « Human-dog/dog-human communication through arbitrary signals », *29th International Ethological Conference*, Budapest, 2005, abstract, p. 12 ; Rossi A.P. et Ades C., « A dog at the keyboard : using arbitrary signs to communicate requests », *Animal Cognition*, vol. 11, 2008, p. 329-338.

37. Yin S., « A new perspective on barking in dogs (*Canis familiaris*) », *Journal of Comparative Psychology*, vol. 116, 2002, p. 189-193.

38. Molnár C., Kaplan F., Roy P., Pachet F., Pongrácz P., Dóka A. et Miklósi A., « Classification of dog barks : a machine learning approach », *Animal Cognition*, vol. 11, 2008, p. 389-400.

39. Holy T.E. et Guo Z., « Ultrasonic songs of male mice », *PloS Biology*, vol. 3, 2005, p. 2177-2186.

40. Bass A.H., Gilland E.H. et Baker R., « Evolutionary origins for social vocalization in a vertebrate hindbrain-spinal compartment », *Science*, vol. 321, 2008, p. 417-421.

41. Rendell L.E. et Whitehead H., « Vocal clans in sperm whales (*Physeter macrocephalus*) », *Proceedings of the Royal Society London B*, vol. 270, 2003, p. 225-231 ; Tyack P.L., « Dolphins whistle a signature tune », *Science*, vol. 289, 2000, p. 1310-1311 ; Janik V.M., « Whistle matching in wild bottlenose dolphins (*Tursiops truncatus*) », *Science*, vol. 289, 2000, p. 1355-1357.

42. Herman L.M., Richards D.G. et Wolz J.P., « Comprehension of sentences by bottlenosed dolphins », *Cognition*, vol. 16, 1984, p. 129-219 ; Herman L.M. et Uyeyama R.K., « The dolphin's grammatical competency : comments on Kako (1999) », *Animal Learning & Behavior*, vol. 27, 1999, p. 18-23 ; Herman L.M., Abichandani S.L., Elhajj A.N., Herman E.Y., Sanchez J.L. et Pack A.A., « Dolphins (*Tursiops truncatus*) comprehend the referential character of the

human pointing gesture », *Journal of Comparative Psychology*, vol. 113, 1999, p. 347-364.

43. Simmonds M., « Into the brains of whales », *Applied Animal Behaviour Science*, vol. 100, 2006, p. 103-116.

44. Sayigh L.S., Esch H.C., Wells R.S. et Janik V.M., « Facts about signature whistles of bottlenose dolphins, *Tursiops truncatus* », *Animal Behaviour*, vol. 74, 2007, p. 1631-1642.

45. *Cf.* Young E., « Dolphins have a word for it », *New Scientist*, 22/29 dec. 2007, p. 10.

46. Poole J.H., Tyack P.L., Stoeger-Horwath A.S. et Watwood S., « Elephants are capable of vocal learning », *Nature*, vol. 434, 2005, p. 455-456.

47. Soltis J., Leong K. et Savage A., « African elephant vocal communication I : antiphonal calling behaviour among affiliated females », *Animal Behaviour*, vol. 70, 2005, p. 579-587 ; Soltis J., Leong K. et Savage A., « African elephant vocal communication II : rumble variation reflects the individual identity and emotional state of callers », *Animal Behaviour*, vol. 70, 2005, p. 589-599.

48. Pepperberg I., 1999.

49. Descartes R., *Œuvres philosophiques* [1618-1637], Bordas, coll. « Classiques Garnier », tome I, 1988, p. 631.

50. Montaigne M. (de), *Essais*, in *Œuvres complètes*, Gallimard, coll. « Bibliothèque de la Pléiade », 1976, p. 525.

51. Pepperberg I., 1999.

52. Reiss D., McCowan B. et Marino L., « Communicative and other cognitive characteristics of bottlenose dolphins », *Trends in Cognitive Sciences*, vol. 1, 1997, p. 140-145.

53. Ramus F., Hauser M.D., Miller C., Morris D. et Mehler J., « Language discrimination by human newborns and by cotton-top tamarin monkeys », *Science*, vol. 288, 2000, p. 349-351.

54. Toro J.M., Trobalon J.B. et Sebastian-Gallés N., « Effects of backward speech and speaker variability in language discrimination by rats », *Journal of Experimental Psychology : Animal Behavior Processes*, vol. 31, 2004, p. 95-100.

55. Ramus F. *et al.*, 2000.

56. Toro *et al.*, *op. cit*, 2004.

57. Burdick C. et Miller J., « Speech perception by the chinchilla : discrimination of sustained /a/ and /i/ », *Journal of the Acoustical Society of America*, vol. 58, 1975, p. 415-427.

58. Hienz R., Sachs M. et Sinnott J., « Discrimination of steady-state vowels by blackbirds and pigeons », *Journal of the Acoustical Society of America*, vol. 70, 1981, p. 699-706.

59. Ploog D.W., « Neuroethological perspectives on the human brain : from the expression of emotions to intentional signing and speech », *in* A. Harrington (éd.), *So Human a Brain : Knowledge and Values in the Neurosciences*, Boston, Birkhauser, 1992, p. 3-13.

60. Gil-da-Costa R., Martin A., Lopes M.A., Munoz M., Fritz J.B. et Braun A.R., « Species-specific calls activate homologs of Broca's and Wernicke areas in the macaque », *Nature Neuroscience*, vol. 9, 2006, p. 1064-1070.

61. Poremba A. *et al.*, 2004.

62. Taglialatela J.P., Russell J.L., Schaeffer J.A. et Hopkins W.D., « Communicative signalling activates "Broca's" homolog in chimpanzees », *Current Biology*, vol. 18, 2008, p. 343-348.

63. Wilbrecht & Nottebohm, 2003.

64. Templeton *et al.*, 2005.

65. Templeton C.N. et Greene E., « Nuthatches eavesdrop on variations in heterospecific chickadee mobbing alarm calls », *The Proceedings of the National Academy of Sciences USA*, vol. 104, 2007, p. 5479-5482.

66. Hauser M., Chomsky N. et Fitch W.T., « The faculty of language : what is it, who has it, and how did it evolve ? », *Science*, vol. 298, 2002, p. 1569-1579.

67. Payne K.B. et Payne R.S., « Large scale changes over 19 years in songs of humpback whales in Bermuda », *Zeitschrift für Tierpsychologie*, vol. 68, 1985, p. 89-114.

68. Marler P., « Bird calls : their potential for behavioural neurobiology », *Annals of New York Academy of Sciences*, vol. 1016, 2004, p. 31-44.

69. Hailman J.P. et Ficken M.S., « Combinatorial animal communication with computable syntax : Chick-a-dee calling qualifies as « language » by structural linguistics », *Animal Behaviour*, vol. 34, 1987, p. 1899-1901.

70. Mann N.I., Dingess K.A. et Slater P.J.B., « Antiphonal four-part synchronized chorusing in a neotropical wren », *Biology Letters*, vol. 2, 2006, p. 1-4.

71. Pinker S., *Comment fonctionne l'esprit*, Odile Jacob, 2000, p. 136.

72. Hauser M. *et al.*, 2002.

73. Fitch W.T. et Hauser M.D., « Computational constraint on syntactic processing in a nonhuman primate », *Science*, vol. 303, 2004, p. 318-320.

74. Gentner T.Q., Fenn K.M., Margoliash D. et Nusbaum H.C, « Recursive syntactic pattern learning by songbirds », *Nature*, vol. 440, 2006, p. 1204-1207.

75. Arnold K. et Zuberbühler K., « Semantic combinations in primate calls », *Nature*, vol. 441, 2006, p. 303 ; Arnold K. et Zuberbühler K., « Meaningful call combinations in a non-human primate », *Current Biology*, vol. 18, 2008, p. R202-203.

76. Arnold K. et Zuberbühler K., 2008.

77. Zuberbühler K., « Audience effects », *Current Biology*, vol. 18, 2008, p. R189-190.

78. Marcus G.F., « Startling starlings », *Nature*, vol. 440, 2006, p. 1117-1118.

79. Fisher S.E. et Marcus G.F., « The eloquent ape : genes, brains and the evolution of language », *Nature Review Genetics*, vol. 7, 2006, p. 9-20.

80. *Cf.* Else L. et Middleton L., « Out on a limb over language », *New Scientist*, 19 janvier, 2008, p. 42-44.

81. Voir Pinker S., 1999.

82. Hewes G.W., « The baseline for comparing human and non-human primates behavior », *in* D. Quiatt et J. Itani (éd.), *Hominid Culture in Primate Perspective*, The University of Colorado Press, 1994, p. 59-93 ; Lestel D., *Les Origines animales de la culture*, Flammarion, 2003.

83. Bates E., Thal D. et Marchman V., « Symbols and syntax : a Darwinian approach to language development », *in* N.A. Krasnegor, D.M. Rumbaugh, R.L. Schiefelbusch et M. Studdert-Kennedy (éd.), *Biological and Behavioural Determinants of Language Development*, Erlbaum, 1991, p. 30, 35.

84. Petrides M., Cadoret G. et Mackey S., « Orofacial somatomotor responses in the macaque monkey homologue of Broca's area », *Nature*, vol. 435, 2005, p. 1235-1238.

85. Pinker S., « Talk to genetics and vice versa », *Nature*, vol. 413, 2001, p. 465-466.

86. Shu W., Cho J.Y., Jiang Y., Zhang M., Weisz D., Elder G.A., Schmeidler J., De Gasperi R., Gama Sosa M.A., Rabidou D., Santucci A.C., Perl D., Morrisey E. et Buxbaum J.D., « Altered ultrasonic vocalization in mice with a disruption in the *Foxp2* gene », *The Proceedings of the National Academy of Sciences USA*, vol. 102, 2005, p. 9643-9648.

87. Pinker S., 1999, p. 339.

88. Nietzsche F., *Le Crépuscule des idoles ou Comment philosopher à coups de marteau*, Gallimard, coll. « Idées », 1974, p. 98.

89. Dreifus C., « A conversation with Emily Sue Savage-Rumbaugh », *New York Times*, 14 avril 1998.

90. Petrides M. *et al.*, 2005.

91. Holden C., « The origin of speech », *Science*, vol. 303, 2004, p. 1316-1319.

92. Corballis M., « From mouth to hand : gesture, speech, and the evolution of right-handedness », *Behavioral and Brain Sciences*, vol. 26, 2003, p. 199-208.

93. Cartmill E.A. et Byrne R.W., « Orangutans modify their gestural signalling according to their audience's comprehension », *Current Biology*, vol. 17, 2007, p. 1345-1348.

94. Kenneally C., « So you think you're unique », *New Scientist*, 24 mai 2008, p. 28-34.

95. King B.J., *The Dynamic Dance : Nonvocal Communication in African Great Apes*, Harvard University Press, 2004.

96. Seyfarth R.M., Cheney D.L. et Bergman T.J., « Primate social cognition and the origins of language », *Trends in Cognitive Sciences*, vol. 9, 2005, p. 264-266.

97. Boesch C., « Symbolic communication in wild chimpanzees ? », *Human Evolution*, vol. 6, 1991, p. 81-90.

98. Savage-Rumbaugh S., 1996.

99. McGregor P. (éd.), *Animal Communication Networks*, Cambridge University Press, 2005.

100. Searcy W.A. et Nowicki S., *The Evolution of Animal Communication : Reliability and Deception in Signalling Systems*, Princeton University Press, 2005.

101. Jouventin P., 2001.

Chapitre 8. Sans théorie de l'esprit ?

1. Sperber D., *La Contagion des idées*, Odile Jacob, 1996, p. 203-204.

2. Premack D. et Woodruff G., « Does the chimpanzee have a theory of mind ? », *Behavioral and Brain Sciences*, vol. 1, 1978, p. 515-526.

3. Zimmer C., « How the mind reads other minds », *Science*, vol. 300, 2003, p. 1079-1080.

4. Cheney D. et Seyfarth R.M., 1990.

5. Boesch C., « What makes us human (*Homo sapiens*) ? The challenge of cognitive cross-species comparison », *Journal of Comparative Psychology*, vol. 121, 2007, p. 227-240.

6. Povinelli D., « La conscience est le propre de l'homme », *Pour la Science*, n° 254, 1998, p. 40-44 ; Povinelli D.J., *Folk Physics for Apes. The Chimpanzee's Theory of How the World Works*, Oxford University Press, 2000.

7. Povinelli D., 1998.

8. Premack D. et Premack A., 2003.

9. *Ibid.*

10. Call J., Hare B.A. et Tomasello M., « Chimpanzee gaze following in an object choice task », *Animal Cognition*, vol. 1, 1998, p. 89-99.

11. *Ibid.*

12. Voir Pennisi E., « Are our primate cousins "conscious" », *Science*, vol. 284, 1999, p. 2073-2076.

13. Tomasello M., Call J. et Hare B., « Chimpanzees understand psychological states – the question is which ones and to what extent », *Trends in Cognitive Sciences*, vol. 7, 2003, p. 153-156.

14. Hare B., Brown M., Williamson C. et Tomasello M., « The domestication of social cognition in dogs », *Science*, vol. 298, 2002, p. 1634-1636.

15. Kaminski J., Riedel J., Call J. et Tomasello M., « Domestic goats, *Capra hircus*, follow gaze direction and use social cues in an object choice task », *Animal Behaviour*, vol. 69, 2005, p. 11-18.

16. Riedel J., Schumann K., Kaminski J., Call J. et Tomasello M., « The early ontogeny of human-dog communication », *Animal Behaviour*, vol. 75, 2008, p. 1003-1004.

17. Tschudin A. *et al.*, 2001.

18. Scheumann M. et Call J., « The use of experimenter-given cues by South African fur seals *(Arctocephalus pusillus)* », *Animal Cognition*, vol. 7, 2004, p. 224-230.

19. Schoegl C., Kotrschal K. et Bugnyar T., « Gaze following in common ravens, *Corvus corax* : ontogeny and habituation », *Animal Behaviour*, vol. 74, 2007, p. 769-778.

20. Nissani M., « Theory of mind and insight in chimpanzees, elephants, and other animals ? », *in* L.G. Rogers, G. Kaplan (éd.), *Developments in Primatology : Progress and Prospects*, vol.4, *Comparative Vertebrate Cognition : Are Primates Superior to non-Primates ?*, Kluwer, 2004, p. 227-261.

21. De Waal F., 1987.

22. Christen Y., 2000.

23. Tomasello M., Carpenter M., Call J., Behne T. et Moll H., « Understanding and sharing intentions : the origins of cultural cognition », *Behavioral and Brain Sciences*, vol. 28, 2005, p. 675-691 ; Tomasello M., Carpenter M., Call J., Behne T. et Moll H., « In search of the uniquely human », *Behavioral and Brain Sciences*, vol. 28, 2005, p. 721-735 ; Tomasello M., *Origins of Human Communication*, MIT Press, 2008.

24. Tomasello M., Carpenter M., Call J., Behne T. et Moll H., « Understanding and sharing intentions : the origins of cultural cognition », *Behavioral and Brain Sciences*, vol. 28, 2005, p. 675.

25. Call J. et Tomasello M., « Does the chimpanzee have a theory of mind ? 30 years later », *Trends in Cognitive Sciences*, vol. 12, 2008, p. 187-192.

26. Boesch C., « Joint cooperative hunting among wild chimpanzees : taking natural observations seriously », *Behavioral and Brain Sciences*, 2005, 28, p. 692-693.

27. Schuster R., « Why not chimpanzees, lions and hyenas too ? », *Behavioral and Brain Sciences*, vol. 28, 2005, p. 716-717.

28. Tomasello M., Carpenter M., Call J., Behne T. et Moll H., « In search of the uniquely human », *Behavioral and Brain Sciences*, vol. 28, 2005, p. 721-735.

29. Gardner R.A., « Animal cognition meets evo-devo », *Behavioral and Brain Sciences*, vol. 28, 2005, p. 699-700.

30. Flombaum J.I. et Santos L.R., « Rhesus monkeys attribute perceptions to others », *Current Biology*, vol. 15, 2005, p. 447-452 ; Santos L.R., Nissen A.G. et Ferrugia J., « Rhesus monkeys (*Macaca mulatta*) know what competitors can and cannot hear », *Animal Behaviour*, vol. 71, 2006, p. 1175-1181.

31. Lyons D.E., Santos L.R. et Keil F.C., « Reflections of other minds : how primate social cognition can inform the function of mirror neurons », *Current Opinion in Neurobiology*, vol. 16, 2006, p. 230-234 ; Lyons D.E. et Santos L.R., « Ecology, domain specificity, and the origins of theory of mind : is competition the catalyst ? », *Philosophy Compass*, vol. 1, 2006, p. 481-492.

32. Dally J.M., Emery N.J. et Clayton N.S., « Food-caching western scrub-jays keep track of who was watching when », *Science*, vol. 312, 2006, p. 1662-1665 ; Pennisi E., « Social animals prove their smarts », *Science*, vol. 312, 2006, p. 1734-1738.

33. *Cf.* Pennisi E., 2006.

34. Cheney D.L. et Seyfarth R.M., *Baboon Metaphysics. The Evolution of a Social Mind*, University of Chicago Press, 2007.

35. Dunbar R., « Can you guess what I'm thinking ? », *New Scientist*, 12 juin 2004, p. 44-45.

Chapitre 9. Incapable d'imiter ?

1. Condillac, 2004, p. 155-157.

2. *Ibid.*

3. Hurley & Chater Hurley S. et Chater N. (éd.), *Perspectives on imitation*, vol. 1, *Mechanisms of Imitation and Imitation in Animals*, MIT Press, 2005 ; Hurley S. et Chater N. (éd.), *Perspectives on imitation*, vol. 2, *Imitation, Human Development, and Culture*, MIT Press, 2005.

4. Blackmore S. , *The Meme Machine*, Oxford University Press, 1999 ; Blackmore S., « Une sélection naturelle de la culture », *Pour la Science*, n° 277, novembre 2000, p. 66-74.

5. Dawkins R., 1978.

6. Wilson E., *Sociobiology*, Harvard University Press, 1975.

7. Wilson E., 1979.

8. Blackmore S., 2000, p. 69.

9. Piaget J., *La Formation du symbole chez l'enfant. Imitation, jeu et rêve, image et représentation*, Delachaux & Niestlé, 1992.

10. Meltzoff A.N. et Moore M.K., « Imitation of facial and manual gestures by human neonates », *Science*, vol. 198, 1977, p. 75-78.

11. Field T.M., Woodson R., Greenberg R. et Cohen D., « Discrimination and imitation of facial expressions by neonates », *Science*, vol. 218, 1982, p. 179-181.

12. Dugatkin L., « Les animaux imitent aussi », *Pour la Science*, n° 277, novembre 2000, p. 72.

13. Dugatkin L., « Copying and mate choice », in C.M. Heyes et B.G. Galef Jr. (éd.), *Social Learning in Animals : The Roots of Culture*, Academic Press, 1997, p. 85-107.

14. Curio E. , Ernst U. et Vieth W., « Cultural transmission of enemy recognition : one function of mobbing », *Science*, vol. 202, 1978, p. 899-901.

15. Huffman M.A. et Hirata S., « An experimental study of leaf swallowing in captive chimpanzees : insights into the origin of a self-medicative behaviour and the role of social learning », *Primates*, vol. 45, 2004, p. 113-118.

16. Interview in Denton D., *L'Émergence de la conscience de l'animal à l'homme*, Paris, Flammarion, 1995, p. 189.

17. Russon A.E. et Galdikas B.M.F., « Constraints on Great Apes' imitation : model and action selectivity in rehabilitant orangutan (*Pongo pygmaeus*) imitation », *Journal of Comparative Psychology*, vol. 109, 1995, p. 5-17.

18. Byrne R.W. et Russon A.E., « Learning by imitation : A hierarchical approach », *Behavioral and Brain Sciences*, vol. 21, 1998, p. 667-721.

19. Nielsen M., Collier-Baker E., Davis J.M. et Suddendorf T., « Imitation recognition in a captive chimpanzee (*Pan troglodytes*) », *Animal Cognition*, vol. 8, 2005, p. 31-36.

20. Paukner *et al.* Paukner A., Anderson J.R., Borelli E., Visalberghi E. et Ferrari P.F., « Macaques (*Macaca nemestrina*) recognize when they are being imitated », *Biology Letters*, vol. 1, 2005, p. 219-222.

21. Simmonds M., « Into the brains of whales », *Applied Animal Behaviour Science*, vol. 100, 2006, p. 103-116 ; Whiten A., « Imitation and cultural transmission in apes and cetaceans », *Behavioral and Brain Sciences*, vol. 24, 2001, p. 359-360.

22. Tyack P.L., 2000.

23. Janik V.M., 2000.

24. Poole J.H., Tyack P.L., Stoeger-Horwath A.S. et Watwood S., « Elephants are capable of vocal learning », *Nature*, vol. 434, 2005, p. 455-456.

25. Nagell K., Olguin K. et Tomasello M., « Processes of social learning in the tool use of chimpanzees (*Pan troglodytes*) and human children (*Homo sapiens*) », *Journal of Comparative Psychology*, vol. 107, 1993, p. 174-186.

26. Tomasello M., « The human adaptation for culture », *Annual Review of Anthropology*, vol. 28, 1999, p. 509-529.

27. Byrne R.W. et Russon A.E., 1998.

28. Lorenz K., *L'Envers du miroir. Une histoire naturelle de la connaissance*, Flammarion, 1975, p. 209.

29. Forman D.R., Aksan N. et Kochanska G., « Toddler's responsible imitation predicts preschool-age conscience », *Psychological Science*, vol. 15, 2004, p. 699-704.

30. Horowitz A.C., « Do humans ape ? Or do apes human ? Imitation and intention in humans (*Homo sapiens*) and other animals », *Journal of Comparative Psychology*, vol. 117, 2003, p. 325-336.

31. Whiten A., Custance D.M., Gomez J.-C., Teixidor P. et Bard K.A., « Imitative learning of artificial fruit processing in children (*Homo sapiens*) and chimpanzees (*Pan troglodytes*) », *Journal of Comparative Psychology*, vol. 110, 1996, p. 3-14.

32. Horowitz A.C., 2003.

33. Tomasello M., « Do apes ape ? », *in* B.G. Galef Jr. et B.M. Heyes (éd.), *Social Learning in Animals : The Roots of Culture*, San Diego, Academic Press, 1996, p. 319-346.

34. Decety J., Grèzes J., Costes N., Perani D., Jeannerod M., Procyk E. et Grassi F., Fazio F., « Brain activity during observation

of actions. Influence of action content and subject's strategy », *Brain*, vol. 120, 1997, p. 101-115.

35. Tessari *et al.* Tessari A., Rumiati R.I. et Haggard P., « Imitation without awareness », *Cognitive Neuroscience and Neuropsychology*, vol. 13, 2002, p. 2531-2535.

36. Menzel E.W., « Chimpanzee spatial memory organization », *Science*, vol. 182, 1973, p. 943-945.

37. Tomasello M. et Call J., *Primate cognition*, Oxford University Press, 1997.

38. Anderson J.R., Myowa-Yamakoshi M. et Matsuzawa T., « Contagious yawning in chimpanzees », *Proceedings of the Royal Society, Biology Letters*, vol. 271, 2004, p. S468-S470.

39. Fouts R., Fouts D. et Van Cantfort T.E., « The infant Loulis learns signs from cross-fostered chimpanzees », *in* A. Gardner, B. Gardner et T. Van Cantfort (éd.), *Teaching Sign Language to Chimpanzees*, Albany, State University of New York Press, 1989, p. 280-292.

40. Whiten A., Horner V. et de Waal F.B.M., « Conformity to cultural norms of tools use in chimpanzees », *Nature*, vol. 437, 2005, p. 737-740.

41. Horner V. et Whiten A., « Causal knowledge and imitation/emulation switching in chimpanzees (*Pan troglodytes*) and children », *Animal Cognition*, vol. 8, 2005, p. 164-181.

42. Range F., Viranyi Z. et Huber L., « Selective imitation in domestic dogs », *Current Biology*, vol. 17, 2007, p. 868-872.

43. Buttelmann D., Carpenter M., Call J. et Tomasello M., « Encultured chimpanzees imitate rationally », *Developmental Science*, vol. 10, 2007, p. F31-F38.

44. Subiaul F., Cantlon J.F., Holloway R.L. et Terrace H.S., « Cognitive imitation in rhesus macaques », *Science*, vol. 305, 2004, p. 407-410.

45. Premack D. et Premack A., 2003, p. 73.

46. Caro T.M., *Cheetahs of the Serengeti Plains : Grouping in an Asocial Species*, The University of Chicago Press, 1994.

47. Cheney D.L. et Seyfarth R.M., 1990.

48. Cité *in* Hauser M., 2002.

49. Premack D. et Premack A., 2003, p. 97.

50. Caro T.M. et Hauser M.D., « Is there teaching in nonhuman animals ? », *Quarterly Review of Biology*, vol. 67, 1992, p. 151-174.

51. Franks N.R. et Richardson T., « Teaching in tandem-running ants », *Nature*, vol. 439, 2006, p. 153.

52. Thornton A. et McAuliffe K., « Teaching in wild meerkats », *Science*, vol. 313, 2006, p. 227-229.

53. Franks N.R. et Richardson T., 2006.

54. Iacoboni M., Woods R.P., Brass M., Bekkering H., Mazziotta J.C. et Rizzolatti G., « Cortical mechanisms of human imitation », *Science*, vol. 286, 1999, p. 2526-2528 ; Rizzolatti G. et Craighero L., « The mirror-neuron system », *Annual Review in Neuroscience*, vol. 27, 2004, p. 169-192.

55. Carr L., Iacoboni M., Dubeau M.-C., Mazziotta J.C. et Lenzi G.L., « Neural mechanisms of empathy in humans : a relay from neural systems for imitation to limbic areas », *The Proceedings of the National Academy of Sciences USA*, vol. 100, 2003, p. 5497-5502 ; Preston S.D. et de Waal F.B., « Empathy : its ultimate and proximate bases », *Behavioral and Brain Sciences*, vol. 25, 2002, p. 1-20 ; Leslie K.R., Johnson-Frey S.H. et Grafton S.T., « Functional imaging of face and hand imitation : towards a motor theory of empathy », *NeuroImage*, vol. 21, 2004, p. 601-607.

56. Prather J.F., Peters S., Nowicki S. et Mooney R., « Precise auditory-vocal mirroring in neurons for learned vocal communication », *Nature*, vol. 451, 2008, p. 249-250.

57. Lyons D.E., Santos L.R. et Keil F.C., « Reflections of other minds : how primate social cognition can inform the function of mirror neurons », *Current Opinion in Neurobiology*, vol. 16, 2006, p. 230-234.

58. Umilta M.A., Kohler E., Gallese V., Fogassi L., Fadiga L., Kaysers C. et Rizzolatti G., « I know what you are doing : a neurophysiological study », *Neuron*, vol. 31, 2001, p. 155-165.

59. Horner V. et Whiten A., 2005.

Chapitre 10. Sans conscience ?

1. Darwin C., *La Descendance de l'homme et la sélection sexuelle*, Schleicher, 1874, p. 87-88.

2. Griffin D.R., *La Pensée animale*, Paris, Denoël, 1988 (éd. originale, *Animal thinking*, Harvard University Press, 1984) ; Griffin D.R., « From cognition to consciousness », *Animal Cognition*, vol. 1, 1998, p. 3-16 ; Griffin D.R., *Animal Minds, Beyond Cognition to Consciousness*, University of Chicago Press, 2001.

3. Griffin D.R. et Speck G.B., « New evidence of animal consciousness », *Animal Cognition*, vol. 7, 2004, p. 5-18.

4. Voir Damasio A., 1999.

5. Crick F. et Kock C., « What is the function of the claustrum ? », *Philosophical Transactions of the Royal Society B*, vol. 360, 2005, p. 1271-1279.
6. Dehaene S., et Naccache L., « Towards a cognitive neuroscience of consciousness : basic evidence and a workspace framework », *Cognition*, vol. 79, 2001, p. 1-37.
7. Damasio A., 1999, p. 231.
8. Kummer A., 1993.
9. Damasio 1999, p. 204.
10. Logothetis N., « La vision : une fenêtre sur la conscience », *Pour la Science*, n° 268, février 2000, p. 80-86 (éd. originale : *Scientific American*, vol. 281, nov. 1999, p. 44-51).
11. Kanwisher N., « Neural events and perceptual awareness », *Cognition*, vol. 79, 2001, p. 89-113.
12. Singer W., « Consciousness and the binding problem », *Annals of New York Academy of Sciences*, vol. 929, 2001, p. 123-146 ; Llinas R. et Ribary U., « Consciousness and the brain. The thalamocortical dialogue in health and disease », *Annals of New York Academy of Sciences*, vol. 929, 2001, p. 166-175.
13. Koch C., *The Quest for consciousness. A neurobiological approach*, Roberts & Company, 2004, p. 12.
14. Skutch A.F., *Parents Birds and Their Young*, University of Texas Press, 1976.
15. Rescorla R.A., « Pavlovian conditioning : it's not what you think it is », *American Psychologist*, vol. 43, 1988, p. 151-160.
16. Lovibond P.F. et Shanks D.R., « The role of awareness in Pavlovian conditioning : empirical evidence and theoretical implications », *Journal of Experimental Psychology and Animal Behavioral Process*, vol. 28, 2002, p. 23-26.
17. Dickinson A. et Balleine B.W., « Causal cognition and goal-directed action », *in* C. Heyes et L. Huber (éd.), *The Evolution of Cognition*, Cambridge, MIT Press, 2000, p. 185-204.
18. Tulving E., « Episodic memory : from brain to mind », *Annual Review of Psychology*, vol. 53, 2002, p. 1-25.
19. *Cf.* Tulving E., « Episodic memory and autonoesis : uniquely human ? », *in* H.S. Terrace et J. Metcalfe (éd.), *The Missing Link in Cognition. Origins of Self-Reflective Consciousness*, Oxford University Press, 2005, p. 3-56.
20. Tulving E. , 2002, p. 2.
21. Clayton N.S. et Dickinson A., « Episodic-like memory during cache recovery by scrub jays », *Nature*, vol. 398, 1998, p. 272-274 ; Clayton N.S., Yu K.S. et Dickinson A., « Interacting cache memories :

evidence for flexible memory rise by western scrub-jays (*Aphelocoma californica*) », *Journal of Experimental Psychology and Animal Behavioral Process*, vol. 27, 2001, p. 17-29 ; Clayton N.S., Bussey T.J. et Dickinson A., « Can animals recall the past and plan for the future ? », *Nature Review Neuroscience*, vol. 4, 2003, p. 685-691.

22. Emery N.J. et Clayton N.S., « Effects of experience and social context on prospective catching strategies by scrub jays », *Nature*, vol. 414, 2001, p. 443-446.

23. Dally J.M. *et al.*, 2006.

24. Steele M.A., Halkin S.L., Smallwood P.D., McKenna T.J., Mitsopoulos K. et Beam M., « Cache protection strategies of a scatter-hoarding rodent : do tree squirrels engage in behavioural deception », *Animal Behaviour*, vol. 75, 2008, p. 705-714.

25. Platt M., « Animal cognition : monkey meteorology », *Current Biology*, vol. 16, 2006, p. R464-R466 ; Janmaat K.R.L., Byrne R.W. et Zuberbühler K., « Primates take weather into account when searching for fruits », *Current Biology*, vol. 16, 2006, p. 1232-1237.

26. Mulcahy N.J. et Call J., « Apes save tools for future use », *Science*, vol. 312, 2006, p. 1038-1040.

27. Osvath M. et Osvath H., « Chimpanzee (*Pan troglodytes*) and orang-utan (*Pongo abelii*) forethought : self-control and pre-experience in the face of future tool use », *Animal Cognition*, vol. 11, 2008, p. 661-674.

28. Suddendorf T., « Foresight and evolution of the human mind », *Science*, vol. 312, 2006, p. 1006-1007.

29. Naqshbandi M. et Roberts W.A., « Anticipation of future events in squirrel monkeys (*Saimiri sciureus*) and rats (*Rattus norvegicus*) : tests of the Bischof-Kohler hypothesis », *Journal of Comparative Psychology*, vol. 120, 2006, p. 345-457.

30. Raby C.R., Alexis D.M., Dickinson A. et Clayton N.S., « Planning for the future by western scrub-jays », *Nature*, vol. 445, 2007, p. 919-921.

31. Correia S.P.C., Dickinson A. et Clayton N.S., « Western scrub-jays anticipate future needs independently of their current motivational state », *Current Biology*, vol. 17, 2007, p. 856-861.

32. Addis D.R., Wong A.T. et Schacter D.L., « Remembering the past and imagining the future : common and distinct neural substrates during event construction and elaboration », *Neuropsychologia*, vol. 45, 2007, p. 1363-1377 ; Hassabis D., Kumaran D., Vann S.D. et Maguire E.A., « Patients with hippocampal amnesia cannot imagine new experiences », *The Proceedings of the National Academy of Sciences USA*, vol. 104, 2007, p. 1726-1731.

33. Shettleworth S.J., « Planning for breakfast », *Nature*, vol. 445, 2007, p. 825-826.

34. Pour un point de vue différent, voir Suddendorf T., Busby J., « Mental time travel in animals ? », *Trends in Cognitive Sciences*, vol. 9, 2003, p. 391-395.

35. Schwartz B.L., Colon M.R., Sanchez I.C., Rodriguez I.A. et Evans S., « Single-trial learning of "what" and "who" information in a gorilla (*Gorilla gorilla gorilla*) », *Animal Cognition*, vol. 5, 2002, p. 85-90.

36. Schwartz B.L., Meissner C.A., Hoffman M., Evans S. et Frazier L.D., « Event memory and misinformation effects in a gorilla (*Gorilla gorilla gorilla*) », *Animal Cognition*, vol. 7, 2004, p. 93-100.

37. Schwartz B.L., « Do non-human primates have episodic memory ? », *in* H.S. Terrace et J. Metcalfe (éd.), *op. cit.*, 2005, p. 225-241.

38. Rilling J.K., Barks S.K., Parr L.A., Preuss T.M., Faber T.L., Pagnoni G., Bremner J.D. et Votaw J.R., « A comparison of resting-state brain activity in humans and chimpanzees », *The Proceedings of the National Academy of Sciences USA*, vol. 104, 2007, p. 17146-17151.

39. Hampton R.R., « Rhesus monkeys know when they remember », *The Proceedings of the National Academy of Sciences USA*, vol. 98, 2001, p. 5359-5362.

40. Kornell N., Son L.K. et Terrace H.S., « Transfer of metacognitive skills and hint seeking in monkeys », *Psychological Science*, vol. 18, 2007, p. 64-71 ; Phillips H., « Known unknowns », *New Scientist*, 14, dec. 2006, p. 28-31.

41. Cité par Phillips H., 2006.

42. *Cf.* Terrace H.S. et Metcalfe J. (éd.), *op. cit.*, 2005.

43. Son L.K. et Kornell N., « Meta-confidence judgments in Rhesus macaques : explicit versus implicit mechanisms », *in* H.S. Terrace et J. Metcalfe (éd.), *op. cit.*, 2005, p. 296-320.

44. Smith J.D., Shields W.E. et Washburn D.A., « The comparative psychology of uncertainty and metacognition », *Behavioral and Brain Sciences*, vol. 26, 2003, p. 317-339 ; Phillips H., 2006.

45. Foote A.L. et Crystal J.D., « Metacognition in the rat », *Current Biology*, vol. 17, 2007, p. 551-555.

46. Cowey A. et Stoerig P., « Blindsight in monkeys », *Nature*, vol. 373, 1995, p. 247-249 ; Stoerig P., Zontanou A. et Cowey A., « Aware or unaware : assessment of cortical blindness in four men and a monkey », *Cerebral Cortex*, vol. 12, 2002, p. 565-574.

47. Gallup G.G. Jr., « Chimpanzees : self-recognition », *Science*, vol. 167, 1970, p. 86-87.

48. Gallup G., « Conscience de soi et conscience des autres », *Pour la Science*, n° 254, décembre 1998, p. 45-48.

49. Calhoun S. et Thompson R.L., « Long-term retention of self-recognition by chimpanzees », *American Journal of Primatology*, vol. 15, 1988, p. 361-365.

50. Gallup G., « Conscience de soi et conscience des autres », *Pour la Science*, n° 254, décembre 1998, p. 45-48 ; Gallup G.G., « Self-awareness and the evolution of social intelligence », *Behavioral Processes*, vol. 42, 1998, p. 239-247.

51. Darwin C., 1981, p. 150-151.

52. Gallup G., « Conscience de soi et conscience des autres », *Pour la Science*, n° 254, décembre 1998, p. 45-48.

53. Reiss D. et Marino L., « Mirror self-recognition in the bottlenose dolphin : a case of cognitive convergence », *The Proceedings of the National Academy of Sciences USA*, vol. 98, 2001, p. 5937-5942.

54. Plotnik J.M., de Waal F.B.M. et Reiss D., « Self-recognition in an Asian elephant », *The Proceedings of the National Academy of Sciences USA*, vol. 103, 2006, p. 17053-17057.

55. Prior H., Schwarz A. et Güntürkün O., « Mirror-induced behavior in the magpie (*Pica pica*) : evidence of self-recognition », *PloS Biology*, vol. 6, 2008, e202.doi:10.1371/journal.pbio.0060202.

56. *Cf.* Pennisi E., « Are our primate cousins "conscious" », *Science*, vol. 284, 1999, p. 2073-2076.

57. Damasio A., 1999, p. 202.

58. Dawkins M.A., « Animal minds and animal emotions », *American Zoologist*, 2000, vol. 40, p. 883-888.

59. Shima K., Isoda M., Mushiake H. et Tanji J., « Categorization of behavioral sequences in the prefrontal cortex », *Nature*, vol. 445, 2007, p. 315-318.

60. Rilling J.K. *et al.*, 2007.

61. Descartes R., 1988, p. 631.

62. Hauser M., 2002.

63. Hauser M., 2002.

Chapitre 11. Incapable de nous comprendre ?

1. Condillac, 2004, p. 160-161.

2. Giono J., « La grande barrière », in *Œuvres romanesques complètes*, Gallimard, coll. « La Pléiade », tome I, 1971, p. 152.

3. Derrida J., « L'animal que donc je suis », *in* M.-L. Mallet (éd.), *L'Animal autobiographique : autour de Jacques Derrida*, Galilée, coll. « La philosophie en effet », 1999, p. 251-301.

4. Hare B., Brown M., Williamson C. et Tomasello M., « The domestication of social cognition in dogs », *Science*, vol. 298, 2002, p. 1634-1636 ; Call J., Brauer J., Kaminski J. et Tomasello M., « Domestic dogs (*Canis familiaris*) are sensitive to the attentional state of humans », *Journal of Comparative Psychology*, vol. 117, 2003, p. 257-263.

5. Tomasello M., Call J. et Hare B., « Five primate species follow the visual gaze of conspecifics », *Animal Behaviour*, vol. 55, 1998, p. 1063-1069.

6. Gardner R.A., 2005.

7. Marbe K., « Die Rechenkunst der Schimpansen Basso im Frankfurter zoologischen Garten nebst Berkingne zur Tierpsychologie und einem offenem Brief an Harn krall », *Fortscheritte der Psychologie*, vol. 4, 1917, p. 135-187.

8. Despret V., *Hans, le cheval qui savait compter*, Les Empêcheurs de Penser en Rond, 2004.

9. Hare B., Call J., Agnetta B. et Tomasello M., « Chimpanzees know what conspecifics do and do not see », *Animal Behaviour*, vol. 59, 2000, p. 771-785 ; Hare B., Call J. et Tomasello M., « Do chimpanzees know what conspecifics know ? », *Animal Behaviour*, vol. 61, 2001, p. 139-151.

10. Gómez J.-C., « Species comparative studies and cognitive development », *Trends in Cognitive Sciences*, vol. 9, 2005, p. 118-125.

11. Wynne C., « Does your dog understand you ? », vol. 18, *The Scientist*, 20 décembre 2004, p. 18.

12. Pack A.A. et Herman L.M., « Bottlenosed dolphins (*Tursiops truncatus*) comprehend the referent of both static and dynamic human gazing and pointing in an object-choice task », *Journal of Comparative Psychology*, vol. 118, 2004, p. 160-171 ; Herman L.M. et Uyeyama R.K., 1999.

13. Xitco M.J., Gory J.D., Kuczaj II S.A., « Dolphin pointing is linked to the attentional behaviour of a receiver », *Animal Cognition*, vol. 7, 2004, p. 231-238.

14. Szetei V., Miklosi A., Topal J. et Csanyi V., « When dogs seem to lose their nose : an investigation on the use of visual and olfactory cues in communicative context between dog and owner », *Applied Animal Behaviour Science*, vol. 83, 2003, p. 141-152.

15. Viranyi Z., Topal J., Gacsi M., Miklósi A. et Csanyo V., « Dogs respond appropriately to cues of humans'attentional focus », *Behavioral Processes*, vol. 66, 2004, p. 161-172.

16. Miklósi A., Polgardi R., Topal J. et Csanyi V., « Intentional behaviour in dog-human communication : an experimental analysis of "showing" behaviour in the dog », *Animal Cognition*, vol. 3, 2000, p. 159-166.

17. *Cf.* Pennisi E., « A shaggy dog history », *Science*, vol. 298, 2002, p. 1540-1542.

18. *Ibid.*

19. Hare B. *et al.*, 2002.

20. Hare B., Plyusnina I., Ignacio N., Schepina O., Stepika A., Wrangham R. et Trut L., « Social cognitive evolution in captive foxes is a correlated by-product of experimental domestication », *Current Biology*, vol. 15, 2005, p. 226-230.

21. Kaminski J. *et al.*, 2005.

22. Udell M.A.R., Dorey N.R. et Wynne C.D.L., « Wolves outperform dogs in following social cues », *Animal Behaviour*, vol. 76, 2008, p. 1767-1773.

23. Archer J., « Why do people love their pets ? », *Ethology and Human Behavior*, vol. 18, 1997, p. 237-259.

24. Call J. *et al.*, 2003.

25. Erdöhegyi A., Topál J., Virányi Z. et Miklósi A., « Doglogic : inferential reasoning in a two-way choice task and its restricted use », *Animal Behaviour*, vol. 74, 2007, p. 725-737 ; Miklósi A., *Dog Behaviour, Evolution and Cognition*, Oxford University Press, 2007.

26. Joly-Mascheroni R.M., Senju A. et Shepherd A.J., « Dogs catch human yawns », *Biology Letters*, vol. 4, 2008, p. 446-448.

27. Lorenz K., *Les Fondements de l'éthologie*, Flammarion, 1984.

28. Servais V., « L'empathie et la perception des formes dans l'éthologie contemporaine », *in* A. Berthoz et G. Jorland (éd.), *L'Empathie*, Odile Jacob, 2004, p. 203-222 ; de Waal F.B., « Foreword », *in* R.W. Mitchell, N.S. Thompson et Miles H.L. (éd.), *Anthropomorphism, Anecdotes, and Animals*, State University of New York Press, 1997.

29. Sicotte P. et Nisan C., « Femmes et empathie en primatologie. Réflexions sur la représentation des femelles primates et des femmes primatologues », *Autrement*, n° 106, 1998, p. 77-102.

30. Hrdy S.B., « Empathy, polyandry and the myth of the coy female », *in* R. Bleier (éd.), *Feminist Approaches to Science*, Pergamon Press, 1986, p. 119-146.

31. Sicotte P. et Nisan C., 1998, p. 101.
32. *Ibid.*, p. 78.
33. De Waal F., *Quand les singes prennent le thé. De la culture animale*, Librairie Arthème Fayard, 2001, pour la traduction française ; Asquith P.J. (éd.), *A Japanese View of Nature. The World of Living Things by Kinji Imanishi*, Routledge Curzon, 2002.
34. Cité *in* Asquith P.J., 2002.

Chapitre 12. Sans culture ?

1. De Waal F., 2001, p. 196.
2. Buffon, 1833 (tome VIII).
3. Wilson L., « Observations and experiments on the ethology of the European beaver (*Castor fiber L.*), a study in the development of phylogenetically adapted behaviour in a highly specialized mammal », *Viltrevy, Swedish Wildlife*, vol. 8, 1971, p. 117-266.
4. Cité par Griffin in Denton D., 1995, p. 62-64.
5. De Waal F., 2001.
6. Asquith P.J., 2002 ; Matsuzawa T. et McGrew W.C., « Kinji Imanishi and 60 years of Japanese primatology », *Current Biology*, vol. 18, 2008, p. R587-591.
7. Kawai M., « Newly acquired precultural behavior of the natural troops of japanese monkeys in Koshima island », *Primates*, vol. 6, 1965, p. 1-30.
8. De Waal F., 2001.
9. Galef B.G., « The question of animal culture », *Human Nature*, vol. 3, 1990, p. 157-178.
10. Kattmann U., « Piecing together the history of our knowledge of chimpanzee tool use », *Nature*, vol. 411, 2001, p. 413.
11. Goodall J., « Tool-using and aimed throwing in a community of free-living chimpanzees », *Nature*, vol. 201, 1964, p. 1264-1266.
12. Goodall J. (en collaboration avec Berman P.), *Reason for Hope. A Spiritual Journey*, Warner Books, 2000, p. 67.
13. Lonsdorf E.V., Eberly L.E. et Pusey A.E., « Sex differences in learning in chimpanzees », *Nature*, vol. 428, 2004, p. 715 ; Lonsdorf E.V. et Hopkins W.D., « Wild chimpanzees show population-level handedness for tool use », *The Proceedings of the National Academy of Sciences USA*, vol. 102, 2005, p. 12634-12638.
14. Sanz C., Morgan D. et Gulick S., « New insights into chimpanzees, tools, and termites from the Congo basin », *American Naturalist*, vol. 164, 2004, p. 567-581.

15. Wrangham R.W. *et al.*, 1994 ; Boesch C., « The emergence of cultures among wild chimpanzees », *Proceedings of British Academia*, vol. 88, 1996, p. 251-268 ; McGrew W.C., *Chimpanzee Material Culture : Implications for Human Evolution*, Cambridge University Press, 1992.

16. Boesch C., 1996 ; Boesch C. et Boesch-Ascherman H., *Chimpanzees of the Tai Forest : Behavioural Ecology and Evolution*, Oxford University Press, 2000 ; Hayashi M., Mizuno Y. et Matsuzawa T., « How does stone-tool use emerge ? Introduction of stones and nuts to naive chimpanzees in captivity », *Primates*, vol. 46, 2005, p. 91-102 ; Whiten A. *et al.*, 1999 ; McGrew W.C., 1992.

17. Wrangham R.W., « Leaf swallowing by chimpanzees, and its relation to a tapeworm infection », *American Journal of Physical Anthropology*, vol. 37, 1995, p. 297-303 ; Huffman M.A., « Self-medicative behavior in the African great apes : an evolutionary perspective into the origins of human traditional medicine », *Bioscience*, vol. 51, 2001, p. 651-661 ; Huffman M.A., « Animal self-medication and ethno-medicine : exploration and exploitation of the medicinal properties of plants », *Proceedings of the Nutrition Society*, vol. 62, 2003, p. 371-381 ; Huffman M.A. et Hirata S., « An experimental study of leaf swallowing in captive chimpanzees : insights into the origin of a self-medicative behaviour and the role of social learning », *Primates*, vol. 45, 2004, p. 113-118.

18. Van Schaik C.P., Fox E.A. et Fechtman L.T., « Individual variation in the rate of use tree-hole tools among wild orangutans : implications for hominid evolution », *Journal of Human Evolution*, vol. 44, 2003, p. 11-23 ; Van Schaik C.P., Ancrenaz M., Borgen G., Galdikas B., Knott C.D., Singleton I., Susuki A., Utami S.S. et Merrill M., « Orangutan cultures and the evolution of material culture », *Science*, vol. 299, 2003, p. 102-105.

19. Breuer T., Ndoudou-Hockemba M. et Fishlock V., « First observation of tool use in wild gorillas », *PLoS Biology*, vol. 3, 2005, p. 2041-2043.

20. Hohmann G. et Fruth B., « Culture in bonobos ? Between-species and within-species variation in behaviour », *Current Anthropology*, vol. 44, 2003, p. 563-571.

21. Voir Sugiyama Y., « Local variation of tools and tool use among wild chimpanzee populations », *in* A. Berthelet et J. Chavaillon (éd.), *The Use of Tools by Human and Non-Human Primates*, Clarendon Press, 1993, p. 175-187.

22. Whiten A. et Boesch C., 2001, p. 89.

23. *Ibid.*, p. 93.

24. Whiten A. *et al.*, 1999 ; Vogel G., 1999.

25. Whiten A. et Boesch C., 2001, p. 92.

26. Nakamura M. et Uehara S., « Proximate factors of different types of grooming-hand-clasp in Mahale chimpanzees : implications for chimpanzee social custom », *Current Anthropology*, 2004, 45 (1), 2004, p. 108-114.

27. Whiten A. *et al.*, 2005.

28. Horner V., Whiten A., Flynn E. et de Waal F.B.M., « Faithful replication of foraging techniques along cultural transmission chains by chimpanzees and children », *The Proceedings of the National Academy of Sciences USA*, vol. 103, 2006, p. 13878-13883.

29. Biro D., Inoue-Nakamura N., Tonooka R., Yamakoshi G., Sousa C. et Matsuzawa T., « Cultural innovation and transmission of tool use in wild chimpanzees : evidence from field experiments », *Animal Cognition*, vol. 6, 2003, p. 213-223.

30. Whitehead H. *et al.*, 1998 ; Vogel G., « DNA suggests cultural traits affect whales' evolution », *Science*, vol. 282, 1998, p. 1616.

31. Mason B., 2005.

32. Byrne R.W., Barnard P.J., Davidson I., Janik V.M., McGrew W.C., Miklósi A. et Wiessner P., « Understanding culture across species », *Trends in Cognitive Sciences*, vol. 8, 2004, p. 341-346.

33. Lachland R.F. et Slater P.J.B., « The maintenance of vocal learning by gene-culture interaction : the cultural trap hypothesis », *Proceedings of the Royal Society London, B. Biological Sciences*, vol. 266, 1999, p. 701-706.

34. Whiten A. *et al.*, 2005.

35. Fragaszy D.M. et Perry S. (éd.), *The Biology of Traditions : Models and Evidence*, Cambridge University Press, 2003.

36. Murray C.M., Gilby I.C., Mane S.V. et Pusey A.E., « Adult male chimpanzees inherit maternal ranging patterns », *Current Biology*, vol. 18, 2008, p. 20-24.

37. Lycett S.J., Collard M. et McGrew W.C., « Phylogenetic analyses of behavior support existence of culture among wild chimpanzees », *Proceedings of the National Academy of Sciences USA*, vol. 104, 2007, p. 17588-17592.

38. Terkel J., « Social transmission of pine cone feeding behaviour in the black rat », *in* B.G. Galef, M. Mainardi et P. Valsecchi (éd.), *Behavioural Aspects of Feeding*, Harwood Academic, 1994, p. 229-256.

39. Viljoen P.J., « Spatial distribution and movements of elephants (*Loxodonta Africana*) in the northern Namib desert region

of Kaokoveld, South West Africa Namibia », *Journal of Zoology*, vol. 219, 1989, p. 1-19.

40. Galef B.G., « "Traditional" foraging behaviours of brown and black rats (*Rattus norvegicus* and *Rattus rattus*) », *in* D.M. Fragaszy et S. Perry (éd.), *The Biology of Traditions : Models and Evidence*, Cambridge, Cambridge University Press, 2003, p. 159-186.

41. Tonooka R., « Leaf-folding behaviour for drinking water by wild chimpanzees (*Pan troglodytes*) at Bossou, Guinea », *Animal Cognition*, vol. 4, 2001, p. 325-334.

42. McGrew W.C., « Dental care in chimps », *Science*, vol. 288, 2000, p. 1747.

43. Sanz C. *et al.*, 2004.

44. Pruetz J.D. et Bertolani P., « Savanna chimpanzees, *Pan troglodytes verus*, hunt with tools », *Current Biology*, vol. 17, 2007, p. 412-417.

45. Hernandez-Aguilar R.A., Moore J. et Pickering T.R., « Savanna chimpanzees use tools to harvest the underground storage organs of plants », *The Proceedings of the National Academy of Sciences USA*, vol. 104, 2007, p. 19210-19213.

46. Sousa C. et Matsuzawa T., « Token use by chimpanzees (*Pan troglodytes*) : choice, metatool and cost », *in* T. Matsuzawa, M. Tomonaga, M. Tanaka (éd.), *Cognitive Development in Chimpanzees*, Springer, 2006, p. 411-438.

47. Sousa C. et Matsuzawa T., « The use of tokens as rewards and tools by chimpanzees (*Pan troglodytes*) », *Animal Cognition*, vol. 4, 2001, p. 213-221.

48. Brosnan S.F., Grady M.F., Lambeth S.P., Schapiro S.J. et Beran M.J., « Chimpanzee autarky », *PloS ONE*, vol. 3 (1), 2008, e1518.doi:10.1371/journal.pone.0001518.

49. Visalberghi E., Fragaszy D.M. et Savage-Rumbaugh S., « Performance in a tool-using task by common chimpanzees (*Pan troglodytes*), bonobos (*Pan paniscus*), an orang-utan (*Pongo pygmaeus*), and capuchin monkeys (*Cebus apella*) », *Journal of Comparative Psychology*, vol. 109, 1995, p. 52-60.

50. Westergaard G.C., Liv C., Rocca A.M., Cleveland A. et Suomi S.J., « Tufted capuchins (*Cebus apella*) attribute value to foods and tools during voluntary exchanges with humans », *Animal Cognition*, 2004, p. 19-24.

51. Moura A.C. de A. et Lee P.C., « Capuchin stone tool use in Caatinga dry forest », *Science*, vol. 306, 2004, p. 1909.

52. Krützen M., Mann J., Heithaus M.R., Connor R.C., Bejder L. et Sherwin W.B., « Cultural transmission of tool use in bottlenose

dolphins », *Proceedings of the National Academy of Sciences USA*, vol. 102, 2005, p. 8939-8943.

53. Okanoya K., Tokimoto N., Kumazawa N., Hihara S. et Iriki A., « Tool-use training in a species of rodent : the emergence of an optimal motor strategy and functional understanding », *PloS One*, vol. 3, 2008, doi:10.1371/journal. pone.0001860.

54. Hart B.L., Hart L.A., McCoy M. et Sarath C.R., « Cognitive behaviour in Asian elephants ; use and modification of branches for fly switching », *Animal Behaviour*, vol. 62, 2001, p. 839-847.

55. Westergaard G.C., « Development of combinatorial manipulation in infant baboons (*Papio cynocephalus anubis*) », *Journal of Comparative Psychology*, vol. 10, 1993, p. 34-38.

56. Hunt G.R., « Manufacture and use of hook-tools by New Caledonian crows », *Nature*, vol. 379, 1996, p. 249-251.

57. Chappell J. et Kacelnik A., « Selection of tool diameter by New Caledonian crows *Corvus moneduloides* », *Animal Cognition*, vol. 7, 2004, p. 121-127.

58. Taylor A.H., Hunt G.R., Holzhaider J.C. et Gray R.D., « Spontaneous metatool use by New Caledonian crows », *Current Biology*, vol. 17, 2007, p. 1504-1507.

59. Kenward B., Weir A.A.S., Rutz C. et Kacelnik A., « Behavioural ecology : tool manufacture by naive juvenile crows », *Nature*, vol. 433, 2005, p. 121.

60. *Ibid.*

61. Rutz C., Bluff L.A., Weir A.A.S. et Kacelnik A., « Video cameras on wild birds », *Science*, vol. 318, 2007, p. 765.

62. Levey D.J., Duncan R.S. et Levins C.F., « Use of dung as a tool by burrowing owls », *Nature*, vol. 431, 2004, p. 39.

63. Robinson S.K., « Use of bait and lures by green-backed herons in Amazonian Peru », *Wilson Bulletin*, vol. 106, 1994, p. 567-569.

64. Lefebvre L., Nicolakakis N. et Boire D. : « Tools and brains in birds », *Behaviour*, vol. 139, 2002, p. 939-973.

65. Huxley J. (éd.), *Le Comportement rituel chez l'homme et l'animal*, Gallimard, 1971.

66. Whiten A. et Van Schaik C.P., « The evolution of animal "cultures" and social intelligence », *Philosophical Transaction of Royal Society London B Biological Sciences*, vol. 362, 2007, p. 603-620.

67. Santos L.R., Rosati A., Sproul C., Spaulding B. et Hauser M.D., « Means-means-end tool choice in cotton-top tamarins (*Sanguinus Oedipus*) : finding the limits on primates' knowledge of tools », *Animal Cognition*, vol. 8, 2005, p. 236-246.

68. Deputte B.L. et Vauclair J., « Connaître le monde, connaître les siens. Les grands singes (n')ont (pas) la parole », *Autrement*, n° 106, 1998, p. 75.

69. Herrmann E., Call J., Hernandez-Lloreda M.V., Hare B. et Tomasello M., « Humans have evolved specialized skills of social cognition : the cultural intelligence hypothesis », *Science*, vol. 317, 2007, p. 1360-1366.

70. Cité *in* Grant B., « Do chimps have culture ? », *The Scientist*, vol. 21 (8), août 2007, p. 30.

71. Mercader J., Panger M. et Boesch C., « Excavation of a chimpanzee stone tool site in the African rainforest », *Science*, vol. 296, 2002, p. 1452-1455.

72. Mercader J., Barton H., Gillespie J., Harris J., Kuhn S., Tyler R. et Boesch C., « 4 300-year-old chimpanzee sites and the origins of percussive stone technology », *The Proceedings of the National Academy of Sciences USA*, vol. 104, 2007, p. 3043-3048.

73. *Cf.* Vogel G., « Can chimps ape ancient hominid toolmakers ? », *Science*, vol. 296, 2002, p. 1380.

74. Schick K. et Toth N., *Making Silent Stones Speak : Human Evolution and the Dawn of Technology*, Simon & Schuster, 1993 ; Schick K., Toth N., Garufi G., Savage-Rumbaugh E.S., Rumbaugh D. et Sevcik R., « Continuing investigations into the stone tool-making capabilities of a Bonobo (*Pan paniscus*) », *Journal of Archaeological Sciences*, vol. 26, 1999, p. 821-832 ; Toth N., Schick K., Savage-Rumbaugh E.S., Sevcik R. et Rumbaugh D., « Pan the tool-maker : investigations into the stone tool-making and tool-using capabilities of a bonobo (*Pan paniscus*) », *Journal of Archaeological Science*, vol. 20, 1993, p. 80-91.

75. Wright R., « Imitative learning of flaked tool technology : the case of an orang-utan », *Mankind*, vol. 8, 1972, p. 296-306.

76. Wynn T., « Archaeology and cognitive evolution », *Behavioral and Brain Sciences*, vol. 25, 2002, p. 389-438.

77. Whiten A., 2005.

78. Lycett S.J. *et al.*, 2007.

79. Kenward B. *et al.*, 2005.

80. Westergaard G.C., « Lion-tailed macaques (*Macaca silenus*) manufacture and use tools », *Journal of Comparative Psychology*, vol. 102, 1988, p. 152-159.

81. Westergaard G.C., « Infant baboons spontaneously use an object to obtain distant food », *Perceptual and Motor Skills*, vol. 68, 1989, p. 558.

82. Spaulding B. et Hauser M., « What experience is required for acquiring tool competence ? Experiments with two callitrichids », *Animal Behaviour*, vol. 70, 2005, p. 517-526.

83. Tebbich S., Taborsky M., Fessl B., Blomqvist D., « Do woodpecker finches acquire tool-use by social learning ? », *Proceedings of the Royal Society London B*, vol. 268, 2001, p. 2189-2193.

84. Lumsden C.J. et Wilson E.O., *Genes, Mind and Culture. The Coevolutionary Process*, Harvard University Press, 1981

85. Danchin E., Giraldeau L.-A., Valone T.J. et Wagner R.H. « Public information : from nosy neighbors to cultural evolution », *Science*, vol. 305, 2004, p. 487-491 ; McGregor P. (éd.), *Animal Communication Networks*, Cambridge University Press, 2005.

86. Bshary R. et Grutter A.S., « Image scoring and cooperation in a cleaner fish mutualism », *Nature*, vol. 441, 2006, p. 975-978.

87. Whitehead H., *Sperm Whales : Social Evolution in the Ocean*, University of Chicago Press, 2003.

88. *Ibid.*

89. Krutzen M. *et al.*, 2005.

90. Cavalli-Sforza L., *Gènes, Peuples & Langues*, Odile Jacob, 1996.

Chapitre 13. Sans morale ?

1. *In* Ferry L. et Vincent J.-D., *Qu'est-ce que l'homme ? Sur les fondamentaux de la biologie et de la philosophie*, Odile Jacob, 2000, p. 102.

2. Darwin C., 1874, p. 72.

3. Christen Y., 2000.

4. Lorenz K., 1969, p. 122.

5. De Waal F., *Le Bon Singe*, Bayard, 1997 ; Hauser M., *Moral Minds. How Nature Designed Our Universal Sense of Right and Wrong*, Ecco Harper Collins, 2006.

6. Bekoff M., « Virtuous nature », *New Scientist*, 13 juillet 2002, p. 34.

7. Anderson S.W., Bechara A., Damasio H., Tranel D. et Damasio A.R., « Impairment of social and moral behaviour related to early damage in human prefrontal cortex », *Nature Neuroscience*, vol. 2, 1999, p. 1032-1037.

8. Greene J.D., Sommerville R.B., Nystrom L.E., Darley J.M. et Cohen J.D., « An fMRI investigation of emotional engagement in moral judgment », *Science*, vol. 293, 2001, p. 2105-2108 ; Greene J.D., Nystrom L.E., Engell A.D., Darley J.M. et Cohen J.D., « The

neural bases of cognitive conflict and control in moral judgment », *Neuron*, vol. 44, 2004, p. 389-400.

9. Greene J.D. *et al.*, 2004.

10. Hauser M., 2002.

11. Preston S.D. et de Waal F.B., 2002.

12. Wechkin S., Masserman J.H. et Terris Jr. W., « Shock to a conspecific as an aversive stimulus », *Psychonomic Science*, vol. 1, 1964, p. 47-48.

13. Church R.M., « Emotional reactions of rats to the pain of others », *Journal of Comparative & Physiological Psychology*, vol. 52, 1959, p. 132-134.

14. Markowitz H., *Behavioral Enrichment in the Zoo*, New York, Van Nostrand Reinhold, 1982, chapitre 4.

15. Miller R.E., Murphy J.V. et Mirsky I.A., « Relevance of facial expression and posture as cues in communication of affect between monkeys », *AMA Archives of General Psychiatry*, vol. 1, 1959, p. 480-488.

16. Yerkes R.M., *Almost Human*, Century, 1925.

17. De Waal F.B., Uno H., Luttrell L.M., Meisner L.F. et Jeannotte L.A., « Behavioral retardation in a macaque with autosomal trisomy and aging mother », *American Journal of Mental Retardation*, vol. 100, 1996, p. 378-390.

18. Fedigan L.M. et Fedigan L., « The social development of a handicapped infant in a free-living troop of Japanese monkeys », *in* C. Chevalier-Skolnikoff et Poirier F.E. (éd.), *Primate Bio-Social Development : Biological, Social and Ecological Determinants*, New York, Garland, 1977, p. 205-222.

19. De Waal F.B., 1997.

20. Porter J.W., « Pseudorca stranding », *Oceans*, vol. 4, 1977, p. 8-14.

21. De Waal F., 1997.

22. Silk J.B., Brosnan S.F., Vonk J., Henrich J., Povinelli D.J., Richardson A.S., Lambeth S.P., Mascaro J. et Schapiro S.J., « Chimpanzees are indifferent to the welfare of unrelated group members », *Nature*, vol. 437, 2005, p. 1357-1359.

23. Tomasello M., Carpenter M., Call J., Behne T. et Moll H., « In search of the uniquely human », *Behavioral and Brain Sciences*, vol. 28, 2005, p. 721-735.

24. Jensen K., Hare B., Call J. et Tomasello M., « What's in it for me ? Self-regard precludes altruism and spite in chimpanzees », *Proceedings of the Royal Society London B*, vol. 273, 2006, p. 1013-1021.

25. Melis A.P., Hare B. et Tomasello M., « Chimpanzees recruit the best collaborators », *Science*, vol. 311, 2006, p. 1297-1300.

26. Warneken F. et Tomasello M., « Altruistic helping in human infants and young chimpanzees », *Science*, vol. 311, 2006, p. 1301-1303.

27. Silk J.B., « Who are more helpful, humans or chimpanzees ? », *Science*, vol. 311, 2006, p. 1248-1249.

28. Gilby I.C., « Meat sharing among the Gombe chimpanzees : harassment and reciprocal exchange », *Animal Behaviour*, vol. 71, 2006, p. 953-963.

29. Warneken F., Hare B., Melis A.P., Hanus D. et Tomasello M., « Spontaneous altruism by chimpanzees and young children », *PLos Biology*, vol. 5, 2007, e184.doi:10.13171.

30. De Waal F.B.M., Leimgruber K. et Greenberg A.R., « Giving is self-rewarding for monkeys », *The Proceedings of the National Academy of Sciences USA*, vol. 105, 2008, p. 13685-13689.

31. Lakshmirayanan V.R. et Santos L.R., « Capuchin monkeys are sensitive to others' welfare », *Current Biology*, vol. 18, 2008, R999-R1000.

32. Langford D.J., Crager S.E., Smith S.B., Sotocinal S.G., Levenstadt J.S., Chanda M.L., Levitin D.J. et Mogil J.S., « Social modulation of pain as evidence for empathy in mice », *Science*, vol. 312, p. 1967-1970.

33. Dawkins R., 1978.

34. Wilson E., *Sociobiology*, Harvard University Press, 1975.

35. Bekoff M., « Social play behaviour : cooperation, fairness, trust and the evolution of morality », *Journal of Consciousness Studies*, vol. 8, 2001, p. 81-90 ; Bekoff M., « Virtuous nature », *New Scientist*, 13 juillet 2002, p. 34-37.

36. Rasa A., *La Famille idéale. Vie sociale des mangoustes*, Odile Jacob, 1990.

37. Mock D.W., *More than Kin and Less than Kind : The Evolution of Family Conflict*, Harvard University Press, 2004.

38. Brosnan S.F. et Waal F.B.M. de, « Monkeys reject unequal pay », *Nature*, vol. 425, 2003, p. 297-299.

39. Brosnan S.F., Schiff H.C. et Waal de F.B.M., « Tolerance for inequity may increase with social closeness in chimpanzees », *Proceedings of the Royal Society London B*, vol. 272, 2005, p. 253-258.

40. Jensen K., Call J. et Tomasello M., « Chimpanzees are rational maximizers in an ultimatum game », *Science*, vol. 318, 2007, p. 107-109.

41. Fehr E., Bernhard H. et Rockenbach B., « Egalitarianism in young children », *Nature*, vol. 454, 2008, p. 1079-1083.

42. Bekoff M., 2001.

43. Iwaniuk A., Nelson J. et Pellis S., « Do big-brained animals play more ? », *Journal of Comparative Psychology*, vol. 115, 2001, p. 29-41.

44. Bekoff M., 2001.

45. Hauser M., 2006.

46. Kant E., *Traité de pédagogie*, Alcan, 1886.

47. De Waal F., *Primates et Philosophes*, Le Pommier, 2008.

Chapitre 14. Pauvres en monde ?

1. Heidegger M., *Les Concepts fondamentaux de la métaphysique*, Gallimard, 1992, p. 267.

2. Buchan J.C., Alberts S.C., Silk J.B. et Altmann J., « True paternal care in a multi-male primate society », *Nature*, vol. 425, 2003, p. 179-181.

3. Sherman P.W. et Neff B.D., « Father knows best », *Nature*, vol. 136, 2003, p. 136-137.

4. Christen Y., 2000.

5. Imanishi K., « Social organization of subhuman primates in their natural habitat », *Current Anthropology*, vol. 1, 1960, p. 5-6.

6. Koford C., « Rank of mothers and sons in bands of rhesus monkeys », *Science*, vol. 141, 1963, p. 356-357.

7. Chapais B., « Machiavel chez les macaques », *La Recherche*, n° 307, mars 1998, p. 66-70.

8. Pascalis O. et Bachevalier J., « Face recognition in primates : a cross-species study », *Behavioural Processes*, vol. 43, 1998, p. 87-96. Humphrey H.K., « Species and individuals in the perceptual world of monkeys », *Perception*, vol. 3, 1974, p. 105-114 ; Humphrey H.K., « Species and individuals in the perceptual world of monkeys », *Perception*, vol. 3, 1974, p. 105-114.

9. Dasser V., « A social concept in Java monkeys », *Animal Behaviour*, vol. 36, 1988, p. 225-230.

10. Parr L.A. et Waal de F., « Visual kin recognition in chimpanzees », *Nature*, vol. 399, 1999, p. 647-648 ; Vokey J.R., Rendall D., Tangen J.M., Parr L.A. et Waal de F.B.M., « Visual kin recognition and family resemblance in chimpanzees (*Pan troglodytes*) », *Journal of Comparative Psychology*, vol. 118, 2004, p. 194-199.

11. Haude R.H., Graber J.G. et Farres A.G., « Visual observing by rhesus monkeys – some relationships with social dominance ranks », *Animal Learning & Behavior*, vol. 4, 1976, p. 163-166.

12. Dasser V., « Slides of group members as representations of the real animals (*Macaca fascicularis*) », *Ethology*, vol. 76, 1987, p. 65-73.

13. Cheney D.L. et Seyfarth R.M., *Baboon Metaphysics. The Evolution of a Social Mind*, University of Chicago Press, 2007.

14. Hamilton W.D., « The genetical evolution of social behaviour, I and II », *Journal of Theoretical Biology*, vol. 7, 1964, p. 1-52.

15. Hamilton W.D., « Aptitudes sociales innées chez l'homme : approche par la génétique de l'évolution », *in* R. Fox (éd.), *Anthropologie biosociale*, Complexe, 1978, p. 183-215 (éd. originale 1975, trad. P. Humblet, M. Stroobants).

16. Christen Y., 2000.

17. Lestel D., *L'Animal singulier*, Seuil, 2004 ; Strum S.C., *Voyage chez les babouins*, Eshel, 1990.

18. Yamagiwa J., Kahekwa J. et Basabose A.K., « Intra-specific variation in social organization of gorillas : implications for their social evolution », *Primates*, vol. 44, 2003, p. 359-369.

19. Strum S.C., 1990.

20. Ferry L., 1992 ; Ferry L., 2000.

21. Dreifus C., « A conversation with Emily Sue Savage-Rumbaugh », *New York Times*, 14 avril 1998.

22. Heidegger M., « L'homme habite en poète », in *Essais et Conférences*, Gallimard, 1958, p. 235.

23. Malebranche N. de, *Entretiens sur la mort*, tome II, Vrin, 1948, p. 217.

24. Rousseau J.-J., *Discours sur l'origine et les fondements de l'inégalité parmi les hommes*, in *Œuvres complètes*, tome III, Gallimard, coll. « Bibliothèque de la Pléiade », 1964, p. 143.

25. Schopenhauer A., *Le Monde comme volonté et représentation*, PUF, 1966, p. 67.

26. Schopenhauer A., *Le Fondement de la morale*, Aubier, 1978, p. 199.

27. Moss C., *La Longue Marche des éléphants*, Robert Laffont, 1989, p. 77-78.

28. McComb K., Baker L. et Moss C., « African elephants show high levels of interest in the skulls and ivory of their own species », *Biology Letters*, vol. 2, 2006, p. 26-28.

29. Douglas-Hamilton I., Bhalla S., Wittemyer G. et Vollrath F., « Behavioural reactions of elephants towards a dying and deceased

matriarch », *Applied Animal Behaviour Science*, vol. 100, 2008, p. 87-102.

30. Burke T., Page B., Van Dyk G., Millspaugh J. et Slotow R., « Risk and ethical concerns of hunting male elephant : behavioural and physiological assays of the remaining elephants », *PloS ONE*, vol. 3, 2008, e2417.doi:101371/journal.pone.0002417.

31. Bekoff M., *Minding Animals. Awareness, Emotions, and Heart*, Oxford University Press, 2002.

32. Voir Denton D., 1995, p. 129-137.

33. Dosa D.M., « A day in the life of Oscar the cat », *New England Journal of Medicine*, vol. 357, 2007, p. 328-329.

34. Teliki G., « Group response to the accidental death of a chimpanzee in Gombe National Park », *Folia Primatologica*, vol. 20, 1973, p. 81-94.

35. Patterson F., « The mind of gorilla : conversation and conservation », *in* K. Bernischke (éd.), *Primates : The Road to Self-Sustaining Populations*, Springer Verlag, 1986, p. 944-945.

36. Simmonds M., 2006 ; Rose N.A., « A death in the family », *in* M. Bekoff (éd.), *The Smile of the Dolphin*, Discovery Books, 2000, p. 144-145.

37. Suddendorf T., 2006.

38. Von Uexküll J.V., *Mondes animaux et Monde humain*, Gonthier, 1965, p. 147-148.

39. Berthoz A. et Christen Y. (éd.), *Neurobiology of « Umwelt » : How Living Beings Perceive the World*, Springer Verlag, 2008.

40. Christen Y., 2000.

41. *Ibid.*

42. Gould J.L. et Gould C.G., 1998.

43. *Ibid.*

44. Ferry L., 2000, p. 103.

45. De Waal F., 2001, p. 29.

46. Christen Y., « Biologie de l'esthétique. Séance du 29 mars 2006 », *Académie des beaux-arts, communications 2006*, 2007, p. 27-41.

47. Von Frisch K., *Architecture animale*, Albin Michel, 1974.

48. Gilliard E.T., *Birds of Paradise and Bowerbirds*, Weidenfeld & Nicolson, 1969.

49. Coleman S.W., Patricelli G.L. et Borgia G., « Variable female preferences drive complex male displays », *Nature*, vol. 428, 2004, p. 742-745.

50. Watanabe S., « Van Gogh, Chagall and pigeons : picture discrimination in pigeons and humans », *Animal Cognition*, vol. 4,

2001, p. 147-151 ; Watanabe S., Sakamoto J. et Wakita M., « Pigeon's discrimination of paintings by Monet and Picasso », *Journal of the Experimental Analysis of Behavior*, vol. 63, 1995, p. 165-174.

51. Morris D., *Biologie de l'art*, Stock, 1962.

52. Gucwa D. et Ehmann J., *To Whom it May Concern : An Investigation of the Art of Elephants*, Norton, 1985.

53. Gray P.M., Krause B., Atema J., Payne R., Krumhansl C. et Baptista L., « The music of nature and the nature of music », *Science*, vol. 291, 2001, p. 52-54.

54. *Ibid.*

55. West M.J. et King A.P., « Mozart's starling », *American Scientist*, vol. 78 (2), 1990, p. 106-114.

56. McDermott J. et Hauser M., « Are consonant intervals music to their ears ? Spontaneous acoustic preferences in a nonhuman primate », *Cognition*, vol. 94, 2004, p. B11-21.

57. Elias D.O., Mason A.C. et Hoy R.R., « The effect of substrate on the efficacy of seismic courtship signal transmission in the jumping spider *Habronattus dossenus* (Araneae : Salticidae) », *Journal of Experimental Biology*, vol. 207, 2004, p. 4105-4110.

58. Hauser M.D. et McDermott J., « The evolution of the music faculty : a comparative perspective », *Nature Neuroscience*, vol. 6, 2003, p. 663-668.

59. Bendor D. et Wang X., « The neuronal representation of pitch in primate auditory cortex », *Nature*, vol. 436, 2005, p. 1161-1165.

60. Zatorre R.J., « Finding the missing fundamental », *Nature*, vol. 436, 2005, p. 1093-1094.

61. Gelman S.A., « Psychological essentialism in children », *Trends in Cognitive Sciences*, vol. 8, 2004, p. 404-409.

62. Rakison D.H. et Oakes L.M., *Early Category and Concept Development : Making Sense of the Blooming, Buzzing Confusion*, Oxford University Press, 2003.

63. Herrnstein R.J. et Loveland D.H., « Complex visual concept in the pigeon », *Science*, vol. 146, 1964, p. 549-551.

Chapitre 15. Sans histoire ?

1. Prochiantz A., 2001, p. 178.

2. Delort R., *Les animaux ont une histoire*, Seuil, 1984, p. 7.

3. Goodall J., 1990, p. 106.

4. *Ibid.*, p. 107.

5. Wilson M.L., Wallauer W.R. et Pusey A.E., « New cases of intergroup violence among chimpanzees in Gombe National Park, Tanzania », *International Journal of Primatology*, vol. 25, 2004, p. 523-549.

6. Maestripieri D., *Macachiavellian Intelligence : How Rhesus Macaques and Humans Have Conquered the World*, Chicago University Press, 2007.

7. Watts D.P., Mitani J.C. et Sherrow H.M., « New cases of inter-community infanticide by male chimpanzees at Ngogo, Kibale National Park, Uganda », *Primates*, vol. 43, 2002, p. 263-270.

8. Gros-Louis J., Perry S. et Manson J.H., « Violent coalitionary attacks and intraspecific killing in wild white-faced capuchin monkeys (*Cebus capucinus*) », *Primates*, vol. 44, 2003, p. 341-346.

9. Wrangham R.W., « Evolution of coalitionary killing », *American Journal of Physical Anthropology*, suppl. 29, 1999, p. 29 (1-30).

10. Sapolsky R.M. et Share L.J., « A pacific culture among wild baboons : its emergence and transmission », *PLoS Biology*, vol. 2, 2004, E106.

11. De Waal F.B.M. et Johanowicz D.L., « Modification of reconciliation behaviour through social experience : an experiment with two macaque species », *Child Development*, vol. 64, 1993, p. 897-908.

12. Godelier M., *Métamorphoses de la parenté*, Fayard, 2004.

13. De Waal F.B.M, « Peace lessons from an unlikely source », *PLoS Biology*, vol. 2 (4), 2004, e101.

14. Noad M., Cato D.H., Bryden M.M., Jenner M.N. et Jenner K.C., « Cultural evolution in whale songs », *Nature*, vol. 408, 2000, p. 537.

15. Marzluff J.M. et Angell T., in *The Company of Crows and Ravens*, Yale University Press, 2005.

16. Prochiantz A., 2001, p. 174.

Chapitre 16. Sans droit ?

1. Kant E., « Conjectures sur les débuts de l'histoire humaine », in *La Philosophie de l'histoire*, Aubier, 1947, p. 159-160.

2. Marguénaud J.-P., « L'appréhension par le droit positif des relations complexes entre l'homme et l'animal », *in* J.-C. Nouët et

G. Chapouthier (éd.), *Humanité, Animalité : quelles frontières ?*, Connaissances et Savoir, 2006, p. 85-98.

3. Baertschi B., « Dignité de la créature et dignité de la personne humaine », *in* G. Chapouthier (éd.), *L'Animal humain. Traits et spécificités*, L'Harmattan, 2004, p. 87-106.

4. Hannedouche S., « Les animaux et le droit. L'appréhension de l'animal par le droit (ou les appréhensions du droit envers l'animal) », *Nervure*, tome X, n° 3, 1997, p. 59.

5. Chapouthier G. et Nouët J.-C. (éd.), *Les Droits de l'animal aujourd'hui*, Arléa-Corlet, coll. « Panoramiques », 1997.

6. Watson E., Eastel S. et Penny D., « *Homo* genus : a review of the classification of humans and the great apes », *in* P.V. Tobias, M.A. Raath, J. Moggi-Cecchi et G.A. Doyle (éd.), *Humanity from African Naissance to Coming Millennia*, Firenze University Press, 2001, p. 311-323.

7. *Chimpanzees in Research : Strategies for Their Ethical Care, Management, and Use*, The National Academies Press, 1997.

8. Brüne M., Brüne-Cohrs U. et W.C. McGrew, « Psychiatric treatment for great apes ? », *Science*, vol. 306, 2004, p. 2039.

9. Bosch X., « Europe's retired research chimps stranded », *Nature Medicine*, vol. 10, 2004, p. 1006.

10. VandeBerg J.L. et Zola S.M., « A unique biomedical resource at risk », *Nature*, vol. 437, 2005, p. 30-32 ; Gagneux P., Moore J.J. et Varki A., « The ethics of research on great apes », *Nature*, vol. 437, 2005, p. 27-29.

11. The Chimpanzee Sequencing and Analysis Consortium, 2005, p. 69-87.

12. Whiten A., 2005 ; Hauser M., « Beyond the chimpanzee genome : the threat of extinction », *Science*, vol. 309, 2005, p. 1498-1499 ; Jolly A., « The last great apes ? », *Science*, vol. 309, 2005, p. 1457.

13. Gagneux P. *et al.*, 2005.

14. *Ibid.* ; The Chimpanzee Sequencing and Analysis Consortium, 2005.

15. Cohen A., « What's next in the law ? The unalienable rights of chimps », *The New York Times*, 14 juillet 2008.

III - LE PROPRE DE L'HOMME OU LE MYTHE DE L'HUMANITÉ COMME UN PLUS

1. Husserl E., « L'animal », *Alter. Revue de Phénoménologie*, n° 3, 1995, p. 214.

Chapitre 17. Nous ? ou eux ? Anthropomorphisme ou anthropocentrisme ?

1. Diderot D., *Entretien entre d'Alembert et Diderot. Le rêve de d'Alembert. Suite de l'entretien*, in *Œuvres philosophiques*, Garnier, Assézat-Tourneux (éd.), 1875.
2. Voltaire, « Bêtes », in *Dictionnaire philosophique*, éd. Honoré Champion, préface d'Etiemble, 1977, p. 51.
3. Kennedy J.S., *The New Anthropomorphism*, Cambridge University Press, 1992.
4. De Waal F.B., « Foreword », *in* R.W. Mitchell, N.S. Thompson et Miles H.L. (éd.), *Anthropomorphism, Anecdotes, and Animals*, State University of New York Press, 1997.
5. Servais V., 2004, p. 211.
6. Daston L. et Mitman G. (éd.), *Thinking with Animals : New Perspectives on Anthropomorphism*, Columbia University Press, 2005.
7. Prochiantz A., 2001, p. 177-178.
8. Jacob F., « Complexity and tinkering », *in* P.C. Marijuan (éd.), *Cajal and Consciousness, Annals of the New York Academy of Sciences*, vol. 929, 2001, p. 71-73.
9. King M.-C. et Wilson A., « Evolution at two levels in humans and chimpanzees », *Science*, vol. 188, 1975, p. 107-116.

Chapitre 18. Plus de gènes ?

1. Svante Pääbo, cité *in* Normile D., « Gene expression differs in human and chimp brains », *Science*, vol. 292, 2001, p. 44.
2. Hoyer B.H., De Velde N.W., Goodman M. et Roberts R.B., « Estimation of hominid evolution by DNA sequence homology », *Journal of Human Evolution*, vol. 1, 1972, p. 645-649 ; Sibley C.G., Comstock J.A. et Ahlquist J.E., « DNA hybridization evidence of hominoid phylogeny : a reanalysis of the data », *Journal of Molecular Evolution*, vol. 30, 1990, p. 202-236 ; Pennachio L.A. et Rubin E.M., « Genomic strategies to identify mammalian regulatory

sequences », *Nature Review Genetics*, vol. 2, 2001, p. 100-109 ; Fujiyama A., Watanabe H., Toyoda A., Taylor T.D., Itoh T., Tsai S.F., Park H.S., Yaspo M.L., Lehrach H., Chen Z., Fu G., Saitou N., Osoegawa K., de Jong P.J., Suto Y., Hattori M. et Sakaki Y., « Construction and analysis of a human-chimpanzee comparative clone map », *Science*, vol. 295, 2002, p. 131-134 ; Olson M.V. et Varki A., « Sequencing the chimpanzee genome : insights into human evolution and disease », *Nature Review Genetics*, vol. 4, 2003, p. 20-28 ; Olson M.V. et Varki A., « Genomics. The chimpanzee genome – a bittersweet celebration », *Science*, vol. 305, 2004, p. 191-192 ; Boffelli D., McAuliffe J., Ovcharenko D., Lewis K.D., Ovcharenko I., Pachter L. et Rubin E.M., « Phylogenetic shadowing of primate sequences to find functional regions of the human genome », *Science*, vol. 299, 2003, p. 1391-1394 ; Hacia J.G., Makalowski W., Edgemon K., Erdos M.R., Robbins C.M., Fodor S.P., Brody L.C. et Collins F.S., « Evolutionary sequence comparisons using high-density oligonucleotide arrays », *Nature Genetics*, vol. 18, 1998, p. 155-158 ; Patil N., Berno A.J., Hinds D.A., Barrett W.A., Doshi J.M., Hacker C.R., Kautzer C.R., Lee D.H., Marjoribanks C., McDonough D.P., Nguyen B.T., Norris M.C., Sheehan J.B., Shen N., Stern D., Stokowski R.P., Thomas D.J., Trulson M.O., Vyas K.R., Fraze K.A., Fodor S.P. et Cox D.R., « Blocks of limited haplotype diversity revealed by high-resolution scanning of human chromosome 21 », *Science*, vol. 294, 2001, p. 1719-1723 ; Thomas J.W., Touchman J.W., Blakesley R.W., Bouffard G.G., Beckstrom-Sternberg S.M., Margulies E.H., Blanchette M., Siepel A.C., Thomas P.J., McDowell J.C., Maskeri B., Hansen N.F., Schwartz M.S., Weber R.J., Kent W.J., Karolchik D., Bruen T.C., Bevan R., Cutler D.J., Schwartz S., Elnitski L., Idol J.R., Prasad A.B., Lee-Lin S.Q., Maduro V.V., Summers T.J., Portnoy M.E., Dietrich N.L., Akhter N., Ayele K., Benjamin B., Cariaga K., Brinkley C.P., Brooks S.Y., Granite S., Guan X., Gupta J., Haghighi P., Ho S.L., Huang M.C., Karlins E., Laric P.L., Legaspi R., Lim M.J., Maduro Q.L., Masiello C.A., Mastrian S.D., McCloskey J.C., Pearson R., Stantripop S., Tiongso E.E., Tran J.T., Tsurgeon C., Vogt J.L., Walker M.A., Wetherby K.D., Wiggins L.S., Young A.C., Zhang L.H., Osoegawa K., Zhu B., Zhao B., Shu C.L., De Jong P.J., Lawrence C.E., Smit A.F., Chakravarti A., Haussler D., Green P., Miller W. et Green E.D., « Comparative analyses of multi-species sequences from targeted genomic regions », *Nature*, vol. 424, 2003, p. 788-793 ; Wildman D.E., Uddin M., Liu G., Grossman L.I. et Goodman M., « Implications of natural selection in shaping 99,4 % nonsynonymous

DNA identity between humans and chimpanzees : enlarging genus Homo », *The Proceedings of the National Academy of Sciences USA*, vol. 100, 2003, p. 7181-7188.

3. International Chimpanzee Chromosome 22 Consortium, « DNA sequences and comparative analysis of chimpanzee chromosome 22 », *Nature*, vol. 429, 2004, p. 382-388.

4. Weissenbach J., « Differences with the relatives », *Nature*, vol. 429, 2004, p. 353-355.

5. The Chimpanzee Sequencing and Analysis Consortium, 2005.

6. Cheng Z., Ventura M., She X., Khaitovich P., Graves T., Osoegawa K., Church D., DeJong P., Wilson R.K., Pääbo S., Rocchi M. et Eichler E.E., « A genome-wide comparison of recent chimpanzee and human segmental duplications », *Nature*, vol. 437, 2005, p. 88-93.

7. Dennis C., « Branching out », *Nature*, vol. 437, 2005, p. 17-19.

8. Culotta E., « Chimp genome catalogs differences with humans », *Science*, vol. 309, 2005, p. 1468-1469.

9. Li W.-H. et Saunders M.A., « The chimpanzee and us », *Nature*, vol. 437, 2005, p. 50-51.

10. Hughes J.F., Skaletsky H., Pyntikova T., Minx P.J., Graves T., Rozen S., Wilson R.K. et Page D.C., « Conservation of Y-linked genes during human evolution revealed by comparative sequencing in chimpanzee », *Nature*, vol. 437, 2005, p. 101-104.

11. Linardopoulou E.V., Williams E.M., Fan Y., Friedman C., Young J.M. et Trask B.J., « Human subtelomeres are hot spots of interchromosomal recombination and segmental duplication », *Nature*, vol. 437, 2005, p. 94-100.

12. Demuth J.P., De Bie T., Stajich J.E., Cristianini N. et Hahn M.W., « The evolution of mammalian gene families », *PloS ONE*, vol. 1, 2006, e85. doi:10.1371/journal.pone0000085.

13. Calarco J.A. *et al.*, 2007, p. 2963-2975.

14. Cité *in* Dennis C., 2005.

15. Cité *in* Culotta E., 2005.

16. Goodman M., Grossman L.I. et Wildman D.E., « Moving primate genomics beyond the chimpanzee genome », *Trends in Genetics*, vol. 21, 2005, p. 511-517.

17. Watson E. *et al.*, 2001.

18. Cité *in* Gibbons A., « When it comes to evolution, humans are in the slow class », *Science*, vol. 267, 1995, p. 1907-1908.

19. Linné C. von, *Systema naturae* [1735], Lugduni, 1789.

20. Wildman D.E. *et al.*, 2003.

21. Goodman M. *et al.*, 2005.

22. Diamond J., *Le Troisième Chimpanzé. Essai sur l'évolution et l'avenir de l'animal humain*, Gallimard, 2000.

23. Patterson N., Richter D.J., Gnerre S., Lander E.S. et Reich D., « Genetic evidence for complex speciation of humans and chimpanzees », *Nature*, vol. 441, 2006, p. 1103-1108.

24. Innan H. et Watanabe H., « The effect of gene flow on the coalescent time in the human-chimpanzee ancestral population », *Molecular Biology and Evolution*, vol. 23, 2006, p. 1040-1047.

25. Vargha-Khadem F., Gadian D.G., Copp A. et Mishkin M., « *FOXP2* and the neuroanatomy of speech and language », *Nature Reviews Neuroscience*, vol. 6, 2005, p. 131-138.

26. Enard W., Przeworski M., Fisher S.E., Lai C.S., Wiebe V., Kitano T. et Monaco A.P., « Molecular evolution of *FOXP2*, a gene involved in speech and language », *Nature*, vol. 418, 2002, p. 869-872.

27. Teramitsu I., Kudo L.C., London S.E., Geschwind D.H. et White S.A., « Parallel FoxP1 and FoxP2 expression in songbird and human brain predicts functional interaction », *The Journal of Neuroscience*, vol. 24, 2004, p. 3152-3161.

28. Haesler S., Wada K., Nshdejan A., Morrisey E.E., Lints T., Jarvis E.D. et Scharff C., « FoxP2 expression in avian vocal learners and non-learners », *The Journal of Neuroscience*, vol. 24, 2004, p. 3164-3175.

29. *Ibid.*

30. Marcus G.F., *The Birth of the Mind : How a Tiny Number of Genes Creates the Complexities of Human Thought*, Basic Books, 2004.

31. Shu W., Cho J.Y., Jiang Y., Zhang M., Weisz D., Elder G.A., Schmeidler J., De Gasperi R., Gama Sosa M.A., Rabidou D., Santucci A.C., Perl D., Morrisey E. et Buxbaum J.D., « Altered ultrasonic vocalization in mice with a disruption in the *Foxp2* gene », *The Proceedings of the National Academy of Sciences USA*, vol. 102, 2005, p. 9643-9648.

32. Varki A., « Glycan-based interactions involving vertebrate sialic-acid-recognizing proteins », *Nature*, vol. 446, 2007, p. 1023-1029.

33. Hayakawa T., Angata T., Lewis A.L., Mikkelsen T.S., Varki N.M. et Varki A., « A human-specific gene in microglia », *Science*, vol. 309, 2005, p. 1693.

34. *Cf.* Lieberman B., « Details of being human », *Nature*, vol. 454, 2008, p. 21-23.

35. Chou H.-H., Hayakawa T., Diea S., Krings M., Indriati E., Leakey M., Pääbo S., Satta Y., Takahata N. et Varki A., « Inactivation of CMP-N-acetylneuraminic acid hydroxylase occurred prior to brain expansion during human evolution », *The Proceedings of the National Academy of Sciences USA*, vol. 99, 2002, p. 11736-11741 ; Varki A., « Glycan-based interactions involving vertebrate sialic-acid-recognizing proteins », *Nature*, vol. 446, 2007, p. 1023-1029.

36. Stedman H.H., Kozyak B.W., Nelson A., Thesler D.M., Su L.-T., Low D.W., Bridges C.R., Shrager J.B., Minugh-Purvis N. et Mitchell M.A., « Myosin gene mutation correlates with anatomical changes in the human lineage », *Nature*, vol. 428, 2004, p. 415-418.

37. Evans P.D., Anderson J.R., Vallender E.J., Gilbert S.L., Malcom C.M., Dorus S. et Lahn B.T., « Adaptive evolution of ASPM, a major determinant of cerebral cortical size in humans », *Human Molecular Genetics*, vol. 13, 2004, p. 489-494 ; Vallender E.J. et Lahn B.T., « Positive selection on the human genome », *Human Molecular Genetics*, vol. 13, suppl. 2, 2004, p. R245-R254.

38. Kouprina N., Pavlicek A., Mochida G.H., Solomon G., Gersch W., Yoon Y.-H., Collura R., Ruvolo M., Barrett J.C., Woods C.G., Walsh C.A., Jurka J. et Larionov V., « Accelerated evolution of the *ASPM* gene controlling brain size begins prior to human brain expansion », *PlosBiology*, vol. 2 (5), 2004, p. e126.

39. Evans P.D., Gilbert S.L., Mekel-Bobrov N., Vallender E.J., Anderson J.R., Vaez-Aziki L.M., Tishkoff S.A., Hudson R.R. et Lahn B.T., « Microcephalin, a gene regulating brain size, continues to evolve adaptively in humans », *Science*, 2005, vol. 309, 2005, p. 1717-1720.

40. Evans P.D., Anderson J.R., Vallender E.J., Choi S.S. et Lahn B.T., « Reconstructing the evolutionary history of microcephalin, a gene controlling human brain size », *Human Molecular Genetics*, vol. 13, 2004, p. 1139-1145 ; Evans P.D. *et al.*, 2005.

41. Mekel-Bobrov N., Gilbert S.L., Evans P.D., Vallender E.J., Anderson J.R., Hudson R.R., Tishkoff S.A. et Lahn B.T., « Ongoing adaptive evolution of *ASPM*, a brain size determinant in *Homo sapiens* », *Science*, vol. 309, 2005, p. 1720-1722.

42. Dorus S., Vallender E.J., Evans P.D., Anderson J.R., Gilbert S.L., Mahowald M., Wyckoff G.J., Malcom C.M. et Lahn B.T., « Accelerated evolution of nervous system genes in the origin of *Homo sapiens* », *Cell*, vol. 119, 2004, p. 1027-1040.

43. Clark A.G., Glanowski S., Nielsen R., Thomas P.D., Kejariwal A., Todd M.A., Tanenbaum D.M., Civello D., Lu F., Murphy B., Ferreira S., Wang G., Zheng X., White T.J., Sninsky J.J., Adams

M.D. et Cargill M., « Inferring nonneutral evolution from human-chimp-mouse orthologous gene trios », *Science*, vol. 302, 2003, p. 1960-1963.

44. The Chimpanzee Sequencing and Analysis Consortium, 2005.

45. Nielsen R., Bustamante C., Clark A.G., Glanowski S., Sackton T.B., Hubisz M.J., Fledel-Alon A., Tanenbaum D.M., Civello D., White T.J., Sninsky J.J., Adams M.D. et Cargill M., « A scan for positively selected genes in the genomes of humans and chimpanzees », vol. 3, *PlosBiology*, 2005, p. e170.

46. Clark A.G. *et al.*, 2003.

47. Finch C.E. et Stanford C.B., « Lipoprotein genes and diet in the evolution of human intelligence and longevity », *in* C.E. Finch, J.-M. Robine et Y. Christen (éd.), *Brain and Longevity*, Springer Verlag, 2003, p. 33-67.

48. *Ibid.*

49. Ardrey R., *Les Enfants de Caïn*, Stock, 1963.

50. Burki F. et Kaessmann H., « Birth and adaptive evolution of a hominid gene that supports high neurotransmitter flux », *Nature Genetics*, vol. 36, 2004, p. 1061-1063.

51. Grossman L.I., Wildman D.E., Schmidt T.R. et Goodman M., « Accelerated evolution of the electron transport chain in anthropoid primates », *Trends in Genetics*, vol. 20, 2004, p. 578-585.

52. Varki A., « How to make an ape brain », *Nature Genetics*, vol. 36, 2004, p. 1034-1036.

53. Goldberg A., Wildman D.E., Schmidt T.R., Hüttemann M., Goodman M., Weiss M.L. et Grossman L.I., « Adaptive evolution of cytochrome c oxidase subunit VIII in anthropoid primates », *Proceedings of the National Academy of Sciences USA*, vol. 100, 2005, p. 5873-5878 ; Grossman L.I. *et al.*, 2004 ; Goodman M. *et al.*, 2005.

54. Ferland R.J., Eyaid W., Collura R.V., Tully L.D., Hill R.S., Al-Nouri D., Al-Rumayyan A., Topcu M., Gascon G., Bodell A., Shugart Y.Y., Ruvolo M. et Walsh C.A., « Abnormal cerebellar development and axonal decussation due to mutations in *AHI1* in Joubert syndrome », *Nature Genetics*, vol. 36, 2004, p. 1008-1013.

55. Popesco M.C., MacLaren E.J., Hopkins J., Dumas L., Cox M., Meltesen L., McGavran L., Wyckoff G.J. et Sikela J.M., « Human lineage-specific amplification, selection, and neuronal expression of DUF1220 domains », *Science*, vol. 313, 2006, p. 1304-1307.

56. Winckler W., Myers S.R., Richter D.J., Onofrio R.C., McDonald G.J., Bontrop R.E., McVean G.A.T., Gabriel S.B., Reich D., Donnelly P. et Altshuler D., « Comparison of fine-scale recombination rates in human and chimpanzee », *Science*, vol. 307, 2005, p. 107-111.

57. Pollard K.S., Salama S.R., Lambert N., Lambot M.-A., Coppens S., Pedersen J.S., Katzman S., King B., Onodera C., Siepel A., Kern A.D., Dehay C., Igel H., Ares Jr M., Vanderhaeghen P. et Haussler D., « An RNA gene expressed during cortical development evolved rapidly in humans », *Nature*, vol. 442, 2006, p. 167-172.

58. Bakewell M.A., Shi P. et Zhang J., « More genes underwent positive selection in chimpanzee evolution than in human evolution », *The Proceedings of the National Academy of Sciences USA*, vol. 104, 2007, p. 7489-7494.

59. Varki A., 2004.

60. Marcus G.F., 2004.

61. King M.-C. et Wilson A., 1975.

62. Rockman M.V., Hahn M.W., Soranzo N., Zimprich F., Goldstein D.B. et Wray G.A., « Ancient and recent positive selection transformed opioid *cis*-regulation in humans », *PloS Biology*, vol. 3, 2005, p. 2208-2219.

63. Changeux J.-P., *L'Homme de vérité*, Odile Jacob, 2002, p. 254.

64. Gilad Y., Oshlack A., Smyth G.K., Speed T.P. et White K.P., « Expression profiling in primates reveals a rapid evolution of human transcription factors », *Nature*, vol. 440, 2006, 245.

65. Enard *et al.* 2002b ; Caceres *et al.* 2003.

66. Rockman M.V. *et al.*, 2005.

67. Caceres M., Suwyn C., Maddox M., Thomas J.W. et Preuss T.M., « Increased cortical expression of two synaptogenic thrombospondins in human brain evolution », *Cerebral Cortex*, vol. 17, 2006, p. 2312-2321 ; voir aussi Balter M., « Brain evolution studies go micro », *Science*, vol. 315, 2007, p. 1208-1211.

68. Uddin M., Wildman D.E., Liu G., Xu W., Johnson R.M., Hof P.R., Kapatos G., Grossman L.I. et Goodman M., « Sister grouping of chimpanzees and humans as revealed by genome-wide phylogenetic analysis of brain gene expression profiles », *The Proceedings of the National Academy of Sciences USA*, vol. 101, 2004, p. 2957-2962.

69. Khaitovich P., Hellman I., Enard W., Nowick K., Leinweber M., Franz H., Weiss G., Lachlann M. et Pääbo S., « Parallel patterns

of evolution in the genomes and transcriptomes of humans and chimpanzees », *Science*, vol. 309, 2005, p. 1850-1854.

70. Oldham M.C., Horvath S. et Geschwind D.H., « Conservation and evolution of gene expression networks in human and chimpanzee brains », *The Proceedings of the National Academy of Sciences USA*, vol. 103, 2006, p. 17973-17978 ; Cohen J., « Relative differences : the myth of 1 % », *Science*, vol. 316, 2007, p. 1836.

71. Knight J., « All genomes great and small », *Nature*, vol. 417, 2002, p. 374-376.

72. Hardy J., « The human genome is sequenced. What does it mean and why is it important ? », *Archives of Neurology*, vol. 58, 2001, p. 1748-1749.

Chapitre 19. Plus de cerveau ?

1. Gall F.J. et Spurzheim G., *Recherches sur le système nerveux en général et sur celui du cerveau en particulier*, Schoell et Nicolle, 1809.

2. Dehaene S., Duhamel J.-R., Hauser M.D. et Rizzolatti G. (éd.), *From Monkey Brain to Human Brain. A Symposium of the Fyssen Foundation*, MIT Press, 2005.

3. Semendeferi K. et Damasio H., « The brain and its main anatomical subdivisions in living hominoids using magnetic resonance imaging », *Journal of Human Evolution*, vol. 38, 2000, p. 317-332 ; Semendeferi K., Armstrong E., Schleicher A., Zilles K. et Van Hoesen G.W., « Prefrontal cortex in humans and apes : a comparative study of area 10 », *American Journal of Physical Anthropology*, vol. 114, 2001, p. 224-241 ; Semendeferi K., Lu A., Schenker N. et Damasio H., « Humans and great apes share a large frontal cortex », *Nature Neuroscience*, vol. 5, 2002, p. 272-276.

4. Schenker N.M., Desgouttes A.M. et Semendeferi K., « Neural connectivity and cortical substrates of cognition in hominoids », *Journal of Human Evolution*, vol. 49, 2005, p. 547-569.

5. Schoenemann P.T., Sheehan M.J. et Glotzer L.D., « Prefrontal white matter volume is disproportionately larger in humans than in other primates », *Nature Neuroscience*, vol. 8, 2005, p. 242-252.

6. Sherwood C.C., Holloway R.L., Semendeferi K. et Hof P.R., « Is prefrontal white matter enlargement a human evolutionary specialization ? », *Nature Neuroscience*, vol. 8, 2005, p. 537-538.

7. Thompson P.M., Cannon T.D., Narr K.L., Van Erp T., Poutanen V.P., Huttunen M., Lonnqvist J., Standertskjold-Nordenstam C.G., Kaprio J., Khaledy M., Dail R., Zoumalan C.I. et Toga A.W.,

« Genetic influences on brain structure », *Nature Neuroscience*, vol. 4, 2001, p. 1253-1258.

8. Herculano-Houzel S., Collins C.E., Wong P. et Kaas J.H., « Cellular scaling rules for primate brains », *The Proceedings of the National Academy of Sciences USA*, vol. 104, 2007, p. 3562-3567.

9. Hill R.S. et Walsh C., « Molecular insights into human brain evolution », *Nature*, vol. 437, 2005, p. 64-67.

10. Brown P., Sutikna T., Morwood M.J., Soejono R.P., Jamitko, Wayhu Saptomo E. et Due R.A., « A new small-bodied hominid from the late Pleistocene of Flores », *Nature*, vol. 431, 2004, p. 1055-1061 ; Morwood M.J., Soejono R.P., Roberts R.G., Sutikna T., Turney C.S.M., Westaway K.E., Rink W.J., Zhao J.-X., Van den Bergh G.D., Due R.A., Hobbs D.R., Moore M.W., Bird M.I. et Fifield L.K., « Archeology and age of a new hominid from Flores in eastern Indonesia », *Nature*, vol. 431, 2004, p. 1087-

11. Falk D., Hildebolt C., Smith K., Morwood M.J., Sutikna T., Brown P., Jatmiko, Saptomo E.W., Brunsden B. et Prior F., « The brain of LB1, *Homo floresiensis* », *Science*, vol. 308, 2005, p. 242-245.

12. Oxnard C.E., « Brain evolution : mammals, primates, chimpanzees, and humans », *International Journal of Primatology*, vol. 25, 2004, p. 1127-1158.

13. De Waal F., 2001, p. 55.

14. Bush E.C. et Allman J.M., « Three-dimensional structure and evolution of primate primary visual cortex », *Anatomical Record*, vol. 281A, 2004, p. 1088-1094.

15. Sereno M.I. et Tootell R.B.H., « From monkeys to humans : what do we know about brain homologies ? », *Current Opinion in Neurobiology*, vol. 15, 2005, p. 135-144.

16. Rilling J.K. et Insel T.R., « The primate neocortex in comparative perspective using magnetic resonance imaging », *Journal of Human Evolution*, vol. 37, 1999, p. 191-223.

17. Sereno M.I. et Tootell R.B.H., 2005.

18. Diderot D., 1875.

19. Bates L.A., Poole J.H. et Byrne R.W., « Elephant cognition », *Current Biology*, vol. 18, 2008, p. R544-R546.

20. Roth G. et Dicke U., « Evolution of the brain and intelligence », *Trends in Cognitive Sciences*, vol. 9, 2005, p. 250-257.

21. Rockland K.S., « Non-uniformity of extrinsic connections and columnar organization », *Journal of Neurocytology*, vol. 31, 2002, p. 247-253.

22. Roth G. et Dicke U., 2005.

23. Gannon P.J., Holloway R.L., Broadfield D.C. et Braun A.R., « Asymmetry of chimpanzee planum temporale : humanlike pattern of Wernicke's brain language area homolog », *Science*, vol. 279, 1998, p. 220-222 ; Hopkins W.D., Larino L., Rilling J.K. et MacGregor L.A., « Planum temporale asymmetries in great apes as revealed by magnetic resonance imaging (MRI) », *NeuroReport*, vol. 9, 1998, p. 2913-2918.

24. Corballis M., *The Lopside Ape : Evolution of the Generative Mind*, Oxford University Press, 1994.

25. Hopkins W.D., Stoinski T.S., Lukas K.E., Ross S.R. et Wesley M.J., « Comparative assessment of handedness for a coordinated bimanual task in chimpanzees (*Pan troglodytes*), gorillas (*Gorilla gorilla*) and orangutans (*Pongo pygmaeus*) », *Journal of Comparative Psychology*, vol. 117, 2003, p. 302-308 ; Hopkins W.D., Wesley M.J., Izard M.K., Hook M. et Schapiro S.J., « Chimpanzees (*Pan troglodytes*) are predominantly right-handed : replication in three populations of apes », *Behavioural Neuroscience*, vol. 118, 2004, p. 659-663.

26. Lonsdorf E.V. et Hopkins W.D., « Wild chimpanzees show population-level handedness for tool use », *The Proceedings of the National Academy of Sciences USA*, vol. 102, 2005, p. 12634-12638.

27. Murphy J., Sutherland A. et Arkins S., « Idiosyncratic motot laterality in the horse », *Applied Animal Behaviour Science*, vol. 91, 2004, p. 297-310.

28. Hunt G.R., Corballis M.C. et Gray R.D., « Animal behaviour : laterality in tool manufacture by crows », *Nature*, vol. 414, 2001, p. 707.

29. Wiltschko W., Traudt J., Güntürkün O., Prior H. et Wiltschko R., « Lateralization of magnetic compass orientation in migratory bird », *Nature*, vol. 419, 2002, p. 467-469.

30. Petrides M., Cadoret G. et Mackey S., « Orofacial somatomotor responses in the macaque monkey homologue of Broca's area », *Nature*, vol. 435, 2005, p. 1235-1238.

31. Petkov C.I., Kaiser C., Seudel T., Whittingstall K., Augath M. et Logothetis N.K., « A voice region in the monkey brain », *Nature Neuroscience*, vol. 11, 2008, p. 367-374.

32. Rilling J.K., Glasser M.F., Preuss T.M., Ma X., Zhao T., Hu X. et Behrens T.E.J., « The evolution of the arcuate fasciculus revealed with comparative DTI », *Nature Neuroscience*, vol. 11, 2008, p. 426-428.

33. Ghazanfar A.A., « Language evolution : neural differences that make a difference », *Nature Neuroscience*, vol. 11, 2008, p. 382-384.

34. Ferry L. et Vincent J.-D., 2000, p. 167.

35. Dehaene S., « Single-neuron arithmetic », *Science*, vol. 297, 2002, p. 1652-1653 ; Dehaene S., « Evolution of human cortical circuits for reading and arithmetic : the "neuronal recycling" hypothesis », *in* S. Dehaene *et al.*, 2005, p. 134-157 ; Nieder A., 2005 ; Nieder A. et Miller E.K., 2004 ; Nieder A. *et al.*, 2002.

36. Burghardt G.M., « Cognitive ethology and critical anthropomorphism : a snake with two heads and hognose snakes that play dead », *in* C.A. Ristau (éd.), *Cognitive Ethology : The Minds of Other Animals*, Lawrence Erlbaum, 1991, p. 53-91.

37. Young J.Z., *Philosophy and the Brain*, Oxford University Press, 1988, p. 215.

38. Dunbar R.I.M. et Bever J., « Neocortex size predicts group size in carnivores and some insectivores », *Ethology*, vol. 104, 1998, p. 695-708.

39. Allman J., *Evolving Brains*, Scientific American Library, 2000.

40. Byrne R.W. et Corp N., « Neocortex size predicts deception rate in primates », *Proceedings of the Royal Society London B*, vol. 271, 2004, p. 1693-1699.

41. Holekamp K.E., « Questioning the social intelligence hypothesis », *Trends in Cognitive Sciences*, vol. 11, 2006, p. 65-69.

42. Rensch B., « The intelligence of elephants », *Scientific American*, vol. 196, 1957, p. 44-49.

43. Bates L.A., Sayiatel K.N., Njiraini N.W., Poole J.H., Moss C.J. et Byrne R.W., « African elephants have expectations about the locations of out-of-sight family members », *Biology Letters*, vol. 4, 2008, p. 34-36 ; Bates L.A., Poole J.H. et Byrne R.W., « Elephant cognition », *Current Biology*, vol. 18, 2008, p. 544-R546.

44. Paz-y-Mino G. *et al.*, 2004.

45. Bond A.B., Kamil A.C. et Balda R.P., « Social complexity and transitive inference in corvids », *Animal Behaviour*, vol. 65, 2003, p. 479-497.

46. Gittleman J.L., « Carnivore brain size, behavioral ecology, and phylogeny », *Journal of Mammalogy*, vol. 67, 1986, p. 23-36 ; Dunbar R.I.M., « The social brain hypotheses », *Evolutionary Anthropology*, vol. 6, 1998, p. 178-190.

47. Holekamp K.E., 2006.

48. Ghazanfar A.A. et Santos L.R., « Primate brains in the wild : the sensory bases for social interactions », *Nature Reviews Neuroscience*, vol. 5, 2004, p. 603-616.

49. Nimchinsky E.A., Gilissen E., Allman J.M., Perl D.P., Erwin J.E. et Hof P.R., « A neuronal morphologic type unique to humans

and great apes », *The Proceedings of the National Academy of Sciences USA*, vol. 96, 1999, p. 5268-5273.

50. Phillips H., « The cell that makes us human », *New Scientist*, 9 juin 2004, p. 32-35.

51. Seeley W.W., Carlin D.A., Allman J.M., Macedo M.N., Bush C., Miller B.L. et DeArmond S.J., « Early frontotemporal dementia targets neurons unique to apes and humans », *Annals of Neurology*, vol. 60, 2006, p. 660-667.

52. Allman J.M., Watson K.K., Tetreault N.A. et Hakeem A.Y., « Intuition and autism : a possible role for von Economo neurons », *Trends in Cognitive Sciences*, vol. 9, 2005, p. 367-373.

53. Seeley W.W. *et al.*, 2006.

54. Hof P.R. et Van der Gucht E., « Structure of the cerebral cortex of the humpback whale, Megaptera novaeangliae (Cetacea, Mysticeti, Balaenopteridae) », *The Anatomical Record Part A : Discoveries in Molecular, Cellular, and Evolutionary Biology*, vol. 290, 2006, p. 1-31.

55. Allman J., Hakeem A. et Watson K., « Two phylogenetic specializations in the human brain », *The Neuroscientist*, vol. 8, 2002, p. 335-346.

56. Falk D., Hildebolt C., Smith K., Morwood M.J., Sutikna T., Brown P., Jatmiko, Saptomo E.W., Brunsden B. et Prior F., « The brain of LB1, *Homo floresiensis* », *Science*, vol. 308, 2005, p. 242-245.

57. Semendeferi K. *et al.*, 2001 ; Semendeferi K. *et al.*, 2002.

58. Greene J.D. *et al.*, 2001.

59. Preuss T.M., « Who's afraid of *Homo sapiens* ? », *Journal of Biomedical Discovery and Collaboration*, vol. 1, 2006, p. 17. doi:10.1186/1747-5333-1 ; Balter M., « Brain evolution studies go micro », *Science*, vol. 315, 2007, p. 1208-1211.

60. Preuss T.M. et Coleman G.Q., « Human-specific organization of primary visual cortex : alternating compartments of dense Cat-301 and calbindin immunoreactivity in layer 4A », *Cerebral Cortex*, vol. 12, 2002, p. 671-691.

61. Buxhoeveden D.P. et Casanova M.F., « The microcolumn hypothesis in neuroscience », *Brain*, vol. 125, 2002, p. 935-951 ; Balter M., 2007.

62. Balter M., 2007.

63. Molnár G., Oláh S., Komlósi G., Füle M., Szabadics J., Varga C., Barzo P. et Tamás G., « Complex events initiated by individual spikes in the human cerebral cortex », *PLoS Biology*, vol. 6, 2008, e222. doi:10.1371/journal. pbio.0060222.

64. Schoenemann P.T., Sheehan M.J. et Glotzer L.D., « Prefrontal white matter volume is disproportionately larger in humans than in other primates », *Nature Neuroscience*, vol. 8, 2005, p. 242-252.

65. Hasselmo M.E., Rolls E.T. et Baylis G.C., « The role of expression and identity in the face-selective responses of neurons in the temporal visual cortex of the monkey », *Behavior Brain Research*, vol. 32, 1989, p. 203-218.

66. Preuss T.M., 2006.

67. Crick F.C. et Koch C., 2005.

68. Gazzaniga M., *Human : The Science Behind What Makes Us Unique*, HarperCollins, 2008.

Chapitre 20. Tous géniaux et tellement différents de l'huître ?

1. Diderot D., *Lettre sur les sourds et muets à l'usage de ceux qui entendent et qui parlent*, Bauche, 1751, p. 251-252.

2. Descartes R., 1988, tome III, p. 696.

3. Jouventin P., 2001, p. 13.

4. Malherbe M., « Introduction », *in* É.B. de Condillac, *Traité des animaux*, Vrin, 2004, p. 9.

5. Cohen A., 2008.

6. Descartes R., 1988, tome III, p. 628.

7. Fontenay de E., *Le Silence des bêtes. La philosophie à l'épreuve de l'animalité*, Fayard, 1998.

8. Saint Augustin, *Des mœurs de l'Église et des mœurs des Manichéens*, II, XVII, Gallimard, 2000, p. 54.

9. Descola P., *Par-delà nature et culture*, Gallimard, 2005.

10. Picq P., « Introduction », *in* P. Picq et Y. Coppens (éd.), *Aux origines de l'humanité*, vol. 2, *Le Propre de l'homme*, Fayard, 2001, p. 13-25.

11. Bshary R., Wickler W. et Fricke H., « Fish cognition : a primate's eye view », *Animal Cognition*, vol. 5, 2002, p. 1-13.

12. Call J., « A fish-eye lens for comparative studies : broadening the scope of animal cognition », *Animal Cognition*, vol. 5, 2002, p. 15-16.

13. Stach S., Benard J. et Giurfa M., « Local-feature assembling in visual pattern recognition and generalization in honeybees », *Nature*, vol. 429, 2004, p. 758-761.

14. Ghirlanda S. et Enquist M., « A century of generalization », *Animal Behaviour*, vol. 66, 2003, p. 15-36.

15. Von Frisch K., *Vie et Mœurs des abeilles*, Albin Michel, 1969.

16. Polakoff L.M., « Dancing bees and the language controversy », *Integrative Biology*, vol. 1, 1998, p. 187-194.

17. Blakemore S.J., Winston J. et Frith U., « Social cognitive neuroscience : where are we heading ? », *Trends in Cognitive Sciences*, vol. 8, 2004, p. 216-222.

18. Reznikova Z., 2007.

19. Greenspan R.J. et Van Swinderen B., « Cognitive consonance : complex brain functions in the fruit fly and its relatives », *Trends in Neuroscience*, vol. 27, 2004, p. 707-711.

20. Fiorito G. et Scotto P., « Observational learning in *Octopus vulgaris* », *Science*, vol. 256, 1992, p. 545-546.

21. Langridge K.V., Broom M. et Osorio D., « Selective signalling by cuttlefish to predators », *Current Biology*, vol. 17, 2007, p. R1044-1045.

22. Mäthger L.M. et Hanlon R.T., « Anatomical basis for camoufleged polarized light communication in squid », *Biological Letters*, vol. 22, 2006, p. 494-496.

23. Brooks M., « Do you speak cuttlefish ? », *New Scientist*, 26 avril 2008, p. 28-31.

24. Emery N.J. et Clayton N.S., 2001 ; Emery N.J. et Clayton N.S., « The mentality of crows : convergent evolution of intelligence in corvids and apes », *Science*, vol. 306, 2004, p. 1903-1907 ; Emery N.J., Dally J.M. et Clayton N.S., « Western scrub-jay (*Aphelocoma californica*) use cognitive strategies to protect their caches from thieving conspecifics », *Animal Cognition*, vol. 7, 2004, p. 37-43.

25. Marler P., « Social cognition : Are primates smarter than birds ? », *in* V. Nolon Jr et E.D. Ketterson (éd.), *Current ornithology volume*, Plenum Press, 1996, p. 1-32.

26. Kant E., 1886, p. 42.

27. Tomasello M. et Call J., 1997.

28. Macphail E.M., *Brain and Intelligence in Vertebrates*, Clarendon Press, 1982.

29. Bekoff M., 2001.

30. Kant E., *Anthropologie du point de vue pragmatique*, Vrin, 1991, p. 79.

31. Locke, *Essai philosophique concerrnant l'entendement humain*, Vrin, 1972, p. 73.

32. Montaigne M. de, 1976, p. 444.

33. Descartes R., 1988, p. 630.

34. Kellogg W.N. et Kellog L.A., *The Ape and the Child*, Hafner, 1933, p. 141.

35. Gordon P., 2004.

36. Goodall J., « Why is it unethical to use chimpanzees in the laboratory ? », *ATLA*, vol. 23, 1995, p. 615-620.

37. Ingold T., « Introduction », *in* T. Ingold (éd.), *What Is an Animal ?*, Unwin Wyman, 1988.

38. Rousseau J.-J., 1964, p. 208.

39. « "Mutant" chimp gets gene check », *Science*, vol. 274, 1996, p. 727.

40. Ely J.J., Leland M., Martino M., Swett W. et Moore C.M., « Technical note : chromosomal and mtDNA analysis of Oliver », *American Journal of Physical Anthropology*, vol. 105, 1998, p. 395-403.

41. Nouët J.-C. et Chapoutier G., 2006.

42. Patterson N., Richter D.J., Gnerre S., Lander E.S. et Reich D., « Genetic evidence for complex speciation of humans and chimpanzees », *Nature*, vol. 441, 2006, p. 1103-1108.

43. Harris R.F., « A chimp off the old block », *Current Biology*, vol. 16, 2006, p. R435-R436.

44. Stanford C.B., *Significant Others : The Ape-Human Continuum and The Quest for Human Nature*, Basic Books, 2001.

45. Nakagaki T., Yamada H. et Toths A., « Maze-solving by an amoeboid organism », *Nature*, vol. 407, 2000, p. 470.

Chapitre 21. D'un plus à l'autre : y a-t-il vraiment un propre de l'homme ?

1. Fontenay É. de, « Variations sur le "un pour cent" », *in* G. Chapouthier (éd.), *L'Animal humain. Traits et spécificités*, L'Harmattan, 2004, p. 13-14.

2. Merle R., *Le Propre de l'homme*, Fallois/Livre de Poche, 1989, p. 11-12.

3. Darwin C., 1874.

4. *Ibid.*, p. 102.

5. *Ibid.*, p. 135-136.

6. Penn D.C., Holyoak K.J. et Povinelli D.J., « Darwin's mistake : explaining the discontinuity between human and nonhuman minds », *Behavioral and Brain Sciences*, vol. 31, 2008, p. 109-178.

Chapitre 22. Plus de liberté ?

1. Fichte J.G., *Fondement du droit naturel selon la doctrine de la science*, Vrin, 1984, p. 95.
2. Rumbaugh D.M. et Washburn D.A., *Intelligence of Apes and Other Rational Beings*, Yale University Press, 2003.
3. Prochiantz A., 2001, p. 175.
4. Rousseau J.-J., 1964, tome III, p. 109.
5. *Ibid.*, p. 143.
6. Kant E., *Réflexions sur l'éducation*, Vrin, 1966, p. 69-70.
7. Fontenay É. de, 2004, p. 27.
8. Ferry L. et Vincent J.-D., 2000, p. 144.
9. *Ibid.*, p. 104.
10. *Ibid.*, p. 260.
11. Dennett D., *Théorie évolutionniste de la liberté*, Odile Jacob, 2004, p. 334.
12. Ferry L., 1992.
13. Ferry L. et Vincent J.-D., 2000, p. 102.
14. *Ibid.*, p. 103.
15. Cronin K.A., Kurian A.V. et Snowdon C.T., « Cooperative problem solving in a cooperatively breeding primate (*Sanguinus Oedipus*) », *Animal Behaviour*, vol. 69, 2005, p. 133-142.
16. De Waal F., 2001, p. 198.
17. Ferry L., 1992, p. 103.
18. De Waal F., 2006, p. 12.
19. Prochiantz 2001, p. 166, 168.
20. Fontenay É. de, 2004, p. 15.
21. Crick F., 1994, p. 359.
22. Ferry L. et Vincent J.-D., 2000.
23. Christen Y., 1986.

Chapitre 23. Tous les droits ?

1. Diamond J., 2000, p. 44.
2. Shaw G.B., *The Doctor's Dilemma*, Players Press, 1996.
3. Chapouthier G., *Au bon vouloir de l'homme, l'animal*, Denoël, 1990.
4. Guerrini A., *Experimenting with Humans and Animals : From Galen to Animal Rights*, Johns Hopkins University, 2003.
5. Marris E., « Grey matters », *Nature*, vol. 444, 2006, p. 808-810.
6. Diamond J., 2000, p. 42-43.

7. Goodall J., 1995.
8. Fouts R., 1998.
9. Shima K. *et al.*, 2007.
10. Chafee M.V. et Ashe J., « Intelligence in action », *Nature Neuroscience*, vol. 10, 2007, p. 142-143.
11. Blum D., *Love at Goon Park : Harry Harlow and the Science of Affection*, Basic Books, 2002.
12. Reinhardt V., Cowley D., Scheffler J., Vertein R. et Wegner F., « Cortisol response of female rhesus monkeys to venipuncture in homecage versus veinupuncture in restraint apparatus », *Journal of Medical Primatology*, vol. 19, 1990, p. 601-606.
13. Chanteur J., *Livre blanc sur l'expérimentation animale*, CNRS/INSERM, 1995, p. 283.
14. Lestel D., 1996, p. 68.
15. Chapouthier G., « L'animalité », *Revue philosophique*, n° 3, 2004, p. 299-305.
16. Chanteur J., 1995, p. 285.

IV - PERSONNE OU PERSONNE ?

1. Singer P., *Questions d'éthique pratique*, Bayard, 1997, p. 93.

Chapitre 24. Il ne leur manque rien

1. De Waal F.B., 2001, p. 10.
2. Kant E., 1886, p. 29.
3. De Waal F.B., 2001, p. 55, 56.
4. Fagot J. et Cook R.G., « Evidence for large long-term memory capacities in baboons and pigeons and its implications for learning and the evolution of cognition », *The Proceedings of the National Academy of Sciences USA*, vol. 103, 2006, p. 17564-17567.
5. Hauser M., « Our chimpanzee mind », *Nature*, vol. 437, 2005, p. 60-63 ; de Waal F.B.M., « A century of getting to know the chimpanzee », *Nature*, vol. 435, 2005, p. 56-59.
6. Hauser M., « Beyond the chimpanzee genome : the threat of extinction », *Science*, vol. 309, 2005, p. 1498-1499.
7. Chapouthier G., « Continuité ou discontinuité entre l'homme et l'animal sur le plan cognitif », *Abstract Psychiatrie*, n° 32, février 2008, p. 10-11.

8. Changeux J.-P., *in* J.-P. Changeux et P. Ricœur, *La Nature et la Règle. Ce qui nous fait penser*, Odile Jacob, 1998, p. 273.
9. De Waal F.B., 2001, p. 74.
10. Darwin C., 1874, p. 109.
11. *Ibid.*, p. 110.
12. *Ibid.*, p. 651-652.
13. Nissani M., « Do Asian elephants (*Elephas maximus*) apply causal reasoning to tool-use tasks ? », *Journal of Experimental Psychology : Animal Behavior Processes*, vol. 32, 2006, p. 91-96.
14. *Ibid.*
15. Williams J.H., *Elephant Bill*, Doubleday, 1950.
16. Gordon P., 2004.
17. Holden C., 2004.
18. Pica P. *et al.*, 2004 ; Dehaene S., Izard V., Pica P. et Spelke E., « Core knowledge of geometry in an Amazonian indigene group », *Science*, vol. 311, 2006, p. 381-384.
19. Holden C., 2004.
20. Hewes G.W., « The baseline for comparing human and non-human primates behavior », *in* D. Quiatt et J. Itani (éd.), *Hominid Culture in Primate Perspective*, The University of Colorado Press, 1994, p. 59-93.
21. Whorf B., *Language, Thought, and Reality*, MIT Press, 1956.
22. Boesch C., 2007.
23. McGrew W.C., 1992.
24. Hewes G.W., 1994.
25. Tomasello M. et Call J., 1997.
26. Deputte B.L. et Vauclair J., 1998, p. 75.
27. Tomasello M., 1999.
28. Dehaene S., 2005 ; Dehaene S. et Cohen L., « Cultural recycling of cortical maps », *Neuron*, vol. 56, 2007, p. 384-398.
29. Iriki A., « A prototype of Homo faber : a slient precursor of human intelligence in the tool-using monkey brain », *in* S. Dehaene *et al.*, 2005, p. 253-271.
30. Iriki A., Sakura O., « The neuroscience of primate intellectual evolution : natural selection and passive and intentional niche construction », *Philosophical Transactions of the Royal Society B*, vol. 363, 2008, p. 2229-2241 ; Spinney L., « Tools maketh the monkey », *New Scientist*, 11 octobre 2008, p. 42-45.
31. Prochiantz A., 2001, p. 177.
32. Premack D. et Premack A., 2003.
33. Deputte B.L. et Vauclair J., 1998, p. 75.
34. Rumbaugh D.M. et Washburn D.A., 2003, p. 183.

35. Dennett D., 2004, p. 324.

36. Tibbets E.A. et Dale J., « A socially enforced signal of quality in a paper wasp », *Nature*, vol. 432, 2004, p. 218-222.

37. Larrere C. et Larrere R. : « Actualité de l'animal-machine. Sens Public » (www.sens-public.org), 20 septembre 2004.

38. Lestel D., « L'innovation cognitive dans des communautés hybrides homme/animal de partage de sens, d'intérêts et d'affects », *Intellectica*, vol. 26-27, 1998, p. 203-226.

39. Chapouthier G., 2004, p. 304.

Chapitre 25. Des personnes !

1. Burgat F., 1997, p. 61.

2. Singer P., 1997, p. 93.

3. Chanteur J., 1995, p. 283.

4. Caldwell M.C. et Caldwell D.K., « Individualized whistle contours in bottlenosed dolphins (*Tursiops truncatus*) », *Nature*, vol. 207, 1965, p. 434-435.

5. Janik V.M., Sayigh L.S. et Wells R.S., « Signature whistle shape conveys identity information to bottlenose dolphins », *The Proceedings of the National Academy of Sciences USA*, vol. 103, 2006, p. 8293-8297.

6. Kant E., *Fondements de la métaphysique des mœurs*, Vrin, 1980, p. 113.

7. *Ibid.*, p. 120.

8. Burgat F., *op. cit.*, 1997, p. 61.

9. Francione G.L., 2004.

10. Lusseau D., « The emergent properties of a dolphin social network », *Biology Letters*, vol. 270, 2004, p. 186-188.

11. *Ibid.*

12. Flack J.C. *et al.*, 2006.

13. Bradshaw G.A., Schore A.N., Brown J.L., Poole J.H. et Moss C.J., « Elephant breakdown », *Nature*, vol. 433, 2005, p. 807.

14. Wittemyer G., Douglas-Hamilton I. et Getz W.M., « The socioecology of elephants : analysis of the processes creating multitiered social structures », *Animal Behaviour*, vol. 69, 2005, p. 1357-1371.

15. Cheney D.L. et Seyfarh R.M., 2007, p. 262.

16. Whiten A., 2005.

17. Wallach W. et Allen C., *Moral Machines : Teaching Robots Right from Wrong*, Oxford University Press, 2008.

18. Lestel D., 2004.

19. Bekoff M. et Gruen L., « Animal welfare and individual characteristics : a conversation against speciesism », *Ethics and Behavior*, vol. 3, 1993, p. 163-165.

20. Monod J., *Le Hasard et la Nécessité*, Le Seuil, 1970.

21. Darwin C., *op. cit.*, 1874, p. 71-72.

22. Coghlan A., « Lab animal carers suffer in silence », *New Scientist*, 29 mars 2008.

23. Singer P., 1993.

24. Diderot D., *Entretien entre d'Alembert et Diderot. Le rêve de d'Alembert. Suite de l'entretien*, in *Œuvres philosophiques*, Garnier, 1875.

Projection

1. Holden C., « Can u turn on ur cam pls ? », *Science*, vol. 313, 2006, p. 1025.

BIBLIOGRAPHIE

ADDESSI E., CRESCIMBENE L. et VISALBERGHI E., « Do capuchin monkeys (*Cebus apella*) use tokens as symbols ? », *Proceedings of the Royal Society B*, vol. 274, 2007, p. 2579-2585.

ADDESSI E., MANCINI A., CRESCIMBENE L., PADOA-SCHIOPPA C. et VISALBERGHI E., « Preference transitivity and symbolic representation in capuchin monkeys (*Cebus apella*) », *PloS ONE*, vol. 3, 2008, e2414.doi:10.1371/journal.pone.0002414.

ADDIS D.R., WONG A.T. et SCHACTER D.L., « Remembering the past and imagining the future : common and distinct neural substrates during event construction and elaboration », *Neuropsychologia*, vol. 45, 2007, p. 1363-1377.

ADES C., RAMOS D., ROSSI A.P. et SUENAGA L.V., « Human-dog/dog-human communication through arbitrary signals », *29th International Ethological Conference*, Budapest, 2005, abstract, p. 12.

ALLMAN J.M., *Evolving Brains*, New York, Scientific American Library, 2000, 224 p.

ALLMAN J.M., HAKEEM A., ERWIN J.M., NIMCHINSKY E. et HOF P., « The anterior cingulate cortex : the evolution of an interface between emotion and cognition », *Annals of New York Academy of Sciences*, vol. 935, 2001, p. 107-117.

ALLMAN J.M., HAKEEM A. et WATSON K., « Two phylogenetic specializations in the human brain », *The Neuroscientist*, vol. 8, 2002, p. 335-346.

ALLMAN J.M., WATSON K.K., TETREAULT N.A. et HAKEEM A.Y., « Intuition and autism : a possible role for von Economo neurons », *Trends in Cognitive Sciences*, vol. 9, 2005, p. 367-373.

ANANTHASWAMY A., « Has this chimp taught himself to talk ? », *New Scientist*, 14 janvier 2003, p. 12-13.

ANDERSON B., « The g factor in non-human animals », *in* G. Bock, J. Goode et K. Wess K. (éd.), *The Nature of Intelligence*. New York, Wiley, 2001, p. 79-95.

ANDERSON J.R., MYOWA-YAMAKOSHI M. et MATSUZAWA T., « Contagious yawning in chimpanzees », *Proceedings of the Royal Society, Biology Letters*, vol. 271, 2004, p. S468-S470.

ANDERSON S.R., *Doctor Dolittle's Delusion : Animals and the Uniqueness of Human Language*, New Haven, Yale University Press, 2004, 368 p.

ANDERSON S.W., BECHARA A., DAMASIO H., TRANEL D. et DAMASIO A.R., « Impairment of social and moral behaviour related to early damage in human prefrontal cortex », *Nature Neuroscience*, vol. 2, 1999, p. 1032-1037.

ANTOINE S. et NOUËT J.-C., *La Fondation Ligue française des droits de l'animal*, Paris, Fondation LFDA, 2003, 94 p.

ARCHER J., « Why do people love their pets ? », *Ethology and Human Behavior*, vol. 18, 1997, p. 237-259.

ARDREY R., *Les Enfants de Caïn*, trad. P.-V. Huguet, Paris, Stock, 1963 (éd. originale : *African Genesis*, Atheneum, 1961).

ARNOLD K. et ZUBERBÜHLER K., « Semantic combinations in primate calls », *Nature*, vol. 441, 2006, p. 303.

– « Meaningful call combinations in a non-human primate », *Current Biology*, vol. 18, 2008, p. R202-203.

ASQUITH P.J. (éd.), *A Japanese View of Nature. The World of Living Things by Kinji Imanishi*, Londres, Routledge Curzon, 2002, 97 p.

AUGUSTIN saint, *Des mœurs de l'Église catholique et des mœurs des Manichéens*, II, XVII, trad. J.-Y. Boriaud, J.-L. Dumas, L. Jerphagnon, C. Salles, Paris, Gallimard, 2000.

BACON F., *The Advancement of Learning*, New York, Random House, 2001 (éd. originale, 1605).

BAERTSCHI B., « Dignité de la créature et dignité de la personne humaine », *in* G. Chapouthier (éd.), *L'Animal humain. Traits et spécificités*, Paris, L'Harmattan, 2004, p. 87-106.

BAGEMIHL B., *Biological Exuberance : Animal Homosexuality and Natural Diversity*, New York, St. Martin's Press, 1999, 768 p.

BAILLY J.C., *Le Versant animal*, Paris, Bayard, 2007, 160 p.

BAKEWELL M.A., SHI P. et ZHANG J., « More genes underwent positive selection in chimpanzee evolution than in human evolution », *The Proceedings of the National Academy of Sciences USA*, vol. 104, 2007, p. 7489-7494.

BALDA R.P. et TUREK R.J., « Memory in birds », *in* H.L. Roitblat, T.G. Bever et H.S. Terrace (éd.), *Animal Cognition*, Hillsdale, N.J., Erlbaum, 1984, p. 513-532.

BALTER M., « Brain evolution studies go micro », *Science*, vol. 315, 2007, p. 1208-1211.

BARRETT L., HENZI P. et DUNBAR R., « Primate cognition : from "what now ?" to "what if ?" », *Trends in Cognitive Sciences*, vol. 7, 2003, p. 494-497.

BASS A.H., GILLAND E.H. et BAKER R., « Evolutionary origins for social vocalization in a vertebrate hindbrain-spinal compartment », *Science*, vol. 321, 2008, p. 417-421.

BATES E., THAL D. et MARCHMAN V., « Symbols and syntax : a Darwinian approach to language development », *in* N.A. Krasnegor, D.M. Rumbaugh, R.L. Schiefelbusch et M. Studdert-Kennedy (éd.), *Biological and Behavioural Determinants of Language Development*, Hillsdale, NJ, Erlbaum, 1991, p. 29-65.

BATES L.A., SAYIATEL K.N., NJIRAINI N.W., POOLE J.H., MOSS C.J. et BYRNE R.W., « African elephants have expectations about the locations of out-of-sight family members », *Biology Letters*, vol. 4, 2008, p. 34-36.

BATES L.A., POOLE J.H. et BYRNE R.W., « Elephant cognition », *Current Biology*, vol. 18, 2008, p. R544-R546.

BEKOFF M., « Beastly passions », *New Scientist*, 29 avril 2000, p. 32-35.

– « Social play behaviour : cooperation, fairness, trust and the evolution of morality », *Journal of Consciousness Studies*, vol. 8, 2001, p. 81-90.

– « Virtuous nature », *New Scientist*, 13 juillet 2002, p. 34-37.

– *Minding Animals : Awareness, Emotions, and Heart*, New York, Oxford University Press, 2002, 230 p.

– *Animal Passions and Beastly Virtues : Reflections on Redecorating Nature*, Philadelphie, Temple University Press, 2005, 320 p.

BEKOFF M. et GRUEN L., « Animal welfare and individual characteristics : a conversation against speciesism », *Ethics and Behavior*, vol. 3, 1993, p. 163-165.

BEKOFF M. et BYERS J. (éd.), *Animal Play. Evolutionary, Comparative and Ecological Perspectives*, New York, Cambridge University Press, 1998, 290 p.

BENDOR D. et WANG X., « The neuronal representation of pitch in primate auditory cortex », *Nature*, vol. 436, 2005, p. 1161-1165.

BENSON J.D. et GREAVES W.S. (éd.), *Functional Dimensions of Ape-Human Discourse*, Londres, Equinox, 2004, 192 p.

BENTHAM J., *An Introduction to the Principles of Morals and Legislation* (Burns J.H., Hart H.L.A., éd.), Londres, The Athlone Press, University of London, 1970, 343 p. (éd. originale, 1789).

BERGMAN T.J., BEEHNER J.C., CHENEY D.L. et SEYFARTH R.M., « Hierarchical classification by rank and kinship in baboons », *Science*, vol. 302, 2003, p. 1234-1236.

BERTHOZ A., *Le Sens du mouvement*, Paris, Odile Jacob, 1997, 400 p.

BERTHOZ A. et JORLAND G. (éd.), *L'Empathie*, Paris, Odile Jacob, 2004, 308 p.

BERTHOZ A. et CHRISTEN Y. (éd.), *Neurobiology of* « Umwelt » *: how living beings perceive the world*, Heidelberg, Springer Verlag, 2008, sous presse.

BIRO D., INOUE-NAKAMURA N., TONOOKA R., YAMAKOSHI G., SOUSA C. et MATSUZAWA T. , « Cultural innovation and transmission of tool use in wild chimpanzees : evidence from field experiments », *Animal Cognition*, vol. 6, 2003, p. 213-223.

BLACKMORE S., *The Meme Machine*, Oxford, Oxford University Press, 1999, 288 p.

– « Une sélection naturelle de la culture », *Pour la Science*, n° 277, novembre 2000, p. 66-74.

BLAISDELL A.P., SAWA K., LEISING K.J. et WALDMANN M.R., « Causal reasoning in rats », *Science*, vol. 311, 2006, p. 1020-1022.

BLAKEMORE S.J., WINSTON J. et FRITH U., « Social cognitive neuroscience : where are we heading ? », *Trends in Cognitive Sciences*, vol. 8, 2004, p. 216-222.

BLOOM P., « Can a dog learn a word ? », vol. 304, *Science*, 2004, p. 1605-1606.

BLUM D., *Love at Goon Park : Harry Harlow and the Science of Affection*, New York, Basic Books, 2002, 320 p.

BOÈCE, « Contre Eutychès et Nestorius », in *Traités théologiques*, trad. A. Tisserand, Paris, Flammarion, 2000, 263 p.

BOESCH C., « Symbolic communication in wild chimpanzees ? », *Human Evolution*, vol. 6, 1991, p. 81-90.

– « The emergence of cultures among wild chimpanzees », *Proceedings of British Academia*, vol. 88, 1996, p. 251-268.

– « Joint cooperative hunting among wild chimpanzees : taking natural observations seriously », *Behavioral and Brain Sciences*, vol. 28, 2005, p. 692-693.

– « What makes us human (*Homo sapiens*) ? The challenge of cognitive cross-species comparison », *Journal of Comparative Psychology*, vol. 121, 2007, p. 227-240.

BOESCH C. et BOESCH-ASCHERMAN H., *Chimpanzees of the Tai Forest : Behavioural Ecology and Evolution*, Oxford, Oxford University Press, 2000, 316 p.

BOFFELLI D., MCAULIFFE J., OVCHARENKO D., LEWIS K.D., OVCHARENKO I., PACHTER L. et RUBIN E.M., « Phylogenetic shadowing of primate sequences to find functional regions of the human genome », *Science*, vol. 299, 2003, p. 1391-1394.

BOND A.B., KAMIL A.C. et BALDA R.P., « Social complexity and transitive inference in corvids », *Animal Behaviour*, vol. 65, 2003, p. 479-497.

BOSCH X., « Europe's retired research chimps stranded », *Nature Medicine*, vol. 10, 2004, p. 1006.

BOYSEN S.T., « Individual differences in the cognitive abilities of chimpanzees », *in* R.W. Wrangham, W.C. McGrew, F.B.M. de Waal et P.G. Heltme (éd.), *Chimpanzee Cultures*, Cambridge, Harvard University Press, 1994, p. 335-350.

BOYSEN S.T. et BERNTSON G.G., « Quantity-based interference and symbolic representations in chimpanzees (*Pan troglodytes*) », *Journal of Experimental Psychology : Animal Behavior Processes*, vol. 22, 1996, p. 76-86.

BOYSEN S.T. et CAPALDI E.J. (éd.), *The Development of Numerical Competence : Animal and Human Models*, Hillsdale, N.J., Erlbaum, 1993, 296 p.

BOYSEN S.T., BERNTSON G.G. et MUKOBI K.L., « Size matters : impact of item size and quantity on array choice by chimpanzees (*Pan troglodytes*) », *Journal of Comparative Psychology*, vol. 115, 2001, p. 106-110.

BRADSHAW G.A., SCHORE A.N., BROWN J.L., POOLE J.H. et MOSS C.J., « Elephant breakdown », *Nature*, vol. 433, 2005, p. 807.

BRANNON E.M. et TERRACE H.S., « Ordering of numerosities 1-9 by monkeys », *Science*, vol. 282, 1998, p. 746-749.

– « Representation of the numerosities 1-9 by rhesus macaques », *Journal of Experimental Psychology*, vol. 26, 2000, p. 1-19.

BREUER T., NDOUDOU-HOCKEMBA M. et FISHLOCK V., « First observation of tool use in wild gorillas », *PLoS Biology*, vol. 3, 2005, p. 2041-2043.

BRITTEN R.J., « Divergence between samples of chimpanzee and human DNA sequences is 5 % counting indels », *The Proceedings of the National Academy of Sciences USA*, vol. 99, 2002, p. 13633-13635.

BROOKS M., « Do you speak cuttlefish ? », *New Scientist*, 26 avril 2008, p. 28-31.

BROSNAN S.F. et DE WAAL F.B.M., « Monkeys reject unequal pay », *Nature*, vol. 425, 2003, p. 297-299.

BROSNAN S.F., SCHIFF H.C. et DE WAAL F.B.M., « Tolerance for inequity may increase with social closeness in chimpanzees », *Proceedings of the Royal Society London B*, vol. 272, 2005, p. 253-258.

BROSNAN S.F., GRADY M.F., LAMBETH S.P., SCHAPIRO S.J. et BERAN M.J., « Chimpanzee autarky », *PloS ONE*, vol. 3 (1), 2008, e1518.doi:10.1371/journal.pone.0001518.

BROWN P., SUTIKNA T., MORWOOD M.J., SOEJONO R.P., JAMITKO, WAYHU SAPTOMO E. et DUE R.A., « A new small-bodied hominid from the late Pleistocene of Flores », *Nature*, vol. 431, 2004, p. 1055-1061.

BRÜNE M., BRÜNE-COHRS U. et MCGREW W.C., « Psychiatric treatment for great apes ? », *Science*, vol. 306, 2004, p. 2039.

BSHARY R., WICKLER W. et FRICKE H., « Fish cognition : a primate's eye view », *Animal Cognition*, vol. 5, 2002, p. 1-13.

BSHARY R. et GRUTTER A.S., « Image scoring and cooperation in a cleaner fish mutualism », *Nature*, vol. 441, 2006, p. 975-978.

BUCHAN J.C., ALBERTS S.C., SILK J.B. et ALTMANN J., « True paternal care in a multi-male primate society », *Nature*, vol. 425, 2003, p. 179-181.

BUFFON, *Histoire naturelle* (tome VIII), *De la nature de l'homme*, Paris, Pourrat frères, 1833.

BURDICK C. et MILLER J., « Speech perception by the chinchilla : discrimination of sustained /a/ and /i/ », *Journal of the Acoustical Society of America*, vol. 58, 1975, p. 415-427.

BURGAT F., *Animal, mon prochain*, Paris, Odile Jacob, 1997, 254 p.

BURGDORF J., PANKSEPP J., BRUDZYNSKI S.M., KROES R. et MOSKAL J.R., « Breeding for 50-kHz positive affective vocalization in rats », *Behavior Genetic*, vol. 35, 2005, p. 67-72.

BURGHARDT G.M., « Cognitive ethology and critical anthropomorphism : a snake with two heads and hognose snakes that play dead », *in* Ristau C.A. (éd.), *Cognitive Ethology : The Minds of Other Animals*, Hillsdale, Lawrence Erlbaum, 1991, p. 53-91.

BURKE T., PAGE B., VAN DYK G., MILLSPAUGH J. et SLOTOW R., « Risk and ethical concerns of hunting male elephant : behavioural and physiological assays of the remaining elephants », *PloS ONE*, vol. 3, 2008, e2417.doi:101371/journal.pone.0002417.

BURKI F. et KAESSMANN H., « Birth and adaptive evolution of a hominid gene that supports high neurotransmitter flux », *Nature Genetics*, vol. 36, 2004, p. 1061-1063.

BUSH E.C. et Allman J.M., « Three-dimensional structure and evolution of primate primary visual cortex », *Anatomical Record*, vol. 281A, 2004, p. 1088-1094.

BUTTELMANN D., CARPENTER M., CALL J. et TOMASELLO M., « Encultured chimpanzees imitate rationally », *Developmental Science*, vol. 10, 2007, p. F31-F38.

BUXHOEVEDEN D.P. et CASANOVA M.F., « The microcolumn hypothesis in neuroscience », *Brain*, vol. 125, 2002, p. 935-951.

BYRNE R.W., *Thinking Ape. Evolutionary Origins of Intelligence*, Oxford, Oxford University Press, 1995, 280 p.

– « Imitation of novel complex actions : what does the evidence from animals mean ? », *Advances in the Study of Behavior*, vol. 31, 2002, p. 77-105.

BYRNE R.W. et RUSSON A.E., « Learning by imitation : A hierarchical approach », *Behavioral and Brain Sciences*, vol. 21, 1998, p. 667-721.

BYRNE R.W., BARNARD P.J., DAVIDSON I., JANIK V.M., MCGREW W.C., MIKLÓSI A et WIESSNER P., « Understanding culture across species », *Trends in Cognitive Sciences*, vol. 8, 2004, p. 341-346.

BYRNE R.W. et CORP N., « Neocortex size predicts deception rate in primates », *Proceedings of the Royal Society London B*, vol. 271, 2004, p. 1693-1699.

CACERES M., LACHUER J., ZAPALA M.A., REDMOND J.C., KUDO L., GESCHWIND D.H., LOCKHART D.J., PREUSS T.M. et BARLOW C., « Elevated gene expression levels distinguish human from non-human primate brains », *The Proceedings of the National Academy of Sciences USA*, vol. 100, 2003, p. 13030-13035.

CACERES M., SUWYN C., MADDOX M., THOMAS J.W. et PREUSS T.M., « Increased cortical expression of two synaptogenic thrombospondins in human brain evolution », *Cerebral Cortex*, vol. 17, 2006, p. 2312-2321.

CALARCO J.A., XING Y., CACERES M., CALARCO J.P., XIAO X., PAN Q., LEE C., PREUSS T.M. et BLENCOWE B.J., « Global analysis of alternative splicing differences between humans and chimpanzees », *Genes and Development*, vol. 21, 2007, p. 2963-2975.

CALDWELL M.C. et CALDWELL D.K., « Individualized whistle contours in bottlenosed dolphins (*Tursiops truncatus*) », *Nature*, vol. 207, 1965, p. 434-435.

CALHOUN S. et THOMPSON R.L., « Long-term retention of self-recognition by chimpanzees », *American Journal of Primatology*, vol. 15, 1988, p. 361-365.

CALL J., « A fish-eye lens for comparative studies : broadening the scope of animal cognition », *Animal Cognition*, vol. 5, 2002, p. 15-16.

– « Descartes' two errors : reason and reflection in the great apes », in S. Hurley et M. Nudds (éd.), *Rational Animals ?*, Oxford, Oxford University Press, 2006, p. 219-234.

CALL J., HARE B.A. et TOMASELLO M., « Chimpanzee gaze following in an object choice task », *Animal Cognition*, vol. 1, 1998, p. 89-99.

CALL J., BRAUER J., KAMINSKI J. et TOMASELLO M., « Domestic dogs (*Canis familiaris*) are sensitive to the attentional state of humans », *Journal of Comparative Psychology*, vol. 117, 2003, p. 257-263.

CALL J. et TOMASELLO M., « Does the chimpanzee have a theory of mind ? 30 years later », *Trends in Cognitive Sciences*, vol. 12, 2008, p. 187-192.

CANTALUPO C. et HOPKINS W.D., « Asymmetric Broca's area in great apes », *Nature*, vol. 414, 2001, p. 505.

CANTLON J.F. et BRANNON E.M., « Basic math in monkeys and college students », *PLoS Biology*, vol. 5, 2007, e328.doi:10.1371/journal. pbio.0050328.

CARERE C., DRENT P.J., PRIVITERA L., KOOLHAAS J.M. et GROOTHUIS T.G.G., « Personalities in great tits, *Parus major* : stability and consistency », *Animal Behaviour*, vol. 70, 2005, p. 795-805.

CARO T.M., *Cheetahs of the Serengeti Plains : Grouping in an Asocial Species*, Chicago, The University of Chicago Press, 1994, 478 p.

CARO T.M. et HAUSER M.D., « Is there teaching in nonhuman animals ? », *Quarterly Review of Biology*, vol. 67, 1992, p. 151-174.

CARR L., IACOBONI M., DUBEAU M.-C., MAZZIOTTA J.C. et LENZI G.L., « Neural mechanisms of empathy in humans : a relay from neural systems for imitation to limbic areas », *The Proceedings of the National Academy of Sciences USA*, vol. 100, 2003, p. 5497-5502.

CARTMILL E.A. et BYRNE R.W., « Orangutans modify their gestural signalling according to their audience's comprehension », *Current Biology*, vol. 17, 2007, p. 1345-1348.

CAVALLI-SFORZA L., *Gènes, Peuples & Langues*, Paris, Odile Jacob, 1996, 324 p.

CHAFEE M.V. et ASHE J., « Intelligence in action », *Nature Neuroscience*, vol. 10, 2007, p. 142-143.

CHANGEUX J.-P., *L'Homme de vérité*, Paris, Odile Jacob, 2002, 448 p.

CHANGEUX J.-P. et RICŒUR P., *La Nature et la Règle. Ce qui nous fait penser*, Paris, Odile Jacob, 1998, 350 p.

CHANTEUR J., *Du droit des bêtes à disposer d'elles-mêmes*, Paris, Seuil, 1993, 183 p.

– *Livre blanc sur l'expérimentation animale*, Paris, CNRS Éditions/Les Éditions de l'INSERM, 1995, p. 279-285.

CHAPAIS B., « Machiavel chez les macaques », *La Recherche*, n° 307, mars 1998, p. 66-70.

CHAPOUTHIER G., *Au bon vouloir de l'homme, l'animal*, Paris, Denoël, 1990, 264 p.

– *Les Droits de l'animal*, Paris, PUF, coll. « Que sais-je ? », 1992, 127 p.

– « L'animalité », *Revue Philosophique*, n° 3, 2004, p. 299-305.

– (éd.), *L'Animal humain. Traits et spécificités*, Paris, L'Harmattan, 2004, 116 p.

– « Continuité ou discontinuité entre l'homme et l'animal sur le plan cognitif », *Abstract Psychiatrie*, n° 32, février 2008, p. 10-11.

CHAPOUTHIER G. et NOUËT J.-C. (éd.), *Les Droits de l'animal aujourd'hui*, Condé-sur-Noireau, Arléa-Corlet, coll. « Panoramiques », 1997, 244 p.

CHAPPELL J. et KACELNIK A., « Selection of tool diameter by New Caledonian crows *Corvus moneduloides* », *Animal Cognition*, vol. 7, 2004, p. 121-127.

CHAR R., *Les Matinaux*, Paris, Gallimard, 1950, 150 p.

CHEN F.-C. et LI W.-H., « Genomic differences between humans and other hominoids and the effective population size of the common ancestor of humans and chimpanzees », *American Journal of Human Genetics*, vol. 68, 2001, p. 444-456.

CHENEY D.L. et SEYFARTH R.M., *How monkeys see the world : inside the mind of another species*, Chicago, University of Chicago Press, 1990, 376 p.

– *Baboon Metaphysics. The Evolution of a Social Mind*, Chicago, University of Chicago Press, 2007, 348 p.

CHENG Z., VENTURA M., SHE X., KHAITOVICH P., GRAVES T., OSOEGAWA K., CHURCH D., DEJONG P., WILSON R.K., PÄÄBO S., ROCCHI M. et EICHLER E.E., « A genome-wide comparison of recent chimpanzee and human segmental duplications », *Nature*, vol. 437, 2005, p. 88-93.

Chimpanzees in Research : Strategies for Their Ethical Care, Management, and Use, Washington, The National Academies Press, 1997, 92 p.

The Chimpanzee Sequencing and Analysis Consortium, « Initial sequence of the chimpanzee genome and comparison with the human genome », *Nature*, vol. 437, 2005, p. 69-87.

CHOU H.-H., HAYAKAWA T., DIEA S., KRINGS M., INDRIATI E., LEAKEY M., PÄÄBO S., SATTA Y., TAKAHATA N. et VARKI A.,

« Inactivation of CMP-N-acetylneuraminic acid hydroxylase occurred prior to brain expansion during human evolution », *The Proceedings of the National Academy of Sciences USA*, vol. 99, 2002, p. 11736-11741.

CHRISTEN Y., *L'Homme bioculturel*, Monaco, Le Rocher, 1986, 212 p.

– *Le Peuple léopard*, Paris, Michalon, 2000, 302 p.

– « Biologie de l'esthétique. Séance du 29 mars 2006 », *Académie des Beaux-Arts, communications 2006*, 2007, p. 27-41.

CHURCH R.M., « Emotional reactions of rats to the pain of others », *Journal of Comparative & Physiological Psychology*, vol. 52, 1959, p. 132-134.

CLARK A.G., GLANOWSKI S., NIELSEN R., THOMAS P.D., KEJARIWAL A., TODD M.A., TANENBAUM D.M., CIVELLO D., LU F., MURPHY B., FERREIRA S., WANG G., ZHENG X., WHITE T.J., SNINSKY J.J., ADAMS M.D. et CARGILL M., « Inferring nonneutral evolution from human-chimp-mouse orthologous gene trios », *Science*, vol. 302, 2003, p. 1960-1963.

CLAYTON N.S. et DICKINSON A., « Episodic-like memory during cache recovery by scrub-jays », *Nature*, vol. 398, 1998, p. 272-274.

CLAYTON N.S., YU K.S. et DICKINSON A., « Interacting cache memories : evidence for flexible memory rise by western scrub-jays (*Aphelocoma californica*) », *Journal of Experimental Psychology and Animal Behavioral Process*, vol. 27, 2001, p. 17-29.

CLAYTON N.S., BUSSEY T.J. et DICKINSON A., « Can animals recall the past and plan for the future », *Nature Review Neuroscience*, vol. 4, 2003, p. 685-691.

COHEN A., « What's next in the law ? The unalienable rights of chimps », *The New York Times*, 14 juillet 2008.

COHEN J., « Relative differences : the myth of 1 % », *Science*, vol. 316, 2007, p. 1836.

COGHLAN A., « Lab animal carers suffer in silence », *New Scientist*, 29 mars 2008.

COLEMAN S.W., PATRICELLI G.L. et BORGIA G., « Variable female preferences drive complex male displays », *Nature*, vol. 428, 2004, p. 742-745.

COMBES C. et GUITTON C., *L'Homme et l'Animal. De Lascaux à la vache folle*, Paris, Pour la Science, 1999, 160 p.

CONDILLAC É.B. de, *Traité des animaux*, Paris, Vrin, 2004, 254 p. (éd. originale, 1755).

CONN P.M. et PARKER J.V., *The Animal Research War*, Houndmills, Palgrave Macmillan, 2008, 224 p.

CORBALLIS M., *The Lopside Ape. Evolution of the Generative Mind*, Oxford, Oxford University Press, 1994, 376 p.

– « From mouth to hand : gesture, speech, and the evolution of right-handedness », *Behavioral and Brain Sciences*, vol. 26, 2003, p. 199-208.

CORREIA S.P.C., DICKINSON A. et CLAYTON N.S., « Western scrub-jays anticipate future needs independently of their current motivational state », *Current Biology*, vol. 17, 2007, p. 856-861.

COWEY A. et STOERIG P., « Blindsight in monkeys », *Nature*, vol. 373, 1995, p. 247-249.

COWLES J.T., « Food-tokens as incentives for learning in chimpanzees », *Comparative Psychology Monographs*, vol. 23, 1937, p. 1-96.

CRICK F., *L'Hypothèse stupéfiante*, trad. H. Prouteau, Paris, Plon, 1994, 424 p. (éd. originale, *The Astonishing Hypothesis. The Scientific Search for the Soul*, New York, Charles Scribner's Sons, Macmillan, 1994).

CRICK F. et KOCK C., « What is the function of the claustrum ? », *Philosophical Transactions of the Royal Society London B*, vol. 360, 2005, p. 1271-1279.

CRONIN K.A., KURIAN A.V. et SNOWDON C.T., « Cooperative problem solving in a cooperatively breeding primate (*Sanguinus Oedipus*) », *Animal Behaviour*, vol. 69, 2005, p. 133-142.

CULOTTA E., « Chimp genome catalogs differences with humans », *Science*, vol. 309, 2005, p. 1468-1469.

CURIO E., ERNST U. et VIETH W., « Cultural transmission of enemy recognition : one function of mobbing », *Science*, vol. 202, 1978, p. 899-901.

DALLY J.M., EMERY N.J. et CLAYTON N.S., « Food-caching western scrub-jays keep track of who was watching when », *Science*, vol. 312, 2006, p. 1662-1665.

DAMASIO A., *Le Sentiment même de soi. Corps, émotions, conscience*, trad. C. Larsonneur, C. Tiercelin, Paris, Odile Jacob, 1999, 380 p. (éd. originale, *The Feeling of what Happens*, New York, Harcourt Brace, 1999).

– *Spinoza avait raison. Joie et tristesse, le cerveau des émotions* (trad. J.-L. Fidel), Paris, Odile Jacob, 2003, 346 p. (éd. originale, *Looking for Spinoza : Joy, Sorrow, and the Feeling Brain*, New York, Harcourt, 2003).

DANCHIN E., GIRALDEAU L.-A., VALONE T.J. et WAGNER R.H. « Public information : from nosy neighbors to cultural evolution », *Science*, vol. 305, 2004, p. 487-491.

DARWIN C., *La Descendance de l'homme et la sélection sexuelle*, trad. E. Barbier, Paris, Schleicher, 2e éd., 1874, 656 p. (éd. originale, *The Descent of Man, and Selection in Relation to Sex*, 1871, 2e éd. 1872).

– *L'Expression des émotions chez l'homme et les animaux*, trad. S. Pozzi, R. Benoit, Bruxelles, Complexe, 1981, 410 p. (éd. originale, *The Expression of the Emotions in Man and Animals*, 1890).

DASSER V., « Slides of group members as representations of the real animals (*Macaca fascicularis*) », *Ethology*, vol. 76, 1987, p. 65-73.

– « A social concept in Java monkeys », *Animal Behaviour*, vol. 36, 1988, p. 225-230.

DASTON L. et MITMAN G. (éd.), *Thinking With Animals : New Perspectives on Anthropomorphism*, New York, Columbia University Press, 2005, 240 p.

DAVIDSON D., *Paradoxes de l'irrationalité*, Paris, tiré à part/L'Éclat, 1991, 80 p. (éd. origin., « Two paradoxes of irrationality », in R. Wollheim et J. Hopkins [éd.], *Philosophical Essays on Freud*, Cambridge, Cambridge University Press, 1982).

DAWKINS M.A., « Animal minds and animal emotions », *American Zoologist*, vol. 40, 2000, p. 883-888.

DAWKINS R., *Le Gène égoïste*, trad. J. Pavisi et N. Chaptal, Paris, Menges, 1978, 290 p. (éd. originale, *The Selfish Gene*, Oxford, Oxford University Press, 1976).

DECETY J., GRÈZES J., COSTES N., PERANI D., JEANNEROD M., PROCYK E. et GRASSI F., FAZIO F., « Brain activity during observation of actions. Influence of action content and subject's strategy », *Brain*, vol. 120, 1997, p. 101-115.

DEHAENE S., *La Bosse des maths*, Paris, Odile Jacob, 1996, 300 p.

– « Single-neuron arithmetic », *Science*, vol. 297, 2002, p. 1652-1653.

– « Les bases biologiques de l'arithmétique élémentaire », *Pour la Science*, n° 330, avril 2005, p. 70-75.

– « Evolution of human cortical circuits for reading and arithmetic : the "neuronal recycling" hypothesis », *in* S. Dehaene, J.-R. Duhamel, M.D. Hauser et G. Rizzolatti (éd.), *From Monkey Brain to Human Brain*, Cambridge, MIT Press, 2005, p. 134-157.

DEHAENE S., DUHAMEL J.-R., HAUSER M.D. et RIZZOLATTI G. (éd.), *From Monkey Brain to Human Brain : A Symposium of the Fyssen Foundation*, Cambridge, MA, MIT Press, 2005, 392 p.

DEHAENE S. et NACCACHE L., « Towards a cognitive neuroscience of consciousness : basic evidence and a workspace framework », *Cognition*, vol. 79, 2001, p. 1-37.

DEHAENE S., IZARD V., PICA P. et SPELKE E., « Core knowledge of geometry in an Amazonian indigene group », *Science*, vol. 311, 2006, p. 381-384.

DEHAENE S. et COHEN L., « Cultural recycling of cortical maps », *Neuron*, vol. 56, 2007, p. 384-398.

DELORT R., *Les animaux ont une histoire*, Paris, Seuil, 1984, 240 p.

DEMUTH J.P., DE BIE T., STAJICH J.E., CRISTIANINI N. et HAHN M.W., « The evolution of mammalian gene families », *PloS ONE*, vol. 1, 2006, e85.doi:10.1371/journal.pone0000085.

DENNETT D., *Brainstorms*, Montgomery, Bradford Books, 1981, 353 p.

– *Théorie évolutionniste de la liberté*, trad. C. Cler, Paris, Odile Jacob, 2004, 375 p. (éd. originale, *Freedom Evolves*, Viking Penguin, 2003).

DENNIS C., « Branching out », *Nature*, vol. 437, 2005, p. 17-19.

DENTON D., *L'Émergence de la conscience de l'animal à l'homme*, trad. J.-P. Mourlon, Paris, Flammarion, 1995, 246 p. (éd. originale, *The Pinnacle of Life. Consciousness and Self-Awareness in Humans and Animals*, NSW, Australie, Allen & Unwin, 1993).

DEPUTTE B.L. et VAUCLAIR J., « Connaître le monde, connaître les siens. Les grands singes (n')ont (pas) la parole », *Autrement*, n° 106, 1998, p. 12-76.

DERRIDA J., « L'animal que donc je suis », *in* M.-L. Mallet (éd.), *L'Animal autobiographique : autour de Jacques Derrida*, Galilée, coll. « La Philosophie en effet », 1999, p. 251-301.

DESCARTES R., *Œuvres philosophiques*, Paris, Classiques Garnier, Bordas, tome I, 1618-1637, 1988, 830 p.

– *Œuvres philosophiques*, Paris, Alquié, Garnier tome III, 1976-1983, xxx p.

DESCOLA P., *Par-delà nature et culture*, Paris, Gallimard, 2005, 640 p.

DESPRET V., *Hans, le cheval qui savait compter*, Paris, Les Empêcheurs de Penser en Rond, 2004, 136 p.

– « Animal et humain, d'individu à individu », *La Recherche*, n° 405, février 2007, p. 64-67.

DE WAAL F.B.M., *La Politique du chimpanzé*, trad. U. Ammicht et B. Thierry, Monaco, Le Rocher, 1987, 214 p. (éd. originale, *Chimpanzee Politics*, Londres, Jonathan Cape, 1982).

– *De la réconciliation chez les primates*, trad. M. Robert, Paris, Flammarion, 1992, 382 p. (éd. originale, *Peacemaking Among Primates*, Cambridge, MA, Harvard University Press, 1989).
– « Foreword », *in* R.W. Mitchell, N.S. Thompson et H.L. Miles (éd.), *Anthropomorphism, Anecdotes, and Animals*, Albany, State University of New York Press, 1997.
– *Le Bon Singe. Les bases naturelles de la morale*, trad. Centre national du livre, Paris, Bayard, 1997, 357 p. (éd. originale, *Good Natured : The Origins of Right and Wrong in Humans and Other Animals*, Cambridge, MA, Harvard Unviversity Press, 1996).
– « Primates – a natural heritage of conflict resolution », *Science*, vol. 289, 2000, p. 586-590.
– *Quand les singes prennent le thé. De la culture animale*, trad. J.-P. Mourlon, Paris, Fayard, 2001, 382 p. (éd. originale, *The Ape and the Sushi Master*, Basic Books, 2001).
– *Tree of Origin : What Primate Behaviour Can Tell Us About Human Social Evolution*, Cambridge, MA, Harvard University Press, 2001, 311 p.
– « Peace lessons from an unlikely source », *PLoS Biology*, vol. 2 (4), 2004, e101.
– « A century of getting to know the chimpanzee », *Nature*, vol. 435, 2005, p. 56-59.
– *Le Singe en nous*, trad. M.-F. de Paloméra, Paris, Fayard, 2006, 326 p. (éd. originale, *Our Inner Ape*, New York, Riverhead, 2005).
– *Primates et Philosophes*, trad. S. Gurcel, Paris, Le Pommier, 2008, 260 p. (éd. originale, Princeton University Press, 2006).

DE WAAL F.B.M. et JOHANOWICZ D.L., « Modification of reconciliation behaviour through social experience : an experiment with two macaque species », *Child Development*, vol. 64, 1993, p. 897-908.

DE WAAL F.B.M., UNO H., LUTTRELL L.M., MEISNER L.F. et JEANNOTTE L.A., « Behavioral retardation in a macaque with autosomal trisomy and aging mother », *American Journal of Mental Retardation*, vol. 100, 1996, p. 378-390.

DE WAAL F.B.M. et TYACK P.L. (éd.), *Animal Social Complexity : Intelligence, Culture, and Individualized Societies*, Cambridge, MA, Harvard University Press, 2003, 640 p.

DE WAAL F.B.M., LEIMGRUBER K. et GREENBERG A.R., « Giving is self-rewarding for monkeys », *The Proceedings of the National Academy of Sciences USA*, vol. 105, 2008, p. 13685-13689.

DIAMOND J., *Le Troisième Chimpanzé. Essai sur l'évolution et l'avenir de l'animal humain*, trad. M. Blanc, Paris, Gallimard, 2000, 468 p. (éd. originale, *The Third Chimpanzee. The Evolution and Future of the Human Animal*, New York, HarperCollins, 1992).

DICKINSON A. et BALLEINE B.W., « Causal cognition and goal-directed action », *in* C. Heyes et L. Huber (éd.), *The Evolution of Cognition*, Cambridge, MA, MIT Press, 2000, p. 185-204.

DIDEROT D., *Lettre sur les sourds et muets à l'usage de ceux qui entendent et qui parlent*, Paris, Bauche, 1751 (édition récente, Paris, Flammarion, 2000, 267 p.).

– *Entretien entre d'Alembert et Diderot. Le rêve de d'Alembert. Suite de l'entretien*, in *Œuvres philosophiques*, Paris, Garnier, éd. Assézat-Tourneux, 1875, t. 2, p. 105-191 (éd. originale, 1769).

DORUS S., VALLENDER E.J., EVANS P.D., ANDERSON J.R., GILBERT S.L., MAHOWALD M., WYCKOFF G.J., MALCOM C.M. et LAHN B.T., « Accelerated evolution of nervous system genes in the origin of Homo sapiens », *Cell*, vol. 119, 2004, p. 1027-1040.

DOSA D.M., « A day in the life of Oscar the cat », *New England Journal of Medicine*, vol. 357, 2007, p. 328-329.

DOUGLAS K., « What are you laughing at ? », *New Scientist*, 20/27 décembre 2003/3 janvier 2004, p. 72-73.

DOUGLAS-HAMILTON I., BHALLA S., WITTEMYER G. et VOLLRATH F., « Behavioural reactions of elephants towards a dying and deceased matriarch », *Applied Animal Behaviour Science*, vol. 100, 2008, p. 87-102.

DREIFUS C., « A conversation with Emily Sue Savage-Rumbaugh », *New York Times*, 14 avril 1998.

DUFFY K.G., WRANGHAM R.W. et SILK J.B., « The price of power : male chimpanzees exchange political support for mating opportunities », *Current Biology*, vol. 17, 2007, p. R586-R587.

DUGATKIN L.A., « Sexual selection and imitation : females copy the mate choice of others », *American Naturalist*, vol. 139, 1992, p. 1384-1389.

– « Copying and mate choice », *in* C.M. Heyes et B.G. Galef Jr. (éd.), *Social Learning in Animals : The Roots of Culture*, San Diego, Academic Press, 1997, p. 85-107.

– « Les animaux imitent aussi », *Pour la Science*, n° 277, novembre 2000, p. 72.

– *The Imitation Factor : Evolution Beyond the Gene*, New York, Free Press, 2001, 256 p.

– *Principles of Animal Behavior*, New York, Norton, 2004, 596 p.

DUNBAR R.I.M., « The social brain hypotheses », *Evolutionary Anthropology*, vol. 6, 1998, p. 178-190.

– « Can you guess what I'm thinking ? », *New Scientist*, 12 juin 2004, p. 44-45.

DUNBAR R.I.M. et BEVER J., « Neocortex size predicts group size in carnivores and some insectivores », *Ethology*, vol. 104, 1998, p. 695-708.

EGAN L.C., SANTOS L.R. et BLOOM P., « The origins of cognitive dissonance. Evidence from children and monkeys », *Psychological Science*, vol. 18, 2007, p. 978-983.

EIBL-EIBESFELDT I., *Contre l'agression*, trad. D. Meunier, Paris, Stock, 1972, 328 p. (éd. originale, *Liebe und Hass*, Munich, Piper, 1970).

EIMAS P.D. et QUINN P.C., « Studies on the formation of perceptually based basic-level categories in young infants », *Child Development*, vol. 65, 1994, p. 903-917.

ELIAS D.O., MASON A.C. et HOY R.R., « The effect of substrate on the efficacy of seismic courtship signal transmission in the jumping spider *Habronattus dossenus* (Araneae : Salticidae) », *Journal of Experimental Biology*, vol. 207, 2004, p. 4105-4110.

ELSE L. et MIDDLETON L., « Out on a limb over language », *New Scientist*, 19 janvier, 2008, p. 42-44.

ELY J.J., LELAND M., MARTINO M., SWETT W. et MOORE C.M., « Technical note : chromosomal and mtDNA analysis of Oliver », *American Journal of Physical Anthropology*, vol. 105, 1998, p. 395-403.

EMERY N.J. et CLAYTON N.S., « Effects of experience and social context on prospective catching strategies by scrub-jays », *Nature*, vol. 414, 2001, p. 443-446.

– « The mentality of crows : convergent evolution of intelligence in corvids and apes », *Science*, vol. 306, 2004, p. 1903-1907.

EMERY N.J., DALLY J.M. et CLAYTON N.S., « Western scrub-jay (*Aphelocoma californica*) use cognitive strategies to protect their caches from thieving conspecifics », *Animal Cognition*, vol. 7, 2004, p. 37-43.

ENARD W., PRZEWORSKI M., FISHER S.E., LAI C.S., WIEBE V., KITANO T. et MONACO A.P., « Molecular evolution of *FOXP2*, a gene involved in speech and language », *Nature*, vol. 418, 2002, p. 869-872.

ENARD W., KHAITOVITCH P., KLOSE J., ZÖLLNER S., HEISSIG F., GIAVALISCO P., NIESELT-STRUWE K., MUCHMORE E., VARKI A., RAVID R., DOXIADIS G.M., BONTROP R.E., PÄÄBO S., « Intra- and interspecific variation in primate gene expression patterns », *Science*, vol. 296, 2002, p. 340-343.

ENGEL P., « Ensemble, c'est tout ! », *Sciences et Avenir*, octobre-novembre 2007, numéro hors série, 2007, p. 18-19.

ERDÖHEGYI A., TOPÁL J., VIRÁNYI Z. et MIKLÓSI A., « Dog-logic : inferential reasoning in a two-way choice task and its restricted use », *Animal Behaviour*, vol. 74, 2007, p. 725-737.

EVANS P.D., ANDERSON J.R., VALLENDER E.J., GILBERT S.L., MALCOM C.M., DORUS S. et LAHN B.T., « Adaptive evolution of ASPM, a major determinant of cerebral cortical size in humans », *Human Molecular Genetics*, vol. 13, 2004, p. 489-494.

EVANS P.D., ANDERSON J.R., VALLENDER E.J., CHOI S.S. et LAHN B.T., « Reconstructing the evolutionary history of microcephalin, a gene controlling human brain size », *Human Molecular Genetics*, vol. 13, 2004, p. 1139-1145.

EVANS P.D., GILBERT S.L., MEKEL-BOBROV N., VALLENDER E.J., ANDERSON J.R., VAEZ-AZIKI L.M., TISHKOFF S.A., HUDSON R.R. et LAHN B.T., « Microcephalin, a gene regulating brain size, continues to evolve adaptively in humans », *Science*, 2005, vol. 309, 2005, p. 1717-1720.

FABRE J.-H., *Souvenirs entomologiques. Études sur l'instinct et les mœurs des insectes*, première série, Compiègne, Sciences nat., 1985, 231 p. (éd. originale, Delagrave, 1950 ; 1re publication 1879).

– *Souvenirs entomologiques. Études sur l'instinct et les mœurs des insectes*, quatrième série, Compiègne, Sciences nat., 1987, 219 p. (éd. originale, Delagrave, 1950, 1re publication 1879).

FAGEN R. et FAGEN J., « Individual distinctiveness in brown bears (*Ursus arctos*) », *Ethology*, vol. 102, 1996, p. 212-226.

FAGOT J., WASSERMAN E. et YOUNG M., « Discriminating the relation between relations : the role of entropy in abstract conceptualization by baboons (*Papio papio*) and humans (*Homo sapiens*) », *Journal of Experimental Psychology : Animal Behavior Processes*, vol. 4, 2001, p. 316-328.

FAGOT J. et COOK R.G., « Evidence for large long-term memory capacities in baboons and pigeons and its implications for learning and the evolution of cognition », *The Proceedings of the National Academy of Sciences USA*, vol. 103, 2006, p. 17564-17567.

FALK D., HILDEBOLT C., SMITH K., MORWOOD M.J., SUTIKNA T., BROWN P., JATMIKO, SAPTOMO E.W., BRUNSDEN B. et PRIOR F., « The brain of LB1, *Homo floresiensis* », *Science*, vol. 308, 2005, p. 242-245.

FEDIGAN L.M. et FEDIGAN L., « The social development of a handicapped infant in a free-living troop of Japanese monkeys », *in* C. Chevalier-Skolnikoff et Poirier F.E. (éd.), *Primate Bio-Social Development : Biological, Social and Ecological Determinants*, New York, Garland, 1977, p. 205-222.

FEHR E., BERNHARD H., ROCKENBACH B., « Egalitarianism in young children », *Nature*, vol. 454, 2008, p. 1079-1083.

FENTRESS J.G., « The covalent animal : on bonds and their boundaries in behavioral research », *in* H. Davis et D. Balfour (éd.), *The Inevitable Bond : Examining Scientist-Animal Interaction*, Cambridge, Cambridge University Press, 1992, p. 44-70.

FERLAND R.J., EYAID W., COLLURA R.V., TULLY L.D., HILL R.S., AL-NOURI D., AL-RUMAYYAN A., TOPCU M., GASCON G., BODELL A., SHUGART Y.Y., RUVOLO M. et WALSH C.A., « Abnormal cerebellar development and axonal decussation due to mutations in AHI1 in Joubert syndrome », *Nature Genetics*, vol. 36, 2004, p. 1008-1013.

FERRY L., *Le Nouvel Ordre écologique. L'arbre, l'animal et l'homme*, Grasset, Paris, 1992, 278 p.

FERRY L. et VINCENT J.-D., *Qu'est-ce que l'homme ? Sur les fondamentaux de la biologie et de la philosophie*, Paris, Odile Jacob, 2000, 302 p.

FICHTE J.G., *Fondement du droit naturel selon la doctrine de la science*, trad. A. Renaut, Paris, Vrin, 1984 (éd. originale, 1796).

FIELD T.M., WOODSON R., GREENBERG R. et COHEN D., « Discrimination and imitation of facial expressions by neonates », *Science*, vol. 218, 1982, p. 179-181.

FINCH C.E. et STANFORD C.B., « Lipoprotein genes and diet in the evolution of human intelligence and longevity », in C.E. Finch, J.-M. Robine et Y. Christen (éd.), *Brain and Longevity*, Heidelberg, Springer Verlag, 2003, p. 33-67.

FIORITO G. et SCOTTO P., « Observational learning in *Octopus vulgaris* », *Science*, vol. 256, 1992, p. 545-546.

FISCHER J., HAMMERSCHMICH K. et TODT D., « Local variation in Barbary macaque shrill barks », *Animal Behaviour*, vol. 56, 1995, p. 623-629.

FISHER S.E. et MARCUS G.F., « The eloquent ape : genes, brains and the evolution of language », *Nature Review Genetics*, vol. 7, 2006, p. 9-20.

FITCH W.T. et HAUSER M.D., « Computational constraint on syntactic processing in a nonhuman primate », *Science*, vol. 303, 2004, p. 318-320.

FLACK J.C., GIRVAN M., DE WAAL F.B.M. et KRAKAUER D.C., « Policing stabilizes construction of social niches in primates », *Nature*, vol. 439, 2006, p. 426-429.

FLOMBAUM J.I. et SANTOS L.R., « Rhesus monkeys attribute perceptions to others », *Current Biology*, vol. 15, 2005, p. 447-452.

FONTENAY É. DE, *Le Silence des bêtes. La philosophie à l'épreuve de l'animalité*, Paris, Fayard, 1998, 784 p.

– « Variations sur le "un pour cent" », *in* G. Chapouthier (éd.), *L'Animal humain. Traits et spécificités*, Paris, L'Harmattan, 2004, p. 13-27.

FOOTE A.L. et CRYSTAL J.D., « Metacognition in the rat », *Current Biology*, vol. 17, 2007, p. 551-555.

FORMAN D.R., AKSAN N. et KOCHANSKA G., « Toddler's responsible imitation predicts preschool-age conscience », *Psychological Science*, vol. 15, 2004, p. 699-704.

FOUTS R., *L'École des chimpanzés*, trad. Claude-Christine Farny, Paris, Lattès, 1998, 382 p. (éd. originale, *Next of Kin : What Chimpanzees Have Taught Me About Who We Are*, New York, Morrow, 1997).

FOUTS R., FOUTS D. et VAN CANTFORT T.E., « The infant Loulis learns signs from cross-fostered chimpanzees », in A. Gardner, B. Gardner et T. Van Cantfort (éd.), *Teaching Sign Language to Chimpanzees*, Albany, State University of New York Press, 1989, p. 280-292.

FRAGASZY D.M. et PERRY S. (éd.), *The Biology of Traditions : Models and Evidence*, Cambridge, Cambridge University Press, 2003, 474 p.

FRANCIONE G.L., « Animals – property or persons ? », in C.R. Sunstein et M.C. Nussbaum (éd.), *Animal Rights : Current Debates and New Directions*, New York, Oxford University Press, 2004, p. 108-142.

FRANKS N.R. et RICHARDSON T., « Teaching in tandem-running ants », *Nature*, vol. 439, 2006, p. 153.

FRISCH K. VON, *Vie et Mœurs des abeilles*, trad. A. Dalcq, Paris, Albin Michel, 1969, 256 p. (éd. originale, *Aus dem Leben der Bienen*, Berlin, Springer Verlag, 1964 ; 1re éd. 1929).

– *Architecture animale*, trad. P. Kessler, Paris, Albin Michel, 1974, 346 p. (éd. originale, *Tiere als Baumeister*, Francfort, Verlag Ullstein).

FRITH C. et WOLPERT D., *The Neuroscience of Social Interaction : Decoding, Influencing, and Imitating the Actions of the Others*, Oxford, Oxford University Press, 2004, 364 p.

FUJIYAMA A., WATANABE H., TOYODA A., TAYLOR T.D., ITOH T., TSAI S.F., PARK H.S., YASPO M.L., LEHRACH H., CHEN Z., FU G., SAITOU N., OSOEGAWA K., DE JONG P.J., SUTO Y., HATTORI M. et SAKAKI Y., « Construction and analysis of a human-chimpanzee comparative clone map », *Science*, vol. 295, 2002, p. 131-134.

GAGNEUX P., MOORE J.J. et VARKI A., « The ethics of research on great apes », *Nature*, vol. 437, 2005, p. 27-29.

GALEF B.G., « The question of animal culture », *Human Nature*, vol. 3, 1990, p. 157-178.

– « "Traditional" foraging behaviours of brown and black rats (*Rattus norvegicus* and *Rattus rattus*) », *in* D.M. Fragaszy et S. Perry (éd.), *The Biology of Traditions : Models and Evidence*, Cambridge, Cambridge University Press, 2003, p. 159-186.

GALL F.J. et SPURZHEIM G., *Recherches sur le système nerveux en général et sur celui du cerveau en particulier*, Paris, Schoell et Nicolle, 1809.

GALLESE V., KEYSERS C. et RIZZOLATI G., « A unifying view of the basis of social cognition », *Trends in Cognitive Sciences*, vol. 8, 2004, p. 396-403.

GALLUP G.G. Jr., « Chimpanzees : self-recognition », *Science*, vol. 167, 1970, p. 86-87.

– « Conscience de soi et conscience des autres », *Pour la Science*, n° 254, décembre 1998, p. 45-48.

– « Self-awareness and the evolution of social intelligence », *Behavioral Processes*, vol. 42, 1998, p. 239-247.

GAMBLE J., « Humor in apes », *Humor*, vol. 14 (2), 2001, p. 163-179.

GANNON P.J., HOLLOWAY R.L., BROADFIELD D.C. et BRAUN A.R., « Asymmetry of chimpanzee planumtemporale : humanlike pattern of Wernicke's brain language area homolog », *Science*, vol. 279, 1998, p. 220-222.

GARDNER R.A., « Animal cognition meets evo-devo », *Behavioral and Brain Sciences*, vol. 28, 2005, p. 699-700.

GARDNER R.A., GARDNER B.T. et VAN CANTFORT T.E. (éd.), *Teaching Sign Language to Chimpanzees*, Albany, State University of New York Press, 1989, 324 p.

GAZZANIGA M.S., *Human : The Science Behind what Makes Us Unique*, HarperCollins, 2008, 464 p.

GELMAN R. et GALLISTEL, « Language and the origin of numerical concepts », *Science*, vol. 306, 2004, p. 441-443.

GELMAN S.A., « Psychological essentialism in children », *Trends in Cognitive Sciences*, vol. 8, 2004, p. 404-409.

GENTNER T.Q., FE, K.M., MARGOLIASH D. et NUSBAUM H.C, « Recursive syntactic pattern learning by songbirds », *Nature*, vol. 440, 2006, p. 1204-1207.

GÉRAUD A., *Déclaration des droits de l'animal*, Port-Sainte-Marie, Lot-et-Garonne, Bibliothèque A. Géraud, 1924, 252 p.

GHAZANFAR A.A. et SANTOS L.R., « Primate brains in the wild : the sensory bases for social interactions », *Nature Reviews Neuroscience*, vol. 5, 2004, p. 603-616.

GHAZANFAR A.A., « Language evolution : neural differences that make a difference », *Nature Neuroscience*, vol. 11, 2008, p. 382-384.

GHIRLANDA S. et ENQUIST M., « A century of generalization », *Animal Behaviour*, vol. 66, 2003, p. 15-36.

GIBBONS A., « When it comes to evolution, humans are in the slow class », *Science*, vol. 267, 1995, p. 1907-1908.

GIL-DA-COSTA R., MARTIN A., LOPES M.A., MUNOZ M., FRITZ J.B. et BRAUN A.R., « Species-specific calls activate homologs of Broca's and Wernicke areas in the macaque », *Nature Neuroscience*, vol. 9, 2006, p. 1064-1070.

GILAD Y., OSHLACK A., SMYTH G.K., SPEED T.P. et WHITE K.P., « Expression profiling in primates reveals a rapid evolution of human transcription factors », *Nature*, vol. 440, 2006, p. 245.

GILBERT M., *Marcher ensemble*, Paris, PUF, 2003, 192 p.

GILBY I.C., « Meat sharing among the Gombe chimpanzees : harassment and reciprocal exchange », *Animal Behaviour*, vol. 71, 2006, p. 953-963.

GILES J., « Animal experiments under fire for poor design », *Nature*, vol. 444, 2006, p. 981.

GILLAN D.J., « Reasoning in the chimpanzee. II : transitive inference », *Journal of Experimental Psychology, Animal Behavior Processes*, vol. 7, 1981, p. 150-164.

GILLIARD E.T., *Birds of Paradise and Bowerbirds*, Londres, Weidenfeld& Nicolson, 1969, 485 p.

GIONO J., *Œuvres romanesques complètes*, Paris, coll. « Bibliothèque de la Pléiade », tome I, 1971, 1 380 p.

GITTLEMAN J.L., « Carnivore brain size, behavioral ecology, and phylogeny », *Journal of Mammalogy*, vol. 67, 1986, p. 23-36.

GODELIER M., *Métamorphoses de la parenté*, Paris, Fayard, 2004, 673 p.

GOLDBERG A., WILDMAN D.E., SCHMIDT T.R., HÜTTEMANN M., GOODMAN M., WEISS M.L. et GROSSMAN L.I., « Adaptive evolution of cytochrome c oxidase subunit VIII in anthropoid primates », *Proceedings of the National Academy of Sciences USA*, vol. 100, 2005, p. 5873-5878.

GOLDIN-MEADOW S. et MYLANDER C., « Spontaneous sign systems created by deaf children in two cultures », *Nature*, vol. 391, 1998, p. 279-281.

GÓMEZ J.-C., « Species comparative studies and cognitive development », *Trends in Cognitive Sciences*, vol. 9, 2005, p. 118-125.

GOODALL J., « Tool-using and aimed-throwing in a community of free-living chimpanzees », *Nature*, vol. 201, 1964, p. 1264-1266.

– *Through a window. My thirty years with the chimpanzees of Gombe*, Boston, Houghton Mifflin, 1990, 268 p.

– « Why is it unethical to use chimpanzees in the laboratory ? », *ATLA*, vol. 23, 1995, p. 615-620.

– « Learning from the chimpanzees : a message humans can understand », *Science*, vol. 282, 1998, p. 2184-2185.

– (en collaboration avec Berman P.), *Reason for Hope. A Spiritual Journey*, New York, Warner Books, 2000, 282 p.

GOODMAN M., PORTER C.A., CZELUSNIAK J., PAGE S.L., SCHNEIDER H., SHOSHANI J., GUNNELL G. et GROVES C.P., « Toward a phylogenetic classification of primates based on DNA evidence complemented by fossil evidence », *Molecular Phylogenetics and Evolution*, vol. 9, 1998, p. 585-598.

– GROSSMAN L.I. et WILDMAN D.E., « Moving primate genomics beyond the chimpanzee genome », *Trends in Genetics*, vol. 21, 2005, p. 511-517.

GORDON P., « Numerical cognition without words : evidence from Amazonia », *Science*, vol. 306, 2004, p. 496-499.

GOULD J.L. et GOULD C.G., *The Animal Mind*, New York, Scientific American Library, 1994, 236 p.

– « Le raisonnement des animaux », *Pour la Science*, n° 254, décembre 1998, p. 50-57.

GOULD S.J., « Another look at Lamarck », *New Scientist*, 4 octobre 1979, p. 38-40.

– *L'Éventail du vivant. Le mythe du progrès*, trad. C. Jeanmougin, Paris, Seuil, 1997, 320 p. (éd. originale, *Full House : The Spread of Excellence from Plato to Darwin*, New York, Crown Pub., 1996).

GOUTEUX S., THINUS-BLANC C. et VAUCLAIR J., « Rhesus monkeys use geometric and nongeometric information during a reorientation task », *Journal of Experimental Psychology General*, vol. 130, 2001, p. 505-519.

GOUZOULES H., GOUZOULES S. et TOMASZYCKI M., « Agonistic screams and the classification of dominance relationships : are monkeys fuzzy logicians ? », *Animal Behaviour*, vol. 55, 1998, p. 51-60.

GRANDIN T., *Animals in Translation*, New York, Scribner, 2005, 356 p.

GRANT B., « Do chimps have culture ? », *The Scientist*, vol. 21 (8), août 2007, p. 28-35.

GRAY P.M., KRAUSE B., ATEMA J., PAYNE R., KRUMHANSL C. et BAPTISTA L., « The music of nature and the nature of music », *Science*, vol. 291, 2001, p. 52-54.

GREENE J.D., SOMMERVILLE R.B., NYSTROM L.E., DARLEY J.M. et COHEN J.D., « An fMRI investigation of emotional engagement in moral judgment », *Science*, vol. 293, 2001, p. 2105-2108.

GREENE J.D., NYSTROM L.E., ENGELL A.D., DARLEY J.M. et COHEN J.D., « The neural bases of cognitive conflict and control in moral judgment », *Neuron*, vol. 44, 2004, p. 389-400.

GREENSPAN R.J. et VAN SWINDEREN B., « Cognitive consonance : complex brain functions in the fruit fly and its relatives », *Trends in Neuroscience*, vol. 27, 2004, p. 707-711.

GRIFFIN D.R., *La Pensée animale*, trad. C. Vinsonneau, Paris, Denoël, 1988, 222 p. (éd. originale, *Animal Thinking*, Cambridge, MA, Harvard University Press, 1984).

– « From cognition to consciousness », *Animal Cognition*, vol. 1, 1998, p. 3-16.

– *Animal Minds : Beyond Cognition to Consciousness*, Chicago, University of Chicago Press, 2001, 356 p.

GRIFFIN D.R. et SPECK G.B., « New evidence of animal consciousness », *Animal Cognition*, vol. 7, 2004, p. 5-18.

GROSENICK L., CLEMENT T.S. et FERNALD R.D., « Fish can infer social rank by observation alone », *Nature*, vol. 445, 2007, p. 429-432.

GROS-LOUIS J., PERRY S. et MANSON J.H., « Violent coalitionary attacks and intraspecific killing in wild white-faced capuchin monkeys (*Cebus capucinus*) », *Primates*, vol. 44, 2003, p. 341-346.

GROSSMAN L.I., SCHMIDT T.R., WILDMAN D.E. et GOODMAN M., « Molecular evolution of aerobic energy metabolism in primates », *Molecular and Phylogenetic Evolution*, vol. 18, 2001, p. 26-36.

GROSSMAN L.I., WILDMAN D.E., SCHMIDT T.R. et GOODMAN M., « Accelerated evolution of the electron transport chain in anthropoid primates », *Trends in Genetics*, vol. 20, 2004, p. 578-585.

GROSZER M., KEAYS D.A., DEACON R.M.J., DE BONO J.P., PRASAD-MULCARE S., GAUB S., BAUM M.G., FRENCH C.A., NICOD J., COVENTRY J.A., ENARD W., FRAY M., BROWN S.D.M., NOLAN P.M., PÄÄBO S., CHANNON K.M., COSTA R.M., EILERS J., EHRET G., RAWLINS N.P. et FISHER S.E., « Impaired synaptic plasticity and motor learning in mice with a point mutation implicated in human speech deficits », *Current Biology*, vol. 18, 2008, p. 354-362.

GUCWA D. et EHMANN J., « To whom it may concern : an investigation of the art of elephants », New York, Norton, 1985, 269 p.

GUERRINI A., *Experimenting with Humans and Animals : From Galen to Animal Rights*, Baltimore, Johns Hopkins University, 2003, 160 p.

GÜNTÜRKÜN O., « The avian "prefrontal cortex" and cognition », *Current Opinion in Neurobiology*, vol. 15, 2005, p. 686-693.

GYGER M., MARLER P. et PICKERT R., « Semantics of an avian alarm call system : the male domestic fowl, *G. domesticus* », *Behaviour*, vol. 102, 1987, p. 15-40.

HACIA J.G., MAKALOWSKI W., EDGEMON K., ERDOS M.R., ROBBINS C.M., FODOR S.P., BRODY L.C. et COLLINS F.S., « Evolutionary sequence comparisons using high-density oligonucleotide arrays », *Nature Genetics*, vol. 18, 1998, p. 155-158.

HAESLER S., WADA K., NSHDEJAN A., MORRISEY E.E., LINTS T., JARVIS E.D. et SCHARFF C., « *FoxP2* expression in avian vocal learners and non-learners », *The Journal of Neuroscience*, vol. 24, 2004, p. 3164-3175.

HAILMAN J.P. et FICKEN M.S., « Combinatorial animal communication with computable syntax : Chick-a-dee calling qualified as "language" by structural linguistics », *Animal Behaviour*, vol. 34, 1987, p. 1899-1901.

HAMILTON W.D., « The genetical evolution of social behaviour, I and II », *Journal of Theoretical Biology*, vol. 7, 1964, p. 1-52.

– « Aptitudes sociales innées chez l'homme : approche par la génétique de l'évolution », *in* R. Fox (éd.), *Anthropologie biosociale*, trad. P. Humblet, M. Stroobants, Bruxelles, Éditions Complexe, 1978, p. 183-215 (éd. originale 1975).

HAMPTON R.R., « Rhesus monkeys know when they remember », *The Proceedings of the National Academy of Sciences USA*, vol. 98, 2001, p. 5359-5362.

HANNEDOUCHE S., « Les animaux et le droit. L'appréhension de l'animal par le droit (ou les appréhensions du droit envers l'animal) », *Nervure*, tome X, n° 3, 1997, p. 55-59.

HANUS J. et CALL J., « Chimpanzee infer the location of a reward on the basis of the effect of its weight », *Current Biology*, vol. 18, 2008, p. R370-R372.

HARDY J., « The human genome is sequenced. What does it mean and why is it important ? », *Archives of Neurology*, vol. 58, 2001, p. 1748-1749.

HARE B., BROWN M., WILLIAMSON C. et TOMASELLO M., « The domestication of social cognition in dogs », *Science*, vol. 298, 2002, p. 1634-1636.

HARE B., CALL J. et TOMASELLO M., « Do chimpanzees know what conspecifics know ? », *Animal Behaviour*, vol. 61, 2001, p. 139-151.

HARE B., CALL J., AGNETTA B. et TOMASELLO M., « Chimpanzees know what conspecifics do and do not see », *Animal Behaviour*, vol. 59, 2000, p. 771-785.

HARE B., PLYUSNINA I., IGNACIO N., SCHEPINA O., STEPIKA A., WRANGHAM R. et TRUT L., « Social cognitive evolution in captive foxes is a correlated by-product of experimental domestication », *Current Biology*, vol. 15, 2005, p. 226-230.

HARRIS R.F., « A chimp off the old block », *Current Biology*, vol. 16, 2006, p. R435-R436.

HART B.L., HART L.A., MCCOY M. et SARATH C.R., « Cognitive behaviour in Asian elephants ; use and modification of branches for fly switching », *Animal Behaviour*, vol. 62, 2001, p. 839-847.

HASEGAWA I. et MIYASHITA Y., « Categorizing the world : expert neurons look into key features », *Nature Neuroscience*, vol. 5, 2002, p. 90-91.

HASSABIS D., KUMARAN D., VANN S.D. et MAGUIRE E.A., « Patients with hippocampal amnesia cannot imagine new experiences », *The Proceedings of the National Academy of Sciences USA*, vol. 104, 2007, p. 1726-1731.

HASSELMO M.E., ROLLS E.T. et BAYLIS G.C., « The role of expression and identity in the face-selective responses of neurons in the temporal visual cortex of the monkey », *Behavior Brain Research*, vol. 32, 1989, p. 203-218.

HAUDE R.H., GRABER J.G. et FARRES A.G., « Visual observing by rhesus monkeys – some relationships with social dominance ranks », *Animal Learning & Behavior*, vol. 4, 1976, p. 163-166.

HAUSER M.D., MACNEILAGE P. et WARE M., « Numerical representation in primates », *The Proceedings of the National Academy of Sciences USA*, vol. 93, 1995, p. 1514-1517.

– *The Evolution of Communication*, Cambridge, MIT Press, 1996, 760 p.

– « What do animals think about numbers ? », *American Scientist*, vol. 88, 2000, p. 144-150.

– *À quoi pensent les animaux ?*, trad. M.-F. Desjeux, Paris, Odile Jacob, 2002, 338 p. (éd. originale, *Wild Minds. What Animals Really Think*, New York, Henry Holt, 2000).

– « Our chimpanzee mind », *Nature*, vol. 437, 2005, p. 60-63.

– « Beyond the chimpanzee genome : the threat of extinction », *Science*, vol. 309, 2005, p. 1498-1499.

– *Moral Minds. How Nature Designed Our Universal Sense of Right and Wrong*, New York, Ecco Harper Collins, 2006, 511 p.

HAUSER M.D., CHOMSKY N. et FITCH W.T., « The faculty of language : what is it, who has it, and how did it evolve ? », *Science*, vol. 298, 2002, p. 1569-1579.

HAUSER M.D. et MCDERMOTT J., « The evolution of the music faculty : a comparative perspective », *Nature Neuroscience*, vol. 6, 2003, p. 663-668.

HAUSER M.D. et SPAULDING B., « Wild rhesus monkeys generate causal inferences about possible and impossible physical transformations in the absence of experience », *The Proceedings of the National Academy of Sciences USA*, vol. 103, 2006, p. 7181-7185.

HAYAKAWA T., ANGATA T., LEWIS A.L., MIKKELSEN T.S., VARKI N.M. et VARKI A., « A human-specific gene in microglia », *Science*, vol. 309, 2005, p. 1693.

HAYASHI M., MIZUNO Y. et MATSUZAWA T., « How does stone-tool use emerge ? Introduction of stones and nuts to naïve chimpanzees in captivity », *Primates*, vol. 46, 2005, p. 91-102.

HAYES K.J. et HAYES C., « The intellectual development of a home-raised chimpanzee », *Proceedings of the American Philosophical Society*, vol. 95, 1951, p. 105-109.

HEIDEGGER M., « L'homme habite en poète », in *Essais et Conférences*, trad. A. Préau, Paris, Gallimard, 1958, 352 p.

– *Les Concepts fondamentaux de la métaphysique*, trad. D. Panis, Paris, Gallimard, 1992, 552 p. (éd. originale, Friedrich-Wilhelm von Herrmann, 1929-1930).

HEINRICH B., *Mind of the Raven*, New York, HarperCollins, 1999, 380 p.

HERCULANO-HOUZEL S., COLLINS C.E., WONG P. et KAAS J.H., « Cellular scaling rules for primate brains », *The Proceedings of the National Academy of Sciences USA*, vol. 104, 2007, p. 3562-3567.

HÉRITIER F., « Le soi, l'autre et la tolérance », in J.-P. Changeux (éd.), *Une même éthique pour tous ?*, Paris, Odile Jacob, 1997, p. 107-118.

HERMAN L.M., ABICHANDANI S.L., ELHAJJ A.N., HERMAN E.Y., SANCHEZ J.L. et PACK A.A., « Dolphins (*Tursiops truncatus*) comprehend the referential character of the human pointing gesture », *Journal of Comparative Psychology*, vol. 113, 1999, p. 347-364.

HERMAN L.M., RICHARDS D.G. et WOLZ J.P., « Comprehension of sentences by bottlenosed dolphins », *Cognition*, vol. 16, 1984, p. 129-219.

HERMAN L.M. et UYEYAMA R.K., « The dolphin's grammatical competency : comments on Kako (1999) », *Animal Learning & Behavior*, vol. 27, 1999, p. 18-23.

HERRMANN E., CALL J., HERNANDEZ-LLOREDA M.V., HARE B. et TOMASELLO M., « Humans have evolved specialized skills of social cognition : the cultural intelligence hypothesis », *Science*, vol. 317, 2007, p. 1360-1366.

HERNANDEZ-AGUILAR R.A., MOORE J. et PICKERING T.R., « Savanna chimpanzees use tools to harvest the underground storage organs of plants », *The Proceedings of the National Academy of Sciences USA*, vol. 104, 2007, p. 19210-19213.

HERRNSTEIN R.J. et LOVELAND D.H., « Complex visual concept in the pigeon », *Science*, vol. 146, 1964, p. 549-551.

HEWES G.W., « The baseline for comparing human and nonhuman primates behavior », in D. Quiatt et J. Itani (éd.), *Hominid Culture in Primate Perspective*, Niwot, The University of Colorado Press, 1994, p. 59-93.

HIENZ R., SACHS M. et SINNOTT J., « Discrimination of steady-state vowels by blackbirds and pigeons », *Journal of the Acoustical Society of America*, vol. 70, 1981, p. 699-706.

HILL R.S. et WALSH C., « Molecular insights into human brain evolution », *Nature*, vol. 437, 2005, p. 64-67.

HOF P.R. et VAN DER GUCHT E., « Structure of the cerebral cortex of the humpback whale, *Megaptera novaeangliae* (Cetacea, Mysticeti, Balaenopteridae) », *The Anatomical Record Part A : Discoveries in Molecular, Cellular, and Evolutionary Biology*, vol. 290, 2006, p. 1-31.

HOHMANN G. et FRUTH B., « Culture in bonobos ? Between-species and within-species variation in behaviour », *Current Anthropology*, vol. 44, 2003, p. 563-571.

HOLDEN C., « The origin of speech », *Science*, vol. 303, 2004, p. 1316-1319.

– « Life without numbers in the Amazon », *Science*, vol. 305, 2004, p. 1093.

– « He thinks he's human... », *Science*, vol. 307, 2005, p. 1405.

– « Can u turn on ur cam pls ? », *Science*, vol. 313, 2006, p. 1025.

HOLEKAMP K.E., « Questioning the social intelligence hypothesis », *Trends in Cognitive Sciences*, vol. 11, 2006, p. 65-69.

HOLY T.E. et GUO Z., « Ultrasonic songs of male mice », *PloS Biology*, vol. 3, 2005, p. 2177-2186.

HOPKINS W.D., « Chimpanzee handedness revisited : 55 years since Finch (1941) », *Psychonomic Bulletin & Review*, vol. 3, 1996, p. 449-457.

HOPKINS W.D., LARINO L., RILLING J.K. et MACGREGOR L.A., « Planum temporale asymmetries in great apes as revealed by magnetic resonance imaging (MRI) », *NeuroReport*, vol. 9, 1998, p. 2913-2918.

HOPKINS W.D. et MORRIS R.D., « Handedness in great apes : a review of findings », *International Journal of Primatology*, vol. 14, 1993, p. 1-25.

HOPKINS W.D., STOINSKI T.S., LUKAS K.E., ROSS S.R. et WESLEY M.J., « Comparative assessment of handedness for a coordinated bimanual task in chimpanzees (*Pan troglodytes*), gorillas (*Gorilla gorilla*) and orangutans (*Pongo pygmaeus*) », *Journal of Comparative Psychology*, vol. 117, 2003, p. 302-308.

HOPKINS W.D., WESLEY M.J., IZARD M.K., HOOK M. et SCHAPIRO S.J., « Chimpanzees (*Pan troglodytes*) are predominantly right-handed : replication in three populations of apes », *Behavioural Neuroscience*, vol. 118, 2004, p. 659-663.

HORNER V. et WHITEN A., « Causal knowledge and imitation/emulation switching in chimpanzees (*Pan troglodytes*) and children », *Animal Cognition*, vol. 8, 2005, p. 164-181.

HORNER V., WHITEN A., FLYNN E. et DE WAAL F.B.M., « Faithful replication of foraging techniques along cultural transmission chains by chimpanzees and children », *The Proceedings of the National Academy of Sciences USA*, vol. 103, 2006, p. 13878-13883.

HOROWITZ A.C., « Do humans ape ? Or do apes human ? Imitation and intention in humans (*Homo sapiens*) and other animals », *Journal of Comparative Psychology*, vol. 117, 2003, p. 325-336.

HOYER B.H., DE VELDE N.W., GOODMAN M. et ROBERTS R.B., « Estimation of hominid evolution by DNA sequence homology », *Journal of Human Evolution*, vol. 1, 1972, p. 645-649.

HRDY S.B., *Des guenons et des femmes. Essai de sociobiologie*, trad. C. Berhneim, Paris, Tierce, 1984, 310 p. (éd. originale, *The Woman who Never Evolved*, Cambridge, MA, Harvard University Press, 1981).

– « Empathy, polyandry and the myth of the coy female », *in* R. Bleier (éd.), *Feminist Approaches to Science*, Pergamon Press, 1986, p. 119-146.

– *Mother Nature : Natural Selection & the Female of the Species*, Londres, Chatto & Windus, 1999, 698 p.

HUBER L., TROJE N., LOIDOLT M., AUST L.J. et GRASS D., « Natural categorization through multiple feature learning in pigeons », *Quarterly Journal of Experimental Psychology B*, vol. 53, 2000, p. 341-357.

HUFFMAN M.A., « Self-medicative behavior in the African great apes : an evolutionary perspective into the origins of human traditional medicine », *Bioscience*, vol. 51, 2001, p. 651-661.

– « Animal self-medication and ethno-medicine : exploration and exploitation of the medicinal properties of plants », *Proceedings of the Nutrition Society*, vol. 62, 2003, p. 371-381.

HUFFMAN M.A. et HIRATA S., « An experimental study of leaf swallowing in captive chimpanzees : insights into the origin of a self-medicative behaviour and the role of social learning », *Primates*, vol. 45, 2004, p. 113-118.

HUGHES J.F., SKALETSKY H., PYNTIKOVA T., MINX P.J., GRAVES T., ROZEN S., WILSON R.K. et PAGE D.C., « Conservation of Y-linked genes during human evolution revealed by comparative sequencing in chimpanzee », *Nature*, vol. 437, 2005, p. 101-104.

HUMPHREY H.K., « Species and individuals in the perceptual world of monkeys », *Perception*, vol. 3, 1974, p. 105-114.

HUNT G.R., « Manufacture and use of hook-tools by New Caledonian crows », *Nature*, vol. 379, 1996, p. 249-251.

HUNT G.R., CORBALLIS M.C. et GRAY R.D., « Animal behaviour : laterality in tool manufacture by crows », *Nature*, vol. 414, 2001, p. 707.

HUNT G.R. et GRAY R.D., « Diversification and cumulative evolution in New Caledonian crow tool manufacture » *Proceedings of the Royal Society London B*, vol. 270, 2003, p. 867-874.

HURLEY S. et CHATER N. (éd.), *Perspectives on Imitation*, vol. 1, *Mechanisms of Imitation and Imitation in Animals*, Cambridge MA, MIT Press, 2005, 400 p.

– *Perspectives on imitation*, vol. 2, *Imitation, Human Development, and Culture*, Cambridge MA, MIT Press, 2005, 528 p.

HUSSERL E., « L'animal », *Alter, Revue de Phénoménologie*, n° 3, 1995, p. 167-219.

HUXLEY J. (éd.), *Le Comportement rituel chez l'homme et l'animal*, trad. P. Vielhomme, Paris, Gallimard, 1971, 416 p.

IACOBONI M., WOODS R.P., BRASS M., BEKKERING H., MAZZIOTTA J.C. et RIZZOLATTI G., « Cortical mechanisms of human imitation », *Science*, vol. 286, 1999, p. 2526-2528.

IMANISHI K., « Social organization of subhuman primates in their natural habitat », *Current Anthropology*, vol. 1, 1960, p. 5-6.

INGOLD T., « Introduction », *in* T. Ingold (éd.), *What Is an Animal ?*, Londres, Unwin Wyman, 1988, 189 p.

INNAN H. et WATANABE H., « The effect of gene flow on the coalescent time in the human-chimpanzee ancestral population », *Molecular Biology and Evolution*, vol. 23, 2006, p. 1040-1047.

International Chimpanzee Chromosome 22 Consortium, « DNA sequences and comparative analysis of chimpanzee chromosome 22 », *Nature*, vol. 429, 2004, p. 382-388.

IRIKI A., « A prototype of Homo faber : a silent precursor of human intelligence in the tool-using monkey brain », *in* S. Dehaene, J.-R. Duhamel, M.D. Hauser et G. Rizzolatti (éd), *From Monkey Brain to Human Brain*, Cambridge, MA, MIT Press, 2005, p. 253-271.

IRIKI A., SAKURA O., « The neuroscience of primate intellectual evolution : natural selection and passive and intentional niche construction », *Philosophical Transactions of the Royal Society B*, vol. 363, 2008, 2229-2241.

ITANI J. et NISHIMURA A., « The study of infrahuman culture in Japan : a review », *in* E.W. Menzel (éd.), *Precultural Primate Behaviour*, Bâle, Karger, 1973, p. 26-50.

IWANIUK A., NELSON J. et PELLIS S., « Do big-brained animals play more ? », *Journal of Comparative Psychology*, vol. 115, 2001, p. 29-41.

JACOB F., « Complexity and tinkering », *in* P.C. Marijuan (éd.), *Cajal and Consciousness, Annals of the New York Academy of Sciences*, vol. 929, 2001, p. 71-73.

JANIK V.M., « Whistle matching in wild bottlenose dolphins (*Tursiops truncatus*) », *Science*, vol. 289, 2000, p. 1355-1357.

JANIK V.M. et SLATER P.J.B., « Traditions in mammalian and avian vocal communication », *in* D.M. Fragaszy et S. Perry (éd.), *The Biology of Traditions : Models and Evidence*, Cambridge, Cambridge University Press, 2003, p. 213-235.

JANIK V.M., SAYIGH L.S. et WELLS R.S., « Signature whistle shape conveys identity information to bottlenose dolphins », *The Proceedings of the National Academy of Sciences USA*, vol. 103, 2006, p. 8293-8297.

JANMAAT K.R.L., BYRNE R.W. et ZUBERBÜHLER K., « Primates take weather into account when searching for fruits », *Current Biology*, vol. 16, 2006, p. 1232-1237.

JENSEN K., HARE B., CALL J. et TOMASELLO M., « What's in it for me ? Self-regard precludes altruism and spite in chimpanzees », *Proceedings of the Royal Society London B*, vol. 273, 2006, p. 1013-1021.

JENSEN K., CALL J. et TOMASELLO M., « Chimpanzees are rational maximizers in an ultimatum game », *Science*, vol. 318, 2007, p. 107-109.

JOLLY A., « The last great apes ? », *Science*, vol. 309, 2005, p. 1457.

JOLY-MASCHERONI R.M., SENJU A. et SHEPHERD A.J., « Dogs catch human yawns », *Biology Letters*, vol. 4, 2008, p. 446-448.

JOUVENTIN P., *Les Confessions d'un primate. Les coulisses d'une recherche sur le comportement animal*, Paris, Belin, coll. « Pour la Science », 2001, 190 p.

KALIN N.H., LARSON C., SHELTON S.E. et DAVIDSON R.J., « Asymmetric frontal brain activity, cortisol, and behavior associated with fearful temperament in rhesus monkeys », *Behavioral Neuroscience*, vol. 112, 1998, p. 286-292.

KAMINSKI J., CALL J. et FISCHER J., « Word learning in a domestic dog : evidence for "fast mapping" », *Science*, vol. 304, 2004, p. 1682-1683.

KAMINSKI J., RIEDEL J., CALL J. et TOMASELLO M., « Domestic goats, *Capra hircus*, follow gaze direction and use social cues in an object choice task », *Animal Behaviour*, vol. 69, 2005, p. 11-18.

KANT E., *Traité de pédagogie*, préface de R. Thamin, trad. J. Barni, Paris, Alcan, 1886, 133 p.

– *Réflexions sur l'éducation*, trad. A. Philonenko, Paris, Vrin, 1966 (éd. originale, 1776).

– *Fondements de la métaphysique des mœurs*, trad. V. Delbos, Paris, Vrin, 1980 (éd. originale, 1785).

– *Anthropologie du point de vue pragmatique*, trad. M. Foucault, Paris, Vrin, 1991 (éd. originale, 1798).

– « Conjectures sur les débuts de l'histoire humaine », in *La Philosophie de l'histoire*, trad. S. Piobetta, Paris, Aubier, 1947 (éd. originale, 1786).

KANWISHER N., « Neural events and perceptual awareness », *Cognition*, vol. 79, 2001, p. 89-113.

KAPLAN F., *Des singes et des hommes. La frontière du langage*, Paris, Fayard, 2001, 320 p.

KASTAK C.R. et SCHUSTERMAN R.J., « Long-term memory for concepts in a California sea lion (*Zalophus californianus*) », *Animal Cognition*, vol. 5, 2002, p. 225-232.

KATTMANN U., « Piecing together the history of our knowledge of chimpanzee tool use », *Nature*, vol. 411, 2001, p. 413.

KAWAI M., « Newly acquired precultural behavior of the natural troops of japanese monkeys in Koshima island », *Primates*, vol. 6, 1965, p. 1-30.

KAWAI N. et MATSUZAWA T., « Numerical memory span in a chimpanzee », *Nature*, vol. 403, 2000, p. 39-40.

KELLOGG W.N. et KELLOGG L.A., *Le Singe et l'Enfant*, trad. Marie-Madeleine Fayet, Paris, Stock, 1936 (éd. originale, *The Ape and the Child*, New York, Hafner, 1967 ; 1re éd. 1933).

KENNEALLY C., « So you think you're unique », *New Scientist*, 24 mai 2008, p. 28-34.

KENNEDY J.S., *The New Anthropomorphism*, Cambridge, Cambridge University Press, 1992, 204 p.

KENWARD B., WEIR A.A.S., RUTZ C. et KACELNIK A., « Behavioural ecology : tool manufacture by naive juvenile crows », *Nature*, vol. 433, 2005, p. 121.

KHAITOVICH P., HELLMAN I., ENARD W., NOWICK K., LEINWEBER M., FRANZ H., WEISS G., LACHLANN M. et PÄÄBO S., « Parallel patterns of evolution in the genomes and transcriptomes of humans and chimpanzees », *Science*, vol. 309, 2005, p. 1850-1854.

KING B.J., *The Dynamic Dance : Nonvocal Communication in African Great Apes*, Cambridge, MA, Harvard University Press, 2004, 240 p.

KING M.-C. et WILSON A., « Evolution at two levels in humans and chimpanzees », *Science*, vol. 188, 1975, p. 107-116.

KNIGHT J., « All genomes great and small », *Nature*, vol. 417, 2002, p. 374-376.

KOCH C., *The Quest for Consciousness. A neurobiological approach*, Englewood, Roberts & Company, 2004, 428 p.

KOFORD C., « Rank of mothers and sons in bands of rhesus monkeys », *Science*, vol. 141, 1963, p. 356-357.

KÖHLER W., *The Mentality of Apes*, Londres, Routledge & Kegan Paul, 1925, 336 p. (trad. fr., *L'Intelligence des singes supérieurs*, trad. E. Winter, Paris, PUF, 1927).

KORNELL N., SON L.K. et TERRACE H.S., « Transfer of metacognitive skills and hint seeking in monkeys », *Psychological Science*, vol. 18, 2007, p. 64-71.

KOUPRINA N., PAVLICEK A., MOCHIDA G.H., SOLOMON G., GERSCH W., YOON Y.-H., COLLURA R., RUVOLO M., BARRETT J.C., WOODS C.G., WALSH C.A., JURKA J. et LARIONOV V., « Accelerated evolution of the *ASPM* gene controlling brain size begins prior to human brain expansion », *PLoS Biology*, vol. 2 (5), 2004, p. e126.

KROPOTKINE P., *L'Éthique*, trad. M. Goldmsmith, Paris, Stock, 1979, 406 p. (éd. originale, 1927).

KRÜTZEN M., MANN J., HEITHAUS M.R., CONNOR R.C., BEJDER L. et SHERWIN W.B., « Cultural transmission of tool use in bottlenose dolphins », *Proceedings of the National Academy of Sciences USA*, vol. 102, 2005, p. 8939-8943.

KUMMER H., *Vies de singes. Mœurs et structures sociales des babouins hamadryas*, trad. O. Mannoni, Paris, Odile Jacob, 1993, 428 p. (éd. originale, *Weisse Affem am roten Meer*, Munich, Piper, 1992).

LACHLAND R.F. et SLATER P.J.B., « The maintenance of vocal learning by gene-culture interaction : the cultural trap hypothesis », *Proceedings of Royal Society London B*, vol. 266, 1999, p. 701-706.

LADYGINA-KOHTS N.N., *Infants Chimpanzee and Human Child : A Classic 1935 Comparative Study of Ape Emotions and Intelligence*, De Waal F.B.M. (éd.), Oxford, Oxford University Press, 2002, 452 p.

LAKSHMIRAYANAN V.R. et SANTOS L.R., « Capuchin monkeys are sensitive to others' welfare », *Current Biology*, vol. 18, 2008, R999-R1000.

LA METTRIE J.O. DE, *L'Homme-machine*, Paris, Flammarion, coll. « Folio », 1999, 283 p. (éd. originale, 1747).

LANGFORD D.J., CRAGER S.E., SMITH S.B., SOTOCINAL S.G., LEVENSTADT J.S., CHANDA M.L., LEVITIN D.J. et MOGIL J.S., « Social modulation of pain as evidence for empathy in mice », *Science*, vol. 312, p. 1967-1970.

LANGRIDGE K.V., BROOM M. et OSORIO D., « Selective signalling by cuttlefish to predators », *Current Biology*, vol. 17, 2007, p. R1044-R1045.

LAROUSSE P., « Vivisection », in *Grand Dictionnaire universel du XIXe siècle*, Paris, Larousse, 1865.

LARRERE C. et LARRERE R. : « Actualité de l'animal-machine », *Sens Public* (www.sens-public.org), 20 septembre 2004.

LEFEBVRE L., NICOLAKAKIS N. et BOIRE D., « Tools and brains in birds », *Behaviour*, vol. 139, 2002, p. 939-973.

LESLIE K.R., JOHNSON-FREY S.H. et GRAFTON S.T., « Functional imaging of face and hand imitation : towards a motor theory of empathy », *NeuroImage*, vol. 21, 2004, p. 601-607.

LESTEL D., *L'Animalité. Essai sur le statut de l'humain*, Paris, Hatier, 1996, 80 p.

– « L'innovation cognitive dans des communautés hybrides homme/animal de partage de sens, d'intérêts et d'affects », *Intellectica*, vol. 26-27, 1998, p. 203-226.

– *Les Origines animales de la culture*, Paris, Flammarion, rééd. 2003, 414 p.

– *L'Animal singulier*, Paris, Seuil, 2004, 144 p.

– *Les Amis de mes amis*, Paris, Seuil, 2007, 226 p.

LEVEY D.J., DUNCAN R.S. et LEVINS C.F., « Use of dung as a tool by burrowing owls », *Nature*, vol. 431, 2004, p. 39.

LÉVI-STRAUSS C., *La Pensée sauvage*, Paris, Plon, 1962, 396 p.

LI W.-H. et SAUNDERS M.A., « The chimpanzee and us », *Nature*, vol. 437, 2005, p. 50-51.

LIEBERMAN B., « Details of being human », *Nature*, vol. 454, 2008, p. 21-23.

LINARDOPOULOU E.V., WILLIAMS E.M., FAN Y., FRIEDMAN C., YOUNG J.M. et TRASK B.J., « Human subtelomeres are hot spots of interchromosomal recombination and segmental duplication », *Nature*, vol. 437, 2005, p. 94-100.

LINNÉ C. VON, *Systema naturae* [1735], Lugduni, 1789.

LLINAS R. et RIBARY U., « Consciousness and the brain. The thalamocortical dialogue in health and disease », *Annals of New York Academy of Sciences*, vol. 929, 2001, p. 166-175.

LOCKE, *Essai philosophique concernant l'entendement humain*, trad. P. Costes, Paris, Vrin, 1972, 672 p. (éd. originale 1755).

LOGOTHETIS N., « La vision : une fenêtre sur la conscience », *Pour la Science*, n° 268, février 2000, p. 80-86 (éd. originale, *Scientific American*, vol. 281, nov. 1999, p. 44-51).

LONSDORF E.V., « Sex differences in the development of termite-fishing skills in the wild chimpanzees, *Pan troglodytes schweinfurthii*, of Gombe National Park, Tanzania », *Animal Behaviour*, vol. 70, 2005, p. 673-683.

LONSDORF E.V., EBERLY L.E. et PUSEY A.E., « Sex differences in learning in chimpanzees », *Nature*, vol. 428, 2004, p. 715.

LONSDORF E.V. et HOPKINS W.D., « Wild chimpanzees show population-level handedness for tool use », *The Proceedings of the National Academy of Sciences USA*, vol. 102, 2005, p. 12634-12638.

LOPEZ P., HAWLENA D., POLO V., AMO L. et MARTIN J., « Sources of individual shy-bold variations in antipredator behaviour of male Iberian rock lizards », *Animal Behaviour*, vol. 69, 2005, p. 1-9.

LORENZ K., *L'Agression. Une histoire naturelle du mal*, trad. V. Fritsch, Paris, Flammarion, 1969, 316 p. (éd. originale, *Das sogenannte Böse. Zur naturgeschichte der Agression*, Wien, Verlag Dr. G. Borotha-Schoeler, 1963).

– *L'Envers du miroir. Une histoire naturelle de la connaissance*, trad. J. Etoré, Paris, Flammarion, 1975, 350 p. (éd. originale, *Die Ruckseite des Spiegels. Versuch einer Naturgeschicht menschlichen Erkennens*, Munchen, Piper, 1973).

– *Les Fondements de l'éthologie*, trad. J. Étoré, Paris, Flammarion, 1984, 426 p. (éd. originale, *Vergleinchende Verhaltensforschung : grundlagen der Ethologie*, Vienne, Springer Verlag).

LOVIBOND P.F. et SHANKS D.R., « The role of awareness in Pavlovian conditioning : empirical evidence and theoretical implications », *Journal of Experimental Psychology and Animal Behavioral Process*, vol. 28, 2002, p. 23-26.

LUMSDEN C.J. et WILSON E.O., *Genes, Mind and Culture. The Coevolutionary Process*, Cambridge, MA, Harvard University Press, 1981, 428 p.

LUSSEAU D., « The emergent properties of a dolphin social network », *Biology Letters*, vol. 270, 2004, p. 186-188.

LYCETT S.J., COLLARD M. et MCGREW W.C., « Phylogenetic analyses of behavior support existence of culture among wild chimpanzees », *Proceedings of the National Academy of Sciences USA*, vol. 104, 2007, p. 17588-17592.

LYKKEN D., *Happiness : The Nature and Nurture of Joy and Contentment*, New York, St. Martin's Press, 2000, 288 p.

LYON B.E., « Egg recognition and counting reduce costs of avian conspecific brood parasitism », *Nature*, vol. 422, 2003, p. 495-499.

LYONS D.E., SANTOS L.R. et KEIL F.C., « Reflections of other minds : how primate social cognition can inform the function of mirror neurons », *Current Opinion in Neurobiology*, vol. 16, 2006, p. 230-234.

LYONS D.E. et SANTOS L.R., « Ecology, domain specificity, and the origins of theory of mind : is competition the catalyst ? », *Philosophy Compass*, vol. 1, 2006, p. 481-492.

MACDONALD K., « Developmental and stability of personality characteristics in pre-pubertal wolves : implications for pack organization and behavior », in H. Frank (éd.), *Man and Wolf : Advances, Issues, and Problems in Captive Wolf Research*, Dordrecht, Dr. W. Junk Pub., 1987, p. 293-312.

MACEDONIA J.M., « What is communicated in the antipredator calls of lemurs : evidence from play-back experiments with ring-tailed and ruffed lemurs », *Ethology*, vol. 86, 1990, p. 177-190.

MACPHAIL E.M., *Brain and Intelligence in Vertebrates*, Oxford, Clarendon Press, 1982, 450 p.

MAESTRIPIERI D., *Macachiavellian Intelligence : How Rhesus Macaques and Humans Have Conquered the World*, Chicago, Chicago University Press, 2007, 192 p.

MAGGIONCALDA A.N. et SAPOLSKY R., « L'éternelle adolescence des orangs-outans », *Pour la Science*, n° 298, août 2002, p. 68-73.

MALEBRANCHE N. DE., *De la recherche de la vérité*, Paris, Vrin, 1945, 2 volumes (éd. originale, 1674).

– *Entretiens sur la mort*, Paris, Vrin, 1948.

MALHERBE M., « Introduction », *in* É.B. de Condillac, *Traité des animaux*, Paris, Vrin, 2004, p. 7-108.

MANN N.I., DINGESS K.A. et SLATER P.J.B., « Antiphonal four-part synchronized chorusing in a neotropical wren », *Biology Letters*, vol. 2, 2006, p. 1-4.

MANSER M.B., « The acoustic structure of suricates' alarm calls varies with predator type and the level of response urgency », *Proceedings of the Royal Society London B*, vol. 268, 2001, p. 2315-2324.

MARBE K., « Die Rechenkunst der Schimpansen Basso im Frankfurter zoologischen Garten nebst Berkingne zur Tierpsychologie und einem offenem Brief an Harn krall », *Fortscheritte der Psychologie*, vol. 4, 1917, p. 135-187.

MARCUS G.F., *The Birth of the Mind : How a Tiny Number of Genes Creates the Complexities of Human Thought*, New York, Basic Books, 2004, 240 p.

– « Startling starlings », *Nature*, vol. 440, 2006, p. 1117-1118.

MARGUÉNAUD J.-P., « L'appréhension par le droit positif des relations complexes entre l'homme et l'animal », *in* J.-C. Nouët et G. Chapouthier (éd.), *Humanité, animalité : quelles frontières ?*, Paris, Connaissances et Savoir, 2006, p. 85-98.

MARINO L., RILLING J.K., S.K. LIN et S.H. RIDGWAY, « Relative volume of the cerebellum in dolphins and comparison with anthropoid primates », *Brain, Behaviour and Evolution*, vol. 56, 2000, p. 204-211.

– « Brain size evolution », in W.F. Perrin, B. Wursig et J.G.M. Thewissen (éd.), *Encyclopedia of Marine Mammals*, San Diego, Academic Press, 2002, p. 158-162.

MARINO L., MCSHEA D.W. et UHEN M.D., « Origin and evolution of large brains in toothed whales », *The Anatomical Record Part A*, vol. 81A, 2004, p. 1-9.

MARKOWITZ H., *Behavioral Enrichment in the Zoo*, New York, Van Nostrand Reinhold, 1982, 210 p.

MARLER P., « Social cognition : Are primates smarter than birds ? », *in* V. Nolon Jr et E.D. Ketterson (éd.), *Current Ornithology Volume*, New York, Plenum Press, 1996, p. 1-32.

– « Bird calls : their potential for behavioural neurobiology », *Annals of New York Academy of Sciences*, vol. 1016, 2004, p. 31-44.

MARRIS E., « Grey matters », *Nature*, vol. 444, 2006, p. 808-810.

MARX K., « Thèse sur Feuerbach », *in* K. Marx, F. Engels, *L'Idéologie allemande*, trad. Cartelle R., Badia G., Paris, Éd. Sociales, 1975, p. 23-27 (éd. originale, 1845).

MARZLUFF J.M. et ANGELL T., *In the Company of Crows and Ravens*, New Haven, Yale University Press, 2005, 404 p.

MASON B., « More animals join the learning circle », *New Scientist*, vol. 187, 27 août 2005, p. 8.

MASSERMAN J., WECHKIN M.S. et TERRIS W., « Altruistic behavior in rhesus monkey », *American Journal of Psychiatry*, vol. 121, 1964, p. 584-585.

MATHER J.A. et ANDERSSON R.C., « Personalities of octopuses (*Octopus rubescens*) », *Journal of Comparative Psychology*, vol. 107, 1993, p. 336-340.

MÄTHGER L.M. et HANLON R.T., « Anatomical basis for camoufleged polarized light communication in squid », *Biological Letters*, vol. 22, 2006, p. 494-496.

MATSUMOTO K. et TANAKA K., « Neuroscience. Conflict and cognitive control », *Science*, vol. 303, 2004, p. 969-970.

MATSUSAKA T., « When does play panting occur during play in wild chimpanzees ? », *Primates*, vol. 45, 2004, p. 221-229.

– (éd.), *Primate Origins of Human Cognition and Behaviour*, Heidelberg, Springer, 2001, 587 p.

– « The Ai project : historical and ecological contexts », *Animal Cognition*, vol. 6, 2003, p. 199-212.

MATSUZAWA T., TOMONAGA M. et TANAKA M. (éd.), *Cognitive Development in Chimpanzees*, Tokyo, Springer, 2006, 522 p.

MATSUZAWA T. et MCGREW W.C., « Kinji Imanishi and 60 years of Japanese primatology », *Current Biology*, vol. 18, 2008, p. R587-R591.

MCCOMB K., PACKER C. et PUSEY A., « Roaring and numerical assessment in contests between groups of female lions, *Panthera leo* », *Animal Behaviour*, vol. 47, 1994, p. 379-387.

MCCOMB K., MOSS C., DURANT S.M., BAKER L. et SAYIALEL S., « Matriarchs as repositories of social knowledge in African elephants », *Science*, vol. 292, 2001, p. 491-494.

MCCOMB K. et SEMPLE S., « Coevolution of vocal communication and sociality in primates », *Biology Letters*, vol. 1, 2005, p. 381-385.

MCCOMB K., BAKER L. et MOSS C., « African elephants show high levels of interest in the skulls and ivory of their own species », *Biology Letters*, vol. 2, 2006, p. 26-28.

MCDERMOTT J. et HAUSER M., « Are consonant intervals music to their ears ? Spontaneous acoustic preferences in a nonhuman primate », *Cognition*, vol. 94, 2004, p. B11-21.

MCGREGOR P. (éd.), *Animal Communication Networks*, Cambridge, Cambridge University Press, 2005, 657 p.

MCGREW W.C., *Chimpanzee Material Culture : Implications for Human Evolution*, Cambridge, Cambridge University Press, 1992, 293 p.

MCGREW W.C., « Dental care in chimps », *Science*, vol. 288, 2000, p. 1747.

– *The Cultured Chimpanzee. Reflexions on Cultural Primatology*, Cambridge, Cambridge University Press, 2004, 244 p.

MCMILLAN F.D. (éd.), *Mental Health and Well-Being in Animals*, Boston, Blackwell, 2005, 416 p.

MELIS A.P., HARE B. et TOMASELLO M., « Chimpanzees recruit the best collaborators », *Science*, vol. 311, 2006, p. 1297-1300.

MEKEL-BOBROV N., GILBERT S.L., EVANS P.D., VALLENDER E.J., ANDERSON J.R., HUDSON R.R., TISHKOFF S.A. et LAHN B.T., « Ongoing adaptive evolution of *ASPM*, a brain size determinant in *Homo sapiens* », *Science*, vol. 309, 2005, p. 1720-1722.

MELTZOFF A.N. et MOORE M.K., « Imitation of facial and manual gestures by human neonates », *Science*, vol. 198, 1977, p. 75-78.

MENZEL E.W., « Chimpanzee spatial memory organization », *Science*, vol. 182, 1973, p. 943-945.

MERCADER J., PANGER M. et BOESCH C., « Excavation of a chimpanzee stone tool site in the African rainforest », *Science*, vol. 296, 2002, p. 1452-1455.

MERCADER J., BARTON H., GILLESPIE J., HARRIS J., KUHN S., TYLER R. et BOESCH C., « 4,300-year-old chimpanzee sites and the origins of percussive stone technology », *The Proceedings of the National Academy of Sciences USA*, vol. 104, 2007, p. 3043-3048.

MERCADO E., KILLEBREW D.A., PACK A.A., MACHA I.V. et HERMAN L.M., « Generalization of "same-different" classification abilities in bottlenosed dolphins », *Behavioral Processes*, vol. 50, 2000, p. 79-94.

MERLE R., *Le Propre de l'homme*, Paris, Éditions de Fallois/Livre de Poche, 1989, 410 p.

MESLIER J., *Œuvres de Jean Meslier*, préface et notes par J. Deprun, R. Desné, A. Soboul, Paris, Anthropos, 1970, 3 vol.

MIKLÓSI A., *Dog Behaviour, Evolution, and Cognition*, New York, Oxford University Press, 2007, 288 p.

MIKLÓSI A., POLGARDI R., TOPAL J. et CSANYI V., « Intentional behaviour in dog-human communication : an experimental analysis of "showing" behaviour in the dog », *Animal Cognition*, vol. 3, 2000, p. 159-166.

MILLER M., *The cat IQ*, New York, Londres, Penguin, 2e éd., 1996, 198 p. (trad. fr. de la 1re édition, *Testez l'intelligence de votre chat*, Paris, Lieu Commun, 1994, 180 p).

MILLER R.E., MURPHY J.V. et MIRSKY I.A., « Relevance of facial expression and posture as cues in communication of affect between monkeys », *AMA Archives of General Psychiatry*, vol. 1, 1959, p. 480-488.

MILLMAN S.T., DUNCAN I.J.H., STAUFFACHER M. et STOOKEY J.M., « The impact of applied ethologists and the International Society for Applied Ethology in improving animal welfare », *Applied Animal Behaviour Science*, vol. 86, 2004, p. 299-311.

MITCHELL R.W., THOMPSON N.S. et MILES H.L. (éd.), *Anthropomorphism, Anecdotes and Animals*, Albany, State University of New York Press, 1997, 518 p.

MOCK D.W., *More than Kin and Less than Kind : The Evolution of Family Conflict*, Cambridge, MA, Harvard University Press, 2004, 352 p.

MOLNÁR C., KAPLAN F., ROY P., PACHET F., PONGRÁCZ P., DÓKA A. et MIKLÓSI A., « Classification of dog barks : a machine learning approach », *Animal Cognition*, vol. 11, 2008, p. 389-400.

MOLNÁR G., OLÁH S., KOMLÓSI G., FÜLE M., SZABADICS J., VARGA C., BARZO P. et TAMÁS G., « Complex events initiated by individual spikes in the human cerebral cortex », *PLoS Biology*, vol. 6, 2008, e222.doi:10.1371/journal.pbio.0060222.

MONOD J., *Le Hasard et la Nécessité*, Paris, Seuil, 1970, 197 p.

MONTAIGNE M. de, *Essais*, in *Œuvres complètes*, Paris, Gallimard, coll. « Bibliothèque de la Pléiade », 1976, 1791 p.

MORGANE P.J., JACOBS M.S. et GALABURDA A., « Evolutionary morphology of the dolphin brain », *in* R.J. Schusterman, J.A. Thomas et G.G. Wood (éd.), *Dolphin Cognition and Behavior : A Comparative Approach*, Hillsdale, NJ, Lawrence Erlbaum, 1986, p. 5-29.

MORRIS D., *Biologie de l'art*, trad. G. Bernier, Paris, Stock, 1962, 184 p. (éd. originale, 1961).

MORWOOD M.J., SOEJONO R.P., ROBERTS R.G., SUTIKNA T., TURNEY C.S.M., WESTAWAY K.E., RINK W.J., ZHAO J.-X., VAN DEN BERGH G.D., DUE R.A., HOBBS D.R., MOORE M.W., BIRD M.I. et FIFIELD L.K., « Archeology and age of a new hominid from Flores in eastern Indonesia », *Nature*, vol. 431, 2004, p. 1087-1091.

MOSS C., *La Longue Marche des éléphants*, trad. D. Laruelle, Paris, Robert Laffont, 1989, 368 p. (éd. originale, *Elephant Memories : Thirteen Years in the Life of an Elephant Family*, Chicago, Chicago University Press).

MOURA A.C. DE A. et LEE P.C., « Capuchin stone tool use in Caatinga dry forest », *Science*, vol. 306, 2004, p. 1909.

MULCAHY N.J. et CALL J., « Apes save tools for future use », *Science*, vol. 312, 2006, p. 1038-1040.

MURPHY J., SUTHERLAND A. et ARKINS S., « Idiosyncratic motor laterality in the horse », *Applied Animal Behaviour Science*, vol. 91, 2004, p. 297-310.

MURPHY R.A., MONDRAGÓN E. et MURPHY V.A., « Rule learning by rats », *Science*, vol. 319, 2008, p. 1849-1851.

MURRAY C.M., GILBY I.C., MANE S.V. et PUSEY A.E., « Adult male chimpanzees inherit maternal ranging patterns », *Current Biology*, vol. 18, 2008, p. 20-24.

« "Mutant" chimp gets gene check », *Science*, vol. 274, 1996, p. 727.

NAGELL K., OLGUIN K. et TOMASELLO M., « Processes of social learning in the tool use of chimpanzees (*Pan troglodytes*) and human children (*Homo sapiens*) », *Journal of Comparative Psychology*, vol. 107, 1993, p. 174-186.

NAKAGAKI T., YAMADA H. et TOTHS A., « Maze-solving by an amoeboid organism », *Nature*, vol. 407, 2000, p. 470.

NAKAMURA M. et UEHARA S., « Proximate factors of different types of grooming hand-clasp in Mahale chimpanzees : implications for chimpanzees social customs », *Current Anthropology*, vol. 45, 2004, p. 108-114.

NAQSHBANDI M. et ROBERTS W.A., « Anticipation of future events in squirrel monkeys (*Saimiri sciureus*) and rats (*Rattus norvegicus*) : tests of the Bischof-Kohler hypothesis », *Journal of Comparative Psychology*, vol. 120, 2006, p. 345-457.

NARBY J., *Intelligence dans la nature. En quête du savoir*, trad. Y. Chavanne, Paris, Buchet-Chastel, 2005, 289 p. (éd. originale, *Intelligence in Nature*, Penguin).

NIEDER A., « Counting on neurons : the neurobiology of numerical competence », *Nature Reviews Neuroscience*, vol. 6, 2005, p. 177-190.

NIEDER A., FREEDMAN D.J. et MILLER E.K., « Representation of the quantity of visual items in the primate prefrontal cortex », *Science*, vol. 297, 2002, p. 1708-1711.

NIEDER A. et MILLER E.K., « A parieto-frontal network for visual numerical information in the monkey », *The Proceedings of the National Academy of Sciences USA*, vol. 101, 2004, p. 7457-7462.

NIELSEN M., COLLIER-BAKER E., DAVIS J.M. et SUDDENDORF T., « Imitation recognition in a captive chimpanzee (*Pan troglodytes*) », *Animal Cognition*, vol. 8, 2005, p. 31-36.

NIELSEN R., BUSTAMANTE C., CLARK A.G., GLANOWSKI S., SACKTON T.B., HUBISZ M.J., FLEDEL-ALON A., TANENBAUM D.M., CIVELLO D., WHITE T.J., SNINSKY J.J., ADAMS M.D. et CARGILL M., « A scan for positively selected genes in the genomes of humans and chimpanzees », vol. 3, *PLoS Biology*, 2005, e170.

NIETZSCHE F., *Le Crépuscule des idoles ou Comment philosopher à coups de marteau*, trad. J.-C. Hémery, Paris, Gallimard, coll. « Idées », 1974, 152 p. (éd. originale, 1888).

NIMCHINSKY E.A., GILISSEN E., ALLMAN J.M., PERL D.P., ERWIN J.E. et HOF P.R., « A neuronal morphologic type unique to humans and great apes », *The Proceedings of the National Academy of Sciences USA*, vol. 96, 1999, p. 5268-5273.

NISHIMURA T., MIKAMI A., SUZUKI J. et MATSUZAWA T., « Descent of the larynx in chimpanzee infants », *The Proceedings of the National Academy of Sciences USA*, vol. 100, 2003, p. 6930-6933.

NISSANI M., « Theory of mind and insight in chimpanzees, elephants, and other animals ? », *in* L.G. Rogers, G. Kaplan (éd.), *Developments in Primatology : Progress and Prospects*, vol. 4, *Comparative*

Vertebrate Cognition : Are Primates Superior to Non-Primates ?, New York, Kluwer, 2004, p. 227-261.

NISSANI M., « Do Asian elephants (*Elephas maximus*) apply causal reasoning to tool-use tasks ? », *Journal of Experimental Psychology : Animal Behavior Processes*, vol. 32, 2006, p. 91-96.

NOAD M., CATO D.H., BRYDEN M.M., JENNER M.N. et JENNER K.C., « Cultural evolution in whale songs », *Nature*, vol. 408, 2000, p. 537.

NORMILE D., « Gene expression differs in human and chimp brains », *Science*, vol. 292, 2001, p. 44-45.

NOUËT J.-C. et CHAPOUTHIER G. (éd.), *Humanité, animalité : quelles frontières ?*, Paris, Connaissances et Savoirs, 2006, 244 p.

OKANOYA K., TOKIMOTO N., KUMAZAWA N., HIHARA S. et IRIKI A., « Tool-use training in a species of rodent : the emergence of an optimal motor strategy and functional understanding », *PloS One*, vol. 3, 2008, doi:10.1371/journal.pone.0001860.

OLDHAM M.C., HORVATH S. et GESCHWIND D.H., « Conservation and evolution of gene expression networks in human and chimpanzee brains », *The Proceedings of the National Academy of Sciences USA*, vol. 103, 2006, p. 17973-17978.

OLSON M.V. et VARKI A., « Sequencing the chimpanzee genome : insights into human evolution and disease », *Nature Review Genetics*, vol. 4, 2003, p. 20-28.

OLSON M.V. et VARKI A., « Genomics. The chimpanzee genome – a bittersweet celebration », *Science*, vol. 305, 2004, p. 191-192.

OSVATH M. et OSVATH H., « Chimpanzee (*Pan troglodytes*) and orangutan (*Pongo abelii*) forethought : self-control and pre-experience in the face of future tool use », *Animal Cognition*, vol. 11, 2008, p. 661-674.

OXNARD C.E., « Brain evolution : mammals, primates, chimpanzees, and humans », *International Journal of Primatology*, vol. 25, 2004, p. 1127-1158.

PACK A.A. et HERMAN L.M., « Bottlenosed dolphins (*Tursiops truncatus*) comprehend the referent of both static and dynamic human gazing and pointing in an object-choice task », *Journal of Comparative Psychology*, vol. 118, 2004, p. 160-171.

PANKSEPP J., *Affective Neuroscience*, New York, Oxford University Press, 1998.

– « Beyond a joke : from animal laughter to human joy ? », *Science*, vol. 308, 2005, p. 62-63.

PARR L.A. et DE WAAL F., « Visual kin recognition in chimpanzees », *Nature*, vol. 399, 1999, p. 647-648.

PASCALIS O. et BACHEVALIER J., « Face recognition in primates : a cross-species study », *Behavioural Processes,* vol. 43, 1998, p. 87-96.

PATIL N., BERNO A.J., HINDS D.A., BARRETT W.A., DOSHI J.M., HACKER C.R., KAUTZER C.R., LEE D.H., MARJORIBANKS C., MCDONOUGH D.P., NGUYEN B.T., NORRIS M.C., SHEEHAN J.B., SHEN N., STERN D., STOKOWSKI R.P., THOMAS D.J., TRULSON M.O., VYAS K.R., FRAZE K.A., FODOR S.P. et COX D.R., « Blocks of limited haplotype diversity revealed by high-resolution scanning of human chromosome 21 », *Science,* vol. 294, 2001, p. 1719-1723.

PATTERSON F., « The mind of gorilla : conversation and conservation », *in* K. Bernischke (éd.), *Primates : the Road to Self-Sustaining Populations,* New York, Springer Verlag, 1986, p. 933-947.

– *Koko's Story,* New York, Scholastic, 1987, 48 p.

PATTERSON F. et LINDEN E., *The Education of Koko,* New York, Holt, Rhinehart and Winston, 1981, 240 p.

PATTERSON N., RICHTER D.J., GNERRE S., LANDER E.S. et REICH D., « Genetic evidence for complex speciation of humans and chimpanzees », *Nature,* vol. 441, 2006, p. 1103-1108.

PAUKNER A., ANDERSON J.R., BORELLI E., VISALBERGHI E. et FERRARI P.F., « Macaques (*Macaca nemestrina*) recognize when they are being imitated », *Biology Letters,* vol. 1, 2005, p. 219-222.

PAYNE K.B. et PAYNE R.S., « Large scale changes over 19 years in songs of humpback whales in Bermuda », *Zeitschrift für Tierpsychologie,* vol. 68, 1985, p. 89-114.

PAZ-Y-MINO G., BOND A.B., KAMIL A.C. et BALDA R.P., « Pinyon jays use transitive inference to predict social dominance », *Nature,* vol. 430, 2004, p. 778-781.

PEDERSEN J. et FIELDS W.M., « Aspects of repetition in Bonobo-Human conversation : creating cohesion in a conversation between species », *Journal of Integrative Psychological and Behavioral Science,* 2008, doi:10.1007/s12124-008-9067-6.

PENN D.C., HOLYOAK K.J. et POVINELLI D.J., « Darwin's mistake : explaining the discontinuity between human and nonhuman minds », *Behavioral and Brain Sciences,* vol. 31, 2008, p. 109-178.

PENNACHIO L.A. et RUBIN E.M., « Genomic strategies to identify mammalian regulatory sequences », *Nature Review Genetics,* vol. 2, 2001, p. 100-109.

PENNISI E., « Are our primate cousins "conscious" », *Science,* vol. 284, 1999, p. 2073-2076.

– « Elephant matriarchs tell friend from foe », *Science*, vol. 292, 2001, p. 417-418.
– « A shaggy dog history », *Science*, vol. 298, 2002, p. 1540-1542.
PENNISI E., « Social animals prove their smarts », *Science*, vol. 312, 2006, p. 1734-1738.
PENNY D., « Our relative genetics », *Nature*, vol. 427, 2004, p. 208-209.
PEPPERBERG I., *Alex Studies. Cognitive and Communicative Abilities of Grey Parrot*, Cambridge, MA, Harvard University Press, 1999, 448 p.
PEREL P., ROBERTS I., SENA E., WHEBLE P., BRISCOE C., SANDERCOCK P., MACLEOD M., MIGNINI L.E., JAYARAM P. et KHAN K.S., « Comparison of treatment effects between animal experiments and clinical trails : systematic review », *British Medical Journal*, vol. 334, 2006, p. 197-200.
PETKOV C.I., KAISER C., SEUDEL T., WHITTINGSTALL K., AUGATH M. et LOGOTHETIS N.K., « A voice region in the monkey brain », *Nature Neuroscience*, vol. 11, 2008, p. 367-374.
PETRIDES M., CADORET G. et MACKEY S., « Orofacial somatomotor responses in the macaque monkey homologue of Broca's area », *Nature*, vol. 435, 2005, p. 1235-1238.
PHILLIPS H., « The cell that makes us human », *New Scientist*, 9 juin 2004, p. 32-35.
PHILLIPS H., « Known unknowns », *New Scientist*, 14 déc. 2006, p. 28-31.
PIAGET J., *La Formation du symbôle chez l'enfant. Imitation, jeu et rêve, image et représentation*, Neuchâtel, Delachaux & Niestlé, 1992, 310 p.
PICA P., LEMER C., IZARD V. et DEHAENE S., « Exact and approximate arithmetic in an Amazonian indigene group », *Science*, vol. 306, 2004, p. 499-503.
PICQ P., « Introduction », *in* P. Picq et Y. Coppens (éd.), *Aux origines de l'humanité*, vol. 2, *Le Propre de l'homme*, Paris, Fayard, 2001, p. 13-25.
PICQ P., LESTEL D., DESPRET V. et HERZFELD C., *Les Grands Singes. L'humanité au fond des yeux*, Paris, Odile Jacob, 2005, 123 p.
PINKER S., *L'Instinct du langage*, trad. M.-F. Desjeux, Paris, Odile Jacob, 1999, 496 p. (éd. orignale, *The Language Instinct : How the Mind Creates Language*, William Morrow, 1994).
– *Comment fonctionne l'esprit*, trad. M.-J. Desjeux, Paris, Odile Jacob, 2000, 680 p. (éd. originale, *How the Mind Works*, New York, W.W. Norton, 1997).

– « Talk to genetics and vice versa », *Nature*, vol. 413, 2001, p. 465-466.

PLANHOL X. de, *Le Paysage animal. L'homme et la grande faune : une zoogéographie historique*, Paris, Fayard, 2004, 1 127 p.

PLATON, *Le Politique*, trad. Auguste Diès, Paris, Les Belles Lettres, 1950, 92 p.

PLATT M., « Animal cognition : monkey meteorology », *Current Biology*, vol. 16, 2006, p. R464-R466.

PLOOG D.W., « Neuroethological perspectives on the human brain : from the expression of emotions to intentional signing and speech », *in* A. Harrington (éd.), *So Human a Brain : Knowledge and Values in the Neurosciences*, Boston, Birkhauser, 1992, p. 3-13.

PLOTNIK J.M., DE WAAL F.B.M. et REISS D., « Self-recognition in an Asian elephant », *The Proceedings of the National Academy of Sciences USA*, vol. 103, 2006, p. 17053-17057.

POLAKOFF L.M., « Dancing bees and the language controversy », *Integrative Biology*, vol. 1, 1998, p. 187-194.

POLLARD K.S., SALAMA S.R., LAMBERT N., LAMBOT M.-A., COPPENS S., PEDERSEN J.S., KATZMAN S., KING B., ONODERA C., SIEPEL A., KERN A.D., DEHAY C., IGEL H., ARES Jr M., VANDERHAEGHEN P. et HAUSSLER D., « An RNA gene expressed during cortical development evolved rapidly in humans », *Nature*, vol. 442, 2006, p. 167-172.

POOLE J.H., TYACK P.L., STOEGER-HORWATH A.S. et WATWOOD S., « Elephants are capable of vocal learning », *Nature*, vol. 434, 2005, p. 455-456.

POPESCO M.C., MACLAREN E.J., HOPKINS J., DUMAS L., COX M., MELTESEN L., MCGAVRAN L., WYCKOFF G.J. et SIKELA J.M., « Human lineage-specific amplification, selection, and neuronal expression of DUF1220 domains », *Science*, vol. 313, 2006, p. 1304-1307.

POREMBA A., MALLOY M., SAUNDERS R.C., CARSON R.E., HERSCOVITCH P. et MISHKIN M., « Species-species calls evoke asymmetric activity in the monkey's temporal poles », *Nature*, vol. 427, 2004, p. 448-451.

PORTER J.W., « Pseudorca stranding », *Oceans*, vol. 4, 1977, p. 8-14.

POVINELLI D.J., « La conscience est le propre de l'homme », *Pour la Science*, n° 254, 1998, p. 40-44.

– *Folk Physics for Apes. The Chimpanzee's Theory of How the World Works*, New York, Oxford University Press, 2000, 408 p.

PRABHAKAR S., NOONAN J.P., PÄÄBO S. et RUBIN E.M., « Accelerated evolution of conserved noncoding sequences in humans », *Science*, vol. 314, 2006, p. 786.

PRATHER J.F., PETERS S., NOWICKI S. et MOONEY R., « Precise auditory-vocal mirroring in neurons for learned vocal communication », *Nature*, vol. 451, 2008, p. 249-250.

PREMACK D., « Human and animal cognition : continuity and discontinuity », *Proceedings of the National Academy of Sciences USA*, vol. 104, 2007, p. 13861-13867.

PREMACK D. et PREMACK A.J., *L'Esprit de Sarah*, trad. Y. Baudry, Paris, Fayard, 1984, 226 p. (éd. originale, *The Mind of an Ape*, New York, Norton, 1983).

– *Le Bébé, le Singe et l'Homme*, trad. R. Mambrechts et E. Kirsch, Paris, Odile Jacob, 2003, 330 p. (éd. originale, *Original Intelligence : Unlocking the Mystery of Who We Are*, New York, McGraw-Hill, 2003).

PREMACK D. et WOODRUFF G., « Does the chimpanzee have a theory of mind ? », *Behavioral and Brain Sciences*, vol. 1, 1978, p. 515-526.

PRESTON S.D. ET DE WAAL F.B., « Empathy : its ultimate and proximate bases », *Behavioral and Brain Sciences*, vol. 25, 2002, p. 1-20.

PREUSS T.M., « Who's afraid of *Homo sapiens* ? », *Journal of Biomedical Discovery and Collaboration*, 2006, 1(17), doi:10.1186/1747-5333-1.

PREUSS T.M. et COLEMAN G.Q., « Human-specific organization of primary visual cortex : alternating compartments of dense Cat-301 and calbindin immunoreactivity in layer 4A », *Cerebral Cortex*, vol. 12, 2002, p. 671-691.

PRIOR H., SCHWARZ A. et GÜNTÜRKÜN O., « Mirror-induced behavior in the magpie (*Pica pica*) : evidence of self-recognition », *PloS Biology*, vol. 6, 2008, e202.doi:10.1371/journal.pbio.0060202.

PROCHIANTZ A., *Machine-esprit*, Paris, Odile Jacob, 2001, 216 p.

PRUETZ J.D. et BERTOLANI P., « Savanna chimpanzees, *Pan troglodytes verus*, hunt with tools », *Current Biology*, vol. 17, 2007, p. 412-417.

RABY C.R., ALEXIS D.M., DICKINSON A. et CLAYTON N.S., « Planning for the future by western scrub-jays », *Nature*, vol. 445, 2007, p. 919-921.

RAINEY H.J., ZUBERBÜHLER K. et SLATER P.J. : « Hornbills can distinguish between primate alarm calls », *Proceedings of Royal Society London B*, vol. 271, 2004, p. 755-759.

RAKISON D.H. et OAKES L.M., *Early Category and Concept Development : Making Sense of the Blooming, Buzzing Confusion*, New York, Oxford University Press, 2003, 442 p.

RAMUS F., HAUSER M.D., MILLER C., MORRIS D. et MEHLER J., « Language discrimination by human newborns and by cotton-top tamarin monkeys », *Science*, vol. 288, 2000, p. 349-351.

RANGE F., VIRANYI Z. et HUBER L., « Selective imitation in domestic dogs », *Current Biology*, vol. 17, 2007, p. 868-872.

RASA A., *La Famille idéale. Vie sociale des mangoustes*, trad. J. Étoré, Paris, Odile Jacob, 1990, 358 p. (éd. originale, *Die perfekte Familie. Leben und Sozialverhalten der afrikanischen Zwergmungos*, Stuttgart, Deutsche Verlag-Anstalt, 1984).

REGAN T., *The Case of Animal Rights*, University of California Press, 1983, 425 p.

REINHARDT V., COWLEY D., SCHEFFLER J., VERTEIN R. et WEGNER F., « Cortisol response of female rhesus monkeys to venipuncture in homecage versus veinupuncture in restraint apparatus », *Journal of Medical Primatology*, vol. 19, 1990, p. 601-606.

REISS D., MCCOWAN B. et MARINO L., « Communicative and other cognitive characteristics of bottlenose dolphins », *Trends in Cognitive Sciences*, vol. 1, 1997, p. 140-145.

REISS D. et MARINO L., « Mirror self-recognition in the bottlenose dolphin : a case of cognitive convergence », *The Proceedings of the National Academy of Sciences USA*, vol. 98, 2001, p. 5937-5942.

RENDELL L. et WHITEHEAD H., « Culture in whales and dolphins », *Behavioral and Brain Sciences*, vol. 24, 2001, p. 309-324.

– « Vocal clans in sperm whales (*Physeter macrocephalus*) », *Proceedings of the Royal Society of London B*, vol. 270, 2003, p. 225-231.

RENSCH B., « The intelligence of elephants », *Scientific American*, vol. 196, 1957, p. 44-49.

RESCORLA R.A., « Pavlovian conditioning : it's not what you think it is », *American Psychologist*, vol. 43, 1988, p. 151-160.

REZNIKOVA Z., *Animal Intelligence. From Individual to Social Cognition*, Cambridge, Cambridge University Press, 2007, 472 p.

RIEDEL J., SCHUMANN K., KAMINSKI J., CALL J. et TOMASELLO M., « The early ontogeny of human-dog communication », *Animal Behaviour*, vol. 75, 2008, p. 1003-1004.

RILLING J.K. et INSEL T.R., « The primate neocortex in comparative perspective using magnetic resonance imaging », *Journal of Human Evolution*, vol. 37, 1999, p. 191-223.

RILLING J.K., BARKS S.K., PARR L.A., PREUSS T.M., FABER T.L., PAGNONI G., BREMNER J.D. et VOTAW J.R., « A comparison of resting-state brain activity in humans and chimpanzees », *The Proceedings of the National Academy of Sciences USA*, vol. 104, 2007, p. 17146-17151.

RILLING J.K., GLASSER M.F., PREUSS T.M., MA X., ZHAO T., HU X. et BEHRENS T.E.J., « The evolution of the arcuate fasciculus revealed with comparative DTI », *Nature Neuroscience*, vol. 11, 2008, p. 426-428.

RIZZOLATTI G. et CRAIGHERO L., « The mirror-neuron system », *Annual Review in Neuroscience*, vol. 27, 2004, p. 169-192.

ROBERTS W.A., FEENEY M.C., MACPHERSON K., PETTER M., MCMILLAN N. et MUSOLINO E., « Episodic-like memory in rats : is it based on when or how long ago ? », *Science*, vol. 320, 2008, p. 113-115.

ROBINSON S.K., « Use of bait and lures by green-backed herons in Amazonian Peru », *Wilson Bulletin*, vol. 106, 1994, p. 567-569.

ROCKLAND K.S., « Non-uniformity of extrinsic connections and columnar organization », *Journal of Neurocytology*, vol. 31, 2002, p. 247-253.

ROCKMAN M.V., HAHN M.W., SORANZO N., ZIMPRICH F., GOLDSTEIN D.B. et WRAY G.A., « Ancient and recent positive selection transformed opioid *cis*-regulation in humans », *PloS Biology*, vol. 3, 2005, p. 2208-2219.

ROSE N.A., « A death in the family », *in* M. Bekoff (éd.), *The Smile of the Dolphin*, Londres, Discovery Books, 2000, p. 144-145.

ROSSI A.P. et ADES C., « A dog at the keyboard : using arbitrary signs to communicate requests », *Animal Cognition*, vol. 11, 2008, p. 329-338.

ROTH G. et DICKE U., « Evolution of the brain and intelligence », *Trends in Cognitive Sciences*, vol. 9, 2005, p. 250-257.

ROUSH W., « Chimp retirement plan proposed », *Science*, vol. 277, 1997, p. 471.

ROUSSEAU J.-J., *Discours sur l'origine et les fondements de l'inégalité parmi les hommes*, in *Œuvres complètes*, Paris, Gallimard, coll. « Bibliothèque de la Pléiade », 1964, tome 3, 2240 p. (éd. originale, 1755).

RUMBAUGH D.M., « The learning and sensory capacities of the squirrel monkey in phylogenetic perspective », *in* L.A. Rosenblum et R.W. Cooper (éd.), *The Squirrel Monkey*, New York, Academic Press, 1968, p. 255-317.

– (éd.), *Language Learning by a Chimpanzee : The LANA Project*, New York, Academic Press, 1977, 312 p.

RUMBAUGH D.M. et WASHBURN D.A., *Intelligence of Apes and Other Rational Beings*, Londres, Yale University Press, 2003, 326 p.

RUSSON A.E. et GALDIKAS B.M.F., « Imitation in free-ranging rehabilitant orangutans (*Pongo pygmaeus*) », *Journal of Comparative Psychology*, vol. 107, 1993, p. 147-161.

– « Constraints on Great Apes' imitation : model and action selectivity in rehabilitant orangutan (*Pongo pygmaeus*) imitation », *Journal of Comparative Psychology*, vol. 109, 1995, p. 5-17.

RUTZ C., BLUFF L.A., WEIR A.A.S. et KACELNIK A., « Video cameras on wild birds », *Science*, vol. 318, 2007, p. 765.

SANTOS L.R., ROSATI A., SPROUL C., SPAULDING B. et HAUSER M.D., « Means-means-end tool choice in cotton-top tamarins (*Sanguinus Oedipus*) : finding the limits on primates' knowledge of tools », *Animal Cognition*, vol. 8, 2005, p. 236-246.

SANTOS L.R., NISSEN A.G. et FERRUGIA J., « Rhesus monkeys (*Macaca mulatta*) know what competitors can and cannot hear », *Animal Behaviour*, vol. 71, 2006, p. 1175-1181.

SANZ C., MORGAN D. et GULICK S., « New insights into chimpanzees, tools, and termites from the Congo basin », *American Naturalist*, vol. 164, 2004, p. 567-581.

SAPOLSKY R.M. et SHARE L.J., « A pacific culture among wild baboons : its emergence and transmission », *PLoS Biology*, vol. 2, 2004, E106.

SAVAGE-RUMBAUGH E.S., MCDONALD K., SEVCIK R.A., HOPKINS W.D. et RUPERT E., « Spontaneous symbol acquisition and communicative use by pygmy chimpanzees (*Pan paniscus*) », *Journal of Experimental Psychology : General*, vol. 115, 1986, p. 211-235.

SAVAGE-RUMBAUGH E.S., MURPHY J., SEVCIK R.A., BRAKKE K.E., WILLIAMS S.L. et RUMBAUGH D.M., « Language comprehension in ape and child », *Monographs of the Society for Research in Child Development*, vol. 58, 1993, p. 1-222.

SAVAGE-RUMBAUGH S. et LEWIN R., *Kanzi. The Ape at the Brink of the Human Mind*, New York, Doubleday, 1994, 249 p.

SAVAGE-RUMBAUGH E.S., WILLIAM S., FURUICHI T. et KANO T. : « Language perceived : *Paniscus* branches out », *in* W. McGrew, L. Marchant, et T. Nishida (éd.), *Great Apes Societies*, Cambridge, Cambridge University Press, 1996, p. 173.

SAVAGE-RUMBAUGH E.S., SHANKER S.G. et TAYLOR T.J., *Apes, Language, and the Human Mind*, New York, Oxford University Press, 1998, 288 p.

SAWAMURA H. et SHIMA K., « Tanji : Numerical representation for action in the parietal cortex of the monkey », *Nature*, vol. 415, 2002, p. 918-922.

SAYIGH L.S., ESCH H.C., WELLS R.S. et JANIK V.M., « Facts about signature whistles of bottlenose dolphins, *Tursiops truncatus* », *Animal Behaviour*, vol. 74, 2007, p. 1631-1642.

SCHENKER N.M., DESGOUTTES A.M. et SEMENDEFERI K., « Neural connectivity and cortical substrates of cognition in hominoids », *Journal of Human Evolution*, vol. 49, 2005, p. 547-569.

SCHEUMANN M. et CALL J., « The use of experimenter-given cues by South African fur seals (*Arctocephalus pusillus*) », *Animal Cognition*, vol. 7, 2004, p. 224-230.

SCHICK K. et TOTH N., *Making Silent Stones Speak : Human Evolution and the Dawn of Technology*, New York, Simon and Schuster, 1993, 351 p.

SCHICK K., TOTH N., GARUFI G., SAVAGE-RUMBAUGH E.S., RUMBAUGH D. et SEVCIK R., « Continuing investigations into the stone tool-making capabilities of a Bonobo (*Pan paniscus*) », *Journal of Arachaeological Sciences*, vol. 26, 1999, p. 821-832.

SCHOEGL C., KOTRSCHAL K. et BUGNYAR T., « Gaze following in common ravens, *Corvus corax* : ontogeny and habituation », *Animal Behaviour*, vol. 74, 2007, p. 769-778.

SCHOENEMANN P.T., SHEEHAN M.J. et GLOTZER L.D., « Prefrontal white matter volume is disproportionately larger in humans than in other primates », *Nature Neuroscience*, vol. 8, 2005, p. 242-252.

SCHOPENHAUER A., *Le Monde comme volonté et comme représentation*, trad. A. Burdeau, revue par R. Roos, Paris, PUF, 1966, 1472 p. (éd. originale, *Die Welt als Wille und Vorstellung*, 1819).

– *Le Fondement de la morale*, trad. A. Burdeau, Paris, Aubier, 1978, 198 p. (éd. originale 1841).

SCHUSTER R., « Why not chimpanzees, lions and hyenas too ? », *Behavioral and Brain Sciences*, vol. 28, 2005, p. 716-717.

SCHUSTER S., WÖHL S., GRIEBSCH M. et KLOSTERMEIER I., « Animal cognition : how archer fish learn to down rapidly moving targets », *Current Biology*, vol. 16, 2006, p. 378-383.

SCHUSTERMAN R.J. et KRIEGER K., « California sea lions are capable of semantic comprehension », *Psychological Record*, vol. 34, 1984, p. 3-23.

SCHWARTZ B.L., « Do non-human primates have episodic memory ? », *in* H.S. Terrace et J. Metcalfe (éd.), *The Missing Link in Cognition. Origins of Self-Relective Consciousness*, Oxford, Oxford University Press, 2005, p. 225-241.

SCHWARTZ B.L., COLON M.R., SANCHEZ I.C., RODRIGUEZ I.A. et EVANS S., « Single-trial learning of "what" and "who" information in a gorilla (*Gorilla gorilla gorilla*) », *Animal Cognition*, vol. 5, 2002, p. 85-90.

SCHWARTZ B.L., MEISSNER C.A., HOFFMAN M., EVANS S. et FRAZIER L.D., « Event memory and misinformation effects in a gorilla (*Gorilla gorilla gorilla*) », *Animal Cognition*, vol. 7, 2004, p. 93-100.

SEARCY W.A. et NOWICKI S., *The Evolution of Animal Communication : Reliability and Deception in Signalling Systems*, Princeton, Princeton University Press, 2005, 288 p.

SEED A.M., CLAYTON N.S. et EMERY N.J., « Cooperative problem solving in rooks (*Corvus frugilegus*) », *Proceedings of the Royal Society B*, vol. 275, 2008, p. 1421-1429.

SEELEY W.W., CARLIN D.A., ALLMAN J.M., MACEDO M.N., BUSH C., MILLER B.L. et DEARMOND S.J., « Early frontotemporal dementia targets neurons unique to apes and humans », *Annals of Neurology*, vol. 60, 2006, 60, p. 660-667.

SEMENDEFERI K et DAMASIO H., « The brain and its main anatomical subdivisions in living hominoids using magnetic resonance imaging », *Journal of Human Evolution*, vol. 38, 2000, p. 317-332.

SEMENDEFERI K., ARMSTRONG E., SCHLEICHER A., ZILLES K. et VAN HOESEN G.W., « Prefrontal cortex in humans and apes : a comparative study of area 10 », *American Journal of Physical Anthropology*, vol. 114, 2001, p. 224-241.

SEMENDEFERI K., LU A., SCHENKER N. et DAMASIO H., « Humans and great apes share a large frontal cortex », *Nature Neuroscience*, vol. 5, 2002, p. 272-276.

SERENO M.I. et TOOTELL R.B.H., « From monkeys to humans : what do we know about brain homologies ? », *Current Opinion in Neurobiology*, vol. 15, 2005, p. 135-144.

SERVAIS V., « L'empathie et la perception des formes dans l'éthologie contemporaine », *in* A. Berthoz et G. Jorland (éd.), *L'Empathie*, Paris, Odile Jacob, 2004, p. 203-222.

SEYFARTH R.M., CHENEY D.L. et BERGMAN T.J., « Primate social cognition and the origins of language », *Trends in Cognitive Sciences*, vol. 9, 2005, p. 264-266.

SHAW G.B., *The Doctor's Dilemma*, Studio City, Cal., Players Press, 1996, 75 p. (éd. originale, 1911).

SHERMAN P.W. et NEFF B.D., « Father knows best », *Nature*, vol. 136, 2003, p. 136-137.

SHERWOOD C.C., HOLLOWAY R.L., SEMENDEFERI K. et HOF P.R., « Is prefrontal white matter enlargement a human evolutionary specialization ? », *Nature Neuroscience*, vol. 8, 2005, p. 537-538.

SHETTLEWORTH S.J., « Planning for breakfast », *Nature*, vol. 445, 2007, p. 825-826.

SHIMA K., ISODA M., MUSHIAKE H. et TANJI J., « Categorization of behavioral sequences in the prefrontal cortex », *Nature*, vol. 445, 2007, p. 315-318.

SHU W., CHO J.Y., JIANG Y., ZHANG M., WEISZ D., ELDER G.A., SCHMEIDLER J., DE GASPERI R., GAMA SOSA M.A., RABIDOU D., SANTUCCI A.C., PERL D., MORRISEY E. et BUXBAUM J.D., « Altered ultrasonic vocalization in mice with a disruption in the *FOXP2* gene », *The Proceedings of the National Academy of Sciences USA*, vol. 102, 2005, p. 9643-9648.

SHULTZ S. et DUNBAR R.I.M., « The evolution of social brain : anthropoid primates contrast with other vertebrates », *Proceedings of the Royal Society B*, vol. 274, 2007, p. 2429-2436.

SHUMAKER R.W., PALKOVICH A.M., BECK B.B., GUAGNANO G.A. et MOROWITZ H., « Spontaneous use of magnitude discrimination and ordination by the orang-utan (*Pongo pygmaeus*) », *Journal of Comparative Psychology*, vol. 115, 2001, p. 385-391.

SHUMAKER R.W. et BECK B.B., *Primates in Question : The Smithsonian Answer Book*, Washington, Smithsonian Books, 2003, 194 p.

SIBLEY C.G., COMSTOCK J.A. et AHLQUIST J.E., « DNA hybridization evidence of hominoid phylogeny : a reanalysis of the data », *Journal of Molecular Evolution*, vol. 30, 1990, p. 202-236.

SICOTTE P. et NISAN C., « Femmes et empathie en primatologie. Réflexions sur la représentation des femelles primates et des femmes primatologues », *Autrement*, n° 106, 1998, p. 77-102.

SIGALA N. et LOGOTHETIS N.K., « Visual categorization shapes feature selectivity in the primate temporal cortex », *Nature*, vol. 415, 2002, p. 318-320.

SILK J.B., « Who are more helpful, humans or chimpanzees ? », *Science*, vol. 311, 2006, p. 1248-1249.

SILK J.B., ALBERTS S.C. et ALTMANN J., « Social bonds of female baboons enhance infant survival », *Science*, vol. 302, 2003, p. 1231-1234.

SILK J.B., BROSNAN S.F., VONK J., HENRICH J., POVINELLI D.J., RICHARDSON A.S., LAMBETH S.P., MASCARO J. et SCHAPIRO S.J., « Chimpanzees are indifferent to the welfare of unrelated group members », *Nature*, vol. 437, 2005, p. 1357-1359.

SIMMONDS M., « Into the brains of whales », *Applied Animal Behaviour Science*, vol. 100, 2006, p. 103-116.

SINGER P., *Questions d'éthique pratique*, Paris, Bayard, 1997, 350 p.

– *La Libération animale*, trad. L. Rousselle, Paris, Grasset, 1993, 380 p. (éd. originale, 1975).

SINGER W., « Consciousness and the binding problem », *Annals of New York Academy of Sciences*, vol. 929, 2001, p. 123-146.

SKUTCH A.F., *Parents Birds and Their Young*, Austin, University of Texas Press, 1976, 503 p.

SLOCOMBE K.E. et ZUBERBÜHLER K., « Functionally referential communication in a chimpanzee », *Current Biology*, vol. 15, 2005, p. 1779-1784.

SLOCOMBE K.E. et ZUBERBÜHLER K., « Chimpanzees modify recruitment screams as a function of audience composition », *Proceedings of the National Academy of Sciences USA*, vol. 104, 2007, p. 17228-17233.

SMITH J.D., SHIELDS W.E. et WASHBURN D.A., « The comparative psychology of uncertainty and metacognition », *Behavioral and Brain Sciences*, vol. 26, 2003, p. 317-339.

SOLTIS J., LEONG K. et SAVAGE A., « African elephant vocal communication I : antiphonal calling behaviour among affiliated females », *Animal Behaviour*, vol. 70, 2005, p. 579-587.

– « African elephant vocal communication II : rumble variation reflects the individual identity and emotional state of callers », *Animal Behaviour*, vol. 70, 2005, p. 589-599.

SON L.K. et KORNELL N., « Meta-confidence judgments in Rhesus macaques : explicit versus implicit mechanisms », *in* H.S. Terrace et J. Metcalfe (éd.), *The Missing Link in Cognition. Origins of Self-Reflective Consciousness*, Oxford, Oxford University Press, 2005, p. 296-320.

SOUSA C. et MATSUZAWA T., « The use of tokens as rewards and tools by chimpanzees (*Pan troglodytes*) », *Animal Cognition*, vol. 4, 2001, p. 213-221.

– « Token use by chimpanzees (*Pan troglodytes*) : choice, metatool and cost », *in* T. Matsuzawa, M. Tomonaga, M. Tanaka (éd.), *Cognitive Development in Chimpanzees*, Tokyo, Springer, 2006, p. 411-438.

SPAULDING B. et HAUSER M., « What experience is required for acquiring tool competence ? Experiments with two callitrichids », *Animal Behaviour*, vol. 70, 2005, p. 517-526.

SPERBER D., *La Contagion des idées*, Paris, Odile Jacob, 1996, 246 p.

SPINNEY L., « Tools maketh the monkey », *New Scientist*, 11 octobre 2008, p. 42-45.

STACH S., BENARD J. et GIURFA M., « Local-feature assembling in visual pattern recognition and generalization in honeybees », *Nature*, vol. 429, 2004, p. 758-761.

STAFFORD N., « Animal protection awarded », *The Scientist*, 8 nov. 2004, 5 (1).

STAMMBACH E., « Group responses to specially skilled individuals in *Macaca fascicularis* », *Behaviour*, vol. 107, 1988, p. 241-266.

STANFORD C.B., *Significant Others : The Ape-Human Continuum and the Quest for Human Nature*, Basic Books, 2001, 256 p.

STEDMAN H.H., KOZYAK B.W., NELSON A., THESLER D.M., SU L.-T., LOW D.W., BRIDGES C.R., SHRAGER J.B., MINUGH-PURVIS N. et MITCHELL M.A., « Myosin gene mutation correlates with anatomical changes in the human lineage », *Nature*, vol. 428, 2004, p. 415-418.

STEELE M.A., HALKIN S.L., SMALLWOOD P.D., MCKENNA T.J., MITSOPOULOS K. et BEAM M., « Cache protection strategies of a scatter-hoarding rodent : do tree squirrels engage in behavioural deception », *Animal Behaviour*, vol. 75, 2008, p. 705-714.

STOERIG P., ZONTANOU A. et COWEY A., « Aware or unaware : assessment of cortical blindness in four men and a monkey », *Cerebral Cortex*, vol. 12, 2002, p. 565-574.

STRUM S.C., *Voyage chez les babouins*, trad. F. Simon-Duneau, Paris, Eshel, 1990, 344 p. (éd. originale, *Almost Human : A Journey into the World of Baboons*, New York, Random House, 1987).

SUBIAUL F., CANTLON J.F., HOLLOWAY R.L. et TERRACE H.S., « Cognitive imitation in rhesus macaques », *Science*, vol. 305, 2004, p. 407-410.

SUDDENDORF T., « Foresight and evolution of the human mind », *Science*, vol. 312, 2006, p. 1006-1007.

SUDDENDORF T., BUSBY J., « Mental time travel in animals ? », *Trends in Cognitive Sciences*, vol. 9, 2003, p. 391-395.

SUGIYAMA Y., « Local variation of tools and tool use among wild chimpanzee populations », *in* A. Berthelet et J. Chavaillon (éd.), *The Use of Tools by Human and Non-Human Primates*. Clarendon Press, 1993, p. 175-187.

SUNSTEIN C.R. et NUSSBAUM M.C., *Animal Rights. Current Debates and New Directions*, New York, Oxford University Press, 2004, 338 p.

SVARTBERG K. et FORKMAN B., « Personality traits in the domestic dog (*Canis familiaris*) », *Applied Animal Behaviour Science*, vol. 79, 2002, p. 133-155.

SVARTBERG K., TAPPER I., TELRIN H., RADESÄTER T. et THORMAN S., « Consistency of personality traits in dogs », *Animal Behaviour*, vol. 69, 2005, p. 283-291.

SWARTZ K.B. et EVANS S., « Not all chimpanzees (*Pan troglodytes*) show self-recognition », *Primates*, vol. 32, 1991, p. 483-496.

SZETEI V., MIKLOSI A., TOPAL J. et CSANYI V., « When dogs seem to lose their nose : an investigation on the use of visual and olfactory cues in communicative context between dog and owner », *Applied Animal Behaviour Science*, vol. 83, 2003, p. 141-152.

TAGLIALATELA J.P., SAVAGE-RUMBAUGH S. et BAKER L.A., « Vocal production by a language-competent *Pan paniscus* », *International Journal of Primatology*, vol. 24, 2003, p. 1-17.

TAGLIALATELA J.P., RUSSELL J.L., SCHAEFFER J.A. et HOPKINS W.D., « Communicative signalling activates "Broca"s' homolog in chimpanzees », *Current Biology*, vol. 18, 2008, p. 343-348.

TAYLOR A.H., HUNT G.R., HOLZHAIDER J.C. et GRAY R.D., « Spontaneous metatool use by New Caledonian crows », *Current Biology*, vol. 17, 2007, p. 1504-1507.

TEBBICH S., TABORSKY M., FESSL B., BLOMQVIST D., « Do woodpecker finches acquire tool-use by social learning ? », *Proceedings of the Royal Society London B*, vol. 268, 2001, p. 2189-2193.

TELIKI G., « Group response to the accidental death of a chimpanzee in Gombe National Park », *Folia Primatologica*, vol. 20, 1973, p. 81-94.

TEMPLETON C.N., GREENE E. et DAVIS K., « Allometry of alarm calls : black-capped chickadees encode information about predator size », *Science*, vol. 308, 2005, p. 1934-1937.

TEMPLETON C.N. et GREENE E., « Nuthatches eavesdrop on variations in heterospecific chickadee mobbing alarm calls », *The Proceedings of the National Academy of Sciences USA*, vol. 104, 2007, p. 5479-5482.

TERAMITSU I., KUDO L.C., LONDON S.E., GESCHWIND D.H. et WHITE S.A., « Parallel *FOXP1* and *FOXP2* expression in songbird and human brain predicts functional interaction », *The Journal of Neuroscience*, vol. 24, 2004, p. 3152-3161.

TERKEL J., « Social transmission of pine cone feeding behaviour in the black rat », *in* B.G. Galef, M. Mainardi et P. Valsecchi (éd.), *Behavioural Aspects of Feeding*, New York, Harwood Academic, 1994, p. 229-256.

TERRACE H.S., PETITTO L.A., SANDERS R.J. et BEVER T.G., « Can ape create a sentence ? », *Science*, vol. 206, 1979, p. 891-902.

TERRACE H.S., PETITTO L., SANDERS R.J. et BEVER T.G., « On the grammatical capacity of apes », *in* K.E. Nelson (éd.), *Children's Language*, vol. 2, New York, Gardner Press, 1980, p. 371-495.

TERRACE H.S. et METCALFE J. (éd.), *The Missing Link in Cognition : Origins of Self-Relective Consciousness*, Oxford, Oxford University Press, 2005, 364 p.

TESSARI A., RUMIATI R.I. et HAGGARD P., « Imitation without awareness », *Cognitive Neuroscience and Neuropsychology*, vol. 13, 2002, p. 2531-2535.

THOMAS J.W., TOUCHMAN J.W., BLAKESLEY R.W., BOUFFARD G.G., BECKSTROM-STERNBERG S.M., MARGULIES E.H., BLANCHETTE M., SIEPEL A.C., THOMAS P.J., MCDOWELL J.C., MASKERI B., HANSEN N.F., SCHWARTZ M.S., WEBER R.J., KENT W.J., KAROLCHIK D., BRUEN T.C., BEVAN R., CUTLER D.J., SCHWARTZ S., ELNITSKI L., IDOL J.R., PRASAD A.B., LEE-LIN S.Q., MADURO V.V., SUMMERS T.J., PORTNOY M.E., DIETRICH N.L., AKHTER N., AYELE K., BENJAMIN B., CARIAGA K., BRINKLEY C.P., BROOKS S.Y., GRANITE S., GUAN X., GUPTA J., HAGHIGHI P., HO S.L., HUANG M.C., KARLINS E., LARIC P.L., LEGASPI R., LIM M.J., MADURO Q.L., MASIELLO C.A., MASTRIAN S.D., MCCLOSKEY J.C., PEARSON R., STANTRIPOP S., TIONGSO E.E., TRAN J.T., TSURGEON C., VOGT J.L., WALKER M.A., WETHERBY K.D., WIGGINS L.S., YOUNG A.C., ZHANG L.H., OSOEGAWA K., ZHU B., ZHAO B., SHU C.L., DE JONG P.J., LAWRENCE C.E., SMIT A.F., CHAKRAVARTI A., HAUSSLER D., GREEN P., MILLER W. et GREEN E.D., « Comparative analyses of multi-species sequences from targeted genomic regions », *Nature*, vol. 424, 2003, p. 788-793.

THOMPSON P.M., CANNON T.D., NARR K.L., VAN ERP T., POUTANEN V.P., HUTTUNEN M., LONNQVIST J., STANDERTSKJOLD-NORDENSTAM C.G., KAPRIO J., KHALEDY M., DAIL R., ZOUMALAN C.I. et TOGA A.W., « Genetic influences on brain structure », *Nature Neuroscience*, vol. 4, 2001, p. 1253-1258.

THORNDIKE E.L., *Animal Intelligence*, New York, Macmillan, 1911.

THORNTON A. et MCAULIFFE K., « Teaching in wild meerkats », *Science*, vol. 313, 2006, p. 227-229.

TIBBETS E.A. et DALE J., « A socially enforced signal of quality in a paper wasp », *Nature*, vol. 432, 2004, p. 218-222.

TOMASELLO M., « Do apes ape ? », *in* B.G. Galef Jr. et B.M. Heyes (éd.), *Social Learning in Animals : The Roots of Culture*, San Diego, Academic Press, 1996, p. 319-346.

– « The human adaptation for culture », *Annual Review of Anthropology*, vol. 28, 1999, p. 509-529.

– *The Cultural Origins of Human Cognition*, Cambridge, MA, Harvard University Press, 1999, 272 p.

– *Origins of Human Communication*, Cambridge, MA, MIT Press, 2008, 400 p.

TOMASELLO M. et CALL J., *Primate Cognition*, Oxford, Oxford University Press, 1997, 528 p.

TOMASELLO M., CALL J. et HARE B., « Five primate species follow the visual gaze of conspecifics », *Animal Behaviour*, vol. 55, 1998, p. 1063-1069.

– « Chimpanzees understand psychological states – the question is which ones and to what extent », *Trends in Cognitive Sciences*, vol. 7, 2003, p. 153-156.

TOMASELLO M., CARPENTER M., CALL J., BEHNE T. et MOLL H., « Understanding and sharing intentions : the origins of cultural cognition », *Behavioral and Brain Sciences*, vol. 28, 2005, p. 675-691.

– « In search of the uniquely human », *Behavioral and Brain Sciences*, vol. 28, 2005, p. 721-735.

TONOOKA R., « Leaf-folding behaviour for drinking water by wild chimpanzees (*Pan troglodytes*) at Bossou, Guinea », *Animal Cognition*, vol. 4, 2001, p. 325-334.

TORO J.M., TROBALON J.B. et SEBASTIAN-GALLÉS N., « Effects of backward speech and speaker variability in language discrimination by rats », *Journal of Experimental Psychology : Animal Behavior Processes*, vol. 31, 2004, p. 95-100.

TOTH N., SCHICK K., SAVAGE-RUMBAUGH E.S., SEVCIK R. et RUMBAUGH D., « Pan the tool-maker : investigations into the stone tool-making and tool-using capabilities of a bonobo (*Pan paniscus*) », *Journal of Archaeological Science*, vol. 20, 1993, p. 80-91.

TSCHUDIN A., CALL J., DUNBAR R.I., HARRIS G. et VAN DER ELST C., « Comprehension of signs by dolphins (*Tursiops truncatus*) », *Journal of Comparative Psychology*, vol. 115, 2001, p. 100-105.

TULVING E., « Episodic memory : from brain to mind », *Annual Review of Psychology*, vol. 53, 2002, p. 1-25.

– « Episodic memory and autonoesis : uniquely human ? », *in* H.S. Terrace et J. Metcalfe (éd.), *The Missing Link in Cognition :*

Origins of Self-Reflective Consciousness, Oxford, Oxford University Press, 2005, p. 3-56.

TYACK P.L., « Dolphins whistle a signature tune », *Science*, vol. 289, 2000, p. 1310-1311.

UDDIN M., WILDMAN D.E., LIU G., XU W., JOHNSON R.M., HOF P.R., KAPATOS G., GROSSMAN L.I. et GOODMAN M., « Sister grouping of chimpanzees and humans as revealed by genome-wide phylogenetic analysis of brain gene expression profiles », *The Proceedings of the National Academy of Sciences USA*, vol. 101, 2004, p. 2957-2962.

UDELL M.A.R., DOREY N.R. et WYNNE C.D.L., « Wolves outperform dogs in following human social cues », *Animal Behaviour*, vol. 76, 2008, p. 1767-1773.

UEXKÜLL J.V. VON, *Mondes animaux et Monde humain*, trad. P. Muller, Paris, Gonthier, 1965, 166 p. (éd. originale, *Streifzüge durch die Umwelten von Tieren und Menschen*, 1956).

UHER J., ASENDORPF J.B. et CALL J., « Personality in the behaviour of great apes : temporal stability, cross-situational consistency and coherence in response », *Animal Behaviour*, vol. 75, 2008, p. 99-112.

ULLER C., JAEGER R., GUIDRY G. ET MARTIN C., « Salamanders (*Plethodon cinereus*) go for more : rudiments of number in an amphibian », *Animal Cognition*, vol. 6, 2003, p. 105-112.

UMILTA M.A., KOHLER E., GALLESE V., FOGASSI L., FADIGA L., KAYSERS C. et RIZZOLATTI G., « I know what you are doing : a neurophysiological study », *Neuron*, vol. 31, 2001, p. 155-165.

VALLENDER E.J. et LAHN B.T., « Positive selection on the human genome », *Human Molecular Genetics*, vol. 13, suppl. 2, 2004, p. R245-R254.

VALLORTIGARA G., SNYDER A., KAPLAN G., BATESON P., CLAYTON N.S. et ROGERS L.J., « Are animals autistic savants ? », *PLoS Biology*, vol. 6, 2008, e42.

VANDEBERG J.L. et ZOLA S.M., « A unique biomedical resource at risk », *Nature*, vol. 437, 2005, p. 30-32.

VAN SCHAIK C.P., *Among Orangutans*, Cambridge, MA, Harvard University Press, 2004, 244 p.

VAN SCHAIK C.P., FOX E.A. et FECHTMAN L.T., « Individual variation in the rate of use tree-hole tools among wild orang-utans : implications for hominid evolution », *Journal of Human Evolution*, vol. 44, 2003, p. 11-23.

VAN SCHAIK C.P., ANCRENAZ M., BORGEN G., GALDIKAS B., KNOTT C.D., SINGLETON I., SUSUKI A., UTAMI S.S. et MERRILL

M., « Orangutan cultures and the evolution of material culture », *Science*, vol. 299, 2003, p. 102-105.

VARGHA-KHADEM F., GADIAN D.G., COPP A. et MISHKIN M., « *FOXP2* and the neuroanatomy of speech and language », *Nature Reviews Neuroscience*, vol. 6, 2005, p. 131-138.

VARKI A., « How to make an ape brain », *Nature Genetics*, vol. 36, 2004, p. 1034-1036.

– « Glycan-based interactions involving vertebrate sialic-acid-recognizing proteins », *Nature*, vol. 446, 2007, p. 1023-1029.

VARKI A., GESCHWIND D.H. et EICHLER E.E., « Explaining human uniqueness : genome interactions with environment, behaviour and culture », *Nature Review Genetic*, vol. 9, 2008, p. 749-763.

VARNER G., « Personhood, memory, and elephant management », *in* C. Wemmer et C.A. Christen (éd.), *Elephants and Ethics. Toward a Morality of Coexistence*, Baltimore, The Johns Hopkins University Press, 2008, p. 41-67.

VAUCLAIR J., *L'Intelligence de l'animal*, Paris, Seuil, 1995, 217 p.

VAUCLAIR J. et KREUTZER M. (éd.), *L'Éthologie cognitive*, Paris, Ophrys, 2004, 282 p.

VIGNAL C., MATHEVRON N. et MOTTIN S., « Audience drives male songbird response to partner's voice », *Nature*, vol. 430, 2004, p. 448-451.

VILJOEN P.J., « Spatial distribution and movements of elephants (*Loxodonta Africana*) in the northern Namib desert region of Kaokoveld, South West Africa Namibia », *Journal of Zoology*, vol. 219, 1989, p. 1-19.

VIRANYI Z., TOPAL J., GACSI M., MIKLÓSI A. et CSANYO V., « Dogs respond appropriately to cues of humans'attentional focus », *Behavioral Processes*, vol. 66, 2004, p. 161-172.

VISALBERGHI E., « Tool use in *Cebus* », *Folia Primatologica*, vol. 54, 1990, p. 154-164.

VISALBERGHI E., FRAGAZSY D.M. et SAVAGE-RUMBAUGH S., « Performance in a tool-using task by common chimpanzees (*Pan troglodytes*), bonobos (*Pan paniscus*), an orang-utan (*Pongo pygmaeus*), and capuchin monkeys (*Cebus apella*) », *Journal of Comparative Psychology*, vol. 109, 1995, p. 52-60.

VOGEL G., « DNA suggests cultural traits affect whales' evolution », *Science*, vol. 282, 1998, p. 1616.

– « Chimps in the wild show stirrings of culture », *Science*, vol. 284, 1999, p. 2070-2073.

– « Can chimps ape ancient hominid toolmakers ? », *Science*, vol. 296, 2002, p. 1380.

VOKEY J.R., RENDALL D., TANGEN J.M., PARR L.A. et DE WAAL F.B.M., « Visual kin recognition and family resemblance in chimpanzees (*Pan troglodytes*) », *Journal of Comparative Psychology*, vol. 118, 2004, p. 194-199.

VOLTAIRE, « Bêtes », in *Dictionnaire philosophique*, Paris, Étiemble, 1977 (éd. originale, 1764).

WALLACH W. et ALLEN C., *Moral Machines : Teaching Robots Right from Wrong*, Oxford University Press, 2008, 288 p.

WARNEKEN F. et TOMASELLO M., « Altruistic helping in human infants and young chimpanzees », *Science*, vol. 311, 2006, p. 1301-1303.

WARNEKEN F., HARE B., MELIS A.P., HANUS D. et TOMASELLO M., « Spontaneous altruism by chimpanzees and young children », *PLoS Biology*, vol. 5, 2007, e184.doi:10.13171.

WATANABE S., « Van Gogh, Chagall and pigeons : picture discrimination in pigeons and humans », *Animal Cognition*, vol. 4, 2001, p. 147-151.

WATANABE S., SAKAMOTO J. et WAKITA M., « Pigeon's discrimination of paintings by Monet and Picasso », *Journal of the Experimental Analysis of Behavior*, vol. 63, 1995, p. 165-174.

WATSON E., EASTEL S. et PENNY D., « *Homo* genus : a review of the classification of humans and the great apes », in P.V. Tobias, M.A. Raath, J. Moggi-Cecchi et G.A. Doyle (éd.), *Humanity from African Naissance to Ciming Millenia*, Florence, Firenze University Press, 2001, p. 311-323.

WATTS D.P., MITANI J.C. et SHERROW H.M., « New cases of intercommunity infanticide by male chimpanzees at Ngogo, Kibale National Park, Uganda », *Primates*, vol. 43, 2002, p. 263-270.

WECHKIN S., MASSERMAN J.H. et TERRIS JR. W., « Shock to a conspecific as an aversive stimulus », *Psychonomic Science*, vol. 1, 1964, p. 47-48.

WEIR A.A.S., CHAPPELL J. et KACELNIL A., « Shaping of hooks in New Caledonian crows », *Science*, vol. 297, 2002, p. 981.

WEISS A., KING J.E. et ENNS R.M., « Subjective well-being is heritable and genetically correlated with dominance in chimpanzee (*Pan troglodytes*) », *Journal of Personality and Social Psychology*, vol. 83, 2002, p. 1141-1149.

WEISSENBACH J., « Differences with the relatives », *Nature*, vol. 429, 2004, p. 353-355.

WEMMER C. et CHRISTEN C.A. (éd.), *Elephants and Ethics : Toward a Morality of Coexistence*, Baltimore, The Johns Hopkins University Press, 2008, 484 p.

WEST M.J. et KING A.P., « Mozart's starling », *American Scientist*, vol. 78, (2), 1990, p. 106-114.

WEST R.E. et YOUNG R.J., « Do domestic dogs show any evidence of being able to count ? », *Animal Cognition*, vol. 5, 2002, p. 183-186.

WESTERGAARD G.C., « Lion-tailed macaques (*Macaca silenus*) manufacture and use tools », *Journal of Comparative Psychology*, vol. 102, 1988, p. 152-159.

– « Infant baboons spontaneously use an object to obtain distant food », *Perceptual and Motor Skills*, vol. 68, 1989, p. 558.

– « Development of combinatorial manipulation in infant baboons (*Papio cynocephalus anubis*) », *Journal of Comparative Psychology*, vol. 10, 1993, p. 34-38.

WESTERGAARD G.C., LUNDQUIST A.L., HAYNIE M.K., KUHN E. et SUOMI S.J., « Why some capuchin monkeys (*cebus apella*) use probing tools (and others do not) », *Journal of Comparative Psychology*, vol. 112, 1998, p. 207-211.

WESTERGAARD G.C., LIV C., ROCCA A.M., CLEVELAND A. et SUOMI S.J., « Tufted capuchins (*cebus apella*) attribute value to foods and tools during voluntary exchanges with humans », *Animal Cognition*, 2004, p. 19-24.

WHITEHEAD H., « Cultural selection and genetic diversity in matrilineal whales », *Science*, vol. 282, 1998, p. 1708-1711.

– *Sperm Whales : Social Evolution in the Ocean*, Chicago, University of Chicago Press, 2003, 456 p.

WHITEN A., « Imitation and cultural transmission in apes and cetaceans », *Behavioral and Brain Sciences*, vol. 24, 2001, p. 359-360.

– « The second inheritance system of chimpanzees and humans », *Nature*, vol. 437, 2005, p. 52-55.

– « *Pan* African culture : memes and genes in wild chimpanzees », *The Proceedings of the National Academy of Sciences USA*, vol. 104, 2007, p. 17559-17560.

WHITEN A., CUSTANCE D.M., GOMEZ J.-C., TEIXIDOR P. et BARD K.A., « Imitative learning of artificial fruit processing in children (*Homo sapiens*) and chimpanzees (*Pan troglodytes*) », *Journal of Comparative Psychology*, vol. 110, 1996, p. 3-14.

WHITEN A et BYRNE R. (éd.), *Machiavellian Intelligence II*, Cambridge, Cambridge University Press, 1997, 403 p.

WHITEN A., GOODALL J., MCGREW W.C., NISHIDA T., REYNOLDS V., Sugiyama Y., Tutin C.E.G., Wrangham R.W. et BOESCH C., « Cultures in chimpanzees », *Nature*, vol. 399, 1999, p. 682-685.

WHITEN A. et BOESCH C., « Les cultures des chimpanzés », *Pour la Science*, mars 2001, p. 87-93.

WHITEN A., HORNER V. et DE WAAL F.B.M., « Conformity to cultural norms of tools use in chimpanzees », *Nature*, vol. 437, 2005, p. 737-740.

WHITEN A. et VAN SCHAIK C.P., « The evolution of animal "cultures" and social intelligence », *Philosophical Transaction of Royal Society London B*, vol. 362, 2007, p. 603-620.

WHORF B., *Language, Thought, and Reality*, Cambridge, MT, MIT Press, 1956, 278 p.

WICH S.A. et DE VRIES H., « Male monkeys remember which group members have given alarm calls », *Proceedings of the Royal Society B*, vol. 273, 2006, p. 735-740.

WILBRECHT L. et NOTTEBOHM F., « Vocal learning in birds and humans », *Mental Retardation and Developmental Disabilities*, vol. 9, 2003, p. 135-148.

WILDMAN D.E., UDDIN M., LIU G., GROSSMAN L.I. et GOODMAN M., « Implications of natural selection in shaping 99,4 % nonsynonymous DNA identity between humans and chimpanzees : enlarging genus Homo », *The Proceedings of the National Academy of Sciences USA*, vol. 100, 2003, p. 7181-7188.

WILLIAMS J.H., *Elephant Bill*, Garden City, N.Y., Doubleday, 1950, 250 p.

WILSON D.S., COLEMAN K., CLARK A.B. et BIEDERMAN L., « Shy-bold continuum in pumpkinseed sunfish (*Lepomis gibbosus*) : an ecological study of a psychological trait », *Journal of Comparative Psychology*, vol. 107, 1993, p. 250-260.

WILSON E., *Sociobiology*, Cambridge, MA, Harvard University Press, 1975, 688 p.

WILSON E.O., *L'Humaine Nature*, trad. R. Bauchot, Paris, Stock, 1979, 320 p. (éd. originale, *Human Nature*, Cambridge, MA, Harvard University Press, 1978).

WILSON L., « Observations and experiments on the ethology of the European beaver (*Castor fiber* L.), a study in the development of phylogenetically adapted behaviour in a highly specialized mammal », *Viltrevy (Swedish Wildlife)*, vol. 8, 1971, p. 117-266.

WILSON M.L., WALLAUER W.R. et PUSEY A.E., « New cases of intergroup violence among chimpanzees in Gombe National Park, Tanzania », *International Journal of Primatology*, vol. 25, 2004, p. 523-549.

WILTSCHKO W., TRAUDT J., GÜNTÜRKÜN O., PRIOR H. et WILTSCHKO R., « Lateralization of magnetic compass orientation in migratory bird », *Nature*, vol. 419, 2002, p. 467-469.

WINCKLER W., MYERS S.R., RICHTER D.J., ONOFRIO R.C., MCDONALD G.J., BONTROP R.E., MCVEAN G.A.T., GABRIEL S.B., REICH D., DONNELLY P. et ALTSHULER D., « Comparison of fine-scale recombination rates in human and chimpanzee », *Science*, vol. 307, 2005, p. 107-111.

WISE S.M., *Rattling the Cage. Toward Legal Rights for Animals*, Cambridge, MA, Perseus Books, 2000, 362 p.

WISE S.M., *Drawing the Line*, Cambridge, MA, Perseus Books, 2002, 320 p.

WITTEMYER G., DOUGLAS-HAMILTON I. et GETZ W.M., « The socioecology of elephants : analysis of the processes creating multitiered social structures », *Animal Behaviour*, vol. 69, 2005, p. 1357-1371.

WOLFE J.B., « Effectiveness of token rewards for chimpanzees », *Comparative Psychology Monographs*, vol. 12, 1936, p. 1-72.

WRANGHAM R.W., « Leaf swallowing by chimpanzees, and its relation to a tapeworm infection », *American Journal of Physical Anthropology*, vol. 37, 1995, p. 297-303.

– « Evolution of coalitionary killing », *American Journal of Physical Anthropology*, suppl. 29, 1999, p. 29 (1-30).

WRANGHAM R.W., MCGREW W.C., DE WAAL B.M. et HELTNE P.G., *Chimpanzee Cultures*, Cambridge, MA, Harvard University Press, 1994, 424 p.

WRANGHAM R.W. et PETERSON D., *Demonic Males*, New York, Houghton Mifflin, 1996, 350 p.

WRIGHT R., « Imitative learning of flaked tool technology : the case of an orang-utan », *Mankind*, 1972, p. 296-306.

WYNN T., « Archaeology and cognitive evolution », *Behavioral and Brain Sciences*, vol. 25, 2002, p. 389-438.

WYNNE C., « Does your dog understand you ? », vol. 18, *The Scientist*, 20 décembre 2004, p. 18.

XITCO M.J., GORY J.D., KUCZAJ II S.A., « Dolphin pointing is linked to the attentional behaviour of a receiver », *Animal Cognition*, vol. 7, 2004, p. 231-238.

YAMAGIWA J., KAHEKWA J. et BASABOSE A.K., « Intra-specific variation in social organization of gorillas : implications for their social evolution », *Primates*, vol. 44, 2003, p. 359-369.

YERKES R.M., *Almost Human*, New York, Century, 1925, 278 p.

YERKES R.M. et YERKES A.W., *The Great Apes*, New Haven, Yale University Press, 1929, 652 p.

YIN S., « A new perspective on barking in dogs (*Canis familiaris*) », *Journal of Comparative Psychology*, vol. 116, 2002, p. 189-193.

YOUNG E., « Dolphins have a word for it », *New Scientist*, 22/29 déc. 2007, p. 10.

YOUNG J.Z., *Philosophy and the Brain*, Oxford, Oxford University Press, 1988, 234 p. (éd. originale, 1986).

ZATORRE R.J., « Finding the missing fundamental », *Nature*, vol. 436, 2005, p. 1093-1094.

ZIMMER C., « How the mind reads other minds », *Science*, vol. 300, 2003, p. 1079-1080.

ZUBERBÜHLER K., « Causal cognition in a non-human primate : field play-back experiments with Diana monkeys », *Cognition*, vol. 76, 2000, p. 195-207.

– « Langage evolution : the origin of meaning in primates », *Current Biology*, vol. 16, 2006, p. R123-R125.

– « Audience effects », *Current Biology*, vol. 18, 2008, p. R189-R190.

ZUBERBÜHLER K., CHENEY D.L. et SEYFARTH R.M., « Conceptual semantics in a nonhuman primate », *Journal of Comparative Psychology*, vol. 113, 1999, p. 33-42.

ZUBERBÜHLER K. et JENNY D., « Leopard predation and primate evolution », *Human Evolution*, vol. 43, 2002, p. 873-886.

INDEX THÉMATIQUE

INDEX DES NOMS PROPRES

INDEX DES NOMS D'ANIMAUX

TABLE

III
LE PROPRE DE L'HOMME OU LE MYTHE DE L'HUMANITÉ COMME UN PLUS

IV
PERSONNE OU PERSONNE ?

Composition et mise en page

NORD COMPO
multimédia

N° d'édition : L.01EHQN000586.N001
Dépôt légal : octobre 2011
Imprimé en Espagne par Novoprint (Barcelone)